Laser in Technik und Forschung

Herausgegeben von
G. Herziger und H. Weber

Springer
Berlin
Heidelberg
New York
Barcelona
Budapest
Hongkong
London
Mailand
Paris
Santa Clara
Singapur
Tokio

Jürgen Eichler   Hans Joachim Eichler

Laser

Bauformen
Strahlführung
Anwendungen

Dritte, völlig neubearbeitete und erweiterte Auflage
Mit 258 Abbildungen, 55 Tabellen,
149 Aufgaben und vollständigen Lösungswegen

Springer

Prof. Dr. Jürgen Eichler
Technische Fachhochschule Berlin
Forum Seestraße
Seestraße 64
13347 Berlin

Prof. Dr-Ing. Hans Joachim Eichler
Technische Universität Berlin
Optisches Institut
Straße des 17. Juni 1935
10623 Berlin

Herausgeber der Reihe
Laser in Technik und Forschung:

Prof. Dr.-Ing. Gerd Herziger
Fraunhofer Institut für Lasertechnik Aachen
52074 Aachen

Prof. Dr.-Ing. Horst Weber
Festkörper-Laser-Institut Berlin GmbH
10785 Berlin

ISBN 3-540-63916-0 Springer-Verlag Berlin Heidelberg New York

Die Deutsche Bibliothek – CIP-Einheitsaufnahme

Eichler, Jürgen:
Laser : Bauformen, Strahlführung, Anwendungen / Jürgen Eichler ; Hans Joachim Eichler. -
3., völlig neubearb. und erw. Aufl. - Berlin ; Heidelberg ; New York ; Barcelona ; Budapest ; Hong Kong ;
London ; Mailand ; Paris ; Santa Clara ; Singapur ; Tokyo : Springer, 1998
(Laser in Technik und Forschung)
ISBN 3-540-63916-0

Einbandgestaltung: Struve & Partner, Heidelberg
Datenkonvertierung: M. W. Leidig, Kulmbach

SPIN: 10567606 56/3144 - 5 4 3 2 1 0 – Gedruckt auf säurefreiem Papier

Vorwort zur dritten Auflage

Der erste Laser wurde im Jahre 1960 gebaut. In den folgenden Jahrzehnten entstanden viele verschiedene Lasertypen, die zunehmend Einsatz für verschiedene Anwendungen fanden. Besonders große Bedeutung besitzen Laser für wissenschaftliche und technische Messungen, Informationstechnologien, Materialbearbeitung und Medizin. Dieses Buch soll einen Überblick über die dafür verwendeten Laser und ihre verschiedenen Einsatzmöglichkeiten geben.

In den ersten Kapiteln werden Grundlagen der Laseroptik gegeben. Danach werden die speziellen Lasertypen und -materialien beschrieben. Dabei wird zunächst auf die Gaslaser eingegangen, die nach zunehmender Emissionsfrequenz gruppiert sind. Die Infrarot-Moleküllaser haben die kleinsten Emissionsfrequenzen. Laser in neutralen Atomen werden vorwiegend im sichtbaren Spektralbereich mit vergleichsweise höheren Frequenzen betrieben. Dort arbeiten auch die Ionenlaser, die aber ebenfalls wie UV-Moleküllaser mit elektronischen Übergängen für die ultravioletten Spektralbereiche geeignet sind. Gaslaser existieren in sehr verschiedenen Ausführungsformen, und sind deshalb relativ ausführlich in 4 Kapiteln dargestellt. Weitere wichtige Lasertypen, die Festkörper-, Farbstoff-, Halbleiter-, Elektronenstrahl- und Röntgenlaser, werden jeweils in einem Kapitel beschrieben. Die Reihenfolge entspricht etwa der historischen Entwicklung. Bei der Darstellung der verschiedenen Laser wird auch kurz auf typische Anwendungen eingegangen.

In den folgenden Kapiteln werden optische Laserkomponenten, wie Spiegel, Polarisatoren und Modulatoren beschrieben, mit denen Laser in verschiedenen Betriebsarten aufgebaut werden können. Von besonderem Interesse ist dabei der Pulsbetrieb, der Aufbau von frequenzstabilen, schmalbandigen Lasern sowie von abstimmbaren Lasern. In diesem Zusammenhang wird auch die externe Frequenzumsetzung durch nichtlineare optische Effekte kurz dargestellt. Außerdem werden Geräte zur Charakterisierung der Laserstrahlung, wie Photodetektoren, Energiemeßgeräte, Spektralapparate und Anordnungen zur Kohärenzmessung beschrieben.

Die Ausbreitung von Laserlicht erfolgt in Form von sogenannten Gaußstrahlen, die manche Kollegen lieber als Gaußbündel bezeichnen. Diese werden hier als Kugelwellen mit komplexem Quellpunkt dargestellt, wodurch die Benutzung von Differential- oder Integralgleichungen in diesem Zusammenhang vermieden wird. Auch in den übrigen Teilen des Buches reicht das

Abiturwissen Mathematik zum Verständnis aus. Das Buch kann daher nicht nur von Universitäts- und Fachhochschulstudenten, sondern auch von Ingenieuren und Lehrern sowie Schülern verwendet werden. Für diese Leser wird abschließend ein Überblick der verschiedenen Anwendungsgebiete und der Zukunftsperspektiven der Laserentwicklung gegeben. Eine umfangreiche, aber bei weitem nicht vollständige Liste weist auf weiterführende Bücher und Zeitschriften hin. Dabei fällt auf, daß es bisher nur wenige moderne Monographien über Laser in deutscher Sprache gibt. Dies war ein weiterer Grund, dieses Buch auszuarbeiten.

Das vorliegende Buch ist aus Manuskripten von Vorlesungen entstanden, welche die Autoren an der Technischen Universität und der Technischen Fachhochschule Berlin gehalten haben. Dabei gehen wir in Vorlesungen an vielen Stellen wesentlich tiefer auf theoretische Ableitungen ein, während sich dieses Übersichtsbuch auf die Darstellung von Ergebnissen konzentriert. Die erstmals beigefügten elementaren Aufgaben sollen helfen, das Verständnis durch eigenes Nachdenken zu erhöhen.

Das Material für das Buch wurde aus Diplom- und Doktorarbeiten sowie Zeitschriften und Büchern übernommen, die in der Literaturliste angegeben sind. Wir danken besonders Herrn Prof. Dr. Kneubühl und Prof. Dr. K. J. Sigrist von der ETH-Zürich für die Genehmigung, Bildvorlagen zu verwenden.

Weitere Bilder wurden uns von Kollegen und Firmen überlassen, die in den jeweiligen Bildunterschriften zitiert sind. Weiterhin haben uns Herr Dr. P. Peuser, Firma Daimler-Benz, Ottobrunn, Prof. W. Sandner, Dr. P. Nickles vom Max-Born-Institut Berlin, Prof. H. J. Weber und Dipl. Phys. S. Diez vom Heinrich-Hertz-Institut, Berlin, Herr Dipl. Ing. Ringelhahn, Dr. J. Roßbach, DESY, Hamburg, unsere Mitarbeiter Frau C. Scharfenorth, Dipl. Phys. R. Elschner, Dipl. Phys. J. Findeisen, Dipl. Phys. A. Wappelt sowie Dr. H. J. Kölsch und Frau P. Treiber vom Springer-Verlag sehr geholfen.

Berlin, Januar 1998 *H.-J. Eichler, J. Eichler*

Inhaltsverzeichnis

1. Licht, Atome, Moleküle, Festkörper

Seit der experimentellen Realisierung der ersten Lasersysteme, des Rubin-Lasers im Jahre 1960 und des Helium-Neon-Lasers im Jahre 1961, sind eine Fülle verschiedener weiterer Lasersysteme entwickelt worden. In diesem Buch werden zunächst die allgemeinen physikalischen Grundlagen der Lasertechnik sowie anschließend der technische Aufbau der wichtigsten Lasertypen, Gas-, Farbstoff-, Festkörper- und Halbleiterlaser, und elektrooptischer Bauelemente beschrieben. Gegenüber konventionellen Lichtquellen (Glüh- und Gasentladungslampen) zeichnen sich Laser durch starke Bündelung (geringe Divergenz), geringe spektrale Linienbreite (Monochromasie, Kohärenz), hohe Intensität und die Möglichkeit, kurze Pulse zu erzeugen, aus. Daraus ergeben sich zahlreiche Anwendungen, z. B. in der Meßtechnik, Holographie, Medizin, Materialbearbeitung und in der Nachrichtenübertragung. Diese Anwendungen werden ebenfalls im Überblick dargestellt.

Im folgenden Abschnitt werden zunächst einige zum Verständnis von Lasern notwendige Grundlagen besprochen, insbesondere Eigenschaften von Licht und die Energiezustände von Atomen, Molekülen und Festkörpern.

1.1 Eigenschaften von Licht

Zur Beschreibung der Eigenschaften von Licht werden meistens vereinfachte Modelle benutzt. Eine erste Annäherung ist die Vorstellung, daß Lichtquellen, z. B. die Sonne oder ein Laser, Lichtstrahlen aussenden. Diese Strahlen können nach der Quantentheorie als die geradlinigen Bahnen von Lichtteilchen oder Photonen aufgefaßt werden, die von der Lichtquelle emittiert werden. Wenn man jedoch versucht, mit einer Lochblende einen scharf begrenzten Strahl herzustellen, so treten hinter der Blende die noch später zu besprechenden Beugungserscheinungen auf, die zu einer Strahlaufweitung gegenüber dem Lochdurchmesser führen. Es gelingt daher nicht, einen scharfen Lichtstrahl herzustellen. Dies wird durch das Wellenmodell des Lichts erklärt. Teilchen- und Wellenmodell können zu einer einheitlichen theoretischen Beschreibung vereinheitlicht werden, die jedoch schwierige Mathematik erfordert und deshalb hier nicht verwendet wird. Zur Erklärung vieler Beobachtungen reicht das Wellenmodell oder das Teilchenmodell aus. Die Erfahrung lehrt, welches Modell jeweils anzuwenden ist.

Lichtwellen

Die Wellenoptik beschreibt das Licht als transversale elektromagnetische Welle, in der die elektrische Feldstärke $\boldsymbol{E}$ und eine damit gekoppelte magnetische Feldstärke $\boldsymbol{H}$ periodisch und mit gleicher Frequenz f schwingen. Die Vektoren von $\boldsymbol{E}$, $\boldsymbol{H}$ und die Ausbreitungsrichtung der Welle stehen stets senkrecht aufeinander. Bild 1.1 stellt die Feldstärken zu einem festen Zeitpunkt in Abhängigkeit von einer Ortskoordinate in Ausbreitungsrichtung dar.

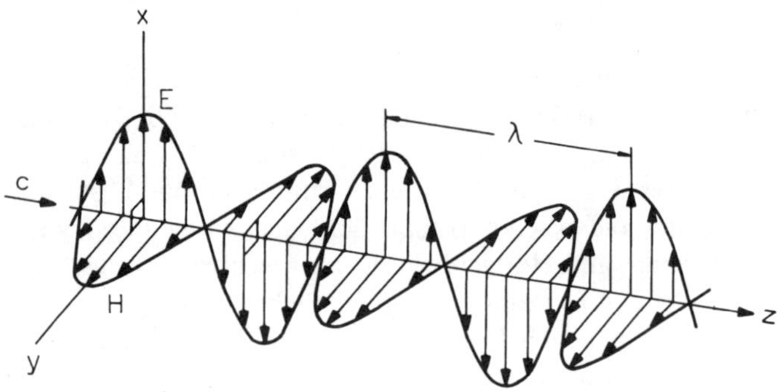

Bild 1.1. Elektrische ($\boldsymbol{E}$) und magnetische Feldstärke ($\boldsymbol{H}$) in einer Lichtwelle zu einem festen Zeitpunkt. Die Welle breitet sich in z-Richtung aus (Fernfeld)

Um eine Vorstellung von der räumlichen Ausdehnung von Lichtwellen zu erhalten, werden die Phasenflächen der Wellen betrachtet, z. B. die Orte maximaler Feldstärken. Der Abstand zweier benachbarter Phasenflächen ist die Wellenlänge. Bei einer ebenen Welle sind die Phasenflächen parallele Ebenen, bei einer Kugelwelle ergeben sich konzentrische Kugelflächen. Die Schnittlinien dieser Phasenflächen mit einer Ebene sind in Bild 1.2 dargestellt. Eng begrenzte Ausschnitte aus Wellen werden als Lichtstrahlen bezeichnet. Die Richtung der Lichtstrahlen ist senkrecht zu den Phasenflächen, die auch als Wellenflächen oder Wellenfronten bezeichnet werden.

Zwischen Frequenz f, Wellenlänge λ und Ausbreitungsgeschwindigkeit c besteht der Zusammenhang

$$c = \lambda \cdot f \,. \tag{1.1}$$

Im Vakuum beträgt die Lichtgeschwindigkeit $c = 2{,}998 \cdot 10^8\,\mathrm{m/s}$. Die reziproke Wellenlänge $1/\lambda$ ist der Frequenz proportional und wird als Wellenzahl bezeichnet (Einheit cm^{-1}). Eine ausführlichere Darstellung der Ausbreitung von Lichtwellen wird in Kap. 12 gegeben.

Für die meisten optischen Erscheinungen reicht es aus, die elektrische Feldstärke des Lichtes zu betrachten. Die Feldstärke einer Lichtwelle ist allerdings nicht direkt meßbar. Statt dessen kann die Intensität oder Leistungsdichte I bestimmt werden, die durch den zeitlichen Mittelwert des Quadrats der Feldstärkeamplitude E gegeben ist:

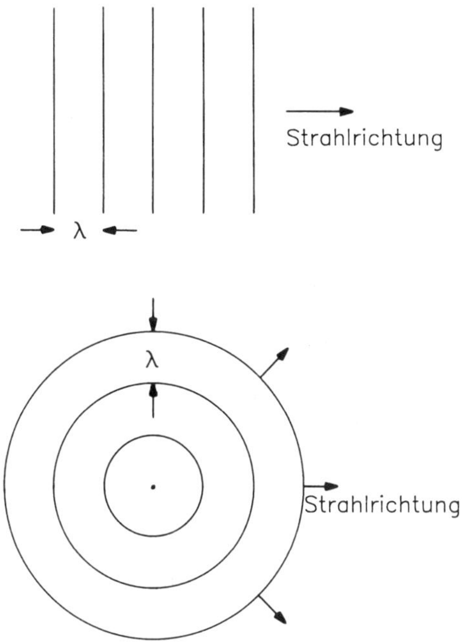

Bild 1.2. Wellenfronten von ebenen Wellen und Kugelwellen

$$I = \sqrt{\varepsilon\varepsilon_0/\mu\mu_0}\,\overline{E^2}\,. \tag{1.2}$$

Dabei bedeuten $\varepsilon_0 = 8{,}858 \cdot 10^{-12}\,\mathrm{A\,s/V\,m}$, ε die relative Dielektrizitätszahl, $\mu_0 = 4\pi \cdot 10^{-7}\,\mathrm{V\,s/A\,m}$ und μ die relative magnetische Permeabilität. Die Einheit der elektrischen Feldstärke ist V/m, die der Leistungsdichte $\mathrm{W/m^2}$. Die Proportionalitätskonstante $Z = \sqrt{\varepsilon\varepsilon_0/\mu\mu_0}$ hat die Dimension eines Widerstandes und wird daher als Wellenwiderstand bezeichnet. Für Vakuum und Luft ($\varepsilon = 1, \mu = 1$) gilt $Z = 377\,\mathrm{V/A} = 377\,\Omega$.

In einem transparenten Medium breitet sich das Licht langsamer als im Vakuum aus. Die Lichtgeschwindigkeit c' im Medium ist gegeben durch $c' = c/n$. Die Materialkonstante n wird Brechzahl (oder Brechungsindex) genannt, welche durch die relative Dielektrizitätszahl ε und die Permeabilität μ gegeben ist:

$$n = 1/\sqrt{\varepsilon\mu}\,. \tag{1.3}$$

Trifft Licht auf die Grenzfläche zwischen zwei optischen Medien mit den Brechzahlen n_1 und n_2, so gilt für die Einfalls- und Ausfallswinkel α_1 und α_2 das Brechungsgesetz:

$$n_1 \sin\alpha_1 = n_2 \sin\alpha_2\,. \tag{1.4}$$

Die Intensität I oder Leistungsdichte gibt die von der Lichtwelle mitgeführte Leistung pro Flächeneinheit an. In der Lichttechnik werden statt Intensität die Begriffe Bestrahlungsstärke und Beleuchtungsstärke (s. Kap. 21) verwendet. Da sich Lichtwellen mit der Lichtgeschwindigkeit c ausbreiten, läßt sich die Leistungsdichte mit der Energiedichte ϱ (Energie/Volumen, auch Strahlungsdichte) in Zusammenhang bringen:

$$I = \varrho c\,. \tag{1.5}$$

Die Leistungsdichte I bedeutet damit auch die Energiestromdichte und gibt die von der Welle mitgeführte Energie an, die pro Zeiteinheit durch eine Flächeneinheit tritt (Leistung/Fläche).

Lichtquanten

Nach der Quantentheorie zeigt das Licht sowohl Wellen- wie auch Teilcheneigenschaften. Dieser Dualismus wird auch experimentell beobachtet. In der korpuskularen Beschreibung besteht das Licht aus Quanten oder Photonen mit der Energie W, die sich mit der Lichtgeschwindigkeit c bewegen:

$$W = hf = hc/\lambda\,. \tag{1.6}$$

Dabei bedeutet $h = 6{,}626 \cdot 10^{-34}$ J s das Plancksche Wirkungsquantum, f die Frequenz und λ die Wellenlänge des Lichtes. In der Atom- und Laserphysik wird die Energie eines Photons statt in Joule oft durch Elektronenvolt ($1\,\mathrm{eV} = 1{,}602 \cdot 10^{-19}$ J) angegeben:

$$W = 1{,}24\,\mathrm{eV}\,\mu\mathrm{m}/\lambda\,.$$

Die Energiedichte ϱ in einer Lichtwelle wird durch die Photonendichte Φ (Photonen/Volumen), und die Leistungsdichte I durch die Stromdichte der Photonen ϕ (Photonen/Zeit · Fläche) gegeben:

$$\begin{aligned} \varrho &= hf \cdot \Phi \\ I &= hf \cdot \phi\,. \end{aligned} \tag{1.7}$$

Polarisation und Farbe von Licht

Hat die elektrische Feldstärke $\boldsymbol{E}$ immer dieselbe Richtung, so wird die Lichtwelle als linear polarisiert und die Richtung von $\boldsymbol{E}$ als Schwingungsrichtung bezeichnet. Eine ausführlichere Darstellung der Polarisationseigenschaften von Licht findet sich in Kap. 15. Das Licht der meisten Lichtquellen (Sonne, Glühlampe, Gasentladungslampen) ist unpolarisiert und kann als ein statistisches Gemisch von Wellen mit allen möglichen Polarisationsrichtungen aufgefaßt werden.

Sichtbares Licht kann verschiedene Farben besitzen, die sich in den Frequenzen oder Wellenlängen unterscheiden. Das menschliche Auge nimmt die Wellenlängen des Lichtes mit unterschiedlicher Empfindlichkeit wahr, wie in Bild 1.3 dargestellt. An den sichtbaren Spektralbereich schließt sich zu kürzeren Wellenlängen der ultraviolette und zu längeren Wellenlängen der infrarote Spektralbereich an (Tabellen 1.1 und 1.2). Das Sonnenspektrum hat sein Maximum im sichtbaren Bereich, und es entspricht ungefähr der Strahlung eines schwarzen Körpers mit einer Temperatur von 6000 K (Bild 1.4).

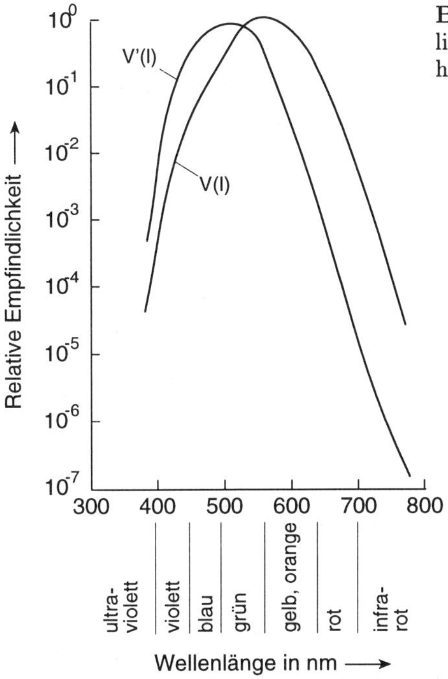

Bild 1.3. Spektraler Verlauf der Empfindlichkeit des menschlichen Auges: $V(\lambda)$ helladaptiert, $V'(\lambda)$ dunkeladaptiert

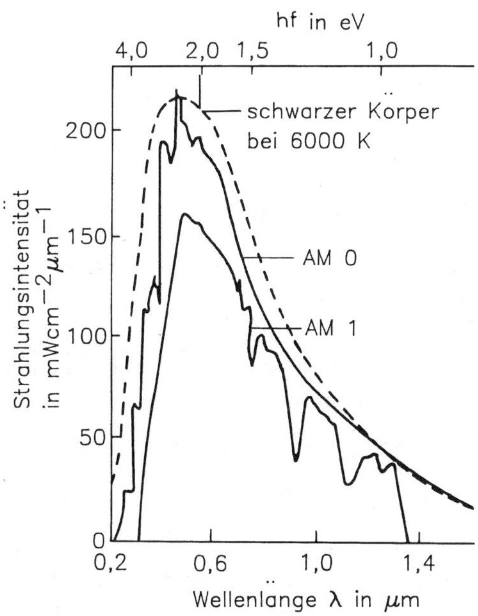

Bild 1.4. Sonnenspektrum im Vergleich mit der Emission eines schwarzen Körpers bei 6000 K (*AM* = Air Mass, *AM 0* = Spektrum ohne Atmosphäre, *AM 1* = mit Atmosphäre)

Tabelle 1.1. Wellenlängen, Frequenzen und Photonenergien von elektromagnetischer Strahlung. Die angegebenen Spektralbereiche sind nicht scharf definiert, die Zahlenwerte sind Richtwerte ($1\,\mathrm{eV} = 1{,}602 \cdot 10^{-19}\,\mathrm{J}$)

	λ	f	hf
Gammastrahlung	bis 500 pm	$6 \cdot 10^{18}$ Hz	24,8 keV
Röntgenstrahlung	bis 50 nm	$6 \cdot 10^{15}$ Hz	24,8 eV
Ultraviolett	bis 400 nm	$7{,}5 \cdot 10^{14}$ Hz	3,1 eV
Sichtbares Licht	bis 700 nm	$4{,}3 \cdot 10^{14}$ Hz	1,77 eV
Infrarot	bis 100 µm	$3 \cdot 10^{12}$ Hz	12,4 meV
Mikrowellen	bis 1 cm	$3 \cdot 10^{10}$ Hz	124 µeV
Radiowellen	bis 1 km	$3 \cdot 10^{5}$ Hz	1,24 neV

Tabelle 1.2. Bezeichnungen, Wellenlängen, Frequenzen und Photonenenergien im Bereich der Laserstrahlung

Bezeichnung (DIN 5031)		λ (nm)	f (10^{14} Hz)	hf (eV)
UV-C	Vakuum-UV	100–200	30–15	12,4–6,2
UV-C	Fernes UV	200–280	15–10,7	6,2–4,4
UV-B	Mittleres UV	280–315	10,7–9,5	4,4–3,9
UV-A	Nahes UV	315–380	9,5–7,9	3,9–3,3
VIS	Licht	380–780	7,9–3,9	3,3–1,6
IR-A	Nahes IR	780–1 400	3,9–2,1	1,6–0,9
IR-B	Nahes IR	1 400–3 000	2,1–1,0	0,9–0,4
IR-C	Mittleres IR	3 000–50 000	1,0–0,06	0,4–0,025
IR-C	Fernes IR	50 000–1 mm	0,0–0,003	0,025–0,001

1.2 Atome: Elektronenbahnen, Energieniveaus

Das einfachste Atom ist das *Wasserstoffatom*. Es besteht aus einem positiv geladenen Atomkern (Proton) und einem negativen Elektron, das durch die elektrische Feldstärke (Coulomb-Wechselwirkung) an den Kern gebunden ist. Nach der Vorstellung von Bohr bewegt sich das Elektron in einer kreisförmigen Bahn um den Kern, wobei nur bestimmte Bahnradien (Bild 1.5) auftreten, die bestimmten Bahnenergien E_n entsprechen. Die erlaubten Energien sind durch die Hauptquantenzahl n bestimmt:

$$E_n = -E_i/n^2 \quad n = 1, 2, 3, \ldots . \tag{1.8}$$

Diese Energiewerte (auch Energieniveaus oder Terme genannt) können in einem Niveauschema nach Bild 1.6 dargestellt werden. Das negative Vorzeichen gibt an, daß die inneren Bahnen eine kleinere Energie besitzen als die äußeren. Es muß also Energie zugeführt werden, um das Elektron von einer inneren Bahn auf eine äußere Bahn zu heben oder ganz vom Atomkern zu entfernen oder zu *ionisieren*. Zur Hauptquantenzahl $n = 1$ gehört

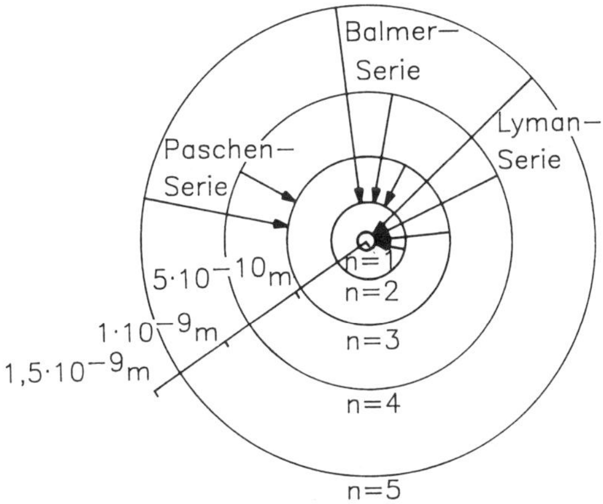

Bild 1.5. Elektronenbahnen des Wasserstoffatoms. Die innerste Bahn mit $n = 1$ hat einen Radius von etwa $0{,}5 \cdot 10^{-10}$ m

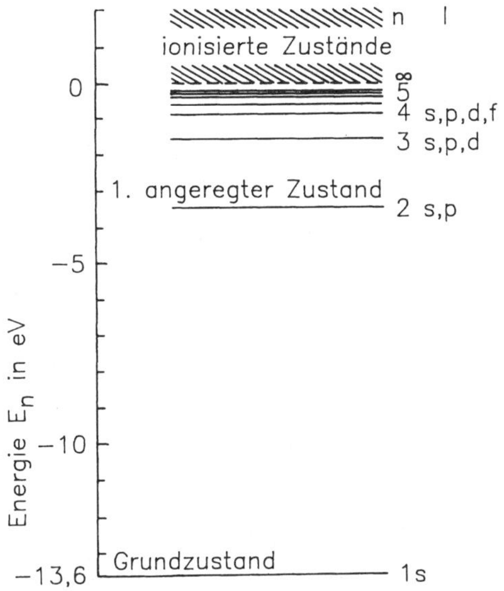

Bild 1.6. Energieniveauschema des Wasserstoffatoms mit Hauptquantenzahl $n = 1, 2, 3$ und Bahndrehimpulsquantenzahl $l = s, p, d, f \ldots$

die Bahn mit dem kleinsten Radius und dem Energiewert $E_\mathrm{i} = -13{,}6\,\mathrm{eV}$. Es ist der Grundzustand, in dem sich das Wasserstoffatom normalerweise befindet. Wird dem Wasserstoffatom von außen Energie zugeführt, kann es in angeregte Zustände übergehen. Erreicht die zugeführte Energie die Ionisierungsenergie $|E_\mathrm{i}| = 13{,}6\,\mathrm{eV}$ oder höhere Werte, so geht das System in den ionisierten Zustand über. Das Elektron bewegt sich nicht mehr auf einer geschlossenen Bahn, es ist nicht mehr an das Atom gebunden.

Das Bohrsche Atommodell ist durch die *Quantenmechanik* weiterentwickelt worden. Der Zustand eines Elektrons wird in dieser Theorie nicht durch eine bestimmte Bahn, sondern durch eine Wellenfunktion Ψ oder räumliche Verteilung der Aufenthaltswahrscheinlichkeit (Orbital, Elektronenwolke,

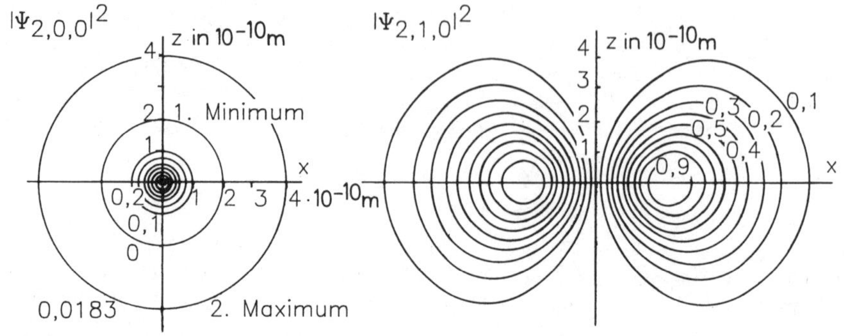

Bild 1.7. Zwei Beispiele für die räumliche Verteilung der Aufenthaltswahrscheinlichkeit $|\Psi|^2$ von Elektronen im Wasserstoffatom mit $n = 2$ (weitere Quantenzahlen siehe Tabelle 1.3). Die Verteilungen sind rotationssymmetrisch um die z-Achse. Die dargestellten Kurven geben konstante Werte von $|\Psi|^2$ an

Tabelle 1.3. Quantenzahlen von Elektronenzuständen im Wasserstoffatom und von Zuständen einzelner Elektronen in Atomen mit mehreren Elektronen

Quantenzahl	Mögliche Werte	Physikalische Bedeutung
Hauptquantenzahl n	$1, 2, 3, \ldots$ $= K, L, M$-Schale	maßgeblich für die Energie des Zustandes (bei Mehrelektronenatomen hängt die Energie auch von den anderen Quantenzahlen ab); Maß für den Bahnradius.
Bahndrehimpulsquantenzahl l	$0, 1, 2, 3, \ldots (n-1)$ $= s, p, d, f$ (n Werte)	bestimmt den Drehimpuls des Zustandes; gibt Form der Elektronenwolke an, die im Fall $l \neq 0$ nicht kugelsymmetrisch ist.
magnetische Quantenzahl m_l	$-l \leq m_l \leq l$ ($2l + 1$ Werte)	bestimmt den Betrag des Drehimpulses bezüglich einer festen Raumrichtung (z. B. Magnetfeld) und gibt die Orientierung des Atoms im Raum an.
Spinquantenzahl m_s	$m_s = -\frac{1}{2}, +\frac{1}{2}$ (2 Werte)	gibt den Wert des Eigendrehimpulses (spin) des Elektrons bezüglich einer festen Raumrichtung an.

Bild 1.7) charakterisiert, die durch die Angabe von 4 Quantenzahlen bestimmt ist (Tabelle 1.3).

Für die Lasertechnik ist die *Entstehung von Licht* in Atomen, Molekülen und Festkörpern von großer Bedeutung. Licht entsteht durch Übergang der Elektronen von einem höheren Energieniveau auf ein niedrigeres. Für das Wasserstoffatom sind derartige Übergänge in Bild 1.5 eingezeichnet. Dabei treten Spektrallinien auf, die für das jeweilige Atom charakteristisch sind. Der Prozeß der Lichterzeugung wird in Kap. 2 genauer behandelt.

1.3 Atome mit mehreren Elektronen

Atome bestehen aus einem positiven Kern und einer Elektronenhülle, in der sich meist mehrere Elektronen befinden. Die Kernladungszahl ist gleich der Elektronenzahl, so daß ein Atom normalerweise elektrisch neutral ist. Jedes Elektron bewegt sich im elektrischen Feld (Coulombfeld) des Atomkerns, das durch die anderen Elektronen teilweise abgeschirmt wird. Im Zentralfeldmodell kann jeder Zustand eines Elektrons näherungsweise, wie im Wasserstoffatom, durch ein bestimmtes Orbital mit einem Satz von vier Quantenzahlen (n, l, m_l, m_s) nach Tabelle 1.3 gekennzeichnet werden. Nach dem Pauli-Prinzip muß jedes atomare Elektron in mindestens einer der vier Quantenzahlen verschieden sein.

Beim Aufbau eines Atoms werden zuerst die Zustände mit der niedrigsten Energie besetzt, in der Regel die mit den kleinsten Hauptquanten- und Bahndrehimpulsquantenzahlen. Zustände gleicher Hauptquantenzahl n werden als zu einer Schale gehörig bezeichnet. Wegen des Pauli-Prinzipes kann jede Schale $2n^2$ Elektronen aufnehmen. Betrachtet man im periodischen System der Elemente Atome mit zunehmender Elektronenzahl, so werden bei den Atomen die einzelnen Schalen sukzessiv aufgefüllt (Bild 1.8). Bei Ordnungszahlen der Elemente über 18 treten Unregelmäßigkeiten im Schalenaufbau des Periodensystems auf. Besonders deutlich wird dies bei den Seltenen Erden, bei denen nicht aufgefüllte innere Schalen mit Elektronen besetzt werden.

Die Energie eines Elektrons wird bei Atomen schwerer als Wasserstoff nicht mehr durch die Hauptquantenzahl n allein bestimmt, sondern auch durch die Bahndrehimpulsquantenzahl l. Nach Tabelle 1.3 hat l jeweils n

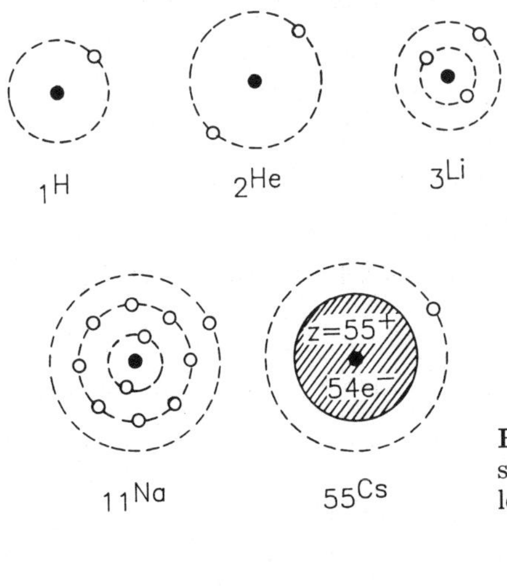

Bild 1.8. Aufbau der Atome des Periodischen Systems durch Auffüllung der Schalen mit Elektronen

Werte. Entsprechend werden die Schalen in n Unterschalen aufgeteilt. Jede Unterschale enthält $2(2l + 1)$ Plätze, die sich durch die unterschiedlichen, möglichen Werte der Quantenzahlen m_l, m_s ergeben. Die Verteilung der Elektronen auf die verschiedenen Unterschalen nennt man Konfiguration der Elektronen.

Für die Elektronenkonfiguration ist folgende Bezeichnung üblich

$$n_1 l_1{}^{a_1}, n_2 l_2{}^{a_2}, \ldots .$$

Als hochgestellter Index a_i wird die Zahl der Elektronen in einer Unterschale angegeben, welche durch die Haupt- und Bahndrehimpulsquantenzahlen $n_i\, l_i$ bestimmt ist. In den Bezeichnungen der Konfiguration wird meist $l = 0, 1, 2, 3$ durch die Buchstaben s, p, d, f ersetzt (z. B. Grundzustand des Neon $1s^2\, 2s^2\, 2p^6$).

Kopplung der Elektronen

Neben der anziehenden Wechselwirkung der Elektronen mit dem Atomkern tritt zusätzlich eine individuelle abstoßende Coulomb-Wechselwirkung zwischen den Elektronen auf. Außerdem kommt es zu einer Spin-Bahn-Wechselwirkung, wobei die magnetischen Momente der Bahndrehimpulse auf die magnetischen Eigenmomente der Elektronen wirken. Dies führt zu einer Aufspaltung der Energieniveaus. Je nach relativer Größe der Coulomb- und Spin-Bahn-Wechselwirkung werden die Drehimpulse der einzelnen Elektronen verschieden kombiniert oder „gekoppelt". Dabei werden insbesondere drei Grenzfälle betrachtet.

1. *LS-Kopplung* (Russel-Saunders-Kopplung) tritt auf, wenn die Coulomb-Wechselwirkung groß gegen die Spin-Bahn-Wechselwirkung ist. In diesem Fall koppeln die Einzelspins zunächst zu einem Gesamtspin $\boldsymbol{S}$ und die Einzelbahndrehimpulse zu einem Gesamtbahndrehimpuls $\boldsymbol{L}$. Bedingt durch die Spin-Bahn-Wechselwirkung setzen sich $\boldsymbol{L}$ und $\boldsymbol{S}$ zum Gesamtdrehimpulsvektor $\boldsymbol{J}$ zusammen. Die Beträge der resultierenden Drehimpulse werden durch die Quantenzahlen S, L und J beschrieben ($L = 0, 1, 2, \ldots = S, P, D, \ldots$). Die LS-Kopplung gilt gut für leichte Elemente, darüber hinaus wird sie näherungsweise für eine große Zahl weiterer Elemente angewendet.
2. *jj-Kopplung* tritt auf, wenn die Spin-Bahn-Wechselwirkung groß gegen die Coulomb-Wechselwirkung ist. Dabei koppeln zunächst die Spins und Bahndrehimpulse jeweils einzelner Elektronen zu einem resultierenden Drehimpuls. Diese setzen sich dann zum Gesamtdrehimpuls des Atoms zusammen. Die jj-Kopplung gilt für schwere Atome.
3. *jl-Kopplung* (Racah-Kopplung) tritt auf, wenn die Coulomb-Wechselwirkung groß gegenüber der Spin-Bahn-Wechselwirkung bei den inneren Elektronen ist, jedoch klein beim äußersten Elektron. Die jl-Kopplung ist besonders wichtig zur Beschreibung der Spektren der Edelgase Neon bis Xenon.

Neben den bisher erläuterten Quantenzahlen wird als weitere die Parität P eingeführt, die für alle Kopplungstypen von Bedeutung ist. Sie kann die Werte $P = \pm 1$ annehmen, und sie beschreibt die Symmetrie der Wellenfunktion gegenüber Spiegelung. Die Parität ergibt sich aus dem Bahndrehimpuls der Elektronen in den einzelnen Schalen. Gilt $\Sigma\, l_i =$ ungerade, so ist $P = -1$ und entsprechend $P = +1$ für eine gerade Summe. Zustände ungerader (engl. odd) Parität werden durch ein hochgestelltes „o" an der LS-Bezeichnung gekennzeichnet.

Auswahlregeln

Ein Atom kann seinen Energiezustand durch Absorption und Emission von Licht ändern. Ein erlaubter Übergang ist dann möglich, wenn die dabei auftretenden Änderungen der Quantenzahlen Auswahlregeln gehorchen. Die Auswahlregeln sind in Tabelle 1.4 zusammengefaßt. Übergänge, die durch die Auswahlregeln ausgeschlossen sind, nennt man verbotene Übergänge. Diese sind langlebig oder metastabil. Auf die Absorption und Emission von Licht wird in Kap. 2 ausführlicher eingegangen.

Tabelle 1.4. Beispiele für die Auswahlregeln bei der Absorption und Emission von Licht (elektrische Dipolstrahlung) durch Atome und Ionen

Auswahlregeln	Ursache
$\Delta J = 0, \pm 1$ aber: $J_{\text{Anfang}} = 0 \rightarrow J_{\text{Ende}} = 0$ verboten	Photon hat Drehimpuls $h/2\pi$ (bei Dipolstrahlung), deshalb muß sich J oder die Orientierung von J ändern
$\sum l_i$ gerade $\leftrightarrow \sum l_i$ ungerade d. h. keine Übergänge zwischen Termen gleicher Parität	Photon hat ungerade Parität, Parität ist multiplikative Quantenzahl
Nur im Falle von LS-Kopplung gültig: $\Delta L = 0, \pm 1$ aber: $L_{\text{Anfang}} = 0 \rightarrow L_{\text{Ende}} = 0$ verboten	folgt aus $\Delta J = 0, \pm 1$ und Interkombinationsverbot
$\Delta S = 0$ „Interkombinationsverbot“, d. h. Übergänge zwischen Termen verschiedener Multiplizität sind verboten	keine magnetische Wirkung des Photons

1.4 Moleküle

Moleküle bestehen aus mehreren Atomkernen und einer Elektronenhülle, wobei einzelne Elektronen einem bestimmten Atomkern zugeordnet sein können oder sich gleichmäßig im gesamten Molekülbereich aufhalten. Die Energiezustände von Molekülen sind wie bei Atomen durch elektronische Anregungen gegeben, es treten aber noch zusätzlich Schwingungs- und Rotationsenergien auf.

Elektronische Zustände

Moleküle werden durch das Zusammenwirken der Bindungskräfte der Elektronen und der abstoßenden Coulomb-Kraft der Atomkerne gebildet. Die chemische Bindung von Molekülen wird an einem System aus zwei Atomen beschrieben, z. B. H und Cl. Die Atome ziehen sich gegenseitig an und bilden ein Molekül HCl, wobei sich ein gegenseitiger Abstand (Kernabstand) r_0 einstellt (Bild 1.9a). Verkleinert man den Abstand, stoßen sich die Atome ab, vergrößert man ihn, ziehen sie sich an.

Die Potentialkurve X in Bild 1.9a gibt die Wechselwirkungsenergie (potentielle Energie) eines zweiatomigen Moleküls in Abhängigkeit vom Kernabstand r an. Die Kurve hat bei r_0 ein Minimum. Um die molekulare Bindung aufzubrechen, müssen die Atome getrennt werden. Dafür ist die Bindungsenergie E_B erforderlich, welche die Tiefe des sogenannten Potentialtopfes angibt. Die Kurve X bezieht sich auf den elektronischen Grundzustand. Genau wie bei Atomen können Elektronen in höhere Bahnen angeregt werden. In diesem Fall ergeben sich andere Potentialkurven bei höheren Energien. Wird das Molekül vom Grundzustand in angeregte Zustände übergeführt, so ändert ändern sich der Kernabstand (r_1, r_2, r_3 usw.) und die Bindungsenergie.

Als Symbole werden X für den elektronischen Grundzustand und für die angeregten Zustände $A, B \ldots$ usw. verwendet. Die Quantenzahlen zweiatomiger Moleküle λ, Λ, Σ, usw. sind in Tabelle 1.5 dargestellt. Bei Übergängen von Elektronen von einem höheren in ein tieferes elektronisches Niveau entsteht Strahlung, die häufig im ultravioletten Spektralbereich liegt. Die Auswahlregeln sind in Tabelle 1.6 zusammengefaßt.

Tabelle 1.5. Quantenzahlen von zweiatomigen Molekülen

Quantenzahl	Werte	Physikalische Bedeutung
λ	$0, 1, 2, \ldots \widehat{=} \sigma, \pi$	Komponente des Bahndrehimpulses eines Elektrons in Richtung der Molekülachse
Λ	$0, 1, 2, \ldots \widehat{=} \Sigma, \pi, \Delta$	Komponente des Gesamtbahndrehimpulses in Richtung der Molekülachse
Σ		Komponente des Gesamtspins in Richtung der Molekülachse
$2\Sigma + 1$	$0, 1, 2, \ldots$	Multiplizität. Sie wird als hochgestellter Index der Bahndrehimpulsquantenzahl beigefügt
P	g, u	Parität, Symmetrie gegen Raumspiegelung
	$+, -$	Symmetrie bezüglich der Ebene durch Molekülachse
v	$0, 1, 2, \ldots$	Schwingungsquantenzahl
J	$0, 1, 2, \ldots$	Rotationsquantenzahl

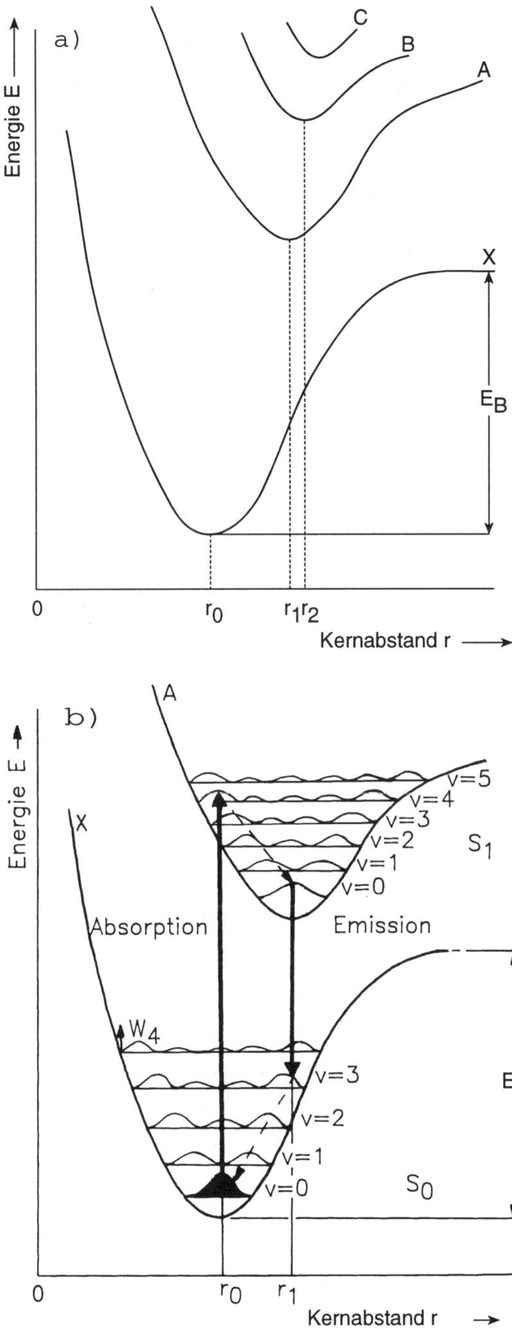

Bild 1.9. (**a**) Die Potentialkurve X gibt schematisch die potentielle Energie eines Moleküls im Grundzustand in Abhängigkeit vom Kernabstand an. Die Bindungsenergie beträgt E_B. Potentialkurven elektronisch angeregter Zustände werden mit A, B, C usw. bezeichnet. (**b**) Die Schwingungsniveaus sind mit $v = 0$, 1, 2, ... bezeichnet. Auf diesen sind die örtlichen Verteilungen der Aufenthaltswahrscheinlichkeit W_v dargestellt. Übergänge finden hauptsächlich ohne Änderung des Kernradius zwischen Schwingungszuständen mit maximalen W-Werten statt

Tabelle 1.6. Auswahlregeln bei der Absorption und Emission von Licht durch Moleküle (elektrische Dipolstrahlung)

Auswahlregel	Bemerkung
$\Delta\Lambda = 0, \pm 1$	gilt für zweiatomige Moleküle.
$\Delta v = \pm 1$	gilt für Übergänge im gleichen elektronischen Zustand.
$\Delta v = 0, \pm 1, \ldots$	gilt für elektronische Übergänge. Nach dem Franck-Condon-Prinzip ändert sich dabei nicht der Kernabstand (vgl. Bild 1.9b). Sind die Potentialkurven ähnlich (keine Änderung des Kernabstandes), so ist $\Delta v = 0$ bevorzugt. Bei verschobenen Kurven X und A ändert sich v.
$\Delta J = 0, \pm 1$	$\Delta J = 0$ gilt nur bei elektronischen Übergängen. Im gleichen elektronischen Zustand gilt $\Delta J = 1$ (R-Zweig) oder $\Delta J = -1$ (P-Zweig).

Schwingungen und Rotationen

Neben der Elektronenenergie eines Moleküls treten zwei Energieanteile auf Grund von Kernbewegungen auf. Zum einen können die Atome im Molekül um ihre Gleichgewichtslage schwingen, und zum anderen kann das Molekül um seine Hauptträgheitsachsen rotieren. Damit setzt sich die Gesamtenergie eines Moleküls zusammen aus Elektronenenergie, Schwingungsenergie und Rotationsenergie

$$E = E_e + E_v + E_J \,. \tag{1.9}$$

Die Elektronenenergie beträgt zwischen $E_e = 1$ und $20\,\text{eV}$, die Schwingungsenergie liegt zwischen $E_v = 0{,}5$ und $10^{-2}\,\text{eV}$, während die Rotationsenergie kleiner als $E_J \approx 10^{-2}\,\text{eV}$ ist. Das Termschema eines Moleküls ist somit komplizierter als das von Atomen. Nach Bild 1.10 (und Bild 1.9b) gehören zu jedem elektronischen Niveau $X, A, B, C, \ldots$ mehrere äquidistante Vibrationsniveaus. Darüber bauen sich dann die Rotationsniveaus auf.

Die Schwingungs- und Rotationsenergie ist ebenso wie die Elektronenenergie gequantelt. Die Schwingungs- und Rotationsniveaus werden durch die Quantenzahlen $v = 0, 1, 2, 3, \ldots$ und $J = 0, 1, 2, 3, \ldots$ (nicht mit Gesamtdrehimpuls zu verwechseln) bezeichnet:

$$E_v = (v + \tfrac{1}{2})hf \tag{1.10}$$

$$E_J = hcB_\mathrm{r}J(J+1) \,. \tag{1.11}$$

Dabei bedeuten $h = 6{,}6 \cdot 10^{-34}\,\text{J\,s}$ das Plancksche Wirkungsquantum, f die Frequenz eines Quantes der Molekülschwingung, $c = 3 \cdot 10^8\,\text{m/s}$ die Lichtgeschwindigkeit und B_r die Rotationskonstante.

Moleküle können in die verschiedenen Rotations-Vibrations-Niveaus angeregt werden (Bild 1.9b). Von dort können Sie in tiefere Niveaus übergehen,

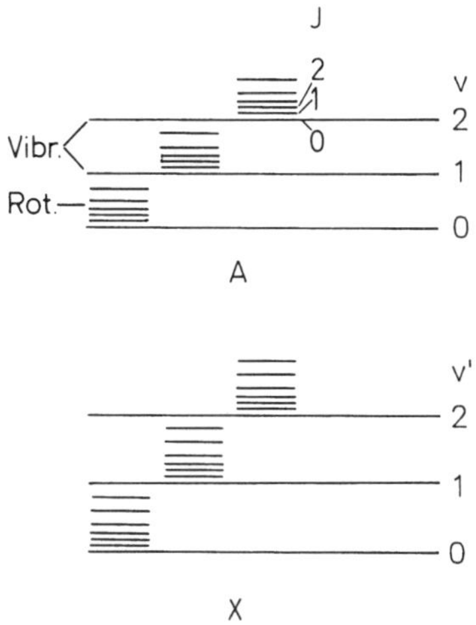

Bild 1.10. Energieniveaus eines Moleküls mit elektronischen (X und A), Schwingungs- und Rotationszuständen

wobei Strahlung emittiert wird. Dabei sind Übergänge zwischen elektronischen Niveaus, Rotations- oder Vibrationsniveaus möglich. Die Wellenlänge der entstehenden Strahlung liegt dabei jeweils im ultravioletten, infraroten und fernen infraroten Spektralbereich. Die Auswahlregeln für die Absorption und Emission sind in Tabelle 1.6 zusammengefaßt.

Mehratomige Moleküle können in unterschiedlicher Form schwingen. Dieses wird am CO_2-Molekül, einem linearen, symmetrischen, dreiatomigen Molekül (Bild 1.11), dargestellt. Für das CO_2-Molekül sind drei Fundamentalschwingungen möglich: die symmetrische Longitudinalschwingung mit der Frequenz f_1, die Biegeschwingung mit der Frequenz $f_2 = f_{2a}, f_{2b}$ und die asymmetrische Longitudinalschwingung f_3. Jede Schwingung ist gequantelt und kann unabhängig von den anderen existieren. Zur Bezeichnung eines Schwingungsniveaus sind drei Zahlen (v_1, v_2, v_3) notwendig. Bei der Biegeschwingung sind die Schwingungen in und senkrecht zur Zeichenebene f_{2a}

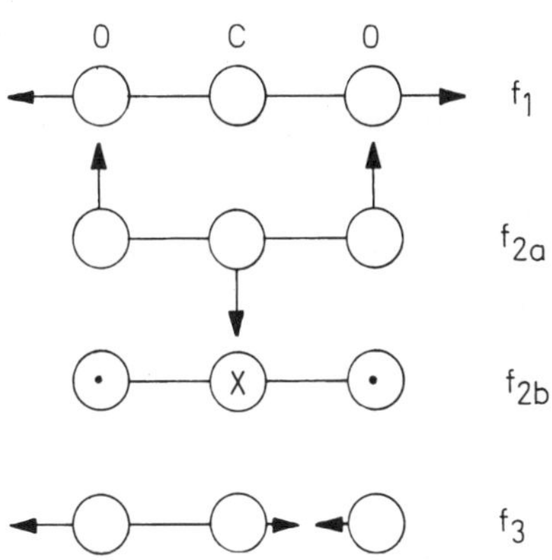

Bild 1.11. Verschiedene Fundamentalschwingungen des CO_2-Moleküls

und f_{2b} gleichwertig, man nennt deshalb die Schwingung mit f_2 entartet. Der Entartungsgrad wird durch einen hochgestellten Index l in (v_1, v_2^l, v_3) angezeigt (vgl. Abschn. 4.2).

Die in diesem Abschnitt dargestellten, relativ einfachen Moleküle mit wenigen Atomen werden in Infrarot- und Ultraviolettgaslasern (Kap. 4 und 7) benutzt. Von zusätzlicher Bedeutung für die Lasertechnik sind Farbstoffmoleküle, die aus wesentlich mehr Atomen bestehen. Diese komplexen Moleküle werden in Kapitel „Farbstofflaser" ausführlicher dargestellt.

1.5 Energieniveaus in Festkörpern

Festkörper bestehen aus einer großen Anzahl von Atomen, die in Kristallen regelmäßig angeordnet sind. Durch die Wechselwirkung der Atome untereinander entstehen in Festkörpern aus den diskreten Niveaus freier Atome kontinuierliche Energiebänder. Von besonderer Wichtigkeit für die elektrischen und optischen Eigenschaften sind die beiden obersten, voll oder teilweise besetzten Bänder. In teilweise gefüllten Bändern können sich Elektronen unter dem Einfluß elektrischer Felder bewegen und somit elektrischen Strom leiten. Bei vollen Bändern ist das nicht möglich.

Eine grobe Einteilung der Festkörper ist daher nach ihrer elektrischen Leitfähigkeit möglich. Bei Metallen ist das oberste Energieband, das sogenannte Leitungsband, teilweise besetzt, so daß eine hohe Leitfähigkeit vorhanden ist. Diese elektrische Leitfähigkeit ist mit starker optischer Absorption verbunden, so daß Metalle keine Lasertätigkeit zeigen.

Bei Isolatoren ist das Leitungsband unbesetzt, so daß kein Strom fließen kann. Der Abstand zum nächsten tiefer liegenden Band, dem sogenannten Valenzband, ist so groß, daß keine Absorption im sichtbaren Spektralbereich stattfinden kann. Isolatoren, wie Gläser, Keramiken und Kristalle sind daher in reiner Form durchsichtig.

Halbleiter

Halbleiter nehmen eine Zwischenstellung zwischen Metallen und Isolatoren ein. Bei tiefen Temperaturen oder in reinen Materialien ist ebenfalls keine elektrische Leitfähigkeit vorhanden. Das Leitungsband ist unbesetzt, während das darunterliegende Valenzband voll besetzt ist. Die Energielücke zwischen den Bändern beträgt bei Silizium 1,2 eV, bei GaAs 1,5 eV. Diese Energie kann durch Temperaturerhöhung oder Lichteinstrahlung zugeführt werden, so daß der Halbleiter elektrisch leitend wird. Außerdem können durch Dotierung Elektronen im Leitungsband erzeugt werden. Die Energiebänder und Prozesse der Absorption und Emission von Licht werden im Abschn. 1.6 und Kap. 10 behandelt.

Fremdatome in Isolatoren

Fehlordnungen oder eingebaute Fremdatome bilden Defekte im Gitteraufbau von Festkörpern. Elektronen, die an derartige Störstellen gebunden sind, haben charakteristische Energiezustände, die durch die Störstelle und die Wirkung des umgebenden Kristallgitters bestimmt sind.

Bei Festkörperlasern werden Kristalle oder Gläser mit Fremdatomen dotiert, bei denen nicht aufgefüllte innere Schalen vorliegen. Es handelt sich um die Übergangsmetalle, wie Cr, Co, Ni, oder um die Seltenen Erdatome, wie Nd, Ho, Er. Die optischen Übergänge finden in den inneren Schalen dieser Atome statt, die von den äußeren Schalen vor dem Einfluß des Kristallgitters relativ gut abgeschirmt werden.

Ein Beispiel für Energieniveaus, die von Fremdatomen in einem Kristall stammen, bilden die Zustände von Chromionen in einem Rubinkristall. Dieser besteht beim Rubinlaser aus Aluminiumoxid (α-Al_2O_3, Korund), dem etwa 0,05 % Chrom beigegeben ist (Abschn. 8.1). Beim Gitteraufbau des Korunds werden einige Al^{3+}-Ionen durch Cr^{3+}-Ionen ersetzt. Das elektrostatische Kristallfeld, das die Cr^{3+}-Ionen beeinflußt, ist in seiner Wirkung kleiner als die Coulomb-Wechselwirkung der Elektronen im Atom. Die Wirkung des Kristallfeldes auf die Energieterme der Cr^{3+}-Ionen ist in Bild 1.12 dargestellt. Links sind die berechneten Energien der freien Ionen angegeben. Die Wirkung des kubischen Anteils des Kristallfeldes führt zu einer Verschiebung und Aufspaltung der Energiezustände. Statt diskreter Energiezustände treten teilweise Energiebanden auf. Der trigonale Anteil des Kristallfeldes sowie die Spin-Bahnwechselwirkung führen zu weiteren Aufspaltungen. Die zur Bezeichnung der Energiezustände verwendeten Buchstaben $A, E, T, \ldots$ geben keine Bahndrehimpulse an, sondern Symmetrieeigenschaften der Elektronenverteilungen.

Weitere wichtige Beispiele für die Energieniveaus von Störstellen liefern die Seltenen Erden, die in Kristalle eingebaut werden und dort als Ionen vorliegen. Bei diesen finden optische Übergänge in der unvollständig aufgefüllten $4f$-Schale statt. Die Wirkung des Kristallfeldes ist klein gegen die inneratomare Wechselwirkung, da die $4f$-Schale durch Elektronen in äußeren Schalen gegen das Kristallfeld abgeschirmt ist. Die Energiezustände der Seltenen Erden sind daher in Kristallen nahezu die gleichen wie die bei freien Ionen. Dies spielt beispielsweise beim Neodymlaser eine wichtige Rolle, der aus einem dotierten YAG-Kristall aufgebaut ist (Abschn. 8.2).

Farbzentren

Es ist möglich, den Aufbau von Alkalihalogenid-Kristallen (z. B. KCl) so zu beeinflussen, daß ein Überschuß von Alkaliatomen entsteht. Der Mangel an Halogenatomen führt zu Leerstellen und damit zu Anionenlücken im Kristall (Bild 1.13). Die Valenzelektronen überschüssiger Alkaliatome sind nicht gebunden, sie werden in die Anionenlücken eingefangen.

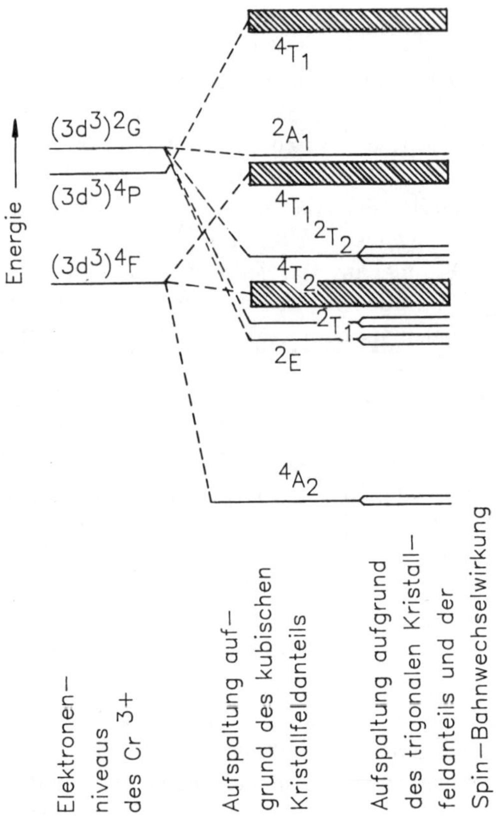

Bild 1.12. Energieniveauschema des Rubinkristalls (Al_2O_3: Cr^{3+})

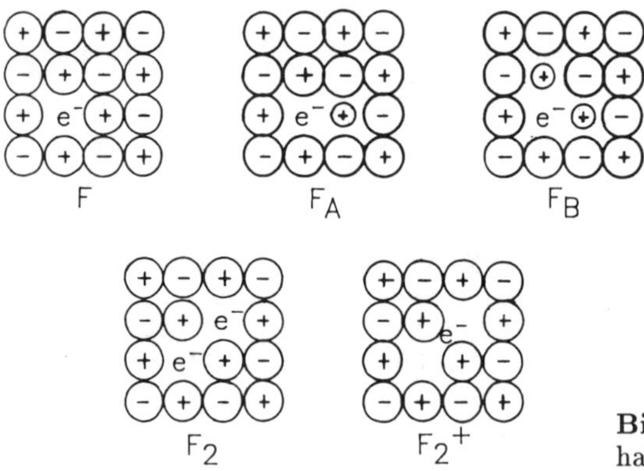

Bild 1.13. Farbzentren in Alkalihalogenid-Kristallen

Ein am Ort einer Anionenlücke eingefangenes Elektron nennt man Farbzentrum. Die Bewegung des Elektrons im Felde der die Lücke umgebenden Alkaliatome führt zu diskreten Energiezuständen, ohne daß ein Zentralatom vorhanden ist. Der Abstand dieser Energieniveaus beträgt je nach Material einige eV, wodurch eine charakteristische Färbung der Kristalle erfolgt, die ohne diese Störstellen farblos und durchsichtig sind. Außer den bisher beschriebenen einfachen F-Zentren gibt es noch eine Reihe anderer Farbzentren, die besonders für Laseranwendungen von Bedeutung sind. Das F_A-Zentrum besteht z. B. aus einer Halogen-Lücke, bei der ein benachbartes reguläres Alkaliatom durch ein anderes Atom ersetzt ist (Abschn. 8.6).

1.6 Energiebänder in Halbleitern

Halbleiter können durch Gruppen dicht beieinanderliegender Energieniveaus oder *Bänder* beschrieben werden. Ohne thermische Anregung ($T = 0\,\mathrm{K}$) sind diese Bänder entweder vollständig mit Elektronen gefüllt, oder sie sind leer. Das höchste gefüllte Band wird *Valenzband* und das niedrigste ungefüllte *Leitungsband* genannt. Beide Bänder sind durch die Bandlücke getrennt, die für Halbleiter im Bereich zwischen 0,1 bis 3 eV liegt. Thermische oder optische Anregung kann die Energie eines Elektrons derart ändern, daß es vom Valenzband in das Leitungsband übergeht, wobei eine positive Ladung – ein *Loch* – im Valenzband die Folge ist. Der umgekehrte Prozeß der Rekombination eines Elektrons aus dem Leitungsband mit einem Loch ist ebenfalls möglich und verläuft unter Energieabgabe, beispielsweise der Emission eines Photons.

Die Elektronen in einem Band haben nicht nur unterschiedliche Energien, sondern auch unterschiedliche Impulse und Wellenvektoren, wie in Bild 1.14 am Beispiel des Halbleiters Indiumphosphid dargestellt.

Die Energie eines freien Elektrons ist gegeben durch:

$$E_{\text{frei}} = \frac{p^2}{2m_0} = \frac{\hbar^2 k^2}{2m_0} \tag{1.12}$$

wobei $p = \hbar k$ der Betrag des Impulses und k der Betrag des Wellenvektors eines Elektrons sind. Die Elektronenmasse ist mit m_0 bezeichnet, und $\hbar = h/2\pi$ ist durch das Plancksche Wirkungsquantum h gegeben. Im Halbleitermaterial kann die E-k-Beziehung in der Nähe der Bandkanten durch eine quadratische Funktion approximiert werden:

$$E_a = E_c + \frac{\hbar^2 k^2}{2m_c} \qquad \text{und} \qquad E_b = E_v - \frac{\hbar^2 k^2}{2m_v}\,. \tag{1.13}$$

Hierbei beschreibt E_c die untere Bandkantenenergie des Leitungsbandes und E_v die obere Bandkantenenergie des Valenzbandes. Die effektiven Elektronenmassen im Leitungs- und Valenzband sind durch m_c und m_v, die Energie der Bandlücke (engl. gap) durch $E_g = E_c - E_v$ gegeben. Liegt das Maximum des Valenzbandes bei dem gleichen k-Wert wie das Minimum des Leitungsbandes, so ist von direkten Halbleitern die Rede. Bei indirekten Halbleitern, z. B. Silizium, ist dagegen das Leitungsbandminimum gegenüber dem Valenzbandmaximum im k-Raum verschoben.

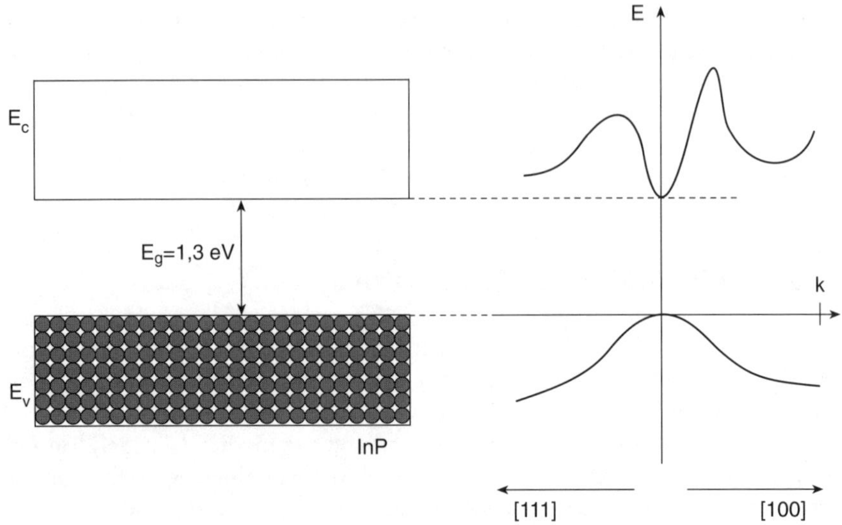

Bild 1.14. E-k-Funktion im Leitungs- und Valenzband für InP. Die Symbole [111] und [100] geben eine bestimmte Raumrichtung im Kristall an (Millersche Indizes)

Lichtabsorption und -emission erfolgen hauptsächlich durch Übergänge zwischen den Bändern ohne signifikante Änderung des Elektronenimpulses $\hbar k$, da die Photonenimpulse klein gegen die Elektronenimpulse sind. Insbesondere Elektronenübergänge vom energetischen Minimum des Leitungsbandes, wo sich die meisten Elektronen aufhalten, zum Maximum des Valenzbandes können in direkten Halbleitern mit $\Delta k \approx 0$, d. h. ohne Beteiligung von Phononen, vonstatten gehen. Direkte Halbleiter sind daher im Gegensatz zu indirekten die effektiveren Photonenemitter und finden Einsatz in Leucht- und Laserdioden.

Ladungsträgerdichte

Die Dichte der Ladungsträger (Elektronen und Löcher) ergibt sich aus dem Produkt von Zustandsdichte × Besetzungswahrscheinlichkeit. Die Zustandsdichte beschreibt, wieviele Elektronen einen bestimmten Energiezustand einnehmen können. und kann in Bandkantennähe folgendermaßen ausgedrückt werden:

$$\varrho_c(E) = \frac{(2m_c)^{3/2}}{2\pi^2\hbar^3}(E - E_c)^{1/2}\,, \quad E \geq E_c\,, \tag{1.14}$$

$$\varrho_v(E) = \frac{(2m_v)^{3/2}}{2\pi^2\hbar^3}(E_v - E)^{1/2}\,, \quad E \leq E_v\,. \tag{1.15}$$

Die Wahrscheinlichkeit, daß bei gegebener Temperatur T ein Zustand der Energie E mit einem Elektron besetzt ist, ergibt sich aus der Fermi-Funktion:

$$f(E) = \frac{1}{\exp\left[(E - E_f)/kT\right] + 1}, \tag{1.16}$$

wobei k die Boltzmann-Konstante und E_f die Fermi-Energie darstellen und thermisches Gleichgewicht zwischen den Ladungsträgern im Leitungs- und Valenzband vorausgesetzt wurde. Für nicht dotierte oder intrinsische Halbleiter liegt E_f ungefähr in der Mitte der Bandlücke.

Dotierung

Erheblich ändern lassen sich die optischen und elektrischen Eigenschaften des Halbleitermaterials durch Dotierung. Das Einbringen von *Donatoren* (Atome mit mehr Valenzelektronen als das Grundmaterial) erzeugt einen Überschuß an frei beweglichen Elektronen, wohingegen das Dotieren mit *Akzeptoren* (Atome mit weniger Valenzelektronen als das Grundmaterial) einen Überschuß an Löchern hervorruft. Entsprechend der Dotierung spricht man von n- oder p-Halbleitern.

Ladungsträgerinjektion

Elektronen und Löcher können auch optisch, d. h. durch Einstrahlung von Licht, oder elektrisch durch Stromfluß in p-n-Übergängen erzeugt werden. Obwohl dann kein thermisches Gleichgewicht zwischen den Bändern besteht und die Fermiverteilung nach (1.16) deshalb nicht gültig ist, können dennoch sich die Ladungsträger jeweils innerhalb eines Bandes im Gleichgewicht befinden. Dieser Fall liegt insbesondere dann vor, wenn die Relaxationszeiten für Übergänge innerhalb eines Bandes beträchtlich kürzer sind als für Übergänge zwischen den Bändern. In üblicherweise verwendeten Halbleitermaterialien ist dies der Fall. Man spricht von einem Quasi-Gleichgewicht und definiert separate Fermi-Energien F_c für das Leitungsband und F_v für das Valenzband. Bild 1.15 zeigt die Ladungsträgerverteilung eines Halbleiters im Quasi-Gleichgewicht. Die Wahrscheinlichkeit, daß ein Energieniveau E im Leitungsband mit einem Elektron besetzt wird,ist durch $f_c(E)$, die Fermi-Funktion mit dem Ferminiveau F_c gegeben. Für die Wahrscheinlichkeit der Besetzung eines Energieniveaus E im Valenzband durch ein Loch gilt $1 - f_v(E)$, wobei $f_v(E)$ die Fermi-Funktion mit dem Ferminiveau F_v ist. Die Ladungsträgerdichte der Elektronen im Leitungsband ergibt sich zu $n(E) = \varrho_c(E) \cdot f_c(E)$, die der Löcher im Valenzband zu $p(E) = \varrho_v(E) \cdot (1 - f_v(E))$.

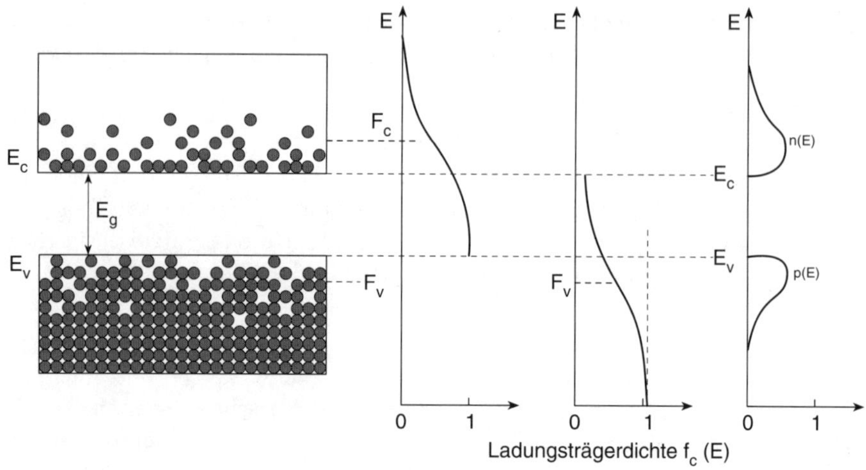

Bild 1.15. Halbleiter im Quasigleichgewicht

Aufgaben

1.1 (a) Eine 100 W-Glühlampe strahlt eine Lichtleistung von $P = 1\,\mathrm{W}$. Wie groß ist die Leistungsdichte in $r = 0{,}1$ und 1 m Entfernung?
(b) Vergleichen Sie den Wert mit der Leistungsdichte eines 1 mW-He-Ne-Lasers ($\lambda = 633\,\mathrm{nm}$) mit einem Strahldurchmesser von $d = 0{,}7\,\mathrm{mm}$.

1.2 (a) Wieviel Photonen pro Sekunde strahlt ein He-Ne-Laser ($\lambda = 633\,\mathrm{nm}$) mit $P = 1\,\mathrm{mW}$ ab?
(b) Wie hoch ist die Photonenenergie W in Ws und eV?

1.3 Wie groß ist die Frequenz
(a) der roten Strahlung eines Halbleiterlasers ($\lambda = 635\,\mathrm{nm}$) und
(b) der blauen Strahlung eines Argonlasers ($\lambda = 488\,\mathrm{nm}$)?

1.4 Berechnen Sie die Energie der Quanten eines CO_2- und Argonlasers (mit $\lambda = 10\,600$ und 488 nm) in J und eV.

1.5 Berechnen Sie die Energiezustände von atomarem Wasserstoff sowie die Wellenlängen der Übergänge $E_2 \to E_1$ sowie $E_3 \to E_2$.

1.6 Skizzieren Sie entsprechend Bild 1.10 die Rotations-Schwingungs-Niveaus des elektronischen Grundzustands X des Stickstoffmoleküls N_2 mit der Schwingungsfrequenz $f \approx 7 \cdot 10^{13}\,\mathrm{Hz}$ und der Rotationskonstante $B_r = 1{,}96\,\mathrm{cm}^{-1}$.

1.7 Einer Schmelze von Al_2O_3 wird eine Masse von 0,05 % Cr_2O_3 beigefügt. Wieviele Cr-Atome bzw. Cr-Ionen sind pro cm^3 vorhanden?

1.8 Ab welcher Wellenlänge wird Silizium für Strahlung transparent? Der Abstand zwischen Valenz- und Leitungsband beträgt 1,2 eV.

2. Absorption und Emission von Licht

Nachdem im ersten Kapitel grundlegende Eigenschaften der Atome besprochen wurden, soll im folgenden die Wechselwirkung von Licht mit Atomen und Materie dargestellt werden. Spezielle Arten der Wechselwirkung sind die Absorption von Licht aber auch die Emission und die Lichtverstärkung, welche die Grundlagen des Lasers bilden.

2.1 Absorption

Licht wird beim Durchgang durch eine Materialschicht absorbiert. Zur Beschreibung der Absorption wird eine ebene Lichtwelle mit einer Intensität I_0 betrachtet, die auf eine Schicht der Dicke d einfällt (Bild 2.1). Hinter der Schicht hat die Welle eine geringere Intensität als vorher. Die durchtretende Leistungsdichte I ist proportional zur eingestrahlten I_0 und hängt exponentiell von der Schichtdicke ab (Beersches Gesetz):

$$I = I_0 \exp(-\alpha d) \,. \tag{2.1}$$

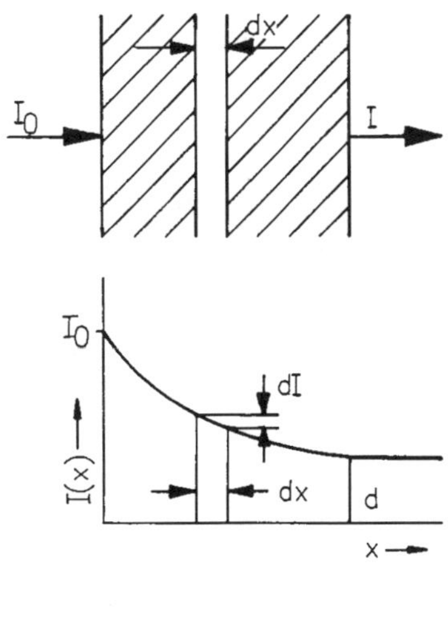

Bild 2.1. Durchgang von Licht durch einen absorbierenden Stoff

Die für jedes Material charakteristische Größe α wird als Absorptionskonstante oder Absorptionskoeffizient bezeichnet. Beispiele für den Koeffizienten sind: $\alpha \approx (1 \text{ bis } 10\,\text{km})^{-1}$ (Glasfaser) und $\alpha \approx (1\,\text{nm})^{-1}$ (Metalle).

Zur Ableitung des Gesetzes wird in der Schicht eine Koordinate x eingeführt. Es wird angenommen, daß die an einer Stelle x vorhandene Intensität $I(x)$ um einen Betrag $\mathrm{d}I$ vermindert wird, wenn die Lichtwelle sich von x nach $x + \mathrm{d}x$ fortbewegt. Die absorbierte Intensität $\mathrm{d}I$ ist proportional zur vorhandenen Intensität $I(x)$ und zu $\mathrm{d}x$. Der Proportionalitätsfaktor α ist der bereits eingeführte Absorptionskoeffizient:

$$\mathrm{d}I = -\alpha I(x)\mathrm{d}x\,. \tag{2.2}$$

Die Integration dieser Gleichung mit den Randbedingungen $I(0) = I_0$ und $I(d) = I$ ergibt das Beersche Absorptionsgesetz (2.1).

Atomistische Deutung der Absorption

Der Vorgang der Absorption kann atomistisch beschrieben werden. Atome oder Moleküle besitzen diskrete oder gequantelte Energiezustände E_1, E_2, E_3,..., die sich in einem Termschema übersichtlich darstellen lassen (Bild 2.2). In Flüssigkeiten (z. B. Farbstofflösungen) und Festkörpern bilden sich aus den scharfen Zuständen Energiebänder. Im ungestörten Fall befinden sich alle Atome (oder Moleküle) im Zustand der niedrigsten Energie E_1, dem Grundzustand. Trifft Licht mit der Frequenz f_{12} auf ein Atom, so kann es in einen höheren Energiezustand E_2 übergehen, falls die Bohrsche Bedingung

$$E_2 - E_1 = hf_{12} \tag{2.3}$$

erfüllt ist, wobei $h = 6{,}626 \cdot 10^{-34}\,\text{J s}$ das Plancksche Wirkungsquantum bedeutet. Dem Licht wird dadurch ein Lichtquant mit der Energie hf entzogen. Die Intensität I wird also vermindert, es hat Absorption stattgefunden.

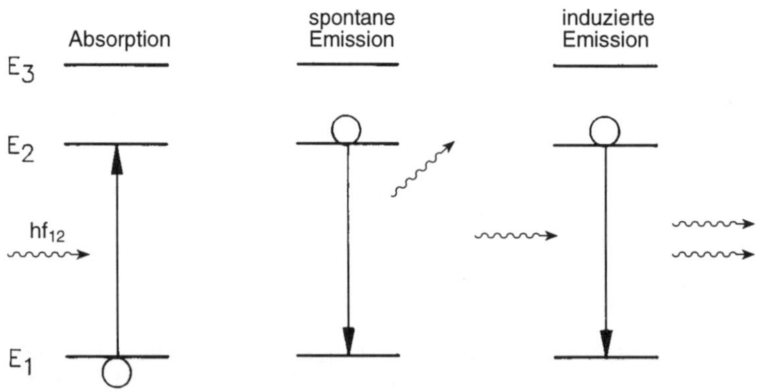

Bild 2.2. Schematische Darstellung der Absorption, spontanen Emission und induzierten Emission

Der Absorptionskoeffizient läßt sich aus der Zahl der absorbierten Photonen oder der Übergänge von Zustand E_1 nach E_2 berechnen. Diese Zahl pro Zeit- und Volumeneinheit wird mit $|\mathrm{d}N_1/\mathrm{d}t|_\mathrm{a}$ bezeichnet. Der Index a symbolisiert, daß der Übergang durch Absorption stattfindet. $|\mathrm{d}N_1/\mathrm{d}t|_\mathrm{a}$ ist proportional zur Dichte der Atome N_1 im Grundzustand und zur Stromdichte der Photonen ϕ (Photonen/Zeit·Fläche):

$$\left|\frac{\mathrm{d}N_1}{\mathrm{d}t}\right|_\mathrm{a} = \sigma_{12} N_1 \phi \,. \tag{2.4}$$

Der Proportionalitätsfaktor σ_{12} ist der Wirkungsquerschnitt für Absorption. Er gibt die effektive Fläche an, mit welcher das Atom die Photonen absorbiert.

Die Zahl der Übergänge $|\mathrm{d}N_1/\mathrm{d}t|_\mathrm{a}$ ist gleich der Veränderung der Photonendichte (Photonen/Volumen): $\mathrm{d}\Phi/\mathrm{d}t = -\,|\mathrm{d}N_1/\mathrm{d}t|_\mathrm{a}$. Das negative Vorzeichen kommt daher, daß die Photonendichte abnimmt. Man setzt $\Phi = \phi/c$ [(1.5) und (1.7)] und mit $c = \mathrm{d}x/\mathrm{d}t$ erhält man:

$$\left|\frac{\mathrm{d}N_1}{\mathrm{d}t}\right|_\mathrm{a} = -\frac{1}{c}\frac{\mathrm{d}\phi}{\mathrm{d}t} = -\frac{\mathrm{d}t}{\mathrm{d}x}\frac{\mathrm{d}\phi}{\mathrm{d}t} = -\frac{\mathrm{d}\phi}{\mathrm{d}x} \,. \tag{2.5}$$

Die Stromdichte ϕ ist proportional zur Leistungsdichte I (1.7), und aus (2.4) ergibt sich für Abnahme von I durch Absorption:

$$\left|\frac{\mathrm{d}I}{\mathrm{d}x}\right|_\mathrm{a} = -\sigma_{12} N_1 I \,. \tag{2.6}$$

Durch Vergleich mit (2.2) erhält man:

$$\alpha = \sigma_{12} N_1 \,. \tag{2.7}$$

Eine wichtige Aussage dieser Gleichung ist, daß der Absorptionskoeffizient α mit der Dichte der absorbierenden Atome oder Moleküle wächst und damit z. B. auch mit der Konzentration einer Farbstofflösung.

Der Wirkungsquerschnitt σ_{12} kann durch den Einstein-Koeffizienten für Absorption B_{12} ausgedrückt werden, wobei die Linienformfunktion (Abschn. 2.4) berücksichtigt werden muß:

$$\sigma_{12} = B_{12} h f_{12}/c \int F(f)\mathrm{d}f \approx B_{12} h f_{12}/c\Delta f \,. \tag{2.8}$$

2.2 Spontane Emission

Es erhebt sich nun die Frage, was mit den Atomen in angeregten Zuständen geschieht. Diese zerfallen nach einer gewissen Zeit wieder in den Grundzustand (Bild 2.2). Die dabei freiwerdende Energie kann als Lichtquant abgestrahlt werden; allerdings nicht in Ausbreitungsrichtung der einfallenden Welle, sondern in eine beliebige Raumrichtung, so daß der einfallenden Welle tatsächlich Energie entzogen wird, wie es in obigen Rechnungen angenommen wurde.

Der Prozeß der Rückkehr eines Atoms aus einem angeregten Zustand in einen tiefliegenden Zustand unter Aussendung eines Lichtquants wird als spontane Emission bezeichnet, falls er ohne äußere Einwirkung stattfindet. Die Abnahme der Atomdichte im oberen Zustand N_2 durch spontane Emission wird mit Hilfe der Lebensdauer für spontane Emission τ beschrieben:

$$\left|\frac{\mathrm{d}N_2}{\mathrm{d}t}\right|_{\mathrm{sp}} = \frac{N_2}{\tau}\,. \tag{2.9}$$

Die reziproke Lebensdauer $A = 1/\tau$ wird als Einstein-Koeffizient für spontane Emission bezeichnet. Typische Beispiele für Lebensdauern sind $\tau \approx 10^{-9}\,\mathrm{s}$ für erlaubte Übergänge und $\tau \approx 10^{-3}\,\mathrm{s}$ für verbotene Übergänge von metastabilen Niveaus. Nur Grundzustände sind wirklich stabil mit $\tau = \infty$.

Die Rückkehr eines Elektrons vom angeregten Zustand in den Grundzustand kann auch ohne Strahlung erfolgen. In diesem Fall ist $A = 0$; trotzdem besitzt das Elektron im angeregten Zustand eine endliche Lebensdauer τ'. Es gilt daher im allgemeinen Fall $\tau' \leq 1/A$. Die Energie des angeregten Elektrons wird im allgemeinen nicht nur zur Emission eines Photons verwendet, sondern kann auch in anderer Form, z. B. als Gitterschwingung (Erwärmung) oder durch Stoßvorgänge abgegeben werden.

Einige Beispiele für die Lebensdauer von Laserniveaus sind in Tabelle 2.1 angegeben.

Tabelle 2.1. Lebensdauer von Laserniveaus und Wirkungsquerschnitte σ für induzierte Emission

Lasertyp	λ (µm)	τ_2 (ob. Niv.)	τ_1 (unt. Niv.)	σ (cm^2)
He-Ne	0,633	10. . . 20 ns	12 ns	$3 \cdot 10^{-13}$
Ar^+	0,488	9 ns	0,4 ns	
Excimer (KrF)	0,248	1. . . 10 ns	< 1 ps	10^{-16}
CO_2	10,6	1. . . 10 ms		10^{-16}
Niederdruck			100 ns	
Hochdruck			1 ns	
Farbstoff Rh6G	0,6	5 ns	$\leq$ 10 ps	$2 \cdot 10^{-18}$
Rubin	0,694	3 ms	∞	$2 \cdot 10^{-20}$
Nd: YAG	1,06	230 µs	30 ns	$8 \cdot 10^{-19}$
Nd:Glas	1,06	300 µs	50. . . 100 ns	$4 \cdot 10^{-20}$
Halbleiter GaAs	0,8	4 ns		10^{-16}

2.3 Lichtverstärkung durch induzierte Emission

Neben dem Prozeß der spontanen Emission, der durch die Beobachtung von Fluoreszenz schon lange bekannt war, postulierte Einstein die induzierte oder stimulierte Emission. Danach kann die Rückkehr eines Atoms aus einem angeregten Zustand in einen tiefer liegenden Zustand nicht nur spontan erfolgen, sondern auch durch äußere Einwirkung einer Lichtwelle, welche die Bohrsche Frequenzbedingung erfüllt. Die Anzahl dieser Prozesse pro Zeit- und Volumeneinheit $|\mathrm{d}N_2/\mathrm{d}t|_\mathrm{i}$ ist durch zu (2.4) und (2.6) analoge Beziehungen gegeben:

$$\left|\frac{\mathrm{d}N_2}{\mathrm{d}t}\right|_\mathrm{i} = \sigma_{21} N_2 \phi \quad \text{und} \qquad \left|\frac{\mathrm{d}I}{\mathrm{d}x}\right|_\mathrm{i} = \sigma_{21} N_2 I \,. \tag{2.10}$$

Dabei bedeutet N_2 die Dichte der angeregten Niveaus, σ_{21} den Wirkungsquerschnitt für induzierte Emission, t die Zeit und x die Koordinate in Ausbreitungsrichtung. Der Index i zeigt an, daß die Gleichungen für den Prozeß der induzierten Emission gelten. Die Leistungsdichte I einer eingestrahlten Lichtwelle nimmt zu, die Welle wird verstärkt.

Während bei der spontanen Emission das Photon statistisch in verschiedene Richtungen emittiert wird, wird bei der induzierten Emission das entstehende Photon in Ausbreitungsrichtung des einfallenden Quantes abgestrahlt. Im Wellenbild kann ausgesagt werden, daß die induzierte Welle kohärent zur einfallenden Lichtwelle ist, d. h. sie hat gleiche Frequenz und Phase.

Durch thermodynamische oder quantenmechanische Überlegungen kann gezeigt werden, daß die Wirkungsquerschnitte für Absorption und induzierte Emission gleich sind, falls die Niveaus gleiches statistisches Gewicht aufweisen:

$$\sigma_{12} = \sigma_{21} = \sigma \quad (\text{und} \quad B_{12} = B_{21} = B) \,. \tag{2.11}$$

Besitzen die Niveaus mit E_1 und E_2 Unterzustände, so gilt:

$$g_1 \sigma_{12} = g_2 \sigma_{21} \,. \tag{2.12}$$

Dabei bedeuten g_1 und g_2 die jeweilige Anzahl der Unterzustände.

Die durch induzierte Emission entstehenden Lichtquanten führen im Gegensatz zur spontanen Emission zu einer Verstärkung der eingestrahlten Lichtwelle. Die induzierten Lichtquanten haben dieselbe Frequenz, Richtung und Phase wie die eingestrahlten.

Verstärkungsfaktor

Der Verstärkung durch induzierte Emission $|\mathrm{d}I|_\mathrm{i}$ wirkt die Absorption $|\mathrm{d}I|_\mathrm{a}$ entgegen. Insgesamt gilt für die Änderung der Intensität:

$$\mathrm{d}I = -\,|\mathrm{d}I|_\mathrm{a} + |\mathrm{d}I|_\mathrm{i} \,.$$

Für Niveaus mit dem Entartungsgrad $g = 1$ gilt [(2.6) und (2.10)]:

$$\begin{aligned} \frac{\mathrm{d}I}{\mathrm{d}x} &= -\sigma N_1 I + \sigma N_2 I \quad \text{oder} \\ \frac{\mathrm{d}I}{\mathrm{d}x} &= -\sigma (N_1 - N_2) I . \end{aligned} \tag{2.13}$$

Durch Integration über die Dicke d des Mediums erhält man das verallgemeinerte Beersche Gesetz

$$\begin{aligned} \frac{I}{I_0} &= \exp(\sigma(N_1 - N_2)d) \quad \text{oder} \\ G = \frac{I}{I_0} &= \exp(gd) . \end{aligned} \tag{2.14}$$

Für den Fall $N_2 > N_1$ wächst die Intensität an, da der Exponent der e-Funktion positiv wird. Das Licht wird dann in der Materieschicht verstärkt. Diese Lichtverstärkung durch induzierte Emission (engl. Light Amplification by Stimulated Emission of Radiation, abgekürzt: Laser) ist der grundlegende Mechanismus, auf dem die Funktion des Lasers beruht. Eine Verstärkung tritt nur auf, wenn sich mehr Atome im oberen Niveau 2 befinden als im unteren 1. Ist diese Bedingung nicht erfüllt, so überwiegt die Absorption durch den Zustand 1. Eine weitere Bedingung lautet, daß die Frequenz des eingestrahlten Lichtes dem Frequenzabstand der beiden Niveaus gleich ist. Das Verhältnis G von durchtretender Intensität I zur einfallenden Intensität I_0 wird als Verstärkungsfaktor bezeichnet. Die Größe

$$g = \sigma \cdot (N_1 - N_2) \tag{2.15}$$

stellt die differentielle Verstärkung (engl. gain) oder in Analogie zum Absorptionskoeffizienten [vgl. (2.7)] den Verstärkungskoeffizienten dar.

Für kleine Werte gd gilt näherungsweise für den Verstärkungsfaktor

$$G = \exp(gd) \approx 1 + gd . \tag{2.16}$$

In einer He-Ne-Gasentladung eines Lasers von 1 m Länge erreicht man im kontinuierlichen Betrieb Verstärkungsfaktoren von etwa $G = 1{,}1$. Man sagt in diesem Fall, daß die Verstärkung $gd = 10\,\%$ beträgt. Mit optisch gepumpten Rubinkristallen oder mit Nd: YAG-Kristallen lassen sich wesentlich höhere Verstärkungsfaktoren von etwa $G = 10$ erreichen. Bei einer Kristallänge von $d = 5\,\mathrm{cm}$ ergibt sich $g = (\ln G)/d = 0{,}46\,\mathrm{cm}^{-1}$. Weitere Beispiele für Verstärkungsfaktoren werden bei der Beschreibung der verschiedenen Lasertypen gegeben.

Boltzmann-Verteilung

Das wichtigste Problem beim Bau eines Lasers ist, die Bedingung $N_2 > N_1$ zu erfüllen, also ein angeregtes Niveau 2 gegenüber einem tiefer liegenden

Niveau 1 stärker zu besetzen. Man spricht in diesen Fällen von einer Überbesetzung oder einer Inversion. Im Normalzustand befinden sich fast alle Atome im Grundzustand. Durch thermische Stöße erfolgt jedoch eine gewisse Anregung höhergelegener Energiezustände mir den Energien $E_1, E_2, E_3, \ldots$. Die Besetzungszahlen $N_1, N_2, N_3, \ldots$ sind durch die Boltzmann-Verteilung gegeben, falls sich das System im thermischen Gleichgewicht befindet. Aus Überlegungen der statistischen Wärmelehre erhält man:

$$\frac{N_2}{N_1} = \frac{g_2}{g_1} \exp\left(-\frac{E_2 - E_1}{kT}\right) . \tag{2.17}$$

Dabei ist T die absolute Temperatur und $k = 1{,}38 \cdot 10^{-23}\,\mathrm{J/K} = 8{,}3 \cdot 10^{-5}\,\mathrm{eV/K}$ die Boltzmann-Konstante. Die Größen g_1 und g_2 stellen die Zahl der Unterniveaus der Zustände 1 und 2 dar. Bei Zimmertemperatur ist $T = 300\,\mathrm{K}$ und $kT = 24{,}9\,\mathrm{meV}$. Angeregte Zustände mit Energien von einigen eV, von denen Lichtemission stattfinden könnte, sind thermisch nur schwach angeregt. Erst für $T \to \infty$ erhält man nach (2.17) gleiche Besetzung $N_2 = N_1$. Dies bedeutet, daß in thermischen Lichtquellen eine Besetzungsinversion und damit eine Lasertätigkeit nicht erzielt werden kann. Formal erhält man eine Besetzungsinversion für negative Temperaturen.

2.4 Linienbreite

Bisher wurde davon ausgegangen, daß die Energieniveaus E_1 und E_2 scharf sind und Lichtabsorption oder Emission nur mit der Frequenz f_{12} erfolgt. Tatsächlich haben jedoch die Niveaus und die optischen Linien eine Unschärfe. Dies muß in den Gleichungen zur Absorption und Verstärkung von Licht berücksichtigt werden. Dazu wird in folgendem eine Linienformfunktion $F(f)$ eingeführt, welche die Abhängigkeit des Wirkungsquerschnittes $\sigma(f) = \sigma F(f)$ und damit des Absorptions- oder Verstärkungskoeffizienten von der Frequenz angibt (Bild 2.3).

Man unterscheidet zwischen einer homogenen und inhomogenen Linienverbreiterung. Die spontane Emission und z. B. der Einfluß von Stößen in Gasen und Gitterschwingungen in Festkörpern führen zu einer für alle Atome gleichartigen oder homogenen Verbreiterung. Daneben gibt es inhomogene Prozesse, bei denen einzelne Atome unterschiedliche Übergangsfrequenzen haben. Ein Beispiel dafür ist die Doppler-Verbreiterung, bei welcher die Frequenz von der Geschwindigkeit des Atoms abhängt. Auch der Stark-Effekt in Festkörpern wirkt auf die Atome unterschiedlich, wenn die felderzeugende Umgebung verschieden ist.

Natürliche Linienbreite

Die natürliche Linienbreite wird durch die Lebensdauer τ der beteiligten Niveaus bestimmt. Es handelt sich um eine homogene Verbreiterung. Nach der Unschärferelation von Heisenberg gilt:

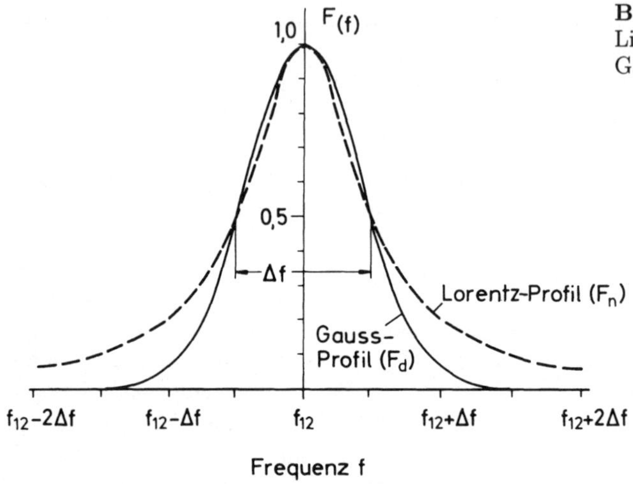

Bild 2.3.
Linienformfunktionen: Gauß- und Lorentzprofil

$$\Delta E = \frac{h}{2\pi\tau} \tag{2.18}$$

Die Niveaus besitzen somit eine natürliche Breite ΔE. Aus der Bohrschen Bedingung $hf_{12} = E_2 - E_1$ folgt die Bandbreite Δf_n einer Linie

$$\Delta f_n = \frac{1}{2\pi}\left(\frac{1}{\tau_1} + \frac{1}{\tau_2}\right), \tag{2.19}$$

wobei τ_1 und τ_2 die Lebensdauer des unteren und oberen Niveaus sind. Durch eine genauere Theorie erhält man die Linienformfunktion

$$F_n(f) = \frac{(\Delta f_n/2)^2}{(f - f_{12})^2 + (\Delta f_n/2)^2}. \tag{2.20}$$

Diese Linienform $F_n(f)$ wird als Lorentz-Profil bezeichnet (Bild 2.3).

Mit Tabelle 2.1 für die Lebensdauern $\tau_{1,2}$ können einige Linien von wichtigen Lasern berechnet werden. Die beobachteten Bandbreiten (Tabelle 2.2) der optischen Übergänge sind wesentlich größer, da noch weitere Prozesse zur Linienverbreiterung beitragen.

Stoßverbreiterung

Elastische Stöße zwischen Gasteilchen führen ebenfalls zu einer homogenen Verbreiterung. Da die Zahl der Stöße mit dem Druck ansteigt, spricht man auch von einer Druckverbreiterung. Beim elastischen Stoß wird beim Emissionsprozeß die Phase der emittierten Lichtwelle verändert. Es entstehen endliche Wellenzüge der Dauer τ_S, in denen die Phase konstant ist. Durch Fourieranalyse ergibt sich für das Frequenzspektrum ein Lorentz-Profil. Die Halbwertsbreite Δf_S ist durch die mittlere Zeit zwischen zwei Stößen τ_S gegeben. Mit $\tau_1 = \tau_2 = \tau_S$ ergibt sich aus (2.19):

$$\Delta f_S = \frac{1}{\pi \tau_S} . \qquad (2.21)$$

Aus den Gesetzen der Thermodynamik kann die Stoßzeit und damit Δf_S abgeschätzt werden

$$\Delta f_S = \sqrt{\frac{3}{4mkT}} \cdot d^2 p , \qquad (2.22)$$

wobei m die Masse der Atome oder Moleküle und d deren Durchmesser bedeuten. $k = 1{,}3807 \cdot 10^{-23}$ J/K ist die Boltzmann-Konstante und T die absolute Temperatur. Die Stoßverbreiterung Δf_S ist proportional zum Gasdruck p. Normalerweise ist die Stoßverbreiterung Δf_S wesentlich größer als die natürliche Linienbreite Δf_n. Für den He-Ne-Laser erhält man $\Delta f_n \approx 10$ MHz und $\Delta f_S = 100$ MHz.

Die Stoßverbreiterung im Festkörper beruht auf der Wechselwirkung mit den Kristallschwingungen (Phononen) und führt auch zu einem Lorentz-Profil. Diese Verbreiterung kann man beispielsweise im Rubinlaser oder im Nd: YAG-Laser beobachten (Tabelle 2.2).

Tabelle 2.2. Beispiele für Linienbreiten von Laserübergängen

Lasertyp	Wellenlängen (μm)	Linienbreite	Mechanismus
He-Ne Gastemperatur 300 K	0,6328	1,5 GHz	Doppler, inhomogen
Argon-Ionen Gastemperatur 2 000 K	0,488	4 GHz	Doppler, inhomogen
Excimer KrF	0,248	10 THz	überlappende Schwingungsniv.
CO_2	10,6		
10 mbar, 300 K		60 MHz	Doppler, inhomogen
1 bar		4 GHz	Stöße, homogen
10 bar		150 GHz	überlappende Rotationsniv.
Farbstoff Rh6G	0,6	80 THz	überlappende Schwingungsniv.
Rubinlaser	0,694	330 GHz	Gitterschwingungen, homogen
Nd: YAG	1,06	120 GHz	wie Rubinlaser
Nd:Glas	1,06	7 500 GHz	Starkeffekt durch statistische E-Felder, inhomogen
Halbleiter GaAs	0,8	100 GHz	Energiebänder der Elektronen im period. Kristallfeld

Doppler-Verbreiterung

Die inhomogene Doppler-Verbreiterung wird durch die Frequenzverschiebung gegeben, welche durch die Geschwindigkeit der Atome oder Moleküle verursacht wird (Doppler-Effekt). Bewegt sich ein strahlendes Atom mit der Geschwindigkeit von $v \ll c$ in Richtung eines Detektors, so wird folgende Frequenz f'_{12} beobachtet:

$$f'_{12} = f_{12}\,(1 \pm v/c) \; . \tag{2.23}$$

Dabei ist f_{12} die Frequenz des ruhenden Teilchens. Die beiden Vorzeichen geben an, ob sich das Teilchen auf den Detektor zu oder weg bewegt. In Gasen herrscht im thermischen Gleichgewicht eine Maxwellsche Geschwindigkeitsverteilung. Jedes Teilchen hat eine andere Geschwindigkeit und damit eine andere Frequenz der Strahlung (Bild 2.4). Aus der Maxwell-Verteilung folgt die Linienformfunktion (Aufgabe 2.9). Sie besitzt ein Gauß-Profil und ist durch

$$F_d(f) = \exp\left(-\left(\frac{2\,(f - f_{12})}{\Delta f_d}\right)^2 \ln 2\right) \tag{2.24}$$

gegeben. Für die Halbwertsbreite erhält man

$$\Delta f_d = \frac{2 f_{12}}{c}\sqrt{2kT \ln 2/m}\,. \tag{2.25}$$

Δf_d beträgt z. B. 1,5 GHz für einen He-Ne-Laser und ist damit wesentlich größer als die natürliche Linienbreite Δf_n und die Stoßverbreiterung Δf_S.

Bei gleicher Halbwertsbreite fällt das Gauß-Profil steiler mit der Frequenz ab als die Lorentz-Kurve (Bild 2.3).

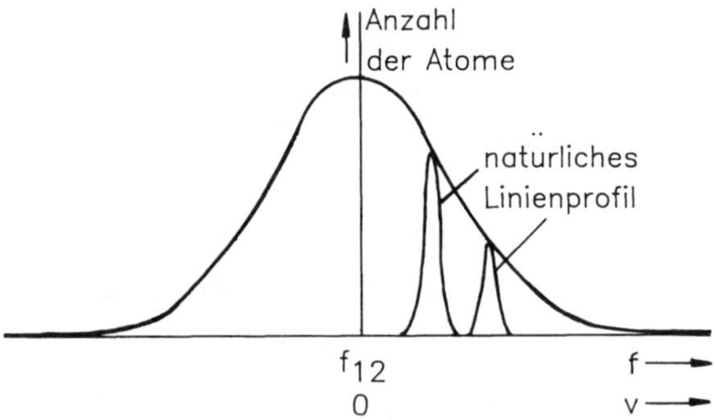

Bild 2.4. Dopplerverbreiterung

Weitere Verbreiterungsmechanismen

Für *Glaslaser* ist die inhomogene Verbreiterung durch örtlich inhomogene Kristallfelder von Bedeutung (Tabelle 2.2), die unterschiedlich auf eingebaute Atome (z. B. Seltene Erden) wirken. Dies führt zu einer Frequenzverschiebung durch den statistischen Stark-Effekt. In *Halbleiterlasern* ist die Verbreiterung auf die Bandstruktur zurückzuführen, wobei die Breite durch die Energieverteilung der Elektronen und Löcher gegeben wird.

Normalerweise sind mehrere Mechanismen der Verbreiterung gleichzeitig vorhanden. Die natürliche Linienbreite ist dabei meist vernachlässigbar. Beim *Gaslaser* treten hauptsächlich die Stoß- und Doppler-Verbreiterung auf, wobei bei kleinem Druck die Doppler-Verbreiterung überwiegt. Bei *Festkörperlasern* findet man die homogene Verbreiterung durch Gitterschwingungen oder die nichthomogene durch den statistischen Stark-Effekt. Bei *Farbstoffen* tritt eine besonders breite homogene Linie auf, da engliegende Rotations-Vibrations-Niveaus durch Wechselwirkung zwischen Molekülen verbreitert werden.

2.5 Inversionserzeugung und -abbau

Verstärkung von Licht und damit eine Lasertätigkeit kann nur erfolgen, wenn in den Besetzungszahlen eine Inversion vorhanden ist ($N_2 > N_1$). Die verschiedenen Pumpmechanismen zur Erzeugung der Inversion werden hier nur kurz vorgestellt. Eine ausführliche Beschreibung wird bei der Darstellung der verschiedenen Lasertypen gegeben.

Bei *Gaslasern* werden zum Pumpen meist spezielle Mechanismen der Gasentladung herangezogen. Dabei wird die Energie an das obere Laserniveau durch Elektronen- oder Atomstöße übertragen. Besteht das Gas nur aus einer Spezies (z. B. Edelgas-Ionenlaser) erfolgt die Anregung direkt durch Elektronenstoß. Sind mehrere Spezies vorhanden (z. B. He-Ne-Laser), so kann resonante Energieübertragung zwischen verschiedenen Atomen ausgenutzt werden (Stoß 2. Art). Dabei ist es günstig, wenn das eine Atom einen langlebigen Zustand besitzt, von welchem das obere Laserniveau des anderen Atoms resonant angeregt wird. Andere Verfahren bei Gaslasern sind: Pumpen durch chemische Reaktionen (z. B. HF-Laser), durch gasdynamische Prozesse (z. B. spezielle CO_2-Laser) oder seltener durch Licht.

Festkörper- und *Farbstofflaser* werden optisch gepumpt. Die Pumplichtquelle muß eine hohe Strahlungsdichte in einem Spektralbereich haben, welcher zur Anregung des oberen Laserniveaus führt. Dafür werden Blitzlampen, verschiedene kontinuierliche Lichtquellen sowie Laser eingesetzt.

Halbleiterlaser werden durch elektrischen Strom gepumpt, wobei Elektronen ins obere Valenzband injiziert werden, welches das obere Laserniveau darstellt.

Sättigung der Verstärkung

Im Fall einer Besetzungsinversion ($N_2 > N_1$) wird Licht, welches mit einer Frequenz innerhalb der Linienbreite in ein Medium gestrahlt wird, verstärkt. Der Verstärkungskoeffizient g ist in (2.15) für den Fall angegeben, daß die Lichtintensität klein ist. Strahlt man Licht höherer Leistungsdichte I ein, so werden die oberen Niveaus umso stärker entleert, je größer I ist. Dies führt zu einer Abnahme der Verstärkung, die im Fall homogener Sättigung gegeben ist durch (Bilder 2.5 und 2.6)

$$g = \frac{g_0}{1 + I/I_S}\,. \tag{2.26}$$

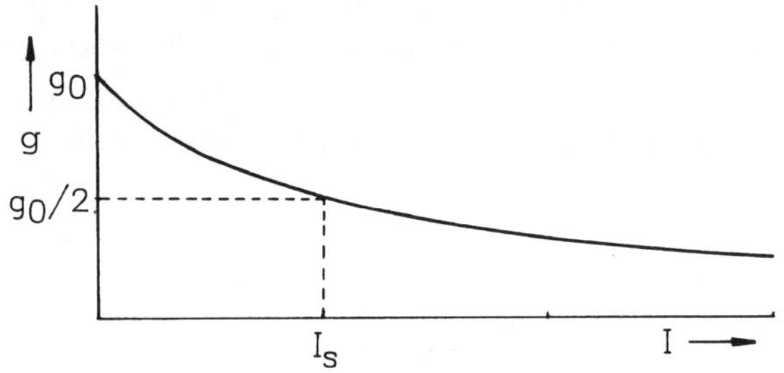

Bild 2.5. Intensitätsabhängigkeit des Verstärkungsfaktors

Dabei ist g_0 die Verstärkung bei sehr kleiner Intensität ($I = 0$) und I_S bezeichnet man als Sättigungsintensität. Aus Ratengleichungen (siehe Abschn. 2.7) kann I_S berechnet werden

$$I_S = \frac{hf}{\sigma_{21}\tau}\,. \tag{2.27}$$

Ein Beispiel für das Auftreten *homogener* Sättigung ist bei natürlicher Linienbreite gegeben. Erhöht man die Intensität I, so beobachtet man eine gleichmäßige, homogene Sättigung des Linienprofils (Bild 2.6). Auch Linien,

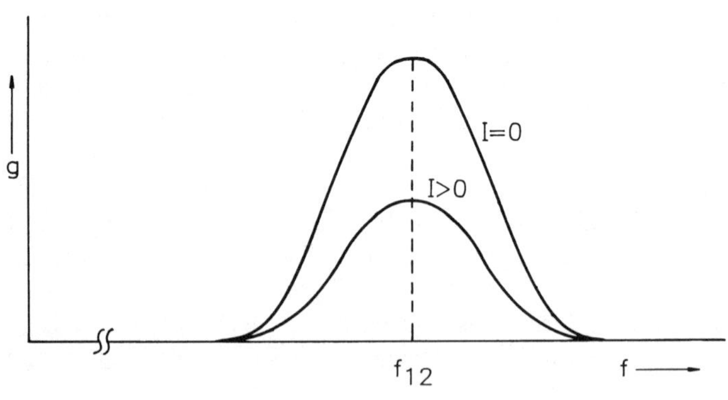

Bild 2.6. Homogene Sättigung des Linienprofils

welche durch Gitterschwingungen verbreitert sind, z. B. beim Nd: YAG- und Rubinlaser, zeigen ein derartiges Verhalten.

Anders ist das Verhalten der Sättigung bei *inhomogener* Verbreiterung von Linien, z. B. bei Dopplerverbreiterung. Jedes Atom (Molekül) in einem Gas ist durch eine bestimmte Geschwindigkeit v gekennzeichnet, die sich im Laufe der Zeit ändern kann. Aufgrund des Doppler-Effekts ergibt sich jeweils eine zugeordnete Übergangsfrequenz f. Wird nun Licht mit einer bestimmten Frequenz f_I eingestrahlt, so tritt nur eine Wechselwirkung mit Atomen passender Geschwindigkeit bzw. Frequenz auf, und es kommt zu einer selektiven Abnahme der Verstärkung im Bereich der Einstrahlfrequenz (hole burning, Bild 2.7). Die Breite des Loches liegt im Bereich der natürlichen Linienbreite Δf_n oder der Stoßbreite Δf_S, falls diese größer ist. Das Loch wird nach dem Abschalten der Intensität wieder aufgefüllt. Das beschriebene Verhalten tritt bei Gaslasern, z. B. dem He-Ne-Laser auf.

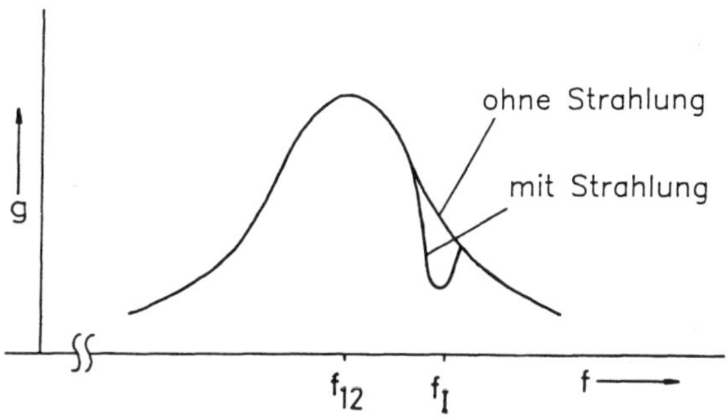

Bild 2.7. Sättigung bei einer inhomogenen Linie (spektrales hole-burning)

2.6 Aufbau von Lasern

In Lasern wird spontan emittiertes Licht durch induzierte Emission verstärkt. Damit die induzierten Emissionsprozesse überwiegen, und es damit zu den speziellen Eigenschaften der Laserstrahlung kommt, muß entweder der Verstärkungsfaktor des Materials bei einem Durchlauf groß genug sein (Superstrahler), oder aber es muß für einen mehrfachen Durchgang der Laserphotonen durch das verstärkende Material gesorgt werden. Dies führt zu der charakteristischen Laseranordnung aus aktivem Material und Spiegeln.

Superstrahlung

Ein Superstrahler kann als Vorstufe oder einfache Ausführungsform eines Lasers aufgefaßt werden. Er besteht aus einem stabförmigen Material, in dem durch ein geeignetes Verfahren Überbesetzung erzeugt wird (Bild 2.8).

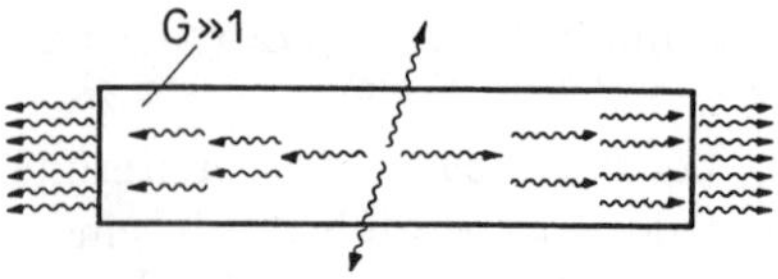

Bild 2.8. Aufbau eines Superstrahlers

Zunächst finden spontane Emissionsprozesse in alle Richtungen statt. Die in Richtung der Stabachse emittierten Photonen laufen eine relativ große Wegstrecke durch das angeregte Medium und werden dabei verstärkt. Ist der Verstärkungsfaktor groß genug, so tritt in Vorwärtsrichtung intensives, gebündeltes Licht auf, das als Superstrahlung bezeichnet wird. Zum Beispiel arbeiten Stickstofflaser teilweise in dieser Betriebsart und sollten somit korrekter als N_2-Superstrahler bezeichnet werden.

Laser: Schwellenbedingung

Die Verstärkung der meisten Materialien ist zu gering, um intensive Superstrahlung zu erreichen. Eine Erhöhung der Verstärkung könnte z. B. durch Vergrößerung der Länge des laserfähigen Materials erreicht werden. Dem sind jedoch technische Grenzen gesetzt. Statt dessen wird das Material zwischen zwei parallele Spiegel gebracht (Bild 2.9). Spontan in axialer Richtung emittiertes Licht wird in einer solchen Laseranordnung zunächst in dem Material verstärkt, wenn auch nur schwach. Nach Reflexion an den Spiegeln durchläuft das Licht das Material erneut und wird weiter verstärkt, so daß sich die Lichtintensität permanent erhöht, bis sich schließlich ein stationärer Gleichgewichtswert einstellt. Damit die Intensität zunächst anwächst, muß der Verstärkungsfaktor G so groß sein, daß die Verluste ausgeglichen werden können. Diese werden durch den Reflexionsgrad R der Spiegel und den Transmissionsfaktor T, welcher die sonstigen Verluste je Durchgang (z. B. Beugung, Streuung) angibt, beschrieben. Damit erhält man die sogenannte Schwellenbedingung

$$GRT > 1\,. \tag{2.28}$$

Haben beide Spiegel unterschiedliche Reflexionsgrade R_1 und R_2, ist statt R der geometrische Mittelwert

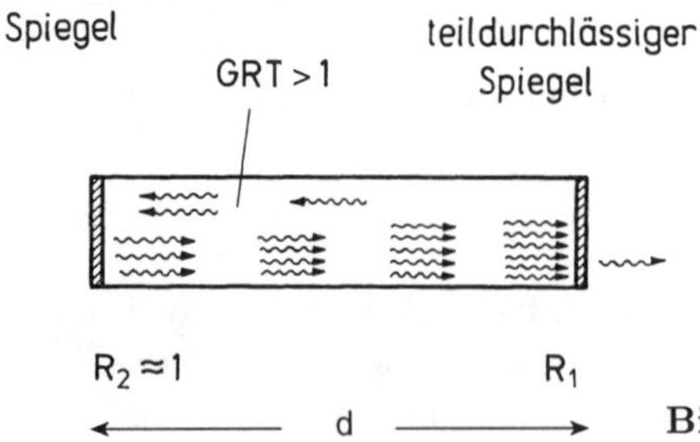

Bild 2.9. Prinzipieller Aufbau eines Lasers

$$R = \sqrt{R_1 R_2} \tag{2.29}$$

einzusetzen.

Die Schwellenbedingung (2.28) läßt sich auch als Bedingung für die Besetzungszahldifferenz $N_2 - N_1$ an der Laserschwelle angeben. Man setzt für den Verstärkungsfaktor G die Gleichung (2.14) ein:

$$GRT = RT \exp \sigma \, (N_2 - N_1) \, d \,. \tag{2.30}$$

Für die Schwelleninversion erhält man:

$$N_2 - N_1 \geq \frac{\ln(1/RT)}{\sigma d} \approx \frac{1 - RT}{\sigma d} \,. \tag{2.31}$$

Die Näherung im letzten Teil der Gleichung gilt für kleine Verluste, d.h. $RT \approx 1$. Bei Festkörperlasern (z. B. Nd: YAG) liegt der Schwellwert für die Besetzung der oberen Niveaus bei $N_2 \approx 10^{-17}\,\mathrm{cm}^{-3}$, bei Gaslasern sind kleinere, bei Halbleiter- und Farbstofflasern größere Werte möglich.

In allen Gleichungen wurde eine unterschiedliche Entartung der Niveaus nicht berücksichtigt. Dies kann durch Ersetzen von $N_2 - N_1$ durch $N_2 - (g_2/g_1)\,N_1$ korrigiert werden.

Stationärer Laserbetrieb

Der Laserstrahl wird durch einen teildurchlässigen Spiegel ($R_1 < 100\,\%$) aus dem Resonator ausgekoppelt. Der andere Spiegel soll möglichst mit $R_2 = 100\,\%$ reflektieren.

Im folgenden wird die Intensität der Laserstrahlung für den stationären Fall berechnet. Dieser Gleichgewichtswert ergibt sich dadurch, daß die Anfangsverstärkung G auf die stationäre Verstärkung G_L absinkt, die im Falle homogener Linienverbreiterung nach (2.26) gegeben ist durch:

$$G_L = \exp(gd) = \exp \frac{g_0 d}{1 + I/I_\mathrm{S}} \,. \tag{2.32}$$

Die Bedingung für den stationären Fall $G_L RT = 1$ lautet:

$$G_L RT = 1 \,. \tag{2.33}$$

Die stationäre Intensität im Resonator ergibt sich daraus zu:

$$I = I_\mathrm{S} \left(\frac{g_0 d}{\ln(1/RT) - 1} \right) . \tag{2.34}$$

Wenn angenommen wird, daß die Verstärkung klein ist ($1 + gd \approx 1$), woraus $RT \approx 1$ folgt, ergibt sich näherungsweise:

$$I \approx I_\mathrm{S} \left(\frac{g_0 d}{1 - RT} - 1 \right) . \tag{2.35}$$

In der Gleichung bedeutet I_S die Sättigungsintensität, g_0 den Verstärkungskoeffizienten bei kleinen Signalen, d die Länge des aktiven Mediums, T den Transmissionsfaktor und R den Reflexionsgrad nach (2.29).

Die Intensität der ausgekoppelten Laserstrahlung I_{out} ist durch

$$I_{out} = \frac{I}{2}(1 - R_1) \approx I(1 - R) \tag{2.36}$$

gegeben. Der Faktor $\frac{1}{2}$ gibt an, daß sich die Gesamtintensität I aus den Teilintensitäten von zwei Wellen zusammensetzt, die entgegengesetzte Ausbreitungsrichtung im Resonator besitzen. Für die Gültigkeit der Näherung im letzten Teil der Gleichung wurde $R_2 = 1$ und $R_1 \approx 1$ angenommen, so daß $R = \sqrt{R_1} \approx (1 + R_1)/2$ gilt.

Die Gleichungen (2.35) und (2.36) können benutzt werden, um die Ausgangsintensität eines Lasers abzuschätzen, wenn der Verstärkungskoeffizient g_0 und die Sättigungsintensität I_S aus Messungen bekannt sind. Die Größen g_0 und I_S können auch aus den Besetzungszahlen und den Wirkungsquerschnitten bzw. den Einstein-Koeffizienten bestimmt werden. In Bild 2.10 ist die Abhängigkeit der Intensitäten I und I_{out} vom Reflexionsgrad R dargestellt. Es existiert ein optimaler Reflexionsgrad I_{opt} für den Spiegel zur Auskopplung maximaler Laserleistung. Für He-Ne-Laser liegt I_{opt} zwischen 95 und 99 %, bei Festkörperlasern bei 20 bis 90 % und bei hochverstärkenden Excimerlasern bei etwa 5 %.

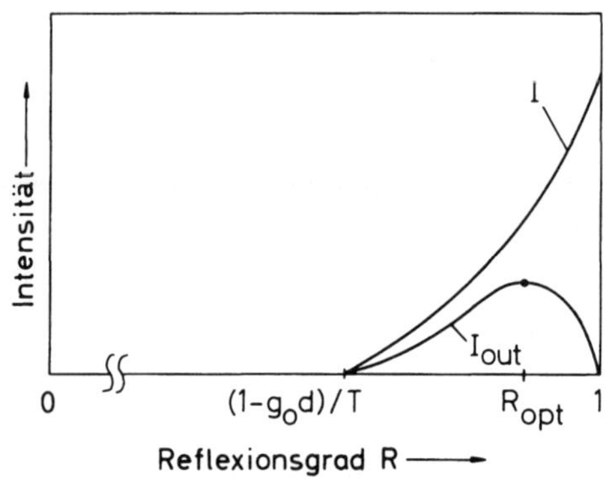

Bild 2.10. Abhängigkeit der internen Intensität I in einem Laserresonator und der Ausgangsintensität I_{out} vom Reflexionsgrad des Auskoppelspiegels

2.7 Zeitliches Emissionsverhalten

Zur Beschreibung des zeitlichen Emissionsverhaltens von Lasern, z. B. im Pulsbetrieb, werden Raten- oder Bilanzgleichungen für die Besetzungsdichten der beteiligten Niveaus und die Photonendichte im Resonator verwendet. Man unterscheidet zwischen Drei- und Vierniveau-Lasern (Bild 2.11). Eines der wenigen wichtigen Dreiniveau-Systeme ist der Rubinlaser, gebräuchlicher sind Vierniveau-Laser. Bei Festkörperlasern ist das Niveau 3 in beiden Fällen ein breites Absorptionsband, welches die Energie schnell auf das obere Laserniveau 2 überträgt ($\tau_{32} \ll \tau_{21}$).

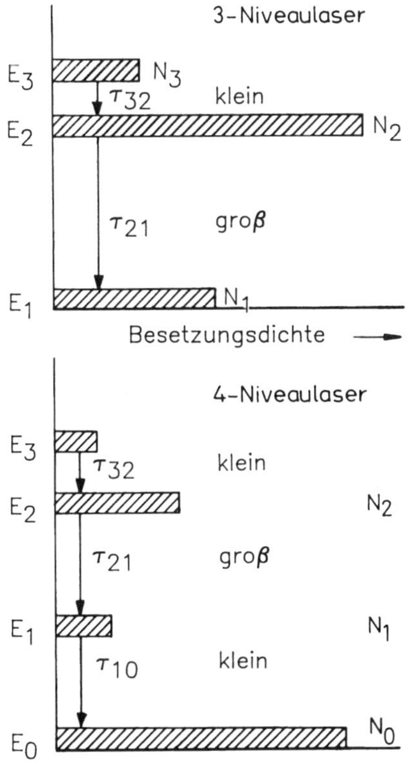

Bild 2.11. Drei- und Vierniveau-Laser

Der Nachteil der *Dreiniveau-Laser* liegt darin, daß das untere Laserniveau der Grundzustand ist. Damit muß sehr stark gepumpt werden, um eine Inversion zu erzielen.

Günstiger sind *Vierniveau-Systeme*, weil das untere Laserniveau weiter zerfallen kann, z. B. beim Nd-Laser. Die Bilanzgleichung für die Besetzungszahl N_1 des Grundzustandes lautet:

$$\frac{\mathrm{d}N_1}{\mathrm{d}t} = - \left|\frac{\mathrm{d}N_1}{\mathrm{d}t}\right|_{\mathrm{a}} + \frac{N_2}{\tau_{21}} + \left|\frac{\mathrm{d}N_2}{\mathrm{d}t}\right|_{\mathrm{i}} - \frac{N_1}{\tau_{10}}$$

– Absorption + spont. Emission + induz. E. – spont. Zerfall vom oberen Niveau

Nach Einführung der Photonendichte Φ [(1.5) und (1.7)]

$$\phi = \Phi c \tag{2.37}$$

ergibt sich unter Berücksichtigung von (2.4) und (2.10)

$$\frac{\mathrm{d}N_1}{\mathrm{d}t} = \sigma \cdot c\,(N_2 - N_1)\,\Phi + \frac{N_2}{\tau_{21}} - \frac{N_1}{\tau_{10}}\,. \tag{2.38}$$

Für das obere Laserniveau gilt unter der Annahme, daß das Pumpniveau sehr schnell zerfällt ($N_3 \approx 0$):

$$\frac{\mathrm{d}N_2}{\mathrm{d}t} = + \underbrace{\left|\frac{\mathrm{d}N_1}{\mathrm{d}t}\right|_\mathrm{a}}_{+\text{ Absorption}} - \underbrace{\frac{N_2}{\tau_{21}+\tau_{20}}}_{-\text{ spontane E.}} - \underbrace{\left|\frac{\mathrm{d}N_2}{\mathrm{d}t}\right|_\mathrm{i}}_{-\text{ induz. E.}} + \underbrace{W_p N_o}_{+\text{ Pumprate}}$$

$$= -\sigma c (N_2 - N_1)\,\Phi - \frac{N_2}{\tau_{21}+\tau_{20}} + W_p N_o\,. \tag{2.39}$$

Dabei ist W_p die normierte Pumprate in 1/s. Das Produkt $W_p N_o$ gibt an, wieviele Teilchen pro Zeit- und Volumeneinheit in das obere Laserniveau angeregt werden.

Die Summe der Besetzungsdichten ist gleich der Dichte der Laseratome (z. B. $1{,}4 \cdot 10^{20}\,\mathrm{cm}^{-3}$ für Nd: YAG-Laser):

$$N = N_o + N_1 + N_2\,. \tag{2.40}$$

Die Größe $\tau = (1/\tau_{21} + 1/\tau_{20})^{-1}$ ist die Lebensdauer des oberen Niveaus E_2. Die Gleichung für die Photonendichte $\Phi = \varrho/hf$ lautet:

$$\frac{\mathrm{d}\Phi}{\mathrm{d}t} = - \underbrace{\left|\frac{\mathrm{d}N_1}{\mathrm{d}t}\right|_\mathrm{a}}_{-\text{ Absorption}} + \underbrace{\frac{\eta N_2}{\tau_{21}}}_{+\text{ spont. E.}} + \underbrace{\left|\frac{\mathrm{d}N_2}{\mathrm{d}t}\right|_\mathrm{i}}_{+\text{ induz. E.}} - \underbrace{\frac{\Phi}{\tau_r}}_{-\text{ Abstrahlung}}$$

Dabei ist η der Teil der spontanen Emission, welcher in axialer Richtung strahlt. Da das Licht in einem Laser vorwiegend durch induzierte Emission erzeugt wird, kann die spontane Emission vernachlässigt werden:

$$\frac{\mathrm{d}\Phi}{\mathrm{d}t} = \sigma c (N_2 - N_1)\,\Phi - \frac{\Phi}{\tau_r}\,. \tag{2.41}$$

Die Abstrahlung und sonstigen Resonatorverluste sind dabei charakterisiert durch die Lebensdauer eines Photons im Resonator

$$\tau_r = \frac{d}{c\,(1 - RT)}\,. \tag{2.42}$$

Hierbei ist die Länge d des aktiven Mediums gleich der Resonatorlänge angenommen.

Bei einem ideal arbeitenden Vierniveau-Laser ist die Lebensdauer τ_{10} des unteren Niveaus sehr kurz, so daß $N_1 \approx 0$ und $N = N_o + N_2$ ist. Dann gilt

$$\frac{\mathrm{d}N_2}{\mathrm{d}t} \approx W_p N_o - \frac{N_2}{\tau} - N_2 \sigma c \Phi \tag{2.43}$$

$$\frac{\mathrm{d}\Phi}{\mathrm{d}t} \approx -\frac{\Phi}{\tau_r} + N_2 \sigma c \Phi\,. \tag{2.44}$$

Diese Gleichungen stellen ein gekoppeltes nichtlineares System dar, das keine allgemeine einfache Lösung besitzt. Es soll daher zunächst die stationäre Lösung und dann eine Näherung für kleine dynamische Abweichungen angegeben werden. Exakte, zeitabhängige numerische Lösungen für Pulslaser werden im Kap. 17 beschrieben.

Stationäre Lösung der Ratengleichungen

Im stationären Fall mit

$$\frac{\mathrm{d}\Phi}{\mathrm{d}t} = 0$$

ergibt sich aus (2.44):

$$N_{2s} = \frac{1}{\tau_r c \sigma} = \frac{1 - RT}{\sigma d} . \tag{2.45}$$

Dies entspricht der Schwellwertbedingung (2.31) unter der Voraussetzung $N_1 \approx 0$. Die stationäre Photonendichte folgt mit $\mathrm{d}N_2/\mathrm{d}t = 0$ aus (2.43):

$$\Phi_\mathrm{S} = \frac{W_p N_{0s} - N_{2s}/\tau}{N_{2s} \sigma c} .$$

Einsetzen von (2.45) ergibt

$$\Phi_\mathrm{S} = \tau_r N_{0s} \left(W_p - W_E \right) \approx \tau_r N \left(W_p - W_E \right) . \tag{2.46}$$

Dabei ist die stationäre Teilchenzahl im Grundzustand N_{0s} bei vielen Vierniveau-Lasern etwa gleich der Gesamtteilchenzahl N, da nur relativ wenige Atome angeregt werden. Die Einsatzpumpleistung W_E ist in (2.46) gegeben durch

$$W_E = \frac{N_{2s}}{N_{0s}} \frac{1}{\tau} . \tag{2.47}$$

Dies bedeutet, daß eine Zahl

$$W_E N_{0s} = N_{2s}/\tau$$

von Atomen in das obere Laserniveau gepumpt werden muß, um die Laserschwelle zu erreichen.

Nach (2.46) steigt die Photonendichte Φ_S oberhalb der Schwellpumpleistung W_E linear mit der Pumpleistung an. Daraus folgt für die Ausgangsleistung, die in einer Strahlquerschnittsfläche A emittiert wird:

$$P = A \left(1 - R \right) hfc \Phi_\mathrm{S} \sim W_p - W_E . \tag{2.48}$$

Eine derartige lineare Abhängigkeit wird z. B. bei Festkörperlasern beobachtet, bei denen W_p der Anregungsleistung bzw. Anregungsenergie der Pumplichtquelle entspricht. Auch bei Halbleiterlasern ist (2.48) anwendbar, wobei dort W_p proportional zum Anregungsstrom ist.

Gleichung (2.48) entspricht der früher abgeleiteten Gleichung (2.35), wenn angenommen wird, daß der Verstärkungskoeffizient g_0 proportional zur Pumpleistung W_p ist.

Schwache Relaxationsschwingungen

Die Bilanzgleichungen (2.43) und (2.44) für die Besetzungszahl N_2 des oberen Laserniveaus und die Photonendichte Φ sollen nun für den Fall gelöst werden, daß Abweichungen von den stationären Werten auftreten:

$$N_2 = N_{2s} + n\,, \quad N_0 = N_{0s} + n\,, \tag{2.49}$$
$$\Phi = \Phi_S + \phi\,. \tag{2.50}$$

Solche Abweichungen treten z. B. auf, wenn im Laser eine kurzzeitige Störung auftritt. Es ist dann die Frage, wie schnell sich die Photonenzahl wieder auf den stationären Wert einstellt. Auch beim Einschalten von Lasern treten Ausgleichsvorgänge auf.

Zunächst werden die Abweichungen n und ϕ von den stationären Werten als klein angenommen. Dann folgt durch Einsetzen von (2.49) und (2.50) in (2.43) und (2.44) näherungsweise:

$$\frac{\mathrm{d}n}{\mathrm{d}t} = -\left(W_p + \frac{1}{\tau} + \sigma c \Phi_S\right) n - N_{2s} c\sigma\phi$$
$$= -W_p\left(1 + \frac{N_{0s}}{N_{2s}}\right) n - \phi/\tau_r\,. \tag{2.51}$$
$$\frac{\mathrm{d}\phi}{\mathrm{d}t} = c\sigma\Phi_S n\,. \tag{2.52}$$

Elimination von ϕ ergibt:

$$\frac{\mathrm{d}^2 n}{\mathrm{d}t^2} + 2\delta\frac{\mathrm{d}n}{\mathrm{d}t} + \omega^2 n - 0 \tag{2.53}$$

mit der Dämpfungskonstanten

$$\delta = \frac{1}{2} W_p\left(1 + \frac{N_{0s}}{N_{2s}}\right) \approx \frac{1}{2\tau}\cdot\frac{W_p}{W_E} \tag{2.54}$$

und der Relaxationsfrequenz

$$\omega = \sqrt{c\sigma\Phi_S/\tau_r} = \sqrt{\frac{1}{\tau\tau_r}\left(\frac{W_p}{W_E} - 1\right)}\,. \tag{2.55}$$

In (2.54) ist $N_{0s} \gg N_{2s}$ angenommen wie für einen Vierniveau-Laser üblich. Gleichung (2.53) beschreibt gedämpfte Schwingungen. Der Charakter der Lösung ist von der relativen Größe von δ und ω abhängig. Die Größen δ und ω sollen daher für einen typischen Gas- und Festkörperlaser abgeschätzt werden. Dabei wird $W_p/W_E = 2$ angenommen und τ_r nach (2.42) mit $d = 10\,\mathrm{cm}$ berechnet. Das Ergebnis zeigt Tabelle 2.3.

Tabelle 2.3. Zeitkonstanten ω und δ der Besetzungszahlrelaxation

Laser	$\delta \approx 1/\tau$ (s^{-1})	R	d (cm)	$1/\tau_r$ (s^{-1})	ω (Hz)	Schwingung
He-Ne	10^8	0,99	10	$3\cdot10^7$	$5\cdot10^7$	nein
Nd-YAG	$4\cdot10^3$	0,5	10	$1{,}5\cdot10^9$	$4\cdot10^6$	ja
GaAs	$2\cdot10^8$	0,3	0,02	10^{12}	$2\cdot10^{10}$	ja

Für $\delta \geq \omega$, also für das Beispiel des Gaslasers, ergeben sich monoton abfallende Lösungen von (2.53). Für $\delta < \omega$, also für das Beispiel des Festkörperlasers, ergeben sich gedämpfte Oszillationen für n:

$$n = n_{\max} \exp(-\delta t) \cos \sqrt{\omega^2 - \delta^2} t \,. \tag{2.56}$$

Für die Photonendichte ergeben sich nach (2.52) ähnliche Oszillationen.

Starke Relaxationsschwingungen

Die Oszillationen der Photonendichte können auch nach (2.44) in verbesserter Näherung berechnet werden. Mit $N_2 = N_{2s} + n$ und $N_{2s}\sigma c = 1/\tau_r$ ergibt sich

$$\frac{\mathrm{d}\Phi}{\mathrm{d}t} = n\sigma c\Phi \,. \tag{2.57}$$

Gleichung (2.56) soll hier unter Vernachlässigung der Dämpfung verwendet werden:

$$n\,(\delta = 0) = n_{\max} \cos \omega t \,. \tag{2.58}$$

Einsetzen in (2.57) und Integration ergibt:

$$\Phi = \Phi_{\mathrm{S}} \exp\left(\frac{c\sigma}{\omega n_{\max}} \sin \omega t\right) \,. \tag{2.59}$$

Dieses Ergebnis zeigt, daß die Relaxationsschwingungen in der Photonendichte bei genauerer Rechnung nicht sinusförmig moduliert sind, sondern daß bei genügend großen Schwankungen $n_{\max}$ der Besetzungszahl die Photonendichte Φ in Form von Spitzen oder Spikes oszilliert. Die Höhe eines Spikes ist gegeben durch

$$\begin{aligned}\Phi_{\max} &= \Phi_{\mathrm{S}} \exp\left(\frac{c\sigma}{\omega} n_{\max}\right) \\ &= \Phi_{\mathrm{S}} \exp\left(\frac{p}{\omega \tau_r}\right) \quad \text{mit} \quad p = \frac{n_{\max}}{N_{2s}}\end{aligned}$$

und die Breite durch

$$t_{\mathrm{S}} = 2\sqrt{\frac{2 \ln 2}{\omega c \sigma n_{\max}}} = 2\sqrt{\frac{2 \ln 2 \tau_r}{p\omega}} \,.$$

Als Beispiel ergibt sich mit $p = 1\,\%$ und den oben angegebenen Zahlenwerten $\tau_r \approx 7 \cdot 10^{-10}$ s und $\omega = 4 \cdot 10^6$ Hz eine maximale Photonendichte $\Phi_{\max} = 40\Phi_{\mathrm{S}}$ und eine Spikebreite von $t_{\mathrm{S}} = 3 \cdot 10^{-7}$ s. Geringe Fluktuationen der Besetzungszahl führen also zu starken Änderungen der Photonendichte und damit der Ausgangsleistung.

Auftreten von Relaxationsschwingungen

Die Bilanzgleichungen (2.43) und (2.44) werden benutzt, um die starken Relaxationsoszillationen beim Einschalten von kontinuierlichen Lasern und die Spikeemission von gepulsten Festkörperlasern zu erklären. Gleichung (2.59) stellt dafür eine Näherung dar, wobei $n_{\max} < N_{2s}$ sein muß. Zur genauen Beschreibung sind jedoch numerische Lösungen der Bilanzgleichungen notwendig, die in Kap. 17 besprochen werden.

Die Bilanzgleichungen und deren Lösungen sind in diesem Abschnitt in starker Anlehnung an die Verhältnisse beim 4-Niveau-Festkörperlaser besprochen worden, z. B. für Nd: YAG-Laser. Ähnliche Bilanzgleichungen lassen sich jedoch auch für den Rubinlaser, einen 3-Niveau-Festkörperlaser, aufstellen. Auch der Rubinlaser zeigt im Pulsbetrieb ausgeprägte, teilweise chaotische Relaxationsschwingungen oder Spikes.

Festkörperlaser neigen auch in kontinuierlicher Anregung bei Vorliegen von Instabilitäten zu einem derartigen Verhalten. Auch Diodenlaser zeigen Relaxationsschwingungen, die z. B. bei der schnellen Modulation dieser Laser für die Nachrichtenübertragung zu beachten sind.

Aufgaben

2.1 In einem 5 cm langen Nd-Laserkristall tritt Strahlung mit einer Leistung von 1 W ein und mit 3 W aus. Wie groß sind
(a) der Verstärkungsfaktor G und
(b) die differentielle Verstärkung g?

2.2 Ein Lasermedium besitzt eine differentielle Verstärkung von $0{,}05\,\text{cm}^{-1}$. Um welchen Faktor wird das Licht nach 12 cm verstärkt?

2.3 Ein 1 m langer He-Ne-Laser erreicht einen Verstärkungsfaktor von $G = 1{,}1$. Wie groß ist die differentielle Verstärkung?

2.4 Das obere Niveau eines He-Ne-Lasers hat eine Lebensdauer von 20 ns, das untere von 12 ns. Wie groß ist die natürliche Linienbreite? Vergleichen Sie den Wert mit der Stoß- und Dopplerverbreiterung aus der Literatur.

2.5 Berechnen Sie die Dopplerverbreiterung im He-Ne-Laser (bei 100 °C) und vergleichen Sie das Ergebnis mit der gemessenen Linienbreite von 1,5 GHz.

2.6 Ein Farbstofflaser (Rh6G) besitzt eine Linienbreite von 80 THz. Die Mittenfrequenz liegt bei 0,60 µm. Berechnen Sie die maximale und minimale Wellenlänge des Laserstrahles.

2.7 Man berechne den optimalen Reflexionsgrad R_{opt} des Auskoppelspiegels, der bei einem Laser mit homogener Linienverbreiterung und schwacher Verstärkung zu maximaler Ausgangsleistung führt. Man berechne R_{opt} numerisch für einen kontinuierlichen Miniatur-YAG-Laser mit $g_0 d = 0{,}2; T = 0{,}98; I_{\text{S}} = 10\,\text{W/cm}^2$. Man gebe außerdem die Leistungsdichte im und außerhalb des Resonators sowie die Ausgangsleistung bei einer Strahlquerschnittsfläche von $1\,\text{mm}^2$ an.

2.8 Welchen minimalen Reflexionsgrad müssen die Spiegel eines 50 cm langen He-Ne-Lasers mindestens haben, damit die rote bzw. die grüne Linie anschwingt? Die differentielle Verstärkung beträgt $0{,}1\,\text{m}^{-1}$ bzw. $0{,}005\,\text{m}^{-1}$.

2.9 Es soll gezeigt werden, daß der durch den Dopplereffekt inhomogen verbreiterte Verstärkungskoeffizient dünner Gase durch eine Gaußfunktion gegeben ist [(2.24) und (2.25)]. Die Verstärkungsfrequenzbreite eines Gasteilchens (Masse m, Resonanzfrequenz ν_{12}) werde als beliebig klein angenommen. Man gehe von der Maxwellverteilung der Gasteilchen aus, welche die Anzahl der Teilchen mit einer bestimmten Geschwindigkeitskomponente u beschreibt:

$$p(u) \propto \exp\left(-\frac{mu^2}{2kT}\right) .$$

2.10 Gegeben sei ein 2-Niveau-System (Gesamtbesetzungszahlen N_a, N_b), in dem die Energieniveaus g_a- und g_b-fach entartet sind. Man berechne das Verhältnis der Wirkungsquerschnitte und Einsteinkoeffizienten für Absorption und induzierte Emission. Wie ist dieses Verhältnis für einen Übergang zwischen dem Grundzustand und dem ersten angeregten Zustand des Wasserstoffatoms?

3. Lasertypen

Das Kunstwort „Laser“ bedeutet „light amplification by stimulated emission of radiation“ und beschreibt den grundlegenden Prozeß der „Lichtverstärkung durch stimulierte Emission“, der zur Entstehung der Laserstrahlung führt. Die stimulierte Emission ist bereits um 1905 von Einstein zur Erklärung des Planckschen Strahlungsgesetzes postuliert worden. Erst im Jahre 1960 gelang es Maiman, diesen Prozeß zur Erzeugung kohärenten Lichtes auszunutzen. Die bis dahin gebräuchlichen Strahlungsquellen, Sonne, Glüh- und Gasentladungslampen senden Licht in alle Raumrichtungen mit relativ unbestimmten Frequenzen aus, während der Laser im Gegensatz dazu einen gut gebündelten Strahl mit hoher Frequenzschärfe emittiert.

Die ungerichtete Strahlung konventioneller Lichtquellen ist eine Folge der statistischen spontanen Emission der angeregten Atome der Quelle. Bei einem Laser wird im Gegensatz dazu durch die induzierte Emission die Lichtausstrahlung der Atome gekoppelt, so daß eine etwa ebene Lichtwelle mit einer genau definierten Frequenz entsteht. Die Ausbreitungsrichtung dieser Welle wird durch zwei Spiegel gegeben, die entlang der Längsachse des Lasermaterials parallel angeordnet sind und einen sogenannten optischen Resonator bilden.

Bis heute sind etwa zehntausend verschiedene Laserübergänge bekannt, die Strahlung im Wellenlängenbereich von unter 0,1 µm bis über 1 000 µm erzeugen und damit die Spektralgebiete der weichen Röntgenstrahlung, des ultravioletten, sichtbaren und infraroten Lichtes sowie der Millimeterwellen abdecken.

Gegenüber der Strahlung konventioneller Lichtquellen zeichnet sich Laserlicht durch folgende Eigenschaften aus:

- geringe spektrale Linienbreite,
- starke Bündelung (geringer Divergenzwinkel),
- hohe Strahlintensität oder -energie,
- Eignung zur Erzeugung ultrakurzer Lichtpulse.

Die geringe spektrale Linienbreite ist mit einer hohen Frequenzstabilität, Monochromasie oder Einfarbigkeit des Lichtes verknüpft und hängt auch mit einer guten zeitlichen Kohärenz zusammen. Die starke Bündelung des Laserlichtes wird auch als geringe Divergenz bezeichnet und ist mit einer hohen örtlichen Kohärenz verknüpft.

Typenübersicht

Laser können nach verschiedenen Merkmalen klassifiziert werden. Oft wird eine Einteilung in

- Festkörperlaser,
- Flüssigkeitslaser,
- Gaslaser,
- Freie-Elektronen-Laser

benutzt, je nach Aggregatzustand des Lasermaterials. Diese Einteilung unterscheidet sich etwas von der dieses Buches.

Bei den Festkörperlasern sind besonders bedeutend die klassischen, optisch gepumpten Laser sowie die Halbleiterinjektionslaser. Bei den Flüssigkeitslasern sind bisher nur die Farbstofflaser allgemein verbreitet.

Das wichtigste Problem beim Aufbau eines Lasers ist die Anregung des aktiven Materials, die sogenannte Inversionserzeugung, die zur Lichtverstärkung führt. Die zur Anregung des Lasermediums notwendige Energie kann auf verschiedene Weise zugeführt werden. Der erste Rubinlaser wurde durch Einstrahlung von Licht angeregt, was als Vorbild für viele weitere Laser diente. Man bezeichnet solche Geräte als optisch gepumpte Laser. In ähnlicher Weise können mit Elektronen- oder anderen Teilchenstrahlen angeregte Laser gebaut werden. Diese sind nicht mit dem Freie-Elektronen-Laser zu verwechseln, bei denen die Elektronen selbst das Lasermedium darstellen. Gase können durch elektrische Energiezufuhr angeregt werden, was zur Klasse der Gasentladungslaser führt. Eine direkte elektrische Anregung ist bei Halbleitern möglich, was die Klasse der Injektionslaser oder Diodenlaser ergibt. Zusammenfassend unterscheidet man also nach der Art der Anregung des Lasermaterials folgende Lasertypen:

- optisch gepumpte Laser (Anregung mit Blitzlampe, kontinuierlicher Lampe, anderem Laser, Leuchtdiode)
- elektronenstrahlgepumpte Laser (z. B. realisiert bei Sonderformen der Gaslaser und Halbleiterlaser)
- Gasentladungslaser (z. B. in Glimm-, Bogen-, Hohlkathodenentladungen)
- Injektionslaser oder Diodenlaser (Anregung durch Stromdurchgang in einem Halbleiter)
- chemische Laser (Anregung durch chemische Reaktion)
- gasdynamische Laser (Inversionserzeugung durch Expansion eines heißen Gases)
- nuklear gepumpte Laser [Anregung durch Strahlung aus einem Atomreaktor oder einer Nuklearexplosion (schrecklich)].

Die verschiedenen Lasersysteme haben sehr unterschiedliche Eigenschaften, wobei sich der heutige Stand der Laserentwicklung in folgenden Spitzenwerten ausdrückt:

- Wellenlängenbereich 10 nm bis 1 mm

– Frequenzstabilität	10^{15}
– Leistung kontinuierlicher Laser	10^6 W
– Spitzenleistung gepulster Laser	10^{13} W
– Spitzenintensität gepulster Laser	10^{20} W/cm^2
– Kürzeste Impulsdauer	$5 \cdot 10^{-15}$ s.

Diese Spitzenwerte geben den aktuellen Stand im Jahre 1997 wieder und werden voraussichtlich in den nächsten Jahren weiter verbessert werden. Allerdings können diese Werte nur mit speziell entwickelten Lasern jeweils einzeln erreicht werden, die hauptsächlich für die Grundöagenforschung Bedeutung haben. Breiter gestreute Anwendungen ergeben sich mit weniger hochgezüchteten, kommerziellen Systemen. Zur Auswahl geeigneter Laser werden in diesem Kapitel zunächst Übersichten ihrer wichtigsten Eigenschaften, wie Wellenlänge und Ausgangsleistung gegeben. Anschließend wird in den folgenden Kapiteln auf die verschiedenen Lasertypen im Detail eingegangen.

3.1 Wellenlängen und Ausgangsleistungen

In Tabelle 3.1 sind die Wellenlängen verschiedener Laser dargestellt, die von verschiedenen Firmen angeboten werden. Mit Techniken der Frequenzumsetzung (z. B. Verdopplung, Verdreifachung, Vervierfachung der Frequenz, wie in Kap. 19 dargestellt) und abstimmbaren Lasern (Abschn. 3.2) kann heute praktisch jede beliebige Wellenlänge zwischen 0,01 µm und 1 mm erzeugt werden. Tabelle 3.1 zeigt jedoch, daß es für bestimmte Spektralbereiche besonders geeignete Laser gibt.

Die Laser können gepulst oder kontinuierlich betrieben werden. Statt „kontinuierlich“ wird auch oft die englische Abkürzung „cw“ für „continuous wave“ verwendet.

Im cw-Betrieb gibt man die Leistung der Strahlung (in Watt) an. Bei gepulstem Laser gibt es mehrere charakteristische Größen: die Pulsenergie W (in Watt), die Pulsdauer τ und den zeitlichen Abstand der Pulse T. Daraus kann die Pulsspitzenleistung $P_{\max}$ berechnet werden:

$$P_{\max} = \frac{W}{\tau} . \tag{3.1}$$

Für die mittlere Leistung P erhält man

$$P = \frac{W}{T} = W f_{\mathrm{p}} , \tag{3.2}$$

wobei f_{p} die Pulswiederholfrequenz ist.

Die verschiedenen Laser sind in Tabelle 3.2 entsprechend dem aktiven Medium in Gas-, Flüssigkeits- und Festkörperlaser eingeteilt. Die wichtigsten flüssigen Lasermaterialien sind Farbstofflösungen, so daß diese als repräsentativ für Flüssigkeitslaser in der Tabelle 3.2 dargestellt sind.

Tabelle 3.1. Kommerzielle Laser nach Wellenlängen geordnet

Wellenlänge	Bezeichnung	Betriebsart, mittlere Leistung
0,152 μm	F_2 -Excimerlaser	Pulse, einige W
0,192 μm	ArF-Excimerlaser	Pulse, einige W
0,222 μm	KrCl-Excimerlaser	Pulse, einige W
0,248 μm	KrF-Excimerlaser	Pulse, einige 10 W
0,266 μm	Nd-Laser, vervierfacht	Pulse, einige 0,1 W
0,308 μm	XeCl-Excimerlaser	Pulse, einige 10 W
0,325 μm	He-Cd-Laser	kont., einige mW
0,337 μm	N_2-Laser	Pulse, einige 0,1 W
0,35 μm	Ar^+-, Kr^+-Laser	kont., 2 W
0,351 μm	XeF-Excimerlaser	Pulse, einige 10 W
0,355 μm	Nd-Laser, verdreifacht	Pulse, einige 10 W
0,38 ... 0,45 μm	GaN-Diodenlaser	kont., 10 mW
0,3 ... 1,0 μm	Farbstofflaser	Pulse, einige 10 W
0,4 ... 0,9 μm	Farbstofflaser	kont., einige W
0,442 μm	He-Cd-Laser	kont., einige 10 mW
0,45 ... 0,52 μm	Ar^+-Laser	kont., mW bis 30 W
0,51 μm	Cu-Laser	Pulse, einige 10 W
0,532 μm	Nd-Laser, verdoppelt	Pulse und kont., einige W cw
0,543 μm	He-Ne-Laser	kont., einige 0,1 mW
0,578 μm	Cu-Laser	Pulse, einige 10 W
0,628 μm	Au-Laser	Pulse, bis zu 10 W
0,632 μm	He-Ne-Laser	kont., bis zu 100 mW
0,635 ... 0,670 μm	InGaAsP-Diodenlaser	kont., 10 mW
0,647 μm	Kr^+-Laser	kont., einige W
0,694 μm	Rubinlaser	Pulse, einige W
0,7 ... 0,8 μm	Alexandrit-Laser	Pulse, einige W
0,7 ... 1 μm	Ti:Saphir	Pulse und kont., einige W
0,75 ... 0,9 μm	GaAlAs-Diodenlaser	kont. und Pulse, bis 1 W
0,8 ... 2,4 μm	Cr: LiSAF u. a. vibr. Laser	kont., um 1 W
1,06 μm	Nd-Laser	kont. und Pulse, über 1000 W cw
1,15 μm	He-Ne-Laser	kont., mW
1,1 ... 1,6 μm	InGaAsP-Diodenlaser	kont. und Pulse, mW cw
1,3 μm	Jodlaser	Pulse
1,32 μm	Nd-Laser	kont. und Pulse, einige W cw
1,52 μm	He-Ne-Laser	kont., mW
1,54 μm	Er-Glaslaser	Pulse
1,73 μm	Er-Laser	Pulse
2 ... 4 μm	Xe-He-Laser	kont., mW
2,06 μm	Ho-Laser	Pulse
2,3 ... 3,3 μm	Farbzentrenlaser	kont., mW
2,6 ... 3,0 μm	HF-Laser	kont. und Pulse, bis 100 W cw
2,7 ... 3,0 μm	Bleisalz-Dioden-Laser	kont., mW
2,9 μm	Er-Laser	Pulse
3,39 μm	He-Ne-Laser	kont., mW
3,6 ... 4 μm	DF-Laser	kont. und Pulse, bis 100 W cw
5 ... 6 μm	CO-Laser	kont., 10 W
9 ... 11 μm	CO_2-Laser	kont. u. Pulse, bis mehrere kW cw
5 ... 20 μm	Bleisalz-Dioden-Laser	kont., mW
40 ... 1000 μm	Ferninfrarot-Laser	kont., bis 1 W

Tabelle 3.2. Wellenlängen λ, erreichbare cw-Ausgangsleistungen P, Pulsenergien W und Pulsdauern τ häufig benutzter und kommerzieller Laser

Bezeichnung	Material	λ (μm)	P (Watt)	W (J)	τ
Gaslaser					
Excimerlaser	ArF	0,19		0,4	20 ns
	KrF	0,25	(Gasentladung)	0,3	10 ns
			(Elektronenstrahl)	100	1 μs
	XeCl	0,308	–	1	20 ns
Stickstofflaser	N_2	0,34	–	0,01	1 ns
He-Cd-Laser	Cd	0,32...0,44	0,05	–	–
Edelgasionenl.	Kr	0,33...1,09	10	–	–
	Ar	0,35...0,53	20	–	–
Kupferdampfl.	Cu	0,51; 0,58	–	0,002	20 ns
He-Ne-Laser	Ne	0,63; 1,15; 3,39	0,05	–	–
HF-Laser	HF	2,5...4	10 000	1	1 μs
CO-Laser	CO	5...7	20	0,04	1 μs
CO_2-Laser	CO_2	9...11	15 000	10 000	10 ns
optisch	H_2O	28; 78; 118	0,01	10^{-5}	30 μs
gepumpte	CH_3OH	40...1 200	0,1	0,001	100 μs
Moleküllaser	HCN	331; 337	1	0,001	30 μs
Festkörperlaser					
Rubinlaser	Cr: Al_2O_3	0,69		400	10 ps
Alexandritlaser	Cr: $BeAl_2O_4$	0,7...0,8		1	10 μs
Titan-Saphir-L.	Ti: Al_2O_3	0,7...1,0	50	–	6 fs
Vibronische Festk.-Laser		0,8...2,5			
Glaslaser	Nd:Glas	1,06	1 000	1ps	
		0,21; 0,27; 0,36; 0,53 (mit Frequenzvervielfachung)			
YAG-Laser	Nd:YAG	1,06	1 000	400	10 ps
		1,05...1,32 (7 Linien mit Abstimmelementen)			
Holmiumlaser	Ho:YLF	2,06	5	0,1	100 μs
Erbiumlaser	Er:YAG	2,94	1	1	100 μs
Farbzentrenl.	KCl u. a.	1...3,3	0,1	–	–
Farbstofflaser		0,4...0,8	1	25	6 fs
		0,05...12 (mit Frequenzumsetzung)			
Halbleiterinjektionslaser					
Galliumnitridlaser	GaN	0,38...0,42	10		
Zinkselenidlaser	ZnSe	0,42...0,5			
	GaAlAs	0,7...0,9	10		5 ps
Galliumarsenidl.	GaAs	0,904			
	InGaAsP	0,63...2			
Bleisalzlaser	PbCdS	3...4	0,001		
	PbSSe	4...8			
	PbSnTe	7...30			

Die *Gaslaser* werden hauptsächlich elektrisch in Gasentladungen betrieben bis auf die langwelligen Molekülllaser, die meist mit CO_2-Lasern optisch angeregt werden. *Festkörper-* und *Farbstofflaser* werden optisch mit Gasentladungslampen oder anderen Lasern gepumpt. Der am häufigsten verwendete Festkörperlaser, der Nd:YAG-Laser, wird z. B. im kontinuierlichen Betrieb meist mit Krypton-Bogenlampen angeregt und im gepulsten Betrieb mit Xenonblitzlampen. *Farbstofflaser* werden oft mit Edelgasionenlasern oder Excimerlasern optisch gepumpt. *Halbleiterinjektionslaser*, die oft auch als *Halbleiterlaser* oder Diodenlaser bezeichnet werden, bilden eine besondere Klasse von Festkörperlasern. Hier erfolgt eine direkte elektrische Anregung, d. h. eine Umwandlung von elektrischer Energie in Licht ohne eine Gasentladung. Wegen der direkten Umwandlung haben diese Laser hohe Wirkungsgrade. Sie sind außerdem relativ einfach und kompakt aufgebaut. Nachteilig im Vergleich zu Gas- und Festkörperlasern ist die große Divergenz und spektrale Breite der emittierten Strahlung sowie bisher der eingeschränkte gelbe, rote bis infrarote Emissionsbereich kommerzieller Diodenlaser. Inzwischen wurden jedoch erstmals in Japan auch grüne, blaue und ultraviolette Diodenlaser entwickelt. Der gesamte sichtbare und ultraviolette Spektralbereich kann mit Halbleiterinjektionslasern nicht abgedeckt werden. Wenn jedoch für eine Anwendung diese Eigenschaften nicht bedeutend sind, ist der Halbleiterlaser wegen der Kompaktheit und des hohen Wirkungsgrades anderen Geräten vorzuziehen.

3.2 Abstimmbare Laser

Alle Laser lassen sich in ihrer Frequenz über einen gewissen Bereich Δf abstimmen. Durch Differenzieren der Gleichung $f = c/\lambda$ erhält man

$$\frac{\Delta f}{f} = -\frac{\Delta\lambda}{\lambda}, \tag{3.3}$$

wobei $\Delta\lambda$ der abstimmbare Wellenlängenbereich und f bzw. λ die mittlere Frequenz bzw. Wellenlänge angeben.

Bei dem klassischen He-Ne-Laser beträgt die Frequenzbreite etwa $\Delta f = 10^9$ Hz bei einer Mittenfrequenz von etwa $f = 5 \cdot 10^{14}$ Hz. Der relative Abstimmbereich ergibt sich also zu $\Delta f/f = 2 \cdot 10^{-6}$. Von einem abstimmbaren Laser im engeren Sinne spricht man allerdings nur, wenn $\Delta f/f$ wesentlich größer ist:

$$\Delta f/f = |\Delta\lambda/\lambda| = 10^{-2} \quad \text{bis} \quad 10^{-1}\,.$$

Derartige abstimmbare Laser sind in Bild 3.1 dargestellt. Die verschiedenen Systeme werden in den folgenden Kapiteln noch genauer beschrieben.

Die bis jetzt am häufigsten verwendeten abstimmbaren Systeme sind die *Farbstofflaser*. Mit verschiedenen Farbstofflösungen kann ultraviolettes, sichtbares und infrarotes Licht mit 0,3 bis 1,5 µm Wellenlänge erzeugt werden. Die

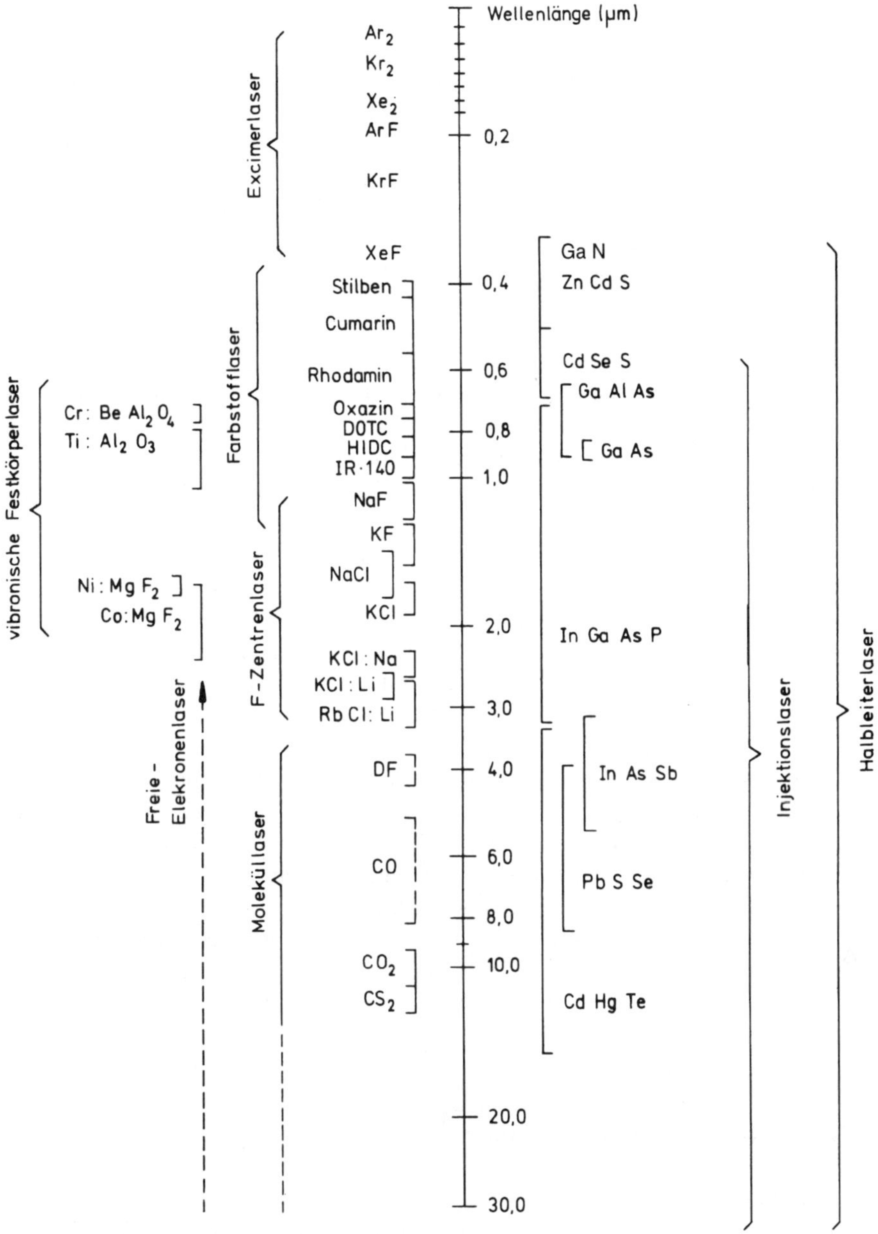

Bild 3.1. Kontinuierlich abstimmbare Laser

Abstimmbereiche liegen bei $\Delta f/f = 5 \dots 15\,\%$. Die Farbstofflaser können mit Blitzlampen optisch gepumpt werden. Bessere Strahlqualitäten ergeben sich jedoch bei Anregung mit Festkörper- oder Gaslasern, so daß sich komplexe Gesamtgeräte ergeben.

Ähnlich aufgebaut sind die *F-Zentren-* oder *Farbzentrenlaser*, die vor allem für das nahe Infrarot bis 3 µm geeignet sind. Als Lasermedien werden dabei Kochsalz und andere Alkalihalogenidkristalle mit verschiedenen Störstellen benutzt.

Da die Farbstoffe und F-Zentren als Lasermaterialien teilweise nicht sehr stabil sind, werden die *vibronischen Festkörperlaser* entwickelt, bei denen Oxid- und Fluoridkristalle verwendet werden, die mit verschiedenen Metallionen dotiert sind. Der bekannteste ist der Titan-Saphir-Laser (Ti: Al_2O_3), der einen breiten Abstimmbereich von 700 bis 1050 nm und einen höheren Wirkungsgrad als Farbstofflaser besitzt. Im nahen Infrarotbereich oberhalb 700 nm haben die vibronischen Festkörperlaser die Farbstofflaser und F-Zentren-Laser verdrängt. Es gibt jedoch bisher keine vibronischen Laser für den sichtbaren Bereich.

Als abstimmbare Quellen für den ultravioletten Spektralbereich stehen die *Excimerlaser* zur Verfügung, die allerdings nur kleine relative Abstimmbereiche bis zu 1 % besitzen. Um breite Bereiche zu erhalten, kann man von langwelligeren abstimmbaren Lasern ausgehen, die frequenzverdoppelt werden. Auch höhere Summenfrequenzbildungen und andere Techniken der *Frequenzumsetzung* werden eingesetzt.

Für das mittlere und ferne Infrarot stehen die *Molekülllaser* zur Verfügung. Diese besitzen zahlreiche Linien und ermöglichen damit eine diskontinuierliche Abstimmung von einer Linie zur benachbarten. Bei hohen Drucken ergibt sich eine starke Verbreiterung der Linien, so daß sich diese überlagern, und damit eine kontinuierliche Abstimmung möglich wird.

Halbleiterlaser können durch Änderung des Anregungsstromes oder Variation der Temperatur abgestimmt werden, wobei Abstimmbereiche von 0,1 bis 1 % möglich sind. Mit Laserdioden aus verschiedenen Materialien bzw. Mischkristallsystemen kann der Bereich von 0,38 bis 30 µm überdeckt werden.

3.3 Frequenzstabile Laser

Laser fester Frequenz können mit nichtlinear-optischen Methoden in der Frequenz verändert werden. Frequenzverdopplung und -vervielfachung ist z. B. mit geeigneten nichtlinearen Kristallen möglich. Mit *parametrischen Oszillatoren* kann eine kontinuierliche Frequenzabstimmung erreicht werden, wie in Abschn. 19.4 dargestellt.

Für Anwendungen beispielsweise in der interferometrischen Meßtechnik und Holographie werden besonders wellenlängen- bzw. frequenzstabile Laser benötigt. Die theoretisch erreichbare Frequenzstabilität wird in Kap. 20 diskutiert. Im Prinzip kann jeder Laser bezüglich seiner Emissionsfrequenz mehr oder weniger stabilisiert werden. Häufig verwendet werden He-Ne- und Argonionenlaser, deren Spiegelabstand geregelt wird, so daß sich eine konstante Emissionsfrequenz ergibt.

Die Stabilisierungstechniken sind weit entwickelt, so daß es möglich ist, die Frequenz von Lasern an die ^{133}Cs-Atomuhr anzuschließen. Diese besitzt eine relative Unsicherheit von nur $\Delta f/f = \pm 10^{-14}$, so daß die Frequenz eines entsprechend stabilisierten Lasers mit der gleichen kleinen Genauigkeit angegeben werden kann. Da die Lichtgeschwindigkeit seit dem Jahre 1983 auf $c = 299\,792\,458\,\mathrm{m/s}$ „festgelegt" ist, kann auch die Wellenlänge im besten Fall mit einer Unsicherheit von nur $\pm 10^{-14}$ bestimmt werden. Diese Unsicherheit bezieht sich auf die absoluten Werte von Frequenz und Wellenlänge. Die Frequenz von Lasern kann mit noch höherer Genauigkeit stabilisiert werden, jedoch läßt sich dann nicht mehr angeben, welchen absoluten Wert sie besitzt. In diesem relativen Sinn sind Frequenzstabilitäten von 10^{15} und besser erreichbar. Ein roter Laser mit einer Wellenlänge von 600 nm und Frequenz von $5 \cdot 10^{14}$ Hz kann auf weniger als 0,5 Hz stabilisiert werden.

Für die meisten Anwendungen sind derartig hohe Frequenzstabilitäten, die einen großen technischen Aufwand erfordern, meist nicht erforderlich. Durch verschiedene vereinfachte Maßnahmen zur Stabilisierung kann aber praktisch jede gewünschte Frequenzgenauigkeit bis zu den angegebenen Grenzen erreicht werden.

3.4 Hochleistungslaser

Bei Leistungsangaben sind kontinuierliche und gepulste Systeme zu unterscheiden, wobei im Pulsbetrieb im allgemeinen bedeutend höhere Leistungen erreicht werden können.

Häufig eingesetzte Hochleistungslaser sind die CO_2- und *Festkörperlaser,* besonders *Neodym:YAG-Laser,* die zur Materialbearbeitung und bei geringerer Leistung in der Chirurgie viel verwendet werden. Kommerzielle, kontinuierliche CO_2-Laser mit 10,6 µm Wellenlänge nähern sich dem Leistungsbereich von 100 kW, während Nd:YAG-Laser mit 1,06 µm mit Leistungen von etwa 5 kW angeboten werden. Die Strahlung des Nd:YAG-Lasers läßt sich durch Glasfasern übertragen, was ein wesentlicher Vorteil gegenüber den CO_2-Lasern ist.

Mit *Nd:Glas-Pulslasern* werden zur Zeit die höchsten Leistungen von etwa

$$10 \text{ Terawatt} = 10^{13}\,\mathrm{W}$$

erzielt mit Emissionsdauern von etwa $1\,\mathrm{ns} = 10^{-9}$ s. Derartige große Leistungen werden zu Voruntersuchungen zur laserinduzierten Kernfusion benötigt und können nur in wenigen Laboratorien auf der Welt realisiert werden, da dafür große Anlagen erforderlich sind. Für Untersuchungen der Kernfusion werden auch große CO_2- und *Jodlasersysteme* eingesetzt.

Mit normalen Tischaufbauten lassen sich mit Festkörperlasern Leistungen von einigen

$$\text{Gigawatt} = 10^9\,\text{W}$$

im Pulsbetrieb realisieren.

Excimerlaser sind in den letzten Jahren intensiv weiterentwickelt worden, so daß heute ähnliche mittlere Leistungen wie mit Festkörperlasern erreichbar sind. Zu beachten ist, daß bisher nur Pulsbetrieb möglich ist. Von Vorteil kann die erheblich kürzere Wellenlänge sein, wodurch die Mechanismen der Wechselwirkung des Laserlichtes mit Materialien stark beeinflußt werden. Während z. B. in der Materialbearbeitung mit Festkörper- und CO_2-Lasern hauptsächlich thermische Prozesse eine Rolle spielen, ist mit Excimerlasern das direkte Aufbrechen chemischer Bindungen möglich. Dadurch gelingt es, in Kunststoffen oder am Auge sehr scharfe Schnitte durchzuführen, ohne thermische Veränderung von Material, das der Schnittkante benachbart ist.

Die größten kontinuierlichen Leistungen von einigen

$$\text{Megawatt} = 10^6\,\text{W}$$

wurden mit chemischen HF- oder DF-*Lasern* erreicht. Derartige Anlagen sind für militärische Untersuchungen im Rahmen des SDI-Programms gebaut worden, finden aber wenig praktische Anwendungen. Auch andere Lasersysteme, z. B. *Freie-Elektronenlaser,* sind im Rahmen dieses Programms mit hohen Leistungen projektiert worden, haben aber bisher keine weitere Verbreitung erlangt.

Vielfältige Anwendung könnten in Zukunft *Hochleistungs-Halbleiterlaser* finden, wegen des kompakten Aufbaus, hohen Wirkungsgrades und einer Wellenlänge von etwa 800 nm, die sich gut zur Übertragung mit Glasfasern eignet. Bisher wurden Leistungen bis etwa 1 kW erzielt. Diedabei erzielten Strahldivergenzen sind noch relativ hoch, d. h. die Strahlqualitäten entsprechend niedrig; jedoch sind hier weitere Fortschritte zu erwarten.

3.5 Ultrakurze Lichtimpulse

Mit Lasern können ultrakurze Lichtimpulse erzeugt werden; der Rekord liegt zur Zeit bei Pulsbreiten von

$$4 \cdot 10^{-15}\,\text{s} = 4\,\text{fs} = 4\ \text{Femtosekunden}$$

Die Spektralanalyse eines kurzen Pulses ergibt ein Frequenzband Δf. Dieses ist mit der Pulsbreite τ über folgende Ungleichung verknüpft:

$$\tau \geq \frac{1}{2\pi \Delta f}\,. \tag{3.4}$$

Statt des Faktors $\frac{1}{2}\pi$ wird hier auch oft eine von der Pulsform abhängige Konstante gewählt, die Werte zwischen 0,1 und 1 annehmen kann.

Daraus folgt, daß zur Erzeugung kurzer Lichtpulse nur Laser geeignet sind, die breite spektrale Emissionsbereiche besitzen. Aus diesem Grunde werden die kürzesten Pulse zur Zeit mit Titan-Saphir-Lasern (früher mit Farbstofflasern) erzeugt, die mit Argonlasern oder frequenzverdoppelten Nd-Festkörperlasern im grünen Spektralbereich gepumpt werden. Der Ti-Sa-Laser wird nicht mit einer scharfen Emissionsfrequenz betrieben, sondern so, daß viele longitudinale Moden und damit ein breites Frequenzspektrum emittiert wird. Durch passive Modenkopplung (Kap. 17) wird eine einheitliche Phase der Moden eingestellt, so daß sich durch Überlagerung ein kurzer Puls mit nur 6 fs Breite ergibt. Mit Farbstofflasern können Breiten von etwa 20 fs erzielt werden. Eine weitere Pulsverkürzung kann durch nichtlineare Impulskompression erreicht werden (Abschn. 17.5).

Auch durch Modenkopplung anderer Laser können kurze Lichtpulse erzeugt werden, jedoch sind wegen der geringen Linienbreite die erreichten Pulsdauern größer. Mit Nd-Glaslasern lassen sich Pulsdauern von etwa

$$10^{-12}\,\mathrm{s} = 1\,\mathrm{ps} = 1 \text{ Pikosekunde}$$

und mit Gaslasern von 100 ps erreichen.

Kurze Laserpulse erlauben die Untersuchung schnell ablaufender Prozesse in der Biologie, Chemie und Technik. Man spricht von einer zeitlichen Mikroskopie hoher Auflösung. Im Femtosekundenbereich sind die dafür entwickelten Methoden konkurrenzlos, da die elektrische Meßtechnik auf die Pikosekundenbereiche und längere Zeiten begrenzt ist.

3.6 Laserparameter

Neben den Laserkenndaten

- Wellenlänge, Frequenz,
- Leistung, Energie und
- Pulsdauer

gibt es weitere wichtige Parameter, die in den folgenden Abschnitten besprochen werden:

- Wirkungsgrad, technischer Aufwand,
- Strahlprofil, transversale Modenstruktur, örtliche Kohärenz,
- Strahldivergenz, Fokussierbarkeit und
- Polarisation.

Von Bedeutung sind auch Stabilitätseigenschaften, die in Kap. 20 einführend dargestellt sind:

- Amplitudenstabilität (kurzzeitige Fluktuationen, Langzeitdrift von cw-Lasern),

- Pulsamplituden-, Pulsdauer- und Pulsformschwankungen bei gepulsten Lasern, Schwankungen der Pulsfolgefrequenz (Jitter),
- Frequenzstabilität, Linienbreite, zeitliche Kohärenz und
- Richtungsstabilität, Polarisationsstabilität.

Für den praktischen Einsatz von Lasern ist die Kenntnis und Festlegung dieser Parameter notwendig, um befriedigende Anwendungsergebnisse zu erzielen. Darüber hinaus müssen wirtschaftliche Faktoren wie Anschaffungs- und Unterhaltungskosten, Standzeit, notwendige Wartungsarbeiten usw. berücksichtigt werden.

Laser mit den verschiedensten Eigenschaften werden von zahlreichen Firmen hergestellt und vertrieben. Ein Überblick ist den im Literaturverzeichnis angegebenen Zeitschriften zu entnehmen, die teilweise jährliche Listen von Lasergeräten und -zubehör und der Hersteller veröffentlichen.

Der Bau von Lasern erfordert feinmechanisches, optisches und elektronisches Know-how, bei Gaslasern auch Erfahrungen mit der Vakuumtechnik. Bei Vorliegen derartiger Kenntnisse können Laser auch selbst hergestellt werden. Eine aufwendigere Technologie ist für die Züchtung von Laserkristallen notwendig sowie für die Herstellung von Halbleiterschichten für Injektionslaser. Auch der Aufbau größerer und zuverlässig arbeitender Laseranlagen ist nur mit industriellen Entwicklungs- und Fertigungsmethoden möglich.

In den folgenden Kapiteln werden die Lasertypen im einzelnen behandelt. Gaslaser können in einem sehr breiten Wellenlängenbereich vom fernen Infrarot bis zum Gebiet der weichen Röntgenstrahlung emittieren. Für die verschiedenen Spektralgebiete sind *Gase* geeignet, die folgende Teilchen enthalten:

Infrarot:	Moleküle, Rotations- und Schwingungsübergänge (Kap. 4), Atome,
Sichtbar:	Atome und Ionen, elektronische Übergänge (Kap. 5 und 6),
Ultraviolett:	Moleküle, elektronische Übergänge (Kap. 7),
Röntgen:	Ionen, elektronische Übergänge (Kap. 6 und 11).

Im Vergleich dazu sind *Festkörper-*, *Farbstoff-* und *Halbleiterlaser* (Kap. 8–10) vorwiegend auf den sichtbaren bis infraroten Spektralbereich beschränkt. *Elektronenstrahllaser* (Kap. 11) sollten für einen ähnlich breiten Spektralbereich wie Gaslaser geeignet sein, jedoch ist bisher damit nur Emission in begrenzten sichtbaren und infraroten Spektralbereichen erreicht worden.

Aufgaben

3.1 Ein Festkörperlaser liefert Pulse von 0,5 ms Dauer mit 10 mJ.
(a) Wie groß ist die Pulsleistung?
(b) Wie steigt die Pulsleistung bei Verkürzung der Pulse auf 5 ns (Güteschaltung)?
(c)Wie groß ist die mittlere Leistung bei einer Pulsfolgefrequenz von 100 Hz?

3.2 Beweisen Sie die Gleichung $\Delta f/f = -\Delta\lambda/\lambda$.

3.3 Wie groß sind die relativen Abstimmbereiche
(a) eines Argonlasers und
(b) eines Farbstofflasers?
Benutzen Sie Tabelle 2.2.

3.4 Wie groß muß die Leistung eines gepulsten Festkörperlasers sein, der auf einen Durchmesser von 5 µm fokussiert wird, damit eine Feldstärke von 10^{10} V/cm entsteht? (Dieser Wert übersteigt die Feldstärke, die in Atomen auf die Elektronen wirkt.)

3.5 Wie groß ist die kürzeste Pulsbreite τ, die von einem Farbstofflaser erzeugt werden kann (Tabelle 2.2)?

4. Infrarot-Moleküllaser

Laserstrahlung im Infraroten wird häufig mit Gaslasern erzeugt. Für Infrarot-Laser wird vor allem die Strahlung molekularer Gase ausgenutzt. Bei Strahlungsübergängen zwischen *Rotationsniveaus* eines Moleküls, dessen Schwingungszustand ungeändert bleibt, treten relativ kleine Energiedifferenzen auf. Der entsprechende Wellenlängenbereich liegt zwischen 25 µm und 1 mm. Man spricht in diesem Zusammenhang von Ferninfrarot-Lasern (Abschn. 4.1). Die Energiedifferenzen zwischen *Vibrations-Rotations-Niveaus* desselben elektronischen Zustandes sind größer. Daher ist die Wellenlänge derartiger Laserstrahlung kleiner; sie liegt zwischen 5 µm und 30 µm (Abschn. 4.2). Besonders weit verbreitet ist der CO_2-Laser, der eine Wellenlänge von 10 µm emittiert. Finden Laserübergänge zwischen verschiedenen *elektronischen Niveaus* statt, so liegen die Wellenlängen im sichtbaren und ultravioletten Bereich. Besonders wichtig sind die Stickstoff- und Excimerlaser (Kap. 7).

4.1 Ferninfrarot-Laser

Der Wellenlängenbereich von 50 µm bis 1 mm (Submillimeterwellen) wird als „fernes Infrarot" (FIR) bezeichnet. Ferninfrarot-Laser haben typische Ausgangsleistungen von 100 mW bis 1 Watt und werden vor allem für spektroskopische und auch andere wissenschaftliche Anwendungen eingesetzt. FIR-Laser sind nur wenig verbreitet, so daß auf diesen Typ nur kurz eingegangen wird.

Optisch gepumpte Laser

FIR-Laser werden häufig optisch gepumpt. Es sind einige hundert verschiedene Emissionslinien bekannt. Der Aufbau soll am Beispiel des CH_3F (Methanfluorid)-Lasers erläutert werden, welcher mit der 9,55 µm-Linie des CO_2-Lasers gepumpt wird (Bild 4.1). Die Pumpstrahlung wird schräg in den Resonator eingekoppelt. Zur Auskopplung der Laserstrahlung kann ein teildurchlässiger Koppelspiegel verwendet werden. Die Leistungsdaten sind in Tabelle 4.1 skizziert.

Das Termschema mit den stärksten Laser-Übergängen ist in Bild 4.2 gezeichnet. In dem Schema ist J die Drehimpulszahl und K die Quantenzahl,

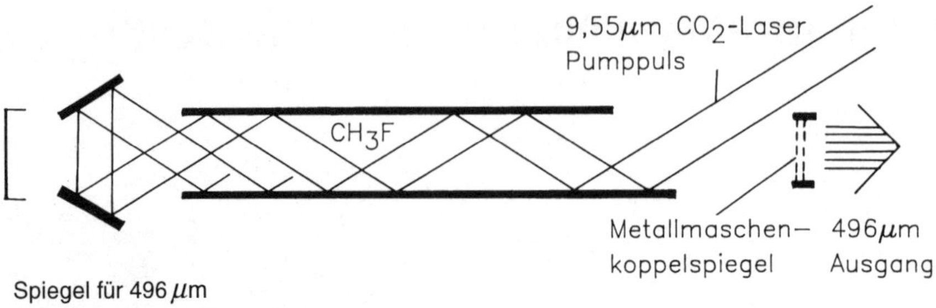

Bild 4.1. Schematische Darstellung eines CH_3F-Ferninfrarot-Lasers [7], welcher mit einem CO_2-Laser gepumpt wird

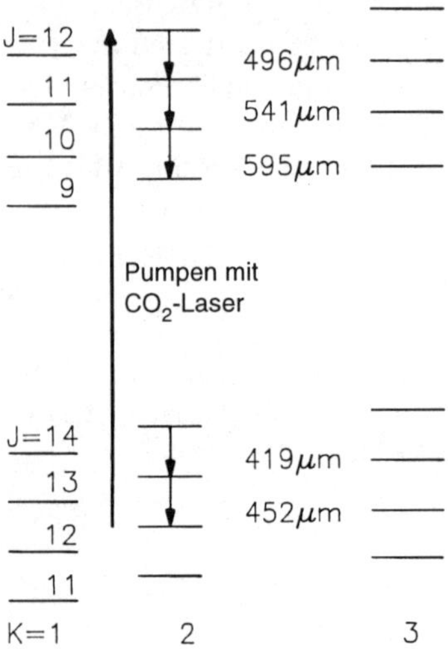

Bild 4.2. Vereinfachtes Termschema eines FIR-Lasers. Als Pumpstrahlung wird die P(20)-Linie eines CO_2-Lasers bei etwa 9,5 μm verwendet

welche die Komponente des Drehimpulses auf die Symmetrieachse des CH_3F-Moleküls angibt.

Andere Beispiele für laser-gepumpte FIR-Laser sind in Tabelle 4.1 aufgeführt. Der Methanol-Laser (CH_3OH) emittiert in einem sehr breiten Wellenlängen-Bereich von 40 bis 1200 μm und stellt einen häufig eingesetzten FIR-Lasertyp dar. FIR-Laser werden kommerziell mit den dafür notwendigen Pumplasern angeboten (Tabelle 4.2). Der Quantenwirkungsgrad für die Umwandlung der Pump- in die Laserstrahlung liegt bei einigen ‰ bis zu 30 %. Der Wirkungsgrad bezogen auf die Leistung ist kleiner, da die FIR-Photonen kleinere Energie als die Pumpquanten besitzen.

Elektrisch angeregte FIR-Laser

Eine Anregung in Gasentladungen ist für FIR-Laser nur bei stabilen, einfachen Molekülen möglich. Dies liegt daran, daß größere Moleküle in der Entla-

Tabelle 4.1. Beispiele für Eigenschaften von Ferninfrarotlasern [13]

Typ	Wellenlängen	cw-Leistung	Pulsparameter	Anregung
H_2O	28 µm	10 mW		
	78 µm		auch gepulst	elektrisch
	119 µm	6 mW		
D_2O	66 µm		2,5 µs; 40 mJ	optisch
CH_3OH	112 µm	100 mW		optisch
HCN	337 µm	100 mW		elektrisch
	311 µm	3 mW		
CH_3F	496 µm		50 ns; 50 mJ	optisch

Tabelle 4.2. Kommerzielle Ferninfrarotlaser nach Wellenlängen geordnet

Wellenlänge	Typ	Wellenlänge	Typ
41,0 µm	CD_3OD	255 µm	CD_3OD
46,7 µm	CH_3OD	375 µm	$C_2H_2F_2$
57,0 µm	CH_3OD	433 µm	HCOOH
70,6 µm	CH_3OH	460 µm	CD_3I
96,5 µm	CH_3OH	496 µm	CH_3F
118,8 µm	CH_3OH	570 µm	CH_3OH
148,5 µm	CH_3NH_2	599 µm	CH_3OH
163,0 µm	CH_3OH	764 µm	$C_2H_2F_2$
184,0 µm	CD_3OD	890 µm	$C_2H_2F_2$
198,0 µm	CH_3NH_2	1020 µm	$C_2H_2F_2$
229,1 µm	CD_3OD	1022 µm	$C_{13}H_3F_2$

dung dissoziieren. Die ersten molekularen FIR- Laser wurden mit longitudinalen Gasentladungen betrieben. Es handelt sich um den H_2O-, HCN- und ICN-Laser, welcher die längste Wellenlänge von 774 µm produziert. Später wurden auch transversale Entladungen eingesetzt, welche ähnlich wie beim TEA-CO_2-Laser (Abschn. 4.2) aufgebaut waren. Ein Beispiel ist der CH_3F-Laser.

Der wichtigste elektrisch angeregte FIR-Laser ist der HCN-Laser mit den stärksten Linien bei 311 und 337 µm. Die Strahlung entsteht zwischen Vibrations-Rotationsniveaus des HCN-Moleküls. Leistungsangaben finden sich in Tabelle 4.1. Die wichtigsten Anwendungen der FIR-Laser liegen in der hochauflösenden Spektroskopie von Molekülen und von Rydberg-Atomen, der Festkörper-Spektroskopie, dem Studium magneto-optischer Phänomene und der Diagnostik von Plasmen.

Die Handhabung und Meßtechnik der FIR-Strahlung erfordert spezielle Verfahren, die in der Literatur genauer dargestellt sind. Laserspiegel für den FIR-Bereich bestehen z. B. aus ZnSe, Si oder speziellem kristallinen Quarz.

Der Strahl kann durch ein zentrales Loch ausgekoppelt werden. Es werden auch Spiegel aus Maschendraht eingesetzt.

4.2 CO_2-Laser

Einer der wichtigsten Laser für die industrielle Anwendung, insbesondere in der Materialbearbeitung, ist der CO_2-Laser. Er zeichnet sich durch eine hohe Leistung bis zu nahezu 100 kW im kontinuierlichen Betrieb und einen großen Wirkungsgrad von 10 bis 20 % aus. Für wissenschaftliche Anwendungen gibt es Versionen mit geringer Leistung bis herunter zu 1 W; in der Medizin liegen die Leistungen in 10 W-Bereich. Im Pulsbetrieb können Laserpulse im Bereich von ns bis ms erzeugt werden. Für Anwendungen in der Kernfusion wurden Pulsenergien bis etwa 100 kJ erreicht. Es gibt eine größere Anzahl konstruktiver Varianten des CO_2-Lasers, die alle ihre technische und kommerzielle Bedeutung haben. Die Wellenlänge des CO_2-Lasers liegt im Infraroten zwischen 9 µm und 11 µm

Anregungsprozesse in Gasentladungen

Das CO_2-Molekül besteht aus einer linearen Anordnung mit drei Atomen, wobei das C-Atom in der Mitte liegt. Damit kann das Molekül nach Bild 4.3a drei verschiedene Schwingungen ausführen: (a) Biegeschwingungen, (b) symmetrische Streckschwingungen und (c) asymmetrische Streckschwingungen. Es entstehen somit drei Serien von Vibrationszuständen, die mit den Niveaus (010), (100) und (001) beginnen. Die Laserstrahlung geht vom (001)-Niveau aus, wobei Wellenlängen um 9,6 µm und 10,6 µm entstehen. Die Übergänge enden im (020)- und (100)-Niveau.

Das Lasermedium besteht aus einem CO_2-N_2-He-Gasgemisch, welches durch eine Gasentladung angeregt wird. Die Bevölkerung des oberen Laserniveaus erfolgt zu einem Teil durch Stöße mit Elektronen der Entladung. Wichtiger ist die Anregung durch Stöße mit metastabilen N_2-Molekülen (Bild 4.3a), die sich in der Gasentladung bilden. Durch diesen Vorgang wird nur das obere Laserniveau angeregt, so daß eine Inverson entsteht, die zur induzierten Emission führt.

Laseremission kann in zwei Wellenlängenbereichen um 9,6 µm und 10,6 µm auftreten, je nachdem, in welches Vibrationsniveau der Übergang führt. In Bild 4.3a ist das vereinfachte Energieniveauschema dargestellt, welches nur die sogenannten regulären Banden darstellt. Diese bestehen aus mehr als hundert Linien, da die Schwingungsniveaus durch Rotationen aufgespalten sind (Bild 4.4). Daneben existieren noch Sequenzbanden und „hot bands", die im genaueren Energieniveauschema in Bild 4.3b erklärt sind. Bei normalen cw-CO_2-Lasern tritt in der Regel nur der Wellenlängenbereich von 10,6 µm auf. Der Grund dafür liegt in einem schnellen Energieaustausch

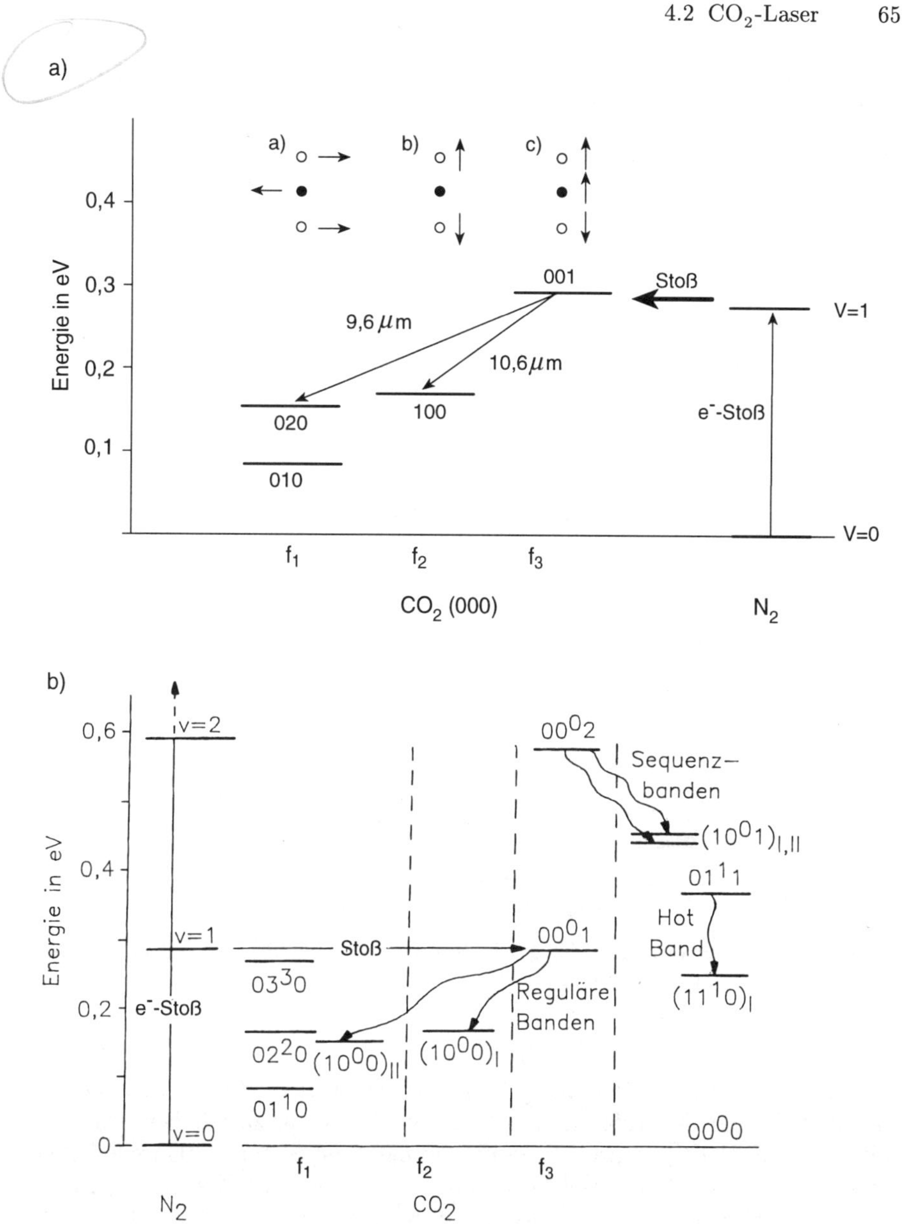

Bild 4.3. (**a**) Vereinfachtes Termschema des CO_2-Lasers. Die Anregung des oberen Laserniveaus erfolgt durch Stöße (2. Art) mit metastabilen N_2-Molekülen. Es entstehen zahlreiche Laserlinien um 9,6 oder 10,6 μm. (**b**) Ausführlicheres Termschema des CO_2-Lasers

zwischen den beteiligten Niveaus, der im Abschnitt „Dauerstrich- und Impulslaser“ erläutert wird. Bemerkenswert ist der hohe Quantenwirkungsgrad von etwa 45 %, den man leicht aus dem Termschema ablesen kann (Bild 4.4). Dadurch erklärt sich leicht der hohe gesamte Wirkungsgrad, der die Umsetzung von elektrischer in optische Energie beschreibt.

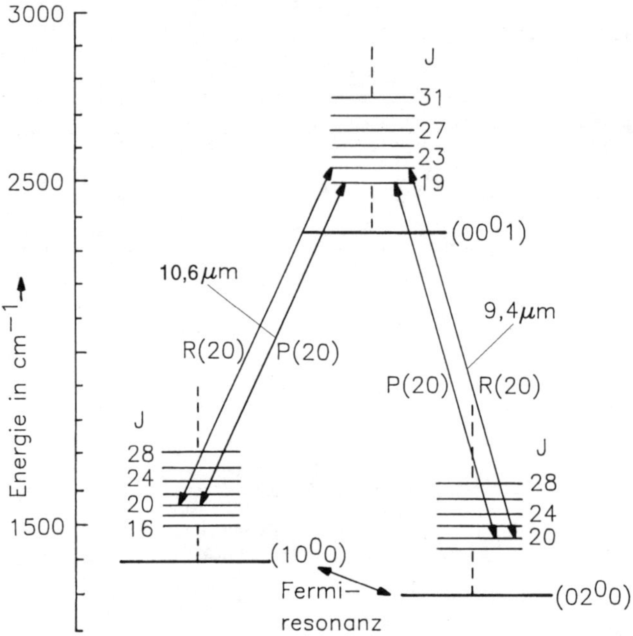

Bild 4.4. Aufspaltung der Vibrations-Rotationsniveaus des CO_2-Moleküls und Darstellung der Laserübergänge

Das aktive Medium eines CO_2-Lasers enthält neben CO_2 und N_2 im allgemeinen 60 bis 80 % Helium. Das Helium ist nicht direkt am Laserprozeß beteiligt. Es hat die Aufgabe, den Druck im Laserrohr zu erhöhen. Die Stabilität der Entladung wird verbessert und die Temperatur des Gasgemisches günstig für den Laserprozeß beeinflußt. Weiterhin wird das untere Laserniveau durch Stöße mit He entleert. Der Stickstoff erfüllt eine analoge Aufgabe wie das Helium beim He-Ne-Laser, d. h. die N_2-Moleküle werden durch Elektronenstöße in der Entladung angeregt und übertragen dann ihre Energie auf die CO_2-Moleküle.

Anregung

Die Anregung der CO_2-Moleküle ins obere Laserniveau (001) erfolgt teilweise durch inelastische Stöße mit den Elektronen der Entladung. Dabei ist der Wirkungsquerschnitt für diesen Prozeß größer als für die Anregung der unteren Laserniveaus (100) und (020). Dies liegt daran, daß der Übergang (000) → (001) optisch erlaubt ist.

Neben der direkten Anregung ist die resonante Energie-Übertragung durch metastabile N_2-Moleküle für die Inversion von großer Bedeutung. Man spricht von Stößen 2. Art. Die N_2-Moleküle werden in der Gasentladung sehr intensiv angeregt. Molekularer Stickstoff besitzt kein permanentes elektrisches Dipolmoment. Daher sind optische Übergänge zwischen Schwingungsniveaus desselben elektronischen Zustandes verboten, was durch die Paritätsauswahlregel erklärt wird (Abschn. 1.4). Die Schwingungsniveaus des elektronischen Grundzustandes mit $v = 1, 2,$ usw. des N_2 sind daher metastabil Damit wirken diese Niveaus als Energiespeicher, welche die CO_2-Moleküle nach folgender Reaktionsgleichung anregen können

$$N_2(v = 1) + CO_2 \rightarrow N_2 + CO_2(001) + \Delta E\,. \tag{4.1}$$

Die Gleichung beschreibt die Energieübertragung zu den regulären Banden des CO_2-Lasers (Bild 4.3a). Der Prozeß der Energieübertragung nach (4.1) ist sehr effektiv, da die Energieniveaus bis auf $\Delta E \mathrel{\hat{=}} 18\,\mathrm{cm}^{-1}$ nahezu gleich sind. Diese Differenz ist wesentlich kleiner als die thermische Energie $kT \mathrel{\hat{=}} 200\,\mathrm{cm}^{-1}$ bei 300 K.

Dieser resonante Energieaustausch durch Stoß 2. Art ist sehr effektiv, da auch N_2-Moleküle in höheren Vibrationszuständen mit $v = 2$ Energie an das CO_2-Molekül übertragen können. Nach Bild 4.3b wird analog zu (4.1) das (00^02)-Niveau von CO_2 besetzt. Es kann dadurch Laserstrahlung in den Sequenzbanden angeregt werden.

Energieniveauschema

Eine vereinfachte Darstellung der Energieniveaus wurde in Bild 4.3a gezeigt, die nun in Bild 4.3b genauer ergänzt wird. Dabei werden die symbolischen Bezeichnungen aus Abschn. 1.4 übernommen. (Bild 1.11). Die Vibrationszustände des CO_2-Moleküls werden durch die Quantenzahlen

$$(v_1 v_2^l v_3) \tag{4.2}$$

bestimmt. Die Quantenzahlen v_1, v_2, v_3, entsprechen den drei möglichen Schwingungen, die unabhängig voneinander auftreten. Der Index l beschreibt den Entartungsgrad und weist auf das Vorhandensein eines Drehmomentes der entarteten Biegeschwingung hin. Falls beide zueinander senkrechte Schwingungen (mit v_{2a} und v_{2b} aus Abschn. 1.4) angeregt sind, ergibt sich bei einer bestimmten Phasenlage der Schwingungen eine Rotation und ein Drehmoment. Die Quantenzahl l kann die positiven Werte

$$l = v_2, v_2 - 2, \ldots \tag{4.3}$$

annehmen. Die Schwingungsenergien nach (1.10) betragen $hf_1 \mathrel{\hat{=}} 1\,351{,}2\,\mathrm{cm}^{-1}$ für die symmetrische Streckschwingung, $hf_2 \mathrel{\hat{=}} 672{,}2\,\mathrm{cm}^{-1}$ für die Knickschwingung und $hf_3 \mathrel{\hat{=}} 2\,396{,}4\,\mathrm{cm}^{-1}$ für die asymmetrische Streckschwingung.

Die totale Vibrationsenergie von CO_2-Molekülen beträgt in der harmonischen Näherung

$$E_v = \left(v_1 + \tfrac{1}{2}\right) hf_1 + \left(v_2 + \tfrac{1}{2}\right) hf_2 + \left(v_3 + \tfrac{1}{2}\right) hf_3 \,. \tag{4.4}$$

Ein Problem des CO_2-Lasers betrifft die Entleerung der unteren Laserniveaus, welche eine Mischung aus (10^00) und (02^00) darstellen. Die Lebensdauern alleine durch strahlende Übergänge liegen mit einigen ms relativ hoch. Beim He-Ne-Laser tritt ein ähnliches Problem auf, wobei Wandstöße eine Rolle spielen. Dies ist auch beim CO_2-Laser der Fall. Hinzu kommt jedoch eine Entleerung dieser Niveaus durch Stöße mit anderen Molekülen, wobei insbesondere das Helium von Bedeutung ist. Dadurch wird auch das Zwischenniveau (01^10), nicht aber die oberen Laserniveaus entleert. Zusätzlich ist die Wärmeleitfähigkeit des Heliums relativ groß, so daß die Temperatur der Entladung gesenkt wird. Dies reduziert die thermische Besetzung der unteren Niveaus des CO_2-Lasers.

Das obere Laserniveau besitzt die Quantenzahlen (00^01). Von ihm gehen die regulären Banden aus. Zusätzlich wird in der Gasentladung das nächste Vibrationsniveau (00^02) angeregt, was zu den Sequenzenbanden führt. Für die Besetzung der (00^0n) Schwingungsniveaus gilt eine Boltzmann-Verteilung, wobei effektive Temperaturen bis etwa 3000 K erreicht werden. Die Lebensdauer der angeregten (00^0n) Niveaus beträgt etwa 2 ms. Bei Entleerung eines der (00^0n) Niveaus während des Laservorganges sorgt ein sehr schneller Relaxationsprozeß ($\tau \approx 100\,\text{ns}$) über CO_2-CO_2 Stöße für eine Aufrechterhaltung der Boltzmann- Verteilung.

Die beiden unteren Laserniveaus sind in Bild 4.3a nur sehr ungenau bezeichnet. Nach Bild 4.3b werden sie präziser mit $(10^01)_I$ und $(10^01)_{II}$ symbolisiert. Die Niveaus $(10^0n)_{I.II}$ der regulären ($n = 0$) und Sequenzbanden ($n = 1$) stellen eine Überlagerung von zwei dicht beieinanderliegenden Schwingungsniveaus (10^0n) und (02^0n) dar (Fermi-Resonanz), wodurch die beiden Laser-Emissionsbereiche bei 10,4 µm und 9,4 µm entstehen. Mit anderen Worten sind z. B. $(10^00)_I$ und $(10^00)_{II}$ zwei verschiedene Mischungen der Zustände (10^00) und (02^00). Bisweilen werden die Laserendzustände statt mit $(10^00)_I$ und $(10^00)_{II}$ auch vereinfacht mit (10^00) und (02^00) bezeichnet (Bild 4.3a).

Die Energieniveaus $(00^01), (00^02), \ldots$ sind nicht völlig äquidistant (anharmonischer Oszillator), daher sind die Emissionslinien, die von den höheren Niveaus ausgehen (Sequenzlinien), gegenüber den regulären Linien etwas verschoben. Neben diesen starken Emissionslinien existieren noch die sogenannten „Hot Band"-Übergänge, die über CO_2-CO_2 Stoßprozesse ebenfalls mit angeregt werden. Bild 4.3b gibt eine Übersicht der bekanntesten Laserübergänge in einem Termschema. Durch Aufspaltung der einzelnen Schwingungsniveaus in Rotationszustände entsteht eine große Anzahl von dicht nebeneinander liegenden Emissionslinien, die zu den verschiedenen Laserbanden gehören. Die in Bild 4.3a und 4.3b eingezeichneten Laserübergänge geben lediglich die Zentren dieser Banden an.

Laserlinien

Wegen der Aufspaltung der Laserniveaus besteht das Spektrum des CO_2-Lasers aus zahlreichen Linien. In Bild 4.4 sind die Vibrations-Rotationsniveaus der regulären Banden des CO_2-Lasers dargestellt. Jedem Schwingungszustand sind zahlreich gequantelte Rotationen des Moleküls überlagert, wobei die Rotationsenergie wesentlich kleiner als die Schwingungsenergie ist. Die Rotationsenergie E_J wird durch die Quantenzahl J charakterisiert (1.11)

$$E_J = hcB_\mathrm{r}J(J+1)\,. \tag{4.5}$$

Die Größe B_r ist durch das Massenträgheitsmoment Θ des Moleküls gegeben. Das klassische Analogon der (4.5) ist die Gleichung für die kinetische Energie eines Rotators aus der Mechanik der Drehbewegung $W = (\Theta/2)\omega^2$, wobei ω die Kreisfrequenz ist.

Das CO_2-Molekül ist linear, spiegelsymmetrisch, und der Kernspin der ^{16}O Atome ist Null. Aufgrund dieser Symmetrieeigenschaften treten nur gerade Quantenzahlen J bei symmetrischen Vibrationen, z. B. (10^00), auf. Dagegen ist J ungerade bei asymmetrischen Vibrationszuständen, z. B. (00^01). Ersetzt man ^{16}O durch ein Isotop mit einem Kernspin, so sind alle J-Zustände vorhanden. Nach Tabelle 1.6 gelten für optische Übergänge (elektrische Dipolstrahlung) folgende Auswahlregeln für die Änderung der Quantenzahl J beim Übergang

$$\begin{aligned} \Delta J &= \pm 1 \quad \text{erlaubt} \quad \text{und} \\ \Delta J &= 0 \quad \text{verboten}\,. \end{aligned} \tag{4.6}$$

Die Übergänge mit $\Delta J = -1$ werden als P-Zweig bezeichnet, diejenigen mit $\Delta J = +1$ als R-Zweig. Dabei wird der Laserübergang durch die Quantenzahl J des unteren Niveaus symbolisiert, d. h. die Änderung ΔJ bezieht sich auf dieses Niveau. Man bezeichnet die Übergänge durch Angabe des Zweiges P oder R und der Rotationsquantenzahl J des Endzustandes, z. B. $P(20)$ und $R(20)$.

Durch Übergänge in dem Termschema nach Bild 4.4 erhält man die zahlreichen regulären Linien des CO_2-Lasers nach Bild 4.5. Ebenfalls dargestellt sind die Emissionslinien in den Sequenzbanden des CO_2-Moleküls. Es ergeben sich jeweils R- und P-Zweige zwischen 9,4 und 10,6 µm, welche durch die beiden verschiedenen Endzustände der Laserübergänge entstehen.

Die Verstärkung der einzelnen Laserlinien in Bild 4.5 erklärt sich aus der unterschiedlichen Besetzung der Rotationsniveaus, die durch eine Boltzmann-Verteilung gegeben ist, wobei das statistische Gewicht des jeweiligen Rotationsniveaus berücksichtigt werden muß. Man erhält so für die Besetzungszahlen N_J der Rotationsniveaus innerhalb eines Schwingungszustandes

$$N_J \sim (2J+1)\exp[-hcB_\mathrm{r}J(J+1)/kT]\,. \tag{4.7}$$

Mit zunehmender Quantenzahl J steigt der Entartungsgrad $2J+1$, während der exponentielle Faktor abnimmt. Aus (4.7) erhält man durch Diffe-

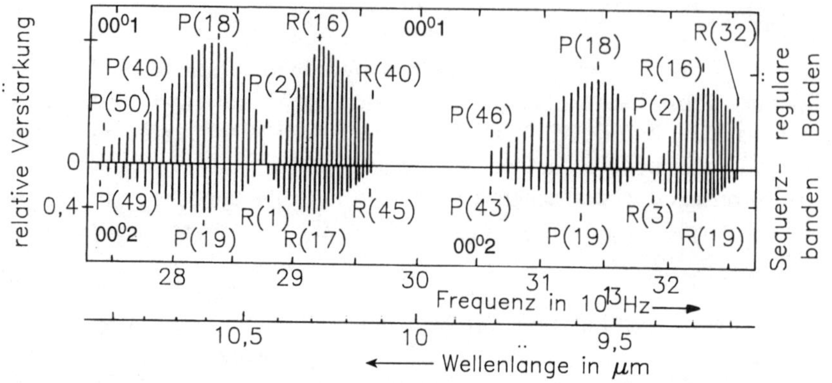

Bild 4.5. Emissionslinien des CO_2-Lasers

renzieren nach J und Nullsetzen die Rotationsquantenzahl J_m mit maximaler Besetzung

$$J_m \approx \left(kT/2hcB_r - \tfrac{1}{2}\right)^{1/2} . \tag{4.8}$$

Die Boltzmann-Temperatur beträgt etwa $T = 350$ bis 400 K. Dadurch erhält man maximale Besetzung bei der Quantenzahl $J_m \approx 17$. Von diesen oder benachbarten Niveaus wird also die stärkste Laserlinie ausgehen, wobei die Linie in den verschiedenen Zweigen durch $P(18)$ und $R(16)$ gegeben wird. Diese Abschätzungen stehen in ungefährer Übereinstimmung mit der gemessenen Verstärkung einzelner Laserlinien in Bild 4.5. Der Relaxationsprozeß, der diese thermische Verteilung auch während des Laservorganges aufrecht erhält, führt zu einer Thermalisierungszeit von weniger als 1 μs.

In abstimmbaren CO_2-Lasern werden die Emissionslinien durch hochreflektierende Gitter im Resonator voneinander getrennt. Der Abstand zwischen den Emissionslinien liegt zwischen 30 GHz und 50 GHz. Der durch Doppler-Verbreiterung gegebene Abstimmbereich einzelner Emissionslinien beträgt in Niederdrucklasern etwa 50 MHz. Lasertätigkeit kann auf etwa 80 Linien zwischen 9,2 und 10,8 μm erreicht werden. Durch Verwendung von ^{18}O- und ^{13}C-Isotopen kann der Emissionsbereich noch erweitert werden. Bei hohen Drucken ist eine kontinuierliche Abstimmung möglich.

Der Durchmesser des Laserrohres oder eine Modenblende bestimmen, ob der Laser in der TEM_{00}-Mode oder mit mehreren transversalen Moden schwingt. Dagegen tritt in der Regel nur eine longitudinale Mode auf. Für einen Resonator der Länge $L = 0{,}75$ m erhält man für den longitudinalen Modenabstand

$$\Delta f = c/2L = 200\,\text{MHz} . \tag{4.9}$$

Dies ist mehr als die Dopplerverbreiterung einer Laserlinie von 50 MHz. Deshalb kann nur ein Mode auftreten. Der Linienabstand wurde bereits mit 30 bis 50 GHz angegeben.

Dauerstrich- und Pulsbetrieb

Der schnelle Energieausgleich (Thermalisierung) zwischen den Rotationsniveaus hat wichtige Konsequenzen für das Emissionsspektrum des CO_2-Lasers. Im Dauerstrichbetrieb ohne Frequenzselektion wird in der Regel die stärkste Linie um $P(20)$ dominieren. Diese Linie wird zuerst anschwingen, und die Besetzung des entsprechenden Rotationsniveaus wird abnehmen. Da aber bei kontinuierlichen Lasern die Thermalisierungszeit ($\leq 1\,\mu s$) kleiner ist als die Lebensdauer (gegenüber spontaner und induzierter Emission), führt dies zu einem schnellen Energieausgleich. Damit sinkt die Besetzung aller Rotationsniveaus, und die Boltzmann-Verteilung bleibt bestehen. Der Vorgang ähnelt dem Problem der Sättigung der Verstärkung bei homogener Linienverbreiterung. Die Verstärkung in der anschwingenden Laserlinie bleibt also stets maximal, da die Besetzung durch die benachbarten Rotationszustände schnell nachgefüllt wird. Kontinuierliche CO_2-Laser strahlen daher ohne frequenzselektierende Elemente oft nur auf einer Linie, und zwar der Linie mit maximalem Überschuß der Verstärkung über den Resonatorverlusten.

Die natürliche Lebensdauer der oberen Laserniveaus liegt um 2 ms, so daß beim Pumpen Energie gespeichert werden kann. Damit ist eine Pulsverkürzung durch eine Güteschaltung (Q-switch) des CO_2-Lasers möglich (Abschn. 17.2). Während der Emission des Q-switch-Pulses im ns-Bereich kann eine Energieübertragung zwischen Rotationsniveaus nicht stattfinden. Die Überbesetzung in der stärksten Linie wird daher sehr schnell abgebaut, so daß diese zum Erlöschen kommt. Somit können benachbarte Linien, deren Verstärkung über der Laserschwelle liegt, anschwingen. Im Q-switch-Betrieb werden also mehrere Linien des P- und R-Zweiges emittiert, wobei bisher Niederdruck CO_2-Laser vorausgesetzt wurden.

Bei CO_2-Lasern mit hohem Druck wird durch eine kurze Kollisionszeit zwischen den CO_2-Molekülen der Energieaustausch zwischen Rotationsniveaus sehr beschleunigt. Die Thermalisierungszeit kann damit kürzer als die Dauer des Laserpulses im Q-switch-Betrieb werden. Damit wird die Boltzmann-Verteilung während der Pulsdauer aufrecht erhalten, und man beobachtet bei hohen Gasdrucken im Q-switch Betrieb die Emission nur einer Linie.

Es gibt mehrere Betriebsarten für CO_2-Laser, die in folgende Typen unterteilt werden können:

Laser mit langsamer axialer Gasströmung

Der typische Aufbau besteht aus einem wassergekühlten Glasrohr mit 1 bis 3 cm Durchmesser (Bild 4.6). In dem CO_2-He-N_2-Gemisch wird eine Gleichstromentladung in axialer Richtung erzeugt. Die optimale Zusammensetzung des Gases, hängt von dem Rohrdurchmesser der Strömungsgeschwindigkeit und der Auskopplung ab und beträgt beispielsweise 9 % CO_2, 11 % N_2 und 80 % He bei einem Gesamtdruck von 20 mbar = 20 hPa. Die Gasströmung dient zur Entfernung von Dissoziationsprodukten wie CO und O_2 aus dem aktiven Volumen. Die Laserleistung (Tabelle 4.3) kann mit dem Entladungsstrom reguliert werden. Mit Lasern dieses Typs lassen sich Leistungen von 50–80 W pro Meter Entladungslänge erzielen. Der Wirkungsgrad liegt über 10 %.

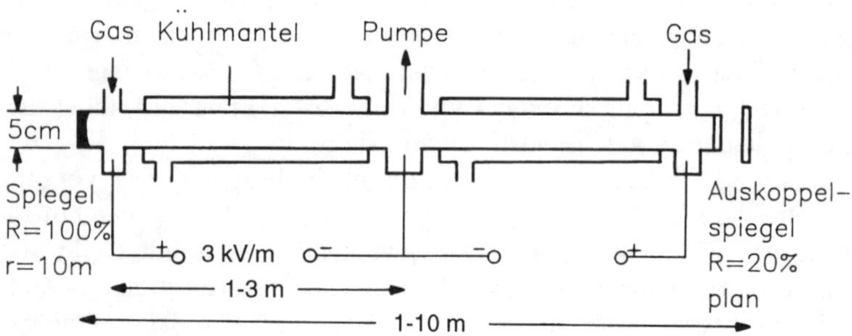

Bild 4.6. Aufbau eines longitudinalen CO_2-Lasers, bestehend aus zwei Segmenten. Durch Aneinanderreihung weiterer Segmente können aktive Längen bis 10 m aufgebaut werden

Tabelle 4.3. Eigenschaften von CO_2-Lasern

Typ (Anwendung)	Leistung (cw)	Pulsenergie; Pulsleistung	Pulsdauer/ -frequenz
abgeschlossener Laser (Ma, Me)	50 W/m		
Wellenleiter-Laser (Mo, S)	50 W		
langsame axiale Strömung (Ma, Me)	kW		
– gepulst (Ma)		1 J/l; kW/m	> μs/100 Hz
– Q-switch (Ma)			100 ns/ 1 kHz
schnelle Gasströmung (Ma)	100 kW		
TEA-Laser (Ma)		10 J/l; GW	100 ns/ kHz
gasdynamischer Laser (Ma, F)	100 kW	10 J	
Hochdrucklaser (S, U)	siehe TEA- und Wellenleiterlaser		

Ma = Materialbearbeitung, Me = Medizin, Mo = Monomode-Laser, S = Spektroskopie, F = Laser-Fusion, U = Ultrakurze Pulse

Bei hohen Strömen wird die Verstärkung reduziert, da durch Temperaturerhöhung die thermische Besetzung des unteren Laserniveaus steigt. Die Stromstärke bei maximaler Leistung beträgt etwa 80 mA (bei 14 mbar und 2,5 cm Durchmesser). Die Laserleistung und der Wirkungsgrad hängen nur wenig vom Rohrdurchmesser ab, so daß eine wesentliche Erhöhung der Leistung nicht möglich ist. Die Kühlung der Entladung erfolgt bei diesem Lasertyp wegen der langsamen Strömung hauptsächlich durch Wärmeübertragung zur Rohrwand. Das Laserrohr wird meist mit Wasser gekühlt. Kommerzielle CO_2-Laser dieses Typs sind mit einer speziell gemischten Gasflasche mit etwa 10 l und 140 bar ausgerüstet, welche für etwa 50 Betriebsstunden ausreicht. Der Gasfluß und das Abpumpen des verbrauchten Gases erfolgen automatisch. Derartige Systeme werden mit Erfolg in der Materialbearbeitung kleiner Bauteile eingesetzt. In der Medizin setzt sich im Bereich von einigen 10 W eher der abgeschlossene CO_2-Laser durch.

Abgeschlossener Laser (sealed-off laser)

Der CO_2-Laser mit langsamer Gasströmung benötigt eine externe Gasversorgung. Dieser Nachteil wird im abgeschlossenen Laser vermieden. Bei dieser Bauform werden die Dissoziationsprodukte CO und O_2 durch Zugabe von geringen Mengen von H_2O, H_2 oder O_2 chemisch umgewandelt. Weiterhin spielt das Elektrodenmaterial eine wichtige Rolle, wobei Platin oder Nickel (500 K) als Katalysatoren für die Umwandlung von CO in CO_2 wirken. Die wichtigsten Reaktionen für die Umwandlung von CO in CO_2 sind

$$\begin{aligned} &CO^* + OH \rightarrow CO_2^* + H \quad \text{und} \\ &CO + O \underset{Pt}{\rightarrow} CO_2 \,. \end{aligned} \tag{4.10}$$

Der Stern kennzeichnet angeregte Schwingungszustände der Moleküle.

Kontinuierliche Entladungen in abgeschmolzenen Entladungsrohren werden typischerweise mit einem Gasgemisch von etwa 20 % CO_2, 20 % N_2 und 60 % He bei einem Fülldruck von 10^3 bis $2{,}5 \cdot 10^3$ Pa betrieben. Die Ausgangsleistung ist durch Erwärmen des Gasgemisches, die zur thermischen Besetzung der unteren Laserniveaus führen kann, und durch CO_2-Dissoziation begrenzt. Es können Dauerleistungen bis etwa 60 W/m mit mehreren 1 000 Betriebsstunden erreicht werden. Insbesondere bei kleineren Leistungen und als Wellenleiterlaser hat dieser Lasertyp Vorteile. Neben Anwendungen in der Medizin und Materialbearbeitung werden abgeschlossene Systeme in der Spektroskopie eingesetzt.

Wellenleiter-Laser (waveguide laser)

Für Anwendungen mit kleineren cw-Leistungen werden Wellenleiter-CO_2-Laser benutzt. Diese bestehen aus BeO- oder Al_2O_3-Kapillaren mit etwa

1 mm Durchmesser, welche als dielektrische Wellenleiter wirken. Auch rechteckige Querschnitte sind üblich. In Wellenleiter-Lasern wird die Strahlung an der Wandfläche reflektiert, wobei sich ähnlich wie bei Hohlleitern für Mikrowellen stehende Wellenformen ausbilden. Die Konstruktion als Wellenleiter verringert die Beugungsverluste, die bei normalen Bauformen mit kleinem Querschnitt groß wären. Man bedenke dabei, daß 1 mm Durchmesser einer Strecke von 100 Wellenlängen mit 10 µm entspricht. Eine analoge Bauform des He-Ne-Lasers hätte somit einen Durchmesser von 0,06 mm.

Die Anregung kann über eine übliche Gleichstromentladung erfolgen. Dabei wird eine longitudinale Entladung ähnlich wie in Bild 4.6 eingesetzt. Eine andere Bauform und eine Hochfrequenzanregung mit etwa 30 MHz zeigt Bild 4.7. Der Hf-Strom fließt dabei quer zum Laserstrahl. Das hat den Vorteil einer etwa hundertfach reduzierten Spannung an den Elektroden (Die elektrische Feldstärke ist bei longitudinaler und transversaler Entladung etwa gleich). Die Vorteile der Hf-Anregung liegen darin, daß gaschemische Vorgänge an der Kathode vermieden werden. Weiterhin zeichnen sich Hochfrequenz-Entladungen durch eine hohe Stabilität aus.

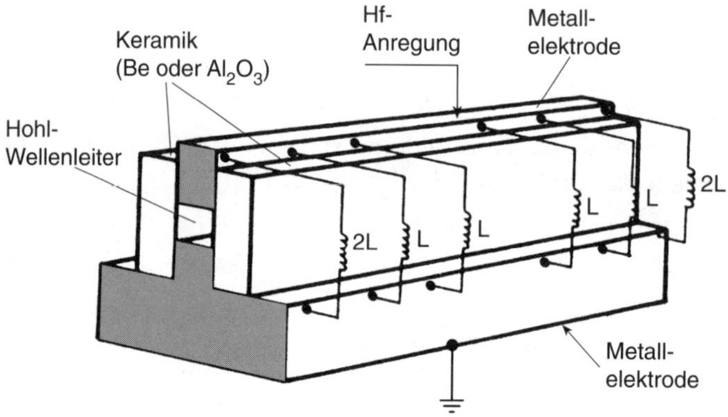

Bild 4.7. Aufbau eines Wellenleiter-CO_2-Lasers mit Hochfrequenz-Anregung

Der Vorteil der Wellenleiter-Laser ist, daß diese Typen sehr kompakt und oft als abgeschlossene Laser erhältlich sind. Der kleine Durchmesser begünstigt die Wärmeabfuhr an die Wand, und bei Leistungen von einigen 10 Watt ist eine Wasserkühlung nicht nötig. Der Wellenleiter-Laser wird aufgrund des kleinen Rohrdurchmessers bei einem relativ hohen Druck von $2 \cdot 10^4$ Pa betrieben, was zu einer hohen Leistung pro Volumen führt. Die Verstärkung ist mit 0,04 cm^{-1} hoch. Bei Resonatorlängen um 10 cm ergeben sich Ausgangsleistungen im Bereich von 1 bis 2 W. Bei längeren Rohren erhält man Leistungen von einigen 10 W. Wegen des relativ hohen Fülldrucks von etwa $2 \cdot 10^4$ Pa entstehen Linienverbreiterungen von etwa 1 GHz. Damit kann eine Feinabstimmung innerhalb dieses Bereiches erfolgen. Anwendungen dieses Lasertyps finden sich in der IR-Spektroskopie, Photochemie, Medizin und Meßtechnik.

Laser mit schneller Gasströmung

Um höhere Leistungen von vielen kW zu erzielen, läßt man die Gasmischung sehr schnell durch den Entladungsraum strömen. Die schnelle Strömung hat zwei Vorteile. Einerseits bleibt das Gas dadurch kühl, wodurch die Besetzung des unteren Laserniveaus klein gehalten wird. Andererseits werden die Dissoziationsprodukte, die in der Entladung entstehen, abgeführt. Kommerzielle Systeme dieser Art erreichen bis zu 400 W/m und mehr. Axiale Gasströmungen (Bild 4.8a) bei Geschwindigkeiten bis zu 300 m/s liefern eine relativ gute Strahlqualität. Allerdings ist die Laserleistung pro Volumen begrenzt. Bei Leistungen über 5 kW ist die transversale Strömung vorteilhaft (Bild 4.8b), wobei kleinere Strömungsgeschwindigkeiten möglich sind. Allerdings wird die Plasmasäule durch die Strömung optisch gestört. Dadurch wird die Strahlqualität verschlechtert. Mit beiden Systemen konnten Leistungen über 20 kW erzielt werden. Derartige Laser finden umfangreichen Einsatz in der Materialbearbeitung und der thermischen Behandlung von Oberflächen. Industrielle Anlagen dieses Typs sind hervorragend für die computergesteuerte Fertigung geeignet.

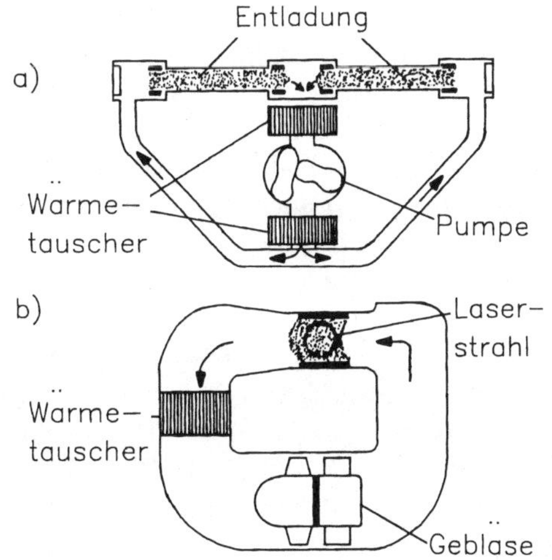

Bild 4.8. CO_2-Laser mit (**a**) longitudinaler und (**b**) schneller transversaler Strömung

HF-angeregte Laser

In der Materialbearbeitung mit CO_2-Lasern sind zwei Entwicklungstendenzen erkennbar. Zum einen werden kompakte, abgeschlossene Laser eingesetzt

(z. B. strip-line laser). Zum anderen sind Hochleistungs-Laser, welche durch axiale oder transversale Gasströmung gekühlt werden, in Betrieb. Zur Erzielung hoher Strahlqualitäten können beide Lasertypen durch Hochfrequenz-Spannung angeregt werden.

Die Hf-Leistung wird dabei meist kapazitiv an zwei parallele Elektroden-Platten quer zum Laserstrahl angelegt. Bei Hf-Anregung kann die Energie homogener in die Entladung gebracht werden als im Fall der Gleichstrom-Anregung. Damit steigt die Strahlqualität und der Wirkungsgrad. Ein weiterer Vorteil liegt darin, daß zwischen den Metallelektroden und dem Plasma ein dielektrisches Material, z. B. Glas, liegen kann, so daß keine Berührung des Plasmas mit der Metalloberfläche erfolgt. Damit wird die Gasverunreinigung herabgesetzt, so daß auch bei kW-Lasern ohne Gasaustausch gearbeitet werden kann. Bei einer Hf-Entladung ist außerdem keine Kathode nötig, die zu Instabilitäten führt. Vorteilhaft ist auch, daß Ballastwiderstände, welche Gleichstromentladungen mit negativer Charakteristik stabilisieren, nicht notwendig sind. Allerdings ist die Hochfrequenztechnik zur Einkopplung der Strahlung in das niederohmige Plasma kompliziert. Die hohe Strahlqualität von CO_2-Lasern mit Hf-Anregung macht diesen Typ für die Materialbearbeitung sehr attraktiv.

Transversaler Atmosphärendruck-Laser (TEA-Laser)

Die Ausgangsleistung longitudinaler CO_2-Laser kann durch Erhöhung des Druckes bis etwa 100 mbar und der Spannung vergrößert werden. Bei höherem Druck wird die Entladung instabil. In gepulsten Entladungen ($\approx 1\,\mu s$) kann Lasertätigkeit erzielt werden, bevor die Instabilitäten einsetzen, so daß Gasdrucke über 1 bar möglich sind. Da die Feldstärke bis zu 100 kV/m beträgt, werden zur Reduzierung der Spannung transversal angeordnete Elektroden eingesetzt (Bild 4.9). Man nennt diesen Typ auch TEA-Laser, eine Abkürzung für „transversaly excited atmospheric pressure laser“.

Um die Entladung homogen über ein großes Volumen auszudehnen, wird das Gas z. B. durch UV- oder Elektronenstrahlen vorionisiert. Kommerzielle TEA-Laser werden mit Pulsenergien bis zu einigen kJ angeboten bei Frequenzen von 3/min. Man erzielt pro Liter Gasgemisch eine Pulsenergie bis zu 50 J. Bei Pulsdauern zwischen 0,1 µs und 10 µs treten Spitzenleistungen im GW-Bereich auf. Der Puls bei TEA-Lasern besteht aus einem Hauptpuls von 0,1–0,5 µs Dauer gefolgt von einem Schwanz mit etwa 1 µs Dauer. Der Hauptpuls wird durch direkte Anregung der Laserniveaus in der Entladung verursacht und die langsame Komponente durch Energieübertragung von N_2- auf CO_2-Moleküle. Aufgrund des hohen Druckes verbreitert sich die Linie auf einige GHz, so daß Modenkopplung möglich ist. Die Pulsbreite ist umgekehrt proportional zur Bandbreite, wobei 100 ps erzeugt werden können. Die typischen Pulsdaten für TEA-Laser sind in Tabelle 4.3 zusammengefaßt. Die Anwendungen liegen auf dem Bereich der Plasmaforschung, Spektroskopie, Photochemie und Beschriftung von Werkstücken. Die kurzen Pulse sind in

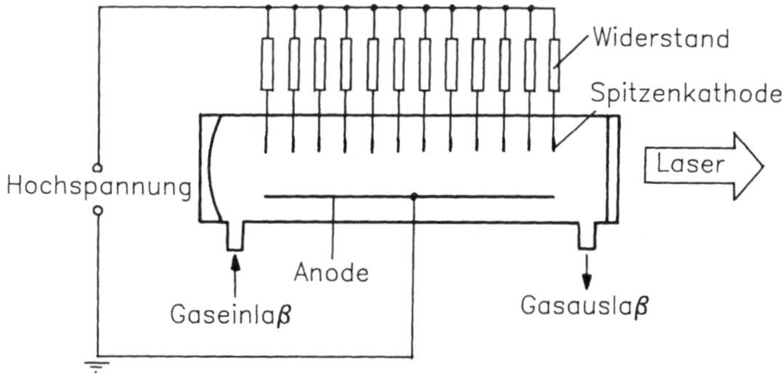

Bild 4.9. Schematische Darstellung eines Lasers mit Querentladung, z. B. CO_2-Laser

der Medizin interessant, da der Einfluß der Wärmeleitung dadurch verringert wird.

Gasdynamische CO_2-Laser

Bei gasdynamischen Lasern wird die Besetzungsinversion durch eine schnelle Expansion eines heißen Gases erreicht. Dabei wird ein Gemisch, (8 % CO_2 92 % N_2) auf etwa 1400 K erhitzt und auf 17 bar komprimiert. Im thermischen Gleichgewicht beträgt dann die Besetzung des oberen Laserniveaus (00^01) etwa 10 %, die des unteren 25 %. Durch eine Reihe paralleler Düsen expandiert das Gemisch, wobei es sich abkühlt (350 K, 0,1 bar). Da die Lebensdauer des oberen Laserniveaus wesentlich länger als die des unteren ist, relaxiert das untere Niveau erheblich schneller. Damit kann sich eine Besetzungsinversion aufbauen. Die optimale Expansionsgeschwindigkeit liegt bei etwa Mach 4. Bei der Expansion bleiben die $v = 1$ Schwingungsniveaus der N_2-Moleküle besetzt. Sie wirken wie ein Energiespeicher, welcher das obere Laserniveau zusätzlich auffüllt. Die optische Achse des Lasers steht senkrecht zur Strömungsgeschwindigkeit. Kontinuierliche gasdynamische CO_2-Laser liefern Leistungen bis zu 80 kW. Im Pulsbetrieb können energiereiche Pulse im ms-Bereich erzeugt werden. Bisher konnte sich der gasdynamische Laser in der Praxis nicht durchsetzen.

Abstimmbare CO_2-Hochdruck-Laser

Bei einem Druck über 10 bar ist die Druckverbreiterung in einem natürlichen CO_2-Gemisch etwa so groß wie der Abstand der Rotations-Linien (30–50 GHz). Für andere Isotope ($^{12}C^{16}O^{18}O$) halbieren sich diese Werte, da doppelt so viele Rotationslinien auftreten. Damit kann mit CO_2-Hochdrucklasern eine kontinuierliche Wellenlängenabstimmung innerhalb der einzelnen P- und R-Zweige (Bild 4.5) erreicht werden.

Bei hohen Drucken ist eine Vorionisierung des Gasgemisches durch Röntgenstrahlung vorteilhaft. Systeme mit Elektronenstrahlanregung wurden bis zu Drucken von 50 bar betrieben. Aufgrund ihrer großen Bandbreite werden Hochdrucklaser auch zur Erzeugung ultrakurzer Pulse verwendet, wobei Impulsdauern von weniger als 30 ps erzielt werden.

Die Anwendungen von CO_2-Lasern sind in Tabelle 4.3 skizziert. Tabelle 4.4 faßt die Strahleigenschaften kommerzieller CO_2-Laser zusammen.

Tabelle 4.4. Strahleigenschaften kommerzieller CO_2-Laser

Typ	Strahldurchmesser	Divergenz
axiale Strömung	5–70 mm	1–3 mrad
abgeschlossener Laser	3–4 mm	1–2 mrad
Wellenleiter-Laser	1–2 mm	8–10 mrad
TEA-Laser	5–100 mm	0,5–10 mrad

4.3 CO-Laser

Der CO-Laser ist ähnlich aufgebaut wie der CO_2-Laser. Ein wesentlicher Unterschied liegt darin, daß die Emissions-Wellenlänge um 5 µm liegt. Dem Gas des CO-Lasers wird ähnlich wie beim CO_2-Laser ebenfalls Stickstoff (N_2) und Helium beigemischt. Der Anregungsmechanismus und das Termschema des CO-Lasers ist jedoch stark unterschiedlich (Bild 4.10). Zweiatomige Moleküle besitzen nur eine Serie von Schwingungsniveaus. In gepulsten oder kontinuierlichen Gasentladungen kann die Anregung dieser Niveaus durch Stöße von Elektronen mit CO-Molekülen erfolgen. Zusätzlich erfolgt wie beim CO_2-Laser eine starke Besetzung durch Stöße mit metastabilen N_2-Molekülen. Nahezu 90 % der Elektronenenergie in Gasentladungen kann in CO-Molekülen in Schwingungsenergie umgewandelt werden. Beim CO-Laser kann die Quantenausbeute sehr hoch werden, denn das untere Laserniveau eines bestimmten Laserüberganges kann zum oberen Laserniveau des nächsten Laserüberganges werden (Kaskaden).

In der Gasentladung werden tiefer und höher liegende Schwingungsniveaus angeregt. Der wesentliche Relaxationsprozeß zum Abbau der Besetzung höherer Niveaus ist der Übertrag eines Teils der Schwingungsenergie eines angeregten Schwingungszustandes auf den Grundzustand (v-v-Stoß)

$$\mathrm{CO}(v = m) + \mathrm{CO}(v = 0) \rightarrow \mathrm{CO}(v = m - 1) + \mathrm{CO}(v = 1) - \Delta E\,. \tag{4.11}$$

Der Abstand der Schwingungsniveaus beim CO-Molekül (anharmonischer Oszillator) ist nicht völlig äquidistant, sondern er nimmt mit steigender

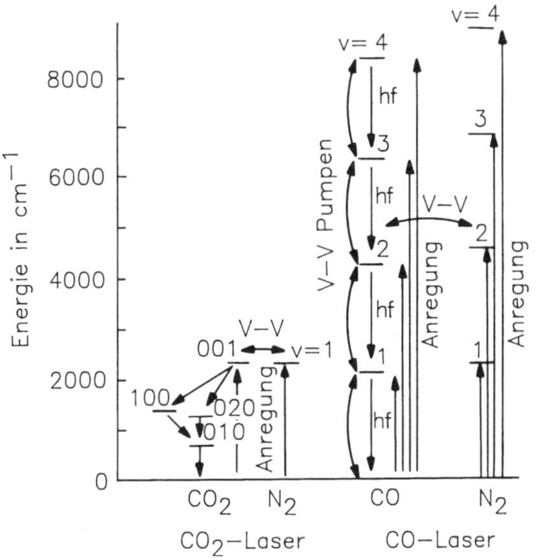

Bild 4.10.
Vergleich des Termschemas des CO-Lasers mit dem des CO_2-Lasers

Quantenzahl v ab. Der daraus herrührende Energiedefekt ΔE muß bei einem Stoß durch Translationsenergie überbrückt werden. Ist die Temperatur des Gases so gering, daß $\Delta E > kT$ ist, so findet die v-v-Relaxation in den Grundzustand nur bis zu einem bestimmten Niveau statt. Darüber liegende Zustände werden nun durch Relaxation aus höheren Niveaus stärker besetzt als darunterliegende. Zusammengefaßt findet bei der Anregung eine Inversion dadurch statt, daß höhere Vibrationsniveaus nicht durch die Relaxation nach (4.11) zerfallen können. Je tiefer die Temperatur, um so tiefer liegt die Schwingungsquantenzahl, bis zu welcher eine Relaxation stattfinden kann. Bei luftgekühlten Entladungsrohren (Wandtemperatur $\approx$ Raumtemperatur) tritt eine Überbesetzung vor allem zwischen den Schwingungsniveaus mit den Quantenzahlen $v = 9$ und $v = 8$ auf. Für die Lasertätigkeit des CO-Lasers ist eine vollständige Inversion der v-Zustände nicht unbedingt erforderlich. Es reicht eine Teil-Inversion zwischen den Rotationsniveaus der Laserübergänge (Bild 4.11).

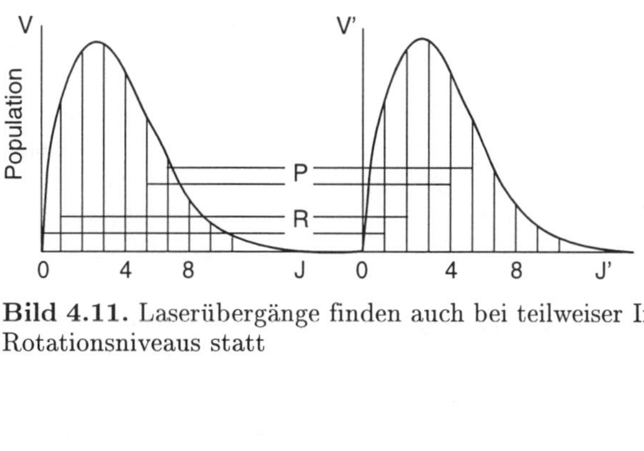

Bild 4.11. Laserübergänge finden auch bei teilweiser Inversion zwischen einzelnen Rotationsniveaus statt

Zum Aufbau des CO-Lasers ist eine effektive Gaskühlung notwendig. Daher werden Entladungsrohre mit flüssigem Stickstoff auf 77 K gekühlt. Bei Konvektionskühlung werden Gasströme mit Überschallgeschwindigkeit benutzt. Zur besseren Gaskühlung und zur Erhöhung der Stabilität wird die Entladung mit einem He-Zusatz betrieben. Ein weiterer Zusatz von N_2 soll die Verteilung der Elektronengeschwindigkeit günstig beeinflussen. Außerdem ist die Anregung von CO-Laserniveaus über Energieaustausch mit angeregten N_2-Molekülen möglich. Die Entladungsanordnungen für CO-Laser entsprechen denen des CO_2-Lasers.

Typische Entladungsparameter bei einem 1 m langen, luftgekühlten Entladungsrohr mit 2 cm Durchmesser sind: Fülldruck $1{,}6 \cdot 10^3$ Pa He, 58 Pa CO, 400 Pa N_2, Brennspannung 9 kV, Entladungsstrom 20 mA, cw-Ausgangsleistung 25 W mit 12 % Wirkungsgrad. Kommerzielle CO-Laser werden mit Ausgangsleistungen von 2 bis 20 W im Spektralbereich von 5 bis 6 μm angeboten; Pulslaser erreichen 40 mJ Energie, die Laserpulslängen betragen einige μs.

Während der theoretisch maximale Quantenwirkungsgrad des CO_2-Lasers 41 % beträgt, liegt der entsprechende Wert bei CO-Laser aufgrund der Kaskadenstruktur bei nahezu 100 % (Bild 4.10). CO-Laser können daher sehr hohe Wirkungsgrade für die Umwandlung elektrischer Leistung in Laserstrahlleistung besitzen. Allerdings muß auch eine große Kühlleistung aufgebracht werden, wodurch der Gesamtwirkungsgrad sinkt und das Gesamtsystem komplex wird. CO-Laser sind daher sehr viel weniger gebräuchlich als CO_2-Laser. In den letzten Jahren wurden jedoch Systeme auf den Markt gebracht, die in der Nähe der Raumtemperatur arbeiten. Der CO-Laser ist zu einer attraktiven Strahlungsquelle für die Medizintechnik und Materialbearbeitung geworden.

Ein anderer Unterschied ist der wesentlich größere spektrale Bereich. Da die Vibrationsniveaus anharmonisch sind, entstehen zwischen den unterschiedlichen Niveaus sehr viele Linien. Das Frequenzspektrum liegt zwischen 4,744 μm beim $P(9)$-Übergang vom ersten zum nullten Niveau ($v = 1 \rightarrow v = 0$) und 8,225 μm beim $P(8)$-Übergang vom 37. zum 36. Niveau ($v = 37 \rightarrow v = 36$).

4.4 HF-Laser

Durch chemische Reaktionen können eine Reihe von Molekülen zu Lasertätigkeit angeregt werden; Wasserstofffluorid-Laser sind ein besonders intensiv untersuchtes Beispiel. Chemische Laser können sehr hohe Leistungen erzeugen, da Energie effektiv in chemischen Verbindungen gespeichert werden kann. Die gespeicherte Energiedichte pro Volumen ist in chemischen Verbindungen um Größenordnungen höher als bei elektrischen Kondensatoren. Die meisten chemischen Laser strahlen auf Übergängen zwischen Schwingungsniveaus zweiatomiger Moleküle. Die Strahlung liegt im infraroten Spektralbereich zwischen 1 und 10 µm (Tabelle 4.5). Große chemische Laser werden für militärische Anwendungen untersucht, insbesondere für Systeme im Weltraum. Die USA planen angeblich, etwa bis zum Jahr 2005 einen HF- oder DF-Laser in den Weltraum zu bringen, um dort die Abwehr von Flugkörpern,wie z. B. Interkontinentalraketen, zu demonstrieren. Kleinere chemische Laser, hauptsächlich der HF-Laser mit Wellenlängen um 3 µm, finden Einsatz in der Forschung, wie Chemie, Spektroskopie und Materialuntersuchungen.

Tabelle 4.5. Wichtige chemische Laser

Aktives Medium	Reaktion	Wellenlänge (µm)
I	$O_2^* + I \rightarrow O_2 + I^*$	1,3
HF	$H_2 + F \rightarrow HF^* + H$	2,6–3,5
	$H + F_2 \rightarrow HF^* + F$	2,6–3,5
HCl	$H + Cl_2 \rightarrow HCl^* + Cl$	3,5–4,2
DF	$D_2 + F \rightarrow DF^* + D$	3,5–4,1
(wie HF)	$D + F_2 \rightarrow DF^* + F$	3,5–4,1
HBr	$H + Br_2 \rightarrow HBr^* + Br$	4–4,7
CO	$CS + O \rightarrow CO^* + S$	4,9–5,8
CO_2	$DF^* + CO_2 \rightarrow CO_2^* + DF$	10–11

Termschema und Anregungsprozesse

Chemische Reaktionen können so ablaufen, daß als Endprodukt ein Molekül in einem angeregten Schwingungszustand des Elektronengrundniveaus entsteht. So ist z. B. die Reaktion, die zur HF-Bildung führt, exotherm:

$$F + H_2 \rightarrow H + HF + \Delta H \tag{4.12}$$

mit $\Delta H = 132\,\mathrm{kJ/Mol} = 1{,}3\,\mathrm{eV/Molekül}$. Der Energieüberschuß ΔH geht mit nahezu 70 % in die Anregung der Schwingungsniveaus des HF-Moleküls bis zur Schwingungsquantenzahl $v = 3$. Durch Übergänge zwischen diesen Niveaus mit verschiedener Quantenzahl v entsteht bei der chemischen Reaktion Strahlung. Die Anregung ist selektiv, so daß Besetzungsinversion zwischen den Schwingungsniveaus erreicht wird.

Das Energie- und Reaktionsschema des HF-Lasers ist in Bild 4.12 dargestellt. Die Ausgangsstoffe sind F + H_2. Durch die Reaktion nach (4.12) wird ΔH frei. Diese Energie kann sich auf verschiedene Schwingungsniveaus des HF-Moleküls mit den Quantenzahlen $v = 0, 1, 2$ und 3 verteilen, wobei für $v = 3$ zusätzliche thermische Energie notwendig ist. Die Übergangsraten auf die verschiedenen Schwingungszustände, welche die Besetzung dieser Niveaus bestimmen, sind durch k_0 bis k_3 gegeben. Das Verhältnis beträgt

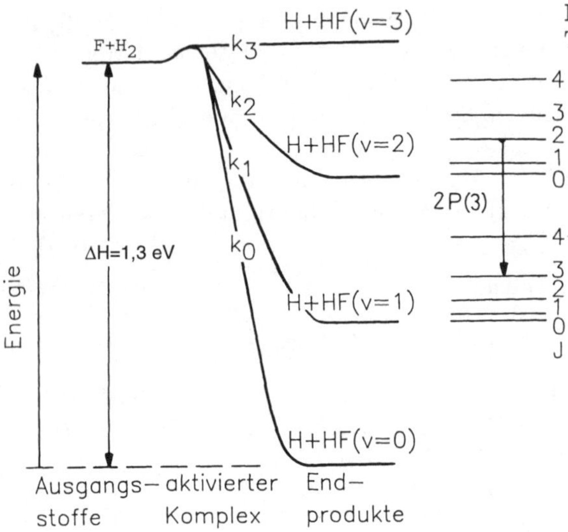

Bild 4.12. Termschema eines HF-Lasers

$k_0 : k_1 : k_2 : k_3 = 0{,}15 : 0{,}3 : 1 : 0{,}5$. Damit wird das Niveau $v = 2$ am stärksten besetzt, und es tritt eine Besetzungsinversion zum Niveau $v = 1$ auf.

Jeder Schwingungszustand ist durch Rotationen der Moleküle aufgespalten. Im Gegensatz zum CO_2-Laser gibt es bei zweiatomigen Molekülen nur eine Serie von Rotationsniveaus mit $J = 0, 1, 2, 3, \ldots$. Diese Rotationsniveaus sind in Bild 4.12 nur für die Zustände $v = 1$ und 2 gezeigt. Zwischen diesen Vibrations-Rotationszuständen liegen die intensivsten Linien des HF-Lasers im Wellenlängenbereich zwischen 2,7 und 3,3 µm (Bild 4.13). Die intensive $2P(3)$-Linie des P-Zweiges ist als Beispiel in Bild 4.12 eingezeichnet. Dabei bedeutet die Ziffer 2 die Quantenzahl v des Ausgangszustandes und die Ziffer 3 in Klammern die Rotationsquantenzahl J des Endzustandes.

Für die Reaktion nach (4.12) muß atomares F vorhanden sein. Dies kann durch Reaktion von molekularem F_2 mit atomarem Wasserstoff gebildet werden.

$$H + F_2 \rightarrow F + HF + 410\,\text{kJ/Mol}\,. \tag{4.13}$$

Das bei der Reaktion entstehende atomare Fluor kann zur Reaktion nach (4.12) führen. Damit übersteigt wie bei einer Kettenreaktion die Zahl der angeregten HF-Moleküle die Zahl der ursprünglich erzeugten F-Atome. Durch die in (4.13) auftretende Reaktionswärme werden auch höhere Schwingungszustände des HF-Moleküls besetzt, und es kann Lasertätigkeit bis zu $v = 6$ beobachtet werden.

Bauformen

Die HF-Moleküle können aus molekularem F_2 und H_2 in Gasentladungen gebildet werden, wobei als Ausgangsstoffe Fluor- und Wasserstoffdonatoren

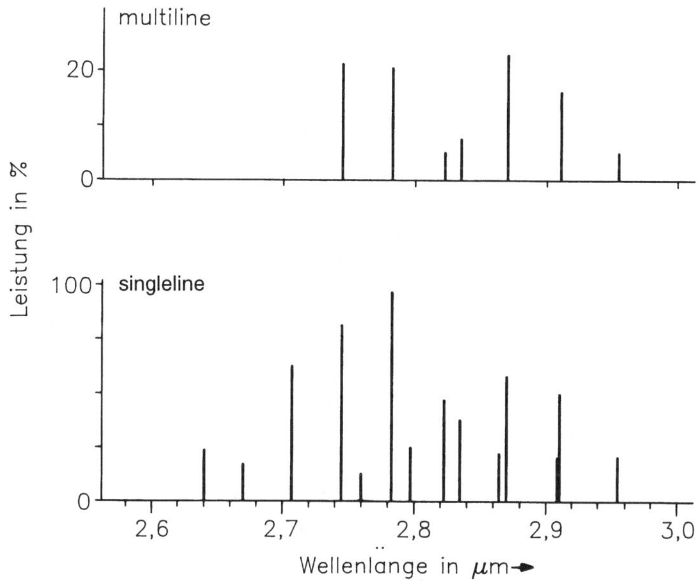

Bild 4.13. Emissionslinien des HF-Lasers. *Multiline:* bei breitbandigen Spiegeln schwingen alle Linien gleichzeitig; *singleline:* durch selektive Elemente (Gitter) tritt jeweils nur eine Linie auf

wie SF_6 und H_2 oder C_2H_6 genommen werden. Atomares Fluor wird in der Entladung durch Dissoziation gebildet, ein F-Atom reagiert mit einem H_2-Molekül, so daß ein angeregtes HF-Molekül entsteht. Die Entladungstechnik beim HF-Laser ist ähnlich wie beim CO_2- und CO-Laser, insbesondere in TEA-Anordnung. Das Gasgemisch wird durch ultraviolette Strahlung vorionisiert. Durch Zusätze von He und O_2 wird die Entladung stabilisiert und eventueller Schwefel aus der Dissoziation von SF_6 zu SO_2 gebunden. Die Entladungen werden meist transversal betrieben. Der Fülldruck beträgt $2 \cdot 10^3$ bis $6 \cdot 10^4$ Pa. Das Mischungsverhältnis ist abhängig von den jeweiligen F- und H-Donatoren. Ein typisches Druckverhältnis für die F- und H-Verbindung ist 10 : 1. Als Spannungen werden 20 bis 40 kV eingestellt. Die Ausgangsenergien für Pulse im multiline Betrieb erreichen einige *J* für kommerzielle Laser. Die Pulslänge liegt zwischen 50 und 200 ns. Das verbrauchte Gas wird aus dem Entladungsraum gepumpt. Nach Abtrennung von HF kann es jedoch wiederverwendet werden. Durch geringe Zufuhr von SF_6 und H_2 kann der Laser so mit einer Füllung mehrere Stunden betrieben werden.

Durch thermische oder Mikrowellen-Dissoziation von F_2 kann ein Strom atomaren Fluors F erzeugt und in einem Reaktionsvolumen mit H_2 gemischt werden, so daß auch kontinuierliche Lasertätigkeit erzielt werden kann. Ein Beispiel für den Aufbau eines HF-Lasers zeigt Bild 4.14. Dabei wird z. B. in einer Entladung außerhalb des Resonators atomares F hergestellt. Im Resonator wird dieses mit H_2 zur Reaktion gebracht. Derartige HF-Laser im

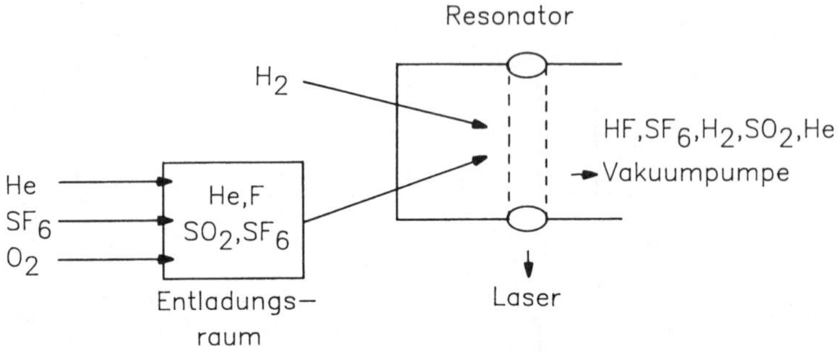

Bild 4.14. Aufbau eines HF-Lasers mit Entladung außerhalb des Resonators

cw-Betrieb werden mit Leistungen von 1 bis 150 W angeboten. Sonderbauformen erreichen kontinuierliche Leistungen bis 10 kW.

Kontinuierliche und gepulste Laser können im multiline-Betrieb eingesetzt werden, oder es kann eine Linie ausgewählt werden (Bild 4.14). Die Auswahl geschieht durch ein drehbares Gitter im Resonator. In diesem Fall beträgt die Leistung einige 10 % des Wertes ohne Selektion. TEM_{00}-Betrieb ist möglich, oft werden aber für eine gute Strahlqualität instabile Resonatoren eingesetzt. HF- und DF-Laser werden mit stark korrodierenden Gasen betrieben, und selbst kommerzielle Geräte sind vorwiegend nur für den Laborbetrieb geeignet.

DF-Laser

Deuteriumfluorid verhält sich chemisch analog zu HF, so daß auch Laser mit DF ähnlich betrieben werden. Wegen der zweifach größeren Masse des Deuteriumatoms im Vergleich zum Wasserstoffatom sind die Molekülschwingungen von DF langsamer. DF-Laser emittieren daher bei etwas längeren Wellenlängen, bei der die atmosphärische Wasserdampfabsorption wesentlich geringer ist als bei HF-Lasern. Deshalb werden DF-Laser angewandt, wenn eine Ausbreitung der Strahlung durch die Atmosphäre notwendig ist. Die Entwicklung großer Lasersysteme mit kontinuierlichen Ausgangsleistungen im Megawattbereich für militärische Anwendungen ist in den letzten Jahren in den Hintergrund getreten.

Aufgaben

4.1 Wie stark ist das untere 0,15 eV-Laserniveau des CO_2-Lasers bei 100 °C und 800 °C thermisch besetzt?

4.2 Man berechne den Energieabstand zwischen den Rotationslinien des CO_2-Lasers. Die Rotationskonstante für das obere und untere Laserniveau beträgt $B_\mathrm{r} = 0{,}5\,\mathrm{cm}^{-1}$

4.3 Das obere Laserniveau des CO_2-Lasers besitzt bei $T = 370\,\mathrm{K}$ eine maximale Besetzungszahl bei $J_\mathrm{m} \approx 17$. Man schätze daraus die Rotationskonstante B_r.

4.4 Versuchen Sie, elementar zu begründen, warum die Schwingungsniveaus des N_2- und CO-Moleküls nahezu gleiche Energie aufweisen.

4.5 Ein CO_2-TEA-Laser erzeugt 0,1 µs-Pulse mit einer Energie von 10 J/l. Das aktive Volumen besitzt einen Querschnitt von $1\,\mathrm{cm}^2$ und eine Länge von 10 cm. Berechnen Sie:
(a) die Spitzenleistung und
(b) die mittlere Leistung bei einer Pulsfolgefrequenz von $f = 2\,\mathrm{kHz}$.

4.6 Schätzen Sie aus dem Termschema des HF-Lasers den Quantenwirkungsgrad ab. Wieviele g Fluor (F_2) benötigt man ungefähr für einen Puls mit 1 J?

5. Laserübergänge in neutralen Atomen

Atome emittieren eine Vielzahl von Linien im sichtbaren Spektralbereich. Als Beispiel sei an die Balmer-Serie des Wasserstoffs erinnert (Bild 1.5) mit Wellenlängen von 365 bis 656 nm. Auch wenn H-Atome sich bisher nicht als gute Lasermedien erwiesen haben, so können deren Energieniveauschema und der emittierte, sichtbare Wellenlängenbereich als charakteristisch auch für andere Atome angesehen werden. Ein Grund für die schlechte Eignung von H-Atomen als Lasermedien ist, daß Wasserstoff bei normalen Temperaturen stabile Moleküle H_2 bildet, die in einer Gasentladung erst dissoziiert werden müßten, um H-Atome zu erzeugen. Zur Erzeugung sichtbaren Lichtes sind daher Edelgase (He, Ne, Ar, Kr, Xe) besser geeignet, da diese gleich in atomarer Form vorliegen.

Neben den Linien im Sichtbaren emittiert das H-Atom auch ultraviolettes Licht, jedoch enden die entsprechenden Übergänge (Lyman-Serie) im Grundzustand, der als unteres Laserniveau wegen hoher Besetzung ungeeignet ist. Ähnliches gilt für die Spektren anderer Atome, so daß die Erzeugung kurzwelliger Laserstrahlung durch Übergänge in deren Grundzustände schwierig ist. Daneben gibt es zahlreiche infrarote Übergänge (Paschen-Serie usw.). Die emittierten Linien haben jedoch im Vergleich zur Anregungsenergie des oberen Laserniveaus geringe Photonenenergien, so daß der Quantenwirkungsgrad für die Erzeugung von infrarotem Licht klein ist. Besser läßt sich infrarote Emission mit Molekülen, wie in Kap. 4 behandelt, anregen, da bei diesen die lichtemittierenden Zustände nur relativ geringe Abstände zum Grundzustand besitzen.

Man erkennt also am Beispiel des Energieniveauschemas des H-Atoms (Bild 1.5 und 1.6), daß sich atomare Gase vor allem zum Aufbau von Lasern für den sichtbaren Spektralbereich eignen.

5.1 He-Ne-Laser

Der He-Ne-Laser ist neben dem Dioden- oder Halbeiterlaser häufigster und preisgünstigster Laser im sichtbaren Spektralbereich. Die Leistung kommerzieller Typen reicht von unterhalb 1 mW bis zu einigen 10 mW. Besonders weit verbreitet sind schwächere He-Ne-Laser um 1 mW, welche hauptsächlich als Justierlaser und für andere Aufgaben der Meßtechnik eingesetzt werden.

Im infraroten und roten Bereich wird der He-Ne-Laser zunehmend durch den Diodenlaser verdrängt. In neuerer Zeit konnte das Emissionsspektrum des He-Ne-Lasers vom Roten bis zum Grünen erweitert werden. Dies wurde durch verlustarme, selektive Spiegel ermöglicht, wodurch neue Anwendungsbereiche des He-Ne-Lasers entstanden.

Niveauschema

Die für die Funktion des He-Ne-Lasers wichtigen Energieterme des Heliums und Neons sind in Bild 5.1 dargestellt. Die Laserübergänge finden im Neoatom statt. Die stärksten Linien sind durch die Übergänge mit den Wellenlängen 633, 1 153 und 3 391 nm gegeben (Tabelle 5.1).

Die Elektronenkonfiguration des Ne im Grundzustand beträgt $1s^2\,2s^2\,2p^6$, wobei die 1. Schale ($n = 1$) und 2. Schale ($n = 2$) mit jeweils 2 und 8 Elektronen abgeschlossen ist. Die höheren Zustände von Bild 5.1 entstehen dadurch, daß ein $1s^2\,2s^2\,2p^5$-Rumpf vorhanden ist und ein Leuchtelektron nach $3s, 4s, 5s, \ldots, 3p, 4p, \ldots$ usw. angeregt wird. Dieser Einelektronenzustand koppelt mit dem Rumpf. Im LS-Schema wird für die Energieniveaus des Ne der Einelektronenzustand (z. B. $5s$) sowie der resultierende Gesamtbahndrehimpuls L ($= S, P, D, \ldots$) angegeben. An den Bezeichnungen $S, P, D, \ldots$ gibt der untere Index den Gesamtdrehimpuls J und der obere die Multiplizität $2S+1$ an, z. B. $5s\ {}^1P_1$ (Kap. 1). Häufig wird die rein phänomenologische Bezeichnung nach Paschen benutzt (Bild 5.1). Dabei werden die Unterterme des angeregten Elektrons von 2 bis 5 (für s-Zustände) und 1 bis 10 (für p-Zustände) durchgezählt.

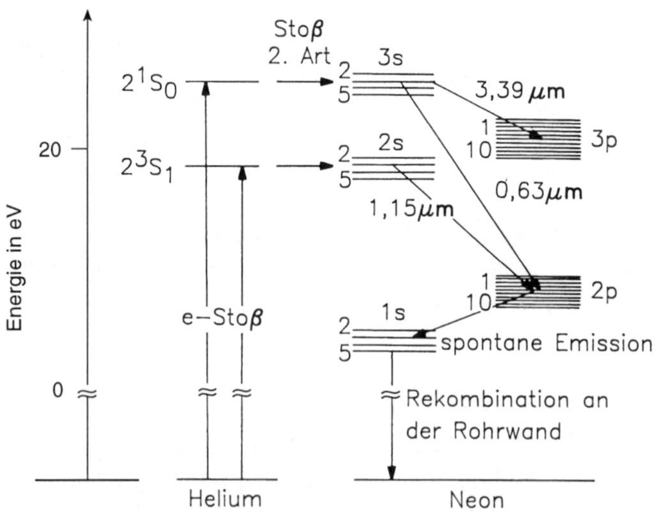

Bild 5.1. Termschema des He-Ne-Lasers. Beim Neon sind Termbezeichnungen nach Paschen angenommen, z. B. $3s_2$, $3s_3$, $3s_4$, $3s_5$ usw.

Tabelle 5.1. Übergangsbezeichnungen der intensivsten Linien des He-Ne-Lasers

LS Kopplungsschema	Paschen	Wellenlängen	
$5s\,^1P_1 \rightarrow 4p\,^3P_2$	$3s_2 \rightarrow 3p_4$	3,391 µm	(infrarot)
$4s\,^1P_1 \rightarrow 3p\,^3P_2$	$2s_2 \rightarrow 2p_4$	1,153 µm	(infrarot)
$5s\,^1P_1 \rightarrow 3p\,^3P_2$	$3s_2 \rightarrow 2p_4$	0,633 µm	(rot)

Anregung

Das aktive Medium des He-Ne-Lasers ist ein Gasgemisch, dem in einer elektrischen Entladung Energie zugeführt wird. Die oberen Laserniveaus ($2s$- und $3s$-Niveaus nach Paschen) werden durch Stöße mit metastabilen He-Atomen ($2\,^3S_1$, $2\,^1S_0$) selektiv besetzt. Bei den Stößen wird nicht nur kinetische Energie ausgetauscht, sondern die Energie der angeregten Heliumatome wird auf die Neonatome übertragen. Man nennt diesen Prozeß einen Stoß 2. Art

$$\mathrm{He}^* + \mathrm{Ne} \rightarrow \mathrm{He} + \mathrm{Ne}^* + \Delta E\,, \tag{5.1}$$

wobei der Stern jeweils einen angeregten Zustand symbolisiert. Die Energiedifferenz beträgt im Fall der Anregung des $2s$-Niveaus $\Delta E = 0{,}05\,\mathrm{eV}$. Diese wird beim Stoß in kinetische Energie umgewandelt, die sich dann als Wärme verteilt. Für das $3s$-Niveau liegen die Verhältnisse ähnlich. Diese resonante Energieübertragung von He auf Ne ist der hauptsächliche Pumpvorgang bei der Erzeugung der Inversion. Dabei wirkt sich die lange Lebensdauer des metastabilen He-Zustandes günstig für die Selektivität der Besetzung des oberen Laserniveaus aus.

Die Anregung der He-Atome geschieht durch Elektronenstoß, entweder direkt oder durch zusätzliche Kaskadenübergänge aus höheren Niveaus. Wegen der großen Lebensdauer der metastabilen Zustände ist die Dichte der He-Atome in diesen Zuständen hoch. Die oberen Laserniveaus $2s$ und $3s$ können aufgrund von Auswahlregeln für elektrische Dipolübergänge nur in die tiefer liegenden p-Niveaus übergehen. Für die Lasertätigkeit ist es günstig, daß die Lebensdauer der s-Zustände (oberes Laserniveau) mit etwa 100 ns größer ist als die der p-Zustände (unteres Laserniveau) mit 10 ns.

Wellenlängen

Im folgenden sollen die wichtigsten Laserübergänge nach Bild und Tabelle 5.1 genauer beschrieben werden. Die bekannteste Linie im Roten (0,63 µm) entsteht durch einen $3s_2 \rightarrow 2p_4$ Übergang. Das untere Niveau zerfällt durch spontane Strahlung innerhalb von 10 ns in das $1s$-Niveau (Bild 5.1). Dieses ist gegenüber Zerfall durch elektrische Dipolstrahlung stabil, so daß es eine lange natürliche Lebensdauer hat. Daher sammeln sich Atome in diesem Zustand an, so daß dieser stark besetzt wird. In der Gasentladung kollidieren Atome in diesem Zustand mit Elektronen, wodurch die $2p$- und $3p$-Niveaus wieder angeregt werden. Dadurch verringert sich die Besetzungsinversion, und die Laserleistung wird begrenzt. Die Entleerung des $1s$-Zustandes erfolgt in He-Ne-Lasern hauptsächlich durch Stöße mit der Wand des Entladungsrohres. Daher nehmen die Verstärkung und der Wirkungsgrad mit zunehmendem Rohrdurchmesser ab. In der Praxis ist daher der Durchmesser auf etwa 1 mm begrenzt. Dadurch ist wiederum die Ausgangsleistung von He-Ne-Lasern auf einige 10 mW beschränkt.

Die am Laserübergang beteiligten Konfigurationen $2s$, $3s$, $2p$ und $3p$ sind in zahlreiche Unterniveaus aufgespalten. Dies führt beispielsweise zu weiteren Übergängen im sichtbaren Spektralbereich, die in Tabelle 5.2 aufgeführt sind. Bei allen sichtbaren Linien des He-Ne-Lasers ist der Quantenwirkungsgrad mit 10 % nicht sehr groß. Man erkennt aus dem Termschema (Bild 5.1), daß die oberen Laserniveaus etwa 20 eV über dem Grundzustand liegen. Dagegen beträgt die Energie der roten Laserstrahlung nur etwa 2 eV.

Tabelle 5.2. Wellenlängen λ, Ausgangsleistungen und Linienbreiten Δf des He-Ne-Lasers. Übergangsbezeichnungen nach Paschen

Farbe	λ nm	Übergang (Paschen)	Leistung mW	Δf MHz	Verstärkung %/m
infrarot	3 391	$3s_2 \rightarrow 3p_4$	> 10	280	10 000
infrarot	1 523	$2s_2 \rightarrow 2p_1$	1	625	
infrarot	1 153	$2s_2 \rightarrow 2p_4$	1	825	
rot	640	$3s_2 \rightarrow 2p_2$			
rot	635	$3s_2 \rightarrow 2p_3$			
rot	633	$3s_2 \rightarrow 2p_4$	> 10	1 500	10
rot	629	$3s_2 \rightarrow 2p_5$			
orange	612	$3s_2 \rightarrow 2p_6$	1	1 550	1,7
orange	604	$3s_2 \rightarrow 2p_7$			
gelb	594	$3s_2 \rightarrow 2p_8$	1	1 600	0,5
grün	543	$3s_2 \rightarrow 2p_{10}$	1	1 750	0,5

Strahlung im Infraroten bei 1,157 µm entsteht durch $2s \rightarrow 2p$ Übergänge. Das gleiche gilt für die etwas schwächere Linie bei 1,523 µm. Beide Infrarot-Linien werden in kommerziellen Lasern angeboten.

Das Besondere an der Linie im Infraroten bei 3,391 µm ist die hohe Verstärkung. Im Kleinsignalbereich, d. h. beim einfachen Durchlaufen kleiner Lichtsignale, beträgt sie etwa 20 dB/m. Dieses entspricht einem Faktor 100 für einen 1 m langen Laser. Das obere Laserniveau ist dasselbe wie bei dem bekannten roten Übergang (0,63 µm). Für die hohe Verstärkung ist einerseits die sehr kurze Lebensdauer des unteren $3p$-Niveaus verantwortlich. Andererseits liegt dies an der relativ langen Wellenlänge bzw. der kleinen

Frequenz der Strahlung. Generell nimmt das Verhältnis von induzierter und spontaner Emission für kleine Frequenzen f zu. Die Kleinsignalverstärkung g ist im allgemeinen proportional zu

$$g \sim f^{-2}\,.$$

Ohne selektive Elemente würde der He-Ne-Laser auf der 3,39 µm-Linie emittieren und nicht im Roten bei 0,63 µm. Das Anschwingen der Infrarot-Linie wird entweder durch selektive Resonatorspiegel oder durch Absorption in den (Brewster-) Fenstern des Entladungsrohres verhindert. Dadurch kann die Laserschwelle für die 3,39 µm-Strahlung genügend erhöht werden, so daß nur die schwächere rote Linie auftritt.

Aufbau

Die zur Anregung notwendigen Elektronen werden in einer Gasentladung erzeugt (Bild 5.2), die mit einer Spannung von etwa 2 kV bei Strömen von 5 bis 10 mA betrieben wird. Die Entladungslänge ist typischerweise 10 cm oder größer, der Durchmesser der Entladungskapillare beträgt etwa 1 mm und entspricht dem Durchmesser des emittierten Laserstrahls. Bei Vergrößerung des Rohrdurchmessers nimmt der Wirkungsgrad ab, da für die Entleerung des 1s-Niveaus Wandstöße notwendig sind. Für optimale Ausgangsleistung wird ein totaler Fülldruck p von $p \cdot D = 500\,\mathrm{Pa \cdot mm}$ verwendet, wobei D der Rohrdurchmesser ist. Das Mischungsverhältnis He/Ne hängt von der gewünschten Laserlinie ab. Für die bekannte rote Linie wird He : Ne = 5 : 1 und für die infrarote Linie bei 1,15 µm He: Ne = 10: 1 angegeben. Wichtig ist auch die Optimierung der Stromdichte. Der Wirkungsgrad für die 633 nm-Linie liegt um 0,1 %, da der Anregungsprozeß nicht sehr effizient ist. Die Betriebsdauer eines He-Ne-Lasers beträgt etwa 20 000 Betriebsstunden.

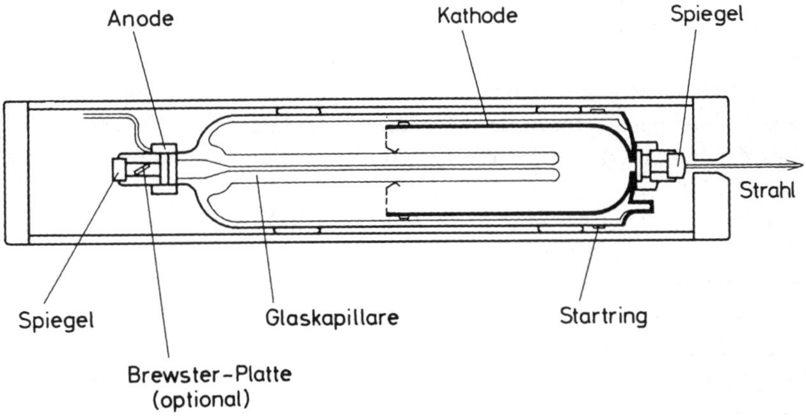

Bild 5.2. Aufbau eines He-Ne-Lasers für polarisierte Strahlung im mW-Bereich

Die Verstärkung unter diesen Bedingungen liegt bei etwa $g = 0{,}1\,\mathrm{m}^{-1}$, so daß Spiegel mit hohem Reflexionsvermögen verwendet werden müssen. Um den Laserstrahl nur auf einer Seite auszukoppeln, wird auf dieser ein teildurchlässiger Spiegel verwendet (z. B. $R = 98\,\%$), auf der anderen Seite ein Spiegel mit möglichst hohem Reflexionsvermögen ($\approx 100\,\%$). Die Verstärkung für die anderen sichtbaren Übergänge ist wesentlich kleiner (Tabelle 5.2). Die kommerzielle Erzeugung dieser Linien ist erst in den letzten Jahren durch besonders verlustarme Spiegel gelungen.

Früher wurden beim He-Ne-Laser die Endfenster des Entladungsrohres mit Epoxidharz geklebt und die Spiegel wurden extern montiert. Dies hat dazu geführt, daß das He durch den Kleber diffundiert und Wasserdampf in den Laser gelangte. Heutzutage sind die Fenster über Metall-Glas-Verbindungen direkt verschmolzen, was die He-Leckrate auf etwa 1 Pa pro Jahr reduziert. Bei kleineren Lasern in Massenproduktion ist die Verspiegelung direkt auf den Endfenstern aufgebracht, was die Konstruktion wesentlich vereinfacht.

Strahleigenschaften

Zur Selektion einer Polarisationsrichtung wird die Entladungsröhre mit zwei schrägen Fenstern versehen, oder es wird, wie in Bild 5.2 gezeigt, eine Brewster-Platte in den Resonator eingefügt. Das Reflexionsvermögen an einer optischen Oberfläche wird Null, wenn das Licht unter dem sogenannten Brewsterschen Winkel auftrifft, und das Licht parallel zur Einfallsebene polarisiert ist. Licht mit dieser Polarisationsrichtung tritt also ohne Verlust durch das Brewster-Fenster hindurch. Dagegen ist das Reflexionsvermögen für die senkrecht zur Einfallsebene polarisierte Komponente hoch, so daß diese im Laser unterdrückt wird.

Der Polarisationsgrad (Verhältnis der Leistung in der Polarisationsrichtung zur Leistung in der dazu senkrechten Richtung) beträgt bei üblichen kommerziellen Systemen $1\,000 : 1$. Wird der Laser ohne Brewster-Platten mit internen Spiegeln betrieben, so ergibt sich eine unpolarisierte Emission.

Der Laser oszilliert normalerweise in der transversalen TEM_{00}-Mode, wobei mehrere axiale Moden auftreten. Bei einem Spiegelabstand von $L = 30\,\mathrm{cm}$ beträgt ihr Frequenzabstand $\Delta f' = c/2L = 500\,\mathrm{MHz}$. Die Mittenfrequenz liegt bei $4{,}7 \cdot 10^{14}$ Hz. Da Lichtverstärkung innerhalb eines Bereichs von $\Delta f = 1\,500\,\mathrm{MHz}$ (Doppler-Breite) stattfinden kann, werden bei $L = 30\,\mathrm{cm}$ etwa drei verschiedene Frequenzen emittiert: $\Delta f/\Delta f' = 3$. Durch Verwendung eines kleineren Spiegelabstands ($\leq 10\,\mathrm{cm}$) läßt sich Einfrequenzbetrieb erreichen. Bei kurzer Länge ergibt sich nur eine geringe Leistung. Ist Einfrequenzbetrieb und höhere Leistung erforderlich, so kann ein Laser mit größerer Länge und frequenzselektiven Elementen verwendet werden.

He-Ne-Laser um 10 mW werden häufig in der Interferometrie oder Holographie eingesetzt. Die Kohärenzlänge derartiger, in Serienproduktion hergestellter Laser liegt um 20 bis 30 cm, was für die Holographie kleiner Objekte ausreicht. Größere Kohärenzlängen können durch den Einsatz frequenzselektierender Elemente serienmäßig erreicht werden.

Infolge thermischer und anderer Änderungen des optischen Spiegelabstandes verschieben sich die axialen Eigenfrequenzen des Laserresonators. Im Einfrequenzbetrieb ergibt sich damit keine stabile Emissionsfrequenz, sondern diese bewegt sich unkontrolliert in einem Bereich der Linienbreite von 1 500 MHz. Durch zusätzliche elektronische Regelung kann eine Stabilisierung der Frequenz auf Linienmitte erreicht werden. Kommerzielle Systeme erreichen eine Frequenzstabilität von einigen MHz. In Forschungslaboratorien ist es gelungen, He-Ne-Laser auf einen Bereich von weniger als 1 Hz zu stabilisieren.

Die verschiedenen Linien in Tabelle 5.2 können durch Einsatz von jeweils passenden Spiegeln zur Lasertätigkeit angeregt werden. Die sichtbare Linie bei 633 nm mit typischen Leistungen von einigen Milliwatt wird am häufigsten verwendet. Nach Unterdrückung der starken Laserlinie bei 633 nm durch Verwendung von selektiven Spiegeln oder Prismen im Resonator können die anderen Linien im sichtbaren Bereich auftreten (Tabelle 5.2). Die Ausgangsleistungen dieser Linien betragen jedoch nur 10 % oder weniger der starken Linie.

Kommerziell sind He-Ne-Laser mit verschiedenen Wellenlängen erhältlich. Daneben gibt es multiline He-Ne-Laser, die mehrere Wellenlängen in verschiedenen Kombinationen emittieren. Bei durchstimmbaren He-Ne-Lasern kann durch Drehung eines Prismas die einzelne Wellenlänge selektiert werden.

5.2 Metalldampf-Laser (Cu, Au)

Die wichtigsten Vertreter der neutralen Metalldampf-Laser sind der Kupfer- oder Golddampf-Laser, welche im sichtbaren und benachbarten Bereich strahlen. Die Wellenlängen liegen im gelben und grünen (Cu) sowie im roten und ultravioletten (Au) Bereich (Bilder 5.3 und 5.4). Die Metalldampf-Laser zeichnen sich durch hohe Leistung (1 bis 10 W) und Wirkungsgrad (bis 1 % für Cu) aus. Dauerstrichbetrieb ist wegen der langen Lebensdauer des unteren Laserniveaus nicht möglich. Im Pulsbetrieb können Wiederholfrequenzen im kHz-Bereich erreicht werden. Aufgrund der hohen mittleren Leistungen werden Cu- und Au-Laser kommerziell angeboten (Tabelle 5.3). Die technische Entwicklung dieses Lasertyps wurde stark vorangetrieben, da der Kupferlaser als Pumpquelle für Farbstofflaser eingesetzt wird. Derartige Systeme können Bedeutung bei der Trennung von Uranisotopen haben. Bei dem Verfahren wird gasförmiges ^{235}U selektiv optisch angeregt.

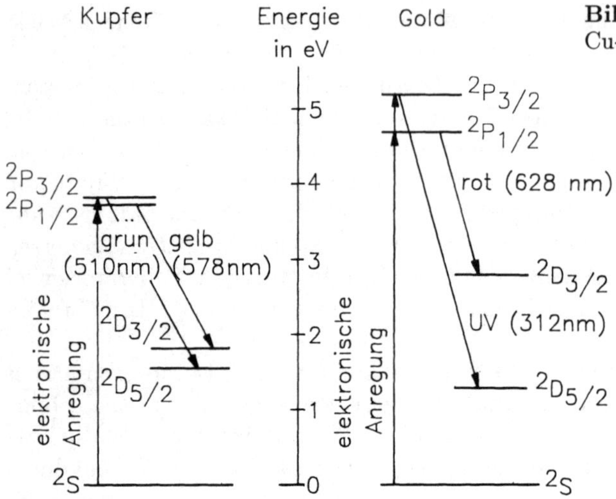

Bild 5.3. Termschema des Cu- und Au-Lasers

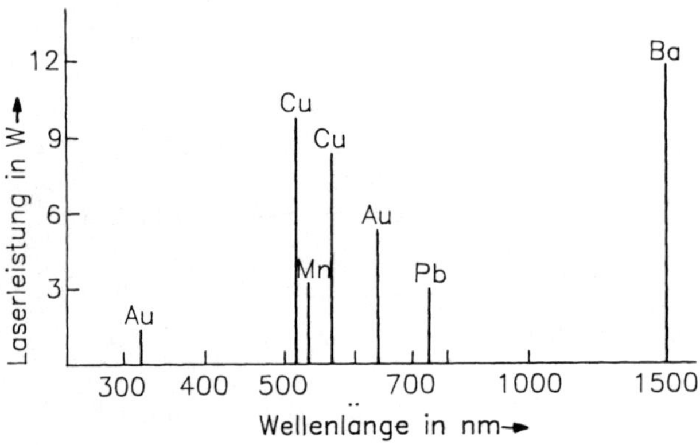

Bild 5.4. Verschiedene Wellenlängen der Metalldampflaser

Tabelle 5.3. Eigenschaften von kommerziellen Kupfer- und Goldlasern

		Cu-Laser	Au-Laser
Wellenlänge	(nm)	510,6/578,2	627,8
Mittlere Leistung	(W)	60	10
Pulsenergie	(mJ)	10	2
Pulsdauer	(ns)	15 ... 60	15 ... 60
Spitzenleistung	(kW)	< 300	50
Pulsfrequenz	(kHz)	5 ... 15	6 ... 10
Strahldurchmesser	(mm)	40	40
Strahldivergenz (instabiler Resonator)	(rad)	$0{,}6 \cdot 10^{-3}$	$0{,}6 \cdot 10^{-3}$

Niveauschema

Der relativ hohe Wirkungsgrad von 0,2 % (Au) bis zu 1 % (Cu) kann unter anderem durch das Termschema, welches für beide Lasertypen die gleiche Struktur aufweist, erklärt werden. Man entnimmt Bild 5.3 einen Quantenwirkungsgrad (Verhältnis von Energie des Laserphotons und Anregungsenergie des oberen Laserniveaus) für den Cu-Laser von etwa 0,6. Dies führt zu Wirkungsgraden, die größer als beim Argon- und He-Ne-Laser sind.

Das obere Laserniveau wird durch Elektronenstoß in einer Gasentladung besetzt. Die Anregung erfolgt stark selektiv, was durch die unterschiedliche Parität gegenüber dem Grundzustand erklärt werden kann. Das obere Laserniveau hat einen optisch erlaubten Übergang zum Grundzustand. Dies führt zu einer kurzen natürlichen Lebensdauer von etwa 10 ns. Bei hinreichender atomarer Dichte ($> 10^{13}\,\mathrm{cm}^{-3}$) tritt jedoch Strahlungseinfang auf, so daß die emittierte spontane Strahlung wieder absorbiert wird. Die effektive Lebensdauer erhöht sich dadurch auf 10 ms. Die Lasertätigkeit wird somit erst durch den Prozeß des Strahlungseinfanges bei höherer Gasdichte möglich. Bei geringer Dichte ist die Lebensdauer zu klein, so daß die Verluste durch spontane Emission zu groß sind.

Die unteren Laserniveaus haben die gleiche Parität wie der Grundzustand, so daß hier ein optischer Übergang verboten ist (Kap. 1). Das untere Laserniveau ist also metastabil. Die Relaxationszeit hängt von den Betriebsbedingungen ab und liegt im Bereich von 10 µs bis einigen 100 µs. Daher kann eine Besetzungsinversion nur während einer kurzen Zeitdauer erzielt werden, bis sich eine Besetzung im unteren Laserniveau aufgebaut hat. Die Cu- und Au-Laser können somit nur im Pulsbetrieb mit Pulsbreiten unterhalb von 100 ns strahlen. Zwischen zwei Pulsen muß genügend Zeit verstreichen, bis sich das untere Niveau entleert hat. Aus diesem Grund sind bei kleinen Pulsfrequenzen um 3 kHz die Pulsenergien relativ hoch (etwa 10 mJ). Die Laserpulse sind mit 50 ns relativ lang. Steigt die Frequenz auf 20 kHz, so sinkt die Energie um den Faktor 20 und die Länge der Laserpulse halbiert sich („self-termination").

Die Wellenlängen für den Cu- und Au-Laser entnimmt man dem Termschema und Tabelle 5.3 mit anderen Daten kommerzieller Laser. Der Cu-Laser emittiert zwei Wellenlängen mit 510,6 nm (grün) und 578,2 nm (gelb). Die Linien werden simultan erzeugt, wobei die Intensitäten von der Temperatur abhängen. Bei optimaler Temperatur beträgt die relative Intensität der grünen Linie etwa $\frac{2}{3}$ der gesamten Strahlung. Oft erfolgt die Trennung der beiden Linien im Ausgangsstrahl. Kommerzielle Au-Laser liefern insbesondere die rote Linie mit 628 nm. In Bild 5.4 sind noch zusätzlich Angaben über andere Metalldampf-Laser (Ba, Mn, Pb) dargestellt.

Aufbau

Der typische Aufbau eines Metalldampf-Lasers ist in Bild 5.5 dargestellt. An den Enden eines thermisch isolierten Keramikrohres befinden sich zwei

Elektroden, zwischen denen die gepulste Entladung brennt. Die entstehende Wärme reicht aus, um das Entladungsrohr aufzuheizen, so daß die Metallfüllung verdampft. Für den Cu-Laser beträgt die Betriebstemperatur um 1500 °C und für den Au-Laser 1600 °C. Zur Verbesserung der Qualität der Entladung wird Neon mit einem Druck von etwa 3000 Pa als Puffergas beigemischt. Das Metall kondensiert an kühlen Stellen und die Metallfüllung muß nach einer Betriebsdauer von etwa 300 Stunden nachgefüllt werden. Beim Cu-Laser beträgt die Kondensationsrate etwa 0,01 g pro Stunde. Die Kondensation beim Au-Laser erfolgt etwas schneller, und die Kosten für das Nachfüllen von Gold liegen bei etwa 30 DM bei 8 Stunden Betriebszeit. Allerdings kann das Gold später wiedergewonnen werden. Die Laserrohre sind um 1 m lang bei einem Durchmesser von 1 bis 8 cm.

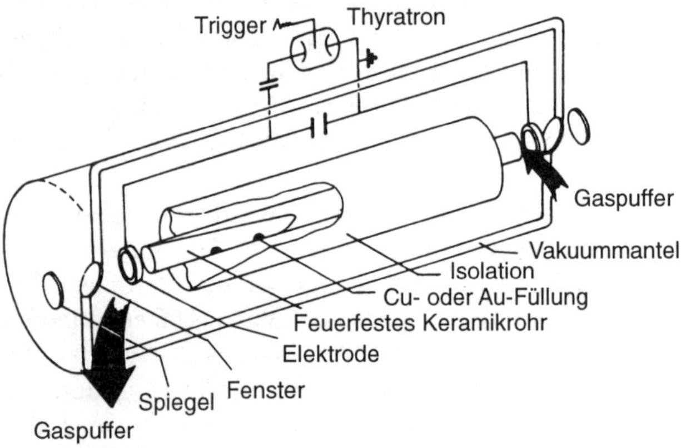

Bild 5.5. Aufbau eines Metalldampflasers

Wegen des metastabilen Laserendzustandes muß die Anregung mit Pulsen kurzer Anstiegszeit erfolgen. Die Spannungen betragen einige 10 kV. Zum schnellen Schalten (ns) werden Thyratrons eingesetzt. Die Spitzenströme liegen im Bereich von 1000 A, so daß spezielle Schaltungen entwickelt wurden. Zur Erzielung hoher mittlerer Leistungen liegen die Pulsfrequenzen im kHz-Bereich (Tabelle 5.3). Die elektrische Leistung der Netzgeräte von Metalldampflasern nach Tabelle 5.3 betragen um 10 kW. Die Kühlung der Laser erfolgt durch Wasser oder bei Lasern bis zu 10 W durch Luftgebläse. Die Betriebsdauer der Laserrohre liegt bei 1000 bis 3000 Stunden. Gelegentlich müssen die Thyratrons ersetzt werden. Die Stückzahlen kommerzieller Metalldampflaser sind relativ klein, so daß Sonderwünsche vom Hersteller oft berücksichtigt werden.

Die hohe differenzielle Verstärkung von 0,1 bis 0,3 cm^{-1} (für Cu) stellt nur geringe Anforderungen an die Optik. Daher tritt Lasertätigkeit auch ohne Spiegel auf. Bei kommerziellen Lasern wird das Entladungsrohr mit Glasfenstern abgeschlossen, und es können externe Spiegel verwendet werden (10 %

und 100 % Reflexionsgrad). Stabile Resonatoren liefern einen multimoden Strahl mit 2 bis 8 cm Durchmesser, gleichmäßiger Intensitätsverteilung und einer Divergenz von 3 bis 5 mrad. Instabile Resonatoren verkleinern die Divergenz auf etwa 0,5 mrad bei etwas verringerter Leistung. Die Bandbreite einer einzelnen Cu-Linie beträgt 6 bis 8 GHz. Die Kohärenzlänge reicht für Anwendungen in der Puls-Holographie aus.

Anwendungen

Der Wirkungsgrad des Cu-Lasers ist mehr als 10-fach größer als der des Argonionen- oder He-Ne-Lasers. Ein weiterer Unterschied liegt darin, daß kurze Pulse um 50 ns mit Spitzenleistungen um 100 kW und Energien von 10 mJ erzeugt werden. Eine der Hauptanwendungen des Cu-Lasers liegt bisher im Pumpen von Farbstofflasern und -verstärkern, wobei Wirkungsgrade bis 50 % erzielt werden. Andere Anwendungen liegen in der gepulsten Holographie und Hochgeschwindigkeits-Photographie, der Analytik und Materialbearbeitung. Der Au-Laser findet Einsatz in der Medizin, wobei rote Laserstrahlung für die photodynamische Therapie zur Zerstörung von Tumoren benötigt wird. Bei diesem Verfahren wird die rote Strahlung in dem Farbstoff HpD absorbiert, mit welchem der Tumor angereichert ist. Dabei entstehen aggressive Reaktionsprodukte, die den Tumor zerstören können.

Cu-Erzeugung aus Verbindungen

Eine wesentliche Senkung der Betriebstemperatur und damit des technologischen Aufwandes für die Entladungsanordnung ist möglich, wenn Cu-Verbindungen eingesetzt werden. Bei Verwendung von Kupferhalogeniden (z. B. Kupferbromid) sind Betriebstemperaturen von 400 bis 600 °C, bei Kupferacetat etwa 200 °C ausreichend. Beim Laserbetrieb kann ein Doppelpulsverfahren verwendet werden. In einem ersten Entladungspuls wird das Kupferbromid dissoziiert, in einem zweiten Puls wird das obere Laserniveau durch Elektronenstoß besetzt. Für optimale Lasertätigkeit ist dabei eine Verzögerung zwischen den Pulsen von 180 bis 300 µs einzuhalten. In Laborgeräten arbeitet dieses Verfahren mit Wiederholfrequenzen der Laserpulse von einigen Hz. Unter Verzicht auf optimale Laserbedingungen können Dissoziation und Laseranregung auch mit einem Pulszugverfahren mit Frequenzen bis 20 µkHz erreicht werden.

Kommerzielle Geräte arbeiten mit einer Pulsfrequenz von 2 bis 6 kHz. Die Laserenergie der beiden Linien 510,6 und 578,2 nm beträgt im Multimodebetrieb 0,5 bis 2,5 mJ bei Pulslängen von etwa 20 ns.

5.3 Jodlaser

Atomare Jodlaser mit Wellenlängen von 1,3 µm gibt es in zwei Varianten. Für militärische Anwendungen wird der Sauerstoff-Jodlaser untersucht, welcher zur Klasse der chemischen Laser gehört. In einer chemischen Reaktion wird angeregter Sauerstoff O_2^* erzeugt. Die Anregungsenergie wird in einem Stoßprozess an das Jodatom nach folgender Gleichung übertragen

$$O_2^* + I \rightarrow O_2 + I^* . \tag{5.2}$$

Chemische Laser können sehr hohe Leistungen und Pulsenergien erzeugen. Dies liegt daran, daß die Energie sehr effektiv in chemischen Verbindungen gespeichert werden kann.

Im folgenden soll der früher erfundene Jodlaser, der auch kommerziell erhältlich ist, beschrieben werden. Er beruht darauf, daß jodhaltige Moleküle durch ultraviolette Strahlung aufgebrochen werden, wobei atomares Jod in einem angeregten Zustand frei wird, z. B.

$$C_3F_7I + hf \rightarrow C_3F_7 + I^* . \tag{5.3}$$

Dabei entstehen mehr Atome im angeregten $^2P_{1/2}$-Zustand als im $^3P_{3/2}$-Grundzustand.

Das Niveauschema dieses Lasertyps zeigt Bild 5.6. Durch Photodissoziation von C_3F_7I oder CH_3I mit intensivem UV-Licht aus Blitzlampen (um 300 nm) entsteht atomares Jod, wobei eine Besetzungsinversion erzeugt wird. Der Laserübergang findet auf der Linie $^2P_{1/2} \rightarrow {}^2P_{3/2}$ mit einer Wellenlänge von 1,315 µm statt. Diese Zustände entstehen durch Feinstrukturaufspaltung der Grundzustandskonfiguration $[\mathrm{Kr}]4d^{10}\,5s^2\,p^5$. Beide Zustände haben den gleichen Bahndrehimpuls $L = 1$, d. h. es sind P-Zustände. Die Parität ist in beiden Zuständen gleich, so daß elektrische Dipol-Übergänge verboten sind. Die Laserstrahlung entsteht durch magnetische Dipol-Übergänge.

Die Laser arbeiten meist im Pulsbetrieb, und nach dem Puls können die molekularen Fragmente wieder zur Ausgangsverbindung rekombinieren. In einer Anordnung mit longitudinalem Gasfluß kann beim Pumpen mit Hg-Hochdrucklampen auch kontinuierlicher Betrieb erzielt werden, wobei etwa 40 mW erreicht wurden. Kommerzielle Jodlaser können in folgenden Betriebsarten eingesetzt werden: lange Pulse (um 3 µs, 3 J), Q-switch (um 20 ns, 1 J)

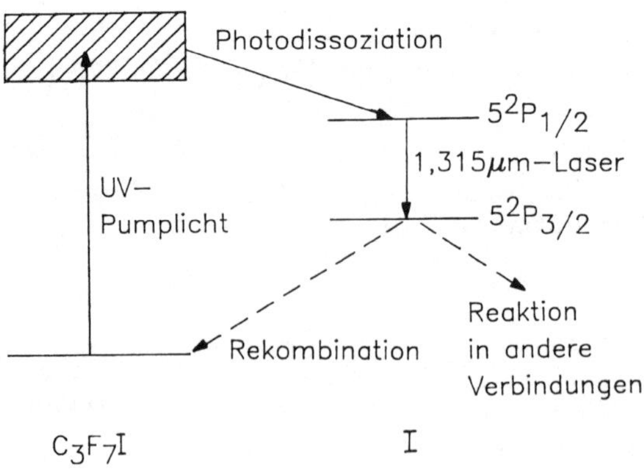

Bild 5.6.
Niveauschema des Jodlasers

und Modenkopplung (2 ns bis 0,1 ns). Im Fall der Modenkopplung kann durch ein Puffergas die natürliche Linie verbreitert werden.

Kommerzielle Laser können mit Gasdurchfluß (C_3F_7I) betrieben werden, wobei das verbrauchte Gas mit einer Vakuumpumpe entfernt wird. Andere Konstruktionen verwenden abgeschlossene Laser, in denen das Gas umgewälzt und wiederverwendet wird. Es werden Pulsfolgefrequenzen bis zu 10 Hz erzeugt. Kurze Pulse, die durch Q-Switch oder Modenkopplung erzeugt werden, können vervielfacht werden. Dabei entstehen Wellenlängen von 658, 438 und 329 nm. Durch den Aufbau von Laser-Verstärker-Anordnungen können hohe Pulsenergien im kJ-Bereich und Spitzenleistungen im TW-Bereich erzielt werden. Daraus ergeben sich Anwendungen in der Laserfusion (Abschn. 23.4). Untersucht werden auch Jodlaser, die durch das Sonnenlicht gepumpt werden.

Aufgaben

5.1 Berechnen Sie die Zahl der Neon-Atome in einem He-Ne-Laser mit einem Kapillardurchmesser von 1 mm und einer Länge von 20 cm. Wieviele Photonen pro Sekunde werden von einem Atom bei einer Ausgangsleistung von 1 mW emittiert? (Fülldruck $p = 500\,\mathrm{Pa}$, $p_{\mathrm{He}}/p_{\mathrm{Ne}} = 5:1$, Avogadrokonstante $N = 6{,}022 \cdot 10^{23}\,\mathrm{mol}^{-1}$, Molvolumen bei $1\,\mathrm{bar} = 10^5\,\mathrm{Pa} = 22{,}4\,\mathrm{Liter}$)

5.2 Man zeige, daß nach dem LS-Kopplungsschema die Neon-Konfigurationen $1s^2\,2s^2\,2p^5\,np$ (mit $n = 3, 4, \ldots$) zehnfach aufgespalten sind und gebe die entsprechenden Termbezeichnungen an.

5.3 Welchen minimalen Reflexionsgrad muß der Auskoppelspiegel eines 20 cm langen He-Ne-Lasers haben, der die grüne Linie erzeugen soll (Tabelle 5.2)?

5.4 Schätzen Sie den Quantenwirkungsgrad des He-Ne-Lasers für die rote Linie ($\lambda = 0{,}63\,\mu\mathrm{m}$), bezogen auf die Anregungsenergie des oberen Laserzustands von $W' = 10\,\mathrm{eV}$ ab.

5.5 Manche ältere He-Ne-Laser (mit geklebten Endfenstern) zeigten einen Leistungsabfall durch He-Diffusion aus dem Rohr. Zur Erhöhung des He-Druckes eines 5 Jahre alten Lasers wird diese in eine He-Atmosphäre mit 1 bar gebracht. Wie lange sollte sich der Laser in dieser Umgebung befinden?

5.6 Das obere Laserniveau des Cu-Lasers besitzt eine effektive Lebensdauer von 10 ms, das untere von 10 µs bis 100 µs. Welche Schlüsse ziehen Sie daraus für die Eigenschaften der Strahlung?

5.7 Im Cu-Laser tritt bei ausreichend hoher Dichte ($n > 10^{13}\,\mathrm{cm}^{-3}$, $T \approx 1\,500\,^\circ\mathrm{C}$) Strahlungseinfang auf, wodurch die Lebensdauer des oberen Laserniveaus verlängert wird. Geben Sie den entsprechenden Dampfdruck an.

6. Ionenlaser

Bei den in diesem Kapitel beschriebenen Ionenlasern handelt es sich um Gasentladungslaser die den Lasern mit atomaren Gasen ähneln. Ein Ion ist ein Atom, bei dem ein oder mehrere Elektronen meist aus den äußeren Bahnen abgelöst ist. Das Ion ist daher positiv geladen, wobei die Ladung einer oder mehrerer Elementarladungen entspricht. Die verbleibenden Elektronen können ähnlich wie in einem Atom angeregt werden und emittieren Licht bei dem Übergang in den Grundzustand oder andere angeregte Zustände. Laserübergänge sind ebenfalls genau wie in Atomen möglich. Da zu jedem Atom mehrere Ionen gehören, ergibt sich durch deren Existenz eine Vielzahl von zusätzlichen Laserlinien.

Ionen werden in jeder Gasentladung durch Stoß von Elektronen, angeregten Atomen oder anderen Ionen mit Atomen erzeugt, die Atome werden „ionisiert". Außerdem werden in einer Gasentladung die Ionen durch verschiedene Stoßprozesse mit Elektronen oder anderen Teilchen angeregt, so daß Gasentladungen neben atomaren Übergängen auch Licht durch Elektronenübergänge in Ionen emittieren.

Ionen können außer durch elektrische Entladungen auch in laserinduzierten Plasmen erzeugt werden. Dazu wird der Strahl eines gepulsten Hochleistungslasers z. B. auf ein festes Target fokussiert. Dieses verdampft. Durch die hohe zugeführte Energiedichte werden Elektronen und Ionen gebildet, wobei sehr hohe Ionisierungsgrade erzeugt werden, d. h. viele Elektronen von den Atomen abgelöst werden. Derartige Ionen emittieren kurzwelliges Licht und eignen sich zum Aufbau von Röntgenlasern, worauf in Abschn. 11.2 eingegangen wird.

Ionen können auch in Festkörpern als Kristallgitterbausteine oder als Störstellen vorhanden sein. Sie liegen dort sogar in stabiler Form vor, während Ionen in Gasentladungen und anderen Plasmen mit Elektronen rekombinieren und wieder Atome bilden. Störstellenionen bilden die Grundlage wichtiger Festkörperlaser, die in Kap. 8 besprochen werden.

6.1 Laser für kurze Wellenlängen

Die Energiezustände E_n des äußersten Elektrons („Leuchtelektrons") eines Ions können näherungsweise mit einem wasserstoffähnlichen Modell beschrieben werden. Danach wird die Ladung des Atomkerns abzüglich der Ladung der inneren Elektronen zu einer effektiven Kernladungszahl Z zusammengesetzt. Das Leuchtelektron bewegt sich nach diesem vereinfachten Modell im Feld einer punktförmigen Ladung, so daß die Energiezustände entsprechend der Bohrschen Theorie des Wasserstoffatoms gegeben sind durch

$$E_n = -(13{,}6\,\mathrm{eV})\,Z^2/n^2\,. \tag{6.1}$$

Dabei ist n die Hauptquantenzahl, bzw. Bahnnummer. Für $Z = 1$ ergeben sich die in Abschn. 1.2 dargestellten Energiezustände des Wasserstoffatoms.

Gleichung 6.1 und Bild 6.1 zeigten, daß die Elektronenenergien von Ionen ($Z \geq 2$) größer sind, als Elektronenenergien von Atomen ($Z = 1$). Dies liegt daran, daß wegen der höheren, effektiven Kernladung das Leuchtelektron in einem Ion fester gebunden ist als in einem Atom. Gleichung (6.1) gilt exakt nur für H (Wasserstoffatom, $Z = 1$), He^+ (einfach positiv geladenes Heliumion, $Z = 2$), Li^{++} (zweifach geladenes Lithiumion, $Z = 3$) und andere vollständig ionisierte Atome. Bei anderen Ionen ist jedoch ebenso zu beobachten, daß die Elektronenenergien im Durchschnitt mit dem Ionisierungsgrad zunehmen.

Lasertätigkeit findet normalerweise zwischen angeregten Zuständen von Atomen und Ionen statt, da eine Inversion gegenüber dem Grundzustand nur schwer herzustellen ist. Übergänge zwischen angeregten Zuständen im Wasserstoffatom ergeben Wellenlängen hauptsächlich im sichtbaren und infraroten Spektralbereich. Ähnliches gilt auch für kompliziertere neutrale Atome. Die Erzeugung kurzwelliger, ultravioletter Strahlung ist dagegen

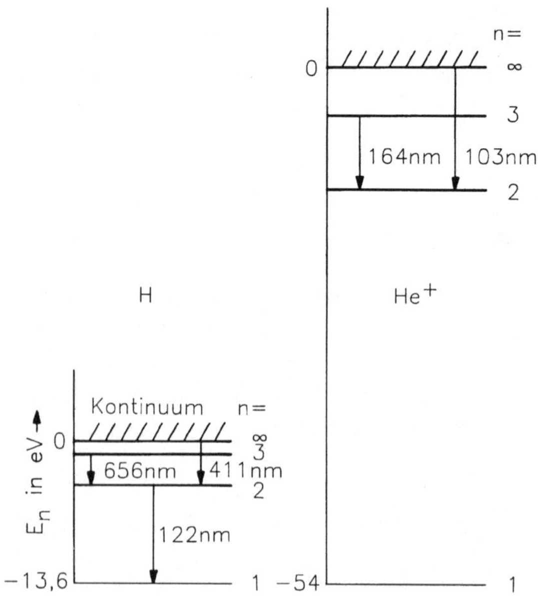

Bild 6.1. Energiezustände des Elektrons im Wasserstoffatom (H) und Heliumion (He^+)

durch Übergänge in angeregten Zuständen von Ionen möglich, wie in Bild 6.1 für He angedeutet. Mit höher ionisierten Atomen können nach (6.1) noch kürzere Wellenlängen erzeugt werden (siehe Abschn. 11.2, Röntgenlaser). Ergänzend soll hier noch darauf hingewiesen werden, daß das H-atom und das He^+-ion sich bisher als nicht besonders geeignet für Lasertätigkeit gezeigt haben und hier nur als einfache Beispiele für die spektralen Emissionseigenschaften von Atomen und Ionen diskutiert worden sind.

Die Erzeugung kürzerer Wellenlängen durch Ionenlaser im Vergleich zu atomaren Lasern wird auch deutlich, wenn der Argonionenlaser mit dem He-Ne-Laser verglichen wird. Dieser atomare Laser hat rote und grüne Linien, während der Argonionenlaser grüne, blaue und ultraviolette Linien emittiert.

Zusammenfassend ist bisher festzustellen, daß ein Ion im Mittel kürzere Wellenlängen emittiert als ein Atom. Ein weiterer Weg kürzere Wellenlängen als mit Atomen möglich zu erzeugen, besteht in der Verwendung von Molekülen. Diese besitzen zwar ähnliche Elektronenenergien wie Atome, jedoch kann durch Schwingungen der Grundzustand aufgespalten oder gar instabil werden, wie bei Excimeren. Damit sind dann auch Laserübergänge mit großen Übergangsenergien (im Wasserstoffatom der Lyman-Serie entsprechend) möglich. Derartige molekulare UV-Laser werden in Kap. 7 beschrieben.

6.2 Edelgasionenlaser

Mit den ionisierten Edelgasen Ne, Ar, Kr und Xe wurde in Gasentladungen auf über 250 Linien im Spektralbereich von 175 nm bis etwa 1 100 nm Lasertätigkeit erzielt. Je höher der Ionisationszustand ist, desto kürzere Wellenlängen und größere Photonenenergien können in der Regel erreicht werden, da die Leuchtelektronen immer fester gebunden werden (Abschn. 6.1). Einige der Laserlinien stammen aus Übergängen in bis zu vierfach ionisierten Edelgasen. Ein derartig hoher Ionisationszustand mit der notwendigen Ionendichte kann nur im Pulsbetrieb erzielt werden.

Von besonderer Bedeutung sind kontinuierliche (cw) Laser in ein- und zweifach ionisierten Edelgasen. Der Hauptvertreter dieses Typs ist der Argonionenlaser, welcher in Sonderformen Leistungen über 100 W im blaugrünen Bereich und bis zu 60 W im nahen Ultravioletten liefern kann. Er stellt einen der wichtigsten kommerziellen Lasertypen dar. Der Kryptonlaser mit cw-Leistungen von einigen Watt erweitert den Spektralbereich bis ins nahe Infrarot. Die stärksten cw-Ionenlaserlinien sind in Bild 6.2 dargestellt.

Argonionenlaser

Ein Schema für den hauptsächlichen Anregungsprozeß der oberen Laserniveaus ist in Bild 6.3 für Argon gegeben. Durch Elektronenstoß wird ein

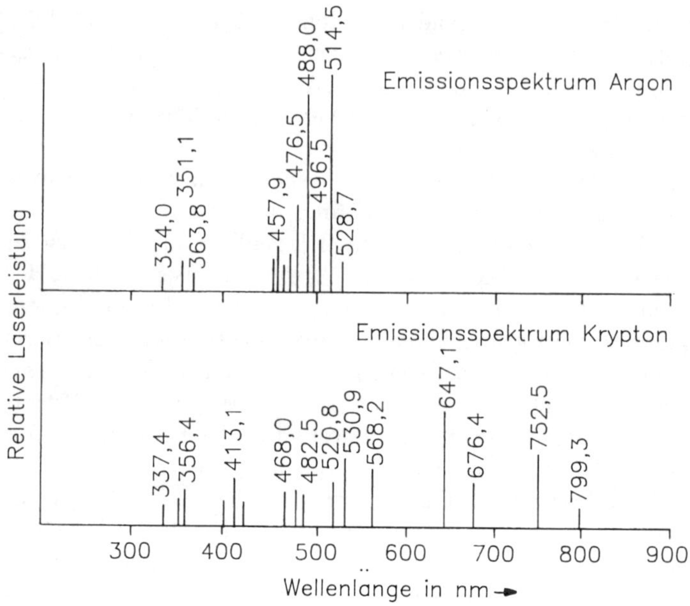

Bild 6.2. Die stärksten Linien kontinuierlicher Edelgasionenlaser

Argonatom ionisiert. Durch einen zweiten Stoß wird dann das Argonion in das obere Laserniveau angeregt. Andere Anregungsmechanismen bestehen darin, daß eine Besetzung durch Strahlungszerfälle von höheren Niveaus erfolgt, oder daß eine Elektronenstoßanregung aus tieferen metastabilen Zuständen des Argonions stattfindet. Vermutlich liefern alle drei Prozesse wichtige Beiträge zur Besetzung des oberen Laserniveaus, wobei z. B. Kaskadenübergänge aus höheren Niveaus einen Anteil von 25 bis 50 % haben.

Wie aus Bild 6.3 ersichtlich, liegt das obere $4p$-Laserniveau 35,7 eV über dem Grundzustand des Argonatoms und 20 eV über dem des Argonions. Damit können nur energiereiche Elektronen zur Anregung beitragen, und es ergibt sich ein kleiner Quantenwirkungsgrad um 10 %. Diese Angabe bezieht sich auf den Grundzustand des Argonions, da dieser in der Entladung wieder angeregt werden kann. Das untere $4s$ Laserniveau wird durch einen Strahlungsübergang (72 nm) mit einer Lebensdauer von 1 ns schnell entleert. Dagegen ist die Lebensdauer des oberen $4p$ Zustandes mit 10 ns größer. Die kurze Lebensdauer des unteren Laserniveaus hält die Besetzung sehr klein. Damit kann eine Inversion trotz der relativ ineffizienten Anregung des oberen Laserniveaus erfolgen.

Da die $4p$- und $4s$-Zustände aufgespalten sind, entstehen mehrere Laserübergänge mit unterschiedlichen Intensitäten. In Bild 6.4 sind zehn Laserlinien eingetragen, von denen die intensivsten bei einer Wellenlänge von 488,0 nm (blau) und 514,5 nm (grün) liegen. In kommerziellen Lasern werden Leistungen dieser Linien von mehr als 10 Watt erreicht (Tabelle 6.1).

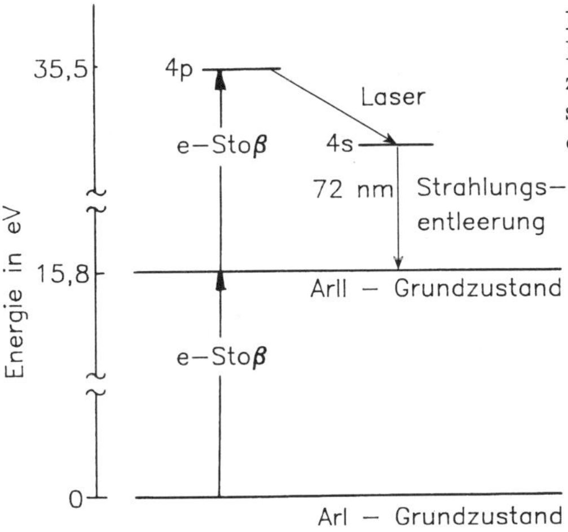

Bild 6.3.
Energieniveaus und Anregungsprozeß beim Argonlaser. Ar II ist die spektroskopische Bezeichnung für das Ion Ar^+

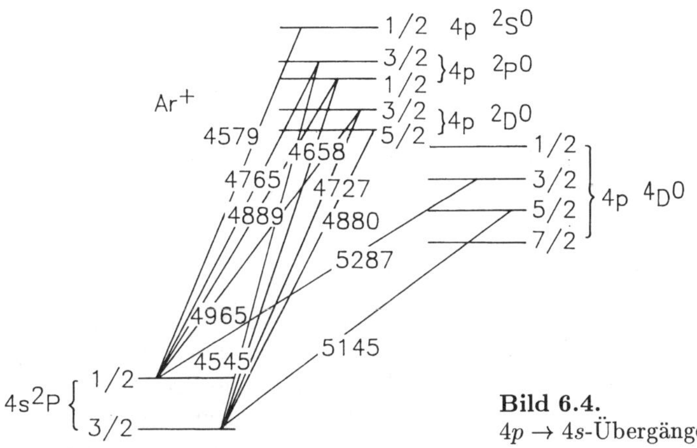

Bild 6.4.
$4p \rightarrow 4s$-Übergänge des Argonlasers

Wegen der zweistufigen Elektronenstoßanregung steigt die Leistung des Argonlasers etwa quadratisch mit dem Strom. Für Argonlaser hoher Leistung sind wegen der erforderlichen Ionisierung und Anregung große Ströme auf kleinen Querschnitten erforderlich. Dies macht einen im Vergleich zu He-Ne-Lasern hohen technologischen Aufwand notwendig.

Bei weiterer Steigerung der Stromdichte kann Argon auch zweifach ionisiert werden. Dazu ist eine Energie von 43 eV erforderlich. Etwa 25–30 eV über dem Grundzustand von Ar^{2+} existieren weitere Laserniveaus. Diese emittieren ultraviolette Laserstrahlung mit 334, 351 und 364 nm. Die Leistung kann in speziellen Lasern einige Watt betragen. Diese UV-Argonlaser sind relativ teuer, da spezielle Optiken, höhere Stromdichten und starke Magnetfelder erforderlich sind.

Tabelle 6.1. Leistung eines 20 W-Argonionenlasers bei verschiedenen Linien

normale Optik		UV-Optik	
Wellenlänge (nm)	Leistung (W)	Wellenlänge (nm)	Leistung (W)
528,7	2	385,1–351,1	3
514,5	10	363,8–333,6	5
501,7	2	335,8–300,3	2
496,5	3	305,5–275,4	0,6
488,0	10		
476,5	3		
472,7	1		
465,8	1		
457,9	1		
454,5	1		
alle Linien	20		

Aufbau

Für eine effektive Anregung der Ar^+-Linien ist in der Entladung eine Elektronendichte von $10^{14}\,\mathrm{cm}^{-3}$ erforderlich. Dieser Wert wird bei Stromdichten bis zu $10^3\,\mathrm{A\,cm}^{-2}$ in Niederdruckbogenentladungen erreicht. Die Feldstärke längs der Entladung beträgt etwa $4\,\mathrm{V\,cm}^{-1}$. Die Temperatur des Neutralgases kann bis zu $5 \cdot 10^3$ K erreichen. Die hohen Leistungsdichten verlangen einen beträchtlichen technischen Aufwand beim Bau der Laserrohre. Diese bestehen meist aus wassergekühlten Keramikrohren, z. B. BeO, welches eine hohe Wärmeleitfähigkeit wie etwa Aluminium hat. In einer anderen Konstruktionsform wird die Entladung durch Lochscheiben aus Wolfram geführt, welche die Wärme über Halterungen aus Kupfer an das Rohr abführen (Bild 6.5). Heute werden meist BeO-Rohre verwendet. Da BeO-Pulver stark giftig ist, sollte die Entsorgung dieser Rohre am besten über die Lieferfirmen erfolgen.

Durch die hohe Elektronendichte werden die Elektronen radial nach außen gedrückt, wodurch die Stromdichte verringert wird. Der Effekt wird durch ein äußeres Magnetfeld kompensiert, das durch eine lange Spule um das Laserrohr erzeugt wird. Auf die Elektronen wirkt die Lorentz-Kraft, die senkrecht zur Achse und radialen Bewegungskomponente steht. Dadurch wird die Bewegung aus der radialen Richtung in eine kreis- bzw. spiralförmige Bahn umgelenkt und die Entladung auf die Achse konzentriert. Dieses verringert die Wirkung des Plasmas auf die Materialien des Laserrohres, was die Lebensdauer des Rohres stark erhöht. Zusätzlich vergrößert sich die Pumprate und der Wirkungsgrad des Lasers. Die hohen Ströme werden aus direkt geheizten Vorratskathoden gezogen. Als Anoden können gekühlte Kupferbauteile dienen.

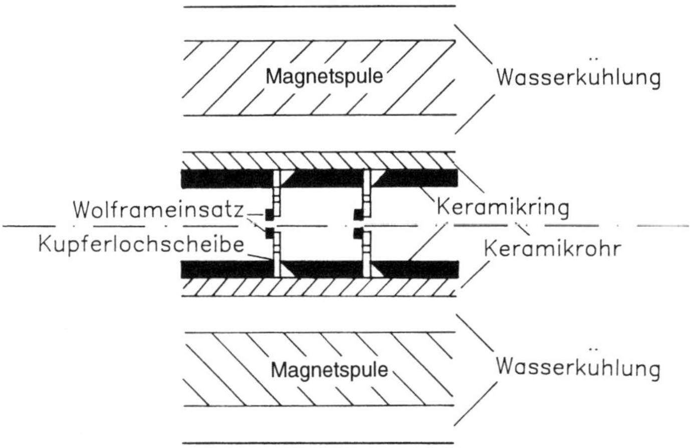

Bild 6.5. Entladungsrohr für einen Argonionenlaser

Durch die großen Ströme in der Entladung findet ein Impulsübertrag von den Elektronen auf das Gas statt, und es erfolgt eine Gasdrift zur Kathode hin. Zum Ausgleich des entstehenden Druckgradienten entlang des Rohres werden Bohrungen in den Kupferscheiben angebracht. Das Gas im Ionenlaser verbraucht sich, da die Entladung die Ionen in die Wand treibt. Dieser Gasverlust wird bei kommerziellen Lasern automatisch aus einem angeschlossenen Reservoir kompensiert. Der Gasdruck liegt bei 1–100 Pa, wobei im Gegensatz zu vielen anderen Lasertypen ein ungemischtes Gas, d. h. reines Argon, verwendet wird.

Im Gegensatz zum He-Ne-Laser spielen Wandeffekte zur Inversionserzeugung keine Rolle, und es sind große Durchmesser des Laserrohres möglich. Der Verstärkungsfaktor für die 488 nm Linie beträgt bei einer Länge von 50 cm etwa $G = 1{,}35$. Man beschränkt wegen der Strahlqualität die Strahldurchmesser auf 1,5 bis 2 mm. Die Wirkungsgrade sind meist kleiner als 10^{-3}.

Durch Verwendung von breitbandigen Laserspiegeln wird gleichzeitig Emission auf verschiedenen Linien erreicht. Zur Selektion einzelner Wellenlängen wird ein Brewster-Prisma im Laserresonator eingesetzt. Zur Vermeidung von Reflexionsverlusten treffen bei diesem Prisma die Strahlen etwa unter dem Brewster-Winkel auf die Prismenflächen. Die andere Seite des Prismas ist senkrecht zum Laserstrahl orientiert, der an der ersten Fläche gebrochen wurde. Die senkrechte Rückfläche ist hoch verspiegelt. Je nach Wellenlänge ist die Strahlablenkung an der ersten Fläche unterschiedlich. Durch Drehen des Prismas können die verschiedenen Linien eingestellt werden. Typische Leistungen eines kommerziellen 20 W Lasers mit und ohne Wellenlängenselektion zeigt Tabelle 6.1. Wegen der hohen Temperatur im Entladungsbereich beträgt die Linienbreite auf Grund von Doppler-Verbreiterung bis zu 6 GHz. Ohne frequenzselektierende Elemente liegt die Kohärenzlänge im cm-Bereich. Für holographische Anwendungen wird dieser Wert durch ein Etalon im Resonator vergrößert. In diesem Fall kann die Bandbreite auf 5 MHz reduziert werden. Nahezu alle kommerziellen Edelgasionenlaser liefern den Grundmode TEM_{00}. Trotz der hohen Belastung der Rohre durch die hohen Ströme werden Lebensdauern von mehreren 1 000 Betriebsstunden erreicht.

Kryptonionenlaser

Entladungsrohre für Kryptonlaser sind nahezu baugleich mit denen der Argonlaser. Da sich während des Betriebes das Gas schneller verbraucht als beim Argonlaser muß ein größeres Gasreservoir vorhanden sein. Die stärkste Linie der Kryptonlaser liegt bei 647 nm (rot) mit Leistungen von einigen Watt. Die Intensität der anderen Linien hängt stark vom Druck ab. Daher haben Laser, welche eine Selektion einzelner Linien erlauben, eine aktive Kontrolle des Druckes. Die Linien des Kr^+-Lasers liegen zwischen 337 und 799 nm (Bild 6.2). Der geringe Wirkungsgrad des Kryptonionenlasers erfordert höhere Stromdichten als beim Argonlaser gleicher Leistung. Zusätzlich tritt ein verstärktes Sputtering auf, da die Kr-Ionen schwerer sind und höhere Energie haben. Daher sind die meisten Laser dieses Typs mit Wasser gekühlt, während Argonionenlaser kleiner Leistung mit Luftkühlung auskommen.

Anwendungen

Edelgasionenlaser sind Standardgeräte für sichtbare kontinuierliche Strahlung im Bereich von mehreren Milliwatt bis zu 50 Watt. Besondere Bedeutung haben Argon- und Kryptonionenlaser im roten und blau-grünen Spektralbereich. Diese Laser werden dort eingesetzt, wo He-Ne- und He-Cd-Laser zu schwach sind. Besonders wichtig sind Anwendungen in der Augenheilkunde zur Behandlung der Netzhaut sowie andere medizinische Einsatzbereiche. Weitere Anwendungen liegen in der Druckindustrie zur Belichtung, der Herstellung von Video- und Audiodisks, bei Laserdruckern hoher Geschwindigkeit und in der Holographie. Durch Mischen von Argon und Krypton werden Linien zwischen rot und blau erzeugt, die zu weiß gemischt werden können. Diese Laser werden bei Lasershows eingesetzt. Außerdem wird der Argonionenlaser zum Pumpen von Farbstoff- und Titan-Saphir-Lasern verwendet. Durch Modenkopplung können dabei Pulse im ps- und fs-Bereich erzeugt werden. Auch kontinuierlich abstimmbare cw-Laser werden mit Argonlasern gepumpt.

6.3 Metalldampfionenlaser (Cd, Se, Cu)

Neben den Edelgasionenlasern existieren zahlreiche weitere Gaslaser, die auf Übergängen in Ionen beruhen. Technische Bedeutung hat allerdings bisher nur der He-Cd-Laser, ein Vertreter der Metallionenlaser. Da die Metalle bei diesen Lasern verdampft werden, handelt es sich um Gaslaser.

He-Cd- und He-Se-Laser

Kontinuierliche Emission vom infraroten bis zum ultravioletten Spektralbereich kann mit Cadmium- und Selen-Ionen erreicht werden. Zur Anregung der Laserniveaus und zum Betrieb der Gasentladung enthalten diese Laser zusätzlich Helium. Aus Übergängen in Cd-Ionen (Cd^+ = Cd II) werden 11 Laserlinien von 887,7 bis 325,0 nm und in Se-Ionen (Se^+ = Se II) 46 Laserlinien von 1 258,6 bis 446,8 nm beobachtet. Die stärksten Laserlinien und die entsprechenden Übergänge sind in Tabelle 6.2 dargestellt.

Tabelle 6.2. Wellenlängen des He-Cd- und He-Se-Lasers

Ion	Übergang	Wellenlänge (nm)	Leistung kommerz. Laser
Cd II	$6g\ ^2G_{9/2} \rightarrow 4f\ ^2F^0_{7/2}$	636,8 (rot)	
Cd II	$4f\ ^2F^0_{7/2} \rightarrow 5d\ ^2D_{5/2}$	537,8 (grün)	
Se II	$5p\ ^2D^0_{3/2} \rightarrow 5s\ ^2P_{1/2}$	530,5 (grün)	
Se II	$5p\ ^2D^0_{5/2} \rightarrow 5s\ ^2P_{3/2}$	525,3 (grün)	
Se II	$5p\ ^4D^0_{5/2} \rightarrow 5s\ ^4P_{3/2}$	517,6 (grün)	
Se II	$5p\ ^4D^0_{5/2} \rightarrow 5s\ ^4P_{5/2}$	506,9 (blaugrün)	
Se II	$5p\ ^4D^0_{3/2} \rightarrow 5s\ ^4P_{3/2}$	499,3 (blau)	
Se II	$5p\ ^2D^0_{5/2} \rightarrow 4p\ ^4P_{3/2}$	497,6 (blau)	
Cd II	$5s^2\ ^2D_{5/2} \rightarrow 5p\ ^2P^0_{3/2}$	441,6 (blau)	100 mW
Cd II	$5s^2\ ^2D_{3/2} \rightarrow 5p\ ^2P^0_{1/2}$	325,0 (ultraviol.)	10 mW

Bild 6.6 zeigt schematische Termschemata für den He-Cd- und den He-Se-Laser. Die Anregung der oberen Laserniveaus der Cd-Linien geschieht durch Penning-Stoß. Ein Cd-Atom stößt mit einem He-Atom, welches in einem metastabilen Niveau bis etwa 20 eV angeregt ist, zusammen. Dabei geht das He-Atom in den Grundzustand über. Die Anregungsenergie des He-Atoms reicht zur Ionisation des Cadmiums aus. Nach dem Stoß befindet sich das Cd-Ion in einem angeregten $5s^2$-Zustand (Bild 6.6). Die überschüssige Energie wird dem aus dem Ionisationsprozeß herrührenden Elektron als kinetische Energie mitgegeben.

Bei He-Se-Laser erfolgt die Anregung durch Stöße mit He-Ionen, die in der Gasentladung entstehen. Die oberen Laserniveaus werden durch Ladungsaustausch zwischen einem Se- Atom und einem He-Ion besetzt. Das He-Ion geht dabei in den atomaren Grundzustand über, während das Selen ionisiert und in einen $5p$-Zustand übergeführt wird. Anregung durch Ladungsaustausch findet auch beim He-Cd-Laser statt.

Die Anregung des Cadmiums bzw. des Selens erfolgt in Glimmentladungen mit Helium in Entladungsgefäßen aus Quarzglas oder in Hohlkathodenentladungen. Im ersten Fall wird der Metalldampfdruck durch Heizen

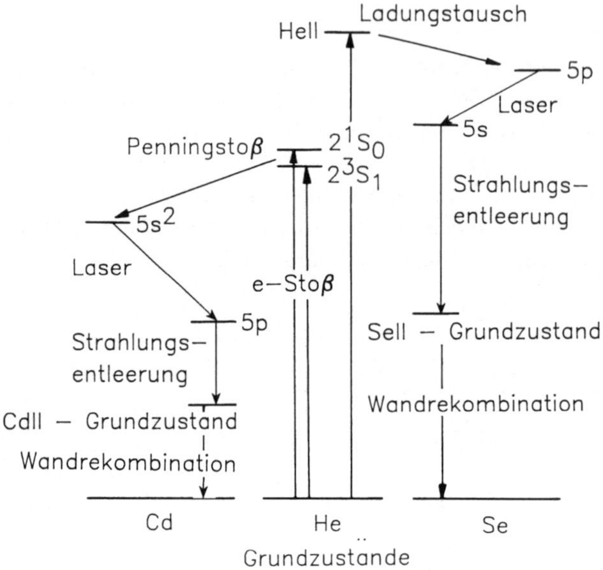

Bild 6.6. Termschema für den He-Cd- und He-Se-Laser. Cd II und Se II sind Symbole für die Ionen Cd^+ und Se^+

(Cd: 350 °C, Se: 270 °C) eines Metallreservoirs in der Nähe der Anode erzeugt (Bild 6.7). Durch Kataphorese, d. h. entladungsbedingte Drift der Metallionen zur Kathode, stellt sich im Entladungsrohr ein gleichmäßiger Metalldampfdruck von etwa 8 Pa ein.

Die aktive Länge der Entladungsrohre beträgt bis zu 1 m. Die Rohre haben einen Radius von etwa 1 mm oder mehr. Bei einem Heliumdruck von etwa 800 Pa sind zum Betrieb des He-Cd-Lasers etwa 150 mA und zum Betrieb des He-Se-Lasers 500 mA Entladungsstrom notwendig. Der Verstärkungsfaktor für die 441,6 nm Cd II-Linie ist unter diesen Bedingungen im Betrieb mit einem Cd-Isotop (^{114}Cd) etwa 1,2 und für die 325,0 nm Linie 1,05. Die ent-

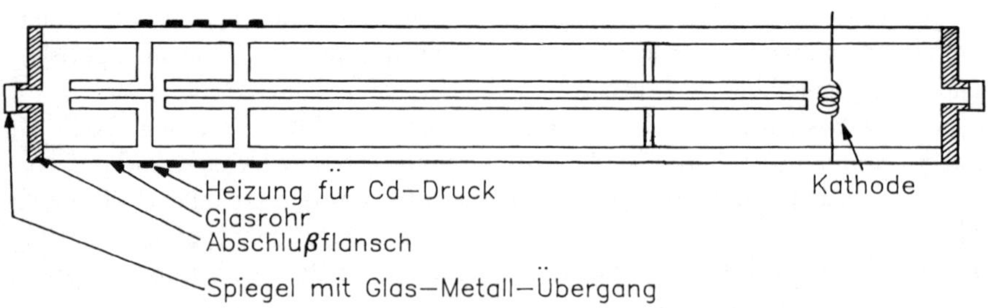

Bild 6.7. Aufbau eines He-Cd- und He-Se-Laser [13]. Die Kathode ist so angeordnet, daß der Laserstrahl passieren kann. Die Anode kann beispielsweise der Endflansch sein

sprechenden G-Faktoren für den He-Se-Laser liegen zwischen 1,02 und 1,1 je nach Linie.

Kommerziell werden He-Se-Laser mit 1 bis 5 mW Ausgangsleistung im Spektralbereich von 460 bis 650 nm vertrieben. Die gewünschten Wellenlängenbereiche werden durch entsprechende Spiegel eingestellt. Die Ausgangsleistung kommerzieller He-Cd-Laser beträgt bei 325 nm 1 bis 8 mW und bei 441,6 nm bis zu 60 mW. Durch gleichzeitigen Betrieb der roten, grünen und blauen Linien kann weiße Laserstrahlung erzeugt werden. Die Lebensdauer abgeschmolzener He-Cd-Laser beträgt 6 000 Stunden oder mehr, beim Betrieb im UV etwa die Hälfte. Die Begrenzung erfolgt meist durch Verunreinigung der Entladung, Cd-Niederschläge an der Optik oder anderen Stellen sowie Gasaufzehrung des Heliums. Der Wirkungsgrad von etwa 0,01 % liegt wie bei dem des He-Ne- und Ar-Lasers. Die Laser sind in der Regel luftgekühlt. Der He-Cd-Laser kann dort eingesetzt werden, wo die Farbe des He-Ne-Lasers nicht richtig oder die Leistung etwas zu klein ist. Anwendungen liegen beispielsweise in der Informations- und Meßtechnik, Holographie oder Fluoreszenzanalyse. Er ist billiger und hat geringere Linienbreiten als Argonionenlaser vergleichbarer Leistung.

Weitere Metalldampfionenlaser

Lasertätigkeit kann in einer Reihe weiterer Ionen in Metalldämpfen erzielt werden, wobei für schwer verdampfbare Metalle Hohlkathodenentladungen geeignet sind. Dabei wird der Metalldampf durch Stöße von Edelgasionen mit der Metallkathode erzeugt (sputtering). Die Edelgasionen werden in einer Gasentladung gebildet, so daß keine Heizung zur Metallverdampfung notwendig ist. Von besonderem Interesse sind Ne-Cu- und He-Ag-Laser, da sie die einzigen kontinuierlichen Laser sind, die im Spektralbereich bis 220 nm emittieren. Obwohl insbesondere der Kupferionenlaser ausführlich untersucht und eine Ausgangsleistung bis 1 W realisiert wurde, sind derartige Laser kommerziell nicht erhältlich, da die Lebensdauern bisher zu gering sind.

Aufgaben

6.1 Beschreiben Sie die Kraft durch das Magnetfeld und deren Wirkung auf die Elektronen beim Argonlaser.

6.2 Ein Argonlaser hat folgende Daten:
Elektronendichte $\varrho = 10^{14}\,\mathrm{cm}^{-3}$,
Stromdichte $i = 10^3\,\mathrm{A/cm}^2$,
Feldstärke $E = 4\,\mathrm{V/cm}$.
Das Laserrohr hat einen Durchmesser von 1,5 mm und eine Länge von 80 cm.
Wie groß sind
(a) Spannung,

(b) elektrischer Widerstand und
(c) mittlere Elektronendriftgeschwindigkeit?

6.3 Zur Kühlung eines 5 W-Argon-Lasers mit einem Wirkungsgrad 0,05 % werden 10 l Wasser pro Minute verbraucht. Berechnen Sie die Temperaturerhöhung des Kühlwassers.

6.4 Ein Au-Laser besitzt eine Pulsenergie von 2 mJ, eine Pulsdauer von 20 ns und eine Pulsfrequenz von 6 kHz. Berechnen Sie die mittlere Leistung und die Spitzenleistung.

6.5 Begründen Sie anhand der Laserlinien, welche Gaslaser ein weißes Strahlungsgemisch erzeugen können.

6.6 (a) Warum steigt die Leistung beim Argon- und Kryptonlaser etwa quadratisch mit dem Strom an?
(b) Gilt das gleiche für Metalldampfionenlaser?

7. UV-Moleküllaser

Gepulste Lasertätigkeit im ultravioletten Spektralbereich wird bei Übergängen zwischen Elektronenniveaus in Molekülen erzielt. Dabei werden zweiatomige stabile Moleküle wie H_2, N_2 und Excimere, vor allem Edelgashalogenide, als aktive Medien eingesetzt. Excimere sind Moleküle, die nur kurzzeitig im angeregten Zustand existieren und nach Übergang in den Grundzustand schnell zerfallen. Die stärksten Laserlinien von UV-Molekülen sind in Tabelle 7.1 zusammengefaßt.

Tabelle 7.1. Wellenlängen der wichtigsten UV-Moleküllaser

Molekül	Wellenlänge nm
XeF	351...353
N_2	337
XeCl	308
Br_2	291
XeBr	282
KrF	248
KrCl	222
ArF	193
CO	181...197
ArCl	175
Xe_2	172
H_2, D_2, HD Lyman band	150...162
F_2	158
Kr_2	146
Ar_2	126
H_2 Werner band	123
H_2 Werner band	116

Als kommerzielle Systeme weit verbreitet sind Stickstoff- und Excimerlaser. Wegen des hohen Wirkungsgrades haben besonders die Edelgashalogenlaser für den ultravioletten Spektralbereich ähnliche technologische Bedeutung erlangt wie die CO_2-Laser für den infraroten Bereich.

7.1 Stickstofflaser

Der N_2-Laser ist ein technisch relativ einfach funktionierendes System, und er wird daher in vielen Laboratorien selbst gebaut. Er liefert kurze Pulse mit einer Wiederholfrequenz von etwa 100 Hz, wobei die Pulsdauer bei Atmosphärendruck-Lasern im Nano- oder Subnanosekunden-Bereich liegt. Die stärkste Linie liegt im ultravioletten Bereich bei einer Wellenlänge von 337 nm, und sie eignet sich zum Pumpen von Farbstofflasern. Andere Anwendungen kleiner N_2-Laser liegen dort, wo bisher UV-Lichtquellen eingesetzt werden, z. B. bei Untersuchungen zur Fluoreszenz. Der Nachteil dieses Lasertyps ist die geringe Fähigkeit des Gases, Energie zu speichern, so daß die Pulsenergie auf einige 10 mJ beschränkt ist. Daher werden oft als Alternative der Excimer- oder frequenzvervielfachte Nd:YAG-Laser eingesetzt, welche energiereichere Pulse im ultravioletten Bereich produzieren. Der Wirkungsgrad des N_2-Lasers beträgt weniger als 1 ‰.

Termschema

Beim N_2-Laser rührt die Strahlung aus $C\,^3\Pi_u$–$B\,^3\Pi_g$-Übergängen (Bild 7.1) her. Die Hauptlinie mit der Wellenlänge 337,1 nm entsteht durch Übergang zwischen den Schwingungsniveaus mit $v = 0$. Durch Übergänge zwischen anderen Schwingungsniveaus derselben Elektronenzustände können mit geringerer Intensität weitere ultraviolette Wellenlängen angeregt werden. Außerdem ist unter Beteiligung anderer Elektronenzustände Emission im Infraroten möglich.

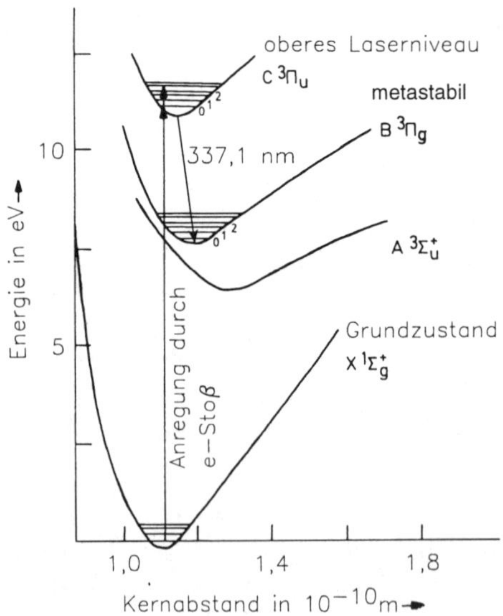

Bild 7.1. Termschema des Stickstofflasers. Die Hauptlinie entsteht durch Übergänge zwischen jeweils dem untersten Vibrationsniveau der *C*- und *B*-Zustände

Verstärkungsfaktoren $G = 10^{10}$ und mehr sind bei 1 m Entladungslänge möglich (100 db/m), so daß starke Emission auch ohne optische Rückkopplung mit Spiegeln erreicht wird. Derartige Superstrahlung kann geringe Divergenz und spektrale Linienbreite ähnlich wie ein Laserstrahl besitzen. Durch den Einsatz von Laserspiegeln (100 % und etwa 8 %) wird jedoch die Strahlqualität und die Pulsenergie erhöht.

Der Anregungsprozess des Stickstofflasers ist relativ ungünstig, da der obere Laserzustand eine wesentlich kürzere Lebensdauer hat als der untere. Zur Anregung von Lasertätigkeit wird der obere Laserzustand ($C\,^3\Pi_u$) in schnell gepulsten Gasentladungen durch Elektronenstoß sehr effektiv aus dem Grundzustand besetzt. Die Lebensdauer dieses C-Zustandes beträgt 40 ns. Sie ist wesentlich kleiner als die des B-Zustandes mit 10 ms, in welchem der Laserübergang endet. Eine Besetzungsinversion kann deshalb nur im Pulsbetrieb erreicht werden. Notwendig dazu ist eine gepulste Entladung mit hoher Spannung und hohem Strom mit einer Anstiegszeit, die kleiner ist, als die Lebensdauer des oberen Laserniveaus (40 ns). Da das untere Laserniveau durch Elektronenstoß kaum besetzt wird, kann vorübergehend eine Besetzungsinversion aufgebaut werden. Es entsteht ein Laserpuls im ns-Bereich. Da sich damit das untere B-Niveau auffüllt, bricht die Lasertätigkeit bei längerer Anregung ab (self-termination). Dieses Niveau zerfällt spontan in den metastabilen A-Zustand, welcher eine lange Lebensdauer bis zu einigen Sekunden besitzen kann. Dadurch wird die Entleerung des unteren Laserniveaus behindert und die Folgefrequenz auf etwa 100 Hz eingeschränkt.

Aufbau

Die Entladung beim N_2-Laser wird meist quer zur Strahlrichtung betrieben (Bild 7.2). Der Aufbau ähnelt sehr stark den Excimerlasern, die bei manchen Konstruktionen auch mit Stickstoff gefüllt als N_2-Laser betrieben werden können. Die meisten Stickstofflaser benötigen einen kontinuierlichen Gasfluß, wobei eine Vakuumpumpe eingesetzt wird. Als Gas wird reiner Stickstoff in Standardqualität benutzt. Der optimale N_2-Fülldruck ist von der Entladungsgeometrie abhängig; er liegt zwischen $3 \cdot 10^3$ und 10^5 Pa. Bei Anordnungen, die bei Atmosphärendruck betrieben werden, ist ein Vakuumsystem nicht notwendig. Die Pulslänge ist druckabhängig: sie beträgt etwa 0,3 ns bei Atmosphärendruck und bis zu 20 ns bei einigen 10 Pa Betriebsdruck. Mit kommerziellen N_2-Lasersystemen werden Energien bis 10 mJ bei Folgefrequenzen bis 100 Hz erreicht. Die Pulsenergien liegen im kW- bis MW-Bereich. Laserübergänge finden zwischen mehreren Rotationszuständen statt, so daß die spektrale Bandbreite etwa 0,1 nm beträgt. Die Kohärenzlänge liegt um 1 mm.

Wie bei anderen Lasern mit hohem Verstärkungsfaktor hat der Strahl keine besonders gute Qualität. Er ist unpolarisiert und besteht aus zahlreichen longitudinalen und transversalen Moden. Bei Lasern höherer Leistung ist der Strahlquerschnitt aufgrund der transversalen Entladungsform rechteckig, z.B. mit 6 mm × 30 mm Querschnittsfläche (Bild 7.2). Die Strahldivergenz

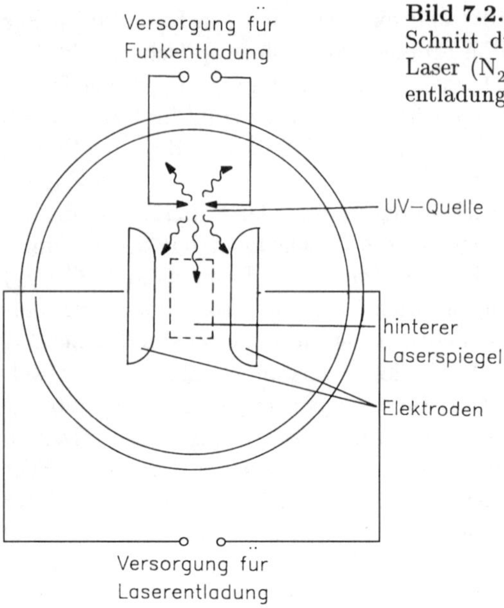

Bild 7.2.
Schnitt durch einen transversal angeregten Laser (N_2- oder Excimerlaser) mit Funkenentladung zur UV-Vorionisation

beträgt einige mrad. Größere N_2-Laser erfordern einen ständigen Gasdurchfluß, z. B. 0,1 bis 40 l/min. Meist sind die kommerziellen Stickstofflaser luftgekühlt, außer bei hohen Pulsfolgefrequenzen. Die Technologie der Laserköpfe ist nicht sehr kompliziert. Dagegen erfordern Schaltkreise mit Thyratrons, welche 50 kV in 10 ns schalten, erhebliche Erfahrung.

7.2 Excimerlaser

Als Excimere bezeichnet man Moleküle, die keinen stabilen Grundzustand besitzen. Das Wort ist eine Abkürzung für excited dimer, was ein zweiatomiges Molekül (dimer) beschreibt, das nur im angeregten (excited) Zustand kurzfristig „stabil" ist. Wenn das Molekül seine Anregungsenergie abgibt und somit in den Grundzustand zurückkehrt, zerfällt es wieder in seine zwei Atome. Der Grundzustand hat also im Vergleich zum angeregten Zustand eine extrem kurze Lebensdauer. Bei Excimerlasern ist dieser instabile Grundzustand zugleich das untere Laserniveau, was wegen der kurzen Lebensdauer für eine Überbesetzung günstig ist. In Lasern werden insbesondere Edelgas-Halogen-Verbindungen, wie ArF^*, KrF^*, $XeCl^*$, XeF^*, und Edelgasdimere, wie Ar_2^*, Kr_2^* eingesetzt. Der Index * gibt an, daß es sich um elektronisch angeregte Moleküle handelt, die im Grundzustand nicht oder nur sehr kurz existieren. Die Excimerlaser können energiereiche Pulse mit über 1 J im ultravioletten Bereich bei Durchschnittsleistungen über 250 Watt liefern.

In kommerziellen Lasern werden fast ausschließlich Edelgas-Halogen-Verbindungen in Excimerlasern eingesetzt mit Wellenlängen von 193 bis 351 nm. Ähnlich aufgebaut sind auch F_2-Laser, die bei 157 nm emittieren.

In ihrem Aufbau ähneln die Excimerlaser stark den Stickstoff- und TEA-CO_2-Lasern. Obwohl korrosive Halogene als Gase verwendet werden, ist es diesem Lasertyp gelungen, sich stark durchzusetzen. Er ist heutzutage der wichtigste kommerzielle Laser im ultravioletten Bereich, mit zahlreichen industriellen, medizinischen und wissenschaftlichen Anwendungen.

Energieniveaus

Die Energiezustände von zweiatomigen excimeren Edelgashalogeniden, welche für die Lasertätigkeit eingesetzt werden, zeigt Bild 7.3. Dort ist die Energie der Moleküle oder das Potential in Abhängigkeit vom Abstand beider Atome dargestellt. *R* bedeutet ein Edelgasatom (rare gas) und *X* ein Halogenatom.

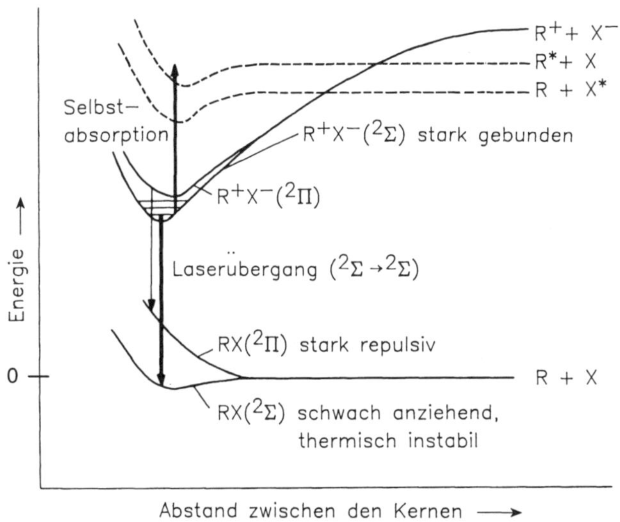

Bild 7.3. Energiezustände eines typischen Excimers (R = Edelgas, X = Halogen)

Die Potentialkurve des Grundzustandes $^2\Sigma$ ist sehr flach oder weist ein schwaches Minimum auf. Für XeCl* ist die Potentialtiefe etwa gleich der thermischen Energie kT, so daß die Moleküle thermisch instabil sind und spontan dissoziieren. Nach Bild 7.3 ist der Grundzustand in ein Σ und Π-Niveau aufgespalten, wobei die Π-Potentialkurve stark abstoßend ist.

Wie in Tabelle 1.5 dargestellt, ist bei den Σ-Niveaus der Gesamtbahndrehimpuls in Richtung der Molekülachse $\Lambda = 0$ und bei den Π-Niveaus $\Lambda = 1$.

Die angeregten Zustände $^2\Sigma$ und $^2\Pi$ von KrF* haben tiefe Minima, in denen die Atome einen bestimmten Gleichgewichtsabstand besitzen. In diesen Zuständen ist das Molekül stark ionisch gebunden, da ein angeregtes Edelgasatom einem Alkaliatom ähnlich ist. Die Bindung der Edelgashalogenide ist daher wie bei den Alkalihalogeniden, z. B. NaCl. Ein positives Edelgasion R^+ verbindet sich mit einem negativen Halogenion X^-. Es sind auch schwach kovalent gebundene Moleküle möglich, die z. B. aus einem angeregten Edelgasatom R* und einem Halogenatom im Grundzustand bestehen.

Die Excimere werden in Gasentladungen durch die in Bild 7.3 dargestellte Reaktion

$$\mathrm{Kr}^+ + \mathrm{F}^- \rightarrow \mathrm{KrF}^* \tag{7.1}$$

und auch durch Stöße von angeregten Kr-Atomen mit F_2 gebildet:

$$\mathrm{Kr}^* + \mathrm{F}_2 \rightarrow \mathrm{KrF}^* + \mathrm{F}\,. \tag{7.2}$$

Dabei wurde als Beispiel KrF* gewählt, wobei die Reaktionen für die anderen Edelgashalogenide analog sind.

Die Laserstrahlung wird aus dem gebundenen angeregten Zustand $^2\Sigma$ emittiert. Danach dissoziiert das Molekül im Grundzustand sofort in seine beiden Atome, wodurch die Besetzung des Laserendzustandes praktisch Null bleibt. Dieses ist die ideale Betriebsart für einen Laser. Besetzungsinversion ist leicht zu erreichen, da die Moleküle im instabilen Grundzustand nur etwa 10 s lang existieren. Die Lebensdauer der oberen Laserniveaus beträgt demgegenüber z. B. 7 ns für KrF* und 16 ns für XeF*.

Bild 7.4 zeigt als typisches Beispiel für das Spektrum von Edelgashalogeniden die spontane Emission von KrF*, das in einer Entladung gebildet wird. Die zwei Banden im ultravioletten Bereich stammen von $^2\Sigma \rightarrow {}^2\Sigma$ und $^2\Pi \rightarrow {}^2\Pi$-Übergängen. Ein weiteres Band um 400 nm wird dem dreiatomigen Excimer Kr_2F^* zugeschrieben.

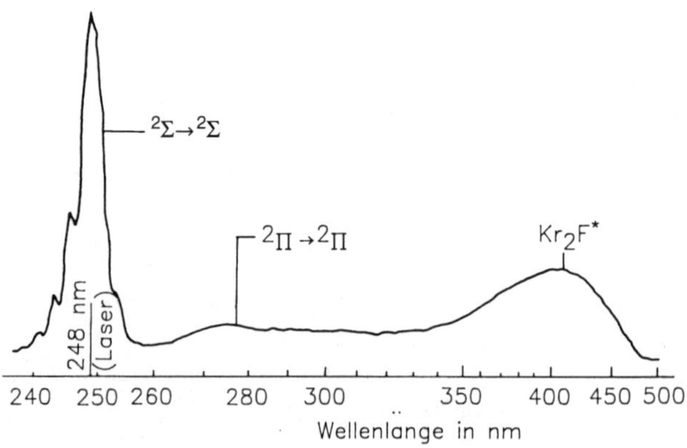

Bild 7.4. Emissionsspektrum des Excimers KrF

Generell ist Lasertätigkeit bei Lasern im ultravioletten Bereich schwerer zu erzielen als bei langen Wellenlängen im Infraroten. Dies liegt daran, daß der Einsteinkoeffizient für induzierte Emission, bzw. der entsprechende Wirkungsquerschnitt etwa umgekehrt proportional zum Quadrat der Frequenz ist. Hinzu kommt, daß der Laserendzustand ungebunden oder nur schwach gebunden ist. Übergänge in diese Zustände haben ein breites Frequenzspektrum. Aus diesen Gründen ist der Wirkungsquerschnitt für stimulierte Emission relativ klein. Atomare und molekulare Übergänge haben Wirkungsquerschnitte von $\sigma = 10^{-15}$ bis $10^{-12}\,\mathrm{cm}^2$, während für Excimerlaser etwa $10^{-16}\,\mathrm{cm}^2$ gilt. Der kleine Wirkungsquerschnitt für stimulierte Emission erfordert zur Erzeugung von Laserstrahlung ein sehr starkes Pumpen. Aus diesem Grunde ist es bisher nicht gelungen, kontinuierliche Strahlung mit Excimerlasern zu erzeugen. Bei den erforderlichen großen Entladungsströmen treten nach kurzer Zeit Entladungsinstabilitäten auf.

Konstruktion

Bei kommerziellen Lasern erfolgt die Anregung in einer Hochspannungsentladung, welche wegen des hohen Gasdrucks quer zum Laserstrahl liegt. Der Aufbau ist ähnlich wie beim N_2- oder TEA-CO_2-Laser (Bild 7.2). Um Verstärkung zu erzielen, müssen elektrische Leistungsdichten von einigen 100 MW/l im Gasvolumen eingesetzt werden. Derartige Anforderungen lassen sich nur im Pulsbetrieb erreichen.

Die Bildungsreaktion nach (7.2) hat für den praktischen Einsatz die größere Bedeutung als die nach (7.1). Um die Rückreaktion des Fluorradikals F zu ermöglichen, wird das Gas zwischen zwei Pulsen komplett ausgetauscht. Dafür sind Strömungsgeschwindigkeiten von einigen 10 m/s erforderlich, um bei Laserstrahlbreiten von etwa 5 mm Repetitionsraten von etwa 1 kHz zu erhalten

Der Gasdruck beträgt etwa 1 bis 4 bar. Das Gasgemisch enthält 5 bis 10 % des aktiven Edelgases, 0,1 bis 0,5 % des Halogens (z. B. F_2) und ein Puffergas (He oder Ne). Um eine homogene Entladung zu erhalten, ist eine Vorionisation notwendig. Diese kann durch UV-Strahlung aus einer zusätzlichen Funken- oder Coronaentladung oder durch Röntgenstrahlung bewirkt werden. Bei dem hohen Gasdruck zerfällt die homogene Entladung nach einigen 10 ns in statistische Entladungskanäle. Daher werden die Spannungspulse von etwa 30 kV auf 10 bis 30 ns Dauer begrenzt. Bei der großen Pumprate läßt sich eine hohe Verstärkung erzielen, und die Pulsenergien der Laserstrahlung betragen bis zu 4 Joule pro Liter Gas, ähnlich wie beim CO_2-Laser. Der Wirkungsgrad eines derartigen Excimerlasers beträgt einige Prozent.

Wegen des Überganges von einem gebundenen in einen freien Zustand ist die Bandbreite des Laserstrahles mit 2 nm relativ groß. Die kurze Pulsdauer hat eine geringe Anzahl von optischen Umläufen im Resonator zur Folge. Es gibt damit keinen Wettbewerb zwischen verschiedenen longitudinalen Moden, d. h., diese entwickeln sich unabängig voneinander im

Bereich der Verstärkungsbandbreite, so daß 10^5 bis 10^7 Moden entstehen. Die Kohärenzlänge ist daher mit etwa 0,1 mm klein. Das Strahlprofil ist nach Bild 7.2 oft rechteckig, typisch 1 cm × 2 cm. Die Strahlqualität ist nicht sehr gut, aber kann durch instabile Resonatoren verbessert werden.

Aufgrund der hohen Verstärkung werden nur geringe Anforderungen an die Spiegel gestellt. Zur Auskopplung kann eine unbeschichtete Scheibe benutzt werden, welche an jeder Fläche 4 % reflektiert. Quarzglas gehört zu den Standardmaterialien im ultravioletten Spektralbereich. Die Transparenz von Quarzglas fällt für kürzere Wellenlängen. Zudem wird es durch Flußsäure HF angegriffen, die in der Entladung gebildet werden kann. Aus diesen Gründen wird bei kommerziellen Excimerlasern MgF_2 oder CaF_2 als Fenstermaterial eingesetzt. Wegen der stark korrosiven Eigenschaften des Lasergases werden Beschichtungen zur Ver- und Entspiegelung der Röhrenfenster nur an der Außenfläche angebracht. Diese Praxis ermöglicht außerdem eine Reinigung der Innenseiten mit Poliermittel.

Die meisten kommerziellen Excimerlaser sind mit einer Vakuumpumpe versehen, welche einen Gasaustausch ermöglicht. Die abgepumpten Gase sind toxisch und können nicht direkt in die Atmosphäre geblasen werden. Die Zahl der Pulse bis zu einer neuen Füllung sind in Tabelle 7.2 angegeben. In der Regel kann der Laserkopf nacheinander mit unterschiedlichen Gasmischungen betrieben werden, so daß Laserstrahlung in verschiedenen Bereichen des UV-Spektrums erzeugt werden kann. Aufgrund der Agressivität der Halogene treten bei der Konstruktion der Excimerlaser erhebliche Materialprobleme auf. Passive Komponenten sind daher aus Keramik, und die Elektroden bestehen aus Nickel, welches den Halogenen wie Fluor und Chlor weitgehend widersteht.

Die Eigenschaften der wichtigsten kommerziellen Excimerlaser sind in Tabelle 7.2 zusammengefaßt. Es handelt sich um die intensivsten UV-Strahlungsquellen, und sie finden daher weite Verbreitung. Eine häufige Anwendung ist das Pumpen von Farbstofflasern für spektroskopische Untersuchungen. Andere Einsatzgebiete liegen in Photochemie, Materialbearbeitung und in der Medizin zur Ablation von Gewebe. In der Halbleiterindustrie verdrängen sie zunehmend für die photochemischen Prozeßschritte die bisher gebräuchlichen „HgI-Linienlampen".

Tabelle 7.2. Typische Daten von kommerziellen Excimerlasern

Lasergas		F_2^*	ArF^*	KrF^*	$XeCl^*$	XeF^*
λ	[nm]	157	193	248	308	351
E	[mJ]	60	650	1 200	600	400
t_P	[ns]	—	—	10 bis 30	—	—
Reprate	[Hz]	50	—	—	250	—
$P_{\varnothing}$	[W]	10	10	5	10	10
Gaslebensdauer	[10^6 Pulse]	2,3	100	110	100	70

Besonders energiereiche Pulse liefern Excimerlaser, die mit Elektronenstrahlen gepumpt werden (Bild 7.5). Die Elektronen werden durch eine Hochspannung im Vakuum auf nahezu Lichtgeschwindigkeit gebracht. Die Ströme betragen einige 10 000 A mit Stromdichten bis zu 500 A/cm^2. Als Spannung werden Werte von mehreren 100 kV eingesetzt. Derartig große Leistungen sind nur im Pulsbetrieb erzeugbar. Die Pulsbreite beträgt 50 bis 1 000 ns. Ein großes Problem ist das Einbringen der Elektronen aus dem Beschleunigungsraum, welcher evakuiert sein muß, in den Resonator mit dem Lasergas. Die Trennung beider Bereiche erfolgt mit einer Folie von etwa 30 µm Dicke. Die Ausgangsenergie eines derartigen Excimerlasers kann mehrere 100 J betragen.

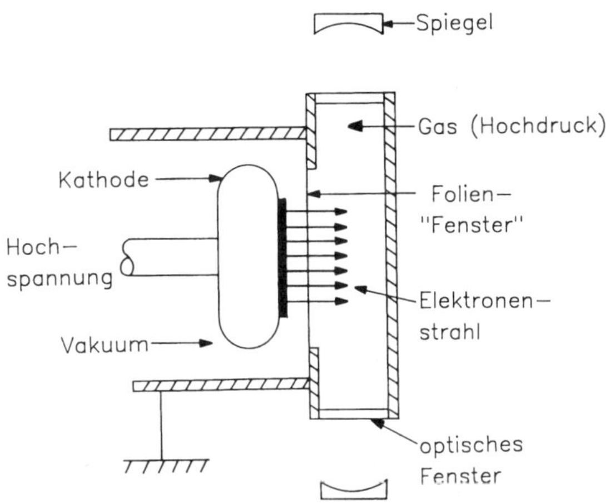

Bild 7.5.
Excimerlaser mit Anregung durch Elektronenstrahlen

Frequenzumwandlung

Für Strahlung im Ultravioletten gibt es keine transparenten Kristalle für eine Frequenzvervielfachung. Jedoch können durch nichtlineare Effekte in Gasen Oberwellen z. B. bis zur siebenten Harmonischen erzeugt werden, mit Verkürzung der Wellenlänge bis zu 35 nm. Ein anderer sehr wirksamer Effekt zur Veränderung der Wellenlänge von Excimerlasern ist die induzierte oder stimulierte Raman-Streuung. Durch Fokussierung der Strahlung in eine Zelle, die z. B. mit Wasserstoff unter hohem Druck gefüllt ist, entsteht eine Reihe von Linien. Besonders intensiv sind die Stokes-Linien mit Wellenlängen größer als die der Einstrahlung. Dabei wird Energie von den Photonen auf Schwingungszustände des H_2-Moleküls übertragen. Bei den Antistokes-Linien wird dagegen Energie von schwingenden Molekülen auf die einfallenden Photonen transferiert. Die Wellenlänge wird damit kürzer. In Bild 7.6 sind die Wellenlängen, die durch eine kommerzielle Raman-Zelle erzeugt werden, für verschiedene Excimerlaser dargestellt. Die Umwandlung erfolgt mit hohem Wirkungsgrad.

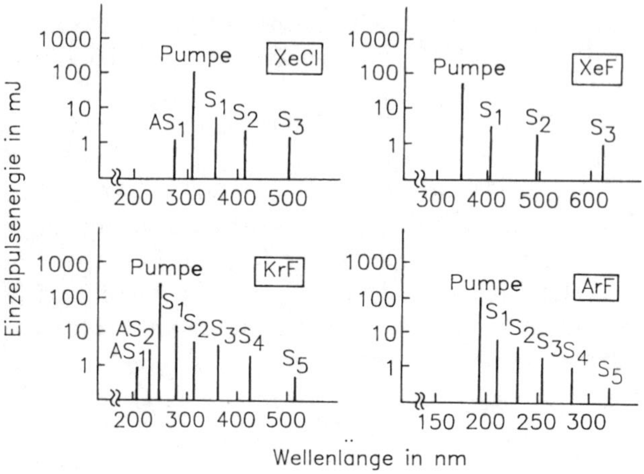

Bild 7.6. Spektren von H_2-Raman-Zellen, welche mit Excimerlasern angeregt werden. S = Stokes-Linien, AS = Antistokes-Linien

Aufgaben

7.1 Die Lebensdauer des oberen Laserniveaus des Stickstofflasers beträgt $\tau_1 = 40\,\text{ns}$, die des unteren $\tau_2 = 10\,\mu\text{s}$. Welche Konsequenzen ergeben sich daraus für das zeitliche Verhalten des Laserstrahlung?

7.2 Ein 0,5 m langer N_2-Laser (Querschnitt 4 × 11 mm) bei einem Druck von 0,05 bar benötigt zur Anregung eine elektrische Feldstärke von etwa 10 kV/cm. Wie groß ist der notwendige Spannungspuls bei longitudinaler und transversaler Anregung?

7.3 Die Pulsdauer eines Excimerlasers beträgt 20 ns. Wieviel Umläufe macht die Laserwelle in einem 1,2 m langen Resonator?

7.4 Berechnen Sie den minimalen Reflexionsgrad der Laserspiegel für einen 0,9 m langen Stickstofflaser mit einer differentiellen Verstärkung von $g = 25\,\text{m}^{-1}$.

7.5 In Tabelle 7.2 werden für einen kommerziellen KrF*-Laser folgende Daten angegeben: Pulsenergie $E = 1\,\text{J}$, Pulsdauer $\tau \approx 20\,\text{ns}$, Spitzenleistung $P_S = 15\,\text{MW}$, Pulsfolgefrequenz $f = 100\,\text{Hz}$, Durchschnittsleistung $\overline{P} = 20\,\text{W}$. Prüfen Sie, ob diese Angaben miteinander konsistent sind.

7.6 Der Abstand der Schwingungsniveaus von H_2 beträgt 4155cm^{-1}. Berechnen Sie die Wellenlängen der Antistokes-Linie und der ersten drei Stokeslinien, die bei Fokussierung der Strahlung des XeCl- ($\lambda = 308\,\text{nm}$) und KrF-Lasers ($\lambda = 249\,\text{nm}$) in eine H_2-Zelle entstehen.

7.7 Ein Excimerlaser zur Materialbearbeitung strahlt mit einer Querschnittsfläche von $A = 1\,\text{mm}^2$ und einer Pulsenergie von $Q = 50\,\text{mJ}$. Welche Materialdicke d wird abgetragen ($\varrho = 1000\,\text{kg/m}^3$)? Machen Sie vereinfachte Annahmen (Verdampfungswärme $L = 2200\,\text{kJ/kg}$).

8. Festkörperlaser

Das aktive Medium der meisten Festkörperlaser besteht aus Kristall- oder Glasstäben von einigen cm Länge oder aus mm-dicken Scheibchen, die mit optisch wirksamen Ionen dotiert sind. Dabei werden meist Übergangsmetalle wie Cr, Ni, Co oder seltene Erden wie Nd, Er oder Ho verwendet. Die Laserstrahlung entsteht teilweise in inneren ungefüllten Schalen, die weitgehend vom Kristallfeld abgeschirmt sind. Die Übergänge sind dann wie bei freien Atomen schmalbandig, und sie liegen im infraroten oder sichtbaren Spektralbereich. Daneben existieren auch breitbandige Niveaus, welche zu abstimmbaren Lasern führen.

Bei der Dotierung wird ein Teil (etwa 10^{-4} bis 10^{-1}) der Atome durch Fremdatome ersetzt. Demnach liegt die Dichte der laseraktiven Teilchen bei etwa $10^{19}\,\mathrm{cm}^{-3}$, die wesentlich größer als die Dichte in Gaslasern (10^{15} bis $10^{17}\,\mathrm{cm}^{-3}$) ist. Die Anregung erfolgt durch sogenanntes optisches Pumpen mit Lampen, Halbleiterdioden oder Lasern. Da die Lebensdauer der oberen Laserniveaus oft lang ist, lassen sich große optische Energien in Festkörpern speichern und hohe Pulsleistungen extrahieren. Das Wirtsmaterial des Festkörperlasers – Kristall oder Glas – muß gute optische, mechanische und thermische Eigenschaften besitzen, z. B. Schlierenfreiheit, Bruchfestigkeit und hohe Wärmeleitfähigkeit. Als Kristalle werden Oxide und Fluoride, als Gläser Phosphate und Silikate eingesetzt.

Beispiele für die Oxide sind Saphir, die Granate. und Aluminate Das erste Lasermaterial war der Saphir Al_2O_3 des Rubinlasers. Bei den Granaten sind besonders $Y_3Al_5O_{12}$ (YAG = Yttrium Aluminium Garnet), $Gd_3Ga_5O_{12}$ (GGG = Gadolinium Gallium Garnet) und $Gd_3Sc_2Ga_3O_{12}$ (GSGG = Gadolinium Scandium Gallium Garnet) bekannt, welche beim Neodymlaser eingesetzt werden. Von den Aluminaten wird $YAlO_3$ (YALO) mit Nd, Er, Mo oder Tm dotiert und als Lasermedium verwendet. Außerdem werden Wolframate wie Nd: $CaWO_4$ und Beryllate wie Nd: $La_2Be_2O_5$ (BEL) verwendet. Bei den Fluoriden wurden insbesondere CaF_2 und $YLiF_4$ (YLF) untersucht und mit verschiedenen Ionen dotiert, wie Nd, Ho und Er.

Bei der speziellen Klasse der vibronischen Festkörperlaser sind die Energieniveaus durch Wechselwirkung der Leuchtelektronen mit Kristallschwingungen verbreitert. Dieses ermöglicht bei diesen Lasern eine breitbandige kontinuierliche Abstimmung der Wellenlänge. Die wichtigsten Vertreter sind der Alexandrit-Laser (Cr^{3+}: $BeAl_2O_4$), der Titan-Saphir-Laser (Ti^{3+}: Al_2O_3), der Fosterite-Laser (Cr^{4+}: Mg_2SiO_4), der Chrom-LiSAF-Laser (Cr: $LiSrAlF_6$) und andere.

Eine weitere Klasse der abstimmbaren Festkörperlaser stellen die Farbzentrenlaser dar, bei denen Alkalihalogenidkristalle mit Defekten, die eine Färbung der Kristalle hervorrufen, verwendet werden.

Im folgenden werden die wichtigsten kommerziellen Festkörperlaser behandelt, deren Wellenlängen im roten bis infraroten Spektralbereich zwischen 0,7 und 3 μm liegen.

8.1 Rubinlaser

Der Rubinlaser, historisch der erste Laser überhaupt, arbeitet mit einem synthetischen Rubin-Kristallstab als aktivem Medium. Dieser besteht aus einem Al_2O_3- Wirtskristall) (Saphir), welcher mit Chrom dotiert ist (Cr^{3+}: Al_2O_3). Beim Ziehen des Kristalls wird der Schmelze von Al_2O_3 etwa 0,05 Gewichtsprozent Cr_2O_3 hinzugegeben. Damit werden im Kristallgitter ungefähr 10^{19} Al^{3+}-Ionen durch Cr^{3+}-Ionen ersetzt, wodurch der Kristall seine rötliche Farbe erhält. Die Laserübergänge finden in den Elektronenschalen der Cr^{3+}-Ionen statt.

Termschema

Das vereinfachte Termschema des Rubin-Lasers ist in Bild 8.1 gezeigt. Durch optisches Pumpen (meist mit Blitzlampen) werden Elektronen aus dem Grundniveau $^4A_2$ in die Bänder $^4T_2$ und $^4T_1$ gehoben. Das Absorptionsspektrum des Rubins für das Pumplicht ist in Bild 8.2 dargestellt. Die dort verwendeten Bezeichnungen der Energieterme entsprechen nicht den Bezeichnungen bei freien Atomen und Ionen, sondern stammen aus der Kristallfeldtheorie, die die Wirkung des elektrischen Feldes der umgebenden Wirtskristallatome auf die Cr^{3+}-Störstellen beschreibt.

Von den Absorptionsbändern gehen die Elektronen in weniger als 1 ns strahlungslos in das obere Laserniveau ^2E über. Dieses spaltet in das $\overline{E}$- und $2\overline{A}$-Niveau mit dem Abstand von $29\,\mathrm{cm}^{-1}$ auf. Zwischen beiden Niveaus findet ein schneller Energieaustausch statt (< 1 ns), so daß das Verhältnis der Besetzungszahlen nach der Boltzmann-Verteilung berechnet werden kann. Für Zimmertemperatur erhält man eine etwa gleich starke Besetzung beider Niveaus, da der Energieabstand klein ist. Beide Niveaus sind also stark gekoppelt, und die gemeinsame Lebensdauer des $\overline{E}$- und $2\overline{A}$-Niveaus beträgt 3 ms; die Niveaus werden als metastabil bezeichnet. Wegen dieser langen Lebensdauer ist es möglich, daß sich während eines kurzen Pumplichtpulses eine große Zahl von Elektronen im oberen Laserniveau sammeln, so daß es bei genügend intensiver Einstrahlung zur Überbesetzung gegenüber dem Grundniveau kommt. Die Fluoreszenz besteht aus der R_1- und R_2-Linie vom $\overline{E}$-

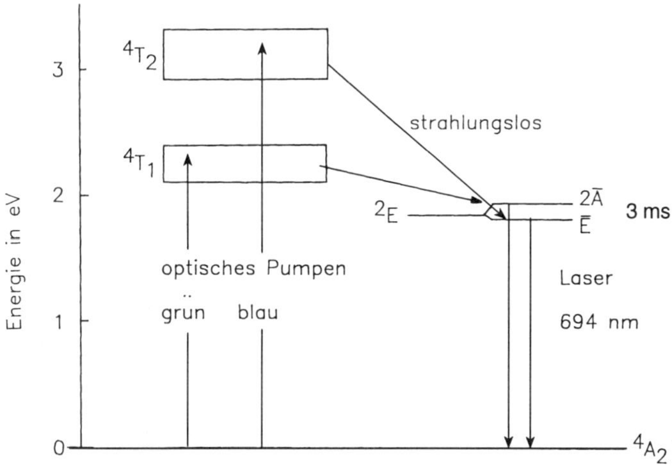

Bild 8.1. Energieniveaus und Übergänge des Rubinlasers

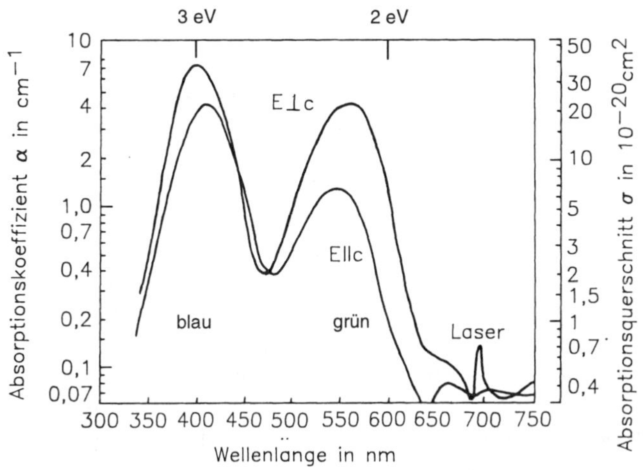

Bild 8.2. Absorptionsspektrum von Rubin (Cr^{3+}: Al_2O_3) bei Zimmertemperatur (*obere Kurve:* Elektrisches Feld des Lichtes senkrecht zur c-Achse, *untere Kurve:* parallel) (nach Kneubühl, Sigrist und Lange)

bzw. $2\bar{A}$-Niveau. Die R_1-Linie erreicht die Laserschwelle früher, so daß normalerweise nur diese anschwingt.

In Bild 8.2 ist dargestellt, daß die Absorption des Pumplichtes anisotrop ist, d.h. von der Richtung der Lichtfeldstärke E zur Kristallachse c abhängt. Das gleiche gilt für die Emissionswirkungsquerschnitte, so daß die Laseremission in derjenigen Richtung polarisiert ist, in welcher der Wirkungsquerschnitt für stimulierte Emission am größten ist.

Der Rubin-Laser ist ein Dreiniveau-System, was nachteilig ist, da etwa 50 % der Atome angeregt werden müssen, ehe es zu einer Überbesetzung und Lichtverstärkung kommt. Das verlangt eine hohe Pumpenergie zum Erreichen der Laserschwelle. Günstig ist die lange Lebensdauer von 3 ms des oberen Laserniveaus, so daß die Pumpleistung mäßig bleibt. Die hohe erforderliche Pumprate kann in der Praxis nur im Pulsbetrieb erreicht werden. Ein weiterer Nachteil des Dreiniveau-Systems liegt darin, daß Selbstabsorption insbesondere in schwach gepumpten Bereichen des Kristalls stattfindet.

Eine Alternative zum Rubinlaser könnte der Pr: YLF-Laser darstellen. Der mit Praseodym dotierte Yttrium-Lithium-Fluorid-Kristall hat mehrere Emissionslinien im roten Spektralbereich und ist ein 4-Niveaulaser, der bedeutend geringere Pumpenergie benötigt als der Rubinlaser. YLF-Kristalle sind mechanisch allerdings nicht so stabil wie Rubinkristalle, aber dennoch gut handhabbar.

Laseremission

Die Wellenlänge des Rubin-Lasers (R_1-Linie) beträgt 694,3 nm bei Zimmertemperatur. Die Linie ist homogen mit 300 GHz verbreitert. Für die Verbreiterung sind die Gitterschwingungen verantwortlich, welche die Resonanzfrequenz jedes Laseratomes mit sehr hoher Frequenz modulieren und dadurch verbreitern. Durch Abkühlen auf 77 K (flüssiger Stickstoff) wird die Wellenlänge auf 693,4 nm verschoben.

Im Rubin kann außerdem eine zweite Linie R_2 mit einer Wellenlänge von 692,9 nm angeregt werden, wenn die normalerweise auftretende R_1-Linie unterdrückt wird. Die R_2-Linie geht von dem Niveau $2\overline{A}$ aus, das sich etwas oberhalb des $\overline{E}$-Niveaus befindet. Da zwischen beiden Niveaus ein schneller Energieaustausch besteht, baut die R_1-Linie, die den größeren Verstärkungsfaktor besitzt, im Laserbetrieb die Überbesetzung ab.

Die maximale Pulsenergie eines Rubinkristalls kann aus der Cr-Konzentration von etwa $n = 1{,}6 \cdot 10^{19}\,\mathrm{cm}^{-3}$ und der Energie der Photonen von $hf = 2{,}86 \cdot 10^{-19}\,\mathrm{W\,s}$ abgeschätzt werden. Bei extrem starkem Pumpen wird der Grundzustand völlig entleert. Man erhält dann in den $2\overline{A}$- und $\overline{E}$-Niveaus eine gespeicherte Energiedichte im Kristall von $E = n \cdot hf = 4{,}5\,\mathrm{J/cm^3}$. Im Laserpuls kann man so eine maximale Energiedichte von

$$E_\mathrm{p} \approx nhf/2 = 2{,}3\,\mathrm{J/cm^3}$$

erhalten. Dabei ist vorausgesetzt, daß das obere Laserniveau während der Emission nicht mehr gepumpt wird.

Der Rubinlaser kann ebenso wie andere Festkörperlaser in folgenden Betriebsarten benutzt werden: Normalbetrieb, Q-Switch und Modenkopplung (Tabelle 8.1). Der kontinuierliche Betrieb (Leistung 1 mW) ist ohne praktische Bedeutung. Im Normalbetrieb erfolgt die Emission eines Rubin-Lasers während eines Pumppulses (etwa 1 ms) nicht kontinuierlich, sondern mit starken statistischen Intensitätsschwankungen oder Spikes (Bild 8.3). In Sonderfällen werden auch regelmäßige Relaxationsschwingungen beobachtet. Das Auftreten der Spikes kann als Einschwingen des Lasers gedeutet werden, der nach dem Einschalten des Pumplichtes seine stationäre Intensität erst erreicht, nachdem die Intensität mehrmals über den stationären Endwert übergeschwungen ist. Das Auftreten von Spikes kann sich bei Problemen der Materialbearbeitung günstig auswirken.

Tabelle 8.1. Verschiedene Betriebsarten des Rubinlasers ($\lambda = 694{,}3\,\mathrm{nm}$)

Betriebsart	Pulsdauer	Pulsleistung	Pulsenergie
Normalpuls	0,5 ms	100 kW	50 J
Q-Switch	10 ns	100 MW	1 J
Modenkopplung	20 ps	einige GW	0,1 J

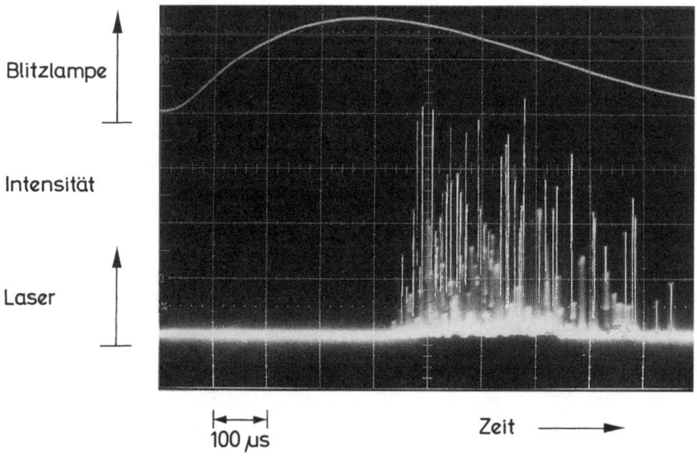

Bild 8.3. Normale Emissionspulse (Spikes) beim Rubinlaser (*untere Kurve*) und Puls der Blitzlampe (*obere Kurve*)

Um definierte Strahleigenschaften bei hoher Energie zu erzielen, werden Oszillator-Verstärkersysteme benutzt. Im Oszillator können die Strahldivergenz, die Intensitätsverteilung im Strahl (bevorzugt TEM_{00}-Mode), die Linienbreite und das zeitliche Emissionsverhalten einfacher kontrolliert werden, da nicht gleichzeitig eine hohe Ausgangsenergie notwendig ist. Diese wird mit einer oder mehreren Verstärkerstufen erzielt. Der maximal mögliche Verstärkungskoeffizient liegt bei $g = 0{,}2\,\mathrm{cm}^{-1}$. Mit einem 20 cm langen Stab ist damit eine Verstärkung von $G = \mathrm{e}^4 \approx 50$ möglich, was auch praktisch realisiert werden kann. Dabei ist zu beachten, daß sich diese Verstärkungswerte nur auf kleine Eingangsintensitäten beziehen.

Aufbau

Kommerzielle Rubinstäbe werden bis zu einer Länge von 30 cm mit Durchmessern bis zu 2,5 cm hergestellt. Die optimale Dotierung liegt bei 0,05 % Gewichtsanteilen Cr_2O_3, das entspricht einer Cr^{3+}-Konzentration von $n = 1{,}58 \cdot 10^{19}\,\mathrm{cm}^{-3}$. Um die Laserschwelle zu erreichen, ist eine minimale Pumpenergie $E_s \approx 0{,}5 \cdot n \cdot h \cdot f_p \simeq 3{,}2\,\mathrm{J\,cm}^{-3}$ erforderlich, wobei $hf_p = 4 \cdot 10^{-19}\,\mathrm{J}$ die Energie eines Pumpphotons bedeutet. Wegen Verlusten bei der Umwandlung von elektrischer in Lichtenergie und bei der Einkopplung der Lichtenergie in den Laserstab sind die elektrischen Schwellpumpenergiedichten mit etwa $100\,\mathrm{J/cm}^3$ wesentlich höher. Bei Pumpenergiedichten von 200 bis $800\,\mathrm{J/cm}^3$ werden Ausgangsenergiedichten von $E_{\mathrm{aus}} = 2$ bis $4\,\mathrm{J/cm}^3$ mit Wirkungsgraden bis zu 1 % erreicht.

Die Pumpquelle muß dem Absorptionsspektrum (Bild 8.2) angepaßt sein. Durch das Pumpen wird der Laserstab erwärmt, so daß Linsen-Effekte im Stab auftreten können. Die Pulsfrequenz ist daher auf wenige Hz beschränkt. Der technische Aufbau ist ähnlich wie beim Neodymlaser, worauf im nächsten Abschnitt eingegangen wird.

Eine wichtige Anwendung des Rubinlasers liegt in der Holographie. Für diesen Einsatz muß die Zahl der longitudinalen Moden innerhalb der Linienbreite erheblich verringert werden, um eine Kohärenzlänge von einigen Metern zu erzielen. Durch den Einbau von frequenzselektiven Elementen kann die Linienbreite von 300 GHz auf z. B. 30 MHz verringert werden. Es werden Laser-Verstärker-Systeme mit Energien zwischen 1 und 10 J eingesetzt.

8.2 Neodym-YAG-Laser, GSSG, YLF, YALO

Der wichtigste Festkörperlaser ist der Neodymlaser, bei welchem die Strahlung von Nd^{3+}-Ionen erzeugt wird. Das Nd^{3+}-Ion kann in verschiedene Wirtsmaterialien eingebaut werden, wobei für Laserzwecke am häufigsten YAG-Kristalle (Yttrium-Aluminium-Granat – $Y_3Al_5O_{12}$) und verschiedene Gläser verwendet werden. Der YAG-Kristall weist eine hohe Verstärkung und geeignete mechanische und thermische Eigenschaften auf, so daß er für zahlreiche kontinuierliche und gepulste Laser eingesetzt wird.

Der Nd: YAG-Laser ist einer der wichtigsten Lasertypen für Wissenschaft und Technik speziell für Anwendungen in der Meßtechnik, Materialbearbeitung, Medizin, Spektroskopie und Holographie.

Ein anderer gelegentlich verwendeter Kristall ist Nd: Cr: GSGG, bei welchem die Absorptionsbänder gut der Emission der Blitzlampen angepaßt sind, so daß sich ein hoher Wirkungsgrad ergibt. Nachteilig sind starke thermische Linseneffekte, die durch Erwärmung beim optischen Pumpen auftreten.

Für spezielle Anwendungen, z. B. als modengekoppelter Oszillator für große Glas-Laser zur Plasmaforschung, wird Nd: YLF eingesetzt.

Nd:Glaslaser weisen eine hohe Bandbreite auf, die zur Erzeugung kurzer Pulse von Bedeutung ist. Die Gläser können in großen Volumina gefertigt und als Hochenergie-Verstärker eingesetzt werden. Dauerstrichbetrieb von Nd:Glaslasern ist wegen der kleinen Verstärkung nicht möglich.

Nd: YAG-Termschema

Gegenwärtig wird für Neodymlaser am häufigsten der Nd: YAG-Kristall eingesetzt. Reiner YAG ($Y_3Al_5O_{12}$) ist ein farbloser, optisch isotroper Granat mit kubischer Struktur. Durch Dotierung in der Schmelze mit Nd_2O_3 werden etwa 1 % der Y^{3+}-Ionen durch Nd^{3+} ersetzt, wobei sich eine Nd^{3+}-Dichte von $n = 1{,}4 \cdot 10^{20}\,\mathrm{cm}^{-3}$ ergibt. Der Radius beider Seltener Erden ist um 3 % verschieden, so daß bei zu starker Dotierung Spannungen entstehen können.

Die elektronische Konfiguration $\{\mathrm{Kr}\}\, 4d^{10}\, 4f^3\, 5s^2\, 5p^6$ des Nd^{3+}-Ions zeichnet sich dadurch aus, daß die $4f$-Unterschale nur teilweise gefüllt ist. Bei freien Ionen ergibt sich zu dieser Konfiguration eine Reihe verschiedener Energiezustände, die nach dem LS-Kopplungsschema bezeichnet werden (z. B. $^4F_{3/2}$, $^4I_{11/2}$). Die zusätzliche Wirkung des Kristallfeldes ist schwach verglichen mit dem System $Cr^{3+}: Al_2O_3$, da die $4f$-Schale durch die $5s$- und $5p$-Elektronen abgeschirmt ist. Die Energiezustände der Ionen im Kristall entsprechen daher weitgehend denen der freien Ionen, wobei durch das elektrische Kristallfeld eine zusätzliche Aufspaltung stattfindet.

Das vereinfachte Termschema des Nd: YAG-Lasers zeigt Bild 8.4a. Nahezu alle kommerziellen Laser strahlen mit der intensivsten Linie bei 1,064 µm zwischen den $^4F_{3/2}$- und $^4I_{11/2}$-Niveaus. Weitere Laserlinien sind in der ausführlicheren Darstellung von Bild 8.4b und Tabelle 8.2 zu entnehmen.

Die Anregung erfolgt durch optisches Pumpen in breite Energiebänder und strahlungslose Übergänge in das obere Laserniveau. Die dabei freiwerdende Energie wird als Wärme an den Kristall abgegeben. Bild 8.5 zeigt die Fluoreszenzintensität bei 1,06 µm als Funktion der Anregungswellenlänge. Man erkennt deutlich die verschiedenen Pumpbänder, von welchen die Energie strahlungslos auf das obere Laserniveau übertragen wird.

Das $^4F_{3/2}$-Niveau hat eine Lebensdauer von etwa 230 µs. Dieser große Wert erklärt sich dadurch, daß im freien Ion elektrische Dipolübergänge innerhalb einer Konfiguration wegen der Paritätsauswahlregel nicht stattfinden. Durch die Kristallfeldstörung wird die für das freie Ion gültige Auswahlregel aufgehoben. Die Zeit für den strahlungslosen Übergang vom unteren Laserniveau $^4I_{11/2}$ in den Grundzustand beträgt etwa 30 ns. Das untere Laserniveau liegt 0,24 eV über dem Grundniveau, es ist daher bei Zimmertemperatur praktisch nicht besetzt.

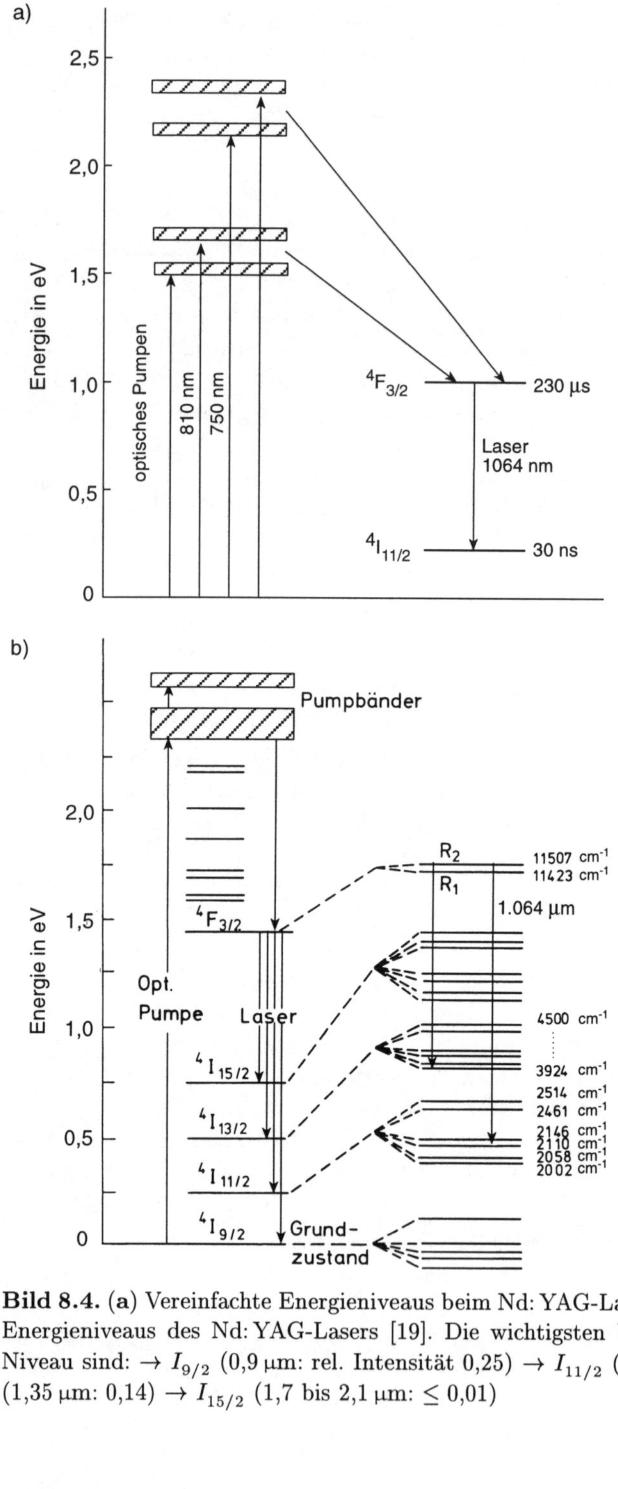

Bild 8.4. (**a**) Vereinfachte Energieniveaus beim Nd: YAG-Laser. (**b**) Ausführlichere Energieniveaus des Nd: YAG-Lasers [19]. Die wichtigsten Übergänge vom $^4F_{3/2}$-Niveau sind: $\rightarrow I_{9/2}$ (0,9 µm: rel. Intensität 0,25) $\rightarrow I_{11/2}$ (1,06 µm: 0,60) $\rightarrow I_{13/2}$ (1,35 µm: 0,14) $\rightarrow I_{15/2}$ (1,7 bis 2,1 µm: $\leq$ 0,01)

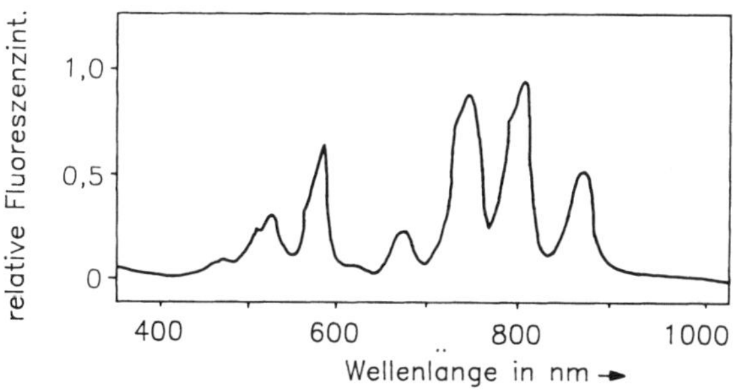

Bild 8.5. Intensität der Fluoreszenz von Nd: YAG bei 1,06 μm als Funktion der Wellenlänge des Pumplichts

Laseremission

Der Nd-Laser ist ein Vierniveau-System mit dem Vorteil einer vergleichsweise geringen Laserschwelle. Die Laserlinien im YAG werden durch thermische Gitterschwingungen homogen verbreitert. Die Linienbreite ist bei Zimmertemperatur mit etwa 100 GHz für Festkörper relativ gering. Dies ist eine Voraussetzung für hohe Verstärkung bei relativ geringer Pumpleistung. Damit bietet sich der Nd: YAG-Kristall als aktives Medium für cw-Hochleistungslaser an.

Unter üblichen Betriebstemperaturen emittiert der Nd:YAG-Laser nur die stärkste ${}^4F_{3/2} \rightarrow {}^4I_{11/2}$-Linie mit einer Wellenlänge von 1,0641 μm. Durch Verwendung frequenzselektiver Elemente im Resonator, wie Etalon, Prisma, selektive Spiegel, können auch zahlreiche andere Linien angeregt werden. Tabelle 8.2 zeigt die relative Intensität verschiedener Laserübergänge eines speziellen cw-Lasers. Bei Kühlung des Laserkristalls dominiert die 1,061 μm-Linie. Zusätzlich können bei tiefen Temperaturen weitere Übergänge erzeugt werden, insbesondere bei 0,946 μm und 1,839 μm. Kommerzielle Laser strahlen bei 1,064 μm und seltener um 1,3 μm.

Handelsübliche YAG-Laserstäbe haben eine Länge bis zu 150 mm und einen Durchmesser bis 10 mm. Der YAG-Kristall wird mit etwa 0,7 % Gewichtsanteil Nd dotiert. Das entspricht einer Nd^{3+}-Ionenkonzentration von $1{,}4 \cdot 10^{20}\,\mathrm{cm}^{-3}$. Im kommerziellen Betrieb kann beispielsweise mit einem 75 mm langen YAG-Laserstab mit 6 mm Durchmesser eine Ausgangsleistung von etwa 300 W bei einem Wirkungsgrad bis zu 4,5 % erreicht werden. Die Laserschwelle liegt bei etwa 2 kW elektrischer Pumplampen-Leistung (Kr-Bogenlampe). Kontinuierlich gepumpte YAG-Laser werden auch mit periodischer Güteschaltung betrieben, wodurch sich Impulse mit einer Dauer von einigen 100 ns, Spitzenleistungen von einigen 100 kW und Pulsfolgefrequenzen von einigen kHz ergeben. Noch kürzere Impulse bis zu etwa 100 ps lassen sich durch aktive Modenkopplung erzielen (Tabelle 8.3).

Nd-Laser sind Vierniveausysteme. Im Vergleich zum Rubinlaser ergeben sich daher geringere Pumpenergien und höhere Wirkungsgrade von einigen Prozenten. Die geringen Pumpenergien erlauben höhere Pulsfolgefrequenzen im Bereich von 10 bis 100 Hz. In Bild 8.6 ist die Ausgangsenergie als Funktion

Tabelle 8.2. Die wichtigsten cw-Linien des Nd: YAG-Lasers bei Zimmertemperatur (X entspricht der $^4I_{13/2}$ und Y der $^4I_{11/2}$ Mannigfaltigkeit in Bild 8.4. Die Indizes numerieren die Unterniveaus von unten nach oben durch.) (nach Koechner)

Wellenlänge (μm)	Übergang	Relative Intensität
1,0520	$R_2 \to Y_1$	46
1,0615	$R_1 \to Y_1$	92
1,0641	$R_2 \to Y_3$	100
1,0646	$R_1 \to Y_2$	≈50
1,0738	$R_1 \to Y_3$	65
1,0780	$R_1 \to Y_4$	34
1,1054	$R_2 \to Y_5$	9
1,1121	$R_2 \to Y_6$	49
1,1159	$R_1 \to Y_5$	46
1,1227	$R_1 \to Y_6$	40
1,3188	$R_2 \to X_1$	34
1,3200	$R_2 \to X_2$	9
1,3338	$R_1 \to X_1$	13
1,3350	$R_1 \to X_2$	15
1,3382	$R_2 \to X_3$	24
1,3410	$R_2 \to X_4$	9
1,3564	$R_1 \to X_4$	14
1,4140	$R_2 \to X_6$	1

Tabelle 8.3. Verschiedene Betriebsarten des Nd: YAG Lasers ($\lambda = 1{,}06$ μm)

Anregung	Betriebsart	Pulsfrequenz	Pulsdauer	Leistung
cw	cw	–	–	W...kW
cw	Q-switch	0...100 kHz	0,1...0,7 μs	100 kW
cw	Cavity dumping	0...5 MHz	10...50 ns	
cw	Modenkopplung	100 MHz	3...100 ps	
Puls	Normalpuls	bis 200 Hz	0,1 ...10 ms	10 kW
Puls	Q-switch	bis 200 Hz	3...30 ns	10 MW
Puls	Cavity dumping	bis 200 Hz	1...3 ns	10 MW
Puls	Modenkopplung	bis 200 Hz	30 ps	einige GW

der elektrischen Pumpenergie an der Blitzlampe für einen kleinen YAG-Laser (Kristall 50 mm lang, 6 mm Durchmesser) dargestellt. Die Ausgangsenergie ist stark von der Betriebsart abhängig. Ein Vergleich der Emissionseigenschaften für den Betrieb mit Normalpuls, Q-Switch, Cavity dumping und Modenkopplung ist in Tabelle 8.3 gezeigt. Im Normalbetrieb treten wie beim Rubinlaser statistische Relaxationsschwingungen (Spikes) auf (Bild 8.3). Die

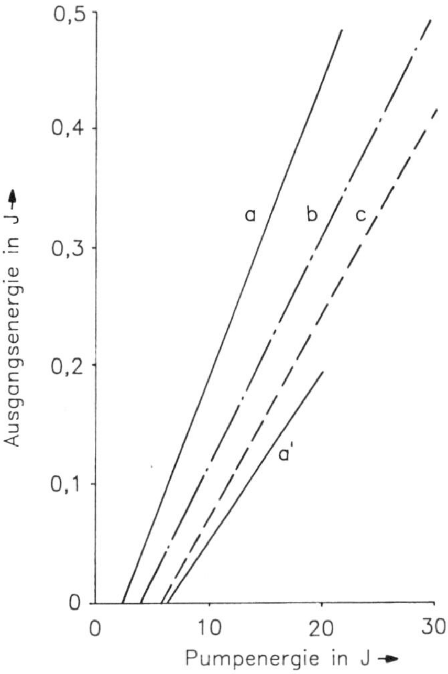

Bild 8.6. Energie eines Nd: YAG-Lasers mit Kristalldurchmesser 6 mm, Länge 50 mm, Pumppuls 100 μs, Grundmode: *a, b, c* Normalbetrieb mit verschiedenen Pumpanordnungen; *a′* Betrieb mit Pockelszelle als Güteschalter, Laserpuls 10 ns

Strahlqualität nimmt mit steigender Pumpleistung ab. Daher werden zur Verbesserung der Emissionseigenschaften, wie beim Rubinlaser, Oszillator-Verstärker-Kombinationen verwendet. Eine im oberen Laserniveau gespeicherte Pumpenergiedichte von $1\,\mathrm{J/cm^3}$ ergibt eine differentielle Verstärkung für kleine Signale von $g = 4{,}7\,\mathrm{cm^{-1}}$. Derartig hohe Kleinsignalverstärkungen können nachteilig sein, da ein Laserverstärker damit leicht in einen nicht erwünschten Oszillatorbetrieb übergehen kann.

Nd: Cr: GSGG-Laser

Neben dem YAG-Laser gibt es für Neodym noch eine Vielzahl anderer kristalliner Wirtsmaterialien. Im Fall von Nd: Cr: $Gd_3Sc_2Ga_3O_{12}$ (GSGG) werden die breiten Absorptionsbanden des Chrom (Cr^{3+}) im Sichtbaren für den Pumpprozeß ausgenutzt (vgl. Bild 8.2). Der eigentliche Laserprozeß läuft im Neodym (Nd^{3+}) ab. Nach der Anregung findet ein effektiver Energietransfer von nahezu 100 % von Cr^{3+} auf das obere Laserniveau des Nd^{3+} statt. Dies führt zu einer Steigerung des Wirkungsgrades auf 5 %. Die stärkste Wellenlänge liegt wie beim YAG-Laser bei 1,06 μm.

Nachteilig ist, daß starke thermische Linseneffekte auftreten, weil die Wärmeleitfähigkeit und Wärmekapazität etwas kleiner sind als beim YAG-Kristall, während die anderen Materialeigenschaften ähnlich sind. Die

Verstärkung ist etwas geringer und die Sättigung etwas höher. Wegen des hohen Wirkungsgrades stellt somit das Material Nd: Cr: GSGG einen interessanten Laserkristall für blitzlampengepumpte Laser kleiner mittlerer Leistung dar.

Nd: YLF

Im Unterschied zu den Nd: YAG-Lasern liefert der Nd: $LiYF_4$-Laser eine Linie bei 1,053 μm. Es handelt sich um einen $^4F_{3/2} \rightarrow {}^4I_{11/2}$ Übergang (Bild 8.4). Durch Drehen eines Polarisators im Resonator kann die starke 1,047 μm-Linie eingestellt werden. Beide Linien sind senkrecht zueinander polarisiert. Die 1,053 μm-Strahlung wird durch Neodym-Phosphatgläser verstärkt, so daß derartige Kombinationen aus Oszillator und Verstärker eingesetzt werden. Der Nd: YLF-Laser kann auch bei 1,313 und 1,321 μm betrieben werden. Es treten dabei wieder zwei Polarisationsrichtungen auf, die durch $^4F_{3/2} \rightarrow {}^4I_{13/2}$-Übergänge entstehen (Bild 8.4).

Der Wirkungsquerschnitt für stimulierte Emission und die Verstärkung von Nd: YLF sind etwa um einen Faktor zwei kleiner als beim Nd: YAG. Weitere Unterschiede sind geringe Linsenwirkung und Depolarisation durch Erwärmung. Bei kontinuierlich gepumpten modengekoppelten Lasern liefert Nd: YLF etwa 50 ps lange Impulse, halb so lang wie bei Nd: YAG.

Polarisationserhaltende Kristalle

Ein gravierender Nachteil von Nd: YAG-Kristallen ist eine starke, über den Querschnitt variierende Doppelbrechung, die als Folge der Erwärmung durch optisches Pumpen entsteht. Durch die Doppelbrechung wird die Laserstrahlung depolarisiert und die Strahlqualität besonders bei Hochleistungslasern stark herabgesetzt. Dies läßt sich durch Einsatz polarisationserhaltender Kristalle wie Nd: YLF oder Nd: YALO vermeiden. Letztere werden zahlreich in Rußland produziert, sind jedoch sonst nicht sehr gebräuchlich, da der Herstellungsprozeß für Kristalle optisch hoher Qualität aufwendiger ist als bei Nd: YAG. Weiterhin ist die thermische Linsenwirkung etwa um einen Faktor zwei größer als in Nd: YAG. Nd: YLF ist in dieser Beziehung günstiger, ist aber relativ teuer und wird nur in kleinen Abmessungen hergestellt.

Konstruktion

Die Anregung der Nd-Laser erfolgt durch optisches Pumpen. Eine Gasentladungslampe wird in einer Pumpkammer parallel zum Laserstab gelegt. Die Pumpkammer ist mit einer hoch reflektierenden Schicht ausgekleidet, so daß das Pumplicht möglichst effektiv in das Lasermaterial gestrahlt wird (Bild 8.7). Oft werden zur homogenen Ausleuchtung des Laserstabes auch Pumpkammern mit diffus reflektierenden Oberflächen eingesetzt. Die

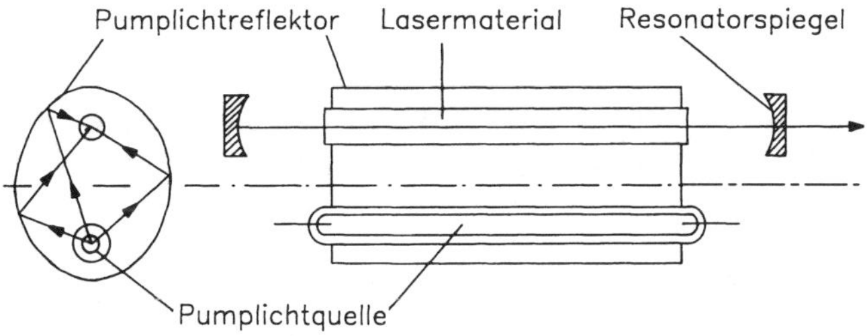

Bild 8.7. Anordnung zum optischen Pumpen von Festkörperlasern mit einer Gasentladungslampe

durch das Pumpen im Kristall erzeugte Wärme wird meist durch eine Wasserkühlung abgeführt. Für gepulste Nd: YAG-Laser werden Xe-Blitzlampen (0,6 bis 2 bar) verwendet, während im kontinuierlichen Betrieb Hochdruck-Kr-Lampen (4 bis 6 bar) eingesetzt werden. In doppel-elliptischen Anordnungen werden auch zwei Lampen eingebaut. Das Spektrum der Pumpquelle muß dem Anregungsspektrum nach Bild 8.5 möglichst entsprechen. Bei Xe-Blitzlampen ist dieses nur unbefriedigend der Fall (Bild 8.8). Eine bessere Anpassung und ein höherer Wirkungsgrad wird beim Pumpen mit GaAs-Diodenlasern erreicht, welche zwischen 805 und 809 nm emittieren.

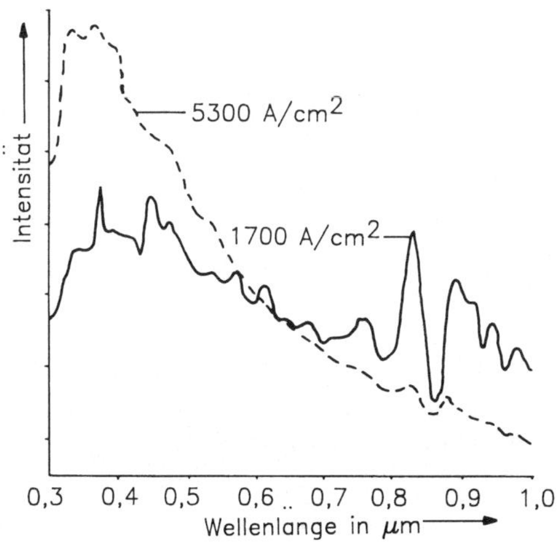

Bild 8.8. Emission einer Xe-Blitzlampe (0,4 bar) bei verschiedenen Stromdichten

8.3 Glaslaser

Anstelle von Kristallen können auch Gläser, z. B. Silikat- oder Phosphatglas, mit Neodym- oder anderer Dotierung als Lasermedien eingesetzt werden. Die Gläser werden teilweise höher dotiert als Kristalle und mit größeren Abmessungen hergestellt. Damit können Pulse mit hohen Energien und Leistungen erzielt werden. Die Pulsfolgefrequenz ist allerdings kleiner als bei kristallinen Lasern, und kontinuierlicher Betrieb ist schwieriger zu erreichen, da die Wärmeleitfähigkeit geringer ist. Die Linienbreite ist wegen der amorphen Struktur des Glases etwa 50 mal größer als bei Kristallen, wodurch kürzere Pulse entstehen können, da bei Modenkopplung die Pulsbreite durch die reziproke Linienbreite begrenzt ist.

Dotierte Gläser lassen sich als dünne Glasfasern ausziehen, mit denen diodengepumpte Faserlaser aufgebaut werden. So lassen sich z. B. Nd-Faserlaser realisieren, die kontinuierliche Ausgangsleistungen bis zu 50 Watt mit beugungsbegrenzter Strahlung emittieren. Unter Ausnutzung von upconversion-Prozessen lassen sich in Fasern auch sichtbare Laserlinien erzeugen bei Pumpen mit Nahinfrarot-Dioden. Zum Beispiel emittieren Thulium-dotierte Fluoridglasfasern blaues Laserlicht und mit Nd-Dotierung sogar ultraviolettes.

Nd:Glaslaser

Der Nd:Glas-Laser ist genau wie der Nd: YAG ein Vierniveau-System. Im Vergleich zum Kristall ist beim Glas die Umgebung der Nd^{3+}-Ionen ungleichmäßig und wenig geometrisch geordnet, so daß eine beträchtliche Verbreiterung der Niveaus und Linien auftritt. Der Laserübergang geht im Gegensatz zum YAG vom niedrigsten $^4F_{3/2}$-Niveau aus (Bild 8.4). Das untere Laserniveau in einem der $^4I_{11/2}$-Zustände ist etwas verschoben, so daß die Laserstrahlung bei Silikatgläsern ebenfalls bei einer Wellenlänge von 1,06 μm liegt. Sie ist schwach (±0,01 μm) von der Glasart abhängig. Die Linienbreite ist mit etwa $6 \cdot 10^{12}$ Hz relativ groß. Mit Silikatgläsern läßt sich die Strahlung von Nd: YAG-Oszillatoren verstärken. Phosphatgläser weisen einen höheren Wirkungsquerschnitt für stimulierte Emission bei einer Wellenlänge von 1,054 μm auf.

Wegen der großen Linienbreite ist die Verstärkung im Nd:Glas wesentlich geringer als in Nd: YAG. Bei einer im oberen Laserniveau gespeicherten Energiedichte von 1 J/cm^3 ergibt sich ein Verstärkungskoeffizient von 0,16 cm^{-1}. Damit ist es möglich, eine sehr hohe Energie zu speichern, bevor die Laserschwelle erreicht wird. Mit einem Nd:Glas-Laser mit Verstärker wurde z. B. eine Laserleistung von 27 TW in 90 ps erzeugt.

Obwohl die Verstärkung von Nd:Glas kleiner ist als beim YAG, eignet es sich aufgrund der einfacheren Herstellung für den Einsatz in Laserverstärkern mit großem aktiven Volumen. Nd:Glas-Stäbe werden bis zu Längen von 2 m und bis zu 10 cm Durchmesser angefertigt. In Laserverstärkern zur Untersuchung der Kernfusion werden Nd:Glas-Scheiben mit Durchmessern von über 50 cm verwendet. Die Dotierungen liegen meistens bei 3 % Nd-Gewichtsanteil, jedoch sind auch höhere Dotierungen möglich. Gläser haben kleine Wärmeleitungskoeffizienten ($\sim$ 0,01 W $cm^{-1}K^{-1}$). Wegen der dadurch entstehenden Kühlprobleme sind Nd:Glas-Stäbe für Laserbetrieb mit hoher mittlerer Pumpleistung, also für kontinuierlichen Betrieb oder Betrieb mit großer Wiederholrate, nicht geeignet.

Kommerzielle Glaslaser haben Pulsfolgefrequenzen, die meist unterhalb von 1 Hz liegen. Als Beispiel für ein kommerzielles Gerät sollen Betriebsdaten für einen Laser mit einem 15 cm langen Glasstab mit 1,2 cm Durchmesser angegeben werden. Der optische Resonator wird von zwei Spiegeln im Abstand von 70 cm gebildet. Als Auskoppelspiegel wird ein Planspiegel mit einer Reflexion von etwa 45 % verwendet. Der andere hochreflektierende Spiegel hat einen Krümmungsradius von etwa 10 m. Als Schwellpumpenergie mit einer Wendel-Blitzlampe ergibt sich etwa 1 kJ. Bei 5 kJ Pumpenergie werden etwa 70 J Laserenergie emittiert. Die Strahldivergenz beträgt dabei 0,01 rad.

Vergleich von Lasermaterialien

In Tabelle 8.4 werden wichtige physikalische Parameter für Rubin, Nd: YAG und Nd:Glas verglichen. Für den Dauerstrichbetrieb eignet sich nur der Nd: YAG-Kristall. In Rubin und Nd:Glas kann mehr Energie gespeichert werden, was zu intensiven Pulsen führt. Die große Linienbreite des Nd:Glases führt bei Modenkopplung zu besonders kurzen Pulsen unterhalb 1 ps, während mit Nd: YAG-Lasern nur etwa 10 Pikosekunden erreicht werden.

Tabelle 8.4. Vergleich von Materialparametern für Rubin, Nd: YAG und Nd:Glas (nach Koechner)

		$Cr^{3+}: Al_2O_3$	Nd: YAG	Nd:Glas
Wellenlänge	(nm)	694,3	1064,1	1062,3
Photonenenergie	(10^{-19} J)	2,86	1,86	1,86
Brechungsindex		1,763 o. 1,755 a. o.	1,82	1,51 ... 1,55
Stimulierte Emission σ	(cm^2)	$2{,}5 \cdot 10^{-20}$	$5 \cdot 10^{-19}$	$3 \cdot 10^{-20}$
Spontane Lebensdauer	(µs)	3000	240	300
Dotierung	(cm^{-3})	$1{,}6 \cdot 10^{19}$	$1{,}4 \cdot 10^{20}$	$2{,}8 \cdot 10^{20}$
Dotierung	(Gew. %)	0,05	0,75	3,1
Fluoreszenz-Linienbreite	(cm^{-1})	11	6,5	300
Wärmeleitfähigkeit (300 K)	(W m^{-1} K^{-1})	42	14	1,2
Ausdehnungskoeff.	(10^{-6} K)	5,8	8	7 ... 11
Inversion bei $g = 0{,}01\,cm^{-1}$	(cm^{-3})	$8{,}4 \cdot 10^{18}$	$1{,}1 \cdot 10^{16}$	$3{,}3 \cdot 10^{17}$
Energie bei $g = 0{,}01\,cm^{-1}$	(J cm^{-3})	2,3	$2{,}0 \cdot 10^{-3}$	$6{,}0 \cdot 10^{-2}$
g bei 1 J	(cm^{-1})	0,087	4,73	0,16

8.4 Erbium- und Holmiumlaser

Experimentell wurde Lasertätigkeit in über 100 Linien von Er- und Ho-Ionen in verschiedenen Kristallen und Gläsern festgestellt. Neben dem Rubin- und Neodymlaser werden auch Erbiumlaser mit Wellenlängen um 1,5 µm und knapp 3 µm und Holmiumlaser um 2 µm kommerziell hergestellt.

Erbiumlaser

Bezüglich Wirkungsgrad und Ausgangsenergie zeichnet sich der Erbiumlaser nicht besonders aus. Er wird jedoch eingesetzt, da er die Wellenlängen von 2,7 bis 2,9 µm und 1,54 µm zur Verfügung stellt.

Beim kristallinen Er-Laser werden als Wirtskristalle meist YAG, $YAlO_3$, YSGG oder YLF (= $YLiF_4$) eingesetzt. Die Dotierung ist relativ hoch. Bei Er: YAG-Kristallen werden um 50 % der Y-Atome durch Er ersetzt. Das Termschema der Er^{3+}-Ionen ist in diesen Fällen ähnlich, wobei Verschiebungen der Linien vorkommen (Bild 8.9). Von besonderer Bedeutung sind die Wellenlängen um 2,9 µm. Diese Strahlung wird außergewöhnlich stark von Wasser absorbiert ($\alpha = 10^4\,\text{cm}^{-1}$), so daß damit in der Medizin Gewebe präzise abgetragen werden kann.

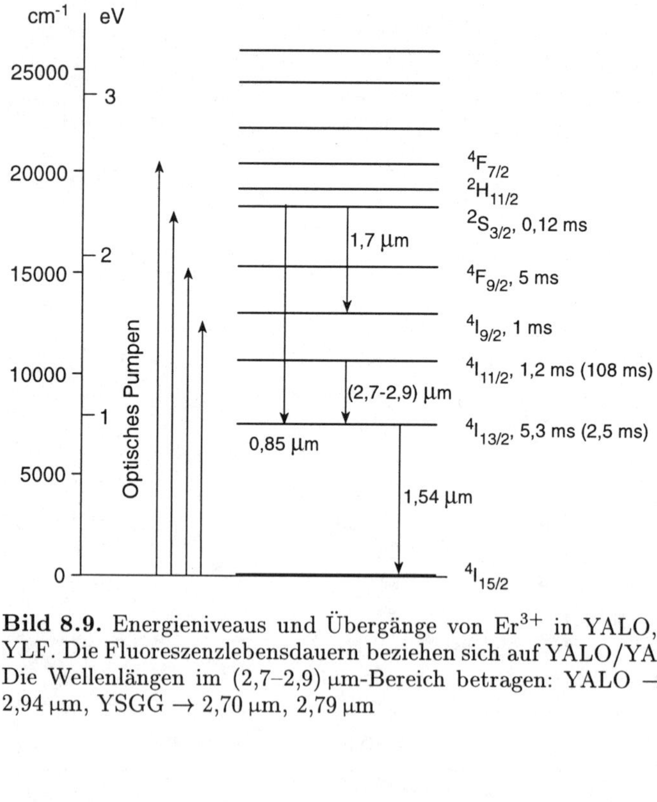

Bild 8.9. Energieniveaus und Übergänge von Er^{3+} in YALO, YAG, YSGG oder YLF. Die Fluoreszenzlebensdauern beziehen sich auf YALO/YAG (nach Koechner). Die Wellenlängen im (2,7–2,9) µm-Bereich betragen: YALO → 2,73 µm, YAG → 2,94 µm, YSGG → 2,70 µm, 2,79 µm

Der 3 µm-Er-Laser (tatsächliche Wellenlänge von 2,7 bis 2,9 µm) wird wie die anderen Festkörperlaser mit Blitzlampen oder Laserdioden gepumpt. Die absorbierenden Niveaus ($^4I_{9/2}$ und höhere) sind stets aufgespalten, so daß jeweils Wellenlängenbänder von etwa 5 nm Breite zur Anregung beitragen. Aus dem Termschema nach Bild 8.9 ist ersichtlich, daß das untere Laserniveau eine längere Lebensdauer (5 ms) hat als das obere. Deshalb müssen die Pumppulse schnelle Anstiegszeiten aufweisen. Vor dem nächsten Puls muß die Entleerung des unteren Laserniveaus abgewartet werden. Die Übertragung der Pumpenergie auf die verschiedenen Niveaus von Erbium ist ein komplizierter Vorgang. Neben dem einfachen spontanen Zerfall der oberen Zustände treten auch Energieaustauschprozesse zwischen benachbarten Er-Ionen auf. Beipielsweise wird das untere 2,9 µm-Laserniveau entleert, indem die freiwerdende Energie für eine $^4I_{13/2} \rightarrow {^4I_{9/2}}$-Anregung eines anderen Ions benutzt wird (up-conversion). An dem Vorgang, der zur Besetzung des oberen Laserniveaus führt ($^4I_{9/2} \rightarrow {^4I_{11/2}}$), sind zahlreiche Phononen beteiligt.

Typische Pulsenergien eines 3 µm-Er-Lasers liegen bei 10 bis 100 mJ. Zur Erzielung höherer Energien werden Laser-Verstärker eingesetzt. Da Er: YAG eine nur kleine Verstärkung aufweist, werden für Laser-Verstärkung $YAlO_4$ oder YSGG eingesetzt ($g_0 \approx 0{,}15\,\mathrm{cm}^{-1}$). Mit 8 cm langen Kristallen können somit Verstärkungsfaktoren von über 3 erreicht werden.

Q-Switch bei 3 µm ist möglich. Neben elektrooptischen Schaltern werden piezoelektrische Bauelemente eingesetzt, die auf dem Prinzip der gestörten Totalreflexion beruhen. Man bezeichnet sie als FTIR-Modulatoren (FTIR = frustrated total internal reflection).

Bild 8.9 zeigt, daß weitere Laserlinien erzeugt werden können. Die stärkste Linie um 0,85 µm hat wenig Bedeutung, da sie im Bereich des Alexandrit-Lasers liegt.

Erbium kann auch in Gläser eingebracht werden, die dann Lasertätigkeit bei 1,54 µm zeigen. Der Übergang findet zwischen dem tiefsten Niveau von $^4I_{13/2}$ und dem Grundzustand $^4I_{15/2}$ statt. Es handelt sich also um einen Dreiniveau-Laser. Es werden Silikat- und Phosphatgläser eingesetzt, die mit Ytterbium (Yb^{3+}) sensibilisiert werden. Yb^{3+} hat starke Absorptionsbanden für das Pumplicht um 1 µm und überträgt die Energie effektiv auf die Er-Ionen. Anwendungen von 1,54 µm-Laser sind augensichere Entfernungsmesser. Die Strahlung wird an der Oberfläche des Auges absorbiert, was gegenüber Strahlung, die durch die Augenlinse auf die Netzhaut fokussiert wird, weniger schädlich ist (Faktor $5 \cdot 10^5$).

Er-dotierte Glasfasern werden als Laserverstärker für 1,55 µm Wellenlänge in der Telekommunikation genutzt.

Holmiumlaser

Ho-Laser sind wichtige Strahlungsquellen im sogenannten augensicheren Bereich um 2 µm. Die Strahlung durchdringt die Atmosphäre, wird aber nicht vom Auge auf die Netzhaut fokussiert, sondern in der Hornhaut mit einer Eindringtiefe von etwa 0,1 mm absorbiert. Anwendungen finden sich beispielsweise in der Entfernungsmessung und Medizin, speziell in der Hornhaut- und Gelenkchirurgie.

Holmium kann in die gleichen Wirtskristalle wie beim Erbiumlaser eingebaut werden. Die wichtigste Linie liegt bei 2,1 µm; es handelt sich um den $^5I_7 \rightarrow {}^5I_8$-Übergang, wobei die Lasertätigkeit im Grundzustand endet (Bild 8.11). Daher arbeitet der Laser, ebenso wie der Rubinlaser, bei Zimmertemperatur nur im Pulsbetrieb. Es können Pulse bis zu 500 mJ, auch im Q-Switch-Betrieb, erzeugt werden. Bei Temperaturen des flüssigen Stickstoffs ist auch ein kontinuierlicher Betrieb möglich.

Gebräuchlich sind Ho: YAG-Laser, die mit Blitzlampen gepumpt werden. Dabei werden die höheren ^5I-Niveaus angeregt, die ihre Energie auf das obere $^5I_7$-Laserniveau übertragen (Bild 8.10). Die Lebensdauer beträgt 8,5 ms.

Eine neuere Entwicklung ist der diodengepumpte Tm,Ho: YAG-Laser. Das Thulium dient zur Absorption der Pumpstrahlung bei 780 nm. Beim Tm,Ho: YAG findet eine Tm-Tm-Kreuzrelaxation statt (Bild 8.10). Dadurch wird das $^3H_4$-Niveau besetzt. Die Energie wandert über weitere Tm-Ionen,

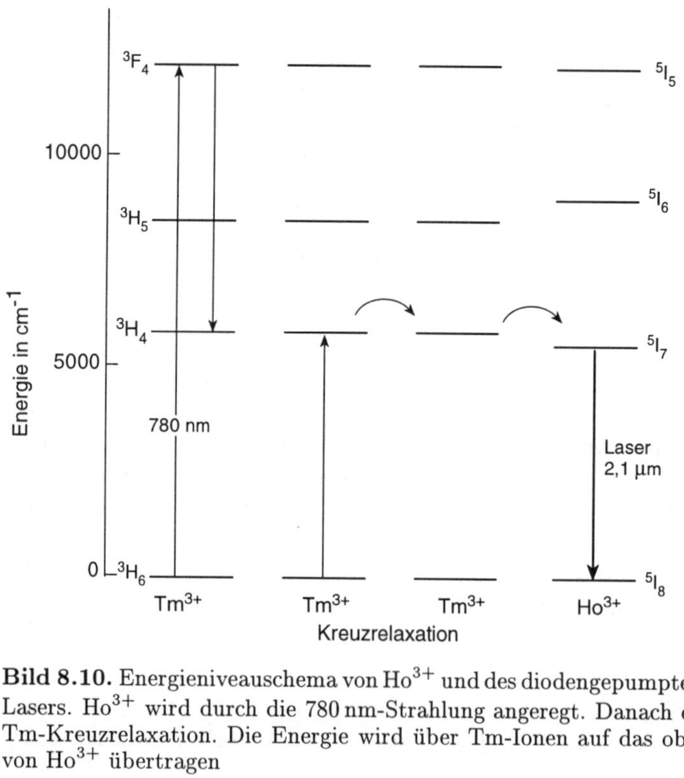

Bild 8.10. Energieniveauschema von Ho^{3+} und des diodengepumpten Tm,Ho: YAG-Lasers. Ho^{3+} wird durch die 780 nm-Strahlung angeregt. Danach erfolgt eine Tm-Tm-Kreuzrelaxation. Die Energie wird über Tm-Ionen auf das obere Laserniveau von Ho^{3+} übertragen

bis schließlich das obere Laserniveau von Ho^{3+} besetzt wird. Anschließend findet der Laserübergang statt.

8.5 Abstimmbare Festkörperlaser

Breitbandige Abstimmbarkeit wird durch Laserübergänge von Ti-, V-, Cr-, Co-, Ni- und Tm-Ionen in verschiedenen Wirtskristallen erreicht. Beim Einbau dieser Ionen in Festkörper ist die Wirkung des Kristallfeldes stärker als z. B. beim Nd-Laser. Ähnlich wie bei Farbstoffen können daher elektronische Übergänge in verschiedene, eng benachbarte Schwingungszustände aufspalten. Die optischen Spektren zeigen daher stark vibronisch verbreiterte Übergänge. Darauf beruhen die sogenannten vibronischen Festkörperlaser. Damit ist wie beim Farbstofflaser die Möglichkeit gegeben, kontinuierlich abstimmbare Laser zu bauen. Der Abstimmbereich kann über 30 % Prozent von der zentralen Wellenlänge betragen.

Anregung mit Blitzlampen ist nur bei wenigen der in Bild 8.11 dargestellten Laser möglich. Die meisten Laser benötigen zum Pumpen, Nd: YAG Kr^+ oder Ar^+-Laser und müssen für Ni, Cr und V-Dotierung bei tiefen Temperaturen, z. B. mit flüssigem N_2 betrieben werden, was den kommerziellen Gebrauch einschränkt. Nach Bild 8.11 kann mit vibronischen Lasern der rote und infrarote Spektralbereich erzeugt werden.

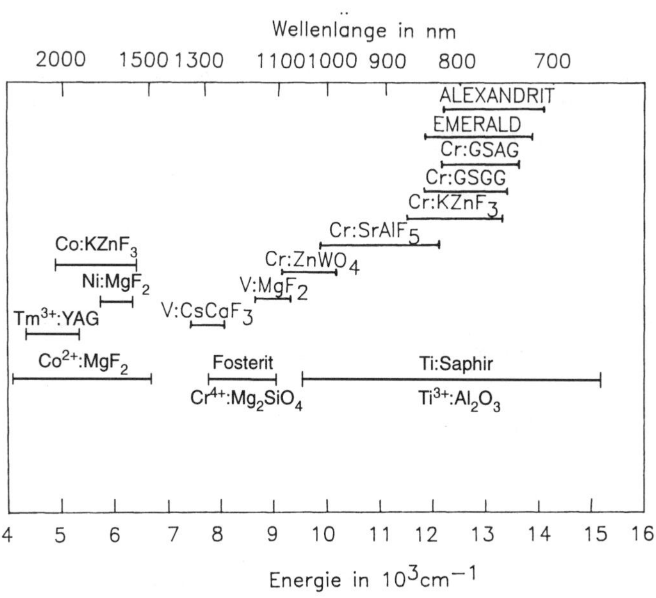

Bild 8.11. Wellenlängen-Bereiche vibronischer Festkörperlaser (nach Koechner)

Als Beispiel für vibronische Festkörperlaser werden im folgenden die Alexandrit- sowie die Titan-Saphir-Laser ausführlicher besprochen. Der Alexandrit-Laser kann gut mit Blitzlampen gepumpt werden, was zu relativ einfachen Aufbauten führt. Titan-Saphir-Kristalle werden meist mit anderen Lasern, vorzugsweise mit Argonionenlasern, zunehmend aber auch mit frequenzverdoppelten Nd: YAG-Lasern angeregt. Dies ergibt zwar etwas komplexere Lasersysteme, aber dafür sehr große Abstimmbereiche. Der TiSa ist daher inzwischen viel weiter verbreitet als der Alexandrit-Laser.

Alexandrit-Laser

Das Lasermedium, der Alexandrit-Kristall, besteht aus $BeAl_2O_4$, welches mit etwa 0,14 Gewichtsprozent ($5 \cdot 10^{19}$ Ionen/cm^3) Chrom (Cr^{3+}) dotiert ist. Das Niveauschema ähnelt stark dem des Rubins (Bild 8.12), wobei die gleichen Energieniveaus des Cr-Ions auftreten. Die Wechselwirkung mit dem Kristallgitter ist jedoch stärker im Fall des Alexandrit, wobei insbesondere der Grundzustand durch Vibrationen stark verbreitert wird. Die Pumpbänder sind genau wie beim Rubinlaser die vibronisch verbreiterten $^4T_2$- und $^4T_1$-Zustände. Im Betrieb als abstimmbarer vibronischer Laser werden Übergänge ausgenutzt, die ein Vierniveau-System darstellen. Das obere Laserniveau ($\tau \approx 6{,}6\,\mu s$) gehört zum $^4T_2$-Band, das untere zum Band des Grundzustandes $^4A_2$. Die Breite dieses Bandes bestimmt den kontinuierlichen Abstimmbereich von 0,701 bis 0,818 µm. Aufgrund der vibronischen Struktur des $^4A_2$-Grundzustandes ist die Emission eines Laserphotons mit der eines Phonons verbunden. Die Phononen tragen zur Thermalisierung des Grundzustandes bei. Die Lasertätigkeit kann durch Selbstabsorption eingeschränkt werden.

Neben dem abstimmbaren Band kann beim Alexandrit-Laser der gleiche Übergang wie beim Rubin auftreten. Es handelt sich um den Zerfall

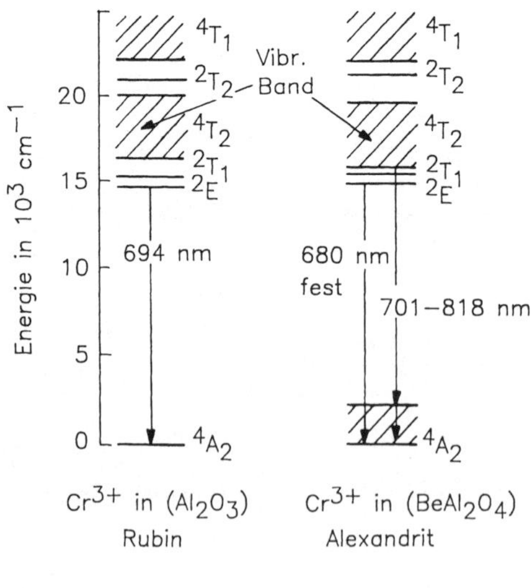

Bild 8.12. Energieniveaus und Übergänge eines Alexandrit- (Cr^{3+}: $BeAl_2O_4$) und Rubinlasers (Cr^{3+}: Al_2O_3) (nach Hecht)

des ^2E-Niveaus ($\tau \approx 1{,}54\,\text{ms}$) in den $^4T_2$-Grundzustand. In diesem Fall erfolgt die Übertragung der Energie auf das obere Laserniveau wie beim Rubinlaser. Diese Kombination von Drei- und Vierniveaulaser ist eine interessante Eigenschaft, die sowohl beim Alexandrit wie auch in Smaragd ($Cr^{3+}: Be_3Al_2(SiO_3)_6$) vorhanden ist.

Der Alexandritkristall kann mit Blitzlampen oder kontinuierlichen Bogenlampen gepumpt werden. Der Betrieb dieses Lasers ist vergleichbar mit dem anderer Festkörperlaser. Die Pulsenergie erhöht sich mit zunehmender Temperatur, so daß der Laserkristall meist bei 100 °C betrieben wird. Dieser Effekt liegt daran, daß das langlebige ^2E-Niveau als Speicher dient, von welchem das um $800\,\text{cm}^{-1}$ höher liegende $^4T_2$-Band thermisch angeregt wird.

Die Abstimmung der Wellenlänge kann wie beim Farbstoff-Laser mit einem Lyotfilter erfolgen, welches einen einfachen Aufbau, geringe Verluste und eine hohe Zerstörungsschwelle hat. Die typischen Daten wie Linienbreite und Leistung sind in Tabelle 8.5 zusammengefaßt.

Tabelle 8.5. Verschiedene Betriebsarten des Alexandrit-Lasers bei 750 nm Wellenlänge (nach Kneubühl, Sigrist)

Betriebsart	Normalpuls	Q-switch	Modenkopplung	cw
Pulsdauer	$\leq 200\,\mu s$	$\approx 20\,ns$	$\approx 8\,ps$	∞
Pulsenergie	$\leq 5\,J$	$\approx 2\,J$	$\approx 1\,mJ$	–
Pulsfolgefrequenz	$\leq 125\,Hz$	$\approx 100\,Hz$	12,5 Hz	–
mittl. Leistung	$\leq 100\,W$	$\leq 20\,W$	–	$\leq 60\,W$
Wirkungsgrad	$\approx 3\,\%$	$\approx 1{,}2\,\%$	–	$\approx 1\,\%$

Titan-Saphir-Laser

Besonders groß ist der Abstimmbereich beimTi:Saphir-Laser, was auf das Fehlen von Selbstabsorption vom oberen Laserniveau aus zurückzuführen ist. Das Energieniveauschema ist in Bild 8.13 dargestellt. Das freie Ti^{3+}-Ion hat in der äußersten Schale ein Elektron. Durch den kubischen Anteil des Kristallfeldes ergeben sich zu dieser Elektronenkonfiguration die Zustände ^2E und $^2T_2$. Der trigonale Anteil des Kristallfeldes und die Spin-Bahn-Kopplung führen zu weiteren Aufspaltungen, die jedoch wegen starker Verbreiterungen infolge von Wechselwirkungen mit Gitterschwingungen nicht aufgelöst sind. Die resultierenden Absorptions- und Fluoreszenzspektren sind in Bild 8.14 dargestellt. Die Emissionswellenlängen liegen zwischen 670 und über 1 100 nm mit einem Maximum um 800 nm. Ti:Saphir hat eine breite Absorptionsbande um 500 nm, so daß ein effektives Pumpen mit etwa 50 % Wirkungsgrad z. B. mit einem Argonlaser oder frequenzverdoppelten Nd: YAG-Laser möglich ist.

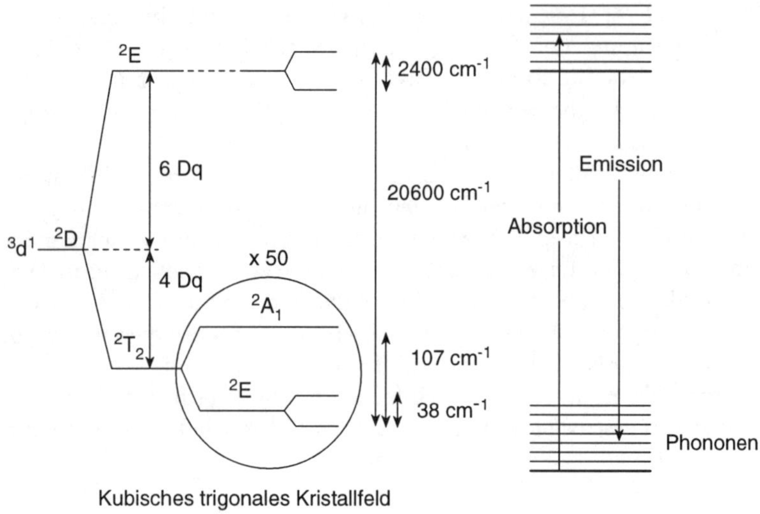

Bild 8.13. Niveauschema des Ti^{3+}-Ions im Saphir

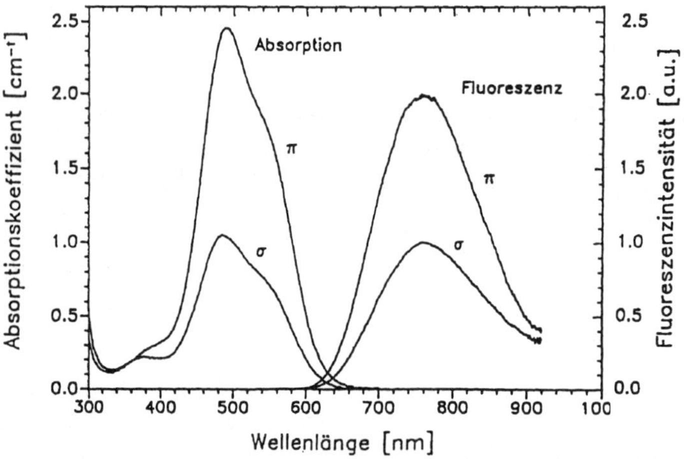

Bild 8.14. Saphir mit 0,1 Gewichts% in Ti_2O_3: Absorption und Emission von parallel (π) und senkrecht (σ) zur c-Achse von Saphir polarisiertem Licht (nach A. Hoffstädt, Optisches Institut der TU Berlin und Firma Elight in Teltow bei Berlin)

Die Lebensdauer des oberen Laserniveaus beträgt nur etwa 3 µs bei 20 °C. Deshalb ist das Pumpen mit Blitzlampen schwierig. Trotzdem ist es gelungen, mit speziellen Lampen, die kurze Anregungsblitze liefern, mittlere Ausgangsleistungen von über 100 Watt mit Wirkungsgraden von einigen Prozent zu erzielen.

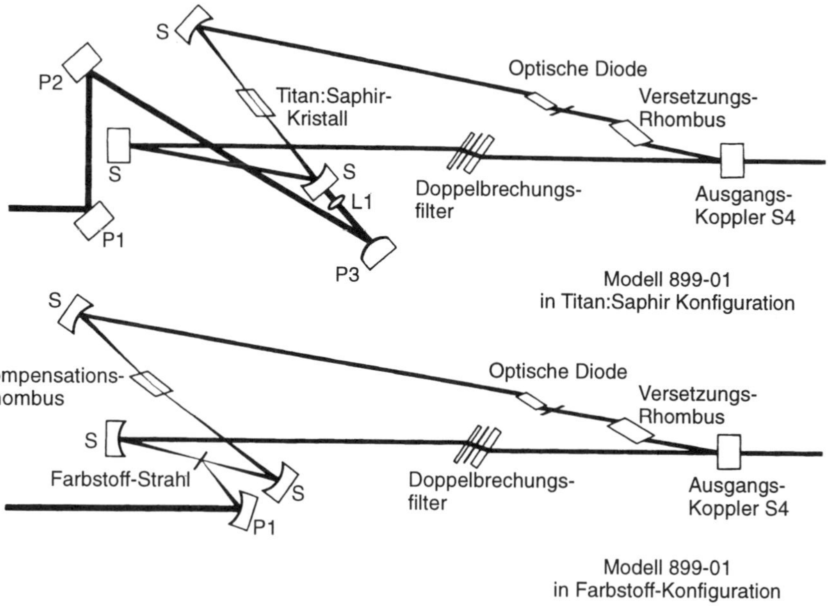

Bild 8.15. Aufbau eines kommerziellen TiSa-Lasers, der auf den Betrieb als Farbstofflaser umgestellt werden kann (Firma Coherent)

Titan-Saphir-Kristalle haben wie reiner Saphir sehr gute mechanische Stabilität und Wärmeleitfähigkeit. Bei der Auswahl von Kristallen ist dabei die sogenannte Figure of merit, FOM, zu beachten, die die Kristallgüte angibt, definiert als Quotient der Absorptionskoeffizienten bei den Wellenlängen 490 nm und 820 nm. Gute Kristalle sind durch FOM = 300 bis 1 000 charakterisiert.

Der Ti-Saphir-Laser hat einen größeren Abstimmbereich als Farbstofflaser (siehe Kap. 9) und liefert höhere Ausgangsleistungen, so daß er im Spektralbereich um 800 nm die früher verwendeten Farbstofflaser ersetzt. Bild 8.15 zeigt den Aufbau eines kommerziellen TiSa-Lasers im Vergleich zu einem Farbstofflaser. Abstimmkurven sind in Bild 8.16 und 8.17 dargestellt.

8.6 Farbzentrenlaser

Farbzentrenlaser sind optisch gepumpte Festkörperlaser mit breiten Emissionsbanden, ähnlich wie die vibronischen Festkörperlaser (Abschn. 8.5). Das aktive Medium wird von Farbzentren in Alkalihalogenid-Kristallen, z. B. NaCl, KCl, RbCl, usw., gebildet. Sie ähneln in ihrem optischen Aufbau den kontinuierlich lasergepumpten Farbstoff-Lasern und liefern abstimmbare Strahlung im infraroten Spektralbereich zwischen 0,8 und 4 µm. Damit erweitern die Farbzentrenlaser ebenso wie die vibronischen Festkörperlaser den

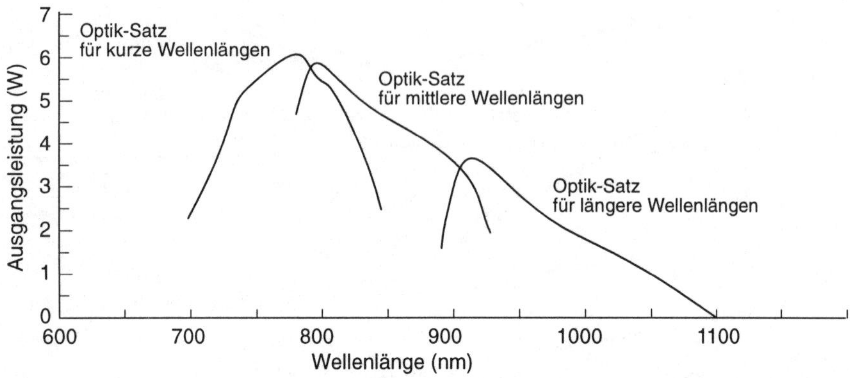

Bild 8.16. Abstimmkurven eines kontinuierlichen Ti-Saphir-Lasers (Firma Coherent)

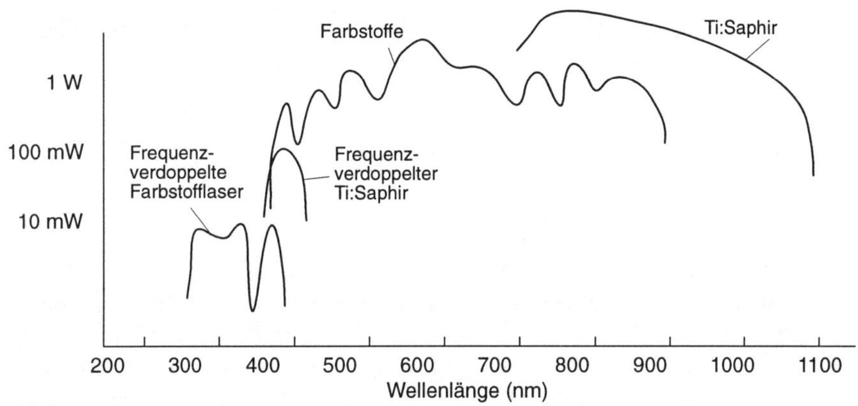

Bild 8.17. Abstimmkurven eines kontinuierlichen Ti-Saphir-Lasers im Vergleich zu kontinuierlichen Farbstofflasern (Firma Coherent)

kontinuierlich abstimmbaren Emissionsbereich der Farbstofflaser (s. Kap. 9) vom Sichtbaren bis ins Infrarote.

Termschema

Farbzentren sind Fehlstellen in Kristallen. Diese sind besonders gut in Alkalihalogenid-Kristallen untersucht, d. h. Kristalle mit Ionenbindung. In derartigen Kristallen entstehen Kristallfehler beispielsweise durch Anionenlücken, d. h. es fehlen negative Ionen, z. B. Cl^- in NaCl. In eine solche Lücke kann ein Elektron gebunden werden, welches im Feld der umgebenden Gitteratome stark verbreiterte Energieniveaus einnimmt. Durch Dotieren von Alkalihalogeniden mit Natrium oder mit Thallium bilden sich z. B. F_A-Zentren, wie im Abschn. 1.5 dargestellt. Das Niveauschema für einen

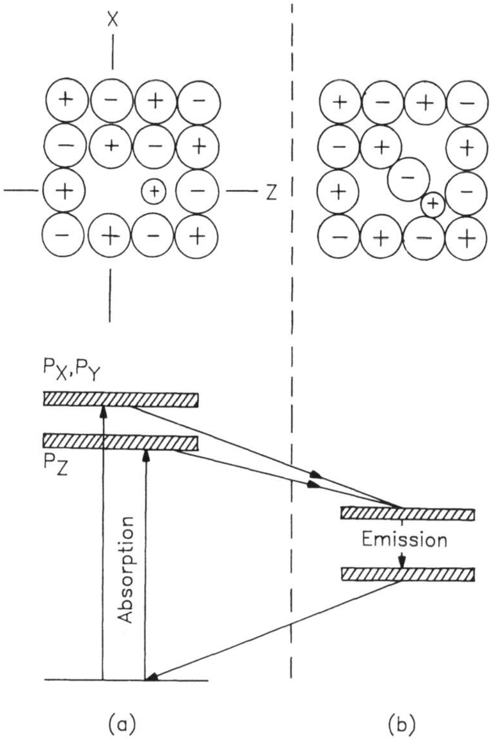

Bild 8.18 a,b.
F_A-Farbzentren mit normaler und angeregter Sattelpunkts-Konfiguration. Termschema des Farbzentren-Lasers

Farbzentrenlaser soll am Beispiel eines derartigen F_A-Zentrums beschrieben werden (Bild 8.18). Diese Zentren können eine normale und eine Sattelpunkt-Konfiguration einnehmen. Das optische Pumpen erfolgt von einem stabilen Grundzustand (s-ähnlich) zu einem in zwei Bänder aufgespaltenen angeregten Zustand (p-ähnlich). Die breiten Absorptionsbänder in Bild 8.19 erlauben ein effektives Pumpen. Innerhalb 1 ps wird durch strahlungslose Relaxation das obere Laserniveau in der Sattelpunkt-Konfiguration bevölkert. Die Lebensdauer dieses oberen Niveaus liegt zwischen 10 und 200 ns. Durch Lumineszenz oder Laserstrahlung findet ein Übergang in den angeregten Grundzustand statt, welcher innerhalb von weniger als 1 ps in den stabilen Grundzustand relaxiert. Damit ist eine wichtige Bedingung für kontinuierliche Lasertätigkeit erfüllt: die Lebensdauer des oberen Laserniveaus ist größer als die des unteren.

Aufbau

Farbzentrenlaser-Kristalle müssen meist bei der Temperatur 77 K des flüssigen Stickstoffs betrieben und aufbewahrt werden. Bei manchen Farbzentren nimmt der Wirkungsgrad für Lumineszenz mit steigender Temperatur ab. Bei anderen F-Zentren ist der Strahlungswirkungsgrad temperaturunabhängig,

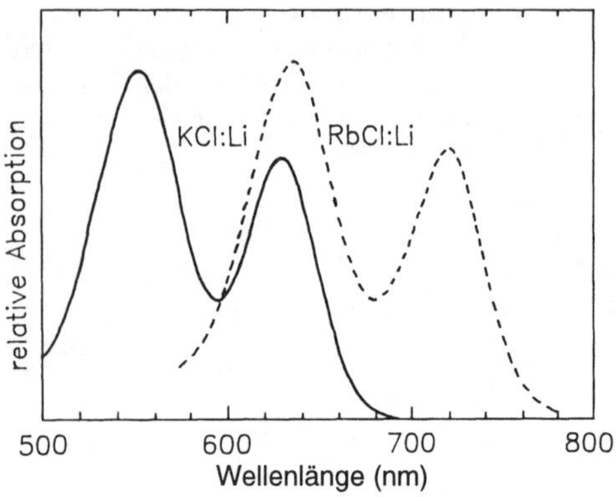

Bild 8.19. Absorptionsbänder von KCl: Li und RbCl: Li Farbzentren (nach Kneubühl, Sigrist)

und er kann Werte bis zu 100 % erreichen. Trotzdem müssen auch solche F-Zentrenlaser gekühlt werden, da sonst die Zentren ausbleichen.

In Bild 8.20 sind die Lumineszenzkurven der wichtigsten Lasermaterialien dargestellt. Dabei wurden nur stabile Farbzentren-Kristalle berücksichtigt, die eine Betriebsdauer von über einem Jahr haben. Die Abstimmung kann bis über die Halbwertsbreite der Lumineszenz- Kurven erfolgen. Die Laserlinien sind vibronisch, d. h. homogen, verbreitert.

Der technische Aufbau ähnelt dem der Farbstofflaser. Der Laserkristall mit etwa 10^{18} Farbzentren pro cm^3 wird auf einem Kühlfinger angebracht, der am anderen Ende in flüssigen Stickstoff getaucht ist (Bild 8.21). Zur thermischen Isolation und zur Verhinderung von Kondensation von Wasserdampf wird der Bereich um den Kristall evakuiert. Es wird mit einem kontinuierli-

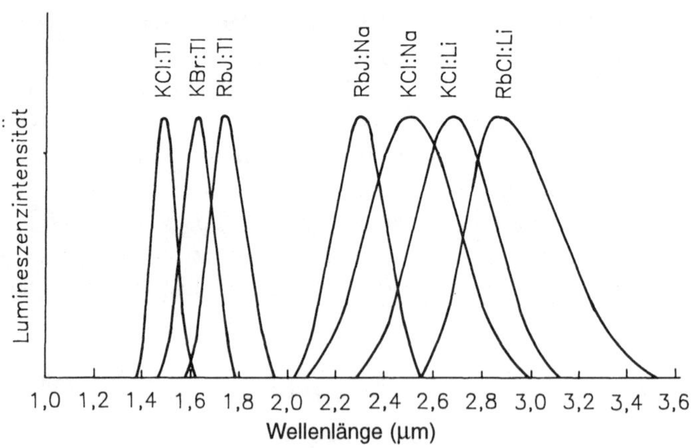

Bild 8.20. Lumineszenzspektrum von Farbzentrenkristallen für Laser (nach Kneubühl, Sigrist)

chen Laser, Nd: YAG oder Kr^+-Laser, axial gepumpt. Die Selektion der Wellenlänge kann durch Drehen eines Prismas im Resonator erfolgen. Die Laser erreichen eine kontinuierliche Ausgangsleistung von einigen 10 mW. Wegen der homogenen Linienbreite kann durch den Einsatz eines Fabry-Perot-Etalons relativ einfach Monomode-Betrieb erreicht werden. Kommerzielle Farbzentrenlaser arbeiten z. B. mit Na: KCl, Li: KCl, Li: RbCl und Tl: KCl. Damit können Wellenlängen von 1,43 bis 1,58 µm und 2,2 bis 3,3 µm erzeugt werden. Sie finden hauptsächlich Anwendung als abstimmbare Laserquellen in der Spektroskopie. Durch die Entwicklung der Titan-Saphir-, Fosterite- und anderer vibronischer Festkörperlaser, die keine Kühlung benötigen, sind die Farbzentrenlaser in den letzten Jahren in den Hintergrund getreten.

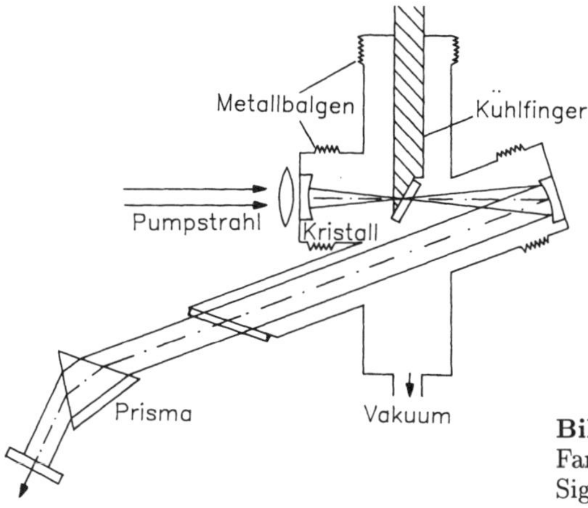

Bild 8.21. Aufbau eines gekühlten Farbzentrenlasers (nach Kneubühl, Sigrist)

8.7 Diodengepumpte und Faserlaser

Das Pumpen von Festkörperlasermaterialien mit Diodenlasern ergibt kompakte Laserquellen, die mit gutem Wirkungsgrad und hoher Strahlqualität arbeiten. Da keine Gasentladungen zur Anregung dienen, besitzen diodengepumpte all-solid-state-laser auch hohe mechanische Stabilität und lange Lebensdauer. Die Strahlung von Diodenlasern kann gut in Glasfasern eingekoppelt werden, so daß sich aus dieser Kombination neue Möglichkeiten für den Aufbau von Lasersystemen mit interessanten Eigenschaften ergeben.

Diodengepumpte Laser

Beim Pumpen mit Diodenlasern wird die Strahlung einer Laserdiode oder eines Laserarrays mit Hilfe von Linsen axial oder transversal in einen Laserkristall oder -glas eingestrahlt (Bild 8.22). Die Pumpstrahlung wird mit einem optischen System z. B. auf die Endfläche eines Nd: YAG-Stabes fokussiert. Typische Fleckdurchmesser sind 50 µm bis 100 µm. Dieser Wert entspricht dem Durchmesser der TEM_{00}-Resonatormode. Die Pumpstrahlung dringt tief in den Laserstab ein und wird nahezu vollständig absorbiert. Der Laserspiegel,

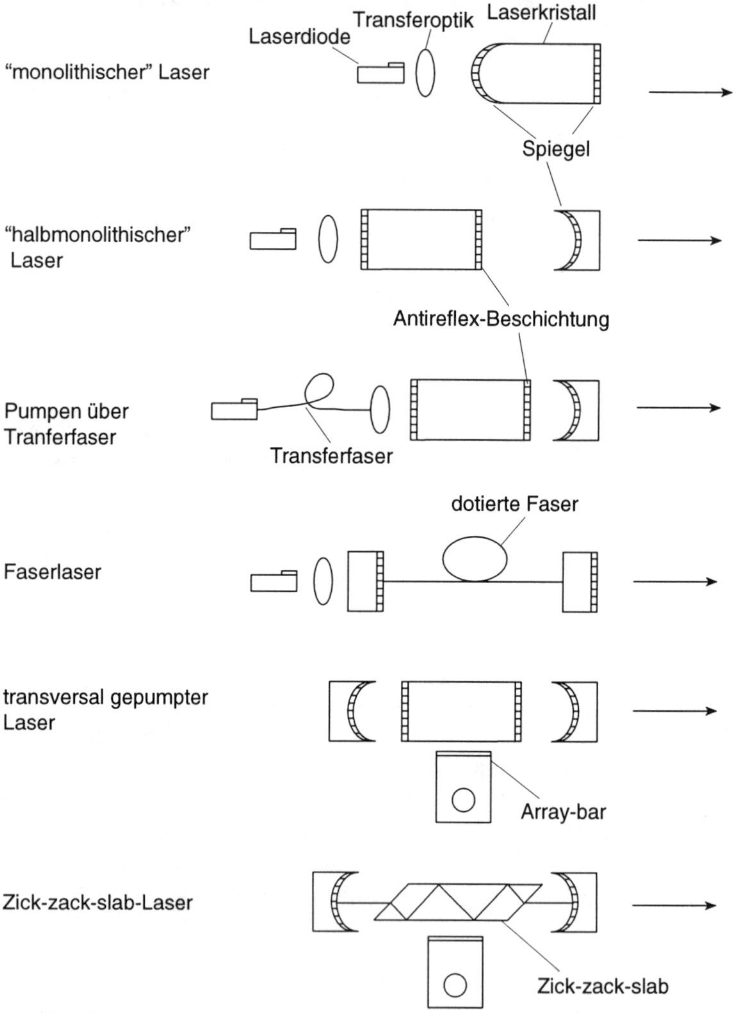

Bild 8.22. Anordnungen zum Pumpen von Festkörperlasern mit Laserdioden (nach P. Peuser, Firma Daimler-Benz, Ottobrunn)

durch welchen die Pumpstrahlung eingebracht wird, ist hoch reflektierend (100 %) für die Nd: YAG-Strahlung (1,06 µm) und transparent mit Antireflex-Schichten versehen für die Strahlung der Laserdiode (0,81 µm).

Typische lasergepumpte Nd: YAG-Systeme geringer Leistung benutzen Diodenarrays mit einigen Watt kontinuierlicher Laserleistung bei einem Wirkungsgrad um 50 %. Der Laserstab ist ungefähr 1 cm lang mit einem Durchmesser von 0,5 mm. In kommerziellen Systemen ist der Quantenwirkungsgrad nahe bei eins, d. h. fast jedes Pumpphoton erzeugt ein Laserphoton. Der gesamte Wirkungsgrad eines diodenlasergepumpten Nd-YAG-Systems liegt um 10 %. Da eine Erwärmung erheblich reduziert wird, liefern derartig gepumpte Laser eine sehr gute Strahlqualität. Kontinuierlicher Betrieb mit einigen Watt Ausgangsleistung in der TEM_{00}-Mode ist möglich. Die Emission besitzt sehr hohe zeitliche Stabilität. Die mittlere Lebenserwartung beträgt 10 000 Stunden und mehr. Besonders geeignet sind auch Nd-dotierte Yttrium-Vanadat-Kristalle, die eine hohe Pumplichtabsorption aufweisen. Diodengepumpte Neodymlaser können auch in Güteschaltung und Modenkopplung betrieben werden. Neben dem Nd: YAG werden auch andere Laserkristalle mit Laserdioden gepumpt (Bild 8.23). Mit Cr: $LiSrAlF_6$-(LiSAF)-Kristallen lassen sich von 780–920 nm abstimmbare Laseremission sowie ultrakurze, modengekoppelte Pulse erzeugen.

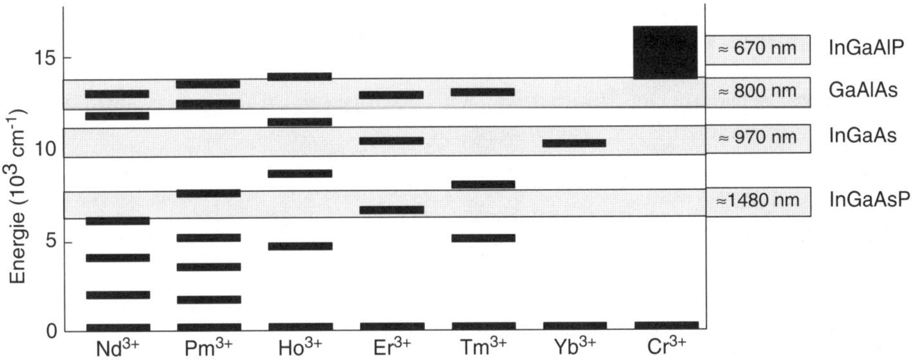

Bild 8.23. Spektrale Emissionsgebiete von Hochleistungsdiodenlasern in Relation zu vereinfachten Energieniveauschemata wichtiger laserfähiger Ionen in Kristallen

Zur Erzeugung sichtbaren Laserlichtes werden kommerzielle Systeme hergestellt, bei welchen in den Resonator ein Kristall zur Frequenzverdopplung eingebaut ist. Bei einer Umwandlungsrate von nahe 100 % entsteht damit kontinuierliche grüne Strahlung (0,53 µm) in TEM_{00}-Mode. Für Hochleistungslaser sind besonders mit Ytterbium dotierte Kristalle von Interesse, da diese Ionen deutlich höhere Quantenwirkungsgrade als Nd^{3+}-Ionen besitzen. Um Aufheizungseffekte des Lasermaterials weiter herabzusetzen, wird dieses als dünne Scheibe auf einen Kühlkörper montiert und dieser Scheibenlaser von der anderen Seite gepumpt.

Diodengepumpte Festkörperlaser sind ein entscheidender Fortschritt in der Lasertechnologie, durch welchen Strahlung im Infraroten und Sichtbaren mit hoher Strahlqualität und gutem Wirkungsgrad erzeugt wird. Es wurden bereits mit Dioden gepumpte Nd-Laser-Systeme mit Ausgangsleistungen von 1 kW vorgestellt, und in der Entwicklung sind Systeme mit mehreren Kilowatt für die Materialbearbeitung.

Faserlaser

Lasergläser lassen sich zu dünnen Glasfasern ausziehen, die durch eine Endfläche vorzugsweise mit Dioden optisch gepumpt werden können. Derartige Faserlaser emittieren beugungsbegrenzte Grundmodenstrahlung, falls eine single-mode-Faser verwendet wird. Wegen der großen Oberfläche der Faser im Verhältnis zum Volumen findet eine gute Wärmeabfuhr statt, so daß keine zusätzliche Kühlung derartiger Faserlaser notwendig ist. Besonders interessant sind Up-conversion-Laser in Fasern. Dabei werden durch zwei- oder mehrstufige Absorptionsprozesse mit infraroten Diodenlasern hochliegende Energieniveaus angeregt, die kurzwelligere Laserstrahlung emittieren können. Mit Nd- oder Tm-dotierten Fluoridglasfasern lassen sich so ultraviolette und blaue Laseremissionen realisieren.

Vor großer Bedeutung sind auch Erbium-dotierte Glasfasern, die in optischen Verstärkern für 1,55 µm Wellenlänge in der Glasfaserkommunikation eingesetzt werden. Der Pumpstrahl wird häufig auch über den Fasermantel in den laseraktiven Kern eingebracht.

Aufgaben

8.1 (a) Berechnen Sie die maximale Energiedichte, die nach dem Pumpen eines Rubinlasers mit einer Cr-Konzentration von 0,05 Gewichtsprozent Cr_2O_3 (Massenzahl von Cr = 52, O = 16, Dichte von Rubin $\varrho = 4\,\mathrm{g/cm^3}$, Avogadro-Konstante $N = 6{,}02 \cdot 10^{23}\,\mathrm{mol^{-1}}$) im Kristall gespeichert werden kann. Beachten Sie, daß nur die Cr-Atome zum Laserprozeß beitragen.
(b) Welche maximale Energie kann in einem Laserpuls emittiert werden (Kristalldurchmesser $d = 3\,\mathrm{mm}$, Länge $l = 5\,\mathrm{cm}$)?
(c) Wie hoch sind die Pulsspitzenleistung und die Intensität bei einer Pulsdauer von 10 ns?

8.2 Die R_1-Linie des Rubin-Lasers besitzt eine Wellenlänge von 694,3 nm. Die R_2-Linie geht von einem Niveau aus, welches um $29\,\mathrm{cm^{-1}}$ höher liegt. Berechnen Sie die Wellenlänge der R_2-Linie.

8.3 Berechnen Sie für einen Nd: YAG-Laser die Schwellinversion. Die Spiegel haben die Reflexionskoeffizienten $R_1 = 1$ und $R_2 = 0{,}8$. Der Laserstab ist $d = 5\,\text{cm}$ lang. Der Wirkungsquerschnitt für induzierte Emission beträgt $\sigma = 3{,}5 \cdot 10^{-19}\,\text{cm}^2$.

8.4 Berechnen Sie für den Nd: YAG-Kristall (1,06 µm) die Sättigungsintensität. Die Lebensdauer des oberen Laserniveaus beträgt 230 µs und der Wirkungsquerschnitt für induzierte Emission $3{,}5 \cdot 10^{-19}\,\text{cm}^2$. Welche Laseroszillatorleistung muß in einem Nd: YAG-Verstärker mit einem Durchmesser von $d = 8\,\text{mm}$ eingestrahlt werden, um die gespeicherte Energie effektiv in den verstärkten Strahl zu übernehmen?

8.5 Ein Nd-Festkörperlaser wird mit einem Kondensator von 10 µF und einer Spannung von 1 kV betrieben. Der Wirkungsgrad beträgt 1 %.
(a) Wie hoch sind Pulsenergie und Pulsleistung für normale Pulse von 0,1 ms Dauer?
(b) Berechnen Sie die mittlere Leistung bei einer Pulsfolgefrequenz von 10 Hz.

8.6 Ein gepulster Nd-Laser wandelt 1,5 % der Energie der Blitzlampe in Laserstrahlung um. Berechnen Sie:
(a) die Pulsenergie, Pulsleistung und mittlere Leistung der Laserstrahlung bei einer Pulsdauer von 0,2 ms, einer Pumpenergie von 1 J und einer Wiederholrate von 20 Hz sowie
(b) die gleichen Größen bei Güteschaltung (ohne Verluste) mit einer Pulsdauer von 5 ns.

8.7 Eine Pumpkammer mit elliptischem Querschnitt für einen Nd: YAG-Laser ist zu dimensionieren. Blitzlampe und Stab sollen einen Mittelachsenabstand von 10 mm haben. Das Verhältnis der Halbachsen betrage 1,15. Wie groß sind die Halbachsen der Pumpkammer?

8.8 (a) Warum kann der Erbiumlaser bei 3 µm nicht kontinuierlich betrieben werden?
(b) Welche Eigenschaften machen ihn für die Medizin interessant?

8.9 Vergleichen Sie den Rubinlaser mit dem Alexandritlaser.

8.10 Warum wird der Titan-Saphirlaser vorzugsweise mit anderen Lasern gepumpt? Welche Laser kommen dafür in Frage?

9. Farbstofflaser

Mit weit über 100 Farbstoffen in wässerigen oder organischen Lösungen (Konzentration im Bereich 10^{-3} Mol/Liter) kann je nach Farbstoff abstimmbare Lasertätigkeit von etwa 300 nm bis über 1 µm erreicht werden. Das Pumpen erfolgt in der Regel optisch, wobei gepulster und kontinuierlicher Betrieb erreicht wird. Der Farbstofflaser ist bei weitem der gebräuchlichste abstimmbare Laser mit zahlreichen Anwendungen in der Spektroskopie, Medizin, Biologie, Umweltschutz, Analysetechnik und Isotopentrennung. Aufgrund der hohen Bandbreite eignet sich dieser Lasertyp zur Erzeugung ultrakurzer Pulse bis in den Femtosekundenbereich, die zur Untersuchung schneller Prozesse, z. B. der Photosynthese dienen können. In der Medizin wird der Farbstofflaser in der Augenheilkunde zur Behandlung der Netzhaut eingesetzt.

9.1 Eigenschaften von Farbstoffen

In Farbstofflasern entsteht die induzierte Emission durch Fluoreszenzübergänge in Farbstoffmolekülen. Es handelt sich um vielatomige Moleküle mit konjugierten Bindungen und einem ausgedehnten π-Elektronensystem. Der Fluoreszenzwirkungsgrad ist groß. Die chemische Struktur eines typischen Farbstoffmoleküles ist in Bild 9.1 dargestellt. Die elektronischen Energiezustände werden in Singulett- und Triplettzustände eingeteilt (Gesamtspin $S = 0$ bzw. 1). Im Singulettzustand stehen die Elektronenspins antiparallel, während im Triplettzustand zwei Spins parallel liegen. Die niedrigsten Energiezustände in diesen beiden Termsystemen (Bild 9.2) werden mit S_0 und T_1 bezeichnet, die höheren mit S_1, T_2, S_2 usw. Übergänge vom Singulett- zum Triplettsystem sind nur mit geringer Wahrscheinlichkeit möglich (vgl. $\Delta S = 0$ Auswahlregel in Tabelle 1.4). Die elektronischen Niveaus sind durch Schwingungen und Rotationen im Molekül sowie Wechselwirkungen mit dem Lösungsmittel stark verbreitert. Einzelne Schwingungs- oder Rotationsniveaus können in den Absorptions- oder Fluoreszenzspektren nicht aufgelöst werden. Zur Vereinfachung werden im folgenden die angeregten Zustände innerhalb der elektronischen Banden S_0, S_1, T_1 usw. als Schwingungsniveaus bezeichnet.

Farbstofflösungen zeigen nach Bild 9.3 eine starke Lichtabsorption in einem breiten Wellenlängenbereich, die durch $S_0 \rightarrow S_1$ Übergänge hervorge-

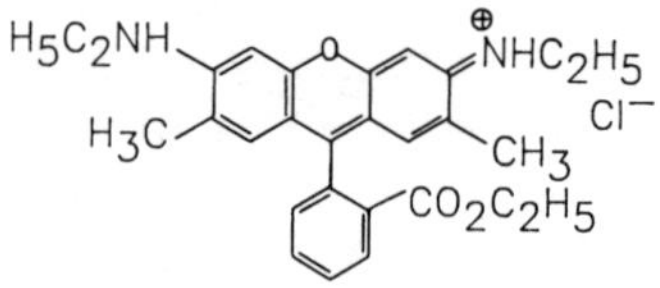

Bild 9.1.
Strukturformel des Laserfarbstoffes Rhodamin 6G

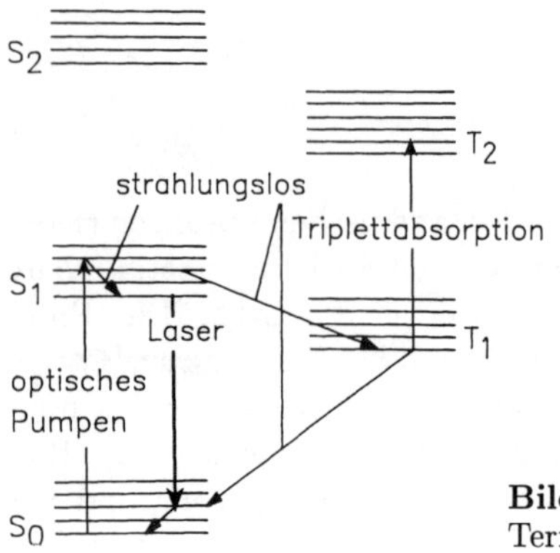

Bild 9.2.
Termschema und Übergänge beim Farbstofflaser

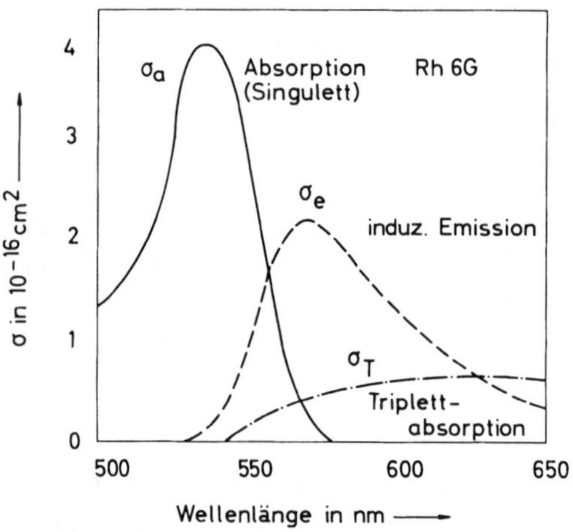

Bild 9.3.
Wirkungsquerschnitte für Absorption und induzierte Emission von Rhodamin 6G in Abhängigkeit von der Wellenlänge

rufen wird. Durch sehr schnelle strahlungslose Übergänge gelangen die angeregten Elektronen innerhalb von ps in das niedrigste S_1-Schwingungsniveau. Nach einigen ns gehen sie dann mit großer Quantenausbeute durch strahlende Übergänge in die Schwingungszustände des S_0-Grundzustandes über. Das dabei abgestrahlte Licht ist gegenüber dem absorbierten zum Langwelligen verschoben (Bilder 9.2 und 9.3). Die höheren Schwingungszustände des Grundzustandes S_0 zerfallen durch Stöße mit dem Lösungsmittel innerhalb von ps in den untersten Zustand. Diese Übergänge zwischen den Vibrationsniveaus erfolgen strahlungslos, was zu einer Erwärmung der Farbstoff-Flüssigkeit führt.

Optisches Pumpen

Farbstoffe werden durch optisches Pumpen zu Lasertätigkeit angeregt. Das obere Laserniveau ist das tiefste S_1-Schwingungsniveau. Die Lebensdauer im Bereich von 1 ns ist länger als die des unteren Laserzustandes, welcher ein angeregtes Schwingungsniveau des S_0-Grundzustandes ist. Dieses relaxiert innerhalb von ps in das unterste Schwingungsniveau.

Bei dem Anregungsprozeß treten folgende Verluste auf: die Absorption in höhere Singulett-Zustände ($S_1 \rightarrow S_2$) sowie strahlungslose Übergänge in den Triplett-Zustand $S_1 \rightarrow T_1$). Beim intensiven Pumpen wird der S_1-Zustand stark besetzt. Da die Energieabstände zwischen den einzelnen S-Zuständen etwa gleich sind, finden beim Pumpen auch $S_1 \rightarrow S_2$ Übergänge statt, wodurch die Lasertätigkeit behindert wird. Der T_1-Zustand ist metastabil (10^{-7}–10^{-3} s), so daß sich während eines Pumpprozesses eine große Zahl von Farbstoffmolekülen in diesem Zustand sammeln können. Diese können durch Absorption der zu verstärkenden Strahlung in höhere Triplettniveaus angeregt werden und damit den Laserprozeß behindern oder unterdrücken.

Die Zeit für den Übergang $S_0 \rightarrow S_1$ liegt im Bereich von 10 ns. Bei Anregung des Farbstofflasers mit kurzen Pulsen spielen Tripletteffekte keine Rolle. Bei Pulsdauern größer als 100 ns und bei kontinuierlicher Anregung kann dieses „triplett-quenching" jedoch bei manchen Farbstoffen eine Lasertätigkeit verhindern. Durch Zusätze, wie O_2 oder Cyclooctatetraen (COT), kann die T-Besetzung durch Stöße abgebaut werden. Dadurch wird die unerwünschte Triplettabsorption der Laserstrahlung verkleinert. Eine andere Methode zur Reduzierung von Tripletteffekten wird bei kontinuierlichen Lasern angewendet, wo der Farbstoff durch die Anregungszone strömt. Bei Geschwindigkeiten von 10 bis 100 m/s bewegen sich die Farbstoffe innerhalb von 1 µs durch die aktive Zone. Eine hohe T_1-Besetzung kann sich damit nicht aufbauen.

9.2 Anregung durch Blitzlampen

Die Verwendung von Blitzlampen führt zu relativ ökonomischen Konstruktionen. Dabei werden spezielle, koaxial um eine zylindrische Laserküvette angeordnete Lampen mit kurzen Anstiegszeiten (100 ns) verwendet, von denen Laserpulse von 0,1 bis 3 µs Dauer erzeugt werden. Diese Blitzlampen bestehen aus einem Doppelzylinder, wobei sich im inneren Zylinder die Farbstofflösung und in der Wandung der Entladungskanal befindet. Die Pumpenergien betragen 50 bis 500 J. Daneben werden auch lineare Xe-Blitzlampen (10–60 J), ähnlich wie bei den Festkörperlasern, eingesetzt. Wegen der Besetzung des Triplettzustandes sind kurze Pumppulse notwendig.

Die Ausgangsleistung kommerzieller Farbstofflaser mit Blitzlampen kann bis zu 10 W betragen, die Pulsenergie einige Joule. Die Pulsfolgefrequenzen liegen im Bereich von 1 bis 100 Hz. Dabei ist es notwendig, die optisch gepumpte Farbstofflösung mechanisch umzuwälzen, um störende Aufheizeffekte zu vermeiden. Der Wirkungsgrad für die Umwandlung von elektrischer, zum Betrieb der Blitzlampe notwendiger Energie in Laserstrahlung liegt bei 0,5 %. Beim Pumpen mit Blitzlampen wird die Farbstofflösung relativ stark erwärmt. Dies führt zu Schlieren, wodurch die optische Qualität des Strahles verschlechtert und ein Monomode-Betrieb erschwert wird.

Die Eigenschaften von Farbstofflasern, welche mit Blitzlampen und Lasern gepumpt werden, werden in Tabelle 9.1 verglichen. Blitzlampenanregung ist vor allem zur Erzeugung hoher Laserenergie und großer mittlerer Leistung geeignet.

Tabelle 9.1. Eigenschaften von Farbstofflasern mit verschiedenen Pumpquellen [7]. Die zitierten Abstimmbereiche werden bei Verwendung mehrerer Farbstoffe erreicht

Pumpe	Mittl. Leist.	Spitzenleist.	Pulsdauer	Linienbreite
Blitzlampe	100 W	10^5 W	0,1–10 µs	Multim.: 10^{-1}–10^{-2} nm Monom.: 10^{-4} nm
Nd: YAG (532; 355 nm)	1 W	10^6 W	10 ns	100 MHz
N_2 Laser	1 W	10^5 W	1–10 ns	Fourier-begrenzt
Excimer Laser	10 W	10^7 W	1–10 ns	
cw Ar^+-Laser	20 W		kont.	1 MHz

9.3 Anregung durch Laser

Farbstofflaser für spektroskopische Anwendungen werden meist mit anderen gepulsten oder kontinuierlichen Lasern gepumpt. Die Pumpwellenlänge kann optimal zur Anregung des Farbstoffs gewählt werden. Damit werden störende Aufheizeffekte vermieden und gute Strahlqualität erreicht.

Gepulste Laser (ns)

Oft werden als Pumpquellen für Farbstofflaser andere gepulste Laser im ultravioletten oder sichtbaren Spektralbereich eingesetzt: Stickstofflaser (337 nm), Kupferlaser (510 nm), Excimerlaser (UV), Rubinlaser (694 nm) oder frequenzvervielfachte Nd: YAG-Laser (532 nm und 355 nm). Diese Pumplaser liefern Pulse im ns-Bereich bei Leistungen zwischen 1 bis 100 MW. Die Pumpdauer ist kleiner als die Übergangszeit im Triplett-System ($S_1 \rightarrow T_1$), so daß sich keine nennenswerte Triplett-Besetzung aufbauen kann. Daher können auch Farbstoffe eingesetzt werden, die wegen ihrer kurzen ($S_1 \rightarrow T_1$) Übergangszeit zum Pumpen mit Blitzlampen ungeeignet sind. Ein Lichtpuls von 1 ns Länge entspricht einem Wellenzug von 30 cm. Die Länge des Resonators des Farbstofflasers muß deutlich kleiner sein, damit die Laserwelle möglichst oft das aktive Medium durchläuft.

Die Strahlung zum Pumpen kann longitudinal oder transversal in die Farbstofflösung eingebracht werden. Gegenwärtig wird bei Pulslasern oft transversal gepumpt (Bild 9.4). Die Pumpstrahlung wird mit einer Zylinderlinse fokussiert. Die Strahlung wird stark absorbiert, und maximale Inversion herrscht in einer dünnen Schicht in der Brennlinie von etwa 0,2 mm Breite. Zur Selektion der Wellenlänge wird der schmale Laserstrahl durch ein Teleskop oder mehrere Prismen aufgeweitet und an einem drehbaren Beugungsgitter reflektiert. Der Hauptgrund für die Aufweitung liegt darin, daß eine größere Gitterfläche bestrahlt wird. Dadurch steigt die spektrale Schärfe der Strahlung, da das Auflösungsvermögen mit der Zahl der wirksamen Gitterstriche zunimmt. Die erreichbare Linienbreite liegt bei 0,1 nm. Weiterhin wird durch die Aufweitung die Leistungsdichte und die Divergenz der Strahlung reduziert. Die Pulsfolgefrequenz kann bei Nd: YAG- oder Excimer-Pumplasern bis zu einigen 100 Hz betragen. Mit Kupferlasern können einige 10 kHz mit einem Wirkungsgrad von etwa 50 % erreicht werden.

Für Farbstofflaser, welche mit gepulsten Lasern gepumpt werden, gibt es eine große Zahl von Farbstoffen mit unterschiedlichen Eigenschaften. In Bild 9.5 ist das spektrale Verhalten von Verbindungen, welche mit verschiede-

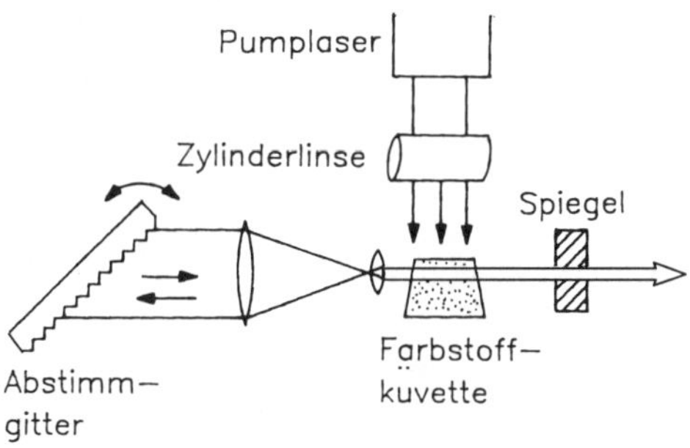

Bild 9.4. Aufbau eines gepulsten Farbstofflasers mit transversaler Anregung. Die Farbstoffküvette besitzt schräge Wände, damit es nicht zu einer Lasertätigkeit zwischen den Flächen kommt

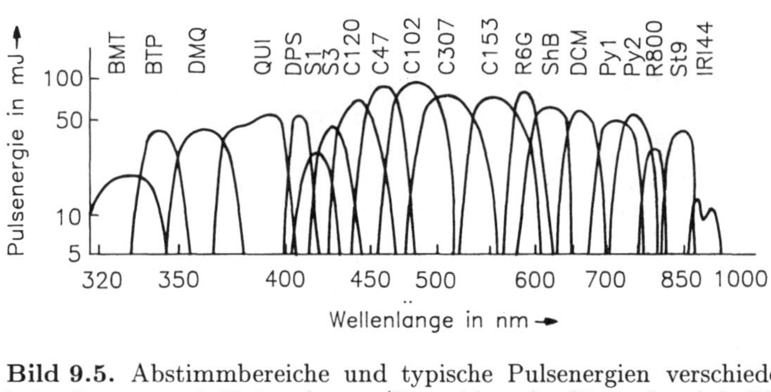

Bild 9.5. Abstimmbereiche und typische Pulsenergien verschiedener Farbstoffe beim Pumpen mit Eximerlasern (Datenblatt der Firma Lambda-Physik)

nen Excimerlasern im Ultravioletten angeregt werden können. Es wird lückenlos der Wellenlängenbereich zwischen 300 und 1000 nm überdeckt.

Die Vorteile beim Pumpen mit Pulslasern sind im Vergleich zu Blitzlampen folgende: hohe Spitzenleistung im MW-Bereich, kurze ns-Pulse, Pulsfolgefrequenzen über 100 Hz, große Abstimmbereiche insbesondere beim Pumpen mit UV-Lasern.

Kontinuierliche Laser

Besonders in der hochauflösenden Spektroskopie werden Farbstofflaser eingesetzt, welche mit kontinuierlichen Ionenlasern (Ar^+ und Kr^+) gepumpt werden. Die Farbstofflösung durchströmt dabei als freier Strahl den Bereich des Brennpunktes des Pumpstrahles. Wegen der schnellen Strömung tritt eine verringerte Triplettbesetzung und -absorption auf. Zwei typische Anordnungen sind in Bild 9.6 und 9.7 dargestellt. In dem Aufbau nach Bild 9.6 verlaufen der Pump- und Farbstoff-Laserstrahl koaxial. In diesem Fall müssen die Resonatorspiegel speziell verspiegelt werden, so daß die Pumpwelle durchtreten kann. In dem gebräuchlicheren Aufbau nach Bild 9.7 läuft der Pumpstrahl leicht verkippt gegen die Resonatorachse neben den Spiegeln vorbei in den Farbstoff. Dieser Aufbau hat den Vorteil, daß der Farbstoffstrahl, der aus einer spaltförmigen Düse austritt, im Brewsterwinkel eingesetzt wird. Dadurch werden Reflexionsverluste vermieden und der Laserstrahl wird polarisiert. Durch den schrägen Farbstoffstrahl tritt jedoch eine elliptische Verzerrung (Astigmatisierung) des Laserstrahls auf. Diese wird durch den gefalteten Resonatoraufbau kompensiert, da bei schiefer Reflexion an einem Hohlspiegel ebenfalls eine astigmatische Verzerrung auftritt. Die Pumpschwelle liegt je nach Fokussierung und Zahl der optischen Flächen im Resonator zwischen einigen mW und W. Abhängig vom Farbstoff können bis zu 30 % der eingestrahlten Leistung umgewandelt werden. Die Elemente zur Selektion der Wellenlänge in Bild 9.7 werden in Kap. 18 und weiter unten beschrieben.

Bei kontinuierlichen Farbstofflasern kann im Monomode-Betrieb eine hohe Frequenzstabilität (MHz bis kHz) durch Temperatur- und mechanische Stabilisierung sowie aktive Regelung erreicht werden. Besonders hohe Leistungen im Monomode werden mit Ringlasern erzielt (Bild 9.8). In einem linearen Resonator nach Bild 9.6 oder 9.7 bilden sich stehende Wellen aus, was zu einer räumlichen Modulation der Verstärkung führt. Durch dieses „spatial hole burning“ können Modensprünge auftreten (Kap. 13). In einem Ringresonator (Bild 9.8) kann durch besondere optische Elemente eine nur in einer Richtung laufende Welle erzwungen werden. Diese Elemente, die eine sogenannte optische Diode bilden, bestehen z. B. aus einem Faraday-Dreher und einem Polarisator. Dadurch kann polarisiertes Licht nur in einer Richtung passieren. In Gegenrichtung sind die Verluste so hoch, so daß nur eine umlaufende Welle anschwingt. Durch Ringlaser werden also stehende Wellen vermieden und alle aktiven Moleküle können zur Verstärkung beitragen. Im Monomode-Betrieb wird somit eine bis zu 15 fach höhere Leistung erzielt.

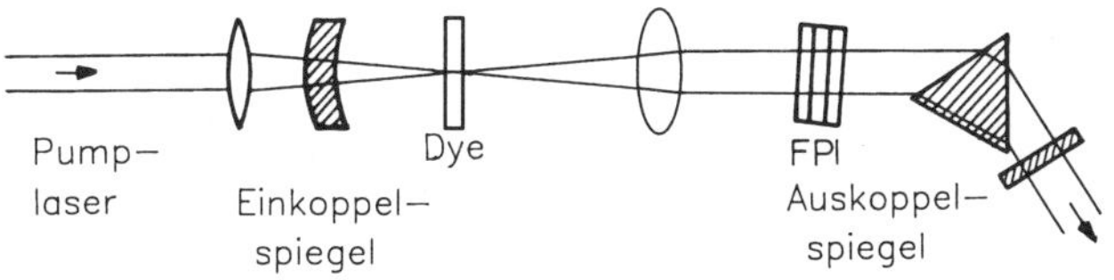

Bild 9.6. Aufbau eines Farbstofflasers mit longitudinalem Pumpen

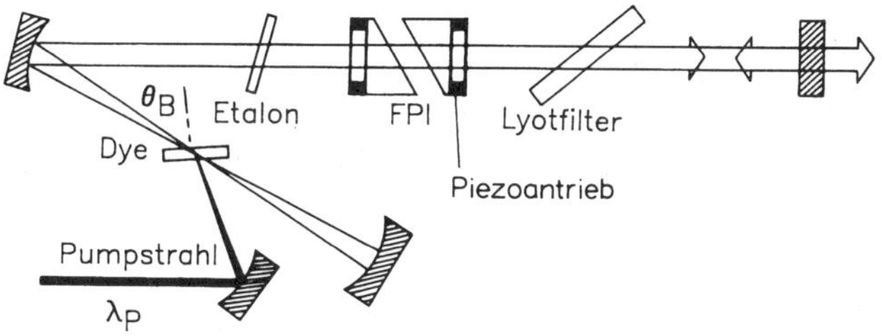

Bild 9.7. Gefalteter Farbstofflaser für kontinuierlichen Betrieb

Die Abstimmbereiche für Farbstofflaser bei gepulster und kontinuierlicher Anregung sind in Bild 9.9 dargestellt. Es wird das gesamte sichtbare Spektrum bis ins nahe Infrarote um 1 μm abgedeckt. Beim Pumpen mit UV-Lasern erstreckt sich der Bereich bis ins nahe UV.

Der große Abstimmbereich der Farbstofflaser aufgrund seiner breitbandigen Fluoreszenz ist einer der Hauptvorteile dieser Laser. Zur Wellenlängenselektion werden unterschiedliche Bauelemente, wie Gitter, Prismen, Filter und Etalons eingesetzt. Während Gitter hauptsächlich bei gepulsten Farbstofflasern eingesetzt werden, benutzt man bei kontinuierlichem Betrieb Lyot-Filter. Es handelt sich um ein doppelbrechendes Kristallplättchen, welches unter dem Brewster-Winkel im Strahl steht (Kap. 18). Die Abstimmung

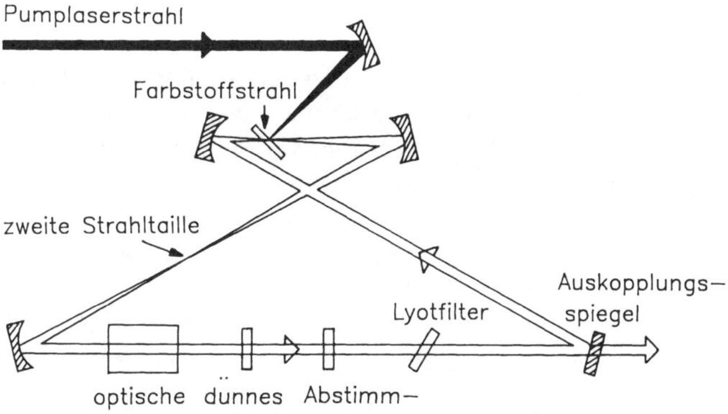

Bild 9.8. Ring-Farbstofflaser für den Monomode-Betrieb

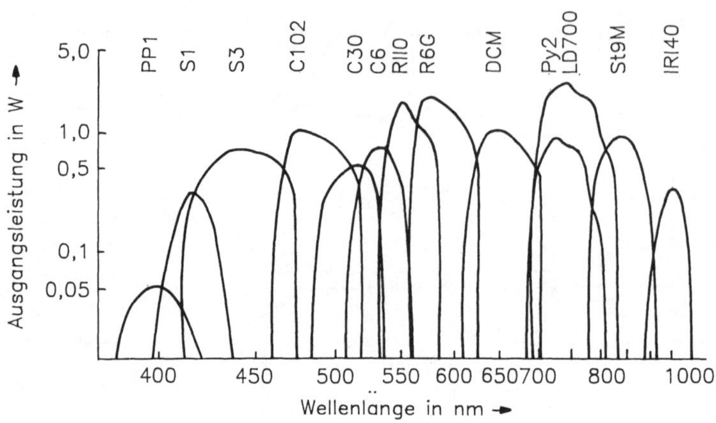

Bild 9.9. Abstimmbereiche und Ausgangsleistungen verschiedener Farbstoffe bei Anregung mit kontinuierlichem Ar^+- oder Kr^+-Laser. (Datenblatt der Firma Coherent Radiation). Vergleich mit Bild 9.5 zeigt, daß bei cw Lasern die Abstimmbereiche schmaler sind als bei Pulslasern

erfolgt über breite Bereiche von etwa 100 nm durch Rotation des Filters senkrecht zur Plattenebene. Man erhält hinter einem Analysator eine wellenlängenabhängige Transmission, die zu einer Linienbreite der Laserstrahlung von 0,1 nm ähnlich wie bei einem Gitter führt. Mit zusätzlichen Lyot-Filtern größerer Dicke oder FPI-Etalons kann die Strahlung weiter spektral eingeengt werden (Bilder 9.7 und 9.8). Für den Monomode-Betrieb werden etwa drei Filter bzw. zwei Etalons verwendet. Zur kontinuierlichen Durchstimmung eines Monomodelasers werden die Resonatorlänge sowie die Transmission der selektiven Elemente gleichzeitig verändert. Abstimmbereiche ohne Modensprünge von etwa 100 GHz werden erreicht.

Ultrakurze Pulse

In Lasern großer optischer Bandbreite treten normalerweise zahlreiche Moden auf. Durch das Verfahren der Modenkopplung können die einzelnen Wellen so überlagert werden, daß in regelmäßigen Abständen ($t = 2L/c$) kurze Pulse entstehen. Bei kontinuierlich gepumpten Farbstofflasern werden synchrones Pumpen und passive Modenkopplung eingesetzt (Abschn. 17.4).

Für das synchrone Pumpen werden modengekoppelte Ionenlaser verwendet. Derartige Ionenlaser liefern Pulse von 200 ps Dauer mit einer mittleren Leistung von etwa 1 W. Der Pumpstrahl wird in den Farbstoff nach Bild 9.7 eingestrahlt. Voraussetzung für die Erzeugung von ultrakurzen Pulsen ist, daß die Resonatorlängen von Pump- und Farbstofflaser bis auf wenige µm gleich sind. In diesem Fall wird die Verstärkung des Lasermediums mit der Umlauffrequenz des Lichtes im Resonator $f = c/2L$ moduliert. Dazu muß die Relaxationszeit des oberen Laserniveaus des Farbstoffes von etwa 5 ns kleiner sein als die Umlaufzeit $2L/c$ im Resonator. Im Gegensatz zur aktiven Modenkopplung werden nicht die Verluste, sondern die Verstärkung moduliert. Es entstehen dadurch im Farbstofflaser Pulse, die 2 bis 3 Zehnerpotenzen kürzer als die Pumpimpulse sind, so daß Pulsbreiten um 0,1 ps erzeugt werden können.

Noch kürzere Pulse bis zu 25 fs lassen sich mit passiv modengekoppelten Lasern erzielen. Hier wird mit kontinuierlichen Pumplasern gearbeitet. Dadurch entfällt die Notwendigkeit, die Längen von Farbstoff- und Pumplaser aufeinander zu stabilisieren. Die Modenkopplung wird durch einen sättigbaren Absorber bewirkt. Ursprünglich wurden Ringlaseranordnungen (ohne optische Diode) verwendet, ähnlich wie in Bild 9.8 dargestellt, jedoch mit einem zweiten Fokus. In diesen wird der sättigbare Absorber ebenfalls als Freistrahl angeordnet. In dem Laser bilden sich dann zwei umlaufende Impulse aus, die sich im Absorber treffen und ihn ausbleichen. Ein einzelner Impuls hätte geringere Intensität, würde den Absorber weniger ausbleichen und bildet sich daher nicht aus. Die nichtlineare Transmission führt bei jedem Umlauf zu einer Verkürzung der beiden Impulse bis sich ein Gleichgewicht mit pulsverlängernden Effekten (Gruppengeschwindigkeitsdispersion) einstellt. Das Verfahren wird als „colliding pulse modelocking“ (CPM) bezeichnet. Inzwischen wurde gezeigt, daß vergleichbare Pulsdauern auch mit passiven Absorbern in linearen Resonatoren nach Bild 9.7 erzeugt werden können.

Eine weitere Verkürzung bis in den Bereich einiger Femtosekunden kann durch Pulskompression in Glasfasern erfolgen (Tabelle 9.2), und der Lichtwellenzug besteht dann nur noch aus wenigen Wellenlängen.

Tabelle 9.2. Erzeugung ultrakurzer Pulse mit Farbstofflasern

Verfahren	Pulsdauer	Länge des Wellenzuges
Anregung mit Pulslaser	100 ps	500 000 Wellenlängen
Synchrones Pumpen	100 fs	50 Wellenlängen
Passive Modenkopplung	25 fs	12 Wellenlängen
+ Pulskompression	6 fs	3 Wellenlängen

Aufgaben

9.1 Ein cw-Farbstofflaser wird mit einem Argonlaser (Strahldivergenz 1 mrad) gepumpt. Der Pumpstrahl wird durch eine Linse mit $f = 5$ cm in die Farbstofflösung fokussiert, die mit einer Geschwindigkeit von $v = 50$ m/s strömt. Vergleichen Sie die Aufenthaltsdauer der Farbstoffmoleküle im Pumpstrahl mit der Triplett-Lebensdauer.

9.2 Ein Rh6G-Laser ($\lambda = 580\,\text{nm}$) wird mit einem Stickstofflaser ($\lambda = 337\,\text{nm}$) gepumpt. Wie hoch ist der maximal mögliche Wirkungsgrad?

9.3 Erklären Sie mit Hilfe strahlenoptischer Überlegungen die Funktion des 3-Spiegel-Resonators nach Bild 9.7.

9.4 Welchen Vorteil haben Ring-Farbstofflaser (Bild 9.8)?

9.5 Ein Farbstofflaser strahlt zwischen 560 und 650 nm. Schätzen Sie die minimale Pulsdauer bei Modenkopplung ab.

10. Halbleiterlaser

Kurz nach der Realisierung des ersten Lasers überhaupt wurde bereits 1961 über den Halbleiterlaser berichtet. Zunächst wurde nur gepulster Betrieb bei tiefen Temperaturen erreicht, aber später auch kontinuierlicher Betrieb bei Raumtemperatur. Der Halbleiterlaser ist von großem wirtschaftlichen Interesse und wird bereits jetzt in großen Stückzahlen in Konsumartikeln wie digitalen Musikrecordern, CD-ROMs als Massenspeicher für Personalcomputer und Laserdruckern eingesetzt. Die bedeutendsten Eigenschaften im Vergleich zu anderen Lasern sind:

1. Kleine Abmessungen im Mikro- bis Millimeterbereich, so daß die Halbleiterlaser leicht in andere Instrumente eingebaut werden können.
2. Direkte Anregung mit kleinen elektrischen Strömen und Spannungen, typisch sind 15 mA bei 2 V, so daß die Versorgung durch konventionelle Transistorschaltungen möglich ist.
3. Hoher Wirkungsgrad bis über 50 %.
4. Direkte Modulationsmöglichkeit über den Anregungsstrom mit Frequenzen von 0 bis über 10 GHz. Dies ist wichtig für die Anwendung zur Übertragung großer Datenraten über Glasfasern.
5. Integrierbarkeit mit elektronischen Komponenten und Schaltungen, sowie optischen Wellenleitern und anderen Elementen. Damit können komplexe optoelektronische Schaltkreise entweder auf der Basis von III-V-Verbindungen, aber neuerdings auch auf Siliziumsubstraten hergestellt werden.
6. Herstellung durch Halbleitertechnologie, die Massenproduktion zu geringen Kosten ermöglicht.
7. Kleine Strahldurchmesser, die direkt in Glasfasern zur optischen Nachrichtenübertragung eingekoppelt werden können.

Ein Nachteil ist, daß aufgrund der kleinen Abmessung die Strahlung durch Beugung stark divergent wird. Außerdem ist die Frequenzstabilität im Monomode-Betrieb relativ schlecht. Die Kohärenzlänge kann jedoch bis zu 30 m groß sein, so daß auch der Einsatz in der Holographie möglich ist. Die hauptsächliche Anwendung liegt jedoch in der Informations- und Meßtechnik.

Halbleiter- oder Diodenlaser, welche direkt durch elektrischen Strom gepumpt werden, können in drei Gruppen eingeteilt werden. (1) Kommerzielle Laser aus III-V-Verbindungen, wie GaAs, GaAlAs und InGaAsP, strahlen im Gelben, Roten und nahen Infraroten zwischen 600 und 1700 nm. Derartige Laser können kontinuierlich und gepulst bei Zimmertemperatur bis zu einigen mW und Wirkungsgraden bis 50 % betrieben werden. (2) Dagegen strahlen die Bleisalz-Diodenlaser im mittleren Infraroten zwischen 3 und 30 µm, und sie können nur bei tiefen Temperaturen $T < 100\,\mathrm{K}$ angeregt werden. Als dritte Gruppe können die grün, blau und ultraviolett emittierenden Laser angesehen werden. (3) Für grüne und blaue Diodenlaser werden II-VI-Halbleiter auf der Basis von ZnSe verwendet, für blaue und ultraviolette Laser das III-V-Material GaN. Diese kurzwelligen Laser befinden sich seit einigen Jahren in einer rasanten Entwicklung, die vor allem durch den möglichen Einsatz in der optischen Speichertechnik motiviert ist. Die mögliche Speicherdichte einer CD nimmt mit abnehmender Wellenlänge λ stark zu, da die minimale Fleckgröße das abtastenden Laserstrahls auf der Speicherplatte durch λ^2 gegben ist. Aber auch für Anwendungen in der spektroskopischen Analytik sowie eventuell für Mehrfarben-Laserdisplays sind kurzwellige Diodenlaser von großer zukünftiger Bedeutung.

Neben den Diodenlasern gibt es noch Halbleiterlaser, bei denen die Anregung durch optisches Pumpen oder durch Beschuß mit hochenergetischen Elektronen erfolgt. Auch mit diesen können sichtbare und ultraviolette Wellenlängen bis unter 400 nm erzeugt werden. Wegen der gegenwärtig geringen technischen Bedeutung werden diese Lasertypen hier nicht behandelt.

10.1 Lichtverstärkung in p-n-Dioden

In Halbleitern sind die Energiezustände der Elektronen nicht scharf, wie in Gasen, sondern durch breite Bänder gegeben. Bei p-Leitern ist das untere Band (Valenzband *VB*) mit positiven Löchern dotiert. Dagegen ist bei n-Leitern das obere Band (Leitungsband *LB*) mit Elektronen dotiert (Bild 10.1). Positive Löcher p bzw. bewegliche Elektronen n werden durch Akzeptor- bzw. Donatoratome mit einer Konzentration von z. B. $> 10^{18}\,\mathrm{cm}^{-3}$ erzeugt. Die Energieniveaus der kontinuierlichen Bänder sind etwa bis zur Fermikante F_L bzw. F_V mit Elektronen bzw. Löchern besetzt. Da hohe Dotierungen verwendet werden, befinden sich die Fermienergien in den Bändern und nicht dazwischen, wie bei schwachen Dotierungen. Bringt man p- und n-Leiter in engen Kontakt, so entsteht eine p-n-Diode, das Grundelement des Halbleiterlasers. Es diffundieren solange Elektronen ins p-Gebiet und Löcher ins n-Gebiet, bis die entstehende Raumladung und Potentialdifferenz

$$V_\mathrm{D} \approx \frac{kT}{e} \ln\left(\frac{N_\mathrm{A} N_\mathrm{D}}{n_1^2}\right) \tag{10.1}$$

so groß ist, daß die Fermikanten im p- und n-Leiter zusammenfallen. Dabei bedeuten N_A und N_D die Dichten der Akzeptoren und Donatoren in p- bzw. n-Leiter, und n_1 ist die relative geringe thermisch erzeugte Elektronendichte

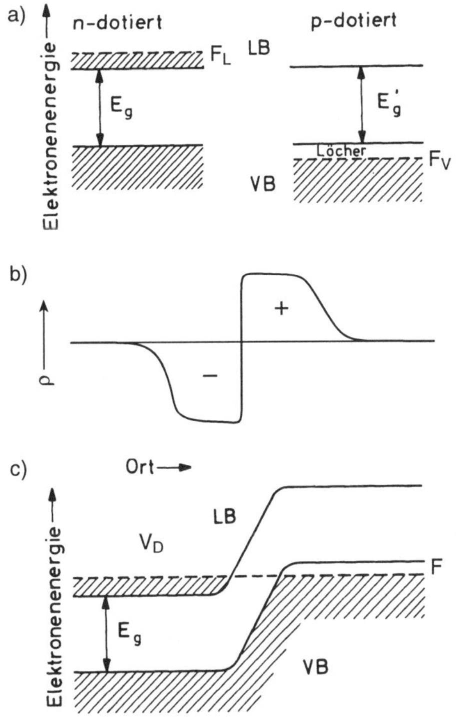

Bild 10.1. Aufbau eines Diodenlasers als pn-Übergang bei hoher Dotierung, (**a**) Energiebänder getrennter Halbleiterbereiche mit hoher n- bzw. p-Dotierung, E_g = Bandlücke (bandgap), F = Fermikante, LB, VB = Leitungs- bzw. Valenzband. (**b**) Befinden sich n- und p-Bereiche in Kontakt, so diffundieren Elektronen ins p-Gebiet und Löcher ins n-Gebiet. Es entsteht eine Raumladung ϱ und (**c**) eine Anhebung der Elektronenenergie im p-Bereich mit einer Potentialdifferenz V_D, die die Diffusion begrenzt

im undotierten Halbleiter. Die in Bild 10.1c dargestellte Ortsabhängigkeit der Elektronenenergien V folgt aus dem Zusammenhang

$$-\partial^2 V/\partial x^2 = \varrho/\varepsilon\,. \tag{10.2}$$

Wird eine Spannung U von der Größenordnung der Energielücke ($eU \approx E_g$) in Durchlaßrichtung der Diode gelegt, so entsteht ein Fluß von Elektronen und positiven Löchern in entgegengesetzten Richtungen. Freie Elektronen im Leitungsband driften in den p-Bereich und positve Löcher im Valenzband in den n-Bereich. Es entsteht somit eine schmale Zone, die eine Besetzungsinversion aufweist (Bild 10.2). Die Dicke d wird hauptsächlich durch die Diffusionskonstante D der Elektronen in der p-Schicht und Rekombinationszeit τ bestimmt: $d = \sqrt{D \cdot \tau}$. Für GaAs erhält man mit $D = 10\,\mathrm{cm^2/s}$ und $\tau = 10^{-9}\,\mathrm{s}$ eine Dicke $d \approx 1\,\mu\mathrm{m}$. In diesem schmalen Bereich ist Lichtverstärkung und Lasertätigkeit möglich.

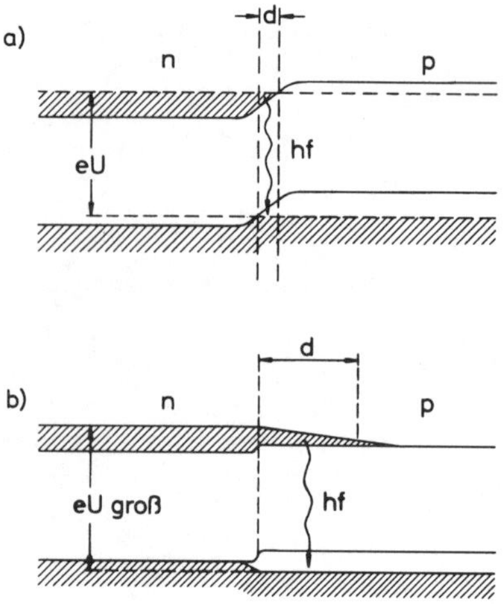

Bild 10.2 a,b. Entstehung von Strahlung im Diodenlaser durch Rekombination von Elektronen mit Löchern bei Anlegen einer Spannung U in Durchlaß-Richtung. Die Spannung vermindert die Potentialdifferenz zwischen n- und p-Gebiet. (**a**) kleine Spannung (**b**) größere Spannung

10.2 GaAlAs- und InGaAsP-Laser

Die am häufigsten verwendeten Lasermaterialien sind Gallium-Aluminium-Arsenid und Indium-Gallium-Arsenid-Phosphid. Die Elemente Al, Ge, In gehören zur III. Gruppe des chemischen Periodensystems, die Elemente P, As zur V. Gruppe. Deshalb werden diese Mischkristallsysteme als III-V-Halbleiter bezeichnet im Gegensatz zu den II-VI-Halbleitern wie z. B. CdS und ZnSe.

Die Wellenlängen der Laserdioden hängen vom Bandabstand des Halbleiters ab, in welchem Elektronen und Löcher rekombinieren. In binären Halbleitern aus zwei Komponenten hat der Bandabstand einen festen Wert, welcher bei GaAs 1,4 eV beträgt, was einer Wellenlänge von 0,9 µm entspricht. Bei Halbleitern aus drei oder vier Komponenten kann durch das Mischungsverhältnis der Bandabstand nach Bild 10.3 variiert werden. Im Fall von GaAlAs liegt die Variation längs der gestrichelten Linie zwischen 1,4 und 2,0 eV, d. h. zwischen 0,9 und 0,7 µm. Für den Halbleiter InGaAsP ist die Wellenlängenvariation nach Bild 10.3 größer. Für Diodenlaser sind Halbleiter mit direkten Bandabständen erforderlich; indirekte Abstände sind ungeeignet und in Bild 10.3 speziell markiert. Eine weitere Einschränkung ist, daß Halbleiterschichten am einfachsten auf Substrate aufgewachsen werden, die etwa gleiche atomare Gitterkonstanten besitzen. Aus diesem Grund läßt sich $\mathrm{Ga}_{1-x}\mathrm{Al}_x\mathrm{As}$ auf GaAs und $\mathrm{In}_{1-x}\mathrm{Ga}_x\mathrm{As}_y\mathrm{P}_{1-y}$ mit $0 \leq x \leq 1$ und $y \approx 2{,}2x$ auf InP gut produzieren. Derartige InGaAsP-Laser können im Bereich von 1000 bis 1700 nm hergestellt werden. Kürzere Wellenlängen bis 0,65 µm, d. h. rotes sichtbares Licht, kann mit InGaAsP auf InGaP erzeugt werden. Gelbe Diodenlaser bis 570 nm verwenden AlGaInP.

Bei GaAlAs-Lasern besteht das Problem der Oxidation des Aluminiums, was zur Beschädigung der Endflächen durch Absorption des Laser-

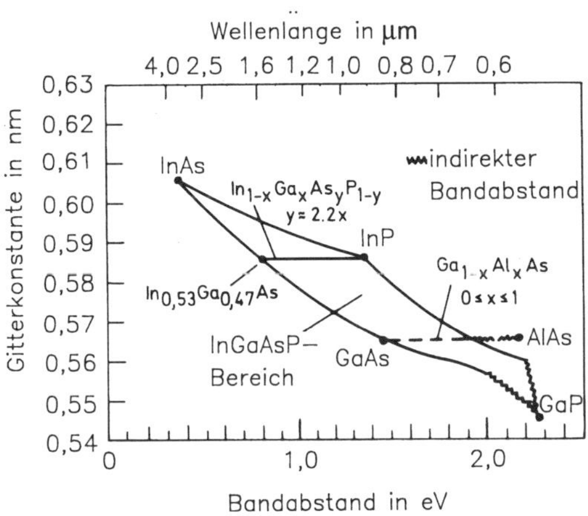

Bild 10.3. Bandabstände und Gitterkonstanten für InGaAsP und GaAlAs. Für InGaAsP liegen die Größen innerhalb der *markierten Fläche*, für GaAlAs auf der *gestrichelten Linie*. Halbleiter mit indirektem Bandabstand sind für Diodenlaser ungeeignet (nach Hecht)

lichts führen kann. Um dies zu verhindern, wird möglichst aluminiumfreies InGaAsP eingesetzt.

Beim Fertigungsprozeß ist eine genaue Kontrolle der Wellenlänge des Lasers nur innerhalb einer Unsicherheit im Nanometerbereich möglich. Für die Nachrichtenübertragung sind Wellenlängen um 1,3 und 1,6 µm besonders geeignet, da optische Fasern in diesem Bereich eine minimale Dämpfung und Dispersion aufweisen. GaAlAs-Laser um 780 nm werden in großen Stückzahlen für die optische Abtastung von Tonträgern eingesetzt.

Homostrukturlaser

Den schematischen Aufbau eines Diodenlasers zeigt Bild 10.4. Zwei planparallele Stirnflächen, die durch Spalten des Kristalls erzeugt werden können, bilden den Resonator. Da z. B. der Brechungsindex des GaAs-Halbleiters $n =$ 3,6 beträgt, errechnet sich die Reflexion zu $R = [(n - n') / (n + n')]^2 = 0{,}32$ mit $n' = 1$ für Luft. Eine zusätzliche Verspiegelung ist nicht unbedingt notwendig, da die Verstärkung von Diodenlasern sehr hoch ist. Die anderen Flächen des Kristalls sind rauh, so daß keine Oszillationen in unerwünschten Bereichen auftreten. Aufgrund der Beugung an den schmalen Querschnitten liegt die Divergenz der austretenden Strahlung um 30° quer zur aktiven Schicht. In der anderen Richtung ist die Divergenz kleiner, da die Schichtbreite größer als die Dicke d ist.

Beim Homostruktur-Laser nach Bild 10.4 besteht die p- und n-Schicht aus demselben Material, welches unterschiedlich dotiert ist. Eine Führung des Strahls in der laseraktiven Schicht ist kaum gegeben, und der Strahl kann in nicht laser-aktive Bereiche eindringen. Dadurch entstehen Verluste und der Schwellstrom für den Einsatz der Lasertätigkeit ist hoch. Bei Zimmertemperatur liegt er bei etwa 100 kA/cm^2, so daß ein kontinuierlicher Betrieb nicht möglich ist.

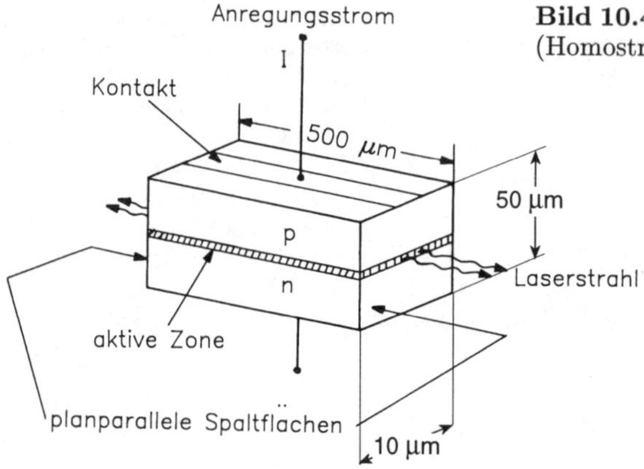

Bild 10.4. Aufbau eines Diodenlasers (Homostruktur) (nach Bleicher)

Doppel-Heterostruktur

Eine beträchtliche Verringerung der Schwellstromdichte und des Schwellstroms erhält man durch Laser mit Doppel-Heterostruktur nach Bild 10.5. Durch ein geeignetes Profil des Brechungsindex wird der Laserstrahl genauer in der aktiven Zone geführt, so daß die Verluste wesentlich geringer sind. Die aktive Zone besteht aus einer 0,1 bis 0,5 µm dicken GaAs-Schicht und einem Übergang zu einem p-GaAlAs- und einem n-GaAlAs-Bereich (Bild 10.5). Löcher und Elektronen aus dem p- und n-Bereich werden in die aktive GaAs-Zone injiziert, in welcher die Überbesetzung entsteht.

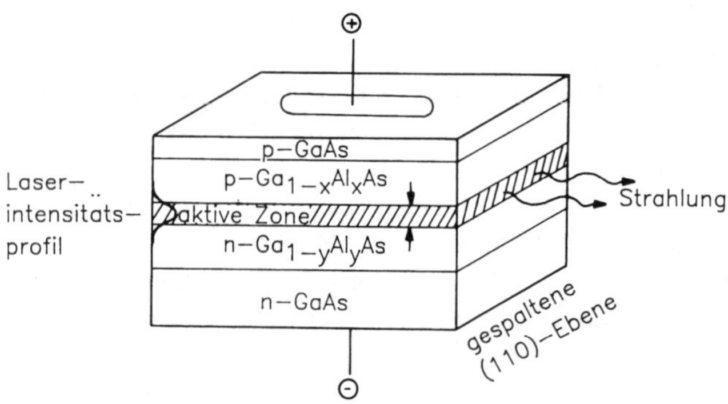

Bild 10.5. Aufbau eines Diodenlasers mit Doppel-Heterostruktur (nach Kneubühl, Sigrist)

In Bild 10.6 sind die Energiebänder eines Heterostrukturlasers dargestellt. GaAlAs hat gegenüber GaAs einen vergrößerten Bandabstand. Es entsteht daher in der aktiven GaAs-Schicht eine Potentialmulde für die Elektronen des oberen Leitungsbandes und ein Berg für die positiven Löcher des Valenzbandes. Damit wird eine Diffusion von Elektronen und Löchern aus dem eng begrenzten Lasermedium verhindert. Ein weiterer wichtiger Vorteil liegt darin, daß der Brechungsindex von GaAlAs etwa 5 % kleiner ist als von GaAs. Das Profil des Brechungsindex wirkt wie ein Wellenleiter (siehe Kap. 12), und die Ausdehnung des Laserstrahls quer zur aktiven Schicht wird eingeengt. Die Einengung der aktiven Zone und der Lasermoden führt zu einer Reduktion des Schwellstromes von etwa 100 kA/cm^2 auf 1 kA/cm^2. Dadurch wird ein kontinuierlicher Laserbetrieb bei Zimmertemperatur möglich.

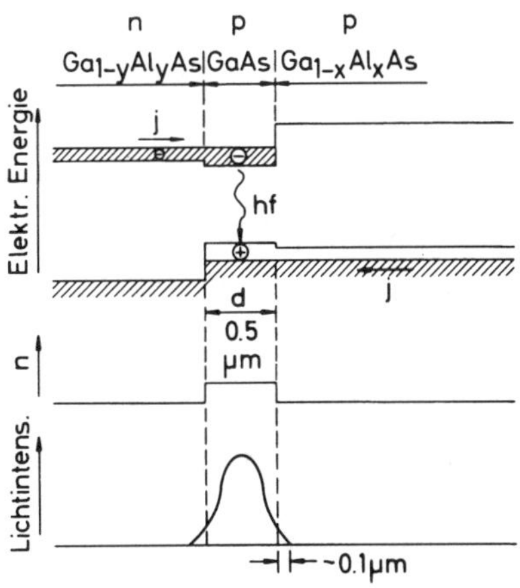

Bild 10.6. Energiebänder der Elektronen und Löcher in einem Doppel-Heterostruktur-Laser, sowie örtliche Verteilung des Brechungsindex und der Lichtintensität (nach Yariv)

Streifenlaser

Eine weitere Verringerung der notwendigen Anregungsströme und eine Verbesserung der Strahleigenschaften erhält man durch eine seitliche Führung des Stromes und der Strahlung in der aktiven Schicht. Durch eine hinreichend schmale aktive Zone wird nur der transversale Grundmode zugelassen, was die Stabilität der Emission erhöht. Die Einengung der Laserzone kann durch eine streifenförmige Stromzufuhr (Bild 10.7) erfolgen. Der Anregungsstrom fließt nur durch einen schmalen Bereich, da die seitlichen Bereiche hochohmig sind. Die Verstärkung ist auf einen schmalen Bereich konzentriert. Man nennt diese Lasertypen *gewinngeführt* (gain guided). Nachteilig ist es, daß weder der Strom noch die Strahlung seitlich exakt begrenzt werden.

Eine präzise seitliche Begrenzung erhält man bei *indexgeführten* Lasern, welche in der „buried heterostructure“ Anordnung in Bild 10.7 dargestellt ist. Bei diesem Lasertyp wird die aktive Zone seitlich durch eine n-Schicht begrenzt. Dadurch wird der Strom präziser durch das aktive Medium geführt.

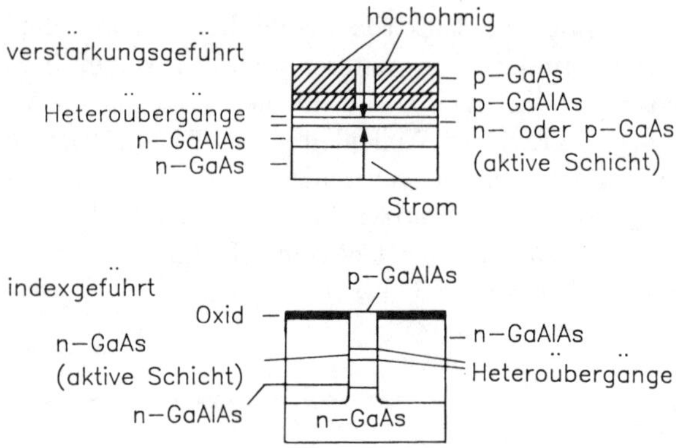

Bild 10.7. Streifenförmige Diodenlaser: verstärkungs- und indexgeführt (nach Hecht)

Zusätzlich fällt der Brechungsindex seitlich ab, so daß eine Wellenleiter-Struktur entsteht. Damit wird ein kontinuierlicher Monomodenbetrieb erreicht. Durch die Streifenstruktur wird die Einkopplung in optische Fasern erleichtert. Für indexgeführte Diodenlaser liegt der Schwellstrom um 10 mA bei Raumtemperatur.

Um die Ausgangsleistung zu erhöhen, kann bei Breitstreifen-Lasern auf den transversalen Grundmodenbetrieb verzichtet und eine breite aktive Zone von etwa 50 µm verwendet werden.

Um Grundmodebetrieb und damit hohe Strahlqualität zu erreichen, werden Laseroszillator-Verstärker-Systeme (engl. master oscillator power amplifier oder MOPA, Bild 10.8) verwendet. Dabei wird ein Grundmodelaser niedriger Leistung durch eine trapezförmige Breitstreifendiode verstärkt. Die Endflächen dieser Diode sind entspiegelt, so daß diese nicht die Laserschwelle erreicht. Durch die Verstärkung werden Leistungen im Wattbereich erzielt.

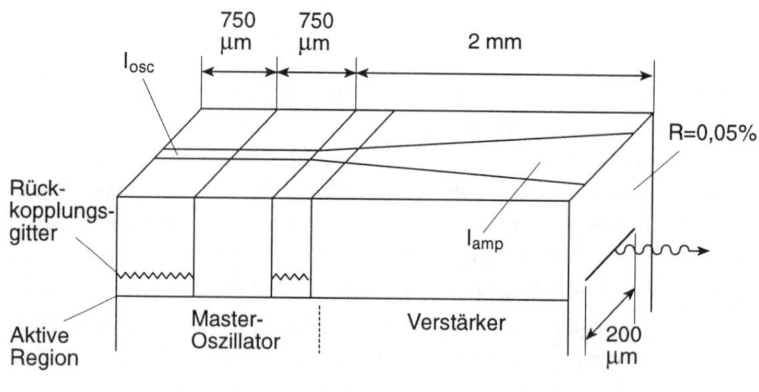

Bild 10.8. Schema einer Diodenlaser-Oszillator-Verstärker-Konfiguration mit einem „tapered amplifier" (nach Peuser, Fa. Daimler-Benz)

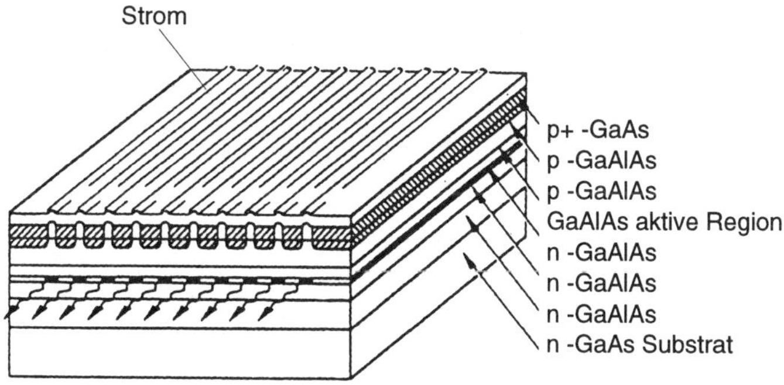

Bild 10.9. Diodenlaser-Array aus mehreren parallel angeordneten Laserdioden-Streifen („multi-stripe gain-guided array")

Laserarrays und -stapel

Auf einem Träger können mehrere Streifenlaser parallel nebeneinander angeordnet werden, wodurch „arrays" gebildet werden (Bild 10.9). Diese liefern kontinuierliche Leistungen bis zu 100 W. Eine wichtige Anwendung besteht im Pumpen von Festkörperlasern, insbesondere Nd-Lasern.

Schließlich können mehrere Arrays zu einem Stapel (engl. stack) zusammengefaßt werden, so daß sich kontinuierliche Ausgangsleistungen bis in den Kilowattbereich ergeben (Bild 10.10 und 10.11). Die Strahlqualität ist dann zwar gering, aber derartige Anordnungen können dennoch zur Materialbearbeitung, z. B. für Schweißungen mit Nahtbreiten im Millimeterbereich eingesetzt werden.

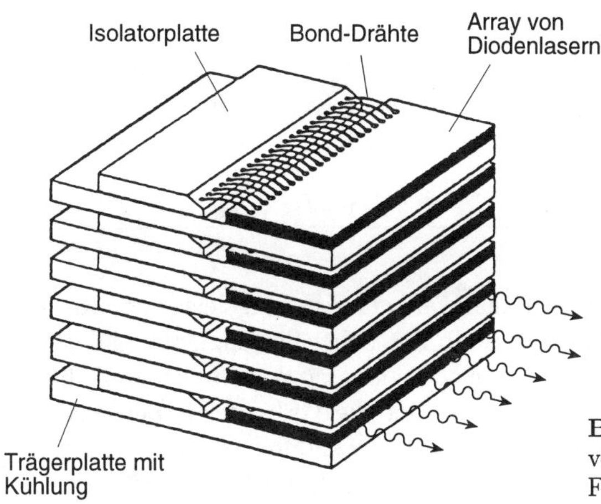

Bild 10.10. Stapel oder Stack von Laserarrays (nach Peuser, Fa. Daimler-Benz, Ottobrunn)

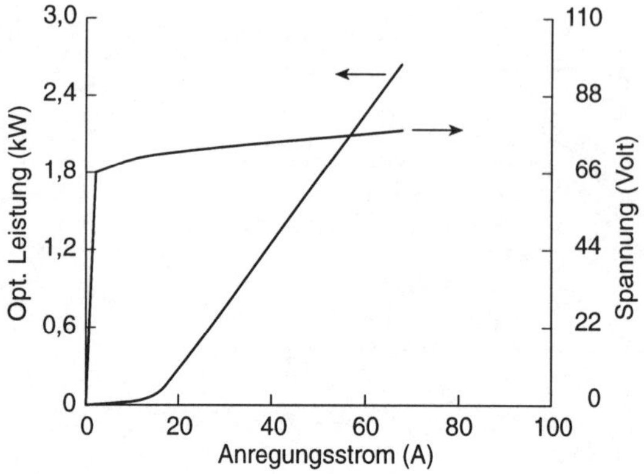

Bild 10.11. Ausgangsleistung und Strom eines Hochleistungsdiodenlaserstapels

Strahlungscharakteristiken

Am weitesten verbreitet sind kommerzielle GaAs-GaAlAs-Laser mit Wellenlängen zwischen 770 und 900 nm (Tabelle 10.1). Die Leistung im kontinuierlichen Betrieb liegt bis zu 50 mW bei einem Wirkungsgrad über 10 %. Der differentielle Wirkungsgrad liegt mit 30 bis 50 % höher. Auch InGaAsP-InP-Laser werden als Doppel-Heterostrukturen aufgebaut.

Tabelle 10.1. Typische Daten von Halbleiterlasern im kontinuierlichen Betrieb (nach Kneubühl, Sigrist)

Lasertyp	Wellenlänge in μm	Temperatur in K	Leistung in mW	Schwellstrom in mA
InGaAsP/InGaP	0,65. . . 0,7	300	10	100
GaAlAs	0,78. . . 0,88	300	100	10
InGaAsP	1,2. . . 1,6	300	50	10
PbCdS	2,8. . . 4,2	100	1	500
PbSSe	4,0. . . 8,5	100	1	500
PbSnTe	6,5. . . 32	100	1	500
PbSnSe	8,5. . . 32	100	1	500

Der Diodenlaser zeigt eine Abhängigkeit der Ausgangsleistung vom Anregungsstrom nach Bild 10.12. Unterhalb der Schwelle (engl. threshold) I_{th} erhält man spontane Emission mit großer spektraler Bandbreite ähnlich wie bei einer Leuchtdiode. An der Schwelle werden die Verluste kompensiert und induzierte Emission setzt ein. Oberhalb der Schwelle hängt die Ausgangsleistung linear vom Pumpstrom ab, wie bereits in Abschn. 2.7 angedeutet. Die lineare Abhängigkeit ist darauf zurückzuführen, daß näherungsweise ein konstanter Anteil der als Strom injizierten Elektronen zur Emission von Photonen führt. Die Abhängigkeit der Ausgangsleistung von der Spannung ist komplizierter, da bereits im idealisierten Fall ein exponentieller Zusammenhang

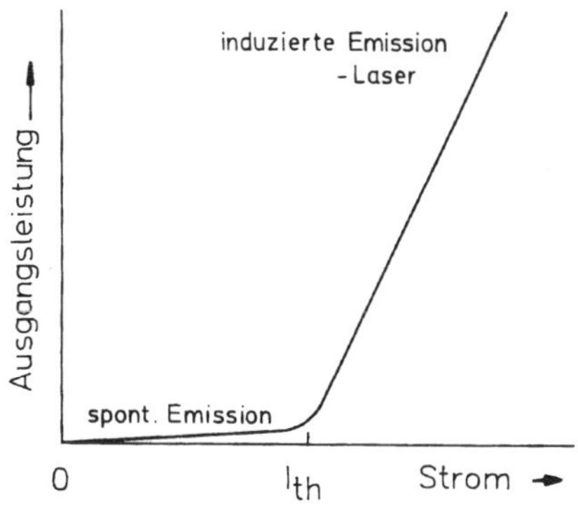

Bild 10.12. Abhängigkeit der Intensität der Laserstrahlung vom Strom (I_{th} = Schwellstrom)

zwischen Strom und Spannung besteht. Aus diesem Grund werden Diodenlaser auch mit Stromregelung betrieben, die Spannungsvariation ist dabei relativ gering. Die Ausgangsleistung ist stark temperaturabhängig. Zur Charakterisierung wird oft der mit der Temperatur T ansteigende Schwellstrom

$$I_{\mathrm{S}} \sim \exp(T/T_0)$$

betrachtet und die charakteristische Temperatur T_0 angegeben. Diese beträgt z. B. für einen AlGaAs-Laser etwa 200 K und für einen GaInAsP-Laser etwa 50 K. Die Entwicklung temperaturstabiler Laser ist Ziel laufender Forschungsarbeiten, um relativ aufwendige Temperaturregelungen zu vermeiden.

Das spektrale Verhalten eines Diodenlasers ist in Bild 10.13 dargestellt.

Bei hohen Strömen kann sich bei Streifenlasern ein longitudinaler Mode durchsetzen. Die in Bild 10.12 gezeigte Tendenz ist typisch, jedoch erreichen nicht alle Lasertypen Monomodebetrieb. Zur Verbesserung der longitudinalen Modenselektion kann in eine Deckschicht über der aktiven Zone eine Gitterstruktur mit einer Periode $\Lambda = m\lambda_0/2n_0$ eingeätzt werden, wobei λ_0 die Emissionswellenlänge, n_0 die zugehörige effektive Brechzahl der Wellenleiterstruktur und m eine ganze Zahl ≥ 1 bedeutet. Die Reflexionen des Laserlichtes an den Gitterfurchen ersetzen die Reflexionen an den Endflächen, was als distributed feedback bezeichnet wird. Konstruktive Überlagerung der von den verschiedenen Gitterfurchen reflektierten Teilwellen führt zu einer erhöhten Reflexion der entsprechenden Wellenlänge und damit zur Frequenzselektion bis zum Monomodebetrieb derartiger DFB-Laser. Ähnlich aufgebaut sind DBR-Laser, bei denen die reflektierende Gitterstruktur (engl. distributed Bragg reflector) außerhalb des aktiven Bereichs angebracht ist und dort die spiegelnden Endflächen ersetzt. Laser im longitudinalen Einmodenbetrieb haben eine Kohärenzlänge bis zu 30 m. Durch Temperaturschwankungen kommt es bei Einmodenlasern häufig zu Modensprüngen.

Bei großer Breite der aktiven Zone ist die Intensitätsverteilung der Strahlung am Austritt aus der aktiven Zone durch die Erscheinung des Fadenlasens gekennzeichnet. Nach der Überschreitung des Schwellstromes beginnt die aktive Zone nicht in der gesamten Breite homogen zu strahlen. Es bil-

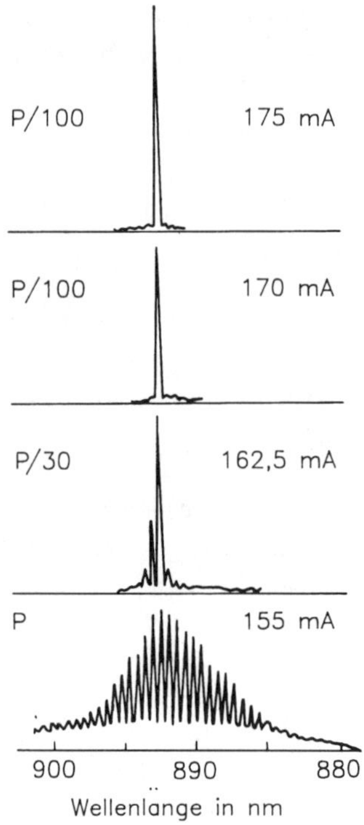

Bild 10.13. Emissionsspektrum einer Laserdiode (Streifenlaser) in Abhängigkeit vom Pumpstrom (Schwellstrom 155 mA). Nach Einsetzen der induzierten Emission entwickelt sich mit zunehmender Anregung eine Monomodeschwingung (Man beachte die Änderung im Maßstab der Laserleistung P)

den sich 2 bis 10 µm breite „Fäden", die getrennt voneinander emittieren. Mit steigendem Strom vermehren sich die Fäden und ändern ihre Lage, was zu einem starken Rauschen führt. Die Ursache dafür sind verschiedene Inhomogenitäten in der aktiven Zone. Jeder der Fäden strahlt mit unterschiedlicher Frequenz oder Phase und bewirkt eine Strahlaufweitung in der Richtung der aktiven Schicht. Die Intensitätsverteilung senkrecht dazu ist kosinusförmig und fällt an den angrenzenden Bereichen exponentiell ab. Es können in Schichtrichtung auch höhere Hermite-Gauß-Moden auftreten, wie in Kap. 12 und 13 beschrieben. Durch Begrenzung der aktiven Breite auf 10 µm kann eine Emission im transversalen Grundmode erreicht werden, wie in Bild 10.13 dargestellt. Wegen der Strahlführung senkrecht zur Schichtebene hat der Grundmode hier keinen kreisförmigen, sondern elliptischen Querschnitt.

Die beugungsbedingte Abstrahlcharakteristik in den Ebenen senkrecht und parallel zum p-n-Übergang wird durch die Öffnungswinkel $\Delta\Theta_\perp$ und $\Delta\Theta_\parallel$ beschrieben (Bild 10.13). Dabei werden die Winkel für den Abfall der Intensität auf die Hälfte des Maximalwertes angegeben. Der Winkel $\Delta\Theta_\parallel$ hängt von der Breite der Laserschicht ab, wobei Werte zwischen 5° und 40° typisch sind. $\Delta\Theta_\perp$ ist durch die Dicke d der Schicht und die Brechungsindizes der aktiven Zone und der umgebenden Schichten gegeben. Typische Werte liegen zwischen 40° und 80°.

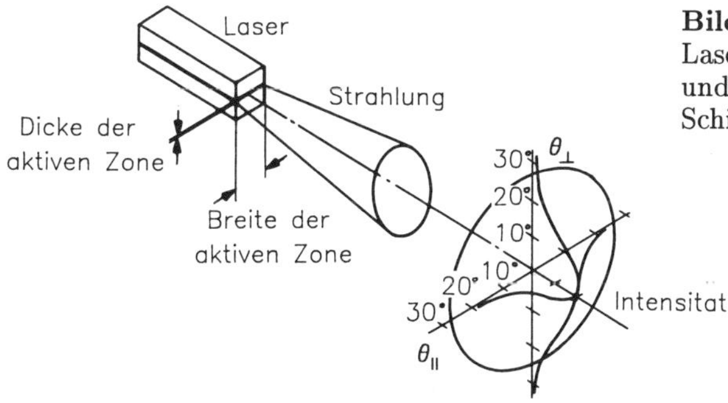

Bild 10.14. Intensität einer Laserdiode senkrecht ($\Theta_\perp$) und parallel ($\Theta_\|$) zur aktiven Schicht (nach Bleicher)

Quantengraben- und Quantentopflaser

Durch besondere Verfahren (z. B. Molekularstrahl-Epitaxie) können aktive Schichten mit Dicken von $d \lesssim 30\,\text{nm}$ hergestellt werden. Diese Dicke ist von der Größenordnung der de Broglie-Wellenlänge λ der Elektronen ($\lambda = h/p$, mit $p =$ Impuls). Die injizierten Elektronen und Löcher befinden sich damit in einem „Potentialtopf" und bilden stehende Materiewellen. Die Energiezustände des Valenz- und Leitungsbandes sind somit quantisiert. Anstelle der Bandstruktur entstehen diskrete Energiezustände (Bild 10.15). Die Laserstrahlung wird durch induzierte Übergänge zwischend diesen Niveaus erzeugt. Ein typischer Quantengraben- oder „Quantum well"-Laser besteht aus einer aktiven GaAs-Schicht umgeben von GaAlAs. Auch aus anderen Halbleitermaterialien können solche Laser aufgebaut werden. Mehrere Quantengräben mit Zwischenschichten können zu einem Stapel zusammengefaßt werden und bilden dann einen „multiple quantum well", der z. B. zum Aufbau oberflächenemittierender Laser verwendet wird.

Der Vorteil des „quantum well"-Lasers liegt in einer weiteren Verringerung des Schwellstromes um das Zwei- bis Dreifache. Außerdem ist die Temperaturabhängigkeit des Schwellstromes geringer, so daß kontinuierlicher Betrieb bis

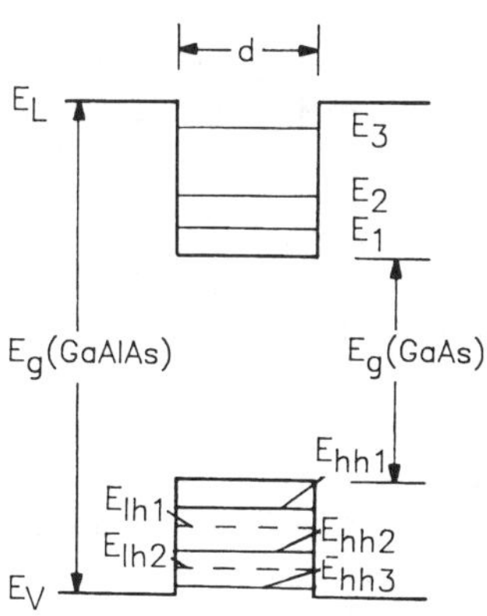

Bild 10.15. Bandstruktur bei einem „Quantum-well" Laser (nach Kneubühl, Sigrist), E_n sind Energiezustände von Elektronen mit $n = 1, 2, 3 \ldots$, $E_{\text{hh}n}$ die Energiezustände von schweren Löchern (heavy holes), $E_{\text{lh}n}$ die von leichten Löchern (light holes)

zu 100 mW bei Raumtemperatur möglich ist. Die Laserstrahlung kann bis in den roten Bereich um 700 nm reichen. Die Lebensdauer beträgt bis zu 10^5 Stunden. „Quantum well“ Laser werden auch als Streifenlaser ausgebildet und zu „arrays“ angeordnet.

Bei einem Quantengraben ist die Bewegung der Elektronen in einer Richtung eingeschränkt. Nur nach den zwei Dimensionen parallel zur Schichtoberfläche ist eine freie Elektronenbewegung möglich. Eine weitere Reduktion der Dimensionalität ergibt sich für Quantendrähte und Quantenpunkte. Letzteres werden durch kleine Quader, Kugeln oder Pyramiden aus Halbleitermaterial realisiert, so daß die Elektronenbewegung in allen drei Raumrichtungen quantisiert ist. Mehrere Quantenpunkte (engl. quantum dots), die in einer geeeigneten Matrix eingebettet sind, bilden effektive Lasermaterialien. Ein theoretischer Vorteil derartiger Quantenpunktlaser ist eine sehr geringe Temperaturabhängigkeit der Emissionswellenlänge, was für die Nachrichtenübertragung auf Glasfasern und andere wellenlängenempfindliche Anwendungen von Bedeutung sein könnte.

Daten kommerzieller Laser

Bei GaAlAs wird durch Veränderung der Al-Konzentration der Bandabstand und damit die Wellenlänge von 770 bis 900 nm variiert. Bei InGaAsP liegt der Bereich kommerzieller Dioden zwischen 1,3 und 1,6 und bei InGaAs um 1,06 µm. Laser mit dieser Wellenlänge werden als Ersatz oder zur Simulation von Nd: YAG-Lasern verwendet. Neuerdings gibt es kontinuierliche InGaAsP-Laserdioden im roten Bereich. Eine Zusammenstellung einiger Laserdioden mit zusätzlichen Daten zeigt Tabelle 10.1.

Die Bandbreite von Laserdioden liegt zwischen 0,1 nm für Monomode-Laser und 100 nm in gepulsten Lasern. Die Wellenlänge verschiebt sich um 0,25 nm/ °C ($Ga_xAl_{1-x}As$) und 0,5 nm/ °C ($In_xGa_{1-x}As_yP_{1-y}$). Oft strahlen die Laser in mehreren Moden, und es treten aufgrund von Temperaturänderungen Modensprünge auf (Modenabstand $\Delta\lambda = \lambda^2/2nL \approx 0{,}6\,\mathrm{nm}, n =$ Brechungsindex, $L =$ Resonatorlänge).

Zum Betreiben von kontinuierlichen Laserdioden benötigt man eine Konstantstromquelle, welche gegen Schaltspitzen abgeschirmt ist, da sonst der Laser zerstört werden kann.

10.3 Frequenzabstimmung von Diodenlasern

Laseremission ist in Diodenlasern über einen Spektralbereich von etwa 10 % der Zentralwellenlänge möglich. Im folgenden Abschnitt wird die Entstehung dieser großen Linienbreite erläutert und gleichzeitig ein Einblick in die festkörperphysikalische Theorie der Halbleiterlaser gegeben.

Anschließend wird der Aufbau frequenzvariabler Diodenlaser diskutiert.

Frequenzabhängige Lichtverstärkung in Halbleitern

Licht wird in Halbleitern analog zu atomaren Systemen verstärkt, wenn genügend angeregte Elektronen im Leitungsband vorhanden sind, so daß die induzierte Emission die Absorption durch die Elektronen im Valenzband überwiegt. Der Verstärkungskoeffizient $g(f)$ ist frequenzabhängig, weil induzierte Emission von besetzten Zuständen verschiedener Energie im Leitungsband zu verschiedenen freien Zuständen im Leitungsband stattfinden kann.

Wegen der Auswahlregel $\Delta k = 0$ entsprechen verschiedene Frequenzen f verschiedenen Wellenvektoren k der Elektronen. Der Verstärkungskoeffizient $g(k)$ läßt sich wie in Kap.2 aus der Differenz der Besetzungszahlen errechnen, wobei die Besetzungszahldichte hier durch das Produkt aus der jeweiligen Zustandsdichte $\varrho(k) = k^2/\pi^2$ und der Besetzungswahrscheinlichkeit f_c und f_v gegeben ist. Die Zustandsdichte im k-Raum ist für das Valenzband und das Leitungsband gleich.

Damit ergibt sich der Verstärkungskoeffizient zu:

$$g(k) = \frac{B}{c}\varrho(k)\,(f_\mathrm{c} - f_\mathrm{v}) = \frac{B}{c}\frac{k^2}{\pi^2}\,(f_\mathrm{c} - f_\mathrm{v})\,. \tag{10.3}$$

Der Einsteinkoeffizient B wird oft als näherungsweise konstant angenommen. c ist die Lichtgeschwindigkeit im verstärkenden Halbleitermaterial.

Aus $g(k)$ läßt sich der frequenzabhängige Verstärkungskoeffizient berechnen. Um einen Zusammenhang zwischen k und der Emissionsfrequenz f herzustellen, werden parabolische Bänder angenommen:

$$E_a - E_\mathrm{c} = \frac{\hbar^2 k^2}{2m_\mathrm{c}}\,, \tag{10.4}$$

$$E_b - E_\mathrm{v} = -\frac{\hbar^2 k^2}{2m_\mathrm{v}}\,. \tag{10.5}$$

Dabei ist E_a die Energie eines Elektrons im Leitungsband mit der effektiven Masse m_c und E_b die Energie im Valenzband. Durch Differenzbildung ergibt sich

$$hf - E_g = (E_a - E_b) - (E_\mathrm{c} - E_\mathrm{v}) = \frac{\hbar^2 k^2}{2}\left(\frac{1}{m_\mathrm{c}} + \frac{1}{m_\mathrm{v}}\right) = \frac{\hbar^2 k^2}{2m_\mathrm{r}}\,. \tag{10.6}$$

Dabei wird m_r als reduzierte effektive Masse eines Elektron-Loch-Paares bezeichnet. Der frequenzabhängige Verstärkungskoeffizient ist gegeben durch

$$g(f) = \frac{B}{c}g(k)\frac{\mathrm{d}k}{\mathrm{d}f}\,. \tag{10.7}$$

Aus (10.6) folgt

$$\frac{\mathrm{d}k}{\mathrm{d}f} = 2\pi\left(\frac{m_\mathrm{r}}{2}\right)^{1/2}(hf - E_g)^{-1/2}\,. \tag{10.8}$$

Zusammengefaßt ergibt sich aus (10.3) sowie (10.6) bis (10.8):

$$g(f) = \frac{B(2m_{\mathrm{r}})^{3/2}}{c\pi\hbar^2}(hf - E_g)^{1/2}(f_{\mathrm{c}} - f_{\mathrm{v}})\,. \tag{10.9}$$

Für die Besetzungswahrscheinlichkeiten der vorhandenen Zustände wird meist eine Fermi-Verteilung für die Elektronen im Leitungsband angenommen

$$f_{\mathrm{c}} = \frac{1}{1 + \exp\left((E_a - F_{\mathrm{c}})/kT\right)} \tag{10.10}$$

und ebenso im Valenzband

$$f_{\mathrm{v}} = \frac{1}{1 + \exp\left((E_b - F_{\mathrm{v}})/kT\right)}\,. \tag{10.11}$$

Nach (10.4) und (10.6) lassen sich die Elektronenenergien E_a und E_b durch die Frequenz des verstärkten Lichtes ausdrücken

$$E_a - F_{\mathrm{c}} = (hf - E_g)\frac{m_{\mathrm{r}}}{m_{\mathrm{c}}} + E_{\mathrm{c}} - F_{\mathrm{c}}\,, \tag{10.12}$$

$$E_b - F_{\mathrm{v}} = -(hf - E_g)\frac{m_{\mathrm{r}}}{m_{\mathrm{c}}} + E_{\mathrm{v}} - F_{\mathrm{v}}\,. \tag{10.13}$$

Hieraus ergibt sich, daß die Differenz der Fermiverteilungen $f_{\mathrm{c}} - f_{\mathrm{v}}$ in (10.9) monoton mit der Frequenz abnimmt. Im Gegensatz dazu steigt die Funktion $(hf - E_g)^{1/2}$ oberhalb der dem Bandabstand entsprechenden Frequenz E_g/h monoton an. Damit steigt auch der Verstärkungskoeffizient $g(f)$ zunächst mit der Frequenz an, erreicht ein Maximum und sinkt dann wieder ab wegen des exponentiellen Abfalls der Fermiverteilung. Dieses Verhalten ist in Bild 10.16 dargestellt. Parameter ist dabei der Anregungsstrom I, der eine

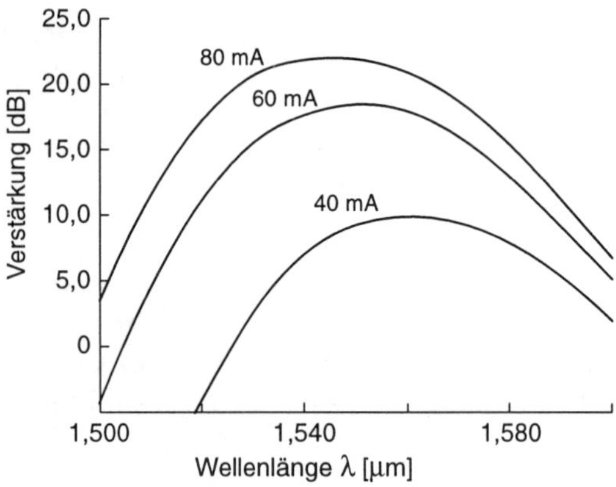

Bild 10.16. Faser-zu-Faser-Verstärkung des Halbleiterlaserverstärkers (semiconductor laser amplifier) SLA (VV48-2-72-9) der Firma Siemens bei 40, 60, 80 mA Injektionsstrom und $T = 20\,°\mathrm{C}$. Zur Abschätzung der internen Verstärkung des Chips sind für die Ein- und Auskopplung jeweils ca. 3 dB in Rechnung zu stellen, womit sich bei 80 mA eine maximale Chip-Verstärkung von ca. 28 dB ergibt (nach Diez, HHI Berlin)

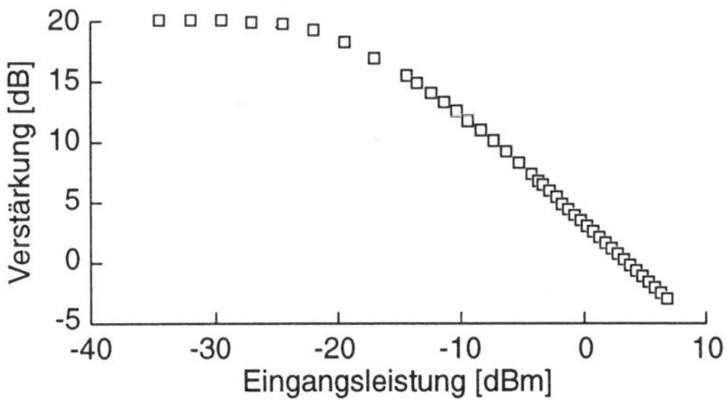

Bild 10.17. Verstärkung in Abhängigkeit von der Eingangsleistung bei $\lambda = 1\,555\,\mathrm{nm}$ und einem Injektionsstrom von $I = 80\,\mathrm{mA}$ und $T = 20\,°\mathrm{C}$, dabei entspricht 0 dBm einer Leistung von 1 mW

Dichte N der injizierten Elektronen erzeugt. Bild 10.17 zeigt die Sättigung der Verstärkung, d. h. die Abnahme von g mit der Eingangsleistung.

Die Elektronendichte N hängt mit der Fermienergie F_c zusammen:

$$N = \frac{(2m_e)^{3/2}}{2\pi^2\hbar^3} \int_{E_c}^{\infty} \frac{(E - E_c)^{1/2}}{1 + \exp(E - F_c)/kT} \mathrm{d}E\,. \tag{10.14}$$

Nach Substitution von $\eta_f = (F_c - E_c)/kT$ und $\eta = (E - E_c)/kT$ hängt das Integral nur noch von der Differenz von F_c und E_c und der Temperatur ab:

$$\begin{aligned} N &= \frac{(2m_e kT)^{3/2}}{2\pi^2\hbar^3} F_{1/2}\left(\frac{F_c - E_c}{kT}\right) \quad \text{mit} \\ F_{1/2}(\eta_f) &\equiv \int_0^{\infty} \frac{\sqrt{\eta}\mathrm{d}\eta}{1 + \exp(\eta - \eta_f)}\,. \end{aligned} \tag{10.15}$$

Dieses sogenannte Fermi-Dirac-Integral $F_{1/2}$ muß numerisch ausgewertet werden. Das Ergebnis ist in Bild 10.18 dargestellt. Es ergibt sich ein monoton steigender Zusammenhang zwischen der Elektronendichte N, die proportional zu $F_{1/2}$ ist, und der Fermienergie F_c, die linear mit dem Parameter η_f zusammenhängt.

Die Elektronendichte N ist durch folgende Ratengleichung bestimmt:

$$\frac{\mathrm{d}N}{\mathrm{d}t} = \frac{I}{eV} - \frac{N}{\tau}\,. \tag{10.16}$$

Dabei ist I der Injektionsstrom, V das Volumen der aktiven Zone, τ die Lebensdauer der Ladungsträger und e die Elektronenladung. Im stationären Fall ist $N = I\tau/eV$ direkt dem Strom proportional.

Mit den vorgestellten Gleichungen läßt sich der Verstärkungsfaktor g näherungsweise berechnen, jedoch müssen zur Herstellung einer genauen Übereinstimmung mit dem experimentellen Wert in Bild 10.16 und 10.17 noch zusätzliche Effekte, z. B. die spektrale Verbreiterung der Energiezustände in den Bändern und die Coulombwechselwirkung zwischen den Ladungsträgern berücksichtigt werden.

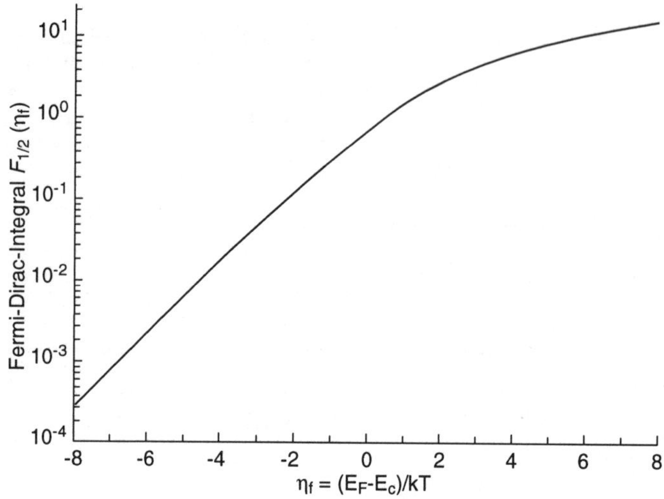

Bild 10.18. Fermi-Dirac-Integral als Funktion der normierten Fermienergie

Aufbau frequenzvariabler Diodenlaser

Um die Emissionsfrequenz von Diodenlasern durchstimmen zu können, werden anstatt des Resonators, der durch die Kristalloberflächen gegeben ist, externe Resonatoren verwendet, die eine Frequenzselektion durchführen. Im einfachsten Fall kann dazu eine kollimierende Optik und ein Gitter verwendet werden (Bild 10.19). Zusätzlich muß die der externen Rückkopplung zugewandte Seite der Laserdiode entspiegelt werden. Das Gitter wird so angeordnet, daß die erste Beugungsordnung in die Diode zurückreflektiert wird. Die Frequenz des rückgekoppelten Lichts hängt vom Drehwinkel des Gitters ab. Durch Drehung des Gitters kann dann die Laserfrequenz variiert werden. Der Bereich, über den die Frequenz durchgestimmt werden kann, hängt von der Breite des Verstärkungsspektrums der Laserdiode ab. Die spektrale Breite des emittierten Lichts wird von der Länge des Resonators und der Auflösung des Gitters bestimmt.

In Bild 10.19 ist ein frequenzvariabler Diodenlaser in der Littrow-Anordnung dargestellt. Die Auskopplung des Laserstrahls wird dabei durch das am Gitter reflektierte Licht realisiert. Der Nachteil, daß sich in die-

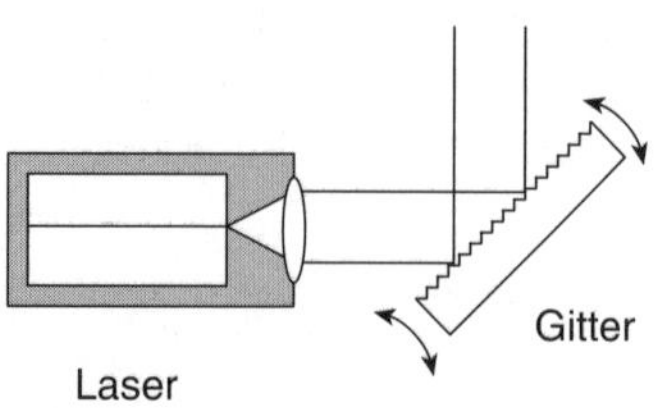

Bild 10.19. Halbleiterdiodenlaser in Littrow-Anordnung

ser Anordnung bei Drehung des Gitters auch die Richtung des ausgekoppelten Strahls ändert, kann in der Littman-Anordnung vermieden werden (Bild 10.20). In dieser Anordnung wird ein zusätzlicher Spiegel verwendet, der die erste Beugungsordnung des Gitters über eine weitere Beugung am Gitter zurück in die Laserdiode reflektiert. Die Frequenzselektion erfolgt hier über eine Drehung des Spiegels, so daß die Richtung der nullten Beugungsordnung des Gitters als ausgekoppelter Strahl unbeeinflußt bleibt. Die maximale Ausgangsleistung dieser Anordnung ist jedoch kleiner als in der Littrow-Anordnung, da wegen der mehrfachen Reflexionen erhöhte Verluste auftreten.

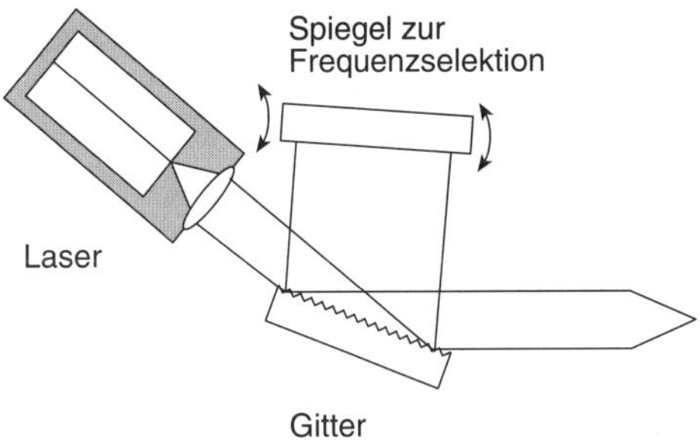

Bild 10.20. Halbleiterdiodenlaser in Littman-Anordnung

10.4 Oberflächenemittierende Diodenlaser, VCSEL

Bei dem Vertical Cavity Surface Emitting Laser, oder kurz VCSEL, sitzt der Resonator vertikal auf dem Chip, und das Licht kommt senkrecht aus der Oberfläche des Chips. Im Gegensatz dazu wird bei konventionellen Halbleiterlasern das Licht in Schichtrichtung verstärkt und aus der seitlichen Kante der Struktur abgestrahlt. Daher werden diese oft auch als Kantenemitter bezeichnet. VCSEL bestehen aus einer dünnen Schicht aktiven Mediums zwischen zwei Spiegeln. Da die dünne aktive Zone nicht genügend Verstärkung pro Rundlauf ergibt, müssen hochreflektierende Spiegel für das Überschreiten der Laserschwelle sorgen.

Die gesamte VCSEL-Struktur wird epitaktisch in vertikaler Richtung aufgebracht (Bild 10.21). Man beginnt z. B. mit dem Aufbringen von n-dotierten AlAs-GaAs-Bragg-Reflektor-$\lambda/4$-Schichten. Diese Schichten wirken wie ein dielektrischer Vielschichtenspiegel und erreichen eine Reflektivität von über 99 %. Die aktive Zone besteht entweder aus einer einheitlichen undotierten Schicht aus InGaAs oder aus mehreren undotierten Quantum Wells aus InGaAs in GaAs. Die oberste Schicht besteht aus p-dotierten AlAs-GaAs-Bragg-Reflektor-Schichten. Ein einzelner VCSEL hat einen Durchmesser von 0,5 µm bis über 30 µm und eine Höhe von einigen Mikrometern. Der VCSEL

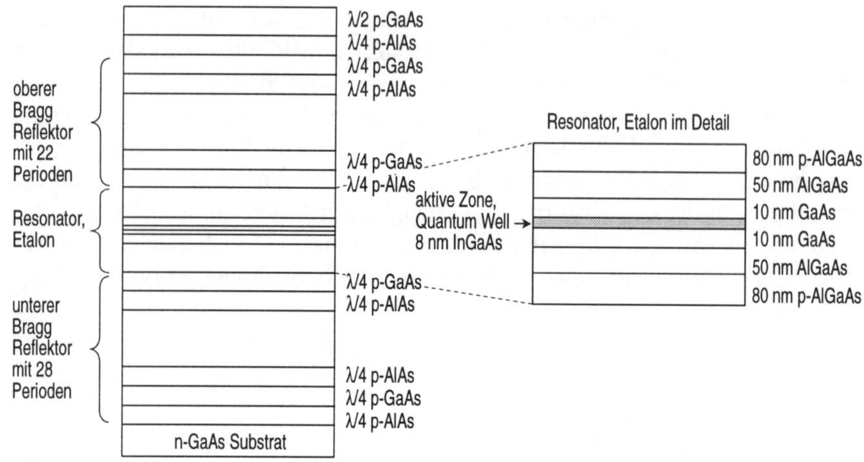

Bild 10.21. Aufbau eines exemplarischen VCSELs. Die Schichten außerhalb der aktiven Zone im Resonator dienen zur Anpassung der Resonatorlänge an die Wellenlänge

kann sowohl nach oben („Top Emitter") wie auch nach unten („Bottom Emitter") durch das Substrat strahlen, welches bei Wellenlängen von 900–1 000 nm transparent ist. Am gebräuchlichsten sind allerdings die Top-Emitter.

Nach dem Aufbringen der einzelnen Schichten, was z. B. über MBE (Molecular Beam Epitaxy) erfolgt, werden die einzelnen VCSEL auf einem Wafer strukturiert (Bild 10.22). Dies geschieht durch photolithographische Prozesse, naßchemische Ätzmethoden, Protonenimplantation oder durch geeignete Kombination der Verfahren. Durch die Ätzmethoden entstehen sogenannte Mesa-VCSEL (span. Mesa = Tafel, Plateau), die durch Abtragung der oberen Schichten gebildet werden. Bei der Protonen-Implantation erzeugen die gezielt hineingeschossenen Protonen Defekte im Kristallgitter und verringern dessen elektrische Leitfähigkeit. Somit kommt es zu einer Strombündelung um die defektfreie aktive Zone.

Wegen der kurzen Resonatorlänge emittieren VCSEL nur in einer longitudinalen Frequenz. Bei kleinem Durchmesser kann auch transversaler Grundmodebetrieb erreicht werden. Sie können bequem in 2-dimensionalen Arrays dargestellt werden. Da sie Oberflächenemitter sind, können VCSEL noch vor dem Zersägen und Montieren auf dem Wafer getestet werden, was die Prozeßkosten gegenüber den Kantenemittern stark verringert. Der Divergenzwinkel im Fernfeld liegt im allgemeinen zwischen 15 und 25°. Die Abstrahlcharakteristik ist rotationssymmetrisch, was die Einkopplung in eine Glasfaser erleichtert. Es wird von hohen Kopplungswirkungsgraden bis zu 90 % berichtet.

Die zur Zeit kleinsten Schwellen liegen unter 150 µA. Durch einen niedrigen Schwellstrom verringert man bei höherem Betriebsstrom den Anteil der

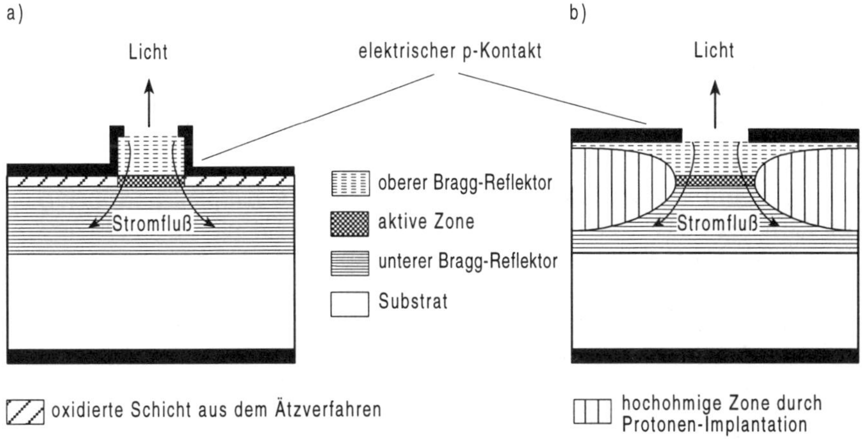

Bild 10.22 a,b. Querschnitt durch zwei häufig verwendete VCSEL-Strukturen. (**a**) Top Emitting Mesa Laser (**b**) Proton Implanted Surface Emitting Laser

elektrischen Leistung, der nicht in Licht umgewandelt wird. Dadurch erhält man höhere Quantenwirkungsgrade und auch eine geringere Wärmeentwicklung. Außerdem wird so eine schnelle Modulation ohne großen Vorstrom möglich. Die Abhängigkeit der Ausgangsleistung und notwendigen Versorgungsspannung vom Strom eines VCSEL mit einem relativ großen Durchmesser von 20 µm zeigt Bild 10.23.

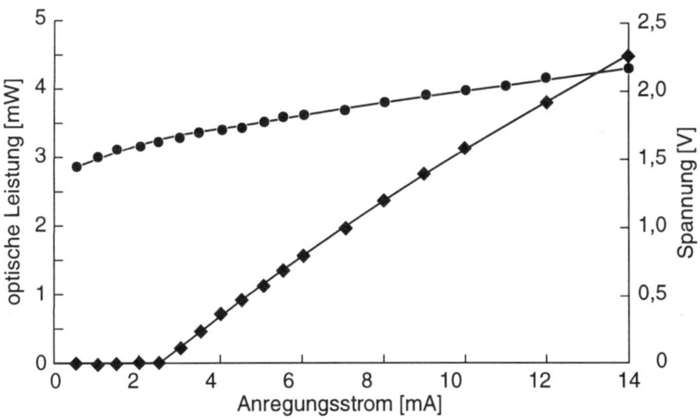

Bild 10.23. Strom-Lichtleistungs- und Strom-Spannungskennlinie eines VCSEL mit 20 µm Durchmesser und 850 nm Emissionswellenlänge

10.5 Bleisalzlaser

Die Bleisalz-Diodenlaser ($Pb_{1-x}Sn_xSe$, u. a.) strahlen im Bereich von 3 bis 30 µm (Tabelle 10.1). Sie sind wie die anderen p-n-Diodenlaser aufgebaut, wobei p- oder n-Leitung von der Stöchiometrie abhängt, d. h. vom Verhältnis der Elemente Blei Pb, Antimon Sn und Selen Se im Kristall, und nicht von einer Dotierung durch Fremdatome. Allerdings werden sie hauptsächlich bei Temperaturen $< 100\,\mathrm{K}$ betrieben. Der Bandabstand und die Wellenlänge wird wie bei den III-V-Halbleitern über die Zusammensetzung bestimmt. Zusätzlich kann eine Abstimmung über einen Bereich von $200\,\mathrm{cm}^{-1}$ durch Kühlung mit einem Koeffizienten von 1 bis $4\,\mathrm{cm}^{-1}/\mathrm{K}$ erfolgen. Eine Feinabstimmung kann durch den Diodenstrom und die damit verbundene Temperaturänderung erreicht werden. Eine kontinuierliche Abstimmung über einen großen Bereich ist schwierig, da Modensprünge auftreten.

Bleisalzlaser werden hauptsächlich in der Molekülspektroskopie eingesetzt. In Bild 10.24 sind Absorptionslinien einiger wichtiger Moleküle dargestellt. Sie fallen in die Abstimmbereiche der Bleisalz-Diodenlaser. Damit ist eine spektroskopische Untersuchung und Detektion von molekularen Gasen, z. B. Luftverunreinigungen, möglich.

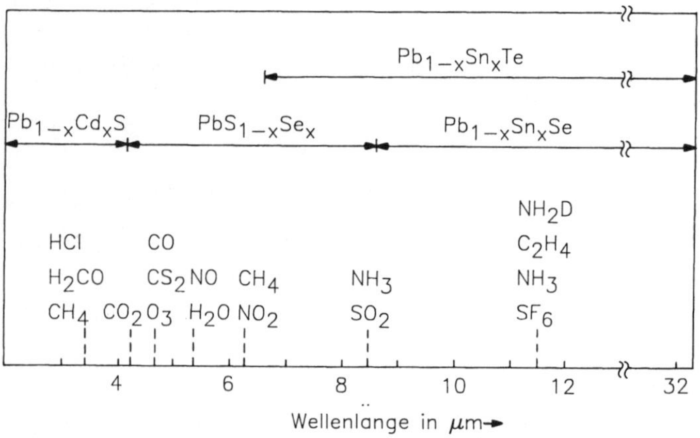

Bild 10.24. Absorptionslinien einiger Moleküle und Emissionsbereiche von Bleisalzdiodenlasern (nach Kneubühl, Sigrist)

10.6 Grüne und blaue ZnSe- und GaN-Laser

Für grüne, blaue und violette Diodenlaser werden zur Zeit zwei Materialsysteme verwendet: II-VI-Halbleiter auf der Basis von ZnSe und die III-V-Nitride auf der Basis von GaN. Diese Halbleitersysteme verfügen über Bandlücken,

Tabelle 10.2. Bisherige Bestdaten von grün-blauen Diodenlasern (Stand Ende 1997)

	ZnSe	GaN
Lebensdauer cw bei 300 K (h)	$> 10^2$	$> 10^3$
Schwellstromdichte (A/cm^2)	200	3 000
Schwellspannung (V)	3,7	4,9
max. Ausgangsleistung cw (mW)	60	50
max. Ausgangsleistung gepulst (mW)	834	80
kürzeste Wellenlänge bei 300 K (nm)	474	368

die groß genug für die Emission kurzwelliger Strahlung sind. Bisherige Bestdaten sind in Tabelle 10.2 dargestellt. Die Entwicklung dieser Laser schreitet jedoch rasch voran, so daß weitere Fortschritte zu erwarten sind.

II-VI-Laser

Grün und blau emittierende Leuchtdioden und Halbleiterlaser aus ZnSe-Verbindungen werden schon seit längerer Zeit durch Molekularstrahlepitaxie MBE hergestellt. Als Substratmaterial wird meist GaAs aufgrund der guten Gitteranpassung und der vorhandenen Technologie zur kompatiblen Prozessierung verwendet. Auch die Homoepitaxie auf ZnSe-Substraten wurde bereits erfolgreich demonstriert. ZnSe-Substrate sind allerdings noch nicht in ausreichender Stückzahl in der erforderlichen Qualität verfügbar und entsprechend teuer.

Sowohl III-V- als auch II-VI-Laserdioden und Halbleiterlaser sind meist als sog. *separate confinement heterostructure* mit Einfach- oder Mehrfachquantentrögen (quantum wells) aufgebaut, wobei die optische Wellenleitung und der Ladungsträgereinschluß getrennt voneinander realisiert sind. Der ZnCdSe-Quantentrog ist von gitterangepaßten ZnSSe-Wellenleiterschichten umgeben. Mit Mikrostrukturierung können bereits auch DBR- und DFB-Laserstrukturen hergestellt werden. Damit stehen auch monomodige Laser mit sehr schmaler Linienbreite zur Verfügung, deren Emissionswellenlänge durch geeignete Strukturierungsperioden in einem großen Bereich eingestellt werden kann.

Kommerzielle Anwendungen werden aber durch die noch nicht ausreichende Lebensdauer behindert. Die schnelle Degradation wird ähnlich wie in den Anfangszeiten der III-V-Laser durch Defekte (nichtstrahlende Rekombinationszentren) verursacht, die sich im Betrieb vervielfachen.

Es besteht jedoch die Hoffnung, durch verschiedene technologische Verbesserungen die Lebensdauer entscheidend in Richtung der für die Kommerzialisierung erforderlichen 10 000 Stunden zu erhöhen.

III-V-Nitrid-Laser

Leuchtdioden (light emitting diode LED) aus GaN und GaInN wurden erstmals 1993 von der japanischen Firma Nichia Chemicals auf den Markt gebracht. Diese sehr hellen blauen und bald auch grünen LEDs sind etwa 100fach effizienter, als die bisher erhältlichen blauen SiC-LEDs waren. Im Jahre 1996 wurde ebenfalls von dieser Firma der erste violette Halbleiterlaser bei 390 nm aus diesem Material vorgestellt. Die Herstellung erfolgt auch durch metallorganische Gasphasenepitaxie MOCVD.

Für GaN ist kein Substrat verfügbar, das in etwa die gleiche Gitterkonstante hat. Daher muß man sich mit Saphir oder SiC begnügen, was eine im Vergleich zu II-VI-Lasern drastische schlechtere strukturelle Qualität mit sich bringt. Durch den Übergang zu quaternären Systemen wie z. B. BAlGaN ist es möglich, Gitteranpassung an SiC zu erzielen. Zusätzlich kann man mit diesen Materialsystemen zu noch kürzeren Wellenlängen gelangen. Ein weiteres Problem stellt die Inkompatibilität der Herstellungsparameter von GaN und InN dar, welche die Herstellung blauer Laserdioden sehr erschwert und die von grünen Laserdioden bis auf weiteres verhindert. Auch die weitere Prozessierung wie z. B. das Spalten des hexagonalen GaN auf Saphir und Herstellung der Spiegel ist schwierig, worunter die optischen Eigenschaften (Modenspektrum, Fernfeld) dieser Laser leiden. Hier gibt es Ansätze, kubische GaN-Schichten herzustellen, die sich einfacher spalten lassen, so daß die Spaltflächen als Laserspiegel dienen können. Aber trotz hoher Schwellstromdichten von fast $4\,\mathrm{kA/cm^2}$ sind GaN-Laser erstaunlich robust, was auf die hohe Härte dieses Materials zurückgeführt wird. Deshalb ist für diese Laser eine baldige kommerzielle Nutzung zu erwarten.

Anwendungen

Eine Motivation für den Einsatz grüner Laserdioden ist durch hohe Empfindlichkeit des menschlichen Auges für grünes Licht gegeben. Dies spielt bei Anwendungen eine Rolle, bei denen es auf eine gute Sichtbarkeit bei gleichzeitig geringer Lichtleistung und damit hoher Sicherheit ankommt, z. B. bei Lasern in Niveaugebern im Baugewerbe, sog. Laserwasserwagen, und in Laserpointern oder Laserzeigestöcken.

Das weitaus größte Marktpotential besteht für kurzwellige Laserdioden in der optischen Speichertechnik. Kleine Wellenlängen ermöglichen höhere örtliche Auflösung beim Ablesen, so daß die Datendichte auf optischen Speicherplatten erheblich gesteigert werden kann. Zum Beispiel entwickelt die Firma Sony mit einer grünen Laserdiode bei 515 nm eine DVD (digital versatile disc) mit 7,7 Gigabyte pro Schicht, und Toshiba arbeitet an einer DVD mit 15 GB pro Schicht. Derartig hohe Speicherkapazitäten werden zur Videoaufzeichnung beim zukünftigen hochauflösenden Fernsehformat (HDTV) benötigt. Eine weitere Anwendung sind Laserprojektionssysteme z. B. für das Fernsehen. Dabei werden Laserbündel in den drei Grundfarben

Rot, Grün und Blau mittels einer schnellen optischen Ablenkeinheit auf eine Projektionsfläche geleitet. Dort entsteht aufgrund des fein fokussierbaren Laserstrahls ein sehr scharfes und wegen des monochromatischen Laserlichts ein äußerst farbreines und brillantes Bild, das auch problemlos über größere Entfernungen projiziert werden kann. Bisherige Systeme haben allerdings noch den Nachteil, daß aufwendige Gas- und Festkörperlaser verwendet werden müssen. Der Einsatz von Laserdioden würde hier einen großen Fortschritt darstellen.

Aufgaben

10.1 Ist Silizium ein geeignetes Lasermaterial?

10.2 Worin besteht der Vorteil bei Al-freiem Halbleitermaterial?

10.3 Ein Diodenlaser hat bei 20 °C einen Schwellstrom von 10 mA. Die charakteristische Temperatur beträgt $T_0 = 100\,°\mathrm{C}$. Wie groß ist der Schwellstrom bei 30 °C?

10.4 Ein Diodenlaser mit einer Wellenlänge von 800 nm hat eine Abstrahlfläche mit den Abmessungen von 1 µm (in Richtung des pn-Überganges, fast axis) und 5 µm (slow axis). Man schätze die entsprechenden Divergenzwinkel ab.

10.5 Geben Sie eine Linsenanordnung zur Erzeugung eines zylindrischen Parallelstrahls aus einem Diodenlaser an.

10.6 Ein Laserdiodenarray besteht aus 10 Einzeldioden mit Abmessungen nach Aufgabe 4 mit einem Abstand von jeweils 5 µm. Man gebe die Beugungsmaßzahlen an.

10.7 Welchen Reflexionsgrad besitzt die Grenzfläche GaAs/Luft? Wie kann der Reflexionsgrad herabgesetzt werden?

10.8 Ein Diodenlaser mit einer Wellenlänge von 750 nm hat eine Länge von 500 µm bei einer Brechzahl von $n = 3$. Die Verstärkungsbandbreite beträgt 50 nm. Man berechne den Frequenzabstand und die maximale Zahl der longitudinalen Moden.

10.9 Nennen Sie Methoden zur Frequenzselektion.

10.10 Bei welcher Länge des Lasers aus Aufgabe 8 (VCSEL) oszilliert nur eine longitudinale Mode? Wie groß muß der Spiegelreflexionsgrad sein, damit der Laser bei $g_0 = 100\,\mathrm{cm}^{-1}$ anfängt zu oszillieren?

11. FELs, kohärente Röntgen- und Atomstrahlen

In diesem Kapitel werden drei interessante Lasertypen beschrieben, die wegen des zu ihrer technischen Realisierung notwendigen Aufwandes bisher noch nicht als kommerzielle Geräte verfügbar sind:

- Free-electron laser (FEL) beruhen auf der Lichtemission von Elektronenstrahlen in einem periodischen Magnetfeld. Damit läßt sich Strahlung im Spektralbereich vom Infraroten bis zum Röntgenlicht erzeugen, was den Emissionsbereich anderer Lasertypen bei weitem übertrifft.
- Kohärente Röntgenstrahlung kann auch durch stimulierte Emission laserinduzierter Plasmen erzeugt werden.
- Im Jahre 1997 wurde erstmals die Erzeugung kohärenter Atomstrahlen realisiert. Dafür wurde ein „atomic laser“ oder „Atomlaser“ benutzt, wobei die Bezeichnung Laser hier nicht ganz korrekt ist, da kein Licht emittiert wird, sondern Atome.

Diese drei Lasertypen sind konzeptionell und auch bezüglich der Strahleigenschaften völlig verschieden und werden hier trotzdem in einem Kapitel dargestellt, um zukünftige Perspektiven aufzuzeigen.

In üblichen Lasern finden die Übergänge zwischen Anregungszuständen von Atomen, Molekülen oder Festkörpern statt. Durch induzierte Emission wird elektromagnetische Strahlung frei, wobei die Wellenlängen aufgrund der mehr oder weniger scharf definierten Energieniveaus bestimmt sind. Ein Durchstimmen der Laserwellenlänge ist stets nur in einem engen Bereich möglich. Selbst beim Farbstofflaser läßt sich die Wellenlänge nur um etwa 10 % verändern. Dieses Verhalten kann grundsätzlich dadurch geändert werden, daß ein System mit kontinuierlich veränderbaren Energiezuständen zur Laseremission gebracht wird. Daher hat sich das Bemühen verstärkt, Laser zu entwickeln, welche als aktives Medium freie Elektronenstrahlen einsetzen. Die darauf basierenden Elektronenstrahllaser oder Freie-Elektronen-Laser (FEL) haben sehr große Abstimmbereiche.

Daneben wird daran gearbeitet, die Wellenlänge der Laser weiter in das Ultraviolette und schließlich in den Röntgenbereich zu verkürzen. Die Vorschläge zur Realisierung eines Lasers im Röntgenbereich lassen sich in zwei wesentliche Gruppen unterteilen. Zum einen könnte der Freie-Elektronen-Laser die Möglichkeit bieten, kürzere Wellenlängen zu erzeugen. Zum anderen werden hoch ionisierte Plasmen eingesetzt. Ionen hoher Ladungszahl zeichnen sich durch elektronische Zustände hoher Energie aus und bei Übergängen entsteht Röntgenstrahlung. Die kürzesten damit realisierten Wellenlängen liegen bei 4 nm.

Sowohl FELs als auch Röntgenlaser sind heute noch aufwendige Anlagen und existieren nur in wenigen Laboratorien. An der Entwicklung kompakter Geräte wird jedoch gearbeitet.

11.1 Elektronenstrahllaser (FEL)

Beim Elektronenstrahllaser können verschiedene Mechanismen der Wechselwirkung zwischen Elektronen und Strahlung ausgenutzt werden. Bei den bisher realisierten FELs wird die Strahlung durch Elektronen erzeugt, die in einem periodischen Magnetfeld oszillieren. Beschleunigte Elektronen strahlen, was zur Entstehung der Röntgenbremsstrahlung führen kann. Andere mögliche Prinzipien für FELs beruhen auf dem Cerenkov-Effekt oder dem Smith-Purcell-Effekt.

Aufbau

Die Energie bei einem FEL stammt aus einem hochenergetischen Elektronenstrahl, welcher relativistische Geschwindigkeiten, d. h. nahezu Lichtgeschwindigkeit hat. Bisher wurden Beschleuniger mit Energien von einigen 10 MeV eingesetzt. Der Elektronenstrahl wird nach Bild 11.1 durch ein statisches, transversales, räumlich periodisches Magnetfeld geführt. Dies läßt sich durch eine Gruppe von Magnetpolen mit alternierender Polarität erreichen. In Anlehnung an entsprechende Elemente im Synchrotronbau werden die Magnetfeldstrukturen Wiggler oder Undulatoren genannt. Prinzipiell sind jedoch auch andere elektrische oder magnetische Feldverläufe denkbar. Die Elektronen beschreiben im transversalen Magnetfeld eine oszillierende Bahnkurve, welche durch die Lorentz-Kraft verursacht wird. Durch diese Bewegung

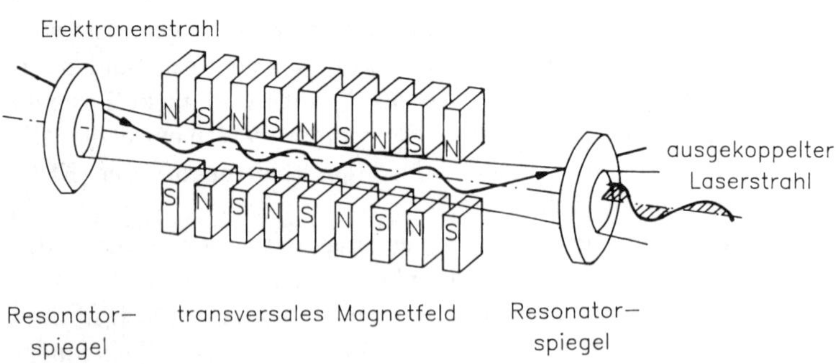

Bild 11.1. Aufbau eines Elektronenstrahllasers mit Undulator

wird vorzugsweise in Strahlrichtung eine polarisierte elektromagnetische Welle bestimmter Frequenz ausgesandt und verstärkt. Zur Erzielung von Lasertätigkeit wird ein optischer Resonator verwendet. Der Elektronenstrahl wird nach Bild 11.1 seitlich an den Spiegeln vorbei in die Magnetfeldstruktur eingeschossen. Röntgen-FELs werden allerdings voraussichtlich single-pass-Systeme oder Superstrahler sein müssen.

Spontane Emission

Zur Beschreibung der abgegebenen Strahlung des Elektrons wird zunächst ein Koordinatensystem benutzt, welches sich mit dem Elektron in Strahlrichtung bewegt. In diesem System führt das Elektron eine Sinusschwingung aus. Man erhält einen Dipolstrahler, dessen Abstrahlcharakteristik in Bild 11.2 dargestellt ist. Zur Bestimmung der Wellenlänge muß die spezielle Relativitätstheorie herangezogen werden, da das Elektron nahezu Lichtgeschwindigkeit besitzt, z. B. $v = 0{,}99993 \cdot c$. Aufgrund der Längenkontraktion wird die Undulatorperiode im mitbewegten System um den Faktor γ verkürzt.

$$\gamma = \frac{1}{\left(1 - (v/c)^2\right)^{1/2}} = E/mc^2 . \tag{11.1}$$

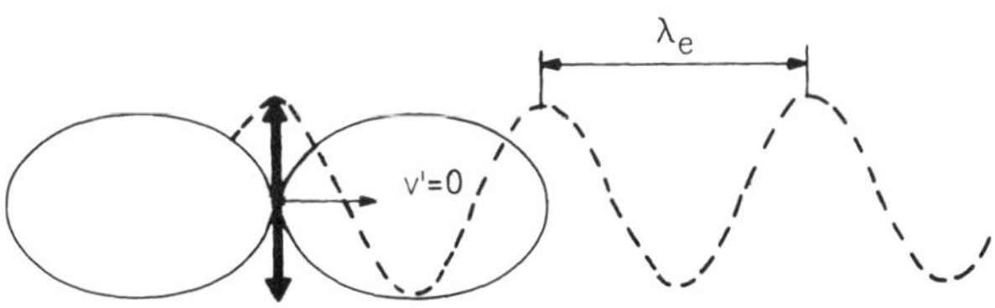

Bild 11.2. Strahlungskegel des Elektrons im mitbewegten System. Das Elektron strahlt wie ein Dipol

Hierbei ist E die Elektronenenergie und $mc^2 = 0{,}511\,\text{MeV}$ die Ruheenergie. Im mit nahezu Lichtgeschwindigkeit mitbewegten System wird also eine linear polarisierte Welle mit der Wellenlänge

$$\lambda_e = L/\gamma \tag{11.2}$$

erzeugt, wobei L die Länge der Undulatorperiode ist.

Durch Rücktransformation ins Laborsystem ergibt sich ein stark deformierter Strahlungskegel (Bild 11.3). Wie bei der Synchrotronstrahlung erfolgt die Emission praktisch nur in Vorwärtsrichtung unter dem Divergenzwinkel

$$\Theta = 1/\gamma . \tag{11.3}$$

Die abgestrahlte Wellenlänge erfährt durch den relativistischen Dopplereffekt in Vorwärtsrichtung eine Verkürzung, so daß sich die Wellenlänge im Laborsystem ergibt zu

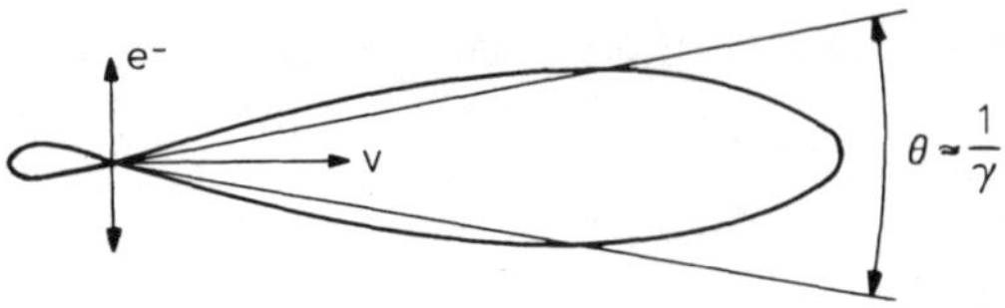

Bild 11.3. Strahlungskegel des Elektrons im Laborsystem. Die Strahlung entspricht der spontanen Emission

$$\lambda_L = \lambda_e \left(1 - (v/c)^2\right)^{1/2} / (1 + v/c) = L\,(1 - v/c) \approx L/2\gamma^2 . \tag{11.4}$$

Für Undulatorperioden von $L = 2\,\text{cm}$ erhält man beispielsweise Werte nach Tabelle 11.1. Der sichtbare Spektralbereich läßt sich damit bis ins UV und in den nahen Röntgenbereich ausdehnen.

Tabelle 11.1. Spontane Emission beim Elektronenstrahllaser mit Undulatorperiode $L = 2\,\text{cm}$

Elektronenenergie	γ	Wellenlänge λ_L	Divergenz Θ
10 MeV	20	25 µm	25 mrad
50 MeV	100	1 µm	10 mrad
500 MeV	1 000	10 nm	1 mrad

Da die Anfangsenergie des Elektrons durch das Magnetfeld B teilweise in Oszillationsenergie umgewandelt wird, ist (11.1) nicht exakt gültig. Dies führt auch zu einer Korrektur von (11.4):

$$\lambda_L' = \lambda_L(1 + k^2) = (L/2\gamma^2)(1 + k^2) \quad \text{mit} \quad k = eBL/2\pi mc^2 . \tag{11.5}$$

Das abgestrahlte Spektrum hängt von der Zahl N der Undulatorperioden ab, da das Elektron einen kohärenten Wellenzug mit N Perioden aussendet. Die Fourieranalyse ergibt für die Halbwertsbreite der spontanen Emission

$$\Delta\lambda_L/\lambda_L = 1/2N . \tag{11.6}$$

Lichtverstärkung

Das Elektron im Undulator soll nun noch zusätzlich mit einer in gleicher Richtung laufenden Lichtwelle in Wechselwirkung treten. In Bild 11.4 ist die Bahn eines Elektrons in einem Undulator und eine eingestrahlte Lichtwelle mit der Wellenlänge λ gezeigt. Die Phasenlage zwischen Elektronenbahn und Lichtwelle bestimmt, ob das Elektron beschleunigt oder verzögert wird. Im Fall a) von Bild 11.4 ist die Feldstärke der Lichtwelle E parallel zur transversalen

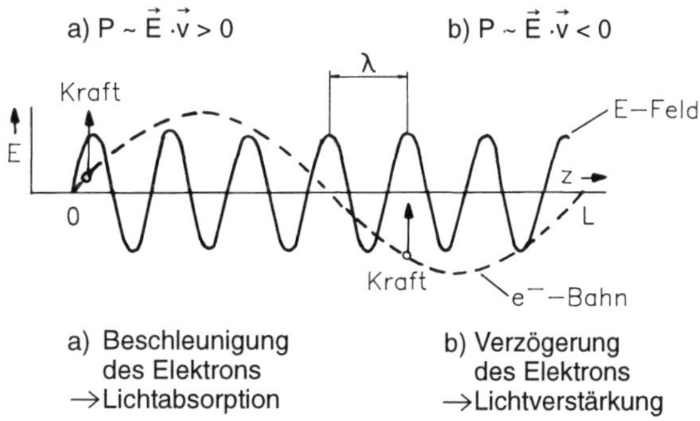

Bild 11.4 a,b. Wechselwirkung einer Lichtwelle mit einem Elektron in einem Undulator: (**a**) Absorption ($P > 0$) (**b**) Lichtverstärkung durch stimulierte Emission ($P < 0$). ($\boldsymbol{E}$ = Feldstärke der Lichtwelle, $\boldsymbol{v}$ = Geschwindigkeit der Elektronen, P = aufs Elektron übertragene Leistung)

Geschwindigkeit der Elektronen v_t, und es tritt eine Beschleunigung der Elektronen auf. Dies entspricht dem Fall der Absorption von Strahlung. Im Fall b) sind E und v_t antiparallel, und das Elektron gibt durch seine Verzögerung kinetische Energie an das Strahlungsfeld ab. Dies kann als Lichtverstärkung durch stimulierte Emission interpretiert werden.

Die Phasenlage zwischen Elektronenbahn und Lichtwelle ändert sich entlang der Ausbreitungsrichtung, da Elektronen und Licht geringfügig verschiedene Geschwindigkeiten besitzen. Wenn in der Zeit L/v die Lichtwelle gerade eine Wellenlänge mehr zurückgelegt hat als der Elektronenweg L beträgt, so kommen alle Phasen gleich häufig vor, und es ergibt sich keine Verstärkung. Dies ist der Fall für

$$\begin{aligned} L/v &= (L + \lambda_L)/c \quad \text{oder} \\ \lambda_L &= (c/v - 1)L \approx L(1 - v/c)\,. \end{aligned} \tag{11.7}$$

Dies entspricht gerade dem Maximum der spontanen Emission nach (11.4). Für etwas höhere Frequenzen dagegen tritt Lichtverstärkung auf, für kleinere Frequenzen Absorption wie in Bild 11.5 dargestellt.

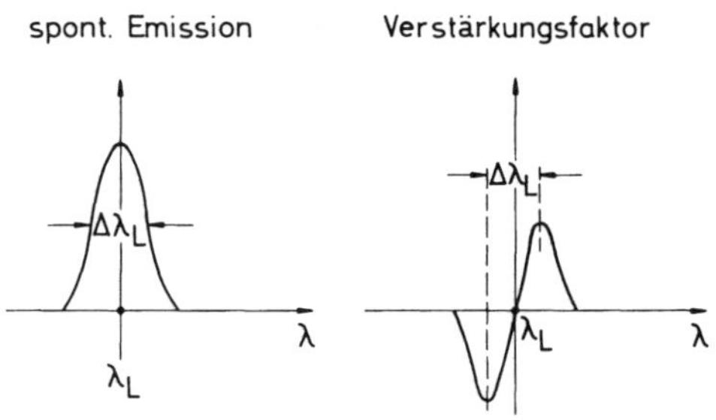

Bild 11.5. Spektrale Verteilung der spontanen Emission und Lichtverstärkung in einem FEL

Mit einem Aufbau ähnlich wie in Bild 11.1 wurde eine Verstärkung im infraroten Bereich von 7 % erzielt. Durch Rückkopplung konnte Lasertätigkeit mit einem Wirkungsgrad von 0,1 % erreicht werden.

Gegenwärtig werden weltweit in verschiedenen Laboratorien Elektronenstrahllaser unterschiedlicher Bauart entwickelt. Die Vorteile sind großer Abstimmbereich, gute Strahlqualität und möglicherweise hoher Wirkungsgrad.

11.2 Röntgenlaser

Die Energie langwelliger Röntgenstrahlung bei $\lambda = 10\,\text{nm}$ beträgt etwa 124 eV. Derartig hohe Energiedifferenzen sind in den äußeren Schalen von neutralen Atomen oder Molekülen nicht vorhanden. Energien dieser Größenordnung treten jedoch in den äußeren Schalen hoch ionisierter Atome auf. Nach der Bohrschen Theorie lassen sich als Beispiel die Übergänge der Balmer-Serie (Übergang von der Hauptquantenzahl $n = 3 \rightarrow 2$) für das H-Atom, das He^+-Ion und das C^{5+}-Ion berechnen.

Nach (6.1) und Bild 6.1 erhält man

$$\begin{aligned} &\text{H-Atom:} && \lambda_B = 656\,\text{nm}, \\ &\text{He}^+\text{-Ion:} && 164\,\text{nm}, \\ &\text{C}^{5+}\text{-Ion:} && 18\,\text{nm}. \end{aligned} \tag{11.8}$$

Hochionisierte Atome in Plasmen sind also als aktives Medium für Röntgenlaser geeignet, und in den letzten Jahren sind eine Vielzahl derartiger Laser im Wellenlängenbereich zwischen 600–40 Å realisiert worden.

Kurzwelligere Röntgenlaser, die Photonen mit Energien > 300 eV emittieren, sind prinzipiell durch Übergänge zwischen inneren Schalen in Atomen möglich, aber noch nicht realisiert. Beispiele sind die 45 Å-Linie in C (275 eV) oder die klassische K_α-Strahlung von Kupfer mit einer Wellenlänge von 1,5 Å = 0,15 nm entsprechend einer Photonenenergie von 8,33 keV. Die Anregung derartiger Innerschalenübergänge ist z. B. durch Pumpen mit Strahlung einer Wellenlänge möglich, die vergleichbar oder kurzwelliger als die Wellenlänge des Übergangs ist. Die Besetzungsinversion wird jedoch durch den Auger-Effekt beeinflußt, der zu einer schnellen Relaxation mit typischen Zeiten von 10^{-14} s führt. Beim Auger-Effekt wird das Loch in einer inneren Schale strahlungslos mit einem äußeren Elektron aufgefüllt; die überschüssige Energie wird auf ein zweites äußeres Elektron übertragen, welches als Auger-Elektron den Atomverband verläßt. Die schnelle strahlungslose Auger-Rekombination und die hohe Selbstabsorption erschwert die Realisierung von Innerschalen-Lasern. Mit Innerschalenanregung in Kr und Xe konnten bisher VUV-Wellenlängen um 100 nm in Superstrahlung realisiert werden. Die Entwicklung von ultra-intensiven Kurzpulslasern ermöglicht nun auch die Generation von intensiven kurzen Röntgen-Pumppulsen, so daß die Realisierung eines kurzwelligen Innerschalenlasers machbar scheint.

Ein Überblick über bisher realisierte kurzwellige Laser in hochionisierten Atomen ist in Tabelle 11.2 dargestellt. Die charakteristischen Strahlungsparameter sind in Tabelle 11.3 zusammengefaßt. Die Brillianz ist gegeben durch

$$B = \frac{\text{Photonenzahl}}{\text{Pulsdauer [s]} \times \text{Fläche [mm}^2] \times \text{Raumwinkel [mrad}^2] \times 0{,}1\,\%\,\text{Bandbreite}}\,.$$

Dabei gibt der Faktor „0,1 % Bandbreite“ an, daß bei einem kontinuierlichen Spektrum der Strahlung die Bandbreite ab 0,1 % der Mittenwellenlänge anzusetzen ist.

Röntgenlaser sind durch hohe Spitzen-Brillianzen ausgezeichnet. Die entsprechenden Werte der Synchrotronstrahlung liegt bei nur 10^{23}. Synchrotronstrahlungspulse besitzen jedoch wesentlich höhere Repetitionsfrequenzen von etwa 500 MHz, so daß ihre mittlere Brillianz wesentlich höher ist als die von Röntgenlasern.

Tabelle 11.2. Beispiele für Röntgenlaser. λ stellt die Wellenlänge, g den erzielten Verstärkungskoeffizienten und L die Länge der Superstrahler dar

Laserübergang	Bevölkerung des oberen Laserzustands	λ (nm)	g (cm^{-1})	L (cm)	Pumpleistung ($\mathrm{W/cm}^{-2}$)
Xe^{2+} $(5p^6 \to 5s\,5p^5)$	Innerschalen-photoionisation	108,9	4,4	9	$2 \cdot 10^{11}$
Ti^{12+} $(3p \to 3s)$	Elektronenstoß	32,6	1,5	10	$5 \cdot 10^{13}$
Se^{24+} $(3p \to 3s)$	Elektronenstoß	21,0	5,5	3,5	$3 \cdot 10^{13}$
Ge^{22+} $(3p \to 3s)$	Elektronenstoß	19,6	1,5	10	10^{14}
C^{5+} $(n = 3 \to 2)$	Rekombination	18,2	4,1	0,7	$5 \cdot 10^{13}$
Mo^{32+} $(3p \to 3s)$	Elektronenstoß	13,1	4	3,5	$4 \cdot 10^{14}$
Yb^{42+} $(4d \to 4p)$	Elektronenstoß	5,03	1	3,5	$1{,}4 \cdot 10^{14}$
Al^{11+} $(n = 3 \to 2)$	Rekombination	4,24	10	0,4	
Au^{51+} $(4d \to 4p)$	Elektronenstoß	3,56	2		

Tabelle 11.3. Charakteristische Strahlungsparameter der Röntgenlaser

Linienbreite $\Delta\lambda/\lambda$	$\sim 10^{-3}$–10^{-4}
Divergenz	≥ 3 mrad
Pulslänge	$\sim$ 10–100 ps
Pulsenergie	µJ–mJ
Effizienz	10^{-5}–10^{-7}
Wiederholrate	einige Minuten (Anregung mit geringer Pumpenergie) einige Stunden
Peak-Brillianz B	$\sim 10^{28}$ (für Zn^{20+}-Laser bei $\lambda = 21{,}2$ nm)

Elektronenstoßanregung

Die heute existierenden Röntgenlaser mit Wellenlängen kleiner als 25 nm basieren auf Übergängen in hochionisierten Atomen. Diese werden durch Bestrahlung von Festkörpern mit kurzen Pulsen aus Hochleistungslasern erzeugt und durch Elektronenstoß oder Rekombination angeregt. Als Target dienen typischerweise Folien und Festkörperoberflächen, die von einer oder zwei Seiten auf einer Fläche von 100 µm Breite und einer variablen Länge bis zu 5 cm bestrahlt werden. Die Pumplaserpulse müssen nun sowohl ein Plasma von Ionen in der notwendigen Konfiguration, wie z. B. neon- oder nickelähnlichen Ionen, des verwendeten Targetmaterials erzeugen und darüber hinaus in diesen Ionen durch Elektronenstoß die Besetzungsinversion zwischen den Niveaus des Laserübergangs liefern.

Erfolgreiche Experimente wurden an mehreren Laboratorien in den USA, GB, Frankreich, Deutschland und Japan durchgeführt. Als günstig hat sich dabei die sog. Vorpulstechnik erwiesen, bei der ein geringer Teil des Pumppulses als Vorpuls zur Erzeugung eines Vorplasmas verwendet wird, das nach einer Verzögerung von wenigen ns dann durch den Hauptimpuls in den notwendigen Ionisationszustand versetzt und die Besetzungsinversion erzeugt wird. Das Vorplasma erlaubt eine bessere Einkopplung des zweiten Laserpulses und führt zu einer homogeneren Plasmaausbildung.

Vor allem in neonähnlichen Ionen wurden durch Elektronenstoß $2s^2\,2p^5\,3p$ Zustände besetzt, von denen Laserübergänge nach $2s^2\,2p^5\,3s$ mit Wellenlängen von 32,6 nm (Titan), 19,6 nm (Ge) oder bei der bisher kürzesten Wellenlänge um 3,5 nm (Au) erhalten wurden. Die verwendeten Laserintensitäten liegen im Bereich zwischen 10^{13}–$10^{15}\,\mathrm{W/cm^2}$, und das erzeugte Plasma hat Temperaturen von einigen 100 eV bis keV, wobei 1 keV einer Elektronentemperatur von 10^7 K entspricht. Die Besetzungsinversion ist wesentlich durch die Lebensdauer des unteren Laserniveaus bestimmt, die sehr kurz sein sollte. Die Verstärkungskoeffizienten g betragen im allgemeinen einige cm^{-1}. Derartige Röntgenlaser erforderten jedoch noch den Einsatz sehr großer Lasersysteme mit Ausgangsenergien von einigen 100 J bis kJ. Ein wichtiger Schritt hin zu kleineren (table top) Röntgenlasern ist 1995 mit der Demonstration eines sogenannten „transienten Verstärkungsregimes“ in neonähnlichen Ionen gelungen, indem durch einen ps-Puls eine sehr schnelle Plasmaaufheizung durch Elektronenstoß in einem mit einem einzigen Puls erzeugten Vorplasma erreicht wird. Dieser Anregungsmechanismus ist durch sehr hohe Verstärkungskoeffizienten von $g > 30\,\mathrm{cm}^{-1}$ und kurze Röntgenlaserpulse (ps-Bereich) gekennzeichnet. Im Gegensatz zu dem oben beschriebenen sogenannten quasistationären Verstärkungsregime hängt hier die Besetzungsinversion nicht mehr von der Lebensdauer des unteren Niveaus ab, sondern ist durch die spezielle Dynamik der Elektronenstoßanregung bestimmt. Derartige Röntgenlaser können mit relativ geringer Pumpenergie von einigen Joule arbeiten, aber trotzdem eine hohe Effizienz von besser 10^{-6} erreichen.

Eine weitere interessante Methode für Röntgenlaser besteht in der Nutzung einer Kapillarentladung. Hier erzeugt ein Hochstrompuls in einer gasgefüllten Kapillare von einigen mm Durchmesser und einer Länge von $l =$ 10 bis 20 cm durch Elektronenstoß sowohl ein Plasma im notwendigen Ionisationszustand als auch gleichzeitig die Besetzungsinversion. Verstärkung mit $gl \sim 15$ ist in Ar bei Wellenlängen von 41,0 nm und S bei 61,0 nm demonstriert worden. Die Divergenzwerte dieser Röntgenkapillarlaser sind gering und liegen im Bereich von 5–10 mrad.

Rekombinationsanregung

Ein weiteres Pumpverfahren für Röntgenlaser nutzt Rekombinationsprozesse aus. Mit Nd:Glas oder CO_2-Lasern werden z. B. Kohlenstoff-Fasern von einigen µm Durchmesser und 1 bis 2 cm Länge verdampft. Es entsteht ein fast vollständig ionisiertes Plasma, welches schnell expandiert. Rekombination führt zu wasserstoffähnlichen Ionen, wobei vorwiegend angeregte $n = 3$-Zustände besetzt werden, entweder direkt oder durch Kaskaden aus höheren Niveaus. Das $n = 2$-Niveau zerfällt schnell durch Emission von Licht in den Grundzustand $n = 1$, so daß eine Überbesetzung von $n = 3$ gegenüber $n = 2$ auftritt. Bei C^{5+} ergibt sich eine Wellenlänge von 18,2 nm. Verstärkungskoeffizienten von $g \sim 3$–$6\,\text{cm}^{-1}$ sind bei Pulslängen bis 100 ns mit magnetischem Plasmaeinschluß erreicht worden. Rekombinationsgepumpte Laser lassen sich auch in He- und Li-ähnlichen Ionen (Mg^{9+}, Al^{10+}, S^{13+} u. a.) verwirklichen. Die bisher kürzesten Wellenlängen von 4,2 bis 4,6 nm wurden im He-ähnlichen Al^{11+} erzeugt. Verwendet wurde ein Nd-Pumplaser mit 60 J Energie und 100 ps Länge. Die Verstärkung betrug 50 bei einer Plasmalänge von 4 mm, was für praktische Anwendungen noch verbessert werden muß. Bemerkenswert ist allgemein, daß im Vergleich zu elektronenstoßangeregten Röntgenlasern wesentlich kleinere Werte für das Produkt gl erhalten werden konnten.

Perspektiven

Zur Demonstration von Röntgenlasern wird gegenwärtig auf Resonatoren verzichtet, so daß nur Röntgen-Superstrahlung beobachtet wird. Da alle Materialien nur geringe Reflexion im nahen Röntgenbereich aufweisen, sind Spiegel für Röntgenlaser schwierig herzustellen. Neuerdings können aber Multilayerspiegel mit Reflexionskoeffizienten von $R \sim 30\,\%$ produziert werden, die auch erfolgreich in Halb-Resonatoren für einen Zweifachdurchlauf des Röntgenlasers verwendet werden. Denkbar sind Spiegel, die auf der Bragg-Reflexion an Kristallen beruhen. Hier sind Reflexionskoeffizienten über 50 % zu erwarten, allerdings nur für harte Röntgenstrahlung unterhalb von 1 nm.

Mögliche Anwendungen liegen in der Spektroskopie, Röntgenholographie, Medizin und bei Strukturuntersuchungen. Von militärischem Interesse sind intensive Röntgenlaser, die nach Meldungen in der Tagespresse mit der γ-Strahlung von Atombomben gepumpt werden. In der wissenschaftlichen Literatur werden derartige Systeme bisher nicht beschrieben. Es bleibt zu hoffen, daß derartige Systeme nicht entwickelt werden.

11.3 Kohärente Atomstrahlen

Elektronen-, Atom- Molekül- andere Teilchenstrahlen werden bereits seit langem in Forschung und Technik verwendet. Dabei handelt es sich um Teilchen, die sich mit etwa einheitlicher Geschwindigkeit in einer Richtung bewegen. Die Bahnen sind Geraden im feldfreien Raum und bilden ein Strahlenbündel, ähnlich wie ein Lichtstrahlenbündel, das vereinfacht ebenfalls oft als Strahl bezeichnet wird.

Nach der Quantenmechanik ist jedem bewegten Teilchen eine Welle zuzuordnen, und dies trifft auch für einen Teilchenstrahl zu. Wegen statistischer oder thermischer Schwankungen der Teilchengeschwindigkeit sind die Wellenlängen und Ausbreitungsrichtungen der Teilchen jedoch leicht unterschiedlich, so daß ein Teilchenstrahl im allgemeinen wenig kohärent ist.

In den letzten Jahren ist es jedoch gelungen, freie Atome sehr stark abzukühlen und damit hoch kohärente Atomstrahlen zu erzeugen. Nach der Heisenbergschen Unschärferelation ist die Position eines Atoms der Masse m über einen Abstand verschmiert, der durch die thermische de Broglie-Wellenlänge λ gegeben ist:

$$\lambda = h \Big/ \sqrt{2mkT} \ ,$$

wobei k die Boltzmannkonstante und T die Temperatur des Gases ist, in dem sich das Atom befindet. Bei Raumtemperatur ist λ sehr viel kleiner als der mittlere Abstand zwischen zwei Atomen, so daß deren Wellenlängen unkorreliert sind. Wenn das Gas jedoch gekühlt wird, erhöht sich λ, so daß sich die Wellenfunktionen benachbarter Atome überlappen und schließlich eine kohärente Welle bilden. Dieser Übergang wird als Bose-Einstein-Kondensation bezeichnet. Die Kondensation ist nur bei Teilchen mit ganzzahligem Spin möglich, nicht aber bei Elektronen, die halbzahligen Spin besitzen.

Die Kühlung der Atome erfolgt dabei zunächst durch z. B. Einstrahlung von Laserlicht mit einer Frequenz, die etwas unterhalb der Mittenfrequenz eines optischen Überganges liegt. Das Licht wird absorbiert und in alle Richtungen gleichmäßig abgestrahlt, wobei das Frequenzspektrum nun um die Mittenfrequenz zentriert ist. Deshalb wird im Mittel mehr Energie abgestrahlt als absorbiert, so daß eine Energieabnahme oder Kühlung des Gases eintritt.

Eine weitere Kühlung ist durch Verdampfung möglich. Dazu werden die Gasatome in speziellen magnetischen Feldern, sogenannten Fallen, gesammelt. Die hochenergetischen, schnellen Atome läßt man entweichen, so daß sich wiederum eine Kühlung ergibt. So wurde eine Bose-Einstein-Kondensation von 10^7 Natrium-Atomen auf einer Länge von 0,3 mm mit Temperaturen von 2 µK gebildet. Die Kondensate existieren bisher einige Sekunden.

Die Kondensation von Atomen in den tiefsten Energiezustand oder Grundzustand einer magnetischen Falle ist analog zur stimulierten Emission von Photonen in die stehende Welle in einem Laserresonator, so daß die Falle als ein Atomresonator mit magnetischen Spiegeln angesehen werden kann. Um einen kohärenten Atomstrahl aus der Falle auszukoppeln, wird durch einen kurzen Hochfrequenzimpuls die Richtung des magnetischen Moments der Atome verändert, so daß einige oder alle Atome aus der Falle entweichen können. Die Kohärenz der so erzeugten Atomwelle wurde durch Interferenzexperimente zwischen Strahlen, die aus zwei separaten Kondensaten stammen, nachgewiesen.

Die Bose-Einstein-Kondensation erlaubt so die Erzeugung ultrakalter, kohärenter Atomstrahlen, deren konkrete Anwendungen noch nicht feststehen, aber die ein interessantes und zur Zeit intensiv bearbeitetes Feld der Grundlagenforschung darstellen.

Aufgaben

11.1 Man berechne die Energiezustände eines Elektrons im Feld eines Z-fach geladenen Atomkerns nach dem Bohrschen Atommodell. Man gebe die Wellenlänge der längsten Balmer-Linie (Übergang $n = 3 \to 2$) für H und die wasserstoffähnlichen Ionen He^+, C^{5+}, Al^{11+} an, bei denen Lasertätigkeit beobachtet wurde.

11.2 Schätzen Sie die charakteristischen Daten für einen Elektronenstrahllaser (FEL) ab, der UV-Strahlung bei 100 nm erzeugen soll.

12. Ausbreitung von Lichtwellen

In der Näherung der geometrischen Optik breitet sich Licht geradlinig als ein Bündel von Lichtstrahlen aus. Aufgrund der Welleneigenschaften ergeben sich in der Realität erhebliche Abweichungen von dieser einfachen Vorstellung, insbesondere bei der Ausbreitung seitlich begrenzter Lichtbündel, wie sie von Lasern emittiert werden. Theoretischer Ausgangspunkt für eine genauere Beschreibung der Ausbreitung von Licht ist die Wellengleichung.

12.1 Ebene und Kugelwellen, Beugung

Licht ist eine elektromagnetische Welle, welche mathematisch durch die Maxwell-Gleichungen beschrieben wird. Aus diesem Gleichungssystem kann die Wellengleichung (12.1) abgeleitet werden, die hier in skalarer Näherung dargestellt wird. In einem x, y, z Koordinatensystem wird die elektrische Feldstärke von Licht E durch folgende Differentialgleichung beschrieben

$$\left(\frac{\partial^2}{\partial x^2} + \frac{\partial^2}{\partial y^2} + \frac{\partial^2}{\partial z^2} - \frac{1}{c^2}\frac{\partial^2}{\partial t^2}\right) E(x,y,z,t) = 0\,. \tag{12.1}$$

Dabei ist die Feldstärke $E(x,y,z,t)$ eine Funktion der Ortskoordinaten und der Zeit t. Die Lichtgeschwindigkeit $c = c_0/n$ ist durch die Geschwindigkeit im Vakuum c_0 und den Brechungsindex n gegeben.

Ebene Wellen

Die einfachste Lösung ist eine ebene Welle (Bild 1.1), die sich beispielsweise in z-Richtung ausbreitet

$$\begin{aligned} E(z,t) &= E_0 \cos(\omega t - kz) \\ &= (E_0/2) \exp -\mathrm{i}\,(kz - \omega t) + \text{c.c.}\,. \end{aligned} \tag{12.2}$$

Dabei ist E_0 die Amplitude der Feldstärke und c. c. bedeutet der konjugiert komplexe Ausdruck des ersten Summanden. Häufig wird c. c. zur Vereinfachung der Schreibung auch weggelassen, obwohl es dastehen müßte. Die Kreisfrequenz ist mit der Frequenz f durch $\omega = 2\pi f$ verknüpft. Der Betrag des Wellenvektors ist $k = 2\pi/\lambda$, wobei λ die Wellenlänge ist.

Durch Einsetzen von (12.2) in die Wellengleichung erhält man für k den oben angegebenen Ausdruck

$$\begin{aligned} k^2 &= \omega^2/c^2\,, \quad \text{d. h.} \\ k &= \omega/c \qquad \text{oder} \quad k = -\omega/c\,. \end{aligned} \tag{12.3}$$

Die Orte maximaler Feldstärke sind bei ebenen Wellen durch

$$\begin{aligned} \omega t - kz &= -2\pi m \quad (m = \text{ganze Zahl}) \quad \text{oder} \\ z &= \omega t/k + 2\pi m/k = \pm ct + m\lambda \end{aligned} \tag{12.4}$$

gegeben. Die Orte maximaler Feldstärken bzw. ebenen Phasenflächen (Bild 1.2) breiten sich mit Lichtgeschwindigkeit aus. Der Abstand benachbarter Phasenflächen ist gleich der Wellenlänge λ. Positives k bedeutet Ausbreitung der Welle in positiver z-Richtung, negatives k in der entgegensetzten Richtung.

Kugelwellen

Eine weitere Lösung der Wellengleichung (12.1) sind Kugelwellen

$$\begin{aligned} E(\varrho) &= \frac{A}{\varrho} \exp -\mathrm{i}\,(k\varrho - \omega t) + \text{c. c.}\,, \quad \text{mit} \\ \varrho &= \sqrt{x^2 + y^2 + z^2}\,, \end{aligned} \tag{12.5}$$

wobei ϱ den Radius vom Ausgangspunkt der Welle angibt. Die Amplitude der Feldstärke A/ϱ nimmt mit zunehmendem Radius ϱ ab. Die Phasenflächen sind Kugeln. Bild 1.2 zeigt das Verhalten der Welle in einer Schnittebene durch das Erregerzentrum.

Begrenzte Wellen, Beugung

Die bisher betrachteten idealen ebenen Wellen und Kugelwellen sind als Modelle für Laserstrahlen nur eingeschränkt brauchbar. Eine ebene Welle ist unendlich ausgedehnt und eine Kugelwelle breitet sich in alle Richtungen aus. Beides entspricht nicht einem Laserstrahl, der eine bestimmte Ausbreitungsrichtung und einen endlichen Strahlquerschnitt besitzt. Zu einem verbesserten Modell für einen Laserstrahl kommt man, wenn man eine ebene Welle betrachtet, die durch eine Blende seitlich begrenzt wird wie in Bild 12.1 dargestellt. Dadurch wird ein Strahl mit konstanter Intensität über den Blendenquerschnitt erzeugt. Experimentell zeigt sich, daß ein derartiges Rechteckintensitätsprofil hinter der Blende nicht erhalten bleibt. In großen Abständen ($z > d^2/\lambda$) entsteht ein verbreitertes abgerundetes Profil mit Nebenmaxima.

Die Veränderung des Intensitätsprofils einer Lichtwelle hinter der Blende wird als Beugung bezeichnet. Diese wird nach dem *Huyghensschen Prinzip* dadurch erklärt, daß jeder Punkt der Blendenöffnung Kugelwellen abstrahlt. Die Kugelwellen addieren sich im rechten Halbraum zu einer resultierenden

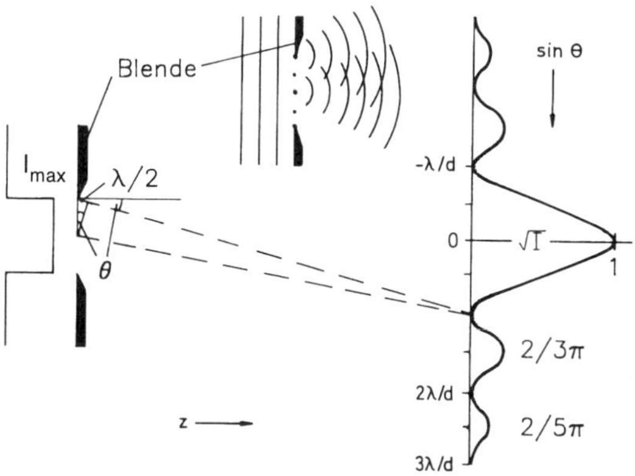

Bild 12.1. Beugung am Spalt mit der Breite d. In ähnlicher Weise wird auch Beugung an einer Lochblende beobachtet

Feldverteilung. Bei der Addition ist der jeweilige Gangunterschied oder die Phase der Kugelwellen zu betrachten. Ist der Gangunterschied Null, z. B. auf der Symmetrieachse, so addieren sich die Amplituden der Wellen, und es entsteht ein Intensitätsmaximum. Beträgt der Gangunterschied $\lambda/2$, so löschen sich die Wellen aus, da die Amplituden entgegensetzt gerichtet sind. Dies ist in den Richtungen mit dem Winkel θ

$$\sin\theta = k\frac{\lambda}{d} \quad \text{mit} \quad k = \pm 1, \pm 2, \ldots \tag{12.6}$$

der Fall. In diesem Fall gibt es zu jeder Kugelwelle, die in der unteren Hälfte der Blende entsteht, eine auslöschende Kugelwelle aus der oberen Hälfte der Blende. Eine ausführlichere Rechnung ergibt die in Bild 12.1 dargestellte Intensitätsverteilung.

Zusammenfassend ist festzustellen, daß eine seitlich begrenzte ebene Welle ihr Intensitätsprofil ändert, indem sie auseinanderläuft oder divergiert. Dies tritt auch bei Laserstrahlen auf. Ähnliches ergibt sich nämlich auch, wenn das Intensitätsprofil am Anfang nicht durch ein Rechteck, sondern z. B. durch eine örtliche Gauß-Verteilung gegeben ist. Diese divergiert auch, bleibt aber immer eine Gauß-Verteilung. Der Divergenzwinkel ist kleiner als bei einem Rechteckprofil. Wegen diesen vorteilhaften Eigenschaften werden Laser oft so gebaut, daß Wellen mit gaußförmigem Intensitätsprofil emittiert werden. Die Eigenschaften derartiger Gaußscher Strahlen werden im folgenden beschrieben. Es handelt sich dabei nicht um Strahlen im mathematischen Sinne, sondern um seitlich begrenzte Lichtwellen, die auch als Gaußbündel bezeichnet werden.

12.2 Gauß-Strahlen

Laser können in verschiedenen transversalen Feldverteilungen oder Moden angeregt werden und abstrahlen. Der Grundmode TEM_{00} hat eine besonders einfache und für Anwendungen geeignete, gleichförmige Feldverteilung.

Bei Resonatoren mit Hohlspiegeln weist der TEM_{00}-Mode in seiner Intensität ein Gaußprofil auf. Im folgenden soll untersucht werden, wie sich eine Lichtwelle mit einem derartigen Profil ausbreitet. Es wird sich herausstellen, daß sich solche Lichtwellen als Kugelwellen mit imaginärem Quellpunkt darstellen lassen.

Kugelwellen mit imaginärem Zentrum

Das Zentrum einer Kugelwelle nach (12.5) ist beliebig. Es kann auch im Komplexen liegen, auch wenn dies zunächst unanschaulich ist. Deshalb kann in (12.5) statt z auch eine komplexe Größe q eingeführt werden:

$$z \to z + \mathrm{i} z_\mathrm{R} = q\,. \tag{12.7}$$

Die Größe z_R wird als reell angenommen, auf ihre physikalische Bedeutung wird später eingegangen. Durch die Transformation (12.7) werden Kugelwellen mit imaginären Zentren erzeugt:

$$\begin{aligned} E(r,z,t) &= \frac{A}{\sqrt{q^2+r^2}} \exp -\mathrm{i}\left(k\sqrt{q^2+r^2} - \omega t\right) \quad \text{mit} \\ r &= \sqrt{x^2+y^2}\,. \end{aligned} \tag{12.8}$$

Wird der z-achsennahe, sogenannte paraxiale Bereich betrachtet, so gilt mit $r \ll |q|$:

$$\begin{aligned} E(r,z,t) &\approx \frac{A}{q} \exp -\mathrm{i}\left(kq\sqrt{1+r^2/q^2} - \omega t\right) \\ &\approx \frac{A}{q} \exp -\mathrm{i}\left(kq\left(1+\frac{r^2}{2q^2}\right) - \omega t\right) \\ &= \frac{B}{q} \exp\left(-\mathrm{i}\frac{kr^2}{2q}\right) \exp \mathrm{i}\,(\omega t - kz)\,. \end{aligned} \tag{12.9}$$

Dabei ist $B = A\exp(kz_\mathrm{R})$ ebenso wie A eine zunächst unbestimmte Amplitude. Der komplexe Parameter $1/q$ kann nach Aufspaltung in Real- und Imaginärteil auch in folgender Form geschrieben werden:

$$\frac{1}{q(z)} = \frac{z - \mathrm{i}z_\mathrm{R}}{z^2 + z_\mathrm{R}^2} = \frac{1}{R(z)} - \mathrm{i}\frac{2}{kw^2 z}\,. \tag{12.10}$$

Die Größen $w(z)$ und $R(z)$ bedeuten Strahlradius und Krümmungsradius eines Gauß-Bündels, wie sich gleich herausstellen wird. Damit ist:

$$E(r,z,t) \approx \frac{B}{q} \exp\left(-\frac{r^2}{w^2(z)}\right) \exp\left(-\mathrm{i}\frac{kr^2}{2R(z)}\right) \exp \mathrm{i}\,(\omega t - kz)\,. \tag{12.11}$$

Gleichung (12.11) ist neben den bereits zitierten ebenen und kugelförmigen Wellen eine weitere allerdings näherungsweise Lösung der Wellengleichung. Sie wird als Gauß-Strahl bezeichnet und beschreibt die Ausbreitung von sogenannten TEM_{00}-Laserstrahlen.

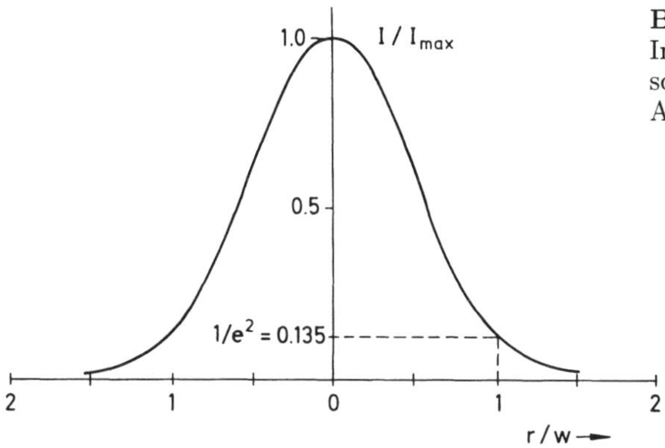

Bild 12.2.
Intensitätsprofil eines Gaußschen Strahls transversal zur Ausbreitungsrichtung

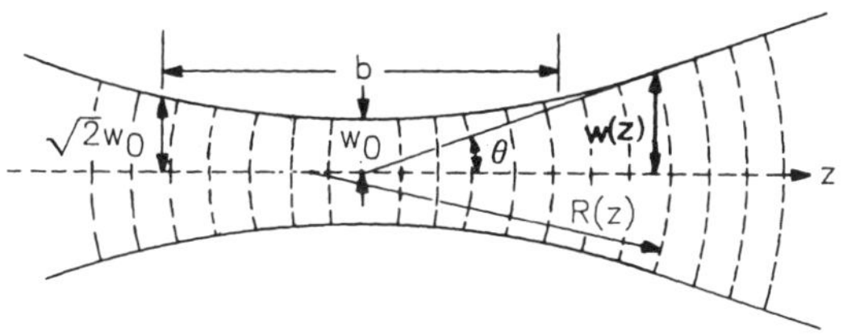

Bild 12.3.
Ausbreitung eines Gaußschen Strahls: Änderung des Strahlradius $w(z)$ sowie des Krümmungsradius $R(z)$ der Wellenfronten

Strahlradien

Die Lösung (12.11) der Wellengleichung besitzt eine Amplitude, die in r-Richtung durch eine Gauß-Funktion $\exp(-r^2/w^2)$ beschrieben wird. Die örtliche Intensitätsverteilung $I \sim |E|^2$ ist gegeben durch (Bild 12.2)

$$I/I_{\max} = \exp\left(-2r^2/w^2(z)\right) . \tag{12.12}$$

Die in (12.10) eingeführte Größe

$$\begin{aligned} w(z) &= \sqrt{\frac{2}{kz_{\mathrm{R}}}}\sqrt{z^2+z_{\mathrm{R}}^2} = w_0\sqrt{1+z^2/z_{\mathrm{R}}^2} \quad \text{mit} \\ w_0 &= \sqrt{2z_{\mathrm{R}}/k} = \sqrt{z_{\mathrm{R}}\lambda/\pi} \end{aligned} \tag{12.13}$$

wird als Strahlradius bezeichnet. Die Abhängigkeit des Strahlradius von der Ausbreitungskoordinate z ist im Bild 12.3 dargestellt. Für $z = z_{\mathrm{R}}$ weitet sich ein Gaußscher Strahl auf das $\sqrt{2}$-fache des Wertes $w(0) = w_0$ auf. Die Größe

$$b = 2z_{\mathrm{R}}$$

wird daher als Fokuslänge oder konfokaler Parameter bezeichnet; z_{R} heißt Rayleighlänge. Ein Gaußscher Strahl wird nach (12.13) entweder durch die Strahltaille w_0 oder die Rayleighlänge z_{R} charakterisiert.

Divergenzwinkel

In großen Abständen ($z \gg z_\mathrm{R}$) wächst der Strahlradius etwa linear mit z an:

$$w(z) = w_0 \cdot \frac{z}{z_\mathrm{R}} . \tag{12.14}$$

Daraus ergibt sich der Divergenzwinkel (Bild 12.3) des Gauß-Strahls zu

$$\theta = \lim_{z \gg z_\mathrm{R}} \frac{w(z)}{z} = \frac{w_0}{z_\mathrm{R}} = \frac{\lambda}{\pi w_0} . \tag{12.15}$$

Eine kreisförmige Blende mit dem Durchmesser $d = 2w$ würde bei Beleuchtung mit einer ebenen Lichtwelle eine gebeugte Welle mit dem Divergenzwinkel

$$\theta_k = 1{,}22\lambda/d = 0{,}66\lambda/w_0 > \theta \tag{12.16}$$

ergeben. Der Winkel θ_k gibt den Radius des ersten dunklen Ringes k des Beugungsbildes an, ähnlich wie in Bild 12.1 für eine Spaltblende dargestellt.

Der Gaußstrahl divergiert also schwächer als andere seitlich begrenzte Lichtwellen, was hier allerdings nur am Beispiel eines Strahls mit Rechteckprofil gezeigt wurde. Deshalb wird ein Gaußstrahl auch als beugungsbegrenzt bezeichnet.

Krümmungsradius der Phasenflächen

Die Phasenflächen des Gaußstrahls sind gegeben durch

$$z = m\lambda - \frac{r^2}{2R(z)} . \tag{12.17}$$

Dies sind Parabeln mit dem Krümmungsradius

$$R(z) = z + \frac{z_\mathrm{R}^2}{z} . \tag{12.18}$$

Für $z \gg z_\mathrm{R}$ gilt $R(z) \approx z$, d. h. in großer Entfernung von der Strahltaille sind die Phasenflächen Kugeln mit den Zentren bei $z = 0$.

Für $z \to 0$ gilt $R(z) \to \infty$, und es ergeben sich ebene Wellenfronten. Ein Gaußstrahl kann daher als eine Mischung zwischen einer ebenen Welle und einer Kugelwelle aufgefaßt werden, wie in Bild 12.3 dargestellt ist.

q-Parameter

Bei der Ausbreitung eines Gaußstrahls ändern sich der Strahlradius $w(z)$ und Krümmungsradius $R(z)$ als Funktion des Abstandes z von der Strahltaille. Statt $w(z)$ und $R(z)$ zu betrachten, ist es oft einfacher, den komplexen Parameter q zu verwenden, in dem $w(z)$ und $R(z)$ nach (12.10) enthalten sind.

$$q(z) = z + \mathrm{i}z_\mathrm{R} = z + q(0)$$

hängt nach (12.7) linear von z ab. In der Strahltaille ist

$$q(0) = \mathrm{i}z_\mathrm{R}$$

wobei

$$z_\mathrm{R} = \pi w_0^2/\lambda$$

nach (12.13) ist. Man erkennt daran, daß ein Gaußstrahl durch die Lage und den Durchmesser seiner Strahltaille gegeben ist. Bei der Ausbreitung eines Gaußstrahls ändert sich der q-Parameter. Auch Linsen und andere optische Elemente ergeben Transformationen des q-Parameters, die durch „ABCD-Matrizen“ beschrieben werden. Oft läßt sich jedoch die Ausbreitung von Gaußstrahlen ohne diese Matrizen einfacher berechnen, so daß diese in der folgenden elementaren Darstellung nicht benutzt werden.

Höhere Hermite-Gauß-Moden

Ein Gaußstrahl nach (12.9) kann entlang der x-Achse parallel verschoben werden:

$$x \to x + \Delta x \tag{12.19}$$

Wird in (12.9) nur der x-abhängige Anteil

$$E(x) = \exp\left(-\mathrm{i}kx^2/2q\right) \tag{12.20}$$

betrachtet, so muß deshalb auch

$$E(x + \Delta x) = \exp\left(-\mathrm{i}k\,(x + \Delta x)^2/2q\right) \tag{12.21}$$

eine Lösung der Wellengleichung beschreiben. Da die Wellengleichung linear ist, ergibt auch eine additive Überlagerung von (12.20) und (12.21) eine Lösung der Wellengleichung. Insbesondere beschreibt auch

$$\begin{aligned} E_1(x) &= \lim_{\Delta\xi \to 0} \frac{\exp\left[-\xi^2\right] - \exp\left[-(\xi + \Delta\xi)^2\right]}{\Delta\xi} \\ &= (-1)\frac{\mathrm{d}}{\mathrm{d}\xi}\exp -\xi^2 \qquad \text{mit} \end{aligned} \tag{12.22}$$

$$\xi^2 = \mathrm{i}kx^2/2q \tag{12.23}$$

den x-abhängigen Anteil einer Lösung der Wellengleichung.

Dieses Verfahren zur Konstruktion von Lösungen der Wellengleichung läßt sich fortsetzen, so daß sich folgende weitere x-Anteile von Lösungen ergeben:

$$E_m(x) = (-1)^m \frac{\mathrm{d}^m}{\mathrm{d}\xi^m} \exp -\xi^2 \,. \tag{12.24}$$

Die Ausführung der Differentiationen liefert für die Feldstärkenverteilung höherer Moden mit dem Index m

$$E_m(x) = H_m(\xi)\exp(-\xi^2)\,, \tag{12.25}$$

wobei

$$H_0 = 1\,, \qquad H_1(\xi) = 2\xi$$
$$H_2(\xi) = 4\xi^2 - 2\,, \qquad H_3(\xi) = 8\xi^3 - 12\xi$$

als Hermitesche Polynome bezeichnet werden. Der Index gibt die Ordnung des Polynoms an und gleichzeitig die Zahl der Nullstellen.

In der Strahlmitte ist $z = 0$, und nach (12.7) und (12.13) gilt

$$q(0) = \frac{\mathrm{i}}{2} k w_0^2\,.$$

Aus (12.23) folgt:

$$\xi = x/w_0\,.$$

Einige nach (12.25) berechnete Feldverteilungen sind in Bild 12.4 dargestellt. Derartige höhere Moden in x-Richtung treten beispielsweise bei Halbleiterlasern auf, und die Intensitätsverteilung ist in Bild **??** dargestellt. Andere Modenformen, die durch Produktbildung $E_m(x)E_n(y)$ entstehen und Nullstellen in x- und y-Richtung besitzen, zeigt Bild 13.6.

Radien und Divergenz höherer Moden

Aus Bild 12.4 ist ersichtlich, daß sich die höheren Moden über einen größeren x-Bereich erstrecken als der Gauß-Grundmode. Für den Abstand des äußersten Maximums von der Strahlmitte gilt näherungsweise

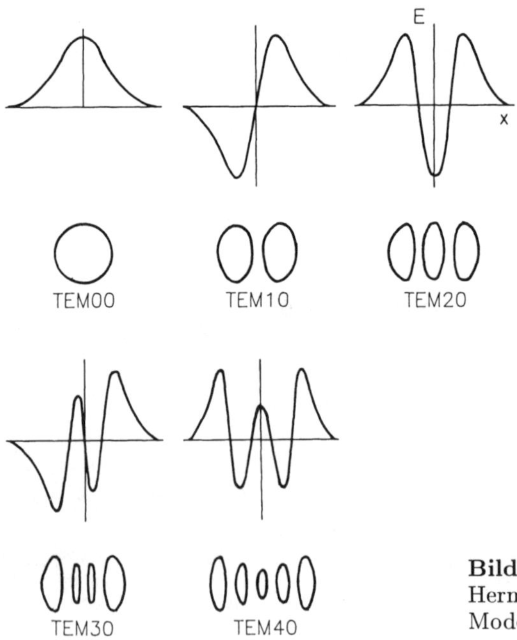

Bild 12.4. Feldstärkeverteilung von Hermite-Gauß-Strahlen oder TEM_{m0}-Moden nach (12.25)

$$x_m \approx \sqrt{1+m} \cdot w_0 \,. \tag{12.26}$$

Der Divergenzwinkel

$$\theta_m \approx \sqrt{1+m} \cdot \theta \tag{12.27}$$

der höheren Moden nimmt ebenfalls zu, da wegen der Modulation des Feldes in x-Richtung die Beugung stärker wird.

12.3 Durchgang von Gauß-Strahlen durch Linsen

Der Durchgang von Lichtstrahlen durch Linsen wird näherungsweise durch die Gesetze der geometrischen Optik beschrieben. Die Näherung der geometrischen Optik ist insbesondere für die Abbildung inkohärent strahlender Objekte geeignet. Probleme der Beugung werden dabei vernachlässigt. Bei der Ausbreitung von Laserstrahlen, insbesondere Gaußstrahlen, dagegen sind wegen des begrenzten Stahldurchmessers Beugungseffekte zu beachten. Ausgehend von den Gesetzen der geometrischen Optik werden daher im folgenden für Gaußstrahlen gültige Transformationsgleichungen angegeben.

Geometrische Optik

Eine Linse oder ein Linsensystem ist durch die Hauptebenen H und H' und die Brennpunkte F und F' gekennzeichnet (Bild 12.5). Befindet sich auf beiden Seiten der Linse das gleiche Medium (z. B. Luft), so ist der Betrag der Bildbrennweite und der Objektbrennweite gleich f. Es sind folgende Vorzeichenregeln zu beachten. Die Abstände rechts von den jeweiligen Hauptebenen sind positiv (z. B. b), die nach links sind negativ (z. B. g). Ähnliches gilt für Gegenstands- und Bildgrößen. Abstände nach oben (z. B. G) sind positiv, nach unten negativ (z. B. B).

Es gilt folgende Abbildungsgleichung:

$$\frac{1}{f} = \frac{1}{b} - \frac{1}{g} \quad \text{oder} \quad \frac{1}{b} = \frac{1}{g} + \frac{1}{f} \,. \tag{12.28}$$

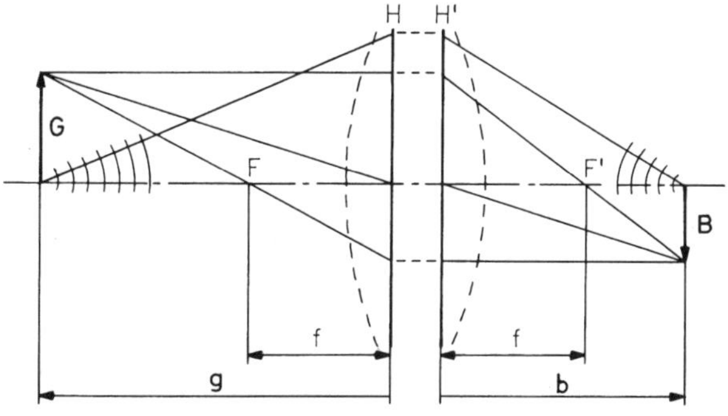

Bild 12.5. Bild durch eine Linse nach der geometrischen Optik. $G =$ Gegenstandsgröße, $g =$ Gegenstandsweite, $B =$ Bildgröße und $b =$ Bildweite

Der Abbildungsmaßstab β beträgt

$$\beta = B/G = b/g\,. \tag{12.29}$$

Mit diesen Gleichungen kann die Bildlage und -größe berechnet werden. Für dünne Linsen fallen beide Hauptebenen H und H' zusammen.

Die Gleichung (12.28) kann bewiesen werden, wenn angenommen wird, daß von jedem Objektpunkt eine Kugelwelle ausgeht. Betrachtet man das Bild eines Punktes auf der Achse, so ist der Krümmungsradius an der Stelle der (dünnen) Linse $R_1 = -g$. Direkt hinter der Linse ist der Krümmungsradius der Kugelwelle $R_2 = -b$. Die Minuszeichen werden eingeführt, da Radien R für konvexe (R_1) Wellenfronten positiv und für konkave (R_2) negativ definiert werden. Da die Linse am Rande schneller durchlaufen wird als in der Mitte, ändert sich der Krümmungsradius entsprechend (12.28).

Transformation von Gauß-Strahlen

Im folgenden soll der Durchgang von Gauß-Strahlen durch Linsen der Brennweite f beschrieben werden. Gegeben sei ein einfallender Strahl mit bestimmtem Abstand a der Linse von der Strahltaille und Taillenradius w_0. Gesucht sind die entsprechenden Größen a' und w_0' des Strahls hinter den Linsen. Die Größen a und a' werden von der jeweiligen Strahltaille aus nach rechts positiv und nach links negativ gemessen. Zur Ableitung der entsprechenden Formeln soll von den üblichen Linsengleichungen (12.28) ausgegangen werden. Eine Linse transformiert eine einfallende Kugelwelle mit dem Radius $R_1 = -g$ in eine durchtretende Kugelwelle mit $R_2 = -b$. Also folgt aus (12.28):

$$\frac{1}{R_2} = \frac{1}{R_1} - \frac{1}{f}\,. \tag{12.30}$$

Die Radien R sind positiv für konvexe Wellenfronten und negativ für konkave. Da bei einem Gauß-Strahl der Radius w direkt vor und hinter einer (dünnen) Linse gleich bleibt, gilt unter Berücksichtigung von (12.10)

$$\frac{1}{q_2} = \frac{1}{q_1} - \frac{1}{f}\,. \tag{12.31}$$

Die komplexen Strahlparameter q_1, q_2 vor und hinter der Linse ergeben sich aus den Rayleighlängen $z_\mathrm{R}, z_\mathrm{R}'$ bzw. Strahltaillen w_0, w_0' nach (12.7) zu

$$\begin{aligned} q_1 &= a + \mathrm{i}z_\mathrm{R} \\ q_2 &= a' + \mathrm{i}z_\mathrm{R}'\,. \end{aligned} \tag{12.32}$$

Aus (12.31) bis (12.32) folgt

$$a' = -f + \frac{f^2(f-a)}{(f-a)^2 + z_\mathrm{R}^2} \quad \text{und} \tag{12.33}$$

$$w_0'/w_0 = f \Big/ \sqrt{(a-f)^2 + z_\mathrm{R}^2}\,, \quad \text{mit} \quad z_\mathrm{R} = \frac{\pi w_0^2}{\lambda}\,. \tag{12.34}$$

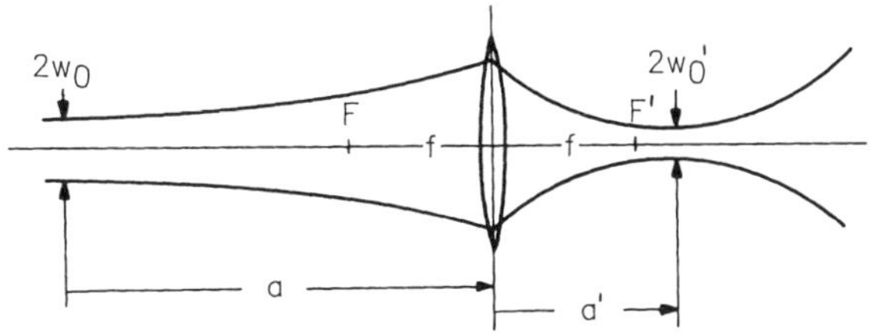

Bild 12.6. Transformation eines Gaußstrahls durch eine Linse

Die Gleichungen ergeben den Radius w_0' und den Abstand a' der Strahltaille hinter der Linse (Bild 12.6). Wenn z_R klein gegen den Abstand $a - f$ ist, erhält man die üblichen Linsengleichungen (12.28) und (12.29) der geometrischen Optik.

Ein interessanter Sonderfall ergibt sich, wenn die Taille des einfallenden Strahles mit dem vorderen Brennpunkt der Linse zusammenfällt, d.h. für $a = f$. In diesem Fall ist $a' = -f$ und $w_0' = \lambda f/\pi w_0$. Die Strahltaille hinter der Linse liegt also dann im hinteren Brennpunkt.

Fokussierung eines Gaußstrahls

Bei vielen Anwendungen des Lasers ist es notwendig, den Laserstrahl auf einen möglichst kleinen Fleck zu fokussieren. Dazu sollte z_R bzw. w_0 nach (12.34) möglichst groß gemacht werden. Dann gilt

$$w_0' = \frac{\lambda f}{\pi w_0} . \tag{12.35}$$

Diese Gleichung wird in der Regel benutzt, um den Strahlradius w_0' bei Fokussierung eines Laserstrahls durch eine Linse zu berechnen. (Es handelt sich um einen minimalen Wert, der im Grunde nur für $z_R \gg a - f$ gilt.)

Damit der einfallende Strahlradius w_0 durch die Linse mit dem Durchmesser durch die Linse mit dem Durchmesser D nicht beschnitten wird, muß $w_0 < D/2$ sein. Also ist

$$w_0' = 2f\lambda/\pi D_L . \tag{12.36}$$

Zur Erzielung kleiner Fleckdurchmesser muß der Linsendurchmesser möglichst groß sein. Da die Brennweite f z.B. einer bikonkaven Linse etwa gleich ihrem Krümmungsradius ist und damit nicht wesentlich kleiner als ihr Durchmesser sein kann, entsprechen die kleinsten erreichbaren Fleckdurchmesser etwa der Wellenlänge λ. Die Tiefenschärfe beträgt $2z_R'$ und kann nach (12.13) berechnet werden.

12.4 Fernrohre und Ortsfrequenzfilter

Zur Aufweitung von Laserstrahlen werden Fernrohre eingesetzt. Damit verbunden ist eine Verringerung der Divergenz der Strahlung. Dies ist beispielsweise für die Übertragung von Laserstrahlung über große Entfernungen ohne die Benutzung von Glasfasern wichtig.

Kepler-Fernrohr

Ein Kollimationsfernrohr nach dem Prinzip von Kepler besteht aus einem Objektiv mit der Brennweite f_2 und einer zweiten Linse kürzerer Brennweite f_1, die beim normalen Fernrohr Okular genannt wird (Bild 12.7). Die Brennweiten beider Linsen fallen zusammen, wenn das Fernrohr auf unendlich eingestellt ist. Bei einem parallel einfallenden Lichtbündel wird der Durchmesser von d auf D vergrößert, wobei nach der geometrischen Optik (Bild 12.7) gilt:

$$D/d = f_2/f_1 \,. \tag{12.37}$$

Eine genauere Betrachtung eines Systems zur Strahlaufweitung muß den Wellencharakter des Lichtes mit berücksichtigen. Für Gaußstrahlen gilt Bild 12.8. Die Strahltaille w_{01} wird durch die Linse 1 abgebildet. Es entsteht eine Taille $w'_{01} = w_{02}$ etwas außerhalb des Brennpunktes dieser Linse. Durch Bild nach der Linse 2 wird der Strahldurchmesser mit der Taille w'_{02} vergrößert. Der Radius w'_{02} wird maximal, wenn die Zwischentaille $w'_{01} = w_{02}$ in die linke Brennebene der Linse 2 gebracht wird. Dies hat zur Folge, daß die Taille w'_{02} in der rechten Brennebene dieser Linse liegt. Mit Hilfe der Abbildungsgleichungen für Gaußstrahlen erhält man

$$w'_{02} = w_{01} \frac{f_2}{f_1} \sqrt{\left((a - f_1)^2 + z_{R1}^2\right) \Big/ z_{R1}^2} \,.$$

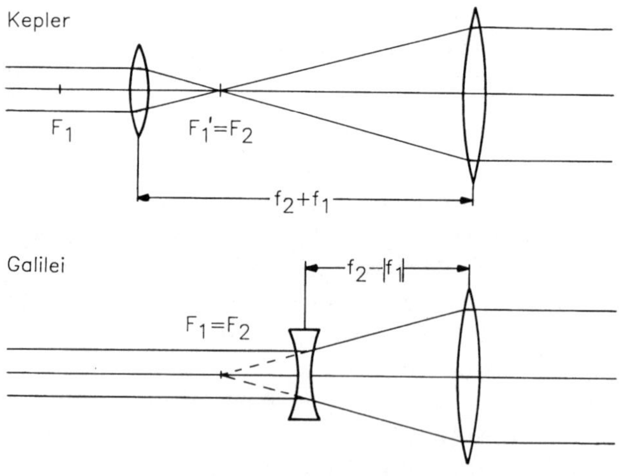

Bild 12.7. Geometrisch-optischer Strahlengang in einem Kepler- und Galilei-Fernrohr

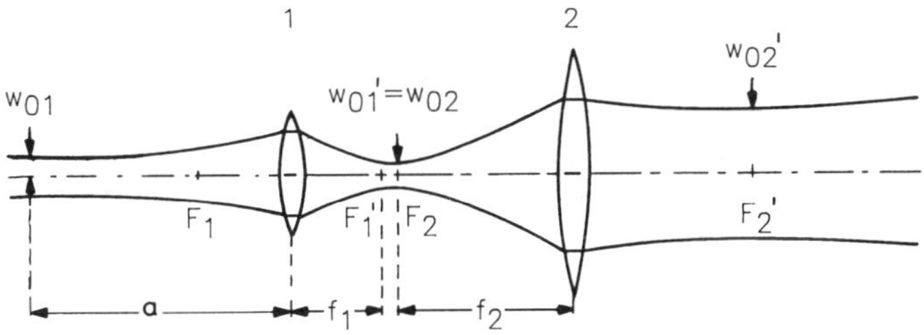

Bild 12.8. Strahlaufweiter für Gauß-Strahlen

Hat der einfallende Strahl seine Taille w_{01} im Brennpunkt F_1 und ist außerdem $F_1' = F_2$, so erhält man wie in der geometrischen Optik (Bild 12.7) die Gleichung (12.37):

$$w_{02}' = w_{01}\frac{f_1}{f_2} \quad \text{für} \quad a = f_1\,. \tag{12.38}$$

Für die Divergenzwinkel der Strahlung vor und nach der Aufweitung gilt dann

$$\theta_2 = \theta_1\frac{f_2}{f_1}\,, \tag{12.39}$$

d. h. die Divergenz wird durch die Aufweitung verkleinert.

Galilei-Fernrohr

Beim Strahlaufweiter nach Kepler wird die Strahlung durch die erste Linse fokussiert. Dadurch kann es bei Hochleistungslasern zu einem elektrischen Durchbruch in der Luft kommen. Hier ist ein Aufweiter nach dem Prinzip von Galilei sinnvoll (Bild 12.7). Dabei wird Linse 1 als Zerstreuungslinse mit negativer Brennweite gewählt. Man kann, genau wie beim Kepler-Typ, beide Brennpunkte zusammenfallen lassen. In diesem Fall gelten obige Gleichungen (12.38) und (12.39), wobei f_1 durch $|f_1|$ zu ersetzen ist.

Ortsfrequenzfilter

Oft ist die Feldstärkeverteilung eines Laserstrahls nicht durch das ideale TEM_{00}-Gaußprofil gegeben, sondern es sind Störungen überlagert wie in Bild 12.9 dargestellt. Staub oder Kratzer in optischen Systemen können zu solchen Störungen führen. Die „Reinigung“ eines solchen Laserstrahls kann durch ein sogenanntes Raum- oder Ortsfrequenzfilter erfolgen (Bild 12.9). Bei einem derartigen Filter wird der Laserstrahl durch eine Linse oder ein Objektiv fokussiert. Parallel einfallende Strahlung, die einem Gaußstrahl mit großem Durchmesser entspricht, wird in der Brennebene fokussiert. Man bringt in den Brennpunkt eine Lochblende, deren Öffnung etwas größer als der Fleckdurchmesser ist. Damit läuft der Gauß-Strahl ungehindert durch

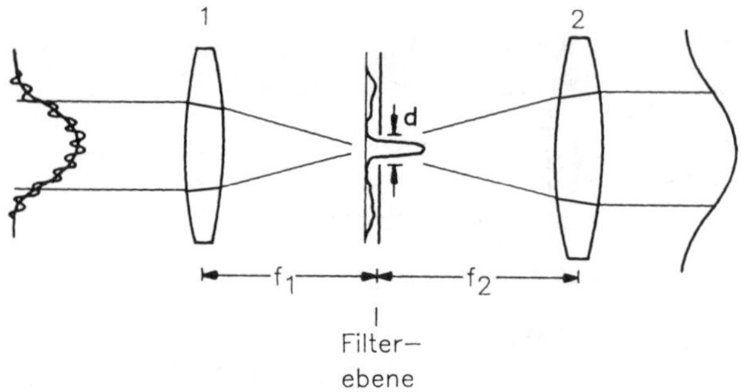

Bild 12.9. Prinzip eines Ortsfrequenzfilters

die Blende. Lichtwellen, die beispielsweise durch Streuung an Staub entstehen, breiten sich abweichend von Gauß-Strahl kugelförmig um das Streuzentrum aus. Dies hat zur Folge, daß hinter der Linse die Streuwellen nicht durch die Lochblende hindurchtreten. Störwellen werden somit räumlich vom Gauß-Strahl getrennt und ausgeblendet. Oft wird ein Raumfilter mit einem Strahlaufweiter kombiniert.

Eine genauere Beschreibung des Raumfilters nach Bild 12.9 kann mit Hilfe der Fouriertransformation erfolgen. In der Brennebene der Linse 1 entsteht das Fourier- bzw. Ortsfrequenzspektrum des einfallenden Strahlprofils. Hohe Ortsfrequenzen befinden sich seitlich von der Achse und werden somit ausgeblendet. Man nennt das in Bild 12.9 dargestellte Raumfilter daher auch Tiefpaßfilter, da niedrige Ortsfrequenzen passieren können.

Der Durchmesser d der Lochblende muß auf jeden Fall größer sein als die Strahltaille eines idealen Gaußstrahls in der Brennebene (12.35)

$$d > 2f\lambda/\pi w\,, \tag{12.40}$$

wobei w der Radius des einfallenden Strahls ist. Andererseits soll d klein sein, damit Nebenmaxima durch die Blende nicht auftreten können. Man kann zeigen, daß dies der Fall ist, wenn d kleiner als der Durchmesser der sogenannten ersten Fresnelzone ist:

$$d < 2\sqrt{f\lambda}\,. \tag{12.41}$$

In der Praxis wird man innerhalb obiger Grenze d möglichst groß wählen, um die Schwierigkeiten bei der Justierung zu erleichtern. Typische Werte für Raumfilter für die Holographie liegen bei $d \approx 40\,\mu\text{m}$, wobei man als erste Linse z. B. ein Mikroskopobjektiv mit $f = 4\,\text{mm}$ wählt.

12.5 Ausbreitung realer Laserstrahlen

Laserstrahlen sind im Idealfall TEM_{00}-Gaußstrahlen. Real emittieren viele Laser jedoch Strahlung mit komplizierten Intensitätsverteilungen. Die Ausbreitung eines Gaußstrahls ist durch den Radius der Strahltaille w_0 und durch die Wellenlänge λ bestimmt. In großer Entfernung von der Taille erfolgt die Vergrößerung des Strahlradius in guter Näherung linear, und der Divergenzwinkel ist durch (12.15) gegeben:

$$\theta = \frac{\lambda}{\pi w_0} .$$

Der Divergenzwinkel eines Gaußstrahls oder auch anderer Strahlen hängt vom Taillenradius w_0 ab. Da w_0 beliebig mit Linsen eingestellt werden kann, wird zur Charakterisierung eines Laserstrahls meist nicht der Divergenzwinkel, sondern das Strahlparameterprodukt mit der Einheit mm · mrad angegeben. Für Gaußstrahlen ist das Strahlparameterprodukt nur von der Wellenlänge abhängig:

$$\theta w_0 = \frac{\lambda}{\pi} . \tag{12.42}$$

Beugungsmaßzahl M^2

Der Gaußstrahl (TEM_{00}) ist wegen seiner minimalen Divergenz für viele Anwendungen optimal. In der Praxis zeigen jedoch viele Laserstrahlen oft Abweichungen von diesem Idealfall. Ursache dafür kann das Anschwingen höherer transversaler Moden sein, es können Amplitudenstörungen aufgrund einer inhomogenen Versärkung des Lasermediums auftreten oder es können sich Teilstrahlen ausbilden und überlagern.

Alle diese Effekte können dazu führen, daß das reale Strahlprofil vom idealen Gaußprofil abweicht. Um einen Strahlradius festzulegen, wird dann das reale Profil entweder durch ein Gaußprofil approximiert, oder der Strahlradius wird durch eine Blende definiert, die 86,5 % der Gesamtleistung durchläßt. Theoretisch besser begründet ist es, den Strahlradius über das zweite Moment der Leistungs- oder Energieverteilung zu definieren:

$$W^2(z) = \frac{\iint r^2 I(r,z) r \mathrm{d}r \mathrm{d}\phi}{\iint I(r,z) r \mathrm{d}r \mathrm{d}\phi} . \tag{12.43}$$

Reale Strahlen lassen sich als Überlagerung des Grundmodes TEM_{00} mit höheren Moden ausffassen, so daß der reale Strahlradius $W(z)$ an jeder Stelle z um den Faktor M großer ist als der ideale Wert des Gaußstrahls $w(z)$:

$$W(z) = M w(z) . \tag{12.44}$$

Damit folgt für den Radius der Strahltaille $W_0(z)$ und den Divergenzwinkel θ:

$$W_0 = M \cdot w_0 \tag{12.45}$$

$$\Theta = M \cdot \theta . \tag{12.46}$$

Dabei bedeuten w_0 und θ die Werte für den Gaußstrahl.

Aus den obigen Betrachtungen ergibt sich, daß der Divergenzwinkel für reale Strahlen um den Faktor M^2 größer ist, falls gleicher Radius der Strahltaille angenommen wird (Bild 12.10):

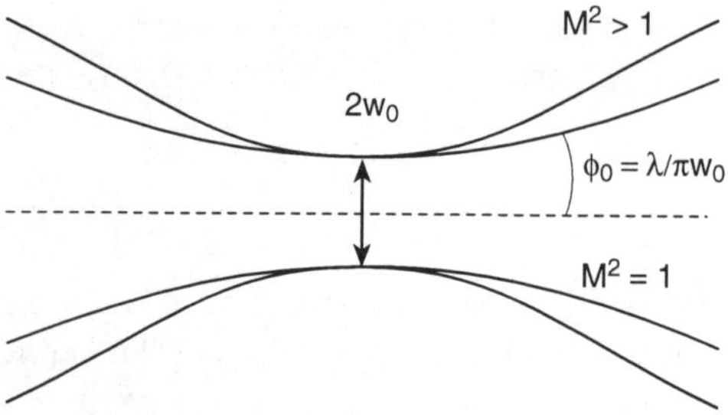

Bild 12.10. Ausbreitung von Laserstrahlen mit $M^2 = 1$ und $M^2 > 1$ bei gleichem Radius w_0 der Strahltaille

$$\Theta = M^2 \frac{\lambda}{\pi w_0} . \tag{12.47}$$

Es gilt immer $M^2 \geq 1$. Die Beugungsmaßzahl M^2 gibt an, wievielfach der Strahl beugungsbegrenzt ist. Häufig wird auch der Strahlpropagationsfaktor

$$K = \frac{1}{M^2} \tag{12.48}$$

zur Beschreibung von realen Laserstrahlen eingesetzt. K wird auch als Strahlqualität bezeichnet. Ein Gaußstrahl hat eine Strahlqualität von $K = 1$, reale Laserstrahlen von $K < 1$.

12.6 Optische Fasern

Zum Transport von Laserstrahlung werden in der Nachrichtentechnik, Materialbearbeitung und Medizin optische Lichtleitfasern eingesetzt. Fasern bestehen aus einem zylindrischen Kern mit einem Durchmesser zwischen 3 und 1000 µm. Im sichtbaren und benachbarten Spektralbereichen wird Quarzglas (SiO_2 dotiert mit GeO_2) mit einem Brechungsindex von $n_1 = 1{,}47$ eingesetzt. Dieser Kern ist mit einem etwas anderen Quarzglas (SiO_2) umhüllt, welches einen kleineren Brechungsindex aufweist.

Zur Einkopplung in die Faser wird die Laserstrahlung mit einer Linse gebündelt, so daß der Durchmesser des Strahls etwas kleiner als der des Faserkerns ist. In Bild 12.11 ist die Einkopplung strahlenoptisch dargestellt. In der Faser findet an der Grenzfläche Kern-Mantel Totalreflexion statt, sofern der Einstrahlwinkel gegen die Eintrittsfläche der Faser nicht zu groß wird. Überschreitet man einen maximalen Eintrittswinkel ε, wie es für den gestrichelten Strahl in Bild 12.11 der Fall ist, wird auch der Grenzwinkel für Totalreflexion in der Faser überschritten (Abschn. 14.1). Den Ausdruck $\sin\varepsilon$ nennt man numerische Apertur

$$\sin\varepsilon = \sqrt{n_1^2 - n_2^2} . \tag{12.49}$$

Mit den Werten $n_1 = 1{,}47$ und $n_2 = 1{,}46$ erhält man $\sin\varepsilon = 0{,}17$. Bei Quarzfasern, die mit Kunststoff ummantelt sind, kann die numerische Apertur größer ($\sin\varepsilon \approx 0{,}4$) sein.

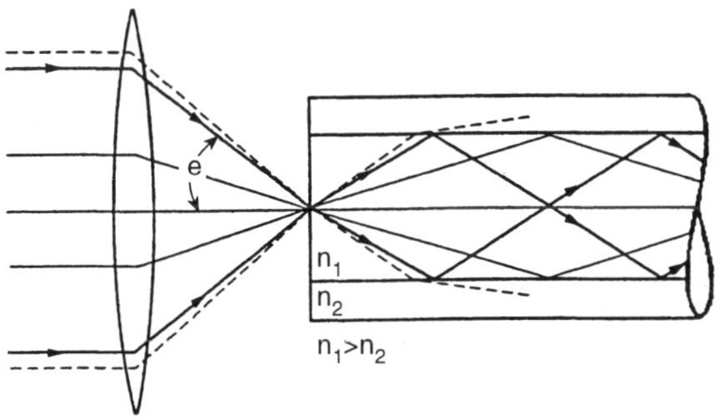

Bild 12.11. Einkopplung und Strahlausbreitung in einer optischen Faser. An der Grenzfläche Kern-Mantel findet Totalreflexion statt

Bei der Einkopplung von Licht in Fasern muß der Öffnungswinkel des einfallenden i. allg. fokussierten Strahls kleiner sein als der Wert, der durch die numerische Apertur der Faser gegeben ist. Beim Austritt aus einer ungekrümmten Faser wird im Idealfall mit einem Öffnungswinkel abgestrahlt, der dem des einfallenden Strahls entspricht. Der maximale Öffnungswinkel des austretenden Strahls ist ebenfalls durch die numerische Apertur begrenzt.

Moden in ebenen Lichtleitern

Aufgrund der Welleneigenschaften des Lichtes ist die Ausbreitung kohärenter Strahlung in einer Lichtleitfaser nicht unter jedem Einstrahlwinkel möglich. Dies soll zunächst für den Fall eines ebenen Wellenleiters diskutiert werden, der nur in einer Richtung begrenzt ist. In Bild 12.12 sind die Phasenflächen in einem Wellenleiter dargestellt, welche durch Reflexion an den Grenzflächen entstehen. Bei Totalreflexion ist ein kleiner Phasensprung zu berücksichtigen. Unter den dargestellten Einstrahlwinkeln tritt additive Interferenz aller Wellen auf. Dadurch entstehen in transversaler Richtung periodische Feldverteilungen. Die Zahl m gibt die Nullstellen dieser Moden im Faserkern an. Bei Erhöhung des Einstrahlwinkels steigt der Modenindex m. Moden niedriger Ordnung entstehen bei kleinem Winkel. Weichen die Einstrahlbedingungen von den gezeigten Winkeln ab, so entsteht destruktive Interferenz und eine Ausbreitung des Strahles ist nicht möglich. Bei steigendem Einstrahlwinkel wird schließlich der Grenzwinkel der Totalreflexion überschritten. Es existiert daher nur eine gewisse Maximalzahl M von möglichen Moden.

Moden in Glasfasern

Die Struktur der Moden in Fasern ist komplizierter als in ebenen Wellenleitern. Es treten transversal elektrische TE-Moden und transversal magnetische TM-Moden auf. Die EH- und HE-Moden haben longitudinale Komponenten, wobei der erste Buchstabe die stärkere Feldkomponente angibt (E = elektronisch, H = magnetisch).

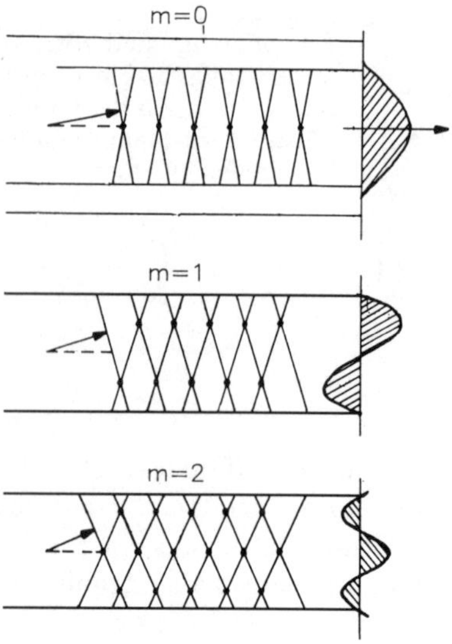

Bild 12.12. Feldverteilung verschiedener Moden in Schichtwellenleitern. Die Moden entstehen durch konstruktive Interferenz bei bestimmten Einstrahlwinkeln bzw. Ausbreitungsrichtungen

Zur Beschreibung der Ausbreitung von Moden in optischen zylindrische Fasern werden zwei Parameter eingeführt: die normierte Frequenz V und die Ausbreitungskonstante β in der Faser:

$$\begin{aligned} V &= \frac{2\pi}{\lambda} a \sqrt{n_1^2 - n_2^2} \\ \beta &= n \frac{2\pi}{\lambda} \quad \text{mit} \quad n = \frac{c}{c'}\,. \end{aligned} \tag{12.50}$$

Die Größe V hängt von der Lichtwellenlänge λ (im Vakuum), dem Radius des Faserkerns und den Brechzahlen n_1 und n_2 von Kern und Mantel ab. Die Bezeichnung normierte Frequenz erklärt sich durch die reziproke Wellenlänge in (12.50). Die Ausbreitungskonstante β wird durch den effektiven Brechungsindex der Faser bestimmt, der die Ausbreitungsgeschwindigkeit des Modes c' in der Faser angibt (c = Vakuumlichtgeschwindigkeit).

In Bild 12.13 wird die Ausbreitungskonstante β als Funktion der normierten Frequenz V für die verschiedenen Moden dargestellt. Besonders interessant sind Fasern in denen sich nur der Grundmode TEM_{00} ausbreiten kann. Man entnimmt Bild 12.13 die Bedingung für eine Monomodefaser:

$$V = \frac{2\pi}{\lambda} a \sqrt{n_1^2 - n_2^2} < 2{,}405\,. \tag{12.51}$$

Daraus kann bei gegebenen Brechzahlen und Wellenlänge der maximale Kernradius für eine Monomodefaser berechnet werden. Für $\lambda = 0{,}63\,\mu\text{m}$, $n_1 = 1{,}47$ und $n_2 = 1{,}46$ erhält man $a < 1{,}4\,\mu\text{m}$. Die Wellenlänge, welche bei einer gegebenen Faser demWert $V = 2{,}405$ entspricht, nennt man „cut-off wavelength". Oberhalb dieser Wellenlänge überträgt die Faser nur eine Wellenlänge.

Die maximale Zahl der Moden M in einer Faser nimmt mit dem Kernradius zu. Näherungsweise gilt für $M \gg 1$:

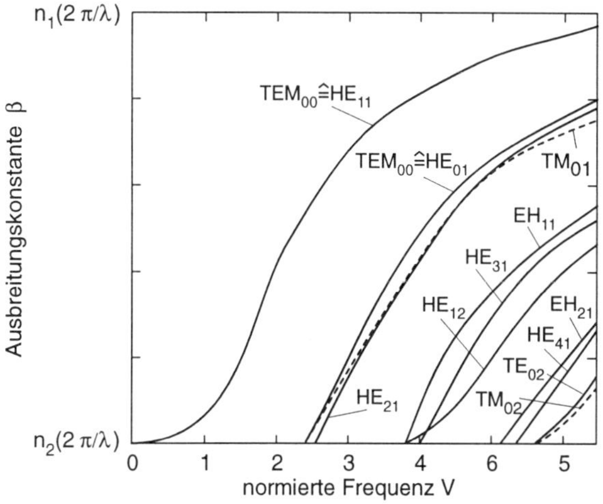

Bild 12.13. Ausbreitung verschiedener Moden in einer Stufenindexfaser. *TE* = *TEM* = transversal elektrisch, *TM* = transversal magnetisch, *HE*, *EH* = longitudinal elektrisch und magnetisch. Die Indizes entsprechen nicht in allen Fällen der Zahl der Nullstellen in zwei Richtungen

$$M \approx \frac{V^2}{2} . \tag{12.52}$$

Beispielsweise erhält man für eine Faser mit $a = 50\,\mu\text{m}$, $n_1 = 1{,}47$, $n_2 = 1{,}46$ und $\lambda = 0{,}63\,\mu\text{m}$ eine Anzahl von $M = 3\,600$ Moden.

Stufenindexfaser

Die bisher besprochene Stufenindexfaser weist einen abrupten Sprung des Brechungsindex zwischen Kern und Faser auf (Bild 12.14 a). Die Kerndurchmesser liegen etwa zwischen einigen µm bis 1 mm. Bei kleinem Kerndurchmesser breitet sich nur ein Mode in der Faser aus, was für die Nachrichtentechnik günstig ist, da nur geringe Pulsverbreiterungen durch Modendispersion auftreten. Bei großen Kerndurchmessern können sich mehrere Moden gleichzeitig ausbreiten. Dadurch kann der Laserstrahl je nach Ausbreitungsrichtung unterschiedliche Laufzeiten in der Faser aufweisen. Im Fall der Nachrichtenübertragung kommt es somit zu Laufzeitverbreiterungen kurzer Signale. Aufgrund der hohen numerischen Apertur ist die Einkopplung von Sendedioden jedoch relativ leicht. Stufenindexfasern werden daher zur Nachrichtenübertragung über kurze Strecken und in der Materialbearbeitung und Medizin eingesetzt. Dabei wird die Strahlung leistungsstarker Laser, z. B. Nd:YAG, über die Entfernung von einigen Metern an den Einsatzort geführt. Es können bei großem Kerndurchmesser kontinuierliche Leistungen bis zu einigen Kilowatt übertragen werden.

Gradientenfasern

Die Gradientenfaser wurde aus der Anforderung entwickelt, die Moden-Dispersion zu verkleinern und die numerische Apertur möglichst groß zu halten. Der Brechungsindex variiert bei diesem Fasertyp kontinuierlich zwischen

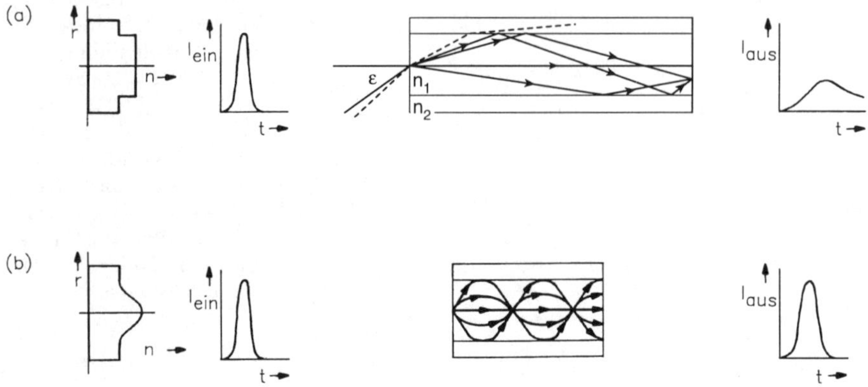

Bild 12.14. Optische Fasern (**a**) Stufenindexfaser (**b**) Gradientenfaser. Gezeigt ist jeweils das Profil des Brechungsindex, sowie die Verformung kurzer Pulse bei der Übertragung

dem Zentrum und dem Mantel (Bild 12.14 b). Durch dieses Gradientenprofil werden die verschiedenen Laufzeiten der einzelnen Moden teilweise ausgeglichen. Die Moden niedrigerer Ordnung bewegen sich überwiegend in zentralen Bereichen mit hohem Brechungsindex, wodurch die Ausbreitungsgeschwindigkeit reduziert wird. Eine derartige Korrektur der Laufzeiten kann jedoch nur für schmale Wellenlängenbereiche erzielt werden. Diese Beschränkung liegt an der Dispersion, d. h. an der Wellenlängenabhängigkeit des Brechungsindex. Gradientenfasern werden mit Kerndurchmessern um 50 µm überwiegend in der optischen Nachrichtentechnik eingesetzt.

Einmodefasern

Eine weitere Verbesserung der Übertragungscharakteristik von Signalen erhält man durch den Einsatz von Einmodefasern. Der Kerndurchmesser beträgt einige µm, so daß sich nach (12.51) nur ein Mode ausbreiten kann. Für höhere Moden wird der Grenzwinkel der Totalreflexion überschritten. Damit entfällt die Modendispersion und bei Verwendung von Lasern geringer Frequenzbandbreite auch die Dispersion durch den Brechungsindex. Dennoch kann eine Einmodefaser nicht für alle Wellenlängen eingesetzt werden. Wird die Wellenlänge im Vergleich zum Kerndurchmesser zu klein, so können nach (12.51) auch höhere Moden auftreten.

Dämpfung

Die Transmission T einer Faser der Länge L kann durch eine Exponentialfunktion beschrieben werden

$$T = \frac{P}{P_0} = \mathrm{e}^{-\alpha L}\,, \tag{12.53}$$

wobei P_0 die Eingangs- und P die Ausgangsleistung und α den Schwächungskoeffizienten darstellen. In der Fasertechnik wird die Dezibelskala verwendet, und man definiert die Verluste $\overline{\alpha}$ zu

$$\overline{\alpha} = \frac{10}{\ln 10}\alpha \quad \text{in dB/km} . \tag{12.54}$$

Damit wird die Dämpfung D einer Faser

$$D = 10 \log \frac{P_0}{P} = \overline{\alpha} L \quad \text{in dB} . \tag{12.55}$$

Den Zusammenhang aus Transmission T und Dämpfung D erhält man aus

$$T = 10^{-D/10} = 10^{-\overline{\alpha}L/10} . \tag{12.56}$$

In Bild 12.15 sind die Verluste von Fasern aus Quarzglas dargestellt. Optimale Transmission mit $\overline{\alpha} = 0{,}2\,\text{dB/km}$ wird bei $\lambda = 1{,}55\,\mu\text{m}$ erreicht. Mit (12.56) erhält man damit nach 100 km Faserlänge eine Transmission von $T = 1\,\%$ und einen Absorptionskoeffizienten von $\alpha = 5 \cdot 10^{-7}\,\text{cm}^{-1}$.

Aufgrund des Verlustminimums bei etwa 1,55 µm wird dieser Wellenlängenbereich für die optische Informationsübertragung genutzt.

Als Verstärker für Glasfaserübertragungsstrecken werden dotierte Faserverstärker eingesetzt, die relativ breitbandig sind. Diese bestehen aus Quarzfasern mit einer Länge von einigen 10 Metern, die mit Erbium dotiert sind (Konzentration 10^{-18}–10^{-19}cm^3). Gepumpt wird mit Laserdioden mit einer Wellenlänge von 980 nm; eine alternative Pumpwellenlänge liegt bei 1 480 nm. Die Verstärkung liegt bei 30 dB, was einem Verstärkungsfaktor von 1 000 entspricht, wobei die Verstärker bei etwa 10 mW Ausgangsleistung gesättigt sind.

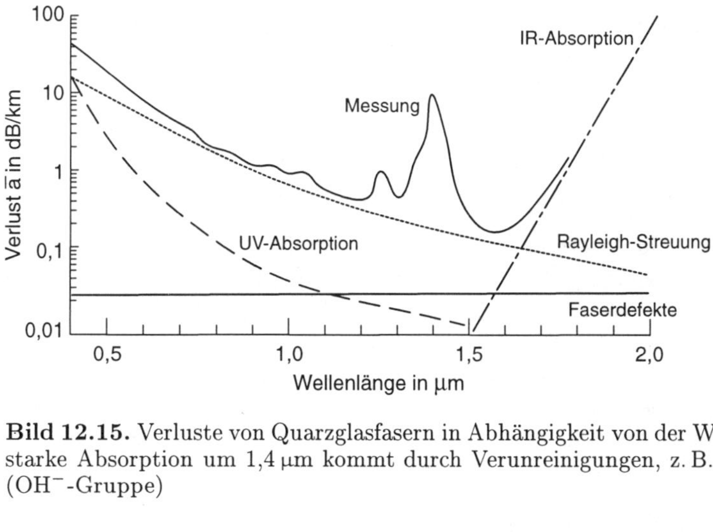

Bild 12.15. Verluste von Quarzglasfasern in Abhängigkeit von der Wellenlänge. Die starke Absorption um 1,4 µm kommt durch Verunreinigungen, z. B. durch Wasser (OH^--Gruppe)

Fasermaterialien

Quarzfasern (SiO_2) werden im nahen UV-, sichtbaren und nahem IR-Bereich bis etwa 2 µm Wellenlänge eingesetzt. Bei höheren Wellenlängen absorbieren sie relativ stark (Bild 12.15), so daß sie im mittleren Infraroten nicht eingesetzt werden können. Die Suche nach neuen Fasermaterialien für Laser zwischen 3 und 10 µm konzentriert sich auf folgende Gruppen: Schwermetall-Oxide, Chalcogenide und Schwermetall-Halide. Aus der letzten Gruppe sind Fluorid-Gläser für den Wellenlängenbereich zwischen 2 und 5 µm, z. B. den medizinischen Erbiumlaser, geeignet. Für den CO_2-Laser eignet sich die Thallium-Bromid-Faser bis zu etwa 20 W. Für höhere Leistungen werden Hohlfasern eingesetzt. Der Kern besteht aus Luft und der Mantel beispielsweise aus Quarzglas, welches mit PbO dotiert ist. Für manche Anwendungen, z. B. in der Medizin oder für die Informationsübertragung über kurze Strecken, werden auch Fasern aus Kunststoff eingesetzt.

12.7 Optische Materialien

Laser strahlen vom Ultravioletten über den sichtbaren Bereich bis ins ferne Infrarote. Für die Herstellung von Linsen, Prismen, Fenstern und Spiegeln werden daher eine Reihe von unterschiedlichen Materialien eingesetzt. Die Wellenlängen, bei denen die Materialien durchlässig sind, hängen von der inneren Energiestruktur ab. Absorption tritt auf, wenn durch Licht ein Übergang vom Energiegrundzustand in ein höheres Niveau erfolgen kann (Kap. 1). Es gibt keine Materialien, die für alle Frequenzen oder Wellenlängen transparent sind. Als Beispiel ist in Bild 12.16 die Absorption von Quarzglas als Funktion der Wellenlänge dargestellt. Bei 9 µm tritt eine starke Absorption durch Gitterschwingungen auf, bei 0,035 µm eine Absorption durch Elektronenübergänge. Man beachte, daß sich im Bereich der Absorptionslinien auch die Brechzahl stark ändert. Eine Zusammenstellung verschiedener optischer Materialien zeigt Tabelle 12.1.

Ultravioletter Bereich

Das ultraviolette Spektrum erstreckt sich von der Grenze des Sichtbaren bei 400 nm bis zu einigen nm, wobei technisch wichtige, kommerzielle Laser bis etwa 150 nm existieren. Laser mit kürzeren Wellenlängen werden nur in wenigen Laboratorien betrieben.

Für den nahen ultravioletten Bereich (300–400 nm) gibt es zahlreiche optische Gläser. Spezielle Quarzgläser sind transparent bis unterhalb von 200 nm. Für noch kürzere Wellenlängen bis zu etwa 100 nm kann Magnesiumfluorid, Calciumfluorid oder Lithiumfluorid verwendet werden. Generell wachsen die Materialprobleme für kürzere Wellenlängen, da die Photonenenergie steigt. Dadurch können Elektronen aus inneren atomaren Schalen angeregt werden,

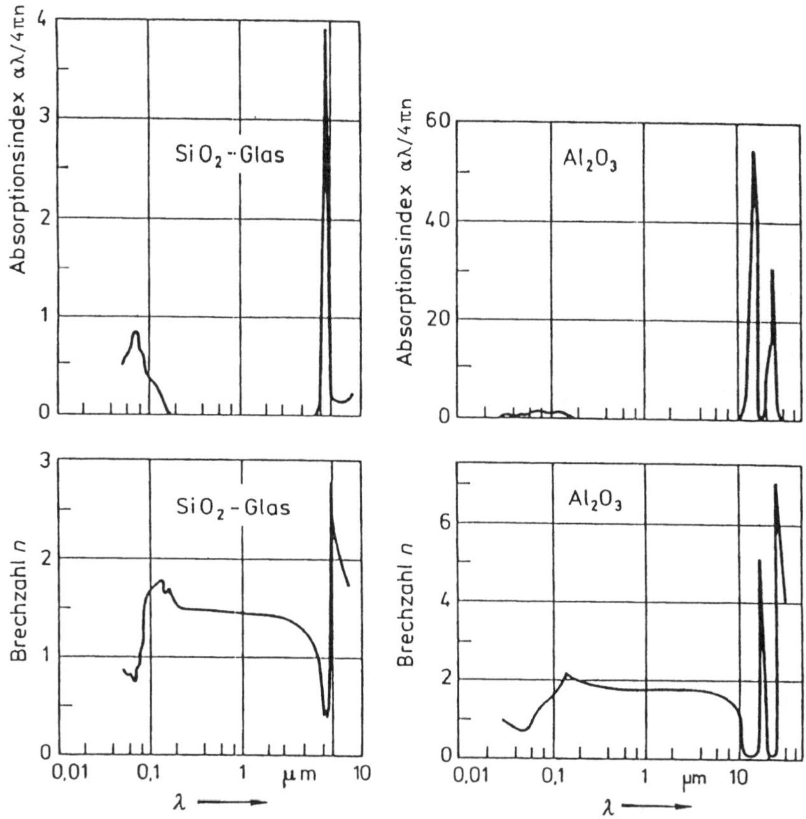

Bild 12.16. Absorption und Dispersion optischer Materialien als Funktion der Wellenlänge λ. Der Absorptionsindex ist durch $\alpha\lambda/4\pi n$ gegeben, wobei α der Absorptionskoeffizient ist

wodurch eine starke Absorption einsetzt. Die Luftatmosphäre wird ab 150 nm undurchsichtig. Den Spektralbereich darunter nennt man daher Vakuum-UV. Edelgase mit hoher Ionisationsenergie sind etwas transparenter als Luft. He mit der stärksten Bindungsenergie ist transparent bis zu 56 nm. Für das VUV unterhalb von 100 nm sind keine durchsichtigen Festkörper bekannt. Röntgenstrahlung mit noch kürzerer Wellenlänge kann jedoch wiederum verschiedene Materialien durchdringen.

Bei hohen Strahlungsdichten werden optische Materialien beschädigt. Die Schwellen dafür sind im ultravioletten Bereich niedriger als bei anderen Wellenlängen, insbesondere bei Verspiegelungs- und Antireflex-Schichten.

Sichtbarer Bereich

Das sichtbare Licht erstreckt sich zwischen Wellenlängen von 400 nm bis 700 nm. In diesem Bereich werden als optische Materialien insbesonde-

Tabelle 12.1. Eigenschaften optischer Materialien

Material		Durchlässigkeitsbereich in μm	Brechzahl n	Anwendungen
Bariumfluorid	(BaF_2)	0,2–11	1,51–1,39	bis 800 °C
Borsilikatglas BK7		0,4–1,4	1,53–1,48	Standardglas
Cadmiumtellurid	(CdTe)	1–25	2,4–2,7	CO_2-Laser
Calziumfluorid	(CaF_2)	0,15–9	1,5–1,3	UV, IR
Galliumarsenid	(GaAs)	2,5–16	3,3–2,1	CO_2-Laser
Germanium	(Ge)	2–12	4,1–4,0	IR
Zinksulfid	(ZnS)	0,3–13	2,7–2,3	Aufdampf-
Magnesiumfluorid	(MgF_2)	0,15–7	1,4	schichten
Quarzkristall	(SiO_2)	0,15–2,5	doppelbrechend	
Quarzglas (fused silica)	(SiO_2)	0,15–3,5	1,5–1,4	Glasfasern
Silizium	(Si)	1,1–7	3,5–3,4	IR
Zinkselenid	(ZnSe)	0,6–22	2,5–2,3	CO_2-Laser

re Silikat-Gläser eingesetzt. Sie zeichnen sich durch hohe Transparenz, Beständigkeit und geringe Kosten aus. Die Transparenz dieser Materialien reicht bis ins Infrarote bei 1,5 oder 2 μm, so daß beispielsweise für den Neodymlaser bei 1,06 μm normale Optiken verwendet werden können.

Infraroter Bereich

Für den infraroten Spektralbereich wurden eine Reihe von Materialien entwickelt, insbesondere in der Nähe der Wellenlängen, bei welchen Luft transparent ist, d. h. von 1 bis 2 μm (nahes Infrarot), 3 bis 5 μm (mittleres Infrarot) und 8 bis 12 μm (thermisches Infrarot). Bis zu 2 μm können viele Materialien des sichtbaren Lichtes benutzt werden. Im 3 μm- bis 5 μm-Band liegen eine Reihe von Absorptionsbändern von Luft. In diesem Bereich emittieren chemische Laser und der CO-Laser. Im tieferen Infrarot um 10 μm strahlt der CO_2-Laser. Wichtige Materialien für den infraroten Spektralberich sind Fluoride und Halbleiter (Germanium, Galliumarsenid, u. a., Tabelle 12.1). Halbleiter sind meist im Sichtbaren undurchsichtig. Statt Fluoriden werden auch andere Halogenide, z. B. Kochsalz NaCl, benutzt. Diese Materalien sind mehr oder weniger hygroskopisch. Besondere Anforderungen werden an Materialien für optische Fasern im Infraroten gestellt, z. B. für den CO_2-Laser oder medizinische 3 μm-Laser. Dabei werden zur Zeit Chalkogenid-Gläser, z. B. As- oder Ge-Selenide und Telluride sowie polykristalline Halogenide wie AgCl oder AgBr untersucht. Teilweise sind auch metallische oder Glas-Hohlleiter geeignet.

Aufgaben

12.1 (a) Beweisen Sie für den TEM_{00}-Mode, daß an der Stelle des Strahlradius (w) die Intensität auf 13 % gefallen ist.
(b) Wie hoch ist die Intensität bei $r = 2w$?

12.2 Man beweise: bei einem Gaußstrahl liegt 86,5 % der Laserleistung innerhalb des Strahlradius w.

12.3 Für einen Laserstrahl (TEM_{00}) mit 0,7 mm Durchmesser wird eine Leistung von 40 mW gemssen. Wie hoch ist die mittlere und maximale Leistungsdichte?

12.4 Der TEM_{00}-Mode ist durch das Gaußprofil $I/I_{max} = \exp\left(-2r^2/w^2\right)$ gegeben. Wie groß ist I_{max} bei einem Laser mit der Leistung P und dem Strahlradius w?

12.5 Ein He-Ne-Laser von 1 m Länge besitzt am Ausgangsspiegel einen Strahlradius von $w = 0{,}3$ mm. Der Resonator besteht aus zwei Spiegeln mit gleichen Krümmungsradien. Wie groß ist die Strahltaille?

12.6 Beweisen Sie: ein Gauß-Strahl mit einer bestimmten Wellenlänge wird allein durch den Radius der Strahltaille bestimmt.

12.7 (a) Wie groß ist der Divergenzwinkel eines He-Ne-Lasers (TEM_{00}) mit einem Strahltaillendurchmesser von 0,7 mm?
(b) Skizzieren Sie das Strahlprofil und zeichnen Sie den Strahldurchmesser ein.

12.8 Ein Laserstrahl (Grundmode) mit dem Radius w_0 und dem (halben) Divergenzwinkel $\theta = \lambda/(\pi w_0)$ wird durch eine Linse mit der Brennweite f fokussiert. Beweisen Sie, daß für den Strahlradius im Brennfleck w' gilt: $w' = f\lambda/(\pi w_0)$. Gehen Sie von Überlegungen der Strahlenoptik aus und betrachten Sie verschiedene parallele Strahlenbündel, die um den Divergenzwinkel θ geneigt sind.

12.9 (a) Wie groß ist der Fokus eines Ar-Laserstrahls von 2 mm Durchmesser auf der Netzhaut des Auges?
(b) Wie hoch ist die Leistungsdichte auf der Netzhaut bei einer Laserleistung von 1 W ($f_{\text{Auge}} = 25$ mm, $\lambda = 488$ nm)?

12.10 Ein Gaußscher Strahl ist durch Lage und Größe der Strahltaille w_0 gegeben. Durch eine Linse mit der Brennweite f ist der Strahl so zu transformieren, daß seine Strahltaille w_0' in dem Abstand D vom Ort der Strahltaille w_0 auftritt.
(a) Welche Brennweite muß die Linse besitzen?
(b) In welchem Abstand a vom Ort der Strahltaille w_0 muß die Linse aufgestellt werden?
(c) Berechnen Sie als Zahlenbeispiel $w_0 = 0{,}6$ mm; $w_0' = 0{,}2$ mm; $\lambda = 1{,}06$ µm; $D = 5$ cm.

12.11 Der Strahl eines CO_2-Lasers (10 mm Durchmesser, TEM_{00}, cw, 1 kW) wird mit einer Linse fokussiert (f = 15 cm). Berechnen Sie im Fokus: den Strahldurchmesser, die mittlere Leistungsdichte und Tiefenschärfe. Skizzieren Sie den Strahlverlauf und das Strahlprofil.

12.12 Berechnen Sie ein optisches System für einen He-Ne-Laser, bei dem der Strahl von 0,7 cm auf 2 cm aufgeweitet wird. Wie würde ein derartiges System für einen gütegeschalteten Festkörperlaser aussehen?

12.13 Berechnen Sie den Blendendurchmesser für ein Raumfilter für einen He-Ne-Laser (Strahldurchmesser 1 mm), das mit einem Objektiv mit der Vergrößerung 40× eingesetzt wird.

12.14 Berechnen Sie ein optisches System zur Strahlaufweitung eines He-Ne-Lasers, mit dem auf dem Mond ein Strahldurchmesser von 100 m entsteht (Entfernung ≈ 480 000 km).

12.15 Eine Faser hat eine Dämpfung von 10 dB/km (50 dB/km). Berechnen Sie die Transmission für eine Faser von 2 m Länge.

12.16 Ein Laserstrahl wird in einer Faser (Schwächung: 0,03 m^{-1}) transportiert.
(a) Wie hoch ist die Transmission nach 10 m und 100 m?
(b) Geben Sie die Dämpfung in dB/km an.

12.17 Entwerfen Sie ein System zur Einkopplung von Strahlung eines 100 W-Nd-Lasers (1,06 µm, Durchmesser 5 mm) in eine Faser mit 0,1 mm Kerndurchmesser. Berechnen Sie
(a) den Fokusdurchmesser,
(b) die Fokuslänge,
(c) die Leistungsdichte auf der Eintrittsfläche der Faser.
(d) Vergleichen Sie den maximalen Eintrittswinkel mit der Apertur der Faser (Brechzahlen 1,55 und 1,50).

12.18 Wie lange darf ein 100 kW-Laserpuls dauern, damit der Strahl durch eine Faser von 0,6 mm Durchmesser geführt werden kann (Zerstörungsschwelle $H = 20\,J/cm^2$)?
(a) Wie groß ist die maximale Pulsenergie eines Nd: YAG-Lasers, die mit einer Faser von 50 µm Durchmesser übertragen werden kann? Die Zerstörungsschwelle ist wellenlängenabhängig und beträgt bei 1,06 µm etwa etwa 60 J/cm^2.
(b) Wie hoch ist die entsprechende Pulsleistung bei Normal- und Q-switch-Pulsen von 100 µs und 10 ns Dauer?

13. Optische Resonatoren

Das in einem Laser zwischen den Spiegeln hin- und herlaufende Licht bildet stehende Wellen, die bestimmte räumliche Verteilungen der elektrischen Feldstärke besitzen. Diese Verteilungen werden Schwingungsformen oder Moden des optischen Resonators genannt.

Für die verschiedenen Moden werden Bezeichnungen der Form TEM_{mnq} verwendet als Abkürzung für Wellen mit *transversaler elektrischer* und *magnetischer* Feldstärke. Dabei bedeuten m und n die Zahl der Nullstellen der Feldstärkeverteilung auf den Spiegeln in einem rechtwinkligen oder Polar-Koordinatensystem. q gibt die Zahl der Feldstärkemaxima auf der Laserachse an. Oft interessiert lediglich die transversale Feldstärkeverteilung, beschrieben durch TEM_{mn}. Durch die Angabe von m und n ist die Intensitätsverteilung über den Querschnitt des Laserstrahls bestimmt. Die Verteilung der Feldstärke in Richtung der Laserachse wird auch axialer oder longitudinaler Mode genannt. Jeder Mode gekennzeichnet durch m, n, q hat eine andere Lichtfrequenz.

13.1 Planspiegelresonator

Der klassische Fabry-Perot-Resonator, welcher aus zwei planparallelen Spiegeln gebildet wird, fand Anwendung insbesondere beim ersten Rubinlaser. Bei Laserdioden wird die aktive Zone durch parallele Spaltflächen begrenzt, wobei im Halbleiterkristall ein Fabry-Perot-Resonator entsteht. Außerdem wird ein derartiger Resonator als Perot-Fabry-Interferometer oder -Etalon und Interferenzfilter eingesetzt.

Axiale Moden

Zwischen den Spiegeln des Resonators wird das Licht hin und herreflektiert, und es bilden sich ebene stehende Wellen oder axiale Moden aus (Bild 13.1). Die Resonatorlänge L ist also ein ganzzahliges Vielfaches der halben Wellenlänge $\lambda_q/2$:

$$L = q\frac{\lambda_q}{2}, \quad q = 1, 2, 3, \ldots . \tag{13.1}$$

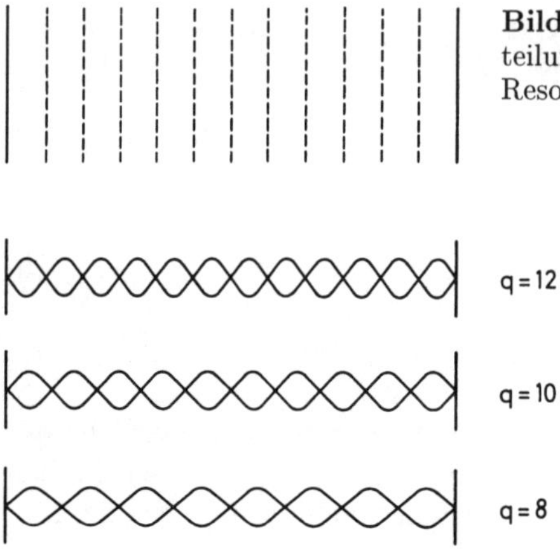

Bild 13.1. Phasenflächen und Feldstärkeverteilungen axialer Moden in einem Plan-Plan-Resonator

Für die Frequenz $f_q = c/\lambda_q$ eines axialen Mode folgt daraus

$$f_q = q\frac{c}{2L} \,. \tag{13.2}$$

Der Abstand zweier axialer Moden beträgt

$$\Delta f = f_q - f_{q-1} = \frac{c}{2L} \,. \tag{13.3}$$

Ein Ausschnitt aus dem äquidistanten Frequenzspektrum der axialen Moden für ein festes L ist in Bild 13.2 zusammen mit dem Verstärkungsfaktor $G(f)$ dargestellt, der durch die Linienform beschrieben wird. In einem Laser werden die Moden anschwingen, für die die Schwellwertbedingung $GRT \geq 1$ erfüllt ist (2.28). Falls der Reflexionsgrad der Spiegel R und der Transmissionsfaktor des Resonators T nur wenig frequenzabhängig sind, ist der Bereich mit $GRT \geq 1$ etwa durch die Linienbreite bestimmt. Bei einem He-Ne-Gaslaser mit einem 30 cm langen Resonator und einer Linienbreite von $\Delta f_\mathrm{L} = 1{,}5\,\mathrm{GHz}$ treten damit bis zu 3 Moden auf: $n \approx \Delta f_\mathrm{L}/\Delta f = 3$.

In einem entsprechenden Rubin-Festkörperlaser mit $\Delta f_\mathrm{L} = 330\,\mathrm{GHz}$ entstehen über 100 Moden.

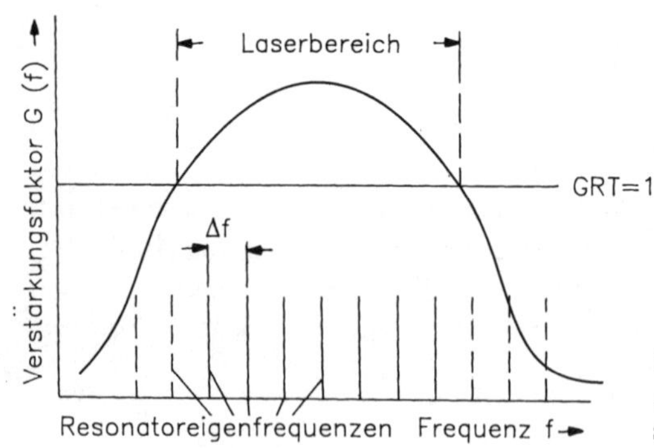

Bild 13.2. Axiale Modenspektren und Verstärkungsfaktor eines Lasers

Da die Resonatorlänge L statistisch schwankt, ist die Frequenz eines Lasermode nicht konstant. Ursachen für Änderungen der geometrischen und optischen Länge des Resonators sind z. B. Temperatur- und Druckschwankungen, mechanische Erschütterungen und Änderung des Brechungsindex des aktiven Mediums. In guten kommerziellen He-Ne-Lasern werden z. B. Frequenzschwankungen eines Mode von etwa $\Delta f' = 1\,\mathrm{MHz}$ erreicht. Dies entspricht einer Längenstabilität des Resonators von $\Delta L = L|\Delta f'|/f < 1\,\mathrm{nm}$, wobei $L \approx 0{,}5\,\mathrm{m}$ und $f \approx 5 \cdot 10^{14}\,\mathrm{Hz}$ betragen.

Resonatorverluste

Wird ein Resonator, z. B. ein Interferenzfilter, mit Licht bestrahlt, so ist die Anregung von stehenden Wellen auch möglich, wenn von der Resonanzfrequenz f_q etwas abgewichen wird. Die zulässige Abweichung ist durch die Verluste eines Modes gegeben. Diese bestehen aus den Verlusten durch Beugung (δ_{B}), Absorption (δ_{D}) und Reflexion (δ_{R}):

$$\delta = \delta_{\mathrm{R}} + \delta_{\mathrm{D}} + \delta_{\mathrm{B}} \,. \tag{13.4}$$

Die Verluste bei Reflexion an den Spiegeln betragen

$$\delta_{\mathrm{R}} = 1 - R \,, \tag{13.5}$$

wobei R der Reflexionsgrad der (gleichen) Spiegel ist.

Der Absorptionsverlust δ_{D} errechnet sich zu

$$\delta_{\mathrm{D}} = 1 - \mathrm{e}^{-L\alpha} \approx L\alpha \,, \tag{13.6}$$

wobei α der Absorptionskoeffizient des Materials zwischen den Spiegeln ist.

Die Beugungsverluste δ_{B} sind für unendlich ausgedehnte Spiegel Null. Für endliche Spiegel geben sie das Verhältnis der an einem begrenzten Spiegel mit $R = 1$ vorbeilaufenden Leistung zur einfallenden Leistung einer im Resonator umlaufenden Welle an.

Die Verluste δ bewirken eine endliche Halbwertsbreite df eines Mode

$$df = \frac{c\delta}{2\pi L} = \frac{f}{Q} \,, \tag{13.7}$$

wobei Q als Güte (engl. quality) bezeichnet wird.

Die Finesse F gibt den Modenabstand Δf dividiert durch die Halbwertsbreite eines Mode df an:

$$F = \Delta f / df = \pi / \delta \,. \tag{13.8}$$

Diese Beziehung hat beispielsweise bei der Berechnung von Etalons zur Frequenzselektion Bedeutung, wobei für δ hauptsächlich nur der Reflexionsverlust zu berücksichtigen ist.

13.2 Hohlspiegelresonator

Resonatoren für Laser werden meistens aus Hohlspiegeln aufgebaut, wie im Abschn. 13.3 dargestellt. In einem derartigen Resonator bilden sich Feldverteilungen aus, die den im vorangegangenen Kap. 12 besprochenen Hermite-Gauß-Strahlen entsprechen. Von besonderem Interesse ist der Grundmode TEM_{00}. Dieser ist charakterisiert durch die Lage der Strahltaille, sowie den Taillenradius w_0 (Bild 13.3). Der dazu gehörende Gaußstrahl ist dadurch bestimmt, daß die Krümmmungsradien der Spiegel R_1 und R_2 gleich den Krümmungsradien der Wellenfronten sind. Dies entspricht dem Verhalten beim Planspiegelresonator mit unendlich ausgedehnten Spiegeln, in dem der Grundmode eine ebene Welle ist, deren Phasenflächen ebenfalls mit der Spiegeloberfläche übereinstimmen.

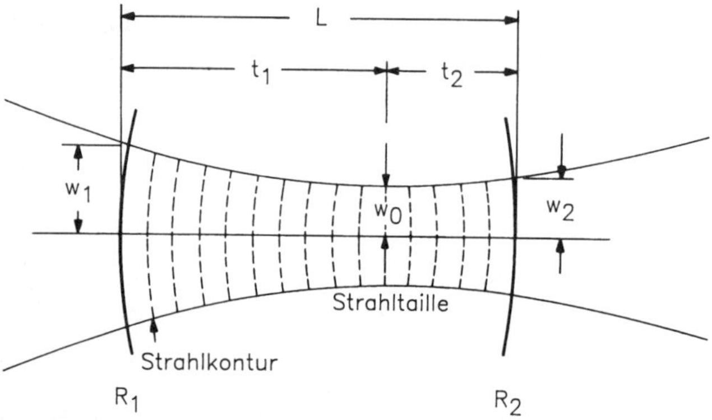

Bild 13.3. Anpassung eines Gaußstrahls an einen Hohlspiegelresonator

Aus den Spiegelradien R_1 und R_2 und dem Spiegelabstand L können die Radien w_1 und w_2 der Feldstärkeverteilungen auf den Spiegeln berechnet werden. Dazu werden die komplexen Strahlparameter q_1 und q_2 auf den Spiegeln nach (12.10) eingeführt:

$$\frac{1}{q_1} = \frac{1}{R_1} - \frac{i\lambda}{\pi w_1^2} \tag{13.9}$$

$$\frac{1}{q_2} = \frac{1}{R_2} - \frac{i\lambda}{\pi w_2^2} \,. \tag{13.10}$$

Die beiden Strahlparameter sind nach (12.7) verknüpft durch

$$q_2 = q_1 + L \,. \tag{13.11}$$

Aus (13.9) bis (13.11) können q_1 und q_2 eliminiert werden. Es ergibt sich eine komplexe Gleichung, die nach Aufspaltung in Real- und Imaginärteil zwei Gleichungen zur Bestimmung von w_1 und w_2 liefert. Die Lösung für w_1 ist:

$$w_1^4 = \left(\frac{\lambda R_1}{\pi}\right)^2 \frac{R_2 - L}{R_1 - L} \left(\frac{L}{R_1 + R_2 - L}\right) \,. \tag{13.12}$$

Die Lösung für w_2 erhält man durch Vertauschen der Indizes 1 und 2.

Statt der Krümmungsradien R_1 und R_2 werden auch oft die Spiegelparameter

$$g_1 = 1 - L/R_1 \quad \text{und} \quad g_2 = 1 - L/R_2 \tag{13.13}$$

benutzt. R_1 und R_2 sind positiv zu setzen, falls die konkave Spiegelseite nach innen zeigt, andernfalls negativ. Damit folgt nach (13.12)

$$\frac{1}{w_1^4} = \left(\frac{\pi}{\lambda L}\right)^2 \frac{g_1}{g_2} (1 - g_1 g_2) \, . \tag{13.14}$$

Der Radius w_2 ergibt sich nach (13.12) oder (13.14) durch Vertauschung der Indizes 1 und 2 oder aus

$$g_1 w_1^2 = g_2 w_2^2 \, . \tag{13.15}$$

Der Abstand t_1 des Spiegels R_1 von der Strahltaille und der Taillenradius w_0 ergeben sich analog zu (13.10) mit $R_0 = \infty$ und (13.11) aus

$$q_1 = q_0 + t_1 = \frac{\mathrm{i}\pi w_0^2}{\lambda} + t_1 \, . \tag{13.16}$$

Einsetzen in (13.9) und Trennung in Real- und Imaginärteil ergibt

$$t_1 = \frac{L(R_2 - L)}{R_1 + R_2 - 2L} = \frac{g_2(1 - g_2)L}{g_1 - g_2 - 2g_1 g_2} , \quad t_2 = L - t_1 \tag{13.17}$$

und

$$w_0 = \left(\frac{L\lambda}{\pi}\right)^{1/2} \cdot \left(\frac{g_1 g_2 (1 - g_1 g_2)}{(g_1 + g_2 - 2g_1 g_2)^2}\right)^{1/4} \, . \tag{13.18}$$

Zur Kennzeichnung eines kommerziellen Lasers werden sowohl der Strahlradius w_1 oder w_2 am Endspiegel als auch der Divergenzwinkel θ angegeben. Dieser kann aus w_0 unter Beachtung der Linsenwirkung des Auskoppelspiegels berechnet werden unter Benutzung von (12.15):

$$\theta = \frac{\lambda}{\pi w_0} \, . \tag{13.19}$$

Höhere Transversalmoden

Der Grundmode TEM_{00} ist dadurch gekennzeichnet, daß quer zur Strahlrichtung ein Gaußprofil vorhanden ist. Bei den höheren transversalen Moden liegen komplizierte Intensitätsverteilungen vor, wobei durch Interferenzeffekte Nullstellen quer zur Strahlrichtung auftreten. Die elektrische Feldstärke und damit die Intensität kann als Lösung der Wellengleichung berechnet werden, wie in Kap. 12 beschrieben ist.

Die Feldverteilung der transversalen Moden hängt davon ab, ob runde oder rechteckige Spiegel verwendet werden. Im Falle einer rechteckigen Geometrie geben der Index m und n in TEM_{mnq} die Zahl der Nullstellen in x- und y-Richtung an. Bei kreisförmiger Symmetrie geben m und n die Nullstellen in r- und ϕ-Richtung (Polarkoordinaten) an. Die Verteilung des elektrischen Feldes zu einem bestimmten Zeitpunkt ist in Bild 13.4 dargestellt. Die Struktur der transversalen Moden hängt nicht von dem longitudinalen Modenindex q ab.

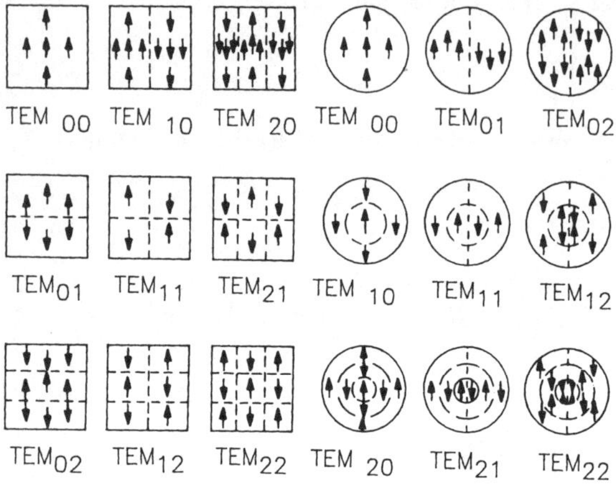

Bild 13.4. Feldverteilung transversaler Moden für runde und quadratische Spiegel (nach Koechner)

Die Intensitätsverteilung bei rechteckigen Spiegeln zeigt Bild 13.5 und ist entsprechend (12.25) mit $\xi = x/w$ und $\eta = y/w$ im hier vorliegenden zweidimensionalen Fall gegeben durch:

$$I_{mn}(x,y) \sim H_n^2(\xi) H_m^2(\eta) \exp\left(-2\left(\xi^2 + \eta^2\right)\right) . \qquad (13.20)$$

Die Hermiteschen Polynome sind im Anschluß an (12.25) angegeben.

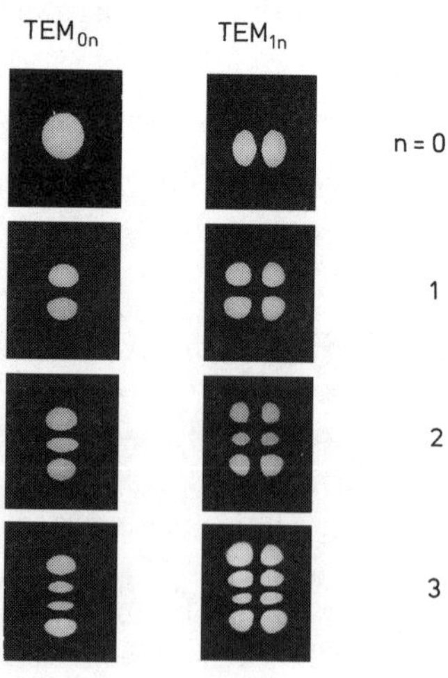

Bild 13.5. Experimentelle Intensitätsverteilung einiger Transversalmoden in Rechtecksymmetrie

Im Fall runder Spiegel ist die Intensitätsverteilung I_{pl} des transversalen Modes p, l gegeben durch

$$I_{pl}(r,\phi) = I_0 \varrho^l \left(L_p^l(\varrho)\right)^2 \cos^2(l\phi) \exp(-\varrho) \quad \text{mit} \\ \varrho = 2r^2/w^2 . \tag{13.21}$$

Die Intensitätsverteilung I_{00} ergibt wieder das Gauß-Profil als Grundmode, wobei w der Strahlradius ist. $L_p^0(\varrho)$ ist das verallgemeinerte Laguerre-Polynom mit

$$L_0^l(\varrho) = 1 ; \quad L_1^0(\varrho) = 1 - \varrho ; \quad L_2^0(\varrho) = 1 - 2\varrho + \left(\tfrac{1}{2}\right) \varrho^2 . \tag{13.22}$$

Die Intensitätsverteilung für die zylindersymmetrischen Moden TEM_{00}, TEM_{10} und TEM_{01}^* zeigt Bild 13.6. Der Index (*) bedeutet, daß es sich um eine Überlagerung zweier um 90° gedrehter Moden mit gleichem Index handelt, so daß sich eine radialsymmetrische Verteilung ergibt.

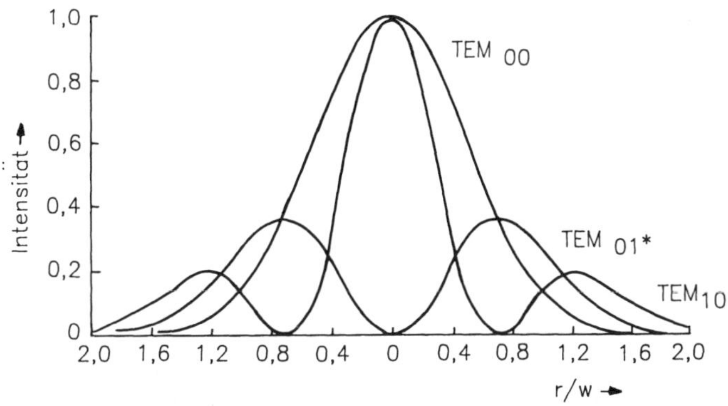

Bild 13.6. Radiale Intensitätsverteilung der Moden TEM_{00}, TEM_{01}^* und TEM_{10} mit Radialsymmetrie (nach Koechner). TEM_{01}^* entsteht durch Überlagerung zweier TEM_{01}-Moden

Der Strahlradius nimmt mit zunehmender Ordnung m, n der Moden zu. Auf der Basis von (13.21) erhält man für Strahlradius und Divergenz höherer Moden

$$w_{pl} = w\sqrt{2p+l+1} \\ \theta_{pl} = \theta\sqrt{2p+l+1} . \tag{13.23}$$

Bild 13.7 zeigt eine Überlagerung verschiedener Transversalmoden, wie sie in einem Laser ohne Modenkontrolle beobachtet wird.

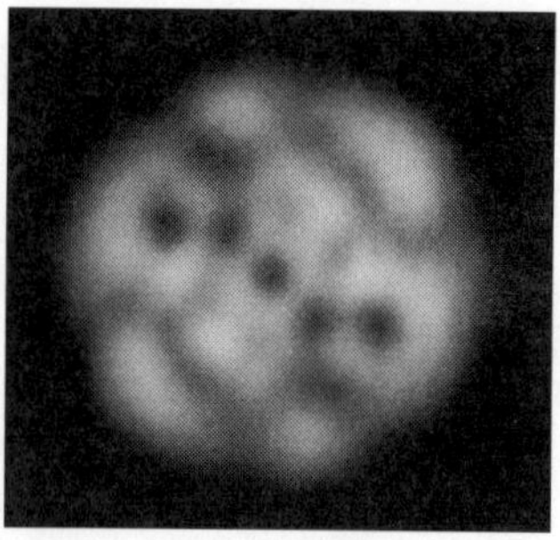

Bild 13.7. Überlagerung transversaler Moden in einem Laser ohne Modenselektion

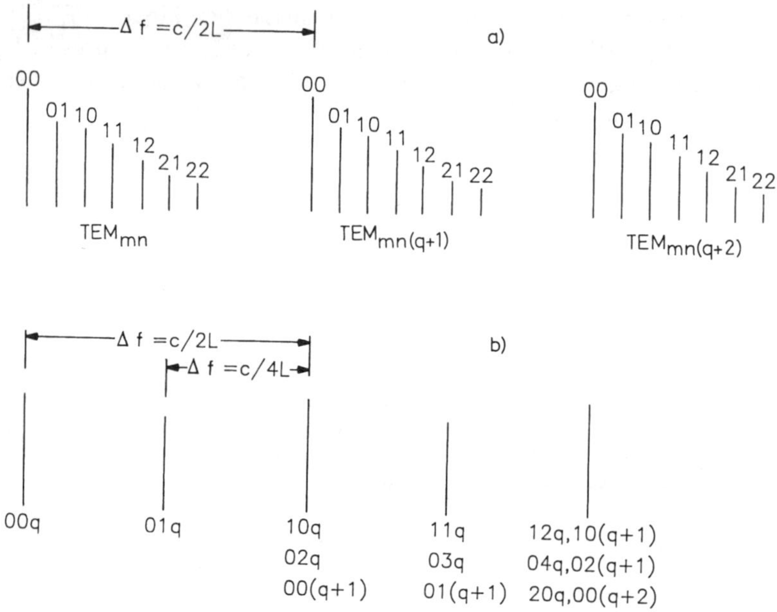

Bild 13.8. Frequenzen transversaler Moden bei (**a**) großem Krümmungsradius der Spiegel (**b**) konfokalem Resonator

Für die Frequenzen der Moden p, l, q liefert die Theorie

$$f_{plq} = c/2L \left[q + \pi^{-1}(p + 2l + 1) \arccos |\sqrt{g_1 g_2}|\right] . \qquad (13.24)$$

Für rechteckige Moden muß p durch m und $2l$ durch n ersetzt werden. Beispiele für Modenspektren sind in Bild 13.8 dargestellt.

13.3 Resonatortypen

Im folgenden werden einige spezielle Konfigurationen beschrieben, die in der Praxis häufig zu finden sind. Ein Resonator wird konstruktiv durch den Ab-

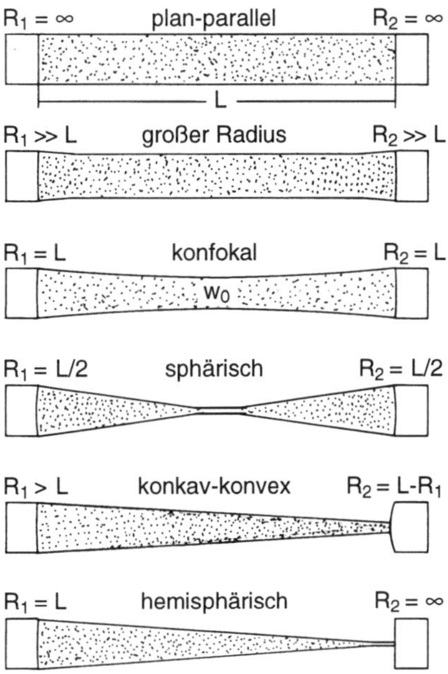

Bild 13.9. Verschiedene Konfigurationen für Resonatoren

stand L und die Radien R_1 und R_2 der Spiegel gegeben (Bild 13.9). Die Strahlradien w_1, w_2 des TEM_{00}-Modes an den beiden Spiegeln lassen sich mit (13.12) bis (13.15) bestimmen. Der Radius der Strahltaille w_0 errechnet sich nach (13.18), die Lage der Strahltaille aus (13.17).

Symmetrische Resonatoren haben Spiegel mit gleichem Krümmungsradius $R = R_1 = R_2$. Es gilt für die Strahlradien an den beiden Spiegeln w_1 und w_2:

$$w_1^2 = w_2^2 = \frac{\lambda R}{\pi}\sqrt{\frac{L}{2R-L}}\,. \tag{13.25}$$

Die Strahltaille liegt in der Mitte des Resonators mit dem Radius w_0:

$$w_0^2 = \frac{\lambda}{2\pi}\sqrt{L(2R-L)}\,. \tag{13.26}$$

Für einen *symmetrischen Resonator mit großem Spiegelradius* $R \gg L$ erhält man für die Strahlradien an den beiden Spiegeln und in der Strahltaille

$$w_1^2 \approx w_2^2 \approx w_0^2 \approx \frac{\lambda}{\pi}\sqrt{\frac{RL}{2}}\,. \tag{13.27}$$

Der Strahlradius ändert sich im Laser praktisch nicht. Für die Frequenzen der einzelnen Moden erhält man das Spektrum nach Bild 13.8. Nach (13.24) ist der Frequenzabstand der Transversalmoden klein gegen den longitudinalen Abstand.

Der *symmetrische konfokale Resonator* ist gegeben durch $R = R_1 = R_2 = L = 2f$. Die Brennpunkte der Spiegel mit der Brennweite $f = R/2$ fallen in der Mitte des Resonators zusammen. Die Strahlradien $w_1 = w_2$ sind minimal im Vergleich zu anderen Resonatoren bei gegebener Länge L

$$w_1 = w_2 = \sqrt{\lambda L/\pi} \quad \text{und} \quad w_0 = w_1/\sqrt{2}\,. \tag{13.28}$$

Das Frequenzspektrum f_{mnq} erhält man aus (13.24) mit $g_1 = g_2 = 0$ zu

$$f_{mnq} = (2q + m + 2n + 1)c/4L\,. \tag{13.29}$$

Man bezeichnet das Spektrum als entartet, da verschiedene Moden die gleiche Frequenz aufweisen (Bild 13.8).

Konfokale Resonatoren können auch verschiedene Spiegelradien haben. Die Resonatorlänge ist dann gegeben durch

$$R_1/2 + R_2/2 = f_1 + f_2 = L\,. \tag{13.30}$$

Asymmetrische konfokale Resonatoren haben Spiegelparameter $g_1 = -g_2$ und liegen daher in den nicht erlaubten Bereichen des Stabilitätsdiagramms Bild 13.10.

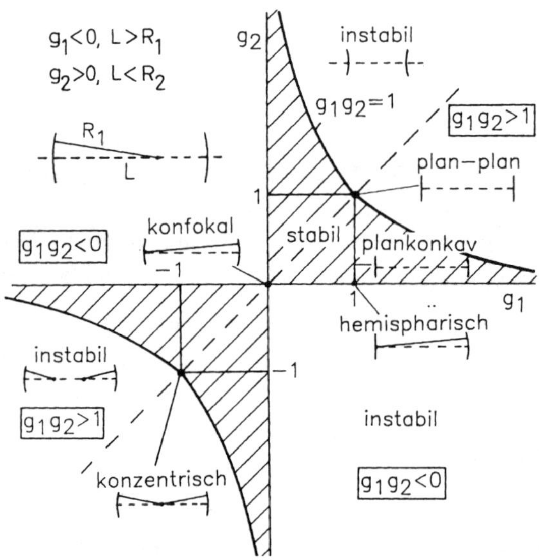

Bild 13.10. Stabilitätsdiagramm für Resonatoren

Der *sphärische Resonator* ist gegeben durch $R = R_1 = R_2 = L/2$. Die Spiegeloberflächen liegen auf einer gemeinsamen Kugel. Der Grundmode entspricht einer klassischen Kugelwelle. An den Spiegeln ist der Strahlradius groß, während in der Mitte des Resonators ein beugungsbegrenzter Brennpunkt auftritt. Da die Krümmungszentren der Spiegel zusammenfallen, wird der Resonator auch als konzentrisch bezeichnet.

Konkav-konvex-Resonatoren zeichnen sich durch großes Grundmodenvolumen bei relativ kurzer Baulänge aus. Als Beispiel ist in Bild 13.9 ein *konzentrischer Resonator* dieses Typs gezeigt, bei welchem die Krümmungsmittelpunkte beider Spiegel zusammenfallen.

Für einen *Plan-konkav-Resonator* mit einem ebenen Spiegel erhält man die Strahltaille an diesem Spiegel. Der Resonator verhält sich wie eine Anordnung mit zwei gleichen Hohlspiegeln der Länge $2L$, welche durch Ergänzung des Resonators mit seinem Spiegelbild entsteht. Ein Sonderfall ist der *hemisphärische Resonator* mit $R_1 = L, R_2 \to \infty$, welcher mit $w_2 \to 0$ einen beugungsbegrenzten Punkt am ebenen Spiegel liefert. Die Beugungsverluste sind in diesem Fall groß, da $w_1 \to \infty$ ist. Daher ist es günstiger, R etwas grösser als L zu wählen.

Der *plan-parallele Resonator* wird wenig eingesetzt, hauptsächlich in Verbindung mit Lasermedien mit hoher optischer Verstärkung. Ist diese nur gering, so sind Plan-Plan-Resonatoren schwierig zu justieren.

Stabilitätsdiagramm

Aus (13.14) ergeben sich nur dann reelle Werte für w_0, wenn die Stabilitätsbedingung

$$0 \leq g_1 g_2 \leq 1 \tag{13.31}$$

erfüllt ist. Die nach dieser Gleichung erlaubten Werte von g_1 und g_2 lassen sich in einem Stabilitätsdiagramm (Bild 13.10) darstellen. Resonatoren, die (13.31) erfüllen, werden als stabil bezeichnet.

In stabilen Resonatoren existiert ein gaußförmiger Grundmode, und die Lichtenergie bleibt auf einen relativ engen Bereich um die Resonatorachse konzentriert. Bei Spiegeln, deren Durchmesser begrenzt ist, geht deshalb nur wenig Licht über die Spiegelberandung hinaus verloren. Die Beugungsverluste sind gering.

Im Gegensatz dazu sind bei den instabilen Resonatoren die Beugungsverluste hoch. Die über die Spiegelberandung austretende Lichtleistung kann jedoch bei instabilen Resonatoren als ausgekoppelte Laserausgangsleistung benutzt werden, so daß diese Lichtleistung keinen echten Verlust bedeuten muß. Bei stabilen Resonatoren wird das Licht meist durch teildurchlässige Spiegel ausgekoppelt. Instabile Resonatoren werden im nächsten Abschnitt genauer behandelt.

In Bild 13.10 ist der schraffierte Bereich den stabilen Resonatoren zuzuordnen. Es sind die bereits diskutierten Resonatoranordnungen eingetragen: konfokaler Resonator ($g_1 = g_2 = 0$), plan-konkaver Resonator ($g_1 = 1$), hemisphärischer Resonator ($g_1 = 1, g_2 = 0$), Plan-plan- oder Fabry-Perot-Resonator ($g_1 = g_2 = 1$), symmetrische Resonatoren ($g_1 = g_2$), konzentrischer Resonator ($g_1 = g_2 = -1$).

13.4 Instabile Resonatoren

In Bereichen $g_1g_2 > 1$ und $g_1g_2 < 0$ sind die Resonatoren instabil, d. h. es existiert kein Gaußstrahl als Grundmode und die Beugungsverluste sind hoch. Bei aktiven Medien mit großen Durchmessern können jedoch instabile Resonatoren zum Laseraufbau vorteilhaft verwendet werden, da sie eine gleichförmige Intensitätsverteilung im Resonator liefern. Vorraussetzung ist eine hohe Verstärkung g_0 des Lasermediums mit der Länge L_g. Es gilt die Bedingung $2g_0L_g > 1{,}5$.

Die Feldverteilung kann durch begrenzte Kugelwellen approximiert werden. Von besonderer Bedeutung ist der (asymmetrische) konfokale instabile Resonator der einen nahezu parallelen Ausgangsstrahl liefert, wie in Bild 13.11 dargestellt. Die Feldverteilung im Resonator hat einen Durchmesser D, der etwa dem Durchmesser des aktiven Mediums entsprechen sollte. Das Lasermedium befindet sich in der Nähe des Spiegels R_1. Der Durchmesser d des Auskoppelspiegels bestimmt den geometrischen Auskoppelgrad δ_g:

$$\delta_g = 1 - \frac{d^2}{D^2} = 1 - \frac{1}{M^2} \quad \text{mit} \quad M = \frac{D}{d}. \tag{13.32}$$

Die Größe M gibt die Vergrößerung des Strahldurchmessers durch das Spiegelsystem an. Bei einem stabilen Resonator mit teildurchlässigem Auskoppelspiegel entspricht d dem Transmissionsgrad $1-R$. Die optimale Auskopplung g ergibt sich aus den Eigenschaften des Lasermediums, wie im Abschn. 2.6 dargestellt.

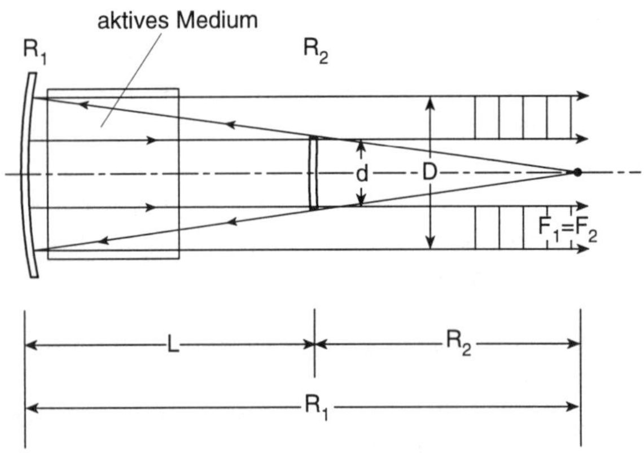

Bild 13.11. Konfokaler instabiler Resonator

Aus geometrischen Überlegungen folgt für die Krümmungsradien der Spiegel für den konfokalen instabilen Resonator

$$R_1 + R_2 = 2L \quad \text{und} \quad \frac{R_1}{R_2} = \frac{D}{d}. \tag{13.33}$$

Daraus folgt:

$$R_1 = \frac{2ML}{M-1} \quad \text{und} \quad R_2 = \frac{-2L}{M-1}\,. \tag{13.34}$$

Eine genauere wellenoptische Analyse von instabilen Resonatoren ergibt, daß die geometrische Auskopplung nach (13.32) wegen Beugungseffekten etwas zu groß ist. Dies kann bei einer genaueren Dimensionierung des Resonators berücksichtigt werden.

Der instabile Resonator wird bei Lasern mit großen Verstärkungsfaktoren wie dem CO_2- und Excimer-Lasern oder Festkörperlasern eingesetzt. Bei großem aktivem Querschnitt kann eine bessere Strahlqualität als bei stabilen Resonatoren erzielt werden.

13.5 Laser mit Grundmode

Laser sollen meistens im TEM_{00}-Grundmode oder mit einer ähnlichen kontinuierlichen Intensitätsverteilung betrieben werden. Dazu ist es notwendig, die höheren TEM_{mn}-Moden zu unterdrücken. Dies ist möglich, weil mit zunehmender Ordnung der transversalen Moden m, n auch die Strahldurchmesser (Bild 13.5 und 13.6) und die Beugungsverluste anwachsen.

Zur Einstellung des TEM_{00}-Modes wird oft eine Lochblende in den Resonator eingebracht. Diese muß etwas größer als der TEM_{00}-Strahldurchmesser, aber etwas kleiner als der Durchmesser des nächst höheren Modes TEM_{10} sein. Dadurch werden die TEM_{10}-Verluste erhöht, so daß dieser Mode und höhere nicht anschwingen. Allerdings wird dadurch die gesamte Leistung auch verringert.

Die Größe der Beugungsverluste sind in Bild 13.12 als Funktion der Fresnelzahl F dargestellt:

$$F = a^2/L\lambda\,. \tag{13.35}$$

Dabei ist a der Spiegeldurchmesser oder der Durchmesser einer Blende, die dicht am Spiegel aufgestellt ist, und L die Resonatorlänge. Beim konfokalen Resonator ist nach (13.28) $L\lambda = \pi w_1^2$ und $F = a^2/\pi w_1^2$. Die Beugungsverluste für den Grundmode werden klein, sofern $F > 1$ oder der Blendendurchmesser a größer als der Strahldurchmeser $2w_0$ wird. Die höheren Moden TEM_{10}, TEM_{20} usw. haben deutlich höhere Verluste.

Bei einem Fabry-Perot-Resonator mit $R_1 = R_2 \to \infty$ gehen auch die Modenradien $w_1 = w_2 \to \infty$. Deshalb sind auch die Beugungsverluste bei gleicher Fresnelzahl höher als beim konfokalen Resonator. Wegen der hohen Beugungsverluste ist es nicht sinnvoll, einen Fabry-Perot-Resonator mit kleinen Blenden zu betreiben, sondern es sollte $F \gg 1$ sein.

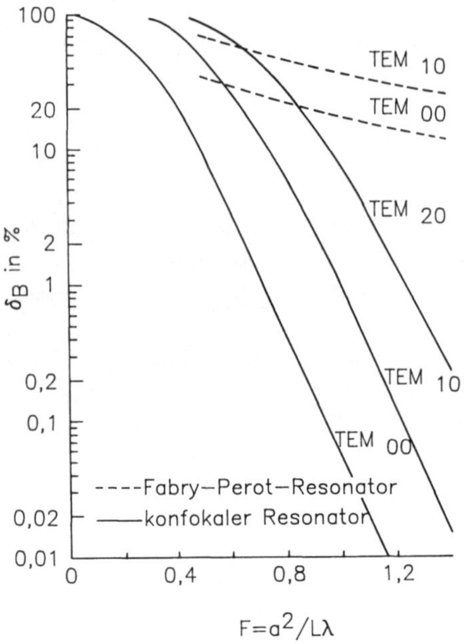

Bild 13.12. Beugungsverluste δ_B einiger Moden für konfokale und Fabry-Perot-Resonatoren

Da der konfokale Resonator bei gegebener Resonatorlänge den kleinsten Modenradius $w_1 = w_2$ hat, sind bei diesem Resonator auch die Beugungsverluste bei gegebener Fresnelzahl minimal. Dies bedeutet jedoch nicht, daß der konfokale Resonator für den Aufbau eines Lasers am günstigsten sein muß.

Der Resonator für einen Laser ist u. a. so zu dimensionieren, daß der Grundmodedurchmesser etwa dem Durchmesser des aktiven Mediums entspricht. Außerdem soll der Modendurchmesser sich im Medium wenig ändern. Dies führt zu Resonatoren mit großem Spiegelradius. Diese sind aber justierempfindlich, da eine kleine Spiegelverkippung zu einer starken Verschiebung der Resonanz führt. Eine Alternative sind instabile Resonatoren.

Bei instabilen Resonatoren hat eine homogene, grundmodenartige Feldverteilung ebenfalls die geringsten Verluste, so daß sich eine derartige Verteilung in einem Laser von selbst einstellt. Die Feldverteilung füllt das aktive Medium gut aus. Der Auskoppelspiegel muß zur Einstellung des gewünschten Auskoppelgrades einen Durchmesser besitzen, der kleiner als der Durchmesser des aktiven Mediums ist. Da Spiegel mit kleinem Durchmesser schwer herzustellen sind, sind instabile Resonatoren vor allem für Lasermedien mit großen Querschnitten geeignet. Außerdem ist es mit instabilen Resonatoren schwierig, kleine Auskoppelgrade präzise einzustellen. Deshalb sind instabile Resonatoren hauptsächlich für hochverstärkende Lasermedien geeignet, bei denen der Auskoppelgrad unkritisch ist.

Die voranstehenden Überlegungen sind zu modifizieren, falls der Spiegelabstand wesentlich länger als das aktive Medium sein darf, wie z. B. bei Festkörperlasern. Dann können für eine gute Anpassung des Modendurchmessers an das aktive Medium Konkav-Konvex-Resonatoren eingesetzt werden. Außerdem sind Resonatoren mit externen Linsen und Teleskopen gebräuchlich.

Statt scharf begrenzte Spiegel oder Lochblenden zur Modenselektion zu verwenden, werden neuerdings teilweise auch Gradientenspiegel oder Gaußspiegel mit einem gaußförmigen Reflexionsverlauf über den Querschnitt verwendet. Dadurch werden Strahlinhomogenitäten durch Beugungseffekte an scharfen Lochblenden- oder Spiegelkanten vermieden, so daß sich gute Strahlqualitäten ergeben.

Aufgaben

13.1 Welche Längenänderungen dürfen bei einem 50 cm langen He-Ne-Laser auftreten, damit die Frequenzschwankung höchstens 1 MHz beträgt?

13.2 Wie lang darf ein He-Ne-Laser und CO_2-Laser (100 W) sein, damit nur ein longitudinaler Mode auftritt?

13.3 Wie groß ist die Divergenz eines He-Ne-Lasers (TEM_{00}) mit einem Strahldurchmesser von 0,7 mm? Welcher Strahldurchmesser tritt in einem Abstand von 10 m vom Laser auf?

13.4 Man beweise: Asymmetrische konfokale Resonatoren sind instabil.

13.5 Berechnen Sie die charakteristischen Strahlenradien (TEM_{00}) für einen Ar-Laser-Resonator mit einer Wellenlänge $\lambda \approx 500\,\text{nm}$ und mit $R_1 = 6\,\text{m}$; $R_2 = 2\,\text{m}$; $L = 0{,}5\,\text{m}$.

13.6 Berechnen Sie bei einem 1 m langen He-Ne-Laser mit konfokalem Resonator die Strahldurchmesser in der Mitte und am Ausgang des Lasers ($\lambda = 633\,\text{nm}$).

13.7 Wie hoch ist die Linienbreite eines passiven Fabry-Perot-Resonators mit einer Resonatorlänge von 1 m und einem Auskoppelspiegel mit einem Reflexionsgrad von $R = 99{,}5\,\%$?

13.8 Ein Resonator wird aus zwei Spiegeln mit den Radien $R_1 = -0{,}8\,\text{m}$ und $R_2 = 1{,}2\,\text{m}$ gebildet. Geben Sie den Spiegelabstand an, ab welchem der Resonator instabil wird.

13.9 Ein konfokaler Resonator eines Argonlasers ($\lambda = 0{,}514\,\mu\text{m}$ von $L = 0{,}8\,\text{m}$ Länge soll im TEM_{00}-Mode strahlen. Die Verstärkung beträgt $G = 1{,}6$. Schätzen Sie den Durchmesser einer Modenblende ab.

13.10 Berechnen Sie einen konfokalen instabilen Resonator für einen CO_2-Laser von $L = 1\,\text{m}$ Länge. Die Auskopplung soll $\delta_g = 20\,\%$ betragen.

14. Spiegel

Die einfachsten Laserspiegel bestehen aus polierten Metallen, z. B. Kupfer für CO_2-Laser, oder Metallschichten, z. B. Gold, Silber, Aluminium auf Glasträgern. Die Reflexion des Lichtes findet an der Oberfläche statt, wobei stets ein Teil des Lichtes in das Metall und das Trägermaterial eindringt und dort absorbiert wird. Teilweise kann Licht auch durch den Spiegel hindurchtreten, was insbesondere für Laserauskoppelspiegel notwendig ist.

Auch an den Grenzflächen von durchsichtigen Stoffen, wie Glas, Wasser und auch an anderen sogenannten dielektrischen Materialien, wird Licht reflektiert. Der Reflexionsgrad bei senkrechtem Einfall beträgt z. B. an der Grenzfläche Luft-Glas etwa 4 %, kann aber bei streifendem Einfall oder auch bei Totalreflexion auf 100 % anwachsen. Die für die Reflexion und Brechung an einer Grenzfläche gültigen Gesetze werden im folgenden Abschn. 14.1 behandelt.

Durch Stapelung von Schichten aus zwei verschiedenen durchsichtigen Materialien entsteht eine Folge von Grenzflächen, die zu einer hohen Reflexion bei beliebigem Einfallswinkel führen kann. Derartige dielektrische Vielschichtenspiegel sind für die Lasertechnik von großer Bedeutung, da im Idealfall keine Absorption stattfindet. Die Leistung eines einfallenden Strahls wird somit ohne Verluste auf den reflektierten und durchtretenden Strahl verteilt. Der Aufbau von dielektrischen Vielschichtenspiegeln wird im Abschn. 14.3 dargestellt.

Ähnliche Aufgaben wie Spiegel können auch neuartige Elemente erfüllen, die als Phasenkonjugatoren bezeichnet werden. Sie bestehen aus gitter- oder schichtförmigen Strukturen und reflektieren einen einfallenden Lichtstrahl immer in sich selbst zurück. Eine einfallende Lichtwelle mit beliebiger Phasenfläche wird so reflektiert, daß die rücklaufende Welle die gleiche Phasenfläche, aber die umgekehrte Ausbreitungsrichtung besitzt. Phasenkonjugatoren finden in der Lasertechnik zunehmende Anwendung und werden in Abschn. 14.5 erläutert.

14.1 Reflexion und Brechung

In Materie breitet sich das Licht mit der Geschwindigkeit

$$c' = \frac{c}{n} \tag{14.1}$$

aus, wobei $c = 2{,}998 \cdot 10^8\,\mathrm{m/s}$ die Lichtgeschwindigkeit im Vakuum und n der Brechungsindex des jeweiligen Materials ist. Fällt Strahlung auf eine Grenzfläche, so tritt Reflexion und Brechung auf. Während bei der Reflexion der Einfallswinkel Θ_1 gleich dem Austrittswinkel Θ_1' ist, errechnet sich die Richtung des gebrochenen Strahles Θ_2 gemäß

$$n_1 \sin\Theta_1 = n_2 \sin\Theta_2 \,, \tag{14.2}$$

wobei n_1 und n_2 die Brechungsindizes der Medien 1 und 2 sind (Bild 14.1). Durchsichtige Stoffe haben Brechungsindizes von $n = 1$ bis etwa 3, Glas hat den Wert $n \approx 1{,}5$ (Tabelle 14.1).

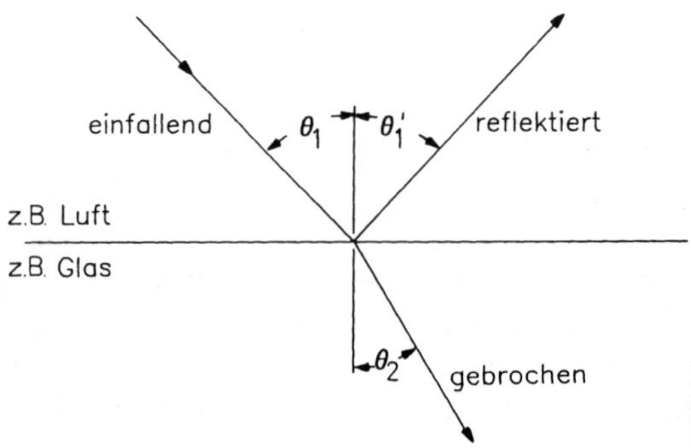

Bild 14.1. Reflexion und Brechung an einer optischen Grenzfläche

Tabelle 14.1. Abhängigkeit des Brechungsindex von der Wellenlänge (Dispersion) für verschiedene Materialien. Die Indizes charakterisieren unterschiedliche Spektrallinien

	n_C (rot) (656 nm)	n_{D2} (gelb) (589 nm)	n_F (blau) (486 nm)	n_H (violett) (399 nm)
Wasser, 20 °C	1,331	1,333	1,337	1,343
Kronglas	1,516	1,519	1,525	1,535
Flintglas	1,614	1,619	1,631	1,653

Reflexionsgrad

Die Gleichungen von Fresnel beschreiben die Intensität des reflektierten und des transmittierten Lichtes an einer dielektrischen Grenzfläche. Das einfallende Licht wird in zwei Polarisationskomponenten zerlegt: R_s und R_p geben die reflektierte Intensität für Strahlung mit der elektrischen Feldstärke senkrecht (s) und parallel (p) zur Einfallsebene an:

$$R_s = \left(\frac{\sin(\Theta_1 - \Theta_2)}{\sin(\Theta_1 + \Theta_2)}\right)^2$$
$$R_p = \left(\frac{\tan(\Theta_1 - \Theta_2)}{\tan(\Theta_1 + \Theta_2)}\right)^2 . \tag{14.3}$$

Für den Reflexionsgrad gilt bei senkrechtem Einfall:

$$R = R_s = R_p = \left(\frac{1 - n_1/n_2}{1 + n_1/n_2}\right)^2 . \tag{14.4}$$

In Bild 14.2 ist der Verlauf von R_s und R_p für eine Luft-Glasfläche mit $n = 1{,}52$ dargestellt.

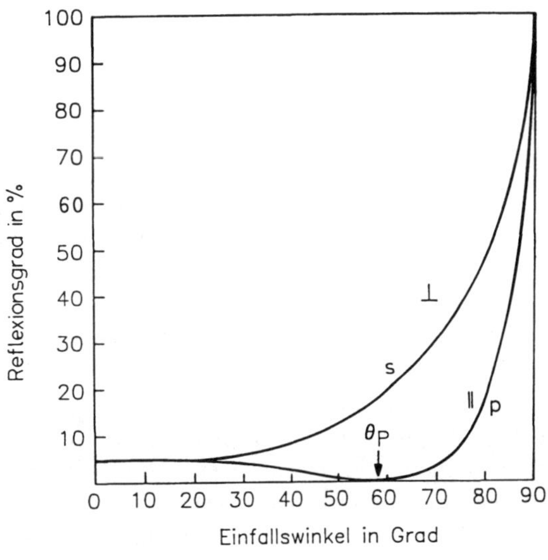

Bild 14.2. Reflexionsgrad beim Einfall von Licht auf eine Glasfläche mit $n = 1{,}52$ für s- und p-Polarisation. Unter dem Brewster-Winkel Θ_p wird nur eine Polarisationsrichtung reflektiert

Unter dem Brewster-Winkel Θ_p wird nur die senkrechte Komponente reflektiert, d. h. $R_p = 0$. Dies geschieht, wenn $\Theta_1 + \Theta_2 = 90°$ wird, oder

$$\tan \Theta_p = n_2/n_1 . \tag{14.5}$$

Eine einfache Erklärung dieses Effektes liegt darin, daß die Emission eines elektrischen Dipols in Schwingungsrichtung Null ist.

Für das Verständnis von Interferenzerscheinungen an dünnen Schichten sind die Phasensprünge bei der Reflexion zu beachten. Bei Reflexion am dichten Medium ($n_1 < n_2$) tritt ein Phasensprung um 180° auf. Wird am dünneren Medium reflektiert, tritt kein Phasensprung auf.

Totalreflexion

Völlig anders sieht der Verlauf des Reflexionsgrades aus, wenn der Strahl vom optisch dichten ins optisch dünnere Medium verläuft ($n_1 > n_2$). Nach Bild 14.3 erhält man oberhalb des kritischen Winkels Θ_c Totalreflexion. Man erhält Θ_c aus dem Brechungsgesetz mit $\Theta_2 = 90°$:

$$\sin \Theta_c = n_2/n_1 \,. \tag{14.6}$$

Fällt Licht mit einem Einfallswinkel $> \Theta_c$ auf eine Grenzfläche, so wird der Strahl verlustfrei reflektiert. Für den Übergang Glas/Luft ist $\Theta_c \approx 42°$.

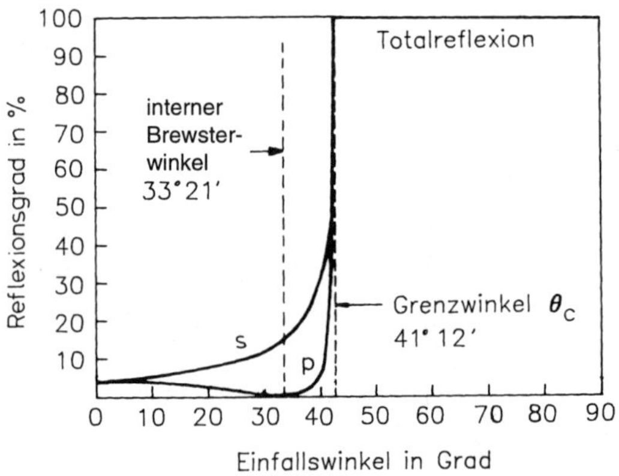

Bild 14.3. Reflexionsgrad beim Austritt von Licht aus einer Glasfläche mit $n = 1{,}52$. Oberhalb des kritischen Winkels Θ_c tritt Totalreflexion auf

Die Totalreflexion wird in verschiedenen Prismen zur Umlenkung von Lichtstrahlen ausgenutzt. Bild 14.4 zeigt ein 90°-Umlenkprisma. Die Eintritts- und Austrittsflächen sollten entspiegelt sein. In einem *Reflexionsprisma* wird ein einfallender Lichtstrahl parallel zu sich selbst reflektiert, sofern er senkrecht zur 90°-Kante des sogenannten *Dachkantenprismas* einfällt. Die Einfallsrichtung kann also in der Ebene senkrecht zur Dachkante beliebig gewählt werden, wobei der reflektierte Strahl immer parallel zum einfallenden bleibt. Ist der einfallende Strahl schräg zur Dachkante gerichtet, so ist der reflektierte Strahl nicht mehr parallel zum einfallenden Strahl. Ein Dachkantenprisma kann also nur Strahlrichtungsschwankungen in einer Richtung kompensieren. Dagegen reflektiert ein sogenannter *Tripelspiegel* (Bild 14.5) einen Strahl bei paralleler Einfallsrichtung immer parallel zu sich selbst. Ein Tripelspiegel besteht entweder aus 3 ebenen Spiegeln, die jeweils einen Winkel von 90° einschließen und damit eine Kubusecke bilden, oder aus einem Glasprisma, das eine abgeschnittene Ecke aus einem Kubus darstellt.

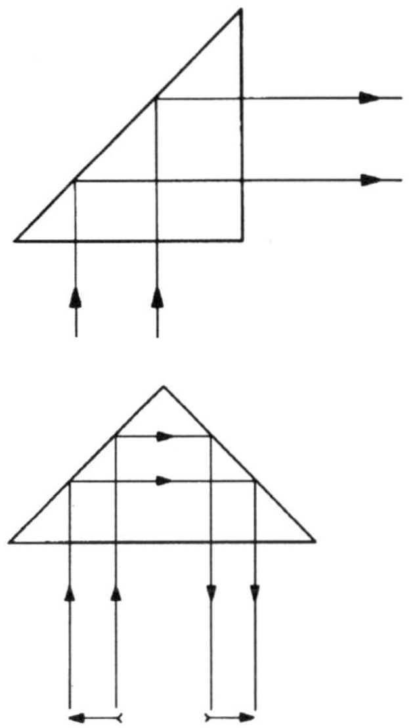

Bild 14.4. Totalreflektierender 90°-Umlenkspiegel und Dachkantenprisma für 180°-Strahlumlenkung. Das Dachkantenprisma kann um die 90°-Kante gedreht werden, ohne daß sich die Richtung des reflektierten Strahls ändert

Totalreflektierende Tripelspiegel eignen sich als hochreflektierende, selbstjustierende Laserspiegel. Astronauten haben eine Matrix von Tripelspiegeln auf dem Mond abgestellt. Diese reflektieren Laserlicht, das von einer Erdstation ausgesandt wird, und erlauben sehr genaue Messungen des Erde-Mond-Abstandes aus Laufzeitmessungen. Matrizen aus Tripelspiegeln werden auch als Rückstrahler im Verkehrswesen verwendet und in der Lasertechnik als Pseudophasenkonjugatoren bezeichnet. Sie erzeugen jedoch keine phasenkonjugierte Wellenfront, sondern kehren nur die Ausbreitungsrichtung einer Wellenfront lokal um.

Auf der Totalreflexion beruht auch die Lichtleitung in Glasfasern (Abschn. 12.5).

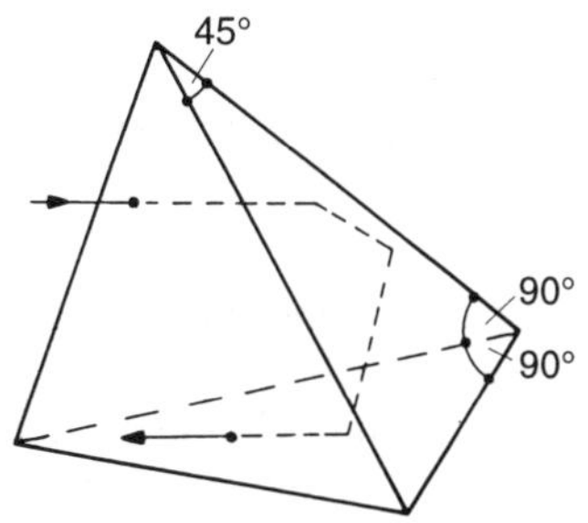

Bild 14.5. Tripelspiegel (Würfelecke): Ein Lichtstrahl fällt in dem oben markierten Punkt auf die Eintrittsfläche, die einer Schnittfläche des Würfels, gebildet aus drei Flächendiagonalen, entspricht. Der Lichtstrahl wird an den drei Flächen reflektiert, die die Würfelecke bilden und läuft antiparallel zur Einfallsrichtung zurück, allerdings tritt ein Strahlversatz auf. Die Brechung an der Eintrittsfläche ist nicht gezeichnet

Dispersion

Der Brechungsindex optischer Materialien hängt von der Wellenlänge des Lichts ab. Im sichtbaren Spektralbereich nimmt der Brechungsindex mit abnehmender Wellenlänge zu: blaues Licht wird stärker gebrochen als rotes (Tabelle 14.1 und Bild 12.13). Bei Prismen nach Bild 18.5 führt die Dispersion zu einer spektralen Zerlegung des Lichtes.

14.2 Metallspiegel

Komplizierter ist die Beschreibung der Reflexion an Metallflächen. Bei linearer Polarisation von schräg einfallendem Licht kann das reflektierte Licht elliptisch polarisiert sein. Der nicht reflektierte Anteil wird im Spiegel absorbiert, was zur Zerstörung der Oberfläche führen kann. Hohe Reflexionsgrade von 99 % treten im Infraroten auf, während im Sichtbaren 95 % bis 98 % erreicht werden (Tabelle 14.2). Metallspiegel werden oft auf Glasträger aufgedampft und teilweise mit Schutzschichten (z. B. MgF_2 und SiO_2) versehen.

Tabelle 14.2. Reflexionsgrad R von Metallen

Wellenlänge in µm	Reflexionsgrad in %		
	Al	Ag	Au
0,22	91,5	28,0	27,5
0,30	92,3	17,6	37,7
0,40	92,4	95,6	38,7
0,55	91,5	98,3	81,7
1,0	94,0	99,4	98,6
5,0	98,4	99,5	99,4
10,0	98,7	99,5	99,4

14.3 Dielektrische Vielschichtenspiegel

Durch Aufbringen von dünnen Schichten auf optischen Oberflächen lassen sich die Reflexionseigenschaften stark verändern. Interferenzen an diesen Schichten führen zu Ent- oder Verspiegelung, d. h. Reflexerhöhung oder -verminderung. Verwendet werden durchsichtige Schichten, die im Gegensatz zu Metallen als *dielektrisch* bezeichnet werden. Die Brechzahlen oder Brechungsindizes verschiedener Aufdampfmaterialien, die zur Herstellung dünner dielektrischer Spiegel verwendet werden, sind in Tabelle 14.3 dargestellt.

Tabelle 14.3. Brechzahlen verschiedener Aufdampfmaterialien

Wellenlänge	SiO_2	Ta_2O_5	MgF_2	ZnS	Al_2O_3
488 nm	1,463	2,188	1,379	2,401	1,635
532 nm	1,461	2,174	1,379	2,380	1,631
633 nm	1,457	2,152	1,378	2,348	1,624
1 064 nm	1,450	2,117	1,376	2,296	1,615

Entspiegelung

Nach Bild 14.2 und 14.3 wird an einer Grenzfläche Glas-Luft bei senkrechtem Einfall etwa 4 % reflektiert. Durch Bedampfen mit einer dielektrischen Schicht der optischen Dicke

$$nd = \lambda/4 \tag{14.7}$$

läßt sich die Reflexion für eine spezielle Wellenlänge λ vermindern oder gänzlich verhindern. Dazu muß der Brechungsindex der Schicht n zwischen dem der Luft (n_1) und des Glases (n_2) liegen. Bei senkrechtem Einfall gilt für den Reflexionskoeffizienten

$$R = \left(\frac{n_1 n_2 - n^2}{n_1 n_2 + n^2}\right)^2 . \tag{14.8}$$

Für

$$n = \sqrt{n_1 n_2} \tag{14.9}$$

wird der Reflexionskoeffizient gleich Null. Sehr häufig wird MgF_2 ($n = 1{,}38$) verwendet, früher auch Kryolith (Na_3AlF_6, $n = 1{,}33$). Es ist zu beachten, daß eine Schicht nur eine Wellenlänge λ bei senkrechtem Einfall optimal entspiegelt. Häufig werden Linsen routinemäßig mit $\lambda/4$-Schichten aus MgF_2 beschichtet, wobei die Bedingung (14.9) im gesamten sichtbaren Spektralbereich nur näherungsweise erfüllt ist. In diesem Fall erhält man bei $n_2 \approx 1{,}6$ eine Verringerung der Reflexion auf etwa 1 %, die weitgehend unabhängig von der Wellenlänge ist.

Die Verminderung der Reflexion erfolgt durch Interferenz der an der Vorder- und Rückseite der $\lambda/4$-Schicht reflektierten Wellen. Dadurch, daß $n_1 < n < n_2$ ist, findet die Reflexion jeweils am dichteren Medium statt. Im beiden Fällen erfolgt der gleiche Phasensprung von π. Wegen des geometrischen Gangunterschiedes sind die beiden Wellen nach Reflexion um $\lambda/2$ verschoben. Sind die beiden Amplituden gleich, so überlagern sich deshalb die beiden reflektierten Wellen zu Null.

Nicht für alle Gläser (n_2) ist es möglich, das ideale Schichtmaterial (n) gemäß (14.9) zu finden. Man kann dann zwei Schichten zur Entspiegelung verwenden (Bild 14.6). Die obere, der Luft zugewandte Schicht hat einen

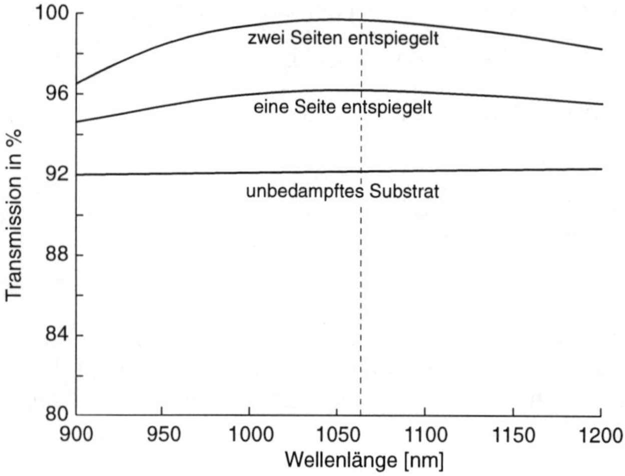

Bild 14.6. Entspiegelung einer Glasplatte aus BK7 mit 2-Schicht-Entspiegelung auf einer und auf beiden Seiten. Die Restreflexion bei 1064 nm ist z. B. kleiner als 0,2 % (Messung C. Scharfenorth, Opt. Institut, TU Berlin)

kleineren und die untere, auf dem Substrat liegende Schicht einen größeren Brechungsindex als das Substrat. In diesem Fall muß sich die Gesamtreflexion aus den Feldstärkereflexionskoeffizienten $r_1 = (n_1 - n')/(n_1 + n')$, $r_2 = (n' - n)/(n' + n)$, $r_3 = (n - n_2)/(n + n_2)$ an den einzelnen Grenzflächen zu Null addieren unter Berücksichtigung der Phasenunterschiede Δ_1 und Δ_2 der beiden Schichten:

$$r_1 + r_2 \mathrm{e}^{-\mathrm{i}\Delta_1} + r_3 \mathrm{e}^{-\mathrm{i}(\Delta_1 + \Delta_2)} = 0 \qquad (14.10)$$

In der komplexen Zahlenebene stellt diese Gleichung ein Dreieck mit den Seitenlängen $|r_1|$, $|r_2|$ und $|r_3|$ dar. Die Bedingung an die Brechzahlen n' und n ist jetzt keine Gleichung mehr wie (14.9). Vielmehr genügt es jetzt, Ungleichungen zu erfüllen:

$$|r_1| < |r_2| + |r_3|, \quad |r_2| < |r_1| + |r_3|, \quad |r_3| < |r_1| + |r_2|\,. \qquad (14.11)$$

Diese Dreiecksungleichungen sind praktisch leicht zu realisieren. Nach Vorgabe der Schichtbrechzahlen n_2 und n_3 werden Δ_1 und Δ_2 aus den Winkeln des Dreiecks, das (14.11) in der komplexen Zahlenebene bildet, berechnet; letztere erhält man mit dem Cosinus-Satz aus den Seitenlängen $|r_1|, |r_2|, |r_3|$.

Laserspiegel

Der Reflexionsgrad R eines teildurchlässigen Spiegels ist mit der Transmission T und der Absorption A, die auch die Streuung mit einschließt, verbunden durch

$$R + T + A = 1\,. \qquad (14.12)$$

Besonders für Laserauskoppelspiegel ist zu fordern, daß sie möglichst absorptionsfrei sind, also $A \ll T$. Die Absorption im Spiegel bedeutet einen Verlust, durch den ein Teil der ausgekoppelten Laserleistung aufgezehrt wird. Im Falle hoher Leistungen kann die Absorption zur Erwärmung und schließlich zur Zerstörung des Spiegels führen. Metallische Spiegel (Tabelle 14.2) haben im Infraroten Reflexionsgrade bis über 99 %. Allerdings ist besonders im Sichtbaren die Absorption nicht vernachlässigbar, so daß sie selten als Laserspiegel eingesetzt werden.

Verlustarme Spiegel mit hohem Reflexionsgrad können durch Stapel von $\lambda/4$-Schichten realisiert werden. Schon eine dielektrische Schicht auf einem Substrat kann die Reflexion beträchtlich erhöhen. Im Gegensatz zur Reflexionsminderung muß die Schicht einen Brechungsindex n haben, der größer als der des Glases ist. Dadurch wird der Phasensprung an der Grenzfläche Schicht-Glas vermieden, während er an der Fläche Luft-Glas mit dem Wert π auftritt. Damit ist der gesamte Gangunterschied der beiden reflektierten Wellen λ, so daß diese sich konstruktiv überlagern. Beispielsweise erhöht eine hochbrechende Schicht aus ZnS (n = 2,3) den Reflexionsgrad von Glas (n_2 = 1,5) von 4 % auf über 30 % im gesamten sichtbaren Spektralbereich.

Höhere Reflexionsgrade von über 99 % werden mit Vielschichtenspiegeln erzielt, die nahezu verlustfrei sein können. Diese bestehen aus abwechselnd hoch- und niedrigbrechenden, transparenten Schichten der optischen Dicke $nd = n'd' = \lambda/4$, die auf ein Substrat aufgebracht werden (Bild 14.7). Konstruktive Überlagerung der an den Grenzflächen reflektierten Lichtwellen führt bei großer Schichtzahl zu einem hohen Reflexionsgrad.

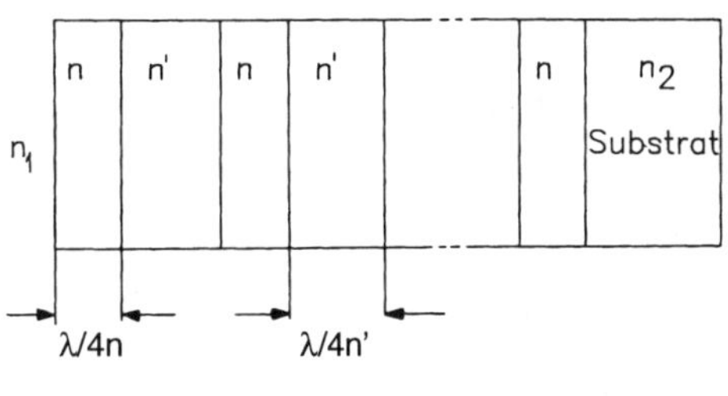

Bild 14.7.
Aufbau eines Vielschichten-Spiegels

Der Reflexionsgrad eines Vielschichtenspiegels bei der Zentralwellenlänge in Abhängigkeit von den Brechungsindizes der Schichten n, n' ($n > n'$) des Substrates n_2 und der Luft n_1 sowie der Anzahl der niedrigbrechenden Schichten m ist für senkrechten Lichteinfall näherungsweise gegeben durch:

$$R = \left[\frac{n^2(n/n')^{2m} - n_1 n_2}{n^2(n/n')^{2m} + n_1 n_2}\right]^2 \approx 1 - 4\frac{n_1 n_2}{n^2}\left(\frac{n'}{n}\right)^{2m} . \tag{14.13}$$

Die Gesamtzahl der Schichten ist ungerade

$$k = 2m + 1 . \tag{14.14}$$

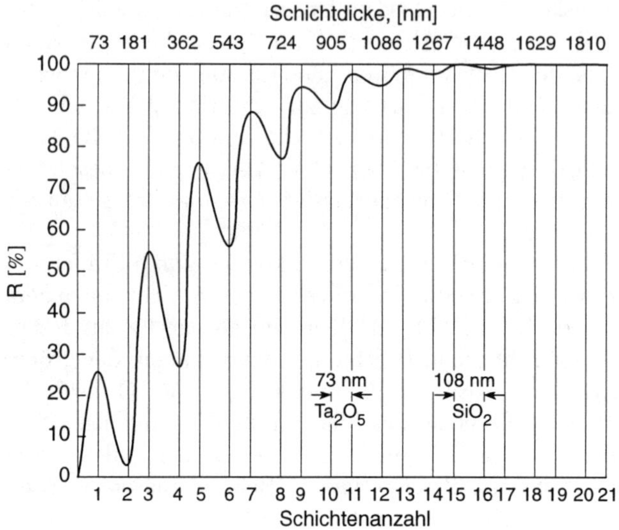

Bild 14.8. Reflexionsgrad R eines dielektrischen Vielschichtenspiegels für eine Wellenlänge von 633 nm (Messung C. Scharfenorth, Opt. Institut, TU Berlin)

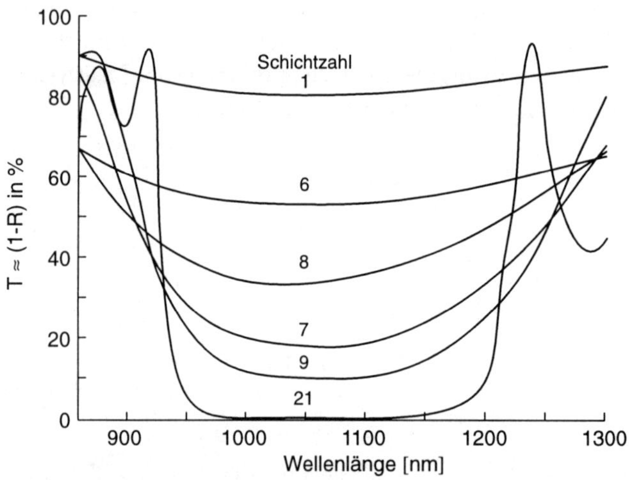

Bild 14.9. Reflexionsgrad $R \approx 1 - T$ von dielektrischen Spiegeln mit unterschiedlicher Schichtzahl als Funktion der Wellenlänge. Die zentrale Wellenlänge mit maximaler Reflexion beträgt 1 064 nm. Die 8. niedrigbrechende Schicht vermindert den Reflexionsgrad

In Bild 14.8 ist als Beispiel der Reflexionsgrad eines Ta_2O_5-SiO_2-Schichtpaketes auf Glas in Abhängigkeit von der Schichtzahl k angegeben. Bei großen Schichtzahlen geht die Reflexion gegen 100 %, sofern die Absorption der Schichten klein ist. Realisiert wurden Reflexionsgrade von über 99,99 %. Der

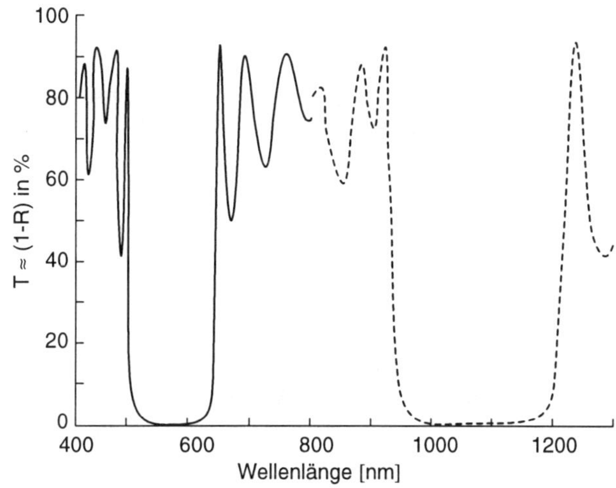

Bild 14.10. Transmission und Reflexion von zwei dielektrischen Spiegeln für Zentralwellenlängen von 532 und 1064 nm. Insgesamt jeweils 21 Schichten aus Ta_2O_5 und SiO_2

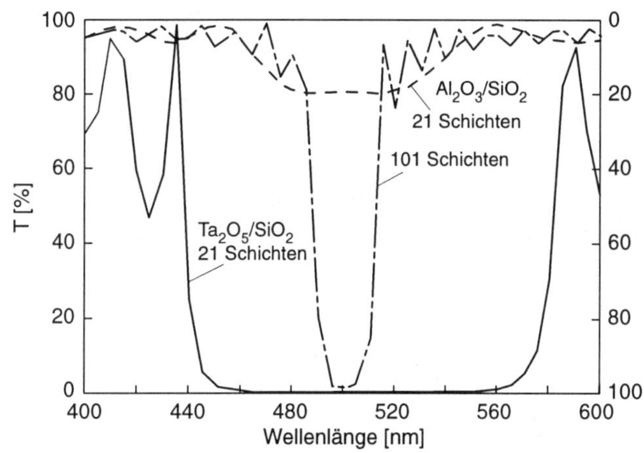

Bild 14.11. Berechnete Transmission T und Reflexionsgrad $R \approx 1 - T$ von dielektrischen Spiegeln aus den Materialkombinationen Al_2O_3/SiO_2 und Ta_2O_5/SiO_2. Bei kleinem Brechzahlunterschied lassen sich mit hohen Schichtzahlen schmale Reflexionsbanden realisieren

Reflexionsgrad ist stark wellenlängenabhängig, wie in Bild 14.9 und 14.10 gezeigt. Maximale Reflexion ergibt sich für eine Zentralwellenlänge λ, bei der die optische Schichtdicke gerade die $\lambda/4$-Bedingung erfüllt. Weicht die eingestrahlte Wellenlänge von der Zentralwellenlänge ab, so sinkt der Reflexionsgrad. Die direkte Messung von Reflexionsgraden ist schwierig, deshalb wird meist die Durchlässigkeit oder Transmission angegeben. Wenn Absorption und Streuung vernachlässigt werden können, ergibt sich der Reflexionsgrad zu $R \approx 1 - T$.

Durch Auswahl von Schichtmaterialien mit geeigneten Brechungsindizes, sowie das Einstellen von Schichtzahl und Schichtdicke können Laserspiegel mit bestimmtem Reflexionsgrad selektiv für verschiedene Wellenlängenbereiche hergestellt werden (Bild 14.9 bis 14.11).

14.4 Strahlteiler

Bei vielen Anwendungen, z. B. in der Interferometrie und Holographie oder bei Messungen an Lasern, ist eine Strahlteilung mit unterschiedlichen Intensitäten notwendig. Ein Typ von Strahlteilern besteht aus einer Glasplatte, welche unter z. B. 45° in den Laserstrahl gestellt wird. Auf der Vorderseite befindet sich ein dielektrischer teildurchlässiger Spiegel, dessen Reflexionsgrad $0 < R < 1$ ist. Dabei ist zu beachten, daß der Reflexionskoeffizient für die gegebene Einfallsrichtung spezifiziert ist. Die Rückseite ist meist breitbandig entspiegelt. Ein Beispiel für die polarisations- und wellenlängenabhängige Transmission eines solchen Strahlteilers ist in Bild 14.12 dargestellt.

Pellicle-Strahlteiler (pellicle = engl. Membran) bestehen z. B. aus einer dünnen, gespannten Nitrozellulose-Folie, welche mit dielektrischen Schichten bedampft sein können. Der Vorteil liegt darin, daß nur ein vernachlässigbarer geometrisch optischer Strahlversatz im durchtretenden Strahl auftritt. Allerdings sind derartige Strahlteiler mechanisch empfindlich.

Als Teiler ohne Strahlversatz können auch dielektrische oder metallische Schichten benutzt werden, welche diagonal in einem zusammengesetz-

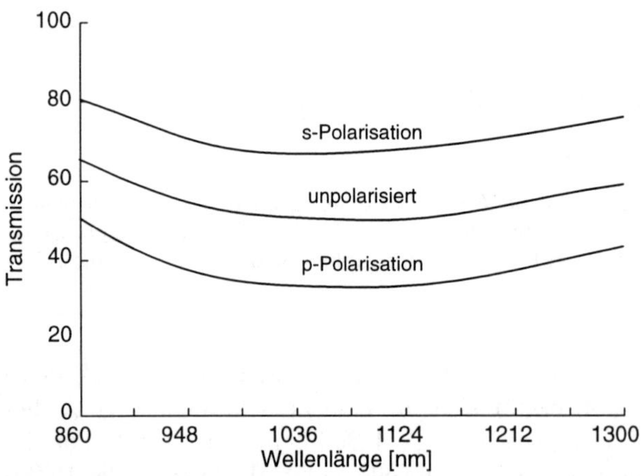

Bild 14.12. Strahlteiler mit einem berechneten Teilungsverhältnis von 1 : 1 bei 45° Einfallswinkel für unpolarisierte Strahlung von 1064 nm Wellenlänge. Für s- bzw. p-Polarisation werden andere Teilungsverhältnisse gemessen

ten Glaswürfel sitzen. Je nach Ausführung können die einzelnen Polarisationskomponenten mit gleicher oder unterschiedlicher Intensität reflektiert werden. Polarisierende Strahlteiler werden in Kap. 15 behandelt.

14.5 Phasenkonjugatoren

In den letzten zehn Jahren wurden *nichtlineare optische Reflektoren*, sogenannte Phasenkonjugatoren, entwickelt. Diese reflektieren Laserlicht nur, wenn es eine hinreichend hohe Leistungsdichte besitzt. Sie besitzen außerdem die interessante Eigenschaft, daß sich die Wellenfronten der reflektierten Welle zeitumgekehrt zu den Wellenfronten der einfallenden Welle ausbreiten, d. h. die Wellenfronten bleiben erhalten, aber ihre Ausbreitungsrichtung wird umgekehrt (engl. wave front reversal). Dies bedeutet, daß die Welle nicht dem Reflexionsgesetz ebener Spiegel gehorcht, sondern in sich selbst zurückläuft (Bild 14.13). Daher können Phasenstörungen in optischen Systemen und Laserresonatoren mit Hilfe von Phasenkonjugatoren kompensiert werden, indem das optische System zweifach in unterschiedlichen Richtungen durchlaufen wird. Bei einem phasenkonjugierenden Spiegel sind die Wellenfronten der einfallenden und der reflektierten Welle gleich, aber die Ausbreitungsrichtung ist an jeder Stelle der Wellenfront umgekehrt.

Mathematisch ist die einfallende Welle gegeben durch:

$$E(x,y,z,t) = \tfrac{1}{2}E_0(x,y,z)\exp \mathrm{i}2\pi\,(ft + \Phi(x,y,z)) + \mathrm{c.\,c.}\,, \tag{14.15}$$

wobei f die Frequenz ist und die Amplitude E_0 und Phase Φ zur komplexen Amplitude A zusammengefaßt werden können:

$$A = (E_0/2)\exp 2\pi\mathrm{i}\Phi\,. \tag{14.16}$$

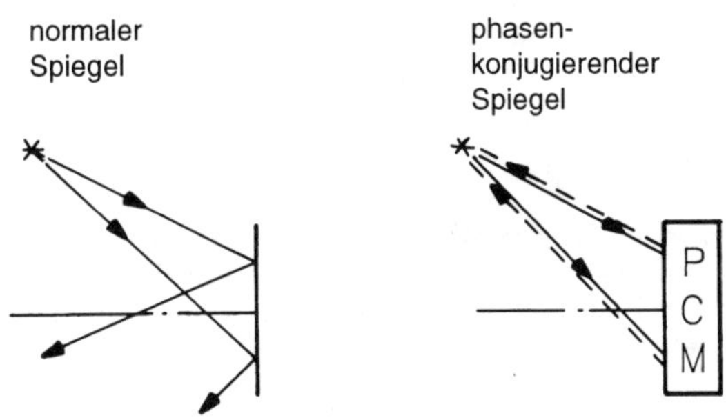

Bild 14.13. Eigenschaften eines phasenkonjugierenden Spiegels (PCM) im Vergleich mit einem normalen Spiegel. Reflexion einer Kugelwelle: beim normalen Spiegel divergiert die reflektierte Welle, beim phasenkonjugierenden Spiegel konvergiert die reflektierte Welle und breitet sich entgegengesetzt oder „zeitumgekehrt“ zur einfallenden Welle aus

Die phasenkonjugierte Welle hat die gleichen Wellenfronten oder Phasenflächen, allerdings ist das Vorzeichen der Phase $\Phi(x, y, z)$ umgekehrt. Die phasenkonjugierte Welle ist daher bestimmt durch:

$$E_{\mathrm{PC}}(x, y, z, t) = \tfrac{1}{2} E_0(x, y, z) \exp \mathrm{i}2\pi \left(ft - \Phi(x, y, z)\right) + \mathrm{c.\,c.}\,. \tag{14.17}$$

Die komplexe Amplitude der phasenkonjugierten Welle, gegeben durch

$$A_{\mathrm{PC}} = (E_0/2) \exp -2\pi \mathrm{i} \Phi = A^* \tag{14.18}$$

ist *konjugiert komplex* zur Amplitude A der einfallenden Welle, was den Begriff der *Phasenkonjugation* erklärt.

Die phasenkonjugierte Welle (14.17) läuft mit gleichen Wellenfronten in umgekehrter Richtung zur einfallenden Welle (14.15). Dies kann leicht am Beispiel einer ebenen Welle gezeigt werden, welche die Phase $\Phi = -kz$ besitzt. Diese Änderung des Vorzeichens $z \to -z$ bedeutet eine Umkehr der Ausbreitungsrichtung.

In Bild 14.14 ist die Elimination einer Phasenstörung durch einen Phasenkonjugator dargestellt. Eine derartige Störung entsteht z. B. durch einen Brechungsindexsprung in einem Laserstab und wird in Bild 14.14 durch den Ausdruck $\mathrm{e}^{\mathrm{i}\phi}$ symbolisiert. Da die am phasenkonjugierenden Spiegel reflektierte Wellenfront identisch mit der der einfallenden Welle ist, wird die Phasenstörung nach dem Zurücklaufen durch das phasenstörende Element vollständig kompensiert.

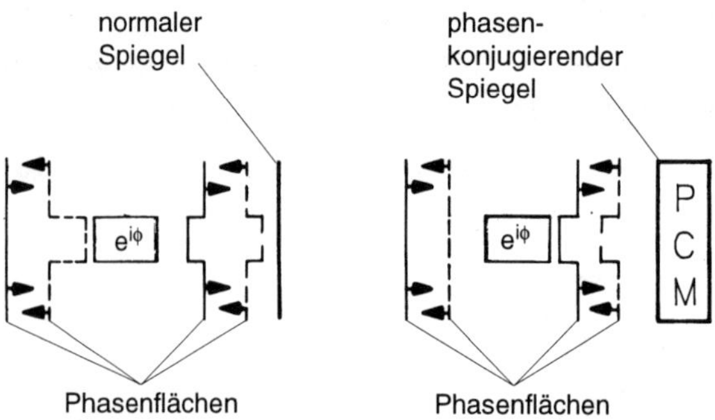

Bild 14.14. Beim Durchlaufen einer ebenen Welle durch ein phasenschiebendes Element (z. B. Zylinder mit Brechzahl n und $\phi = 2\pi(n-1)d/\lambda$) wird die Phasenfläche verformt. Nach Reflexion am PCM und nochmaligem Durchlaufen durch das Element wird die ursprüngliche ebene Wellenfront wiederhergestellt

Vierwellenmischung

Die Methoden zur Erzeugung von Phasenkonjugation sind Vierwellenmischung und stimulierte Streuung, die beide auf nichtlinearen optischen Effekten beruhen. Vierwellenmischung kann als spezieller Prozeß der Echtzeitholographie verstanden werden. Dabei werden Materialien verwendet, deren Brechzahl oder Absorptionskoeffizient von der eingestrahlten Lichtintensität abhängt, z. B. sogenannte photorefraktive Kristalle oder sättigbare Absorberschichten.

Wie bei der Holographie interferieren bei der Vierwellenmischung nach Bild 14.15 eine Gegenstands- und eine Referenzwelle miteinander (Abschn. 23.6), die hier als Signalstrahl A und Pumpstrahl A_1 bezeichnet werden. Durch Interferenz ergibt sich in einem Medium mit intensitätsabhängiger Durchlässigkeit am Ort $z = 0$ eine Transmissionsfunktion t

$$t(x,y) \sim |A_1(x,y,0) + A(x,y,0)|^2 = |A_1|^2 + |A|^2 + A_1 A^* + A_1^* A\,. \qquad (14.19)$$

Im Gegensatz zur Rekonstruktion von Hologrammen wird ein Phasenkonjugator mit einem zweiten Pumpstrahl $A_2 = A_1^*$ beleuchtet, der zu A_1 gegenläufig ist. In der Ebene $z = 0$ des nichtlinearen Materials entsteht damit eine Lichtfeldstärke

$$A_1^* t(x,y) \sim |A_1|^2 A_1^* + |A|^2 A_1^* + |A_1|^2 A^* + A_1^{*2} A\,. \qquad (14.20)$$

Der Summand $A_{\mathrm{PC}} = |A_1|^2 A^*$ ergibt die phasenkonjugierte Welle. Die anderen drei Anteile in (14.20) ergeben weitere Wellen, die jedoch hier nicht von Interesse sind und in dicken nichtlinearen Materialien durch Bragg-Beugung unterdrückt werden können.

Nachteilig bei der Phasenkonjugation durch Vierwellenmischung ist, daß zwei Pumpwellen für das reflektierende nichtlineare Material benötigt werden, die durch einen Laser erzeugt werden müssen. Den experimentellen Aufbau eines phasenkonjugierten Spiegels mit Vierwellenmischung zeigt Bild 14.15.

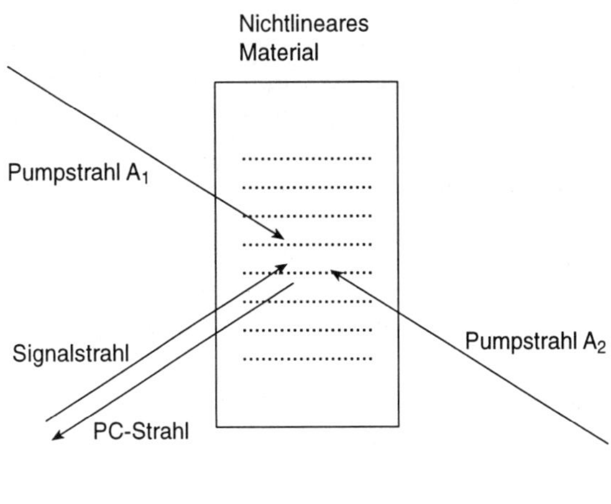

Bild 14.15. Phasenkonjugation durch Vierwellenmischung in einem nichtlinearen Material, in dem ein transientes, d. h. nur während der Lichteinstrahlung existierendes, Beugungsgitter durch Interferenz des Pump- und Signalstrahls erzeugt wird

Induzierte Streuung

Einfacher ist der in Bild 14.16 dargestellte Aufbau eines selbstgepumpten phasenkonjugierenden Spiegels, welcher auf induzierter Streuung, besonders stimulierter Brillouin-Streuung in Flüssigkeiten (z. B. Schwefelkohlenstoff, Aceton) oder Gasen (CH_4, SF_6, Xe) beruht. Auch Multimode-Glasfasern sind gute Phasenkonjugatoren. Ein phasenkonjugierender Spiegel besteht z. B. aus einer Flüssigkeitsküvette, in welche eine intensive Laserwelle eingestrahlt wird. Durch zunächst spontane Streuung entsteht eine rücklaufende Welle, die sich mit der einfallenden überlagert. Beide Wellen bilden in der Flüssigkeit Interferenzstreifen und induzieren ein Phasengitter. Dieses wirkt ähnlich wie ein Vielschichtenspiegel mit dem Unterschied, daß die Schichtebenen gekrümmt sind und eine phasenkonjugierte Welle reflektieren.

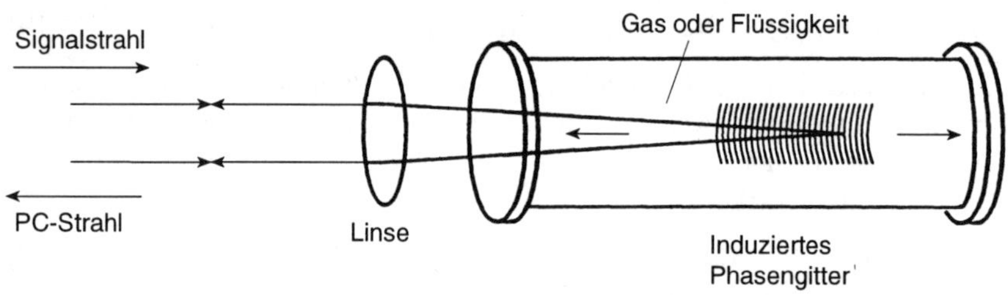

Bild 14.16. Phasenkonjugation durch stimulierte Rückstreuung in einer Gas- oder Flüssigkeitszelle. Der Signalstrahl und der phasenkonjugierte Strahl liegen übereinander, haben aber umgekehrte Ausbreitungsrichtungen

Anwendungen

Die Phasenkonjugation wird in Oszillator-Verstärker-Systemen (engl. master oscillator power amplifier = MOPA) benutzt, wie in Bild 14.17 dargestellt. Ein Laserstrahl vom Oszillator läuft durch den Verstärker auf den phasenkonjugierenden Spiegel zu. Dort wird er reflektiert und auf dem Rückweg durch den Verstärker nochmals verstärkt. Durch eine Viertelwellenlängenplatte oder einen Faradayrotator wird die Polarisationsrichtung nach zweimaligem Durchlauf um 90° gedreht und die Strahlung dann durch den Polarisator aus dem Verstärkersystem ausgekoppelt. Die Phasenkonjugation führt zu einer Verdopplung der effektiven Verstärkerlänge bei gleichzeitiger Elimination von Phasenstörungen, wie z. B. thermischen Linsen, im Verstärker, so daß die gute Strahlqualität des Oszillators erhalten bleibt, wie in Bild 14.18 dargestellt.

Besonders geeignet sind phasenkonjugierende Spiegel bisher für den Aufbau von Festkörperlasersystemen im Pulsbetrieb. In einem kommerziellen

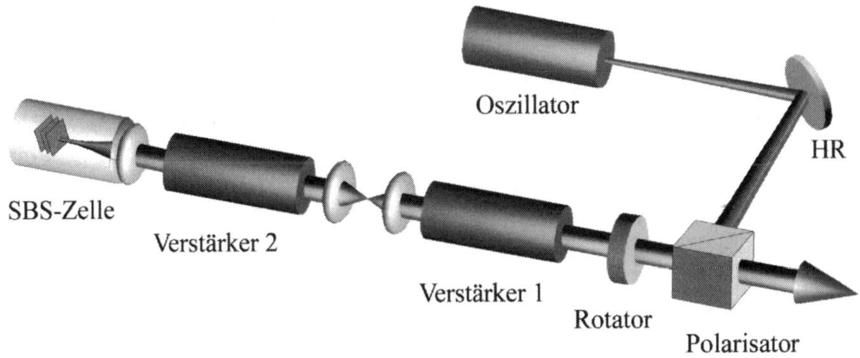

Bild 14.17. Laser-System bestehend aus einem Master-Oszillator und 2 Verstärkern, die mit einer phasenkonjugierenden Zelle im Doppelpaß betrieben werden. Das 2-stufige, kurzbrennweitige Linsensystem verhindert, daß der aus einem Nd:YALO-Verstärker austretende Strahl durch die thermische Linse in diesem Verstärker in den nächsten Verstärker fokussiert wird. Bei Verwendung von Nd: YAG als Laserkristall wird zwischen den Verstärkern ein Quarzrotator angeordnet, der zur Kompensation der Depolarisation in den Verstärkern dient. Das dargestellte Nd:YALO-MOPA-System liefert eine mittlere Leistung von über 200 W (nach A. Haase, O. Mehl, Optisches Institut, TU Berlin)

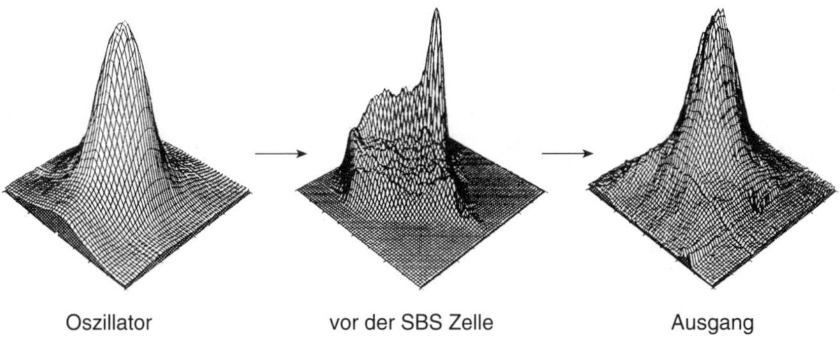

Bild 14.18. Örtliche Intensitätsprofile eines Laserstrahls, der in einem Oszillator-Verstärkersystem erzeugt wird. Der Oszillator emittiert ein „sauberes" TEM_{00}-Profil, das nach dem ersten Verstärkerdurchlauf durch Phasenstörungen stark verzerrt ist. Nach Phasenkonjugation in einer SBS-Zelle und Rücklauf durch den Verstärker wird ein Ausgangsstrahl mit großer Pulsenergie und hoher örtlicher Strahlqualität erzeugt

Nd: YAG-MOPA werden z. B. 40 Watt mittlere Leistung bei einer Pulsfolgefrequenz von 100 Hz und einer Pulsbreite von 4 ns realisiert. Im Labor wurden über 200 Watt Ausgangsleistung mit einem 2-stufigen Nd:YALO-MOPA bei mittleren Pulsfolgefrequenzen von etwa 1 kHz und Pulsbreiten von etwa 100 ns mit nahezu beugungsbegrenzter Strahlqualität demonstriert.

Außerdem können Phasenkonjugatoren als Laserspiegel benutzt werden. Damit können Phasenstörungen in Laserresonatoren kompensiert werden, z. B. die thermischen Effekte in Laserkristallen oder Gasentladungen. Zusätzlich ergibt sich eine verringerte Empfindlichkeit gegenüber Dejustierungen der Spiegel. Der Einsatz von phasenkonjugierten Spiegeln in Resonatoren und MOPAs besteht jedoch nicht in einem einfachen Ersatz von konventionellen, dielektrischen Spiegeln, sondern erfordert eine sorgfältige Abstimmung von Lasersystemen und Phasenkonjugatoren.

Aufgaben

14.1 Welcher Anteil des Lichtes wird an einer Glasplatte ($n = 1{,}5$) bei senkrechtem Einfall reflektiert?

14.2 Wie groß ist der Reflexionsgrad einer Brewster-Platte (Glasplatte unter dem Brewster-Winkel) ($n = 1{,}5$)?

14.3 Eine Glasplatte ($n = 1{,}51$) soll für grünes Licht (0,5 µm) entspiegelt werden. Welche Restreflexion ergibt sich mit einer $\lambda/4$-Schicht aus MgF_2 mit $n = 1{,}38$? Wie groß sind die Schichtdicke und der Reflexionskoeffizient? Welchen Brechungsindex sollte die Schicht aufweisen, damit bestmöglich entspiegelt wird?

14.4 Berechnen Sie den Reflexionsgrad eines Laserspiegels aus SiO_2 und Ta_2O_5 nach Tabelle 14.3 mit 7 Schichten und vergleichen Sie das Ergebnis mit Bild 14.8. Wie dick sind die Schichten für rote Strahlung mit einer Wellenlänge von 0,633 µm?

15. Polarisation

Licht breitet sich im Vakuum und nicht begrenzten isotropen Materialien als eine transversale elektromagnetische Welle aus. Die elektrische und magnetische Feldstärke schwingen senkrecht zur Ausbreitungsrichtung und stehen aufeinander senkrecht. Dieser Schwingungszustand der Feldstärke wird als transversale Polarisation bezeichnet. Eine derartige Lichtwelle ist also nicht symmetrisch gegenüber Drehung um die Ausbreitungsrichtung. Im Gegensatz dazu schwingen bei einer Schallwelle in Luft die Atome in Ausbreitungsrichtung, diese Welle wird als longitudinal polarisiert bezeichnet. Auch bei der Ausbreitung von Licht z. B. in anisotropen, doppelbrechenden Materialien oder in Glasfasern, können longitudinale Feldkomponenten auftreten. Im folgenden sollen nur transversale Lichtwellen im Vakuum und isotropen Materialien ohne wellenleitende Eigenschaften betrachtet werden.

15.1 Arten der Polarisation

Bei transversaler Polarisation sind verschiedene Schwingungsformen möglich, z. B. linear, zirkular und elliptisch.

Lineare Polarisation

Bei einer linearen Polarisation schwingt die elektrische Feldstärke in einer Ebene, wie in Bild 1.1 dargestellt. Jede Schwingungs- oder Polarisationsrichtung senkrecht zur Ausbreitungsrichtung ist möglich.

Das Licht der Sonne und von Glüh- und Gasentladungslampen ist unpolarisiert. Dies bedeutet, daß alle Schwingungsrichtungen in der Lichtwelle vorkommen. Man kann die Schwingungsrichtungen in zwei senkrecht zueinander liegende Komponenten zerlegen. In jeder dieser Polarisationsrichtungen ist dann 50 % der Lichtintensität enthalten. Dies bedeutet, daß ein ideales Polarisationsfilter 50 % des unpolarisierten Lichtes durchläßt.

Zirkulare Polarisation

Neben der linearen Polarisation gibt es auch zirkulare und elliptische Polarisation. Dabei bewegt sich die elektrische Feldstärke schraubenförmig durch den Raum. Zirkulare Polarisation kann aus zwei senkrecht zueinander linear polarisierten Wellen gleicher Amplitude zusammengesetzt werden (Bild 15.1). Die beiden Wellen müssen eine viertel Wellenlänge gegeneinander verschoben sein, was durch ein $\lambda/4$-Plättchen bewirkt wird. An einer bestimmten Stelle können die beiden Wellen durch

$$E_x(t) = E_0 \cos \omega t \quad \text{und} \quad E_y(t) = E_0 \sin \omega t \tag{15.1}$$

beschrieben werden. Wie in Bild 15.1 dargestellt, setzen sich $E_x(t)$ und $E_y(t)$ zu einer Gesamtfeldstärke E_0 zusammen, die mit der E_x-Richtung den Winkel ωt einschließt. Dieser Winkel wächst mit der Zeit, so daß die Gesamtfeldstärke auf einem Kreis umläuft.

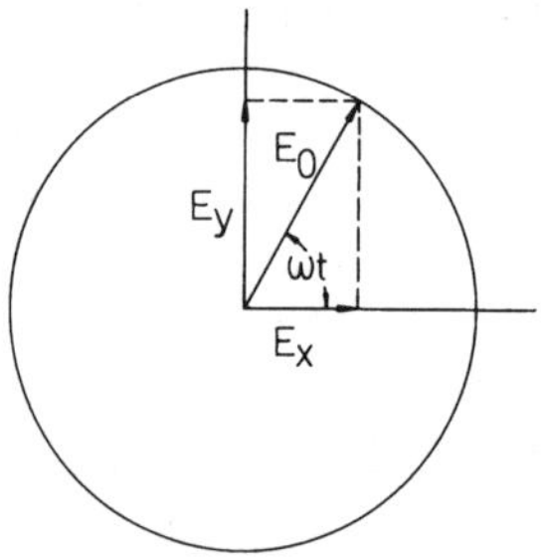

Bild 15.1. Zirkular polarisiertes Licht besteht aus zwei senkrecht zueinander linear polarisierten Wellen gleicher Amplitude, die gegeneinander um $\lambda/4$ phasenverschoben sind

Elliptische Polarisation

In Bild 15.2 wird die Überlagerung zweier senkrecht zueinander linear polarisierter Wellen unterschiedlicher Amplitude dargestellt. Dabei wird der Gangunterschied zwischen beiden Wellen von 0, $\lambda/8$, $\lambda/4$, usw. verändert. Beträgt der Gangunterschied 0, $\lambda/2$ (allgemein $n\lambda/2, n = 0, 1, \ldots$), so entsteht wieder linear polarisiertes Licht, wobei nach Bild 15.2 zwei Polarisationsrichtungen auftreten. Beträgt der Unterschied $\lambda/4$, $3\lambda/4$, usw., so bildet sich elliptisch polarisiertes Licht verschiedener Drehrichtung. Falls die Amplituden gleich sind, ergibt sich nach (15.1) als Sonderfall zirkular polarisiertes Licht. In allen anderen Fällen entsteht elliptisch polarisierte Strahlung.

Eine linear polarisierte Welle kann in beliebige Polarisationen übergeführt werden. Dabei wird die Welle auf ein doppelbrechendes Kristallplättchen gestrahlt. Dieses zerlegt die Strahlung in zwei linear polarisierte Anteile, die aufgrund der unterschiedlichen Brechungsindizes in der Phase gegeneinander verschoben werden. Hinter dem Plättchen setzen sich die beiden Teilwellen zu einer resultierenden Lichtwelle zusammen. Die Dicke des Plättchens bestimmt, ob elliptisch, zirkular oder wieder linear polarisiertes Licht entsteht.

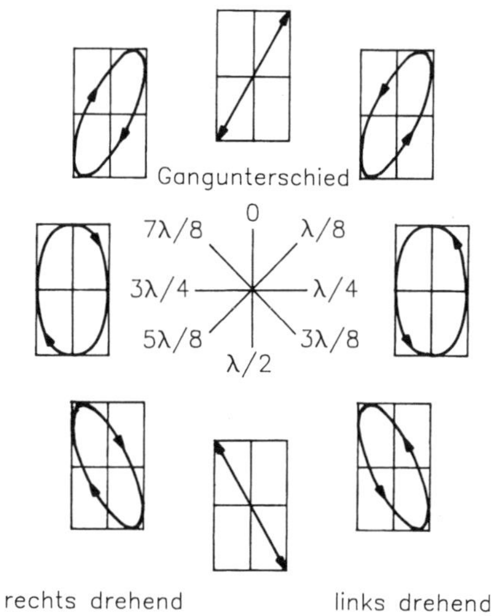

Bild 15.2. Durch Überlagerung zweier senkrecht zueinander linear polarisierter Lichtwellen verschiedener Amplitude entsteht elliptisch oder linear polarisiertes Licht

15.2 Doppelbrechung

Isotrope, d. h. amorphe oder kubisch kristalline Materialien brechen die Strahlung entsprechend dem Brechungsgesetz nach (14.2). Bei nicht isotropen Kristallen tritt Doppelbrechung auf. Doppelbrechung kann auch durch mechanische oder elektrische Spannungen in isotropen Medien erzeugt werden. Eine einfallende Schwingung wird im doppelbrechenden Medium in zwei senkrecht zueinander schwingende Komponenten zerlegt. Beide linear polarisierten Strahlen breiten sich mit unterschiedlicher Lichtgeschwindigkeit aus, d. h. sie haben verschiedene Brechungsindizes, wie in Bild 15.3 für einen optisch einachsigen Kristall dargestellt ist.

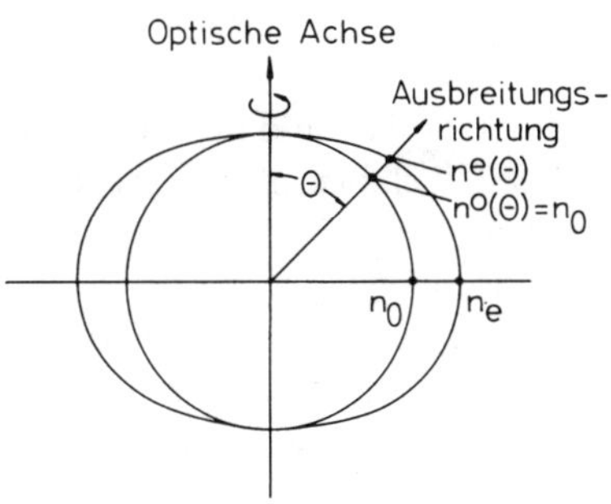

Bild 15.3. Abhängigkeit des Brechungsindex $n^{\mathrm{o}}(\Theta)$ und $n^{\mathrm{e}}(\Theta)$ von der Ausbreitungsrichtung für ordentlich (o = ordinary) und außerordentlich (e = extraordinary) polarisiertes Licht. $n_{\mathrm{o}} = n_1$ und $n_{\mathrm{e}} = n_2$ sind die in Tabelle 15.1 dargestellten Hauptbrechzahlen

Der Brechungsindex des ordentlichen Strahls ist von der Ausbreitungsrichtung im Kristall unabhängig wie in einem isotropen Material. Der Brechungsindex des außerordentlichen Strahls hängt von der Ausbreitungsrichtung ab

Tabelle 15.1. Hauptbrechzahlen einiger Kristalle für die Na D-Linie bei 589 nm

Kristall	n_1	n_2	n_3	Art der Doppelbrechung
Kalkspat	1,6584	1,4864	–	einachsig negativ
Korund	1,7682	1,6598	–	einachsig negativ
Quarz	1,5442	1,5533	–	einachsig positiv
Eis	1,309	1,313	–	einachsig positiv
Rohrzucker	1,5382	1,5658	1,5710	zweiachsig
Glimmer	1,5612	1,5944	1,5993	zweiachsig

und ist in dem Polardiagramm Bild 15.3 durch eine Ellipse gegeben. Das Polardiagramm ist rotationssymmetrisch um die optische Achse. Für Lichtausbreitung in dieser Richtung sind die ordentlichen und außerordentlichen Brechungsindizes gleich.

Die Ebene zwischen optischer Achse und Ausbreitungsrichtung heißt Hauptschnitt. Der ordentliche Strahl ist senkrecht zum Hauptschnitt polarisiert, der außerordentliche Strahl parallel.

An der Grenzfläche zu Luft oder einem anderen Material folgt der ordentliche Strahl dem Brechungsgesetz. Beim außerordentlichen Strahl liegen die Wellenfronten nicht mehr senkrecht, sondern leicht schräg zur Strahlrichtung. Als Normalenrichtung bezeichnet man die Normale zu den Wellenfronten. Beim außerordentlichen Strahl muß man zwischen Normalenrichtung und Strahlrichtung unterscheiden. Für die Normalenrichtung gilt das Brechungsgesetz mit dem außerordentlichen Brechungsindex. Die Strahlrichtung schließt einen kleinen Winkel mit der Normalenrichtung ein. Dieser Winkel beträgt z. B. bei Kalkspat $CaCO_3$ maximal 6°, ist aber nicht konstant, sondern hängt von der Normalenrichtung ab. Bei Lichtausbreitung parallel oder senkrecht zur optischen Achse sind Normalen- und Strahlrichtung parallel. Ist die Oberfläche einer Kristallplatte schräg zur optischen Achse orientiert, so führt die Abweichung von Normalenrichtung und Strahlrichtung zu einer Aufspaltung eines unpolarisierten Strahl in zwei senkrecht polarisierte Anteile. In Bild 15.4 ist der senkrechte Einfall auf die Oberfläche dargestellt. Die Normalenrichtung des außerordentlichen Strahls fällt dabei mit der Ausbreitungsrichtung des ordentlichen Strahls zusammen.

Die Abweichung der Strahlrichtung von der Normalenrichtung führt zum *beam-walk-off* und macht sich z. B. bei der Frequenzverdopplung von Laserlicht in nichtlinearen Kristallen nachteilig bemerkbar. Sofern der durch beam-walk-off hervorgerufene Strahlversatz klein gegen den Strahldurchmesser ist, kann dieser Effekt vernachlässigt werden.

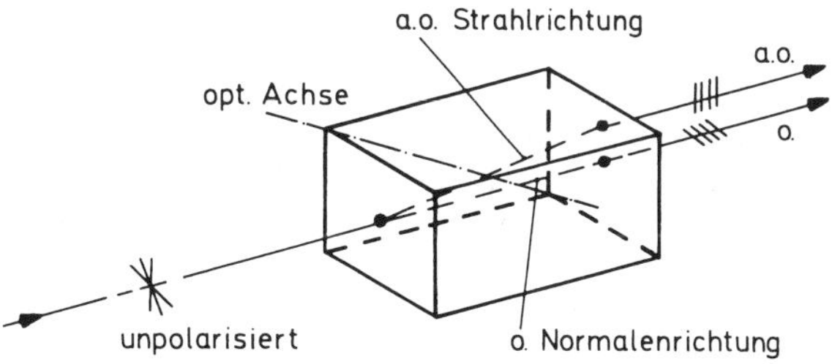

Bild 15.4. Doppelbrechung an einer Kalkspatplatte (o. = ordentlicher, a. o. = außerordentlicher Strahl)

15.3 Polarisatoren

Linear polarisiertes Licht kann aus elliptisch oder unpolarisierter Strahlung durch dichroitische Filter, Doppelbrechung und Reflexion erzeugt werden. Doppelbrechende $\lambda/4$-Plättchen erzeugen aus linearer Polarisation zirkular polarisiertes Licht. Eine Drehung der Polarisationsebene kann durch $\lambda/2$-Plättchen erreicht werden.

Dichroitische Polarisationsfilter

Zur Erzeugung von linear polarisiertem Licht werden häufig dichroitische Polarisationsfilter eingesetzt. Dichroismus bedeutet, daß Licht einer Polarisationsrichtung selektiv absorbiert wird. Zur Herstellung von dichroitischen Polarisationsfolien werden organische Farbstoffmoleküle in eine Folie eingebettet. Die Moleküle haben längliche Form und sind ausgerichtet. Die Absorption wird damit für eine Polarisationsrichtung nahezu 100 %, während die Transmission in der anderen Richtung groß ist, z. B. 45 %. Im infraroten Spektralbereich bestehen Polarisationsfilter aus ausgerichteten Metallnadeln (Whiskers), welche durch Aufdampfen auf Träger gebracht werden.

Polarisationsprismen

Doppelbrechende Prismen werden in mehreren Versionen zur Polarisation von Licht verwendet. Das oft erwähnte Nicolsche Prisma wird kaum noch eingesetzt. Das Glan-Taylor- und Glan-Thompson-Prisma erzeugen aus einem unpolarisierten Strahl einen polarisierten, wobei ein Strahl die ursprüngliche Richtung beibehält (Bilder 15.5 und 15.6). Die andere Polarisation erfährt an der Grenzfläche der beiden Prismen Totalreflexion, wodurch dieser Strahl aus dem Strahlengang gespiegelt wird. Wird Kalkspat als Material verwendet, so können die Prismen zwischen 0,3 bis 2,3 µm Wellenlänge eingesetzt werden.

Polarisations- Prismen sind für höhere Leistungen zugelassen, wenn zwischen den beiden Prismen ein Luftspalt vorhanden ist. Bei konventionellen Prismen ist eine Kittschicht vorhanden, welche bei hoher Laserleistung zerstört werden kann. Beim Wollaston-Prisma wird ein unpolarisierter Strahl in zwei Strahlen zerlegt, die unter verschiedenen Winkeln zur Einfallsrichtung

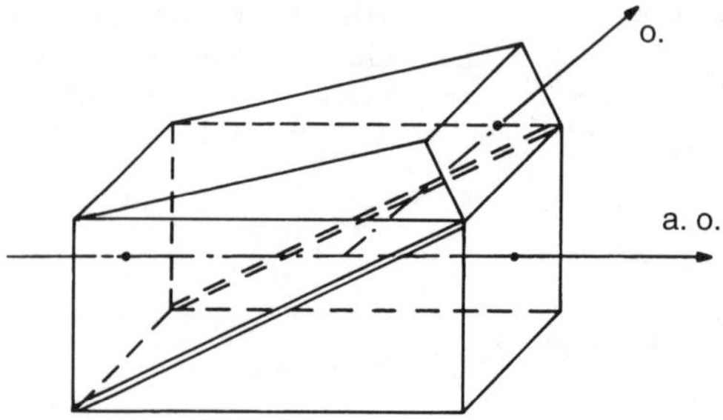

Bild 15.5. Polarisationsprismen nach Glan-Thompson

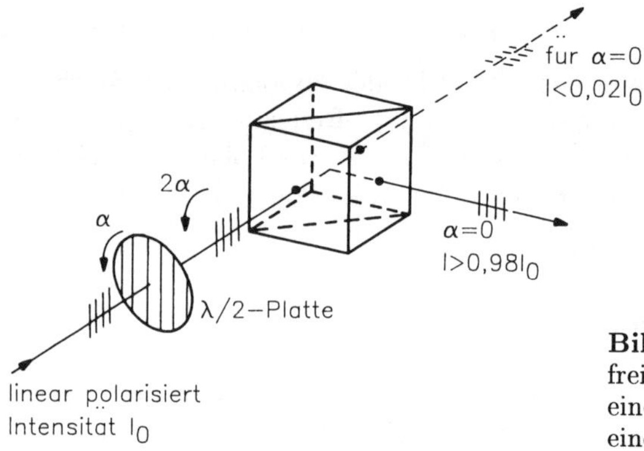

Bild 15.6. Aufbau eines verlustfreien variablen Strahlteilers mit einem Glan-Taylor-Prisma und einer $\lambda/2$-Platte

aus dem Prisma treten. Den Aufbau eines variablen Strahlteilers mit einem Glan-Taylor-Prisma zeigt Bild 15.6.

Brewsterplatten, Dünnschichtpolarisatoren

Eine Platte aus Glas oder einem anderen durchsichtigen Material wirkt polarisierend, wenn sie schräg in einen Lichtstrahl gestellt wird. Wie im vorigen Kap. 14 beschrieben, ist der Reflexionsgrad der Plattenoberflächen für senkrechte (s) und parallele (p) Polarisation verschieden. Ist der Einfallswinkel gleich dem Brewsterwinkel, so wird die p-Komponente der Strahlung überhaupt nicht reflektiert, so daß die reflektierte Strahlung vollständig s-polarisiert ist. Allerdings ist der s-Reflexionsgrad deutlich kleiner als 100 %, so daß eine Brewsterplatte ein Polarisator mit geringem Wirkungsgrad ist. Trotzdem werden Brewsterplatten in Lasern oft als Polarisatoren eingesetzt, da sie für die p-Polarisation sehr geringe Verluste besitzen. Die unvollständige s- Transmission reicht bei geringer Verstärkung des Lasermediums aus, um die senkrechte Polarisation zu unterdrücken, so daß die Laserstrahlung vollständig p-polarisiert wird.

Zur Verbesserung der polarisierenden Wirkung von Brewsterplatten, z. B. für Anwendungen in hochverstärkenden Lasern, werden auch mehrere Brewsterplatten hintereinander verwendet. Eine ähnliche Wirkung kann mit Dünnschichtpolarisatoren erreicht werden, die ähnlich wie ein dielektrischer Spiegel aus mehreren Schichten bestehen, die schräg durchstrahlt werden.

$\lambda/4$- und $\lambda/2$-Plättchen

Zur Erzeugung von zirkular polarisiertem Licht werden $\lambda/4$-Plättchen aus Glimmer oder Quarz benutzt. Die Plättchen weisen eine Kristallachse in der Schichtebene auf, welche markiert sein sollte. Die Richtung der linearen Polarisation der eingestrahlten Wellen muß unter 45° zu dieser Vorzugsrichtung liegen. Die Brechungsindizes in Richtung der Kristallachse und senkrecht dazu sind verschieden, so daß zwei Wellen mit unterschiedlicher Geschwindigkeit vorhanden sind. Dadurch entsteht ein Phasenunterschied zwischen den beiden Wellen.

Die Dicke wird so gewählt, daß der Gangunterschied $\lambda/4$ beträgt, so daß zirkular polarisiertes Licht entsteht (Bild 15.7). Die volle Wirkung kann nur für eine Wellenlänge erreicht werden. Aus einem Polarisator mit einer $\lambda/4$-Platte läßt sich ein optischer Isolator aufbauen, der Licht in einer Richtung passieren läßt und reflektiertes Licht unterdrückt.

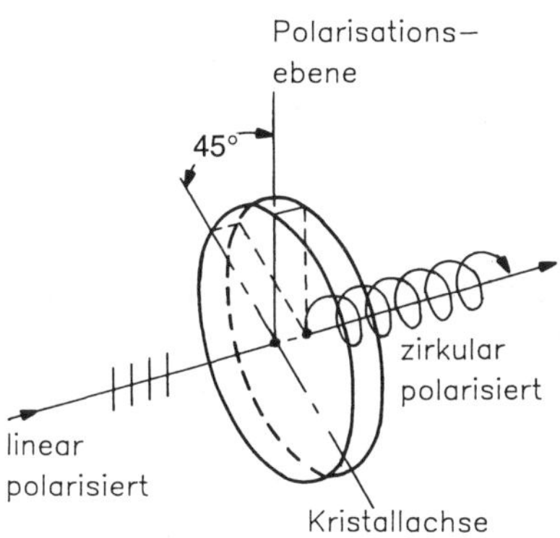

Bild 15.7. Funktion einer $\lambda/4$-Platte. Durch Einstrahlung von linear polarisiertem Licht entsteht zirkular polarisiertes

Zur Drehung der linearen Polarisation werden $\lambda/2$-Plättchen eingesetzt. Durch Rotation des Plättchens kann der Drehwinkel der Polarisation kontinuierlich verändert werden (Bild 15.8).

In Bild 15.6 ist ein variabler verlustfreier Strahlteiler dargestellt, wie er beispielsweise in der Holographie eingesetzt wird. Linear polarisiertes Licht fällt auf ein Polarisationsprisma, welches zwei senkrechte Strahlen verschiedener Polarisation liefert. Durch Drehen der $\lambda/2$-Platte von 0 auf 45° wird die Polarisation des einfallenden Strahles von 0 auf 90° mitgedreht. Dadurch kann die Intensität stufenlos zwischen beiden Strahlen beliebig aufgeteilt werden. Eine weitere (nicht gezeichnete) $\lambda/2$-Platte kann die Polarisation der beiden Ausgangsstrahlen in gleiche Richtung bringen.

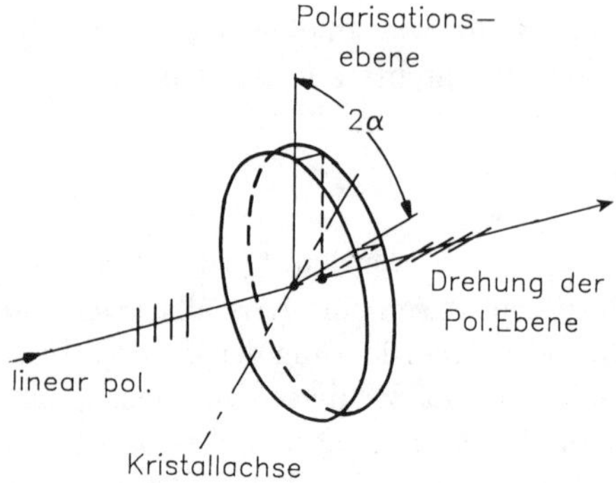

Bild 15.8. Funktion einer $\lambda/2$-Platte. Die Polarisationsebene kann um beliebige Winkel 2α gedreht werden, wobei α der Drehwinkel der Platte ist

Aufgaben

15.1 Unter welchem Winkel stehen Brewster-Fenster eines Argonlasers ($n =$ 1,52)?

15.2 Ein unpolarisierter Laserstrahl fällt auf 3 Polarisatoren, die jeweils um 60° gegeneinander verdreht sind. Berechnen Sie die Intensität nach dem 1., 2. und 3. Filter.

15.3 Berechnen Sie die möglichen Dicken für eine $\lambda/4$-Platte aus Kalkspat. Geben Sie einen Wert für eine Platte mit ungefähr 0,5 mm Dicke an ($n_1 =$ 1,6584, $n_2 = 1{,}4864$, $\lambda = 589\,\text{nm}$).

15.4 Welche Funktion hat eine $\lambda/2$-Platte?

15.5 Welche Bedingungen muß man beim Aufstellen einer $\lambda/4$-Platte zur Erzeugung von zirkular polarisiertem Licht beachten?

16. Modulation und Ablenkung

Für viele Laseranwendungen muß der Strahl moduliert oder abgelenkt werden. Neben mechanischen Bauelementen werden dazu hauptsächlich akustooptische oder elektrooptische Verfahren eingesetzt.

16.1 Mechanische Modulatoren und Scanner

Eine einfache Möglichkeit der Amplitudenmodulation von Licht besteht darin, den Lichtstrahl mechanisch zu unterbrechen, z. B. durch einen Photoverschluß. Zur periodischen Modulation werden rotierende Scheiben mit Schlitzen (Chopper) oder schwingende, stimmgabelähnliche Systeme verwendet. Mit mechanischen Modulatoren sind Schaltzeiten im Bereich von Millisekunden und Frequenzen von einigen kHz üblich. Höhere Frequenzen und kleinere Schaltzeiten sind schwierig zu erreichen, da zur Beschleunigung der Masse des Unterbrechers große Kräfte notwendig werden.

Als mechanische Ablenkelemente werden z. B. rotierende Prismen mit mehreren Facetten sowie Spiegel verwendet, die nach dem Prinzip des Galvanometers bewegt werden. Vorteile mechanischer Ablenkelemente sind die vergleichsweise geringen Verluste an den spiegelnden Oberflächen und die große Auflösung, allerdings ist die Zugriffszeit gering. Kommerzielle Ablenksysteme haben eine Auflösung von 10^2 bis 10^4 Punkten pro Linie, die Zugriffszeit beträgt 0,1 bis 1 ms. Die Elemente erzeugen meist eine Ablenkung in nur einer Dimension. Durch Hintereinanderschalten zweier Systeme kann eine zweidimensionale Ablenkung erreicht werden.

Speziell für Festkörperlaser mit hohen mittleren Leistungen oder größeren Wellenlängen von z. B. 3 µm wurden FTIR-Modulatoren für die Güteschaltung entwickelt. Der Abstand zweier Prismen nach Bild 16.1 wird piezoelektrisch verändert. Ist der Abstand klein, so wird die innere Totalreflexion verhindert, und der Strahl kann passieren. Dieser Vorgang wird durch die Abkürzung FTIR = frustrated total internal reflection beschrieben. Bei größerem Abstand (µm) findet Totalreflexion statt, und der Lichtweg ist blockiert.

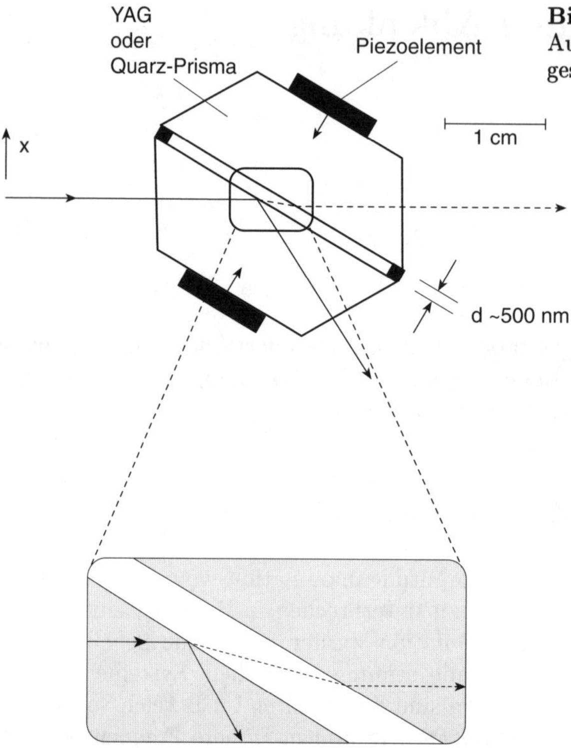

Bild 16.1. Aufbau eines piezoelektrisch gesteuerten FTIR-Modulators

16.2 Akustooptische Modulatoren

Ultraschallwellen sind periodische Dichteschwankungen. Sie erzeugen in dem Material, in dem sie sich ausbreiten, eine örtlich periodische Änderung des Brechungsindex, die auf Licht wie ein Beugungsgitter wirkt (Debye-Sears-Effekt). Man kann Beugung am dünnen oder dicken Gitter unterscheiden. Am dünnen Gitter (Raman-Nath) gilt für den Beugungswinkel θ nach Bild 16.2

$$\sin\theta = \frac{\lambda}{\Lambda n}\,. \tag{16.1}$$

Dabei bezeichnet λ/n die Lichtwellenlänge im Medium mit dem Brechungsindex n und $\Lambda = v/f$ die Wellenlänge bzw. den Gitterabstand des Ultraschalls. Diese hängt von der Schallfrequenz f (typisch 50 bis 500 MHz) und der Schallgeschwindigkeit $v \approx 5 \cdot 10^5\,\mathrm{cm/s}$ ab. Der maximale Beugungswirkungsgrad für ein dünnes sinusförmiges Phasengitter berechnet sich zu 33,8 %. Für ein Gitter der Dicke l treten im Bereich der Raman-Nath-Streuung mit $\lambda l < \Lambda^2$ mehrere Beugungsordnungen auf.

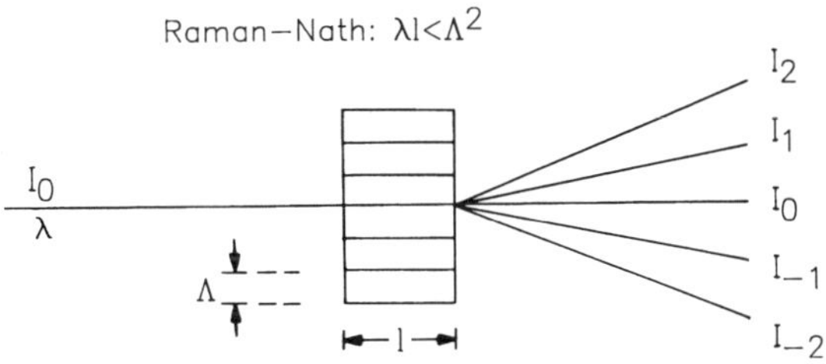

Bild 16.2. Beugung am dünnen Ultraschall-Gitter. Die Theorie dazu ist von Raman und Nath entwikkelt worden

Bragg-Anordnung

Wird das Gitter dick gegen den Gitterabstand Λ, so nimmt die gebeugte Intensität im Bild 16.2 ab. Es entsteht destruktive Interferenz zwischen gebeugten Wellen längs einer Gitterlinie. Zur Erzeugung von Interferenzen an räumlichen Gittern $\lambda l > \Lambda^2$ muß die Geometrie nach Bragg eingestellt werden (Bild 16.3). Konstruktive Interferenz tritt bei Einstrahlung unter dem Bragg-Winkel Θ gegen die Gitterebene auf

$$\sin\Theta = \frac{\lambda}{2\Lambda n} \,. \tag{16.2}$$

Der Vorteil dicker Ultraschall-Gitter liegt darin, daß der Wirkungsgrad bis zu 100 % betragen kann und nur eine Beugungsordnung auftritt. Die Transparenz eines akustooptischen Modulators mit dickem Gitter beträgt

$$T = T_0 \cos^2\left(MP^{1/2}/\lambda\right) \,, \tag{16.3}$$

wobei T_0 die normale Transparenz, M eine Material- und Geometriekonstante und P die eingekoppelte akustische Leistung ist. Bei Leistungen um $P \approx 10\,\mathrm{W}$ kann die Transparenz T auf nahezu Null gehen, d. h. der Beugungswirkungsgrad steigt auf 100 %.

Laufende und stehende Ultraschallwellen

Bei den Anordnungen nach Bild 16.2 und 16.3 wird die Ultraschallwelle nach Durchlaufen des Modulators absorbiert, so daß keine stehenden Wellen entstehen. Man erhält damit Beugung an einem bewegten Gitter. Durch den Doppler-Effekt tritt eine Frequenzverschiebung des gebeugten Lichtes auf. Während das hindurchlaufende Licht die Frequenz f_0 beibehält, ergibt sich in den ersten Beugungsordnungen $f_0 \pm f$, wobei f die Ultraschallfrequenz darstellt. Bei der Schallausbreitungsrichtung nach Bild 16.3 ergibt sich das negative Vorzeichen, bei umgekehrter Richtung das positive.

Stehende Ultraschallwellen erhält man, wenn die einfallende Welle reflektiert wird. Das durchtretende Licht ist dann mit der Frequenz $2f$ amplitudenmoduliert, was z. B. zur Modenkopplung von Lasern ausgenutzt wird. Stehwellenmodulatoren werden vor allem zur hochfrequenten periodischen Modulation von Licht eingesetzt. Um eine Lichtmodulation mit beliebiger

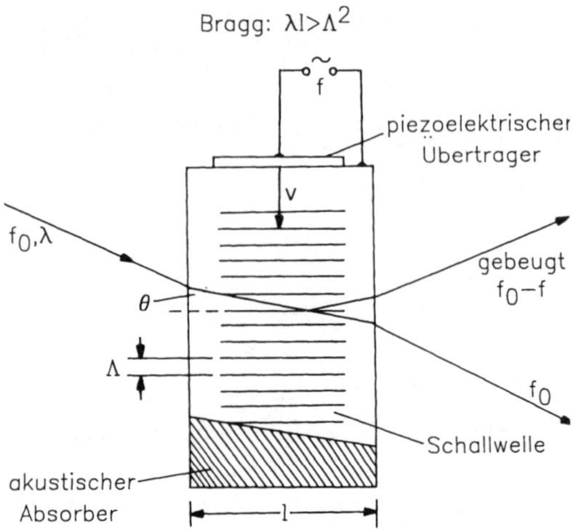

Bild 16.3. Beugung am dicken akustooptischen Modulator in Bragg-Anordnung

Amplitudenverteilung zu erreichen, wird meist die Beugung an laufenden Ultraschallwellen ausgenutzt.

Modulatoren

Anordnungen nach Bild 16.3, die mit laufenden Schallwellen arbeiten, werden sowohl als Modulator als auch als Strahlablenker eingesetzt. Um hier eine Amplitudenmodulation des hindurchlaufenden Strahles zu erhalten, muß die akustische Leistung geschaltet werden. Die Schaltzeiten sind hauptsächlich durch die Laufzeit $\tau = d/v$ der Ultraschallwelle über den Lichtstrahldurchmesser d begrenzt. Die Bandbreite der Modulation ist daher umgekehrt proportional zum Strahldurchmesser. Für einen normalen Strahl von $d = 0{,}8\,\mathrm{mm}$ erhält man eine Bandbreite um 3 MHz, bei Ultraschallfrequenzen um 100 MHz. Bei Fokussierung des Strahles steigt die Bandbreite. Da sich jedoch dabei auch die Divergenz erhöht, kann die Bragg-Bedingung nicht mehr voll erfüllt werden, so daß der Beugungswirkungsgrad fällt.

Akustooptische Modulatoren werden z. B. als Güteschalter in Festkörperlasern eingesetzt. Im Vergleich zu elektrooptischen Güteschaltern sind geringere elektrische Treiberleistungen notwendig, so daß Güteschaltung mit höheren Wiederholfrequenzen möglich ist, z. B.bis zu 100 kHz. Dabei sind die Schaltzeiten jedoch relativ lang, z. B. entsprechend dem obigen Beispiel etwa 300 ns.

Strahlablenker

Bei akustooptischen Ablenksystemen nach Bild 16.3 muß die Ultraschallfrequenz, d. h. die Wellenlänge Λ, variiert werden. Jedem Wert Λ entspricht ein anderer Beugungswinkel Θ. Da jedoch die Bragg-Bedingung (16.2) nur für ein Wertepaar Θ und Λ erfüllt ist, variiert bei Veränderung von Λ der Beugungswirkungsgrad. Dieser Effekt kann bei Strahlablenkern dadurch behoben werden, daß die Richtung der Schallwelle verkippt wird, so daß (16.2) wieder gilt. Die Verkippung wird durch mehrere dicht nebeneinanderliegende Ultraschallübertrager (array), die phasengerecht angesteuert werden, erreicht.

Die Zahl der Bildpunkte N, die von einem Strahlablenker erzeugt werden kann, beträgt zwischen $N = 100$ bis 1 000 pro Linie mit einer Zugriffszeit von einigen µs.

Akustooptische Materialien

Für die Anwendung als Modulator oder Strahlablenker werden sowohl dicke und dünne als auch laufende und stehende Gitter eingesetzt. Wegen der geringen Absorption im sichtbaren und benachbarten Bereichen und der hohen Belastbarkeit wird in kommerziellen Modulatoren oft Quarzglas eingesetzt. Ein anderes Material ist TeO_2. Dieses benötigt geringere elektrische Treiberleistungen.

Als piezoelektrischer Übertrager zur Erzeugung der Ultraschallwelle (Bild 16.3) dient vorzugsweise $LiNbO_3$, wobei typische Spannungen 7–10 V bei HF-Leistungen um 1 W erforderlich sind.

16.3 Elektrooptische Modulatoren

Mit elektrooptischen Modulatoren können kleine Schaltzeiten bis in den Bereich von 100 ps und Modulationsfrequenzen bis in den Mikrowellenbereich erreicht werden. Ein Nachteil ist, daß relativ hohe Spannungen von einigen kV benötigt werden. Mit elektrooptischen Bauelementen wird die Polarisationsrichtung der Strahlung gedreht. Mit Hilfe eines Polarisationsfilters wird danach die Drehung in eine Modulation der Intensität umgesetzt.

Pockelszellen

Zur elektrooptischen Modulation wird vorwiegend der Pockels-Effekt ausgenutzt. Dabei ändert sich unter dem Einfluß eines elektrischen Feldes die Doppelbrechung von Kristallen. Es treten für eine Strahlrichtung im Kristall zwei senkrechte Polarisationsrichtungen auf, für die sich die Lichtgeschwindigkeit und der Brechungsindex unterscheiden. Der Unterschied im Brechungsindex Δn ist dem Betrag E der anliegenden Feldstärke proportional (linearer elektrooptischer Effekt):

$$\Delta n = n^3 r E = n^3 r U/d\,. \tag{16.4}$$

Dabei ist r eine von der Orientierung abhängige Materialkonstante (Tabelle 16.1), n der Brechungsindex und U die Spannung, die über den Elektrodenabstand d die Feldstärke E im Kristall erzeugt. Der Phasenunterschied δ zwischen den beiden unterschiedlich polarisierten Wellen nach dem Durchlaufen des Kristalls ist

$$\delta = \pi U/U_{1/2} \quad \text{mit} \quad U_{1/2} = \lambda d/2n^3 rl\,, \tag{16.5}$$

wobei λ die Lichtwellenlänge, l die durchstrahlte Kristallänge und $U_{1/2}$ die Halbwellenspannung ist, welche eine Phasenverschiebung π erzeugt.

Tabelle 16.1. Elektrooptische Parameter [15] für Kristalle in longitudinalen Pockels-Zellen bei $\lambda = 0{,}63\,\mu\text{m}$. Die Spannungen für ADP, KDP und KD*P gelten für longitudinale Zellen. Sie können nach (16.5) mit $d = l$ berechnet werden. Der Wert für $LiNbO_3$ bezieht sich auf eine transversale Anordnung mit $d/l = 9/25$

Material	$n = n_0$	$r((\mu\text{m/V}) \cdot 10^{-6})$	$U_{1/2}$ (kV)
Ammoniumdihydrogenphosphat (ADP)	1,522	$r_{63} = 8$	11
Kaliumdihydrogenphosphat (KDP)	1,512	$r_{63} = 11$	8
Deuteriertes KDP (KD*P)	1,508	$r_{63} = 24$	4
Lithiumniobat ($LiNbO_3$)	2,286	$r_{22} = 7$	2
		$r_{33} = 31$	
Cadmiumtellurid (CdTe)	2,60	$r_{41} = 6{,}8$ (bei 10,6 µm)	

Bei einer Pockels-Zelle wird das Licht auf den Kristall mit einer Polarisationsrichtung eingestrahlt, die unter 45° gegen die beiden Hauptpolarisationsrichtungen geneigt ist, so daß die beiden senkrecht polarisierten Komponenten im Kristall gleiche Amplituden besitzen (vgl. Lyot-Filter). Nach dem Durchlaufen des Kristalls haben die beiden Wellen unterschiedliche Phasen und setzen sich daher im allgemeinen zu einer elliptisch polarisierten Welle zusammen. Für $\Delta nl = 0, \lambda, 2\lambda$, usw. ergeben sich in der ursprünglichen Richtung linear polarisierte Wellen und für $\Delta nl = \lambda/2, 3\lambda/2, \ldots$ senkrecht zur ursprünglichen Richtung linear polarisierte Wellen. Wird hinter dem Kristall ein Polarisator angebracht, so wird nur ein Teil der polarisierten Welle durchtreten. Ist die Durchlaßrichtung des Polarisators senkrecht ($\perp$) oder parallel ($\|$) zur Polarisation der auf den Kristall einfallenden Welle (Bild 16.4), so ist die Transmission gegeben durch:

$$T_\perp = T_0 \sin^2\left(\frac{\pi}{2}\frac{U}{U_{1/2}}\right)$$

und

$$T_\| = T_0 \cos^2\left(\frac{\pi}{2}\frac{U}{U_{1/2}}\right)\,. \tag{16.6}$$

T_0 gibt die maximale Transmission des Systems an, die ohne Polarisation gemessen wird.

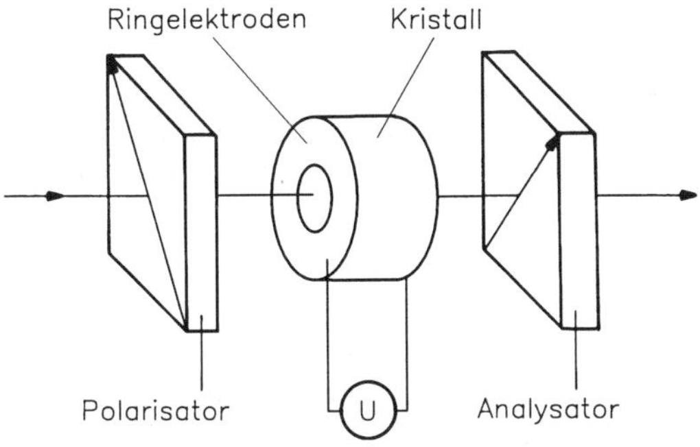

Bild 16.4. Elektrooptischer Modulator mit Pockels-Zelle in longitudinaler Anordnung

Longitudinale Pockels-Zelle: Wird das elektrische Feld parallel zur Lichtausbreitung an den Kristall gelegt (Bild 16.4), so gilt $l = d$ und $U_{1/2}$ ist unabhängig von den Kristallabmessungen (Tabelle 16.1). Um die Spannungen zu halbieren, kann das Licht über einen Spiegel zweimal durch den Kristall geschickt werden, oder zwei Kristalle können optisch in Serie und elektrisch parallel geschaltet werden.
Transversale Pockels-Zelle: Bei geeigneter Orientierung des Kristalls kann das elektrische Feld senkrecht zur Lichtausbreitungsrichtung an den Kristall gelegt werden. $U_{1/2}$ ist dann von dem Verhältnis l/d abhängig; bei großer Länge l und kleiner Dicke d ist die Betriebsspannung vergleichsweise gering. Dadurch wird der Einsatz als Breitbandmodulator bis etwa 100 MHz möglich. Bei großer Länge l wird die Kapazität der Zelle groß, so daß der Betrieb bei höheren Modulationsfrequenzen schwierig wird.

Als Kristalle werden für den sichtbaren und nahen infraroten Spektralbereich u. a. Kaliumdihydrogenphosphat (KH_2PO_4, kurz KDP) und Lithiumniobat ($LiNbO_3$) eingesetzt. KDP-Kristalle sind von etwa 0,4 bis 1,3 µm transparent. Die Länge und Dicke der Kristalle betragen bis zu einigen cm. Die Verluste $1 - T_0$ liegen bei einigen Prozent. Die Spannung kann bei longitudinalen Pockels-Zellen z. B. über aufgedampfte ringförmige oder durchsichtige Elektroden zugeführt werden. Statt KDP werden auch KD*P-Kristalle verwendet, in denen der Wasserstoff durch Deuterium ersetzt ist. In diesen Kristallen ist die Modulationsspannung geringer. Die Leistungsdichte des zu modulierenden Lichtes kann bei Lichtpulslängen von 10 ns bis zu 40 MW/cm^2 betragen.

$LiNbO_3$-Kristalle haben größere elektrooptische Parameter und damit geringere $U_{1/2}$-Spannungen als KDP. Allerdings liegt die Strahlenbelastbarkeit etwa eine Größenordnung unter der von KDP. Für den Spektralbereich von 1 bis 30 µm kann Cadmiumtellurid CdTe verwendet werden. Wegen der größeren Wellenlängen sind die erforderlichen Spannungen relativ groß.

Kerrzellen

Auch in isotropen Materialien ist es möglich, mit einer elektrischen Spannung Doppelbrechung zu erzeugen. Allerdings ist die Brechungsindexänderung dem Quadrat der angelegten Feldstärke proportional (Kerr-Effekt, quadratischer elektrooptischer Effekt).

$$\Delta n = K \cdot \lambda \cdot E^2 \,, \tag{16.7}$$

wobei K die Kerr-Konstante ist (z. B. Nitrobenzol $K = 245 \cdot 10^{-14}\,\mathrm{mV}^{-2}$ bei 589 nm). Die elektrische Spannung wird vorzugsweise quer zur Lichtausbreitungsrichtung angelegt. Bei Kerr-Zellen sind die notwendigen Betriebsspannungen beträchtlich größer als bei Pockels-Zellen.

Kerr-Zellen können auch mit der elektrischen Feldstärke von Lichtpulsen angesteuert werden (optischer Kerr-Effekt). Damit lassen sich Schaltzeiten im ps-Bereich erzielen. Dies wird z. B. ausgenutzt, um sehr kurze Lichtimpulsdauern zu messen, die elektrisch nicht aufgelöst werden können. Zur Messung wird der Lichtimpuls durch einen Kerrschalter geschickt, der zu verschiedenen Zeiten von einem anderen, möglichst noch kürzeren Lichtpuls geöffnet wird. Damit kann die momentane Intensität zu verschiedenen Zeiten gemessen werden.

16.4 Optische Isolatoren

Faraday-Effekt

Auch magnetooptische Effekte können zur Modulation von Licht ausgenutzt werden. Als Faraday-Effekt wird die Drehung der Polarisationsebene von linear polarisiertem Licht verstanden, das durch Materie hindurchtritt, die sich in einem homogenen Magnetfeld befindet. Die Richtung der Drehung der Polarisationsebene stimmt mit der Stromrichtung in der Spule überein, durch die das Magnetfeld erzeugt wird. Experimentell ergibt sich ein linearer Zusammenhang zwischen Drehwinkel δ und magnetischer Feldstärke H

$$\delta = l \cdot V \cdot H \,. \tag{16.8}$$

Darin ist V die Verdet-Konstante (z. B. für Bleisilikatglas $V = 0{,}07$ Winkelminuten/A) und l die durchstrahlte Materiallänge. Wird zur Erzeugung des Magnetfeldes eine lange Spule mit N Windungen und der Länge l verwendet, welche vom Strom I durchflossen wird, so ist

$$\begin{aligned} H &= N \cdot I/l \quad \text{und} \\ \delta &= VNI \,. \end{aligned} \tag{16.9}$$

Faraday-Dreher

Bei Lasersystemen tritt oft das Problem auf, daß reflektiertes Licht eine unerwünschte Rückkopplung verursacht. Dies kann mit einem optischen Isolator oder Richtungsleiter vermieden werden, der Licht in Vorwärtsrichtung durchläßt, während zurücklaufendes Licht absorbiert wird. Eine derartige „optische Diode“ besteht aus einem Polarisator und dem Faraday-Dreher, welcher die Polarisationsebene um 45° dreht (Bild 16.5). Hinter dem Faraday-Dreher befindet sich ein Analysator, dessen Durchlaßrichtung um 45° gegen die des Polarisators gedreht ist, so daß Licht vom Polarisator kommend durchtreten kann. Umgekehrt laufendes Licht wird vom Faraday-Dreher ebenfalls in der Polarisation um 45° gedreht, jedoch in gleicher Richtung wie vorher, so daß es gegenüber der Durchlaßrichtung des Polarisators um 90° gedreht ist und damit ausgelöscht wird.

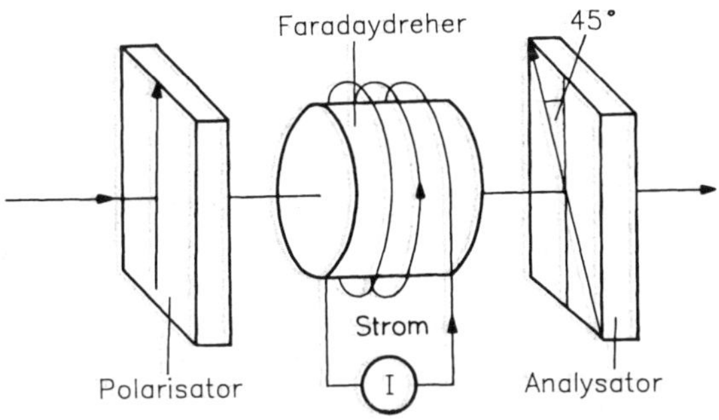

Bild 16.5. Optischer Isolator oder Richtungsleiter mit Faraday-Dreher

Wegen der hohen erforderlichen Ströme arbeiten Faraday-Dreher für Pulslaser z. B. Nd: YAG-Laser auch im Pulsbetrieb. Ein kommerzielles Gerät entlädt zur Erzeugung des Magnetfeldes einen 80 µF-Kondensator mit 500 V in eine Spule, wobei Spulenströme von 500 A entstehen. Inzwischen werden Faraday-Dreher für optische Isolatoren hauptsächlich mit Permanentmagneten betrieben.

Faraday-Dreher können auch zur Amplitudenmodulation benutzt werden. Wegen der großen Induktivität der Magnetfeldspule sind die erreichbaren Modulationsfrequenzen wesentlich kleiner als bei elektrooptischen Modulatoren.

Zur Drehung der Polarisationsebene können auch ferroelektrische Kristalle, die kein äußeres Magnetfeld benötigen, verwendet werden. Diese Kristalle sind für den Einsatz in optischen Isolatoren für niedrige Leistungen beispielsweise von Halbleiterlasern geeignet.

16.5 Sättigbare Absorber

In sättigbaren Absorbern ist die Transmission eine Funktion der eingestrahlten Lichtintensität. Der Absorptionskoeffizient α nimmt gemäß

$$\alpha = \frac{\alpha_0}{1 + I/I_s} \tag{16.10}$$

mit der eingestrahlten Intensität I ab, wobei α_0 der maximale Absorptionskoeffizient bei $I = 0$ ist und I_s die materialabhängige Sättigungsintensität, bei der α auf $\alpha_0/2$ abgesunken ist. Die Transmission $T = \exp -\alpha x$ einer Schicht der Dicke x nimmt mit der eingestrahlten Intensität zu.

Die sättigbare Absorption wird durch die Entleerung des Grundzustandes der absorbierenden Atome oder Moleküle gedeutet. Bei großen eingestrahlten Intensitäten werden die Besetzungszahlen vom Grundzustand und angeregten Zustand gleich, so daß die Zahl der absorbierten Photonen gleich der Zahl der induziert emittierten Photonen ist und sich theoretisch $\alpha \to 0$ und $T = 1$ ergibt.

Für die Lasertechnik sind besonders sättigbare Absorber mit kurzen Schaltzeiten von Interesse, damit sich nach dem Abschalten der Lichtintensität schnell wieder die Anfangstransmission T_0 einstellt. Als sättigbare Absorber werden unter anderem Farbstofflösungen verwendet. Über die Farbstoffkonzentration und die Absorberdicke kann die Anfangstransmission T_0 eingestellt werden. Für den Farbstoff Cryptocyanin gelöst in Methanol (Güteschalter für Rubin-Laser) ist die Sättigungsintensität $I_s \approx 5\,\mathrm{MW/cm^2}$, für die Eastman Kodak Farbstoffe 9 740 und 14 015 gelöst in Dichloräthan (Güteschalter für Neodymlaser) ist $I_s \approx 50\,\mathrm{MW/cm^2}$. Für CO_2-Laser können Gase wie SF_6 verwendet werden.

Sättigbare Absorber werden als passive, d. h. selbsttätig bei Überschreiten einer gewissen Eingangsintensität öffnende Schalter zum Q-switch oder Modenkopplung von Lasern eingesetzt, um kurze Laserpulse zu erzeugen, wie im nächsten Kapitel dargestellt.

Aufgaben

16.1 Bei einem akustooptischen Modulator aus Quarzglas (in Bragg-Anordnung) wird beim Einschalten einer Ultraschallfrequenz von $f = 100\,\mathrm{MHz}$ ein He-Ne-Laserstrahl um $\delta = 10{,}6\,\mathrm{mrad}$ abgelenkt. Wie groß ist die Schallgeschwindigkeit?

16.2 Wie groß ist der Brechzahlunterschied Δn in einem transversalen KD*P-Modulator der Länge $l = 2\,\mathrm{cm}$ ($n = 1{,}508$) bei Anlegen der $\lambda/2$-Spannung ($\lambda = 500\,\mathrm{nm}$)?

16.3 Man bestimme die $\lambda/2$-Spannung $U_{1/2}$ für einen transversalen KD*P-Modulator der Länge $l = 2\,\text{cm}$ und Breite $d = 3\,\text{mm}$ für einen He-Ne-Laser. Wie groß ist der Brechzahlunterschied Δn? (Man benutze die Werte aus Tabelle 16.1 und die Gleichungen (16.5) und (16.4). Man vergleiche das Ergebnis für Δn mit der vorherigen Aufgabe.)

16.4 Ein passiver Q-switch (Cryptocyanin) wird bei einem Rubinlaser eingesetzt. Die Lebensdauer des oberen Niveaus beträgt $2 \cdot 10^{-11}\,\text{s}$ und der Absorptionsquerschnitt $8 \cdot 10^{-16}\,\text{cm}^2$. Wie groß ist die Sättigungsintensität?

17. Pulsbetrieb

Der erste im Jahre 1960 gebaute Rubinlaser und zahlreiche weitere Laser, z. B. die Excimerlaser, können nur gepulst betrieben werden. Bei anderen Lasern ist gepulster und kontinuierlicher Betrieb möglich, wobei der Pulsbetrieb oft weniger Aufwand erfordert und deshalb zuerst entdeckt worden ist. Außerdem können im Pulsbetrieb wesentlich höhere Lichtleistungen erreicht und damit neuartige optische Effekte beobachtet werden, die zahlreiche interessante wissenschaftliche und technische Anwendungen besitzen.

Die einfachste Art, einen Laser gepulst zu betreiben, ist die gepulste Anregung. Sie bietet sich z. B. bei Festkörperlasern an, die mit dem Licht einer kurzzeitig brennenden Blitzlampenentladung gepumpt werden. Die Laseremission folgt dabei oft nicht dem Anregungspuls, sondern besitzt eine Substruktur. Sie ist in Form einzelner Intensitätsspitzen oder Spikes moduliert, die im Abschn. 17.1 diskutiert werden.

Durch verschiedene Techniken wie Güteschaltung, Pulsauskopplung und Modenkopplung, kann die Dauer der Laseremission gegenüber der Anregungsdauer stark verkürzt werden. Es ist damit möglich, Laserpulsdauern von nur einigen Femtosekunden zu erzeugen und zu Untersuchungen schnell ablaufender Prozesse einzusetzen. Diese Techniken sollen dargestellt werden, wobei folgende Pulsdauern erreicht wurden:

Festkörperlaser, gepulste Blitzlampen-Anregung	10 μs
Festkörperlaser, Güteschaltung	1 ns
Festkörperlaser (Titan-Saphir), Modenkopplung	8 fs
Festkörperlaser, Modenkopplung + Pulskompression	< 5 fs
N_2-Gaslaser, gepulste elektrische Anregung	100 ps
Ar^+-Gaslaser, Pulsauskopplung	1 ns
Ar^+-Gaslaser, Modenkopplung	100 ps
Diodenlaser, gepulste Anregung	5 ps
Farbstofflaser, gepulste Blitzlampen-Anregung	1 μs
Farbstofflaser, Modenkopplung	25 fs
Farbstofflaser, Modenkopplung + Pulskompression	6 fs

17.1 Relaxationsschwingungen

Bei Festkörperlasern, die mit Blitzlampen gepumpt werden, hat die gepulste Laseremission oft eine stark unregelmäßige Struktur. Am Beispiel des Rubinlasers wird im Bild 8.3 gezeigt, daß die Laserintensität aus „Spikes“ mit statistischer Amplitude, Zeitdauer und Abstand besteht. Kontinuierliche Rubin- oder Nd: YAG-Laser zeigen ein „Spiking“ nur beim Einschalten nach Bild 17.1. Ähnliche Erscheinungen treten bei Störungen eines kontinuierlich betriebenen Lasers auf. Die beobachteten Spikes und Einschwingvorgänge werden als Relaxationsschwingungen bezeichnet. Die Theorie dieser Erscheinungen ist im Abschn. 2.7 skizziert.

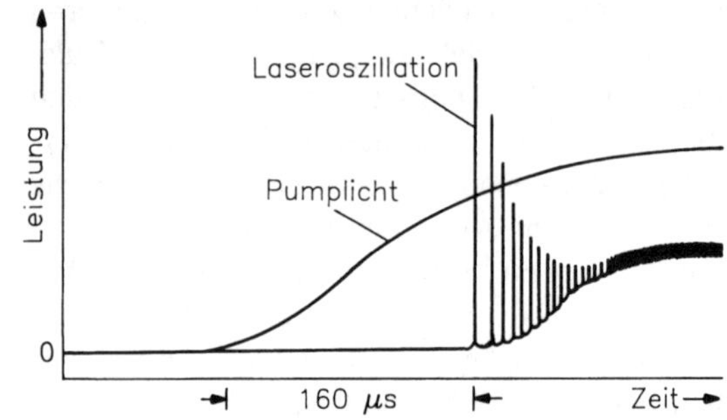

Bild 17.1. Beispiel für Relaxationsschwingungen beim Einschalten eines Nd: YAG-Lasers („spiking“) (nach Kneubühl und Sigrist)

Das Auftreten einer Relaxationsschwingung kann auch ohne Rechnung wie folgt verstanden werden. Nach dem Einsetzen des Pumpvorganges baut sich im laseraktiven Medium eine Besetzungszahl N_2 des oberen Laserniveaus auf. Im Gleichgewichtsfall stellt sich N_2 auf den Schwellwert für Lasertätigkeit N_{2s} ein (vgl. Kap. 2). Beim Anschwingen des Lasers ist jedoch die Photonendichte im Resonator klein, so daß die induzierte Emission zunächst vernachlässigbar ist. Daher wird die Besetzungszahl N_2 den Schwellwert N_{2s} stark überschreiten (Bild 17.2). Durch die hohe Besetzungsinversion baut sich das Strahlungsfeld sehr schnell auf. Dabei steigt die Photonendichte weit über den Gleichgewichtswert an. Dadurch wird das obere Laserniveau so schnell entleert, daß durch den Pumpvorgang nicht mehr genügend Atome angeregt werden können. Die Inversion sinkt somit unter den Schwellwert und die Laserleistung fällt auf einen kleinen Wert. Durch das Pumpen kann nun wieder das obere Laserniveau bevölkert werden, da die induzierte Emission klein geworden ist. Damit beginnt ein neuer Zyklus, und auf diese Art entsteht ein zweiter, dritter, usw. Laserspike.

Bei relativ geringer Pumpleistung pendeln sich die Schwingungen nach Bild 17.1 und 17.2 auf einen Wert ein, der dem Gleichgewichtszustand entspricht. Beim Pumpen mit intensiven Pulsen fällt die Besetzungsinversion nach einem „Spike“ so weit ab, daß die Emission völlig zum Erliegen kommt

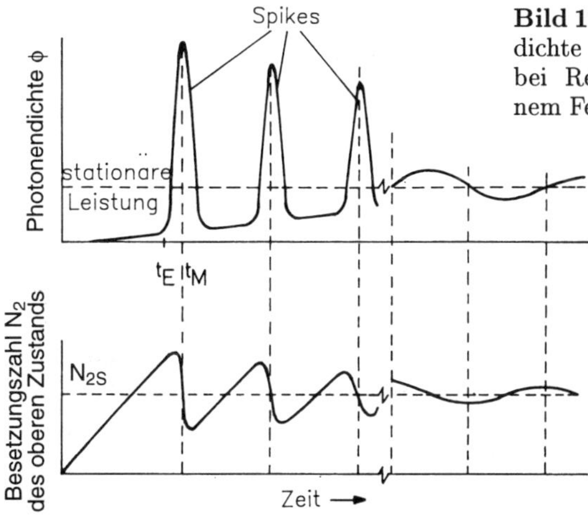

Bild 17.2. Darstellung der Photonendichte Φ und der Besetzungszahl N_2 bei Relaxationsschwingungen in einem Festkörperlaser (nach Koechner)

und die Laseremission aus Einzelspikes besteht. In kontinuierlich gepumpten Festkörperlasern manifestieren sich nach einer kleinen Störung die Relaxationsschwingungen in gedämpften sinusförmigen Oszillationen mit einer bestimmten Abklingzeit.

Die Relaxationsschwingungen können durch die Ratengleichung beschrieben werden, wobei sich Computer-Lösungen nach Bild 17.2 ergeben. Für Vierniveau-Laser kann man näherungsweise folgende Gleichungen ableiten.

Bei Beginn des Pumpens kann die induzierte Emission vernachlässigt werden. Vernachlässigt man auch die spontane Emission, so erhält man aus (2.43) für die Besetzungszahl N_2

$$\frac{\mathrm{d}N_2}{\mathrm{d}t} = W_p N \quad \text{für} \quad t < t_E\,, \tag{17.1}$$

wobei W die Pumpleistung (in 1/s) und N die Zahl der Laseratome ist. Dabei wird angenommen: $N_1 \ll N_2 \ll N_0$ und $N_0 \approx N$. Gleichung (17.1) besagt, daß die Besetzungszahl N_2 linear mit der Zeit anwächst, so wie es in Bild 17.2 für kleine Zeiten gezeigt ist.

Während der Ausbildung des „Spike" wird in der Ratengleichung (2.43) der Term der induzierten Emission größer als die anderen Summanden:

$$\frac{\mathrm{d}N_2}{\mathrm{d}t} = -N_2\sigma c\Phi \quad \text{für} \quad t_E < t < t_M\,. \tag{17.2}$$

Für die Photonendichte Φ erhält man nach (2.44) eine ähnliche Gleichung

$$\frac{\mathrm{d}\Phi}{\mathrm{d}t} = +N_2\sigma c\Phi \quad \text{für} \quad t_E < t < t_M\,. \tag{17.3}$$

Die Photonendichte wächst nach (17.3) fast exponentiell mit der Zeit an. Dagegen fällt nach (17.2) die Besetzungszahl N_2 auf einen kleinen Wert ab, der kleiner als der stationäre Wert sein kann. Die Photonendichte erreicht in diesem Zeitbereich ihr Maximum. Da danach die Besetzungszahl N_2 sehr klein ist, wird die Photonendichte durch Abstrahlung durch den Spiegel und andere Verluste abgebaut (siehe (2.44)):

$$\frac{\mathrm{d}\Phi}{\mathrm{d}t} \approx -\frac{\Phi}{\tau_R} \quad t > t_M\,. \tag{17.4}$$

Die Spikeamplitude nimmt daher auf einen kleinen Wert ab und kann erst wieder groß werden, wenn N_2 durch Pumpen den Schwellwert überschreitet. Die Besetzung des oberen Laserniveaus N_2 wächst wieder entsprechend (17.1) an

$$\frac{\mathrm{d}N_2}{\mathrm{d}t} \approx W_p N \quad \text{für} \quad t > t_M \, , \tag{17.5}$$

so daß ein neuer Spikezyklus eingeleitet wird. Bei den nächsten Zyklen werden die Maxima kleiner und nähern sich dem Gleichgewichtszustand an.

Die numerischen Rechnungen ausgehend von den hier dargestellten einfachen Bilanzgleichungen ergeben einen regelmäßigen Zug von Relaxationsschwingungen. In der Praxis zeigen die Laser jedoch oft unregelmäßige ungedämpfte „Spikes“. Dies liegt daran, daß die Dämpfung sehr klein ist, so daß der Gleichgewichtswert nicht während des Pumppulses erreicht wird. Früher wurde zusätzlich angenommen, daß mechanische und thermische Störungen zu Unregelmäßigkeiten in den Spikes führen. Es hat sich jedoch gezeigt, daß unregelmäßige Relaxationsschwingungen oder Spikes auch grundsätzliche Ursachen haben. Diese bestehen darin, daß ein Laser meist in mehreren longitudinalen und auch transversalen Moden oszilliert. Das dynamische Verhalten jedes einzelnen Modes kann durch Ratengleichungen ähnlich wie in Abschn. 2.7 beschrieben werden, wobei eine Kopplung der Moden durch den gemeinsamen Besetzungsabbau entsteht. Das gekoppelte Gleichungssystem hat bereits bei Existenz von nur 2 Moden regelmäßige und irreguläre oder chaotische Lösungen je nach den verschiedenen auftretenden Parametern. Das statistische Spiken von Lasern ist damit ein Beispiel für das Auftreten von Chaos in nichtlinearen Systemen.

Falls für spezielle Anwendungen regelmäßiges Spiken erforderlich ist, muß der Laser in einem einzigen longitudinalen und transversalen Mode betrieben werden, meist dem TEM_{00}-Mode. Die Spitzenleistung der Spikes kann dann mehrere Zehnerpotenzen größer sein als die mittlere Leistung. Falls nur ein Spike als Ausgangsimpuls gewünscht wird, muß die Anregung kurz genug sein, z. B. der Pumplichtimpuls bei einem Festkörperlaser.

Eine Methode, noch kürzere Laserpulse mit höherer Spitzenleistung zu erzeugen, ist die im nächsten Abschnitt beschriebene Güteschaltung.

17.2 Güteschaltung

Durch Verkürzung der Emissionsdauer eines Lasers kann eine Erhöhung der Spitzenleistung bei gegebener Pumpenergie erreicht werden, was für viele Anwendungen von Interesse ist. Dieses wird durch eine Güteschaltung oder „Q-switch“ erreicht, wobei sogenannte Riesenimpulse entstehen. Das Q steht für quality (= Güte).

Bei normalem Pulsbetrieb wird z. B. bei Nd:YAG-Festkörperlasern ein Pumppuls von etwa 100 µs Dauer eingestrahlt. Bei genügender Pumpleistung schwingt der Laser nach einigen µs an, und es entsteht Laserstrahlung während der gesamten Pumpdauer. Auf das Spiking wurde im letzten Abschnitt eingegangen. Zur Erhöhung der Leistung des Laserpulses kann man den Laser erst anschwingen lassen, wenn während des Pumpprozesses die maximale Besetzungsinversion erreicht ist. Dies ist am Ende des Pumppulses der Fall, falls die Lebensdauer des oberen Niveaus groß gegen die Pumpdauer ist. Durch die Güteschaltung wird der Resonator während des Pumpens zugeschaltet. Der Strahlengang zwischen den Spiegeln wird unterbrochen, oder es werden die internen Verluste erhöht. Erst am Ende des Pumppulses wird der Resonator zur Zeit t_Q freigegeben. Aufgrund der hohen Inversion entsteht dann ein kurzer Laserpuls mit hoher Spitzenleistung. Der Vorgang ist in Bild 17.3 skizziert.

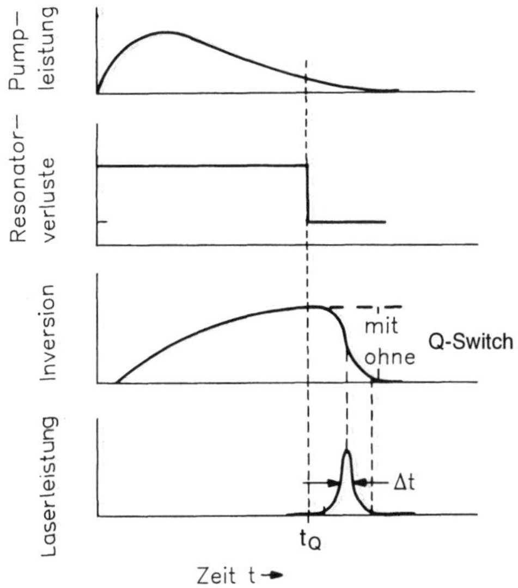

Bild 17.3. Zeitlicher Ablauf bei der Güteschaltung [15]. *Pumpleistung:* Licht der Blitzlampe. *Resonatorverluste:* Änderung durch Schaltung der Pockelszelle. *Inversion:* Kurvenform ist durch Integration des Blitzlampenpulses gegeben. *Laserleistung:* es entsteht ein kurzer Puls (Δt = ns-Bereich mit hoher Leistung (MW)

Die Güteschaltung liefert nur dann eine starke Erhöhung der Pulsleistung, wenn die Lebensdauer des oberen Laserniveaus größer ist als die Pumpdauer. Bei starkem Pumpen wird die Pulsdauer Δt durch die Laufzeit der Strahlung im Resonator gegeben, d. h. der Laserstrahl läuft nur einmal zwischen den Spiegeln im Abstand L hin und her:

$$\Delta t = \frac{2L}{c}, \tag{17.6}$$

wobei c die mittlere Lichtgeschwindigkeit im Resonator ist. Man erreicht Pulsdauern von wenigen ns, bei Spitzenleistungen im GW-Bereich. Die Pulsenergie ist durch die Zahl der angeregten Laseratome im Medium begrenzt. Durch die zusätzlichen Verluste des Güteschalters liegt die Pulsenergie etwas geringer als die Gesamtenergie im Normalbetrieb.

Elektrooptische Schalter

Als Schalter werden hauptsächlich Pockelszellen z. B. aus KDP (Abschn. 16.3) verwendet, welche die Polarisation der Strahlung unter dem Einfluß eines elektrischen Feldes verändern. Die ordentliche und außerordentliche Polarisationsrichtung des Kristalls liegt unter einem Winkel von 45° zur Richtung der Polarisation der Strahlung. Bei Anlegen der $\lambda/2$-Spannung wird die Polarisation um 90° gedreht, indem die ordentliche und außerordentliche Welle einen Gangunterschied von $\lambda/2$ erhalten. Damit kann der Aufbau eines elektrooptischen Schalters nach Bild 17.4a erfolgen. Die $\lambda/2$-Spannung wird erst am Ende des Pumppulses eingeschaltet, so daß zu diesem Zeitpunkt der Lichtweg geöffnet wird.

Mit weniger Bauelementen und einer geringeren Spannung kommt die Anordnung nach Bild 17.4b aus. Bei Anlegen der $\lambda/4$-Spannung wird das linear polarisierte Licht des Lasers zirkular polarisiert. Nach Reflexion tritt

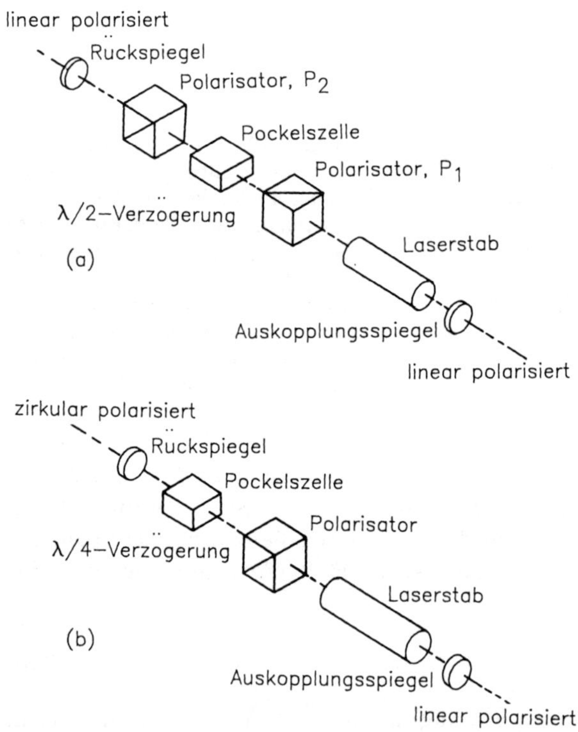

Bild 17.4 a,b. Elektrooptische Güteschaltung [15]. (**a**) Anordnung mit $\lambda/2$-Spannung, beim Einschalten wird der Resonator durchlässig, (**b**) Anordnung mit $\lambda/4$-Spannung, beim Abschalten der Spannung wird der Resonator durchlässig

die Strahlung nochmals durch die Pockelszelle, so daß der Gangunterschied dann $\lambda/2$ beträgt. Die Polarisation wird also erst nach Hin- und Rücklauf durch den elektrooptischen Kristall um 90° gedreht, so daß die reflektierte Strahlung nicht durch den Polarisator laufen kann. Der Lichtweg ist also verschlossen. Erst am Ende des Pumppulses wird die $\lambda/4$-Spannung abgeschaltet, so daß der Resonator durchgängig wird. Die erforderlichen Spannungen sind nur halb so groß wie in der Anordnung nach Bild 17.4a.

Mit elektrooptischen Schaltern können Schaltzeiten von weniger als 1 ns erreicht werden.

Andere Schalter

Im infraroten (> 3 µm) und ultravioletten Spektralbereich stehen keine kommerziellen elektrooptischen Schalter zur Güteschaltung zur Verfügung. Daher werden auch mechanische Schalter eingesetzt. In Frage kommen Drehspiegel oder Drehprismen. Der Resonator ist nur innerhalb einer sehr kurzen Zeit ausreichend genau justiert, während welcher der Riesenpuls entsteht. Die Drehung muß mit dem Pumppuls genau synchronisiert werden. Hauptsächlich für 3 µm-Laser werden auch FTIR-Schalter eingesetzt.

Zur Güteschaltung werden auch akustooptische Modulatoren in den Strahlengang gebracht. Beim Anlegen einer Hochfrequenz-Spannung entsteht eine Ultraschallwelle, an welcher Beugung des Laserstrahles stattfindet. Die entstehenden Verluste können ein Anschwingen des Lasers verhindern. Wird die Spannung abgeschaltet, so wird der Modulator durchlässig und Laserstrahlung kann entstehen. Die Schaltzeiten sind in der Regel größer als bei elektrooptischen Schaltern, es sind jedoch höhere Schaltfolgefrequenzen möglich. Mit akustooptischen Modulatoren werden beispielsweise kontinuierlich gepumpte Festkörperlaser in Güteschaltung betrieben. Es können Pulsfolgefrequenzen von einigen kHz erreicht werden, wobei die Pulsleistung etwa 1000fach größer ist als die mittlere Leistung.

Als passive Schalter werden sättigbare Absorber eingesetzt. Bei diesen Bauelementen ist die Transmission von der Strahlungsintensität abhängig. Mit steigender Intensität werden immer mehr Elektronen in einen angeregten Zustand gepumpt, von wo aus sie durch stimulierte Emission wieder in den Grundzustand übergehen. Wenn die Besetzungszahlen in angeregtem und Grundniveau gleich werden, erscheint der sättigbare Absorber transparent. Die Konzentration des absorbierenden Mediums wird so gewählt, daß der Laser anfangs nur mit geringer Intensität anschwingt. Mit wachsender Verstärkung wächst auch die Transmission des sättigbaren Absorbers. Die Folge ist, daß sich ein Riesenimpuls aufbaut, der bei maximaler Besetzungsinversion den Absorber sättigt und ausgekoppelt wird.

Als sättigbare Absorber dienen Farbstoffe in Lösungen (z. B. Malachitgrün DODCI), Halbleiterbauelemente und ionendotierte Kristalle (z. B. Cr^{4+}: YAG).

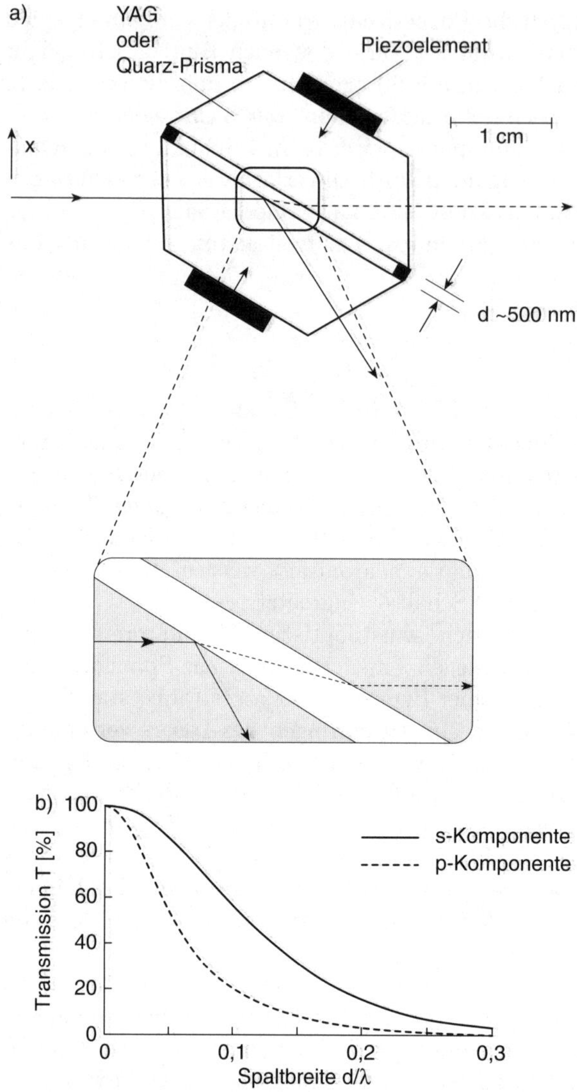

Bild 17.5. FTIR-Güteschalter (frustrated total internal reflection = behinderte Totalreflexion). (**a**) Aufbau und Funktionsweise: der einfallende Lichtstrahl wird bei großer Spaltbreite d an der ersten Grenzfläche des Spaltes total reflektiert. Bei kleiner Spaltbreite wird die Totalreflexion durch den optischen Tunneleffekt aufgehoben. Die Spaltbreite kann durch Spannungspulse an dem Piezoelement und dadurch erzeugte Druckwellen in den Prismen aus YAG oder anderen Materialien gesteuert werden. (**b**) Berechneter Transmissionsgrad als Funktion der Spaltbreite

Mit passiven Schaltern lassen sich sehr einfache und kompakte Mikrolaser herstellen. Auf ein dünnes Substrat (z. B. 1 mm Nd: YAG) wird epitaktisch eine dünne Absorberschicht aufgewachsen (z. B. 100 µm Cr^{4+}: YAG), die Endflächen werden poliert und mit dielektrischen Spiegeln beschichtet. Nach dem Schneiden des Substrats erhält man eine Vielzahl von Minikavitäten, die nur 1 mm^3 groß sind und im diodengepumpten Betrieb gütegeschaltete Festkörperlaserpulse mit hoher Wiederholrate und exzellentem Strahlprofil abgeben (s. Bild 17.6). Durch Variation der Absorberdicke und Dotierung lassen sich beispielsweise Energien von 1–100 µJ mit 2–3 ps Dauer erzeugen.

Bei größeren Systemen haben passive Schalter den Nachteil, daß sie Riesenimpulse mit relativ großen zeitlichen Schwankungen liefern.

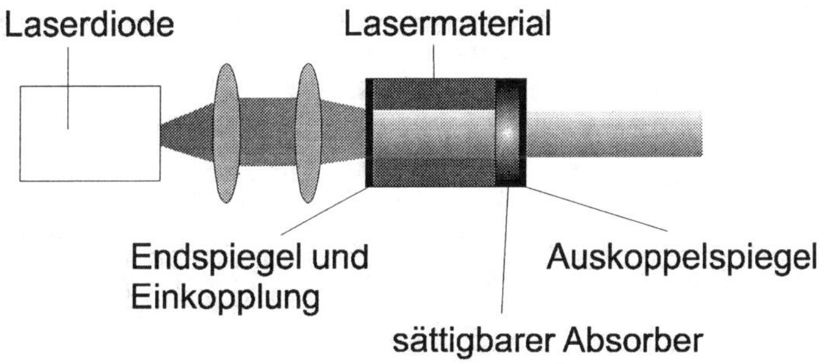

Bild 17.6. Passive Güteschaltung mit einem sättigbaren Absorber bei einem diodengepumpten Mikrolaser

17.3 Puls-Auskopplung (cavity-dumping)

Bei der Güteschaltung wird Energie durch die hohe Besetzung des oberen langlebigen Laserniveaus gespeichert und in Form eines kurzen Laserimpulses emittiert. Im Falle der Puls-Auskopplung wird Lichtenergie im Resonator gespeichert. Dazu bringt man das kontinuierlich gepumpte Lasermaterial zwischen zwei hochreflektierende Spiegel. Die Lichtenergie im Resonator baut sich dann bis zu einem hohen Wert auf. Wird nun z. B. ein akustooptischer Ablenker im Resonator, der während des Energieaufbaus des Lichtfeldes transparent ist, angesteuert, so kann ein kurzer Lichtpuls aus dem Resonator gelenkt werden.

Cavity-dumping wird beispielsweise verwendet, um mit kontinuierlich gepumpten Argon- oder Kryptonlasern kurze Impulse mit hoher Ausgangsleistung zu erzeugen. Eine Güteschaltung hat hier keinen Sinn, da die Lebensdauer des oberen Niveaus zu klein ist. In einem kommerziellen Argonlasersystem mit Puls-Auskopplung kann die Spitzenleistung die cw-Ausgangsleistung um den Faktor 30 bis 50 übertreffen, während bei optimaler Pulsfolgefrequenz die zeitliche Durchschnittsleistung der cw-Ausgangsleistung etwa entspricht. Die Pulsfolgefrequenz kann vom Einzelpulsbetrieb bis zum 20 MHz-Betrieb eingestellt werden; die Pulsbreiten liegen zwischen 15 und 30 ns.

17.4 Modenkopplung

Die in einem Laser anschwingenden axialen Moden sind im freilaufenden Betrieb weitgehend unabhängig voneinander. Sie besitzen statistische und zeitlich schwankende Phasenbeziehungen zueinander. Durch konstruktive und destruktive Überlagerung der Feldstärkeamplituden kann es zu starken Intensitätsschwankungen kommen, die im Resonator umlaufen und durch die Verstärkung noch vergrößert werden. Eine solche spontane Modenkopplung führt zu einer statistischen, schnellen Modulation der Laserleistung. Diese beispielsweise bei Gaslasern auftretenden Fluktuationen lassen sich durch einen Einmodenbetrieb beseitigen. Es ist jedoch auch möglich, die konstruktive Überlagerung von benachbarten Moden zu erzwingen. Gelingt es, die Phasendifferenzen der anschwingenden Moden so zu unterdrücken, daß die Feldstärkeamplituden sich bei jedem Resonatorumlauf an einem Ort alle konstruktiv überlagern, so kann man sehr kurze Pulse mit hohen Intensitäten erzeugen. Die zeitabhängige Feldstärkeamplitude an einem Ort im Resonator setzt sich aus einer Summe N benachbarter axialer Moden zusammen (vgl. Abschn. 13.1)

$$E(t) = \sum_{q=q_0}^{q_0+N} E_q \cos\left(2\pi q \frac{t}{T} + \phi_q\right) . \tag{17.7}$$

Für $\phi_q = 0$ reproduziert sich genau nach der Resonatorumlaufzeit $T = 2L/c$ die maximale Feldstärkeamplitude. Es entsteht also durch Interferenz ein einzelner Riesenimpuls, der zwischen den Endspiegeln hin- und hergeworfen wird (Bild 17.9). Der Laser emittiert einen entsprechenden Pulszug.

Die Pulsdauer von modengekoppelten Lasern wird prinzipiell durch das Puls-Bandbreiteprodukt

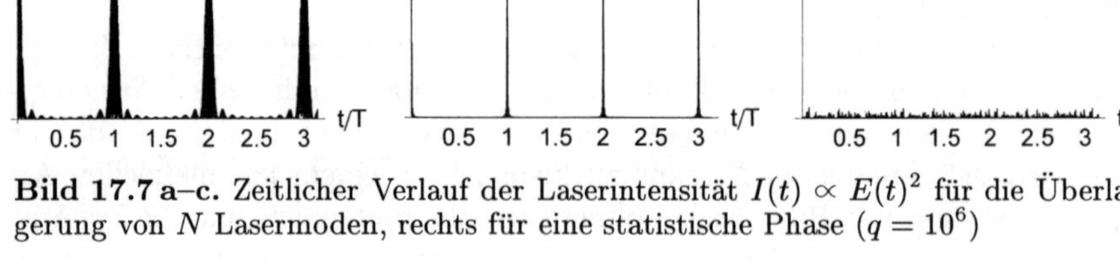

Bild 17.7 a–c. Zeitlicher Verlauf der Laserintensität $I(t) \propto E(t)^2$ für die Überlagerung von N Lasermoden, rechts für eine statistische Phase ($q = 10^6$)

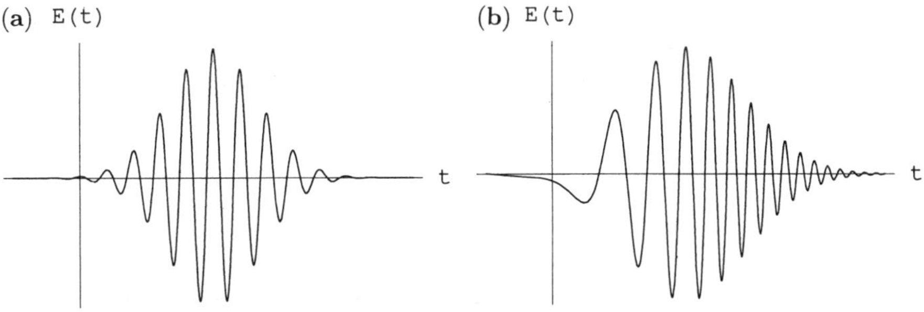

Bild 17.8. Feldstärkeamplitude eines ultrakurzen Pulses vor (**a**) und nach (**b**) Durchgang durch ein normal dispersives Material

$$\tau \Delta f \geq K \tag{17.8}$$

begrenzt. Bei einem als Wellenpaket (Bild 17.8a) beschriebenen ultrakurzen Laserpuls sind die mittlere Pulsdauer τ und die Halbwertsbreite der Frequenz Δf über die Fouriertransformation miteinander verknüpft. Die Konstante K ist dabei abhängig von der Form des Wellenpaketes. Zahlenwerte für typische Pulsformen sind $K = 0{,}44$ für Gaußpulse und $K = 0{,}31$ für sech^2-förmige Pulse.

Die Zahl N der innerhalb der Laserlinienbreite Δf anschwingenden Moden ist

$$N = \Delta f \frac{2L}{c}, \quad \text{und mit (17.8) ergibt sich} \quad \tau \geq \frac{K}{N}\frac{2L}{c}. \tag{17.9}$$

Je mehr Moden N miteinander koppeln, desto schärfer werden die Maxima und umso kürzer werden die Pulse. Für breitbandig emittierende Lasermedien können mehr als $N > 10^5$ Moden miteinander gekoppelt und somit Femtosekundenpulse erzeugt werden.

Derartig kurze Pulse oder Wellenpakete weisen Besonderheiten bei der Ausbreitung in Materie auf. Durch ihre große Frequenzbreite hat die Dispersion eines Materials (Wellenlängenabhängigkeit des Brechungsindexes) einen entscheidenden Einfluß. Sie hat zur Folge, daß sich bei normaler Dispersion die höherfrequenten Pulsanteile gegenüber den niederfrequenten verzögern. Diese Gruppengeschwindigkeitsdispersion bewirkt eine zeitliche Verbreiterung der Pulse (Bild 17.8b) und eine variable momentane Frequenz, was als chirp (engl. Zwitschern) bezeichnet wird.

Durch die hohen Spitzenintensitäten der Pulse können auch nichtlineare Effekte wie die Selbstphasenmodulation auftreten. Dabei wird durch die Intensitätsabhängigkeit des Brechungsindexes die Phase $\Phi \sim I(t)$ des transmittierten Pulses moduliert, was zu einer Vergrößerung der Frequenzbreite des Pulses führt, weil $f = \mathrm{d}\Phi/\mathrm{d}t$.

Man kann Modenkopplung durch verschiedene Techniken erreichen, die darauf beruhen, daß ungekoppelte Moden beim Resonatorumlauf höhere Verluste erleiden als gekoppelte. Es wird allgemein in passive und aktive Modenkopplung unterschieden. Bei passiven Bauelementen werden die Verluste durch die Pulsintensität selbst reguliert, in aktiver Bauweise werden die Resonatorverluste oder die Verstärkung von außen moduliert.

Modenkopplung mit einem sättigbaren Absorber (passiv)

Die bereits bei der passiven Güteschaltung (Abschn. 17.2) beschriebenen sättigbaren Absorber werden auch zur Modenkopplung eingesetzt. Durch Pumpen des Lasermaterials schwingt der Laser an, ohne daß der Absorber geschaltet wird. Die Intensität im Resonator fluktuiert, da zunächst viele Moden ungekoppelt angeregt werden (Bild 17.7c). Fluktuationen mit höherer Intensität werden schwächer absorbiert, wodurch sich die verlustärmeren, gekoppelten Moden durchsetzen und bei jedem weiteren Umlauf weiter verstärkt werden. Die sich an der Laserschwelle befindenden Moden mit einer Phasendifferenz werden so lange unterdrückt, bis sie durch Phasenstörungen und Anschwingprozesse zufällig die richtige Phasenlage zu bereits gekoppelten Moden erlangen. In diesem Fall tragen sie konstruktiv zu dem sich formierenden Puls und der Sättigung des Absorbers bei. Ein modengekoppelter Laserpuls benötigt einige Umläufe, um sich zu stabilisieren.

Technisch werden oft Durchflußküvetten als Endspiegel verwendet, bei denen eine Innenseite mit einem dielektrischen Spiegel beschichtet ist. Ein geeigneter absorbierender Farbstoff in Lösung wird darin umgepumpt. Bild 17.9 zeigt den austretenden Pulszug eines auf diese Weise modengekoppelten Festkörperlasers. Die Einhüllende der austretenden Laserleistung wird durch die Besetzungszahl des oberen Niveaus vorgegeben. Bei einem gepulst gepumpten System endet die Emission, wenn die Laserschwelle unterschritten wird. Da der Pulszug aus der anfänglichen Intensitätsfluktuation entsteht, treten statistische Schwankungen auf: Pulszüge mit Nebenpulsen und unregelmäßigen Intensitäten.

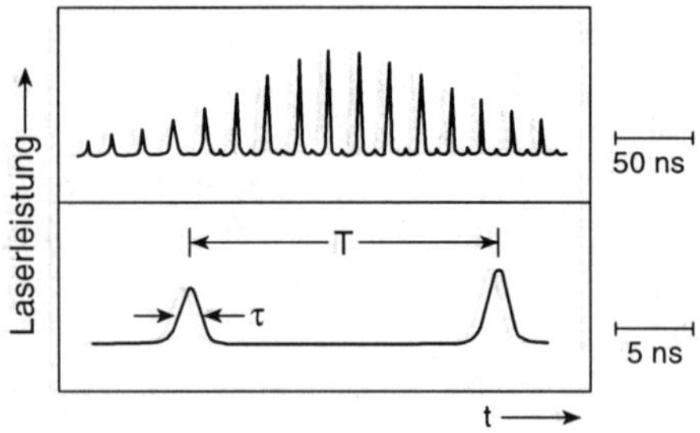

Bild 17.9. Modengekoppelter Pulszug eines blitzlampengepulsten Festkörperlasers

Modenkopplung durch kollidierende Pulse (passiv)

Verwendet man einen kontinuierlichen Laser als Pumpquelle, so kann sich die Amplitude des umlaufenden Impulses stabilisieren. Beim Colliding-Pulse-Modelocked (CPM)-Laser laufen zwei ultrakurze Lichtpulse in einem Ring gegenläufig um und treffen sich immer zeitgleich in einem Flüssigkeitsdüsenstrahl, in dem der sättigbaren Absorber gelöst ist. Die Verstärkung erfolgt in einem ähnlichen Farbstoffstrahl, in dem mit einem Pumplaser eine Besetzungsinversion erreicht wird. Verstärker und Absorber haben einen solchen Abstand zueinander, daß sich die Besetzungsinversion stets in der Zeit $T/2$ regenerieren kann.

Die Modenkopplung erfolgt beim gleichzeitigen Durchgang beider Pulse durch den Absorberstrahl, der nur einige hundertstel Millimeter dick ist. Die kollidierenden Pulse bilden ein Interferenzmuster, das den Absorber völlig aufschaltet. Die Vorderflanken der Pulse werden dadurch aufgesteilt. Durch eine Sättigung der Verstärkung (s. Abschn. 2.5) wird die hintere Pulsflanke abgeschnitten. Durch diese Mechanismen lassen sich Pulsdauern bis in den ps-Bereich realisieren. Um fs-Pulse zu erzeugen, ist es notwendig, die dispersiven Effekte zu berücksichtigen. Der in Bild 17.10 dargestellte CPM-Laser besitzt dazu eine Prismensequenz, durch die höherfrequente Pulsteile weiter außen umlaufen. Damit kann die Gruppengeschwindigkeitsdispersion kompensiert werden. Mit dieser Anordnung konnten die kürzesten Farbstofflaserpulse von 27 fs Länge ($\lambda = 620\,\text{nm}$) erzeugt werden (Valdmanis und Fork, 1986).

Modenkopplung mit einem Modulator (aktiv)

Bei der aktiven Modenkopplung werden mit einem elektrooptischen oder akustooptischen Modulator die Verluste im Laserresonator mit der Frequenz $c/2L$ moduliert, die der reziproken Umlaufzeit eines Pulses im Resonator entspricht. Dadurch werden nur Photonen, die den Modulator im Zeitpunkt maximaler Transmission treffen, mit geringen Verlusten im Resonator hin- und herreflektiert und durch das aktive Medium verstärkt. Es entsteht ein im Resonator hin- und herlaufender Puls, und es wird ein Pulszug emittiert.

Aktive Modenkopplung wird bei kontinuierlich und gepulst gepumpten Lasern eingesetzt. Die Reproduzierbarkeit der Pulse ist oft besser als bei der passiven Modenkopplung. Dagegen lassen sich mit passiver Modenkopplung kleinere Pulszeiten erzielen.

Bei der hybriden Modenkopplung werden aktive und passive Modenkopplung kombiniert, wodurch man kurze und stabile Pulse bekommt. Ein solches System ist in Bild 17.11 zu sehen.

Synchrones Pumpen (aktiv)

Wird mit einem modengekoppelten Laser ein anderer Laser gepumpt, so kann dieser ebenfalls modengekoppelt emittieren, falls die Laserlängen aufeinander abgestimmt sind. Es handelt sich hierbei um eine periodische Modulation

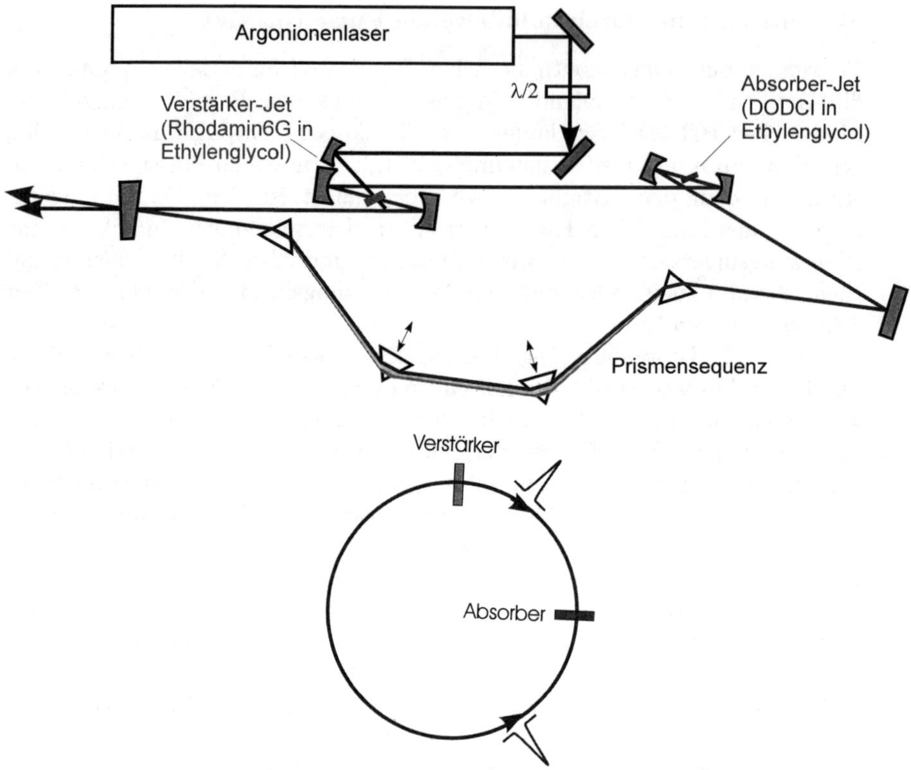

Bild 17.10. Femtosekunden-Ringlaser mit Prismensequenz, Pulslaufschema

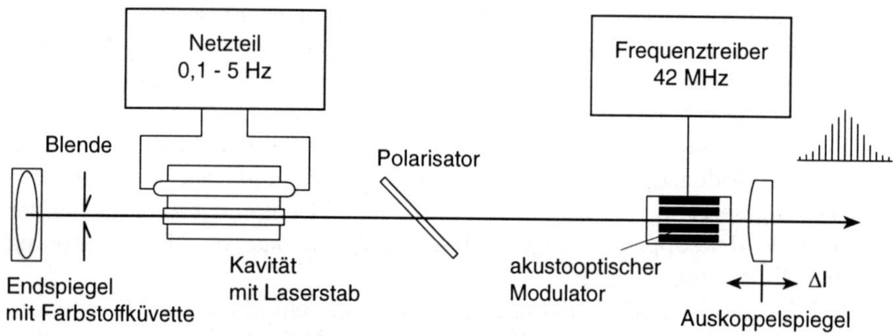

Bild 17.11. Hybrides Modenkoppeln mit einem sättigbaren Absorber und einem akustooptischen Modulator (Liu, Optisches Institut, TU Berlin)

der Verstärkung im Gegensatz zur Verlustmodulation. Der synchron gepumpte Laser kann wesentlich kürzere Laserpulse emittieren als der Pumplaser. Beispielsweise liefern Farbstofflaser, welche mit modengekoppelten Edelgas-Ionenlasern gepumpt werden (100 ps), Pulse von 0,1 ps Dauer.

Modenkopplung mit einer Kerr-Linse (passiv)

Verwendet man im Strahlengang ein Material mit einem intensitätsabhängigen Brechungsindex, so tritt neben der Selbstphasenmodulation, die das Pulsspektrum verbreitert, auch eine Selbstfokussierung auf. Da die Intensität eines im Grundmode laufenden Lasers senkrecht zur Strahlrichtung gaußförmig abnimmt, kommt es zu einer Modulation des Brechungsindex, die wie eine Linse wirkt. Modenkopplung erreicht man durch Modulation der Verstärkung, indem man die Überlappung zwischen Resonatormode mit Kerrlinsenwirkung und Pumpvolumen optimiert. Eine Verlustmodulation der ungekoppelten Moden, welche zu einer schwächeren Selbstfokussierung führen, kann mit einer einfachen Blende erzielt werden. Beide Techniken werden bei Festkörperlasern angewendet. Besonders bieten sich Materialien mit vibronisch verbreiterten Übergängen wie Ti:Saphir an (Abschn. 8.5), die aufgrund ihres breiten Emissionsspektrums für die Erzeugung kurzer Pulse geeignet sind. Die Kerrlinse entsteht in dem wenige Millimeter dicken Laserkristall selbst, so daß man einen denkbar einfachen Aufbau bekommt. Bei den kürzesten erzeugten Pulsen (8 fs, $\lambda \approx 800$ nm) wurden spezielle dispersionskompensierende Spiegel eingesetzt. Die dielektrischen Vielschichtenspiegel besitzen eine frequenzabhängige Eindringtiefe des reflektierten Lichtes, wodurch sich sogar Chirpeffekte höherer Ordnung kompensieren lassen.

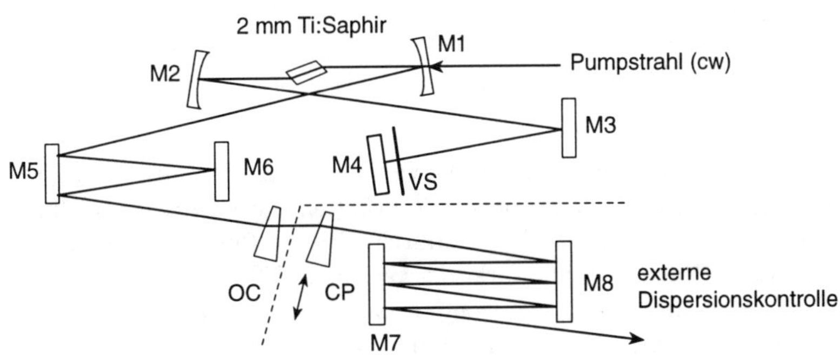

Bild 17.12. Ti:Saphir-Femtosekundenlaser (8 fs) mit dispersionskompensierenden Spiegeln und vertikalem Spalt (VS) als Blende für Kerrlinsen-Modenkopplung (Stingl, Lenzner, Spielmann und Krausz, Wien 1995)

17.5 Verstärkung und Kompression

Die Energie von Laserpulsen läßt sich erhöhen, indem man sie durch Verstärker schickt. Als Verstärker dienen Lasermaterialien, in denen die Besetzungsinversion beim Durchgang des Pulses abgebaut wird. Eine größere Verstärkung wird bei Mehrfachdurchläufen erzielt. Das Hauptproblem bei der Pulsverstärkung liegt in der ungewollten, verstärkten spontanen Emission. Sie führt zu einem vorzeitigen Abbau der Inversion und einem nichtkohärent überlagerten Pulsuntergrund. Um die spontane Emission zu unterdrücken, werden Raumfilter, sättigbare Absorber und mit dem zu verstärkenden Puls synchronisierte Pumppulse verwendet. Bild 17.13 zeigt einen Farbstoffverstärker mit sechs Pulsdurchläufen. Die letzten beiden Durchgänge werden durch ein Teleskop mit sättigbarem Absorber separiert. Der Pumppuls eines frequenzverdoppelten Nd: YAG-Lasers trifft synchron mit dem zu verstärkenden Femtosekundenpuls aus einem CPM-Laser auf. Es lassen sich Verstärkungsfaktoren bis 10^6 realisieren.

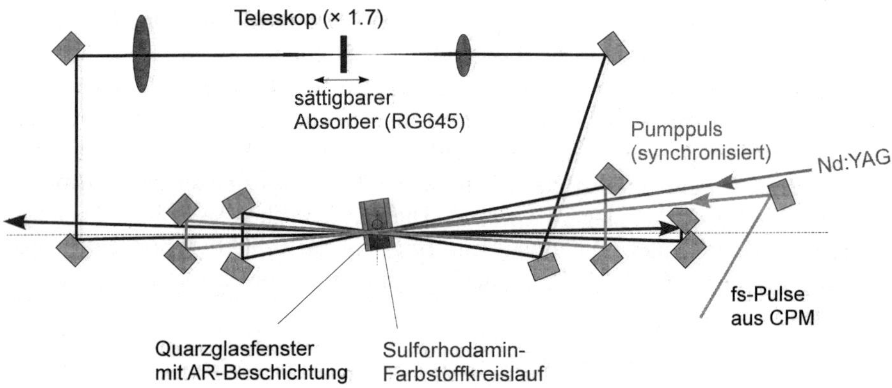

Bild 17.13. Pulsverstärkeranordung mit sechs Durchläufen

Um eine hohe Verstärkung zu erhalten, werden ultrakurze Pulse häufig vor ihrer Verstärkung auseinandergezogen. Sie erhalten nach Durchgang durch einen Glasblock einen starken Chirp. Dadurch wird die Pulsspitzenintensität stark vermindert. Nach der Verstärkung werden die Pulse rekomprimiert. Diese externe Rekompression funktioniert nach dem gleichen Prinzip wie die Prismensequenz im CPM-Laser. Häufig werden auch Gitterkompressoren eingesetzt, bei denen die einzelnen Frequenzanteile des Pulses (Bild 17.14) unterschiedliche Laufzeiten besitzen. Es läßt sich mehr als 1000fache Pulsverkürzung erreichen. Mit Verstärker-Kompressor-Anordnungen mit Ti:Saphir lassen sich derzeit 100 fs-Pulse mit mehr als 1 J Energie erzeugen, die fokussiert zu sehr großen Intensitäten von $> 10^{20}\,\mathrm{W/cm^2}$ führen.

Zur Pulsverkürzung außerhalb des Resonators schickt man einen ultrakurzen Puls durch eine Glasfaser, wo durch nichtlineare Effekte (z. B. Selbst-

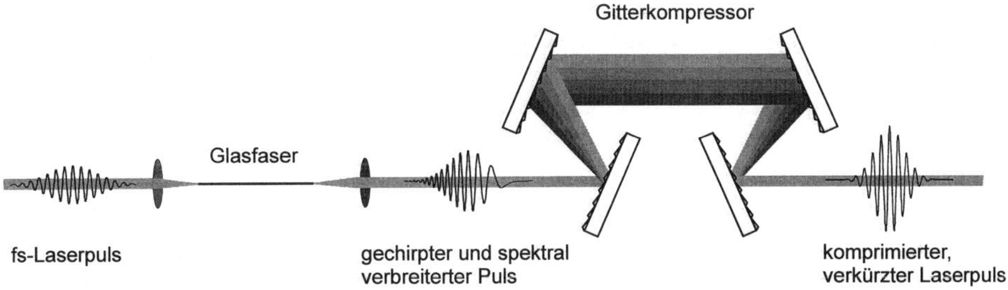

Bild 17.14. Pulsrekompression nach Durchgang durch eine Faser mit einem Gitterkompressor

phasenmodulation) eine Frequenzverbreiterung eintritt. Gleichzeitig bewirkt die Dispersion der Faser einen starken Chirp. Rekomprimiert man die Pulse nach der Faser, so sind sie kürzer als vorher, da sie eine größere Frequenzbreite besitzen. Die 27 fs-Pulse aus einem CPM-Laser konnten dadurch auf 6 fs verkürzt werden.

In geeigneten Fasern können „chirp" und Kompression im selben Material erzeugt werden. Baut man eine derartige Faser in die Rückkopplung eines Farbzentrenlasers ein, so entsteht ein sogenannter Solitonenlaser.

Aufgaben

17.1 Ein Festkörperlaser liefert normale Pulse von 0,5 ms Dauer mit 10 mJ.
(a) Wie groß ist die Pulsleistung?
(b) Wie steigt die Leistung im Q-switch-Betrieb an (Pulsdauer 5 ns; Idealfall: keine Verluste?)
(c) Wie groß ist die mittlere Leistung bei einer Pulsfolgefrequenz von 100 Hz?

17.2 Schätzen Sie die minimale Pulsdauer im Q-switch-Betrieb zweier Festkörperlaser mit Resonatoren von 1 m und 0,3 m Länge ab.

17.3 Die Linienbreite eines Nd:YAG-Lasers bei $\lambda = 1{,}06\,\mu\text{m}$ beträgt 190 GHz. Wie groß ist die erreichbare Pulslänge bei Modenkopplung in einem 1,5 m langen Resonator? Mit welcher Frequenz muß der akustooptische Modulator an einem Ende des Resonators betrieben werden? Wie groß ist der Pulsabstand?

17.4 Wie groß ist die erreichbare Pulslänge bei Modenkopplung eines Argonlasers von 1 m Länge ($\lambda = 488\,\text{nm}$, Linienbreite 4 GHz)? Wie groß ist die Frequenz des akustooptischen Modulators?

17.5 Man berechne die Phasenschiebung eines Laserpulses mit der Intensität $I(t)$ und der Pulsdauer τ_P, der durch ein Material mit der Dicke d und der intensitätabhängigen Brechzahl $n = n_0 + n_2 I(t)$ läuft. Man nehme an, daß sich im Material (z. B. einer Glasfaser) die Intensität nicht ändert. Wie kann man die veränderte Bandbreite des Pulses hinter dem Material ausnutzen?

17.6 Man schätze die minimal mit einem Ti:Saphir-Laser erreichbare Pulsdauer aus dem Emissionspektrum des Kristalls (Bild 8.14) für sech^2-förmige Pulse ab.

18. Frequenzselektion und -abstimmung

In einem Laserresonator sind im allgemeinen mehrere axiale und transversale Wellenformen (Moden) angeregt. Die Frequenzen oder Wellenlängen dieser Moden können verschiedene Werte im Bereich der Linienbreite des Übergangs (etwa $1{,}5 \cdot 10^9$ Hz beim 633 nm He-Ne-Laser, einige 10^{13} Hz oder etwa 50 nm beim Farbstofflaser) annehmen. Durch Verwendung frequenzselektiver Elemente im Resonator kann die Zahl der angeregten Wellenformen und damit der Emissionsbereich des Lasers auf einen kleinen Teil der Linienbreite reduziert werden. Im Grenzfall ist die Anregung einer einzelnen axialen Wellenform möglich. Durch Änderungen an den frequenzselektiven Elementen (z. B. Verkippen eines Prismas, Gitters oder Etalons) kann die Emission eines Lasers im Bereich der Linienbreite kontinuierlich abgestimmt werden.

Andererseits kann auch außerhalb des Lasers eine Frequenzumsetzung unter Ausnutzung nichtlinearer optischer Effekte erreicht werden. Mit derartigen Prozessen kann die Frequenz um diskrete Beträge (Frequenzvervielfachung, Summen- und Differenzfrequenzerzeugung, Raman-Streuung) oder auch kontinuierlich (parametrischer Oszillator, Spin-Flip-Raman-Laser) verschoben werden (Kap. 19).

18.1 Frequenzabstimmung

In Bild 18.1 sind einige kommerzielle Lasersysteme angegeben, die über größere Wellenlängenbereiche kontinuierlich durchstimmbar sind. Farbstofflaser können durch Verwendung verschiedener Farbstoffe und Abstimmelemente von 0,3 bis 1 µm eingestellt werden. Durch Frequenzverdopplung in nichtlinearen Kristallen läßt sich der Wellenlängenbereich im Ultravioletten bis 0,2 µm erweitern. Eine Ausdehnung ins Infrarote bis 5 µm ist mit parametrischen Oszillatoren oder durch stimulierte Raman-Streuung möglich.

Die F-Zentren-Laser ergänzen die Spektren der Farbstofflaser in das nahe Infrarot. Farbstoff- und F-Zentrenlaser werden voraussichtlich zunehmend durch vibronische Festkörperlaser ersetzt, die einfacher zu handhaben und stabiler sind. Parametrische Oszillatoren werden in Abschn. 19.4 ausführlicher dargestellt. Halbleiterlaser können nur über relativ kleine Bandbreiten abgestimmt werden, durch Verwendung verschiedener Materialien ergibt sich jedoch für diese Laser ein weiter Emissionsbereich von 0,35 bis 30 µm. In

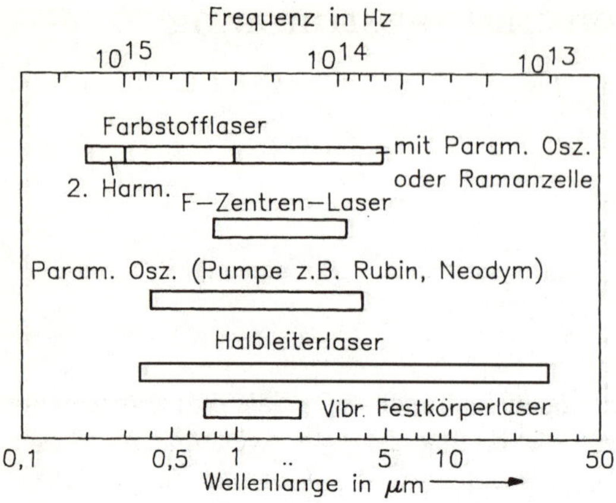

Bild 18.1. Emissionsbereiche kontinuierlich abstimmbarer Lasersysteme

Bild 18.1 sind zur Ergänzung auch die Wellenlängen von Diodenlasern angegeben, die in Kap. 10 beschrieben sind.

Neben den dargestellten Systemen zur Erzeugung kontinuierlich abstimmbarer Laserstrahlung gibt es weitere, die in kommerziellen Geräten bisher weniger angewendet werden: Frequenzvervielfachung und Frequenzmischung in Gasen und Dämpfen zur Erzeugung von VUV-Strahlung bis 20 m, Hochdruckgaslaser (IR-Molekül- und Excimerlaser, Abstimmbereiche relativ klein), Spin-Flip-Raman-Laser zur Abstimmung von CO_2- und CO-Lasern. Eine Zusammenstellung abstimmbarer Laser gibt auch Bild 3.1.

In verschiedenen Materialien kann Laseremission nicht nur auf einem, sondern auch auf mehreren Übergängen mit verschiedenen Mittenfrequenzen erreicht werden. Beispielsweise können CO_2-Laser und andere Molekülaser eine Reihe von eng benachbarten Linien emittieren. Mit einem frequenzselektiven Element (z. B. Gitter) kann die Frequenz um diskrete Beträge zwischen den einzelnen Emissionslinien abgestimmt werden. Innerhalb der Breite einer Linie ist eine weitere Abstimmung möglich.

18.2 Longitudinale Modenselektion

Durch Einsatz einer Modenblende kann erreicht werden, daß der Laser in der transversalen Grundmode TEM_{00} strahlt. Die Selektion der longitudinalen Moden und der entsprechende Monomodebetrieb sind schwieriger und aufwendiger zu erzielen. Dabei muß zwischen homogener und inhomogener Linienverbreiterung unterschieden werden.

Spektrales „hole-burning"

Bei der inhomogenen Verbreiterung tritt der Effekt des spektralen „hole-burning" auf. Dies führt dazu, daß die Überbesetzung im Bereich der Frequenzen der einzelnen Moden abgebaut wird. Die Besetzungsdichte erhält also Minima nach Bild 2.7. Die einzelnen Moden schwingen unabhängig voneinander, es besteht kein „Wettbewerb“ zwischen ihnen. Daher werden alle Moden oberhalb der Schwellenverstärkung angeregt.

Räumliches „hole-burning“

Anders ist es im Fall der homogenen Linienverbreiterung. Der Mode mit der höchsten Verstärkung schwingt zuerst an. Dadurch entsteht jedoch kein „Loch“ im Verstärkungsspektrum, da der Mode mit allen Atomen oder Molekülen in Wechselwirkung tritt. Das gesamte Verstärkungsprofil wird somit flacher, wie in Bild 2.6 dargestellt. Ein spektrales „hole-burning“ findet nicht statt. Falls keine weiteren Effekte auftreten, würde somit Monomodebetrieb entstehen. In der Praxis beobachtet man jedoch mehrere Moden mit Sprüngen zwischen ihnen. Dies wird durch das Phänomen des räumlichen „hole-burning“ erklärt.

Der anschwingende Mode stellt eine stehende Welle im Resonator dar, wie in Bild 18.2 dargestellt. In den Wellenbäuchen wird die Besetzungsinversion stark abgebaut („hole-burning“). Dagegen bleibt sie in den Knoten erhalten. Dadurch wird nun ein anderer Mode bevorzugt, bei welchem ein Teil der Wellenbäuche in die Knoten des alten Mode fallen. Damit schwingt dieser Mode ebenfalls an. Der Prozeß kann sich fortsetzen und führt zu Modensprüngen, die sich bei Festkörperlasern als „spikes“ bemerkbar machen. Das räumliche „hole-burning“ kann in Ringlasern vermieden werden, da dort laufende Lichtwellen vorhanden sind.

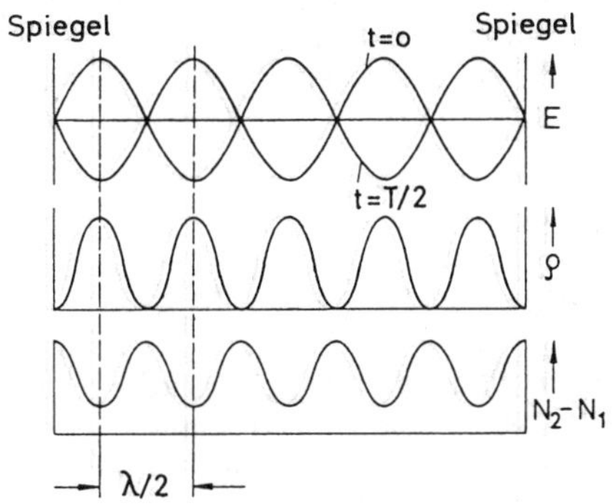

Bild 18.2. Räumliches „hole-burning“. In einem Mode ist die Inversion in achsialer Richtung räumlich moduliert. (E = Feldstärke, ϱ = Strahlungs- oder Energiedichte, $N_2 - N_1$ = Besetzungszahldifferenz, $T = \lambda/c$ = Schwingungsdauer)

Kurze Laser für Einfrequenzbetrieb

Eine Verkleinerung der Resonatorlänge L führt zu einer Vergrößerung des longitudinalen Modenabstandes $\Delta f = c/2L$. In besonderen Fällen kann dies zu einem Monomodebetrieb führen. Ein Beispiel ist der He-Ne-Laser mit einer Linienbreite (durch Doppler-Effekt) von 1,5 GHz. Bei einer Länge von $L = 10\,\text{cm}$ errechnet man den Modenabstand ebenfalls zu $\Delta f = c/2L = 1{,}5\,\text{GHz}$. Damit kann nur ein Mode innerhalb der Linienbreite anschwingen. Durch Feinabstimmung der Resonatorlänge kann man die Modenfrequenz in das Maximum des Verstärkungsprofils legen.

Laser mit frequenzselektiven Elementen

Monomodebetrieb kann durch Einfügen von Frequenzfiltern in den Resonator erreicht werden. Ein Beispiel dafür ist das Fabry-Perot-Etalon, welches aus einer planparallelen Platte mit verspiegelten Oberflächen besteht. Die Anordnung hat Transmissionsmaxima mit den Frequenzabständen $\Delta f_\text{D} = c'/2d$ und der Breite $\delta f = \Delta f_\text{D}/F$ (Abschn. 18.5). Dabei sind c' die Lichtgeschwindigkeit im Glas, d die Dicke des Etalons und F die Finesse.

Ein Lasermode kann anschwingen, wenn die Verstärkung G größer als der Schwellwert $1/TR$ ist (2.28). Dabei ist R der Reflexionsgrad der (gleichen) Spiegel und T die Transmission des Resonators, welche hauptsächlich durch das Verhalten des Etalons bestimmt wird. Wie in Bild 18.3 dargestellt, ist $1/TR$ stark frequenzabhängig. Für den Monomodebetrieb muß die Dicke des Etalons so gewählt werden, daß Δf_D größer als die halbe Breite des Verstärkungsprofils ist (Bild 18.3). Durch Verkippen des Resonators kann ein Mode des Etalons auf das Maximum des Verstärkungsprofils justiert werden. Die Finesse F wird durch die Verspiegelung bestimmt (Abschn. 18.5). Sie muß so gewählt werden, daß die Breite δf kleiner als der longitudinale Modenabstand ist.

Fabry-Perot-Etalon werden auch als Reflektoren zur Frequenzselektion eingesetzt (Bild 18.4a und b). Günstiger ist es jedoch meist, die FPI-Etalons

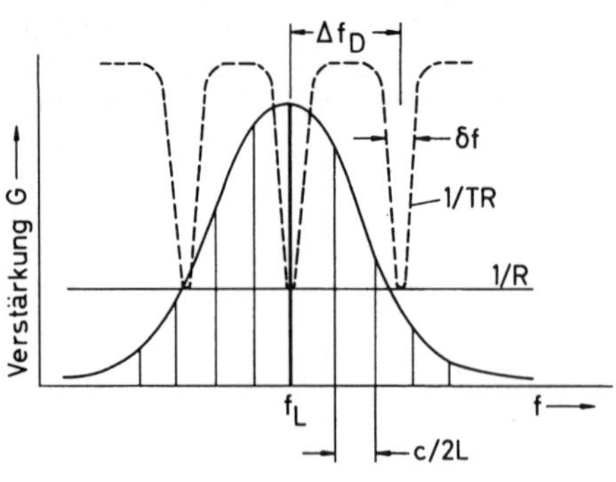

Bild 18.3. Frequenzselektion durch FPI-Etalon in einem Laserresonator. Die *parallelen, senkrechten Striche* markieren die Frequenzen der longitudinalen Lasermoden mit dem Abstand $c/2L$. Für den zentralen Mode mit der Frequenz f_L ist der Schwellwert $1/RT$, also schwingt dieser Mode an (T = Transmission des Etalons, R = Reflexionsgrad der Laserspiegel)

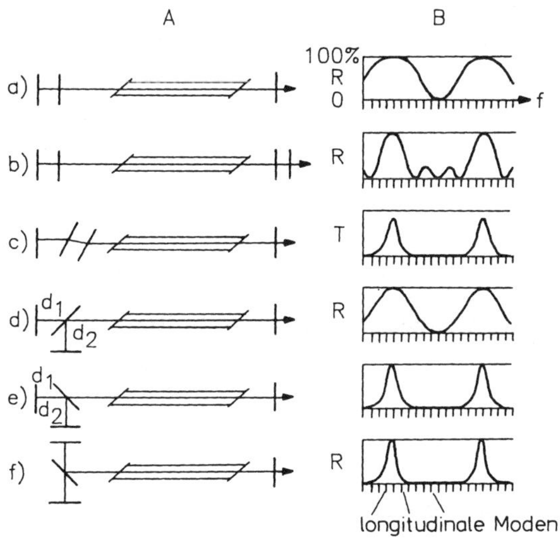

Bild 18.4 a–f. Verschiedene Interferometer zur Modenselektion in Resonatoren. (**a**) und (**b**) Fabry-Perot-Reflektoren, (**c**) internes Fabry-Perot-Etalon, (**d**) Michelson-Interferometer, (**e**) und (**f**) Fox-Smith-Interferometer

in Transmission zu verwenden (Bild 18.4c), da diese in Transmission frequenzselektiver sind als in Reflexion.

Neben dem FPI-Etalon können zur Modenselektion auch andere Interferometer verwendet werden, deren Verhalten in Bild 18.4 skizziert sind. In den folgenden Abschnitten werden weitere Bauelemente, welche zur Wellenlängenabstimmung und -selektion eingesetzt werden, beschrieben.

18.3 Prisma

In einem Prisma werden Lichtstrahlen in Abhängigkeit von der Wellenlänge gebrochen (Bild 18.5 a). Der Ablenkwinkel α ist bei symmetrischem Durchgang gegeben durch

$$\sin\frac{\alpha+\gamma}{2} = n(\lambda)\sin\frac{\gamma}{2}\,. \tag{18.1}$$

Dabei bedeutet $n(\lambda)$ den Brechungsindex des Materials, der von der Wellenlänge λ abhängt.

Bei Anordnung eines Prismas in einen Laserresonator wird nur Licht eines engen Wellenlängenbereiches $\delta\lambda$ in den Resonator zurückreflektiert und dort weiter verstärkt. Der Wellenlängenbereich $\delta\lambda$ läßt sich aus der Winkeldispersion $\mathrm{d}\alpha/\mathrm{d}\lambda$ abschätzen:

$$\frac{\mathrm{d}\alpha}{\mathrm{d}\lambda} \approx 2\alpha\frac{\mathrm{d}n}{\mathrm{d}\lambda}\,. \tag{18.2}$$

Dabei ist $\mathrm{d}n/\mathrm{d}\lambda$ durch die Wellenlängenabhängigkeit des Brechungsindex bestimmt, und α ist der Ablenkwinkel nach Bild 18.5b. Mit dem Divergenzwinkel Θ des Laserstrahls ergibt sich:

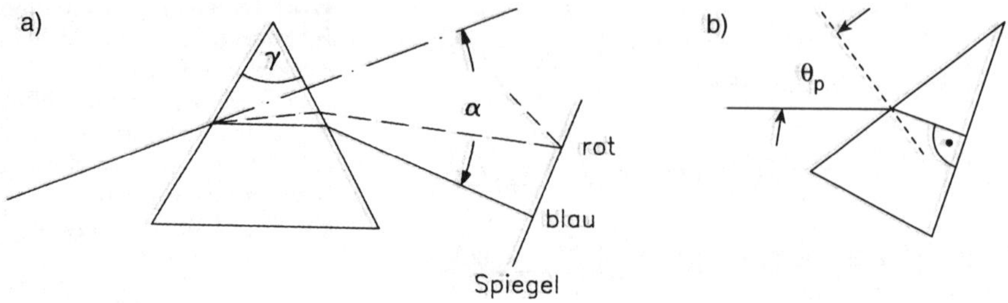

Bild 18.5. (a) Prisma zur Frequenzabstimmung eines Lasers (b) Brewster Reflexionsprisma (Θ_p = Brewster-Winkel)

$$\frac{\mathrm{d}\alpha}{\mathrm{d}\lambda} \approx \frac{\Theta}{\delta\lambda}. \tag{18.3}$$

Damit erhält man für den Wellenlängenbereich beim Prisma:

$$\delta\lambda \approx \frac{\Theta}{\mathrm{d}\alpha/\mathrm{d}\lambda} \approx \frac{\Theta}{2\mathrm{d}n/\mathrm{d}\lambda}. \tag{18.4}$$

Für Quarzglas im sichtbaren Spektralbereich ist $\mathrm{d}n/\mathrm{d}\lambda \approx 1000\,\mathrm{cm}^{-1}$. Die Winkeldispersion beträgt also $\mathrm{d}\alpha/\mathrm{d}\lambda = 2000\,\mathrm{cm}^{-1}$. Die Divergenz für einen Laser im Grundmode beträgt etwa $\Theta = \lambda/\pi w_0 \approx 2 \cdot 10^{-4}$ für $\lambda = 0{,}5\,\mu\mathrm{m}$, $w_0 = 0{,}8\,\mathrm{mm}$. Damit ergibt sich $\delta\lambda \approx 1\,\mathrm{nm}$. Der Emissionsbereich des Lasers kann davon erheblich abweichen. Er hängt von der Verstärkung im Lasermedium und deren Frequenzabhängigkeit ab. Zur weiteren Verringerung des Emissionsbereiches können mehrere Prismen hintereinander verwendet werden.

Prismen werden u. a. zur Frequenzselektion in Edelgasionenlasern benutzt. Eine Fläche des Prismas kann als Spiegel verwendet werden (Bild 18.5 b). Durch Drehung des Prismas läßt sich eine Abstimmung des Lasers erreichen.

18.4 Gitter

Zur Wellenlängenselektion werden meist Reflexionsgitter verwendet, die auch als Blaze-Gitter in Littrow-Anordnung, Echelette-, Echelle-Gitter bezeichnet werden. Diese bestehen aus einer Anzahl paralleler Furchen (Bild 18.6), z. B. in Glas oder einem Kunststoffabdruck. Das auf eine Facettenfläche fallende Licht wird reflektiert und gebeugt. Die an den einzelnen Facetten gebeugten Teilwellen überlagern sich zu einer Welle, die entgegengesetzt zur einfallenden Welle läuft, wenn der Gangunterschied zwischen den Teilwellen ein ganzzahliges Vielfaches der Wellenlänge λ ist:

$$2d \sin\alpha = m\lambda \quad \text{mit} \quad m = 1, 2, 3 \ldots . \tag{18.5}$$

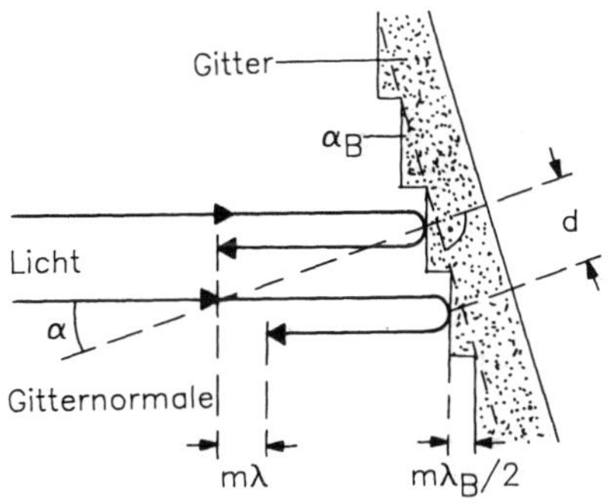

Bild 18.6. Reflexionsgitter zur Abstimmung von Resonatoren

Der Winkel zwischen einer Facettenfläche und der mittleren Oberfläche des Gitters heißt Blaze-Winkel α_B. Trifft Licht senkrecht auf die Facettenflächen, so wird Licht mit der Blaze-Wellenlänge $\lambda_\mathrm{B} = (2d \sin \alpha_\mathrm{B})/m$ reflektiert (Bild 18.6). Für λ_B hat das Gitter den maximalen Reflexionsgrad. Bei leichtem Verkippen des Gitters gilt das Reflexionsgesetz an verspiegelten Facettenflächen nicht mehr, da durch Beugung kugelähnliche Wllen entstehen. Für jeden Winkel α wird entsprechend (18.5) eine Wellenlänge reflektiert.

Die Winkeldispersion ergibt sich zu

$$\frac{\mathrm{d}\alpha}{\mathrm{d}\lambda} = \frac{\tan \alpha}{\lambda} . \tag{18.6}$$

Für ein Gitter mit $m = 1$, $N = 2000$ Linien/mm, $d = 0{,}5\,\mu\mathrm{m}$, $\lambda = \lambda_\mathrm{B} = 0{,}5\,\mu\mathrm{m}$, $\alpha = 30°$ ergibt sich als Beispiel eine Winkeldispersion von etwa $\mathrm{d}\alpha/\mathrm{d}\lambda = 10^4\,\mathrm{cm}^{-1}$. Mit einem derartigen Gitter läßt sich nach (18.4) bei einer Divergenz des Laserstrahls von $\Theta = 2 \cdot 10^{-4}$ ein Laseremissionsbereich $\delta\lambda = 0{,}2\,\mathrm{nm}$ erzielen. Dies ist weniger als mit dem im vorigen Abschnitt beschriebenen Prisma, wobei ein Laserstrahl mit $w_0 = 0{,}8\mathrm{mm}$ vorausgesetzt wird. Das Auflösungsvermögen ist also $\lambda/\delta\lambda = 2\,500$.

Für das Auflösungsvermögen gilt auch

$$\frac{\lambda}{\delta\lambda} = N \cdot m , \tag{18.7}$$

wobei N die Zahl der ausgeleuchteten Gitterfurchen ist. Bei Benutzung eines Gitters mit 1,6 mm Breite und 2 000 Linien/mm in erster Ordnung ($m = 1$) würde sich ein Auflösungsvermögen von 3 600 ergeben. Dies ist in ungefährer Übereinstimmung mit den Ergebnissen aus (18.6). Um das Auflösungsvermögen möglichst groß zu machen, werden in Laserresonatoren vor dem Gitter strahlaufweitende Teleskope oder Anordnungen mit Prismen benutzt. Gleichzeitig wird damit die Energiedichte auf dem Gitter herabgesetzt, wodurch Beschädigungen vermieden werden können. Beispielsweise erhält man bei einer Ausleuchtung von 50 mm für obiges Gitter ein Auflösungsvermögen von 10^5.

Reflexionsgitter werden z. B. in Farbstofflasern zur Wellenlängenselektion eingesetzt. Durch die Drehung des Gitters kann entsprechend (18.5) eine Abstimmung erreicht werden. Der mögliche Abstimmbereich und die effektive Reflexion des Gitters hängen von der Form und dem Reflexionsvermögen der Furchen ab. Zur Erhöhung des Reflexionsvermögens werden Gitter metallisiert. Im sichtbaren Spektralbereich kann je nach Ausführung mit einem Gitter ein Abstimmbereich von einigen 100 nm bei einer effektiven Reflexion von etwa 90 % erzielt werden.

18.5 Fabry-Perot-Etalon

Ein Fabry-Perot-Etalon besteht aus zwei parallelen, teildurchlässigen Spiegeln, die beispielsweise auf eine plan-parallele Glasplatte (Brechungsindex n) aufgebracht werden (Bild 18.7). Die Spiegel können auch auf zwei Glasplatten aufgedampft werden, zwischen denen sich auch Luft oder ein anderes Gas befinden ($n \approx 1$) kann. Damit diese Spiegel nicht als Resonatorspiegel wirken, wird das Etalon als Frequenzselektor meist schräg zur Laserachse angeordnet. Die einfallende Welle ergibt nach Reflexionen zwischen den Spiegeln mehrere Teilwellen. Wenn diese sich phasengerecht überlagern, wird das Etalon durchlässig. Für ein Etalon nach Bild 18.7 lautet die Bedingung dafür:

$$2d\sqrt{n^2 - \sin^2\alpha} = m\lambda\,, \quad m = \text{ganze Zahl}\,. \tag{18.8}$$

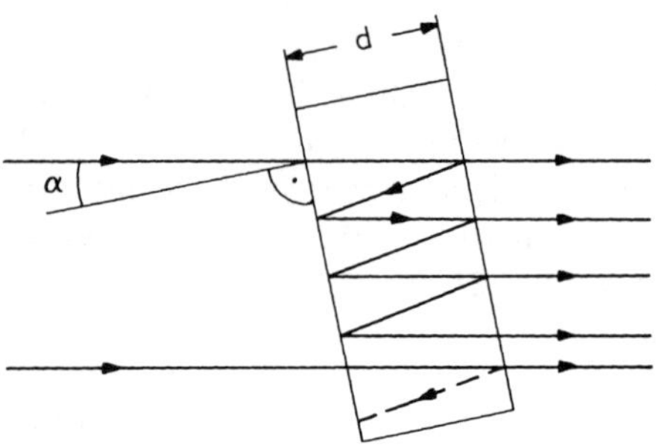

Bild 18.7. Fabry-Perot-Etalon

Für jede Wellenlänge λ können damit die Winkel α für maximale Transmission berechnet werden. Die Winkeldispersion ergibt sich für $n = 1$ zu:

$$\frac{\mathrm{d}\alpha}{\mathrm{d}\lambda} = \frac{1}{\lambda \tan\alpha}\,. \tag{18.9}$$

Bei kleinem Kippwinkel α sind bedeutend höhere Werte für die Winkeldispersion als beim Prisma und Gitter möglich, so daß auch eine weit bessere Frequenzselektion erzielt werden kann. Die Abstimmung eines Etalons kann durch Drehung, Änderung des Spiegelabstandes d (z. B. beim Keiletalon oder wedge filter) oder des Brechungsindex n (z. B. durch Druckveränderung eines Gases zwischen den Spiegeln) erfolgen.

Durch ein Etalon werden bei festem d, n, α mehrere Spektrallinien gleichzeitig durchgelassen. Der Frequenzabstand dieser Linien (Dispersionsgebiet) beträgt für $\alpha = 0$ und $n = 1$:

$$\Delta f_{\mathrm{D}} = c/2d\,. \tag{18.10}$$

Diese Beziehung entspricht der Gleichung (13.3) für die transversalen Moden eines Lasers. Eine eindeutige Frequenzselektion findet also nur statt, falls die Frequenzbreite des einfallenden Lichtes kleiner als das Dispersionsgebiet ist. Bei Verwendung von Etalons als Frequenzselektoren ist daher oft eine Vorselektion mit z. B. einem oder mehrere n dünneren Etalons notwendig. Bei ebenen Wellen und beliebig großen Durchmessern ist das Etalon in einem Bereich $\Delta\lambda$ bzw. Δf durchlässig, wobei die mittlere Wellenlänge λ durch ((18.8)) gegeben ist:

$$\frac{\Delta\lambda}{\lambda} = \frac{\Delta f}{f} = \frac{\Delta f_{\mathrm{D}}}{Ff}\,. \tag{18.11}$$

Die Finesse F ist durch das Reflexionsvermögen R der Spiegel gegeben:

$$F = \frac{\pi\sqrt{R}}{1-R}\,. \tag{18.12}$$

Für $R = 10$ bis 97% ergibt sich beispielsweise $F = 11$ bis 100. Das Auflösungsvermögen $\lambda/\Delta\lambda$ nach (18.11) nimmt bei großen d und R im Vergleich zum Gitter und Prisma sehr große Werte an. Das reale Auflösungsvermögen kann jedoch bei divergenten Lichtwellen mit begrenztem Durchmesser bedeutend geringer sein.

Durch Variation der Dicke können sehr unterschiedliche Linienbreiten $\Delta\lambda$ oder Δf eingestellt werden. Sehr kurze Etalons mit $d \approx \lambda$ werden auch als Interferenzfilter bezeichnet. Die relativen Linienbreiten liegen bei diesen im Bereich von $\Delta\lambda/\lambda \approx 0{,}01$. Dickere Etalons ergeben weit geringere Linienbreiten. Etalons mit einer Dicke von etwa 1 cm sind, evtl. bei zusätzlicher Vorselektion mit einem kürzeren Etalon, ausreichend, um in einem etwa 50 cm langen Laser Emission nur in einem axialen Mode zu erzielen.

18.6 Doppelbrechende Filter

In doppelbrechenden Kristallen (z. B. Kalkspat) spaltet eine linear polarisierte Lichtwelle in einen ordentlichen und einen außerordentlichen Strahl auf, die senkrecht zueinander polarisiert sind und verschiedene Brechungsindizes n_{o} und n_{e} besitzen. Nach Durchlaufen des Kristalles können die beiden Teilwellen unterschiedliche Phasen haben, so daß sie sich zu einer elliptisch polarisierten Welle zusammensetzen, die bei Durchtritt durch einen Polarisator geschwächt wird (Bild 18.8). Wenn die Phasendifferenz einem ganzzahligen Vielfachen der Wellenlänge λ entspricht, ergibt sich hinter dem Kristall wieder

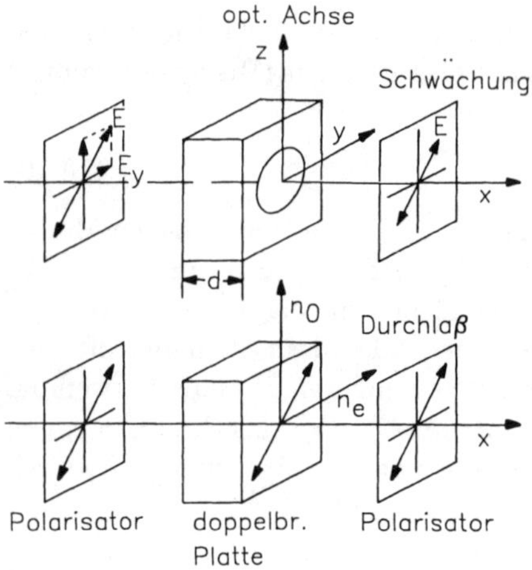

Bild 18.8. Wirkungsweise eines Lyot-Filters. Bei Schwächung wird in der doppelbrechenden Platte elliptisch oder um 90° gedrehtes linear polarisiertes Licht erzeugt. Der Durchlaßbereich wird durch (18.13) beschrieben

linear polarisiertes Licht, das mit voller Amplitude vom Polarisator durchgelassen wird:

$$|n_o - n_e|\, d = m\lambda\,. \tag{18.13}$$

Die Abstimmung kann durch Kippen, wodurch die effektive Dicke d geändert wird, oder Anlegen eines elektrischen Feldes erfolgen, wodurch $|n_o - n_e|$ geändert wird. Ähnlich wie bei einem Fabry-Perot-Etalon wird ein Dispersionsgebiet definiert:

$$\Delta f = \frac{c}{|n_o - n_e|\, d}\,. \tag{18.14}$$

Der Durchlaßbereich einer einzelnen doppelbrechenden Platte mit Polarisator ist gleich dem halben Dispersionsgebiet und damit relativ breit. Es werden daher häufig mehrere Platten und Polarisatoren hintereinander (Lyot-Filter) verwendet, um eine bessere Frequenzselektion zu erzielen. Ein Vorteil eines doppelbrechenden Filters gegenüber einem Fabry-Perot-Filter ist, daß keine Spiegel notwendig sind, die nur für einen begrenzten Frequenzbereich konstante Reflexion haben. Ein doppelbrechendes Filter ist also über einen größeren Wellenlängenbereich einsetzbar. Außerdem können wegen der fehlenden Spiegel die Verluste gering sein. Doppelbrechende Filter werden beispielsweise zur Abstimmung und Frequenzeinengung von kontinuierlichen Farbstofflasern verwendet.

Aufgaben

18.1 Was bedeutet räumliches „hole-burning“, und wie kann man es vermeiden?

18.2 Schätzen Sie die Zahl der Moden (und die Kohärenzlänge) in einem Argonlaser mit 50 cm Länge ab. Berechnen Sie Dicke und Reflexionsgrad eines Etalons zur Erzielung von Monomode-Betrieb.

18.3 Eine Etalon besteht aus zwei gleichartig verspiegelten Glasplatten im Abstand L voneinander. Das Dispersionsgebiet beträgt $\Delta f_{\mathrm{D}} = 5 \cdot 10^9$ Hz und die Auflösung $\Delta f = 50$ MHz. Berechnen Sie den Abstand L der Platten, die Finesse, Güte und den Reflexionsgrad der Spiegel.

18.4 Wie groß ist der Emissionsbereich eines Farbzentrenlasers bei 2,5 µm, der mit einem Prisma abgestimmt wird? Der Strahldurchmesser beträgt 5 mm und die Dispersion $\mathrm{d}n/\mathrm{d}\lambda = 1{,}5 \cdot 10^5\,\mathrm{m}^{-1}$.

18.5 Man schätze den Emissionsbereich eines Farbstofflasers bei $\lambda = 0{,}5$ µm ab, der mit einem Reflexionsgitter ($\alpha = 30°$, 2000 Linien/mm) abgestimmt wird. Der Strahldurchmesser am Gitter beträgt 10 mm.

18.6 Ein He-Ne-Laser (632 nm) wird an der Ultraschallwelle (500 MHz) eines akustooptischen Bauelementes in erster Ordnung gebeugt. Wie groß ist die Verschiebung der Wellenlänge?

19. Frequenzumsetzung

Der Spektralbereich von Lasern kann durch verschiedene Verfahren der Frequenzumsetzung wesentlich erweitert werden. Von besonderer Bedeutung sind nichtlineare optische Effekte, wie die Frequenzverdopplung und die Raman-Streuung. Zunächst soll der Doppler-Effekt zur Erzeugung kleiner Frequenzänderungen z. B. für meßtechnische Anwendungen behandelt werden.

19.1 Doppler-Effekt

Bei der Reflexion an einem bewegten Spiegel (Bild 19.1) entsteht eine Frequenzänderung

$$\Delta f = \frac{-2v}{c} f_0 \cos\alpha \,. \tag{19.1}$$

Dabei ist f_0 die Frequenz der unter dem Winkel α einfallenden Welle und c die Lichtgeschwindigkeit. Wenn sich der Spiegel mit der Geschwindigkeit v in Einfallsrichtung bewegt, so wird Δf negativ, und die reflektierte Welle hat eine kleinere Frequenz. Wird z. B. eine Spiegelgeschwindigkeit $v = 1{,}5\,\mathrm{m/s}$ angenommen, so ergibt sich bei senkrechtem Einfall eine relative Frequenzverschiebung $\Delta f / f_0 = 10^{-8}$.

Größere Frequenzänderungen als durch mechanisch bewegte Spiegel lassen sich durch Beugung von Licht an Ultraschallwellen erzeugen (Abschn. 16.2). Hier ist die Frequenzänderung Δf_0 des Lichtes gegeben durch die Frequenz f_S der Ultraschallwelle:

$$\Delta f_0 = n f_S \,, \quad n = \pm 1, \pm 2, \pm 3, \ldots \tag{19.2}$$

Dabei gibt n die Beugungsordnung an. Um optimale Beugungseffizienz zu erhalten, arbeitet man meistens mit $n = 1$. Erreichbar sind Schallfrequenzen

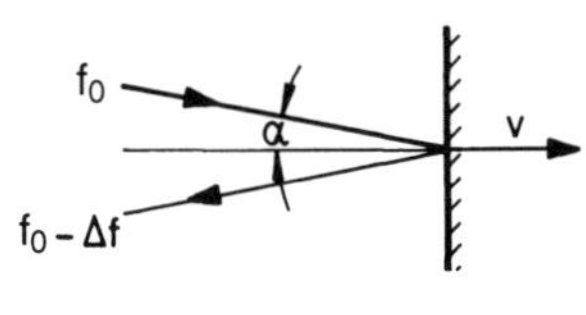

Bild 19.1. Frequenzverschiebung durch Doppler-Effekt bei Reflexion an einem bewegten Spiegel mit der Geschwindigkeit v

von etwa $f_S = 10^9$ Hz, so daß sich für rotes Licht mit $f_0 = 5 \cdot 10^{14}$ Hz ergibt $\Delta f_0/f_0 = 2 \cdot 10^{-6}$.

Höhere Schallfrequenzen und damit größere Frequenzänderungen können optisch durch stimulierte Brillouin-Streuung angeregt werden, jedoch wird dieser Streuprozess im Gegensatz zur stimulierten Raman-Streuung (Abschn. 19.5) selten zur Frequenzumsetzung von Lasern eingesetzt.

19.2 Nichtlineare optische Effekte

Die elektrische Feldstärke $\boldsymbol{E}$ einer Lichtwelle in einem Material läßt Elektronen mitschwingen und induziert so Dipolmomente. Die Dichte der Dipolmomente wird als elektrische Polarisation $\boldsymbol{P}$ (nicht zu verwechseln mit Polarisation = Schwingungszustand) bezeichnet. Die Polarisation ist dafür verantwortlich, daß die mitschwingenden Atome wieder Strahlung aussenden. Im Falle schwacher Strahlung ist der Zusammenhang zwischen Polarisation und einfallender Feldstärke linear (klassische Optik). Für große Lichtfeldstärken erweist sich ein Potenzreihenansatz zur Beschreibung der dann auftretenden nichtlinearen optischen Effekte als nützlich:

$$\boldsymbol{P} = \varepsilon_0(\chi_1 \boldsymbol{E} + \chi_2 \boldsymbol{E}^2 + \chi_3 \boldsymbol{E}^3 + \ldots) . \tag{19.3}$$

Darin ist $\varepsilon_0 = 8{,}854 \cdot 10^{-12}$ A s/V m die Dielektrizitätskonstante des Vakuums. Die Koeffizienten oder Suszeptibilitäten χ_i nehmen mit zunehmender Ordnung schnell ab. Für Festkörper gilt typisch: $\chi_1 \approx 1, \chi_2 \approx 10^{-12}$ m/V, $\chi_3 \approx 10^{-21}$ m^2/V^2. In einer vollständigeren Beschreibung sind χ_i als Tensoren aufzufassen. Nichtlineare optische Suszeptibilitäten 2. Ordnung χ_2 treten nur in Kristallen, Flüssigkristallen und anderen anisotropen Materialien auf. Die nichtlineare Gleichung (19.3) ist dafür verantwortlich, daß sich die Frequenz des Lichtes in optischen Medien ändern kann.

Frequenzmischung

Werden in einem Kristall zwei ebene Wellen

$$E_i = A_i \exp -\mathrm{i}(\boldsymbol{k}_i x - \omega_i t) + \text{c. c.} , \quad i = 1,2 \tag{19.4}$$

mit den Kreisfrequenzen $\omega_i = 2\pi f_i$ und den Wellenvektoren $|\boldsymbol{k}_i| = 2\pi n_i/\lambda_i = n_i \omega_i / c$ eingestrahlt, so erhält man aus (19.3) folgenden Term:

$$P_2(\omega, \boldsymbol{k}) = \varepsilon_0 \chi_2 E_1(\omega_1, \boldsymbol{k}_1) E_2(\omega, \boldsymbol{k}_2) . \tag{19.5}$$

Nach Einsetzen von (19.4) und Ausmultiplikation entstehen in (19.5) ebene Polarisationswellen mit den Summen- und Differenzfrequenzen

$$\begin{aligned} \omega &= \omega_1 \pm \omega_2, 2\omega_1, 2\omega_2 \quad \text{und} \\ \boldsymbol{k} &- \boldsymbol{k}_1 \pm \boldsymbol{k}_2, 2\boldsymbol{k}_1, 2\boldsymbol{k}_2 . \end{aligned} \tag{19.6}$$

Der kubische Term in (19.3) liefert im Fall drei verschiedener Lichtwellen folgende resultierende Frequenzen ω' und Wellenvektoren $\boldsymbol{k}'$:

$$\begin{aligned} \omega' &= \omega_1 \pm \omega_2 \pm \omega_3,\, 3\omega_1,\, 2\omega_1 \pm \omega_2 \quad \text{usw.} \\ \boldsymbol{k}' &= \boldsymbol{k}_1 \pm \boldsymbol{k}_2 \pm \boldsymbol{k}_3,\, \ldots\,. \end{aligned} \tag{19.7}$$

Die verschiedenen Polarisationsanteile strahlen Lichtwellen ab, deren Frequenzen durch die Summen und Differenzen nach (19.6) und 19.7) gegeben sind. Damit kann durch Einstrahlung von intensivem Laserlicht in Materialien eine große Anzahl verschiedener Kombinationsfrequenzen erzeugt werden. Es läßt sich so eine Umsetzung der Frequenz von Laserlicht in andere Spektralbereiche erreichen.

19.3 Frequenzverdopplung und -vervielfachung

Wird in einem Kristall nur eine Lichtwelle mit der Frequenz ω_1 eingestrahlt (Bild 19.2), so ergibt sich ein nichtlinearer Anteil der Polarisation, der mit der doppelten eingestrahlten Frequenz $\omega = 2\omega_1$ schwingt. Mit dieser Frequenz wird eine Lichtwelle, die zweite Harmonische, abgestrahlt. Um maximale Intensität in Richtung der eingestrahlten Welle zu erreichen, müssen der Polarisationsanteil mit $2\omega_1, 2\boldsymbol{k}_1$ und die erzeugte Lichtwelle (Frequenz $\omega = 2\omega_1$, Wellenvektor $\boldsymbol{k}$) phasengleich durch das Material laufen. Es muß gelten

$$|\boldsymbol{k}| = \frac{n\omega}{c} = |2\boldsymbol{k}_1| = 2\frac{n_1\omega_1}{c}\,. \tag{19.8}$$

Die Anpassung der Phase ist erfüllt, wenn die Brechungsindizes n, n_1 der beiden Wellen gleich sind. Um die Brechungsindizes anzupassen (index matching) kann die Doppelbrechung ausgenutzt werden.

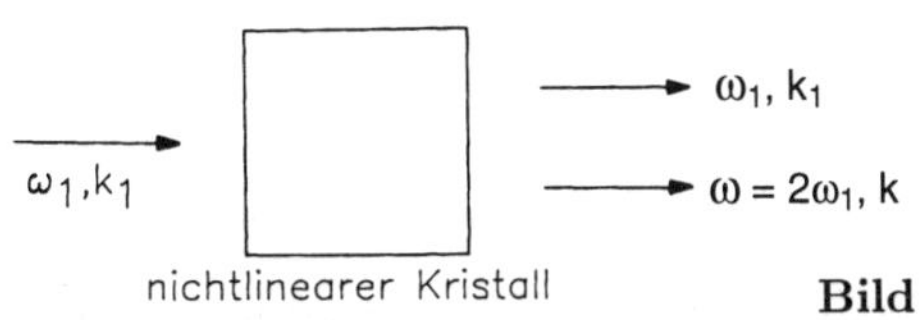

Bild 19.2. Frequenzverdopplung von Licht

Ein optisch einachsiger Kristall besitzt für senkrecht (ordentlich) und parallel (außerordentlich) zum Hauptschnitt (= Ebene aus Einfallsrichtung und optischer Achse) polarisiertes Licht verschiedene Brechungsindizes. Zur *Phasenanpassung* müssen Grundwelle und zweite Harmonische ordentlich bzw. außerordentlich polarisiert sein mit den verschiedenen Brechungsindizes n_1^{o} und n^{e}. Während n_1^{o} unabhängig ist vom Einstrahlwinkel Θ bezüglich der optischen Achse, ist $n^{\mathrm{e}}(\Theta)$ stark winkelabhängig (Bild 19.3). Bei geeigneter

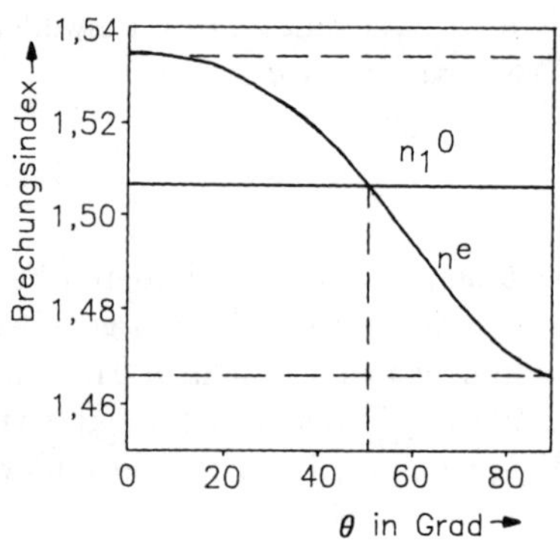

Bild 19.3. Brechungsindex von KDP für Rubin-Laserlicht n_1^{o} und für dessen 2. Harmonische n^{e} als Funktion des Winkels zwischen Lichtausbreitungsrichtung und optischer Achse

Wahl der Richtung, z. B. $\Theta \approx 50°$ in Bild 19.3, gelingt es, beide Brechungsindizes anzupassen.

Ein weiteres Verfahren zur Phasenanpassung besteht darin, den Kristall in der Lichtausbreitungsrichtung mit einer Periode Λ, gegeben durch

$$\frac{2\pi}{\Lambda} = \boldsymbol{k} = \boldsymbol{k} - 2\boldsymbol{k}_1 = \frac{\omega_1}{c}(n - n_1)\,,$$

örtlich zu strukturieren oder zu „polen". Dieses Verfahren wird als Quasiphasenanpassung bezeichnet und erfordert keine Doppelbrechung des nichtlinearen Materials, aber dafür höheren Aufwand bei der Präparation.

Mit Phasenanpassung ist theoretisch ein Wirkungsgrad von 100 % für Frequenzverdopplung möglich. Mit intensiven Lasern wurden bis zu 90 % erreicht. Bei vielen Anwendungen ist der Wirkungsgrad jedoch erheblich kleiner. Da er quadratisch mit der Leistungsdichte ansteigt, wird die Strahlung in den Verdopplerkristall fokussiert. Dabei darf die Zerstörschwelle nicht überschritten werden.

Im Bereich kleiner Wirkungsgrade von etwa 20 % läßt sich die Intensität I der 2. Harmonischen aus der Intensität I_1 der Grundwelle sowie der Kristalllänge L berechnen zu:

$$I = \frac{2\omega_1^2}{c^3\varepsilon_0}\,\frac{d_{\mathrm{eff}}^2}{n_1^2 n}\,I_1^2 L^2\,.$$

Zahlenwerte für die nichtlinearen Koeffizienten $d_{\mathrm{eff}} \approx \varepsilon_0\chi_2$ sind in Bild 19.4 für verschiedene Kristalle angegeben.

Für hohe Umwandlungswirkungsgrade gilt:

$$I = I_1 \tanh^2 \sqrt{\frac{2\omega_1^2 d_{\mathrm{eff}}^2 I_1 L^2}{c^3\varepsilon_0 n_1^2 n}}\,.$$

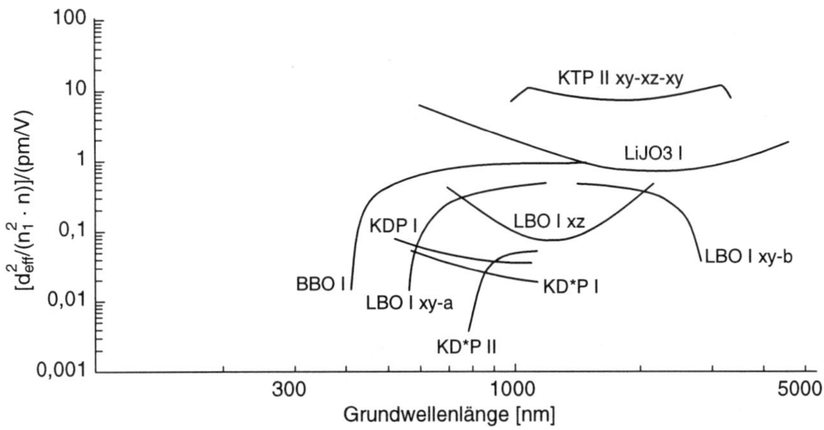

Bild 19.4. Effektive nichtlinearer optischer Koeffizient d_{eff} verschiedener Kristalle für phasenangepaßte Frequenzverdopplung verschiedener Grundwellenlängen (*I* = Typ I; *II* = Typ II; n_1 und n sind die Brechzahlen der Grundwelle und 2. Harmonischen) (nach Fa. Gsänger, Optoelektronik, Planegg)

Kristalle

Klassische nichtlineare, optische Materialien sind KDP (Kaliumdihydrogenphosphat KH_2PO_4) und ähnlich aufgebaute Kristalle (ADP, RDA, CDA). Sie sind von etwa 0,2 bis 1,9 µm transparent. Die Schwelle, bei der auf Grund der eingestrahlten Leistungsdichte Kristallschäden auftreten, liegt bei über 400 MW/cm^2 bei 10 ns-Impulsen mit einer Wellenlänge von 1,06 µm. In Tabelle 19.1 ist die Zerstörschwelle für eine kürzere Pulsdauer dargestellt. Ebenfalls gebräuchlich ist Lithiumniobat $LiNbO_3$. Es ist transparent von etwa 0,4 bis 4,2 µm und hat wesentlich größere nichtlineare Koeffizienten als KDP. Die Zerstörungsschwelle liegt jedoch wesentlich niedriger als bei KDP. Einen ähnlichen Transparenzbereich, nichtlinearen Koeffizienten und Zerstörschwelle hat Lithiumiodat $LiIO_3$. Ein neueres Material ist KTP (Kaliumtitanylphosphat $KTiOPO_4$). Es besitzt sehr hohe Umwandlungswirkungsgrade, jedoch relativ geringe Zerstörschwellen und ist nur für Grundwellenlängen von 1 bis 3,4 µm geeignet, d. h. für die Erzeugung frequenzverdoppelten Lichtes bis her-

Tabelle 19.1. Zerstörschwelle bei 1,053 µm und Pulslängen von 1,3 ns

Kristall	Energiedichte J/cm^2	Leistungsdichte GW/cm^2	Verhältnis
KTP	6,0	4,6	1,00
KDP	10,9	8,4	1,83
BBO	12,9	9,9	2,15
LBO	24,6	18,9	4,10

ab zu 500 nm; es ist aber relativ teuer. Für die Erzeugung von Wellenlängen bis 186 nm ist BBO (Bariumbetaborat β-BaB_2O) geeignet. BBO hat auch sehr hohe Zerstörschwellen und wird dabei nur von LBO übertroffen. Für den infraroten Bereich werden Proustite Ag_3AsS_3 und Cadmiumselenid CdSe verwendet.

Der Wirkungsgrad der Frequenzverdopplung steigt quadratisch mit der Leistungsdichte an. Bei niedrigen Leistungen, wie beispielsweise beim diodengepumpten Nd: YAG-Laser, ist deshalb ein Einsatz innerhalb des Resonators vorteilhaft. Die Leistung ist innerhalb des Resonators um den Faktor $1/T$ höher, wobei T der Transmissionsgrad des Ausgangsspiegels ist. Durch den Einbau des Verdopplerkristalls in den Resonator wird der Laser jedoch oft instabiler. Durch sorgfältige Konstruktion und Ausführung des Aufbaus können diese Stabilitätsprobleme jedoch gelöst werden. Insbesondere bei kommerziellen diodengepumpten Nd: YAG-Lasern wird der Verdopplerkristall häufig in den Resonator eingebaut.

Höhere Harmonische

Neben der Frequenzverdopplung auf Grund des quadratischen Anteils der Polarisation ist Frequenzverdreifachung möglich, für die der kubische Anteil der Polarisation verantwortlich ist. Wegen der kleinen nichtlinearen optischen Koeffizienten χ_3 ist ein hoher Wirkungsgrad schwer zu erreichen. Günstiger ist es oft, das frequenzverdoppelte Licht noch einmal in einem nichtlinearen Kristall mit der Grundwelle zu mischen.

Treten noch höhere Potenzen in (19.3) auf, so ergeben sich neben der 2. und 3. Harmonischen durch Frequenzvervielfachung weitere höhere Harmonische.

Kommerziell werden z. B. Neodym-Laser mit Frequenzvervielfachung angeboten, die neben der Grundwelle mit 1,06 µm kohärentes Licht der Wellenlänge 266 nm (zweifach frequenzverdoppelt), 355 nm (frequenzverdreifacht) und 532 nm (frequenzverdoppelt) liefern (Bild 19.5). Auch Titan-

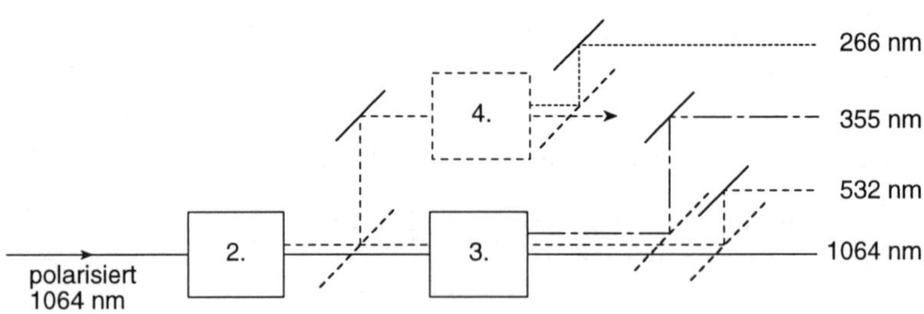

Bild 19.5. Anordnung zur Erzeugung von Frequenzvervielfachung von intensiven Laserpulsen (*2.* = Frequenzverdoppler (1064 nm → 532 nm), *3.* = Verdreifachung durch Frequenzmischung (1064 u. 532 nm → 355 nm), *4.* Frequenzverdoppler zur Erzeugung der 4. Oberwelle (532 nm → 266 nm))

Saphir- und Farbstofflaser werden mit Frequenzvervielfachung betrieben und ergeben so kurzwelligere, abstimmbare Strahlung.

19.4 Parametrische Oszillatoren

Werden in einem Kristall zwei Wellen mit unterschiedlichen Frequenzen ω_1, ω_2 eingestrahlt, so ergeben sich nach (19.6) nichtlineare Polarisationsanteile, die mit der Summen- und Differenzfrequenz $\omega_1 \pm \omega_2$ schwingen und entsprechende Wellen abstrahlen. Die Differenzfrequenzbildung kann zur *parametrischen Lichtverstärkung* ausgenutzt werden. Dabei wird in einen nichtlinearen Kristall eine intensive Pumpwelle mit der Frequenz ω_p und eine zu verstärkende Signalwelle mit der Frequenz ω_s eingestrahlt (Bild 19.6). Im Kristall entsteht eine Welle mit der Differenzfrequenz

$$\omega_\mathrm{i} = \omega_\mathrm{p} - \omega_\mathrm{s} , \tag{19.9}$$

die sogenannte Hilfswelle (engl. idler wave). Damit dieser Prozeß effektiv abläuft, müssen die Brechungsindizes angepaßt sein, d. h. es muß gelten

$$n_\mathrm{i}\omega_\mathrm{i} = n_\mathrm{p}\omega_\mathrm{p} - n_\mathrm{s}\omega_\mathrm{s} . \tag{19.10}$$

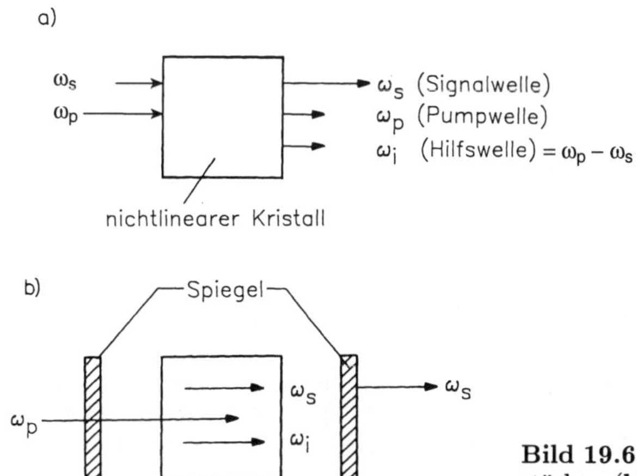

Bild 19.6. (**a**) Parametrischer Verstärker, (**b**) parametrischer Oszillator

Die Hilfswelle wechselwirkt nun ihrerseits mit Signal- und Pumpwelle. Durch Differenzfrequenzbildung von Pump- und Hilfswelle, wobei gemäß (19.10) ebenfalls Anpassung der Brechungsindizes vorliegt, entsteht eine Welle mit der Frequenz $\omega_\mathrm{s} = \omega_\mathrm{p} - \omega_\mathrm{i}$. Durch diesen Prozeß wird die eingestrahlte Signalwelle verstärkt. Mit einigen cm langen $LiNbO_3$-Kristallen konnten z. B. Verstärkungsfaktoren für die Signalwelle bis zu $G \approx 100$ erreicht werden.

Ein *parametrischer Oszillator* besteht aus einem nichtlinearen Kristall, der mit einer intensiven Pumpwelle bestrahlt wird und von zwei Spiegeln eingeschlossen ist (Bild 19.6). Aus dem stets vorhandenen Rauschen des elektromagnetischen Feldes wird nun durch parametrische Verstärkung diejenige Lichtwelle verstärkt, für deren Frequenz die Brechungsindizes nach (19.10) angepaßt sind. Wegen der Reflexion an den Spiegeln läuft die Signalwelle mehrfach durch den Kristall und wird insgesamt verstärkt, falls die Verstärkung im Kristall größer ist als die Verluste im Resonator sind. Schließlich stellt sich eine stationäre Amplitude ein. Bei dem Verstärkungsprozeß entsteht gleichzeitig eine Hilfswelle mit der Frequenz $\omega_i = \omega_p - \omega_s$.

Beim zweifach resonanten Oszillator ist der Reflexionsgrad der Spiegel für die Signal- und Hilfswelle gleich hoch. In diesem Fall ist eine Unterscheidung von Signal- und Hilfswelle nicht mehr sinnvoll.

Ein parametrischer Verstärker oder Oszillator kann bei fester Pumpfrequenz abgestimmt werden, indem die Brechungsindizes variiert werden und so Phasenanpassung für verschiedene Paare von Signal- und Hilfswellenfrequenzen erzielt wird. Der Brechungsindex kann z. B. durch Drehen des Kristalls (Bild 19.7) oder über die Temperatur verändert werden.

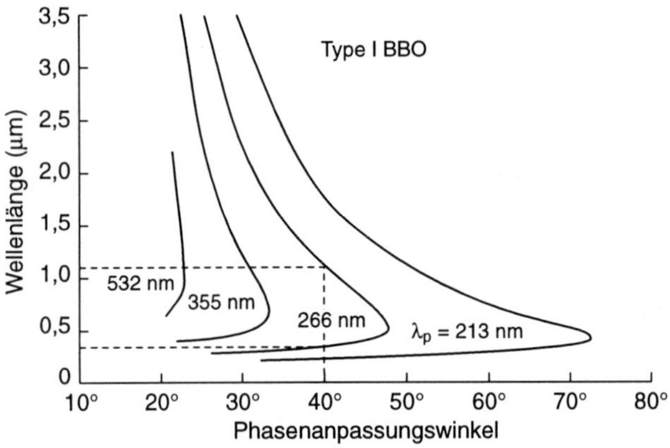

Bild 19.7. Abstimmkurve eines parametrischen Oszillators aus BBO. Der Winkel gibt die Lichtausbreitungsrichtung in Bezug auf die optische Achse an. Bei einem Winkel von z. B. 40° und einer Pumpwellenlänge $\lambda_p = 266$ µm entsteht ein Wellenlängenpaar von etwa 0,3 µm und 1,1 µm (Fa. Gsänger)

Parametrische Oszillatoren sind vor allem als kontinuierlich abstimmbare Lichtquellen für den infraroten Spektralbereich von Interesse, wo keine Farbstofflaser zur Verfügung stehen. In Laborgeräten wurden Umwandlungswirkungsgrade bis zu einigen 10 % erreicht. Mit $LiNbO_3$ konnte parametrische Oszillation im kontinuierlichen Betrieb demonstriert werden, wobei mit einem Nd: YAG-Laser gepumpt wurde.

19.5 Stimulierte Ramanstreuung

Durch Ramanstreuung können eine Reihe neuer Laserfrequenzen erzeugt werden. Der Raman-Effekt kann als inelastischer Streuvorgang von Photonen mit Molekülen (Bild 19.8) aufgefaßt werden, denen dabei Schwingungsenergie zugeführt oder entnommen wird. Ein einfallendes Lichtquant hf_{P} wird durch Streuung in ein Quant hf_{S} übergeführt, wobei die Differenzenergie $hf_{\mathrm{R}} = h(f_{\mathrm{P}} - f_{\mathrm{S}})$ vom Molekül absorbiert wird. Es gilt

$$f_{\mathrm{S}} = f_{\mathrm{P}} - f_{\mathrm{R}} \,. \tag{19.11}$$

Die Raman-Verschiebung f_{R} hängt von den Anregungszuständen des Moleküls ab (Tabelle 19.2). Der in Bild 19.8a dargestellte Vorgang beschreibt die Erzeugung der ersten Stokes-Linie.

Tabelle 19.2. Raman-Verschiebung f_{R} einiger Moleküle

Medium	H_2	CH_4	N_2	HF
Raman-Verschiebung f_{R} in cm^{-1}	4155	2914	2330	3962

Wenn sich das Molekül vor der Streuung in einem angeregten Zustand befindet, kann das gestreute Photon nach Bild 19.8b höhere Energie als das einfallende haben, und es gilt

$$f_{\mathrm{AS}} = f_{\mathrm{P}} + f_{\mathrm{R}} \,. \tag{19.12}$$

In diesem Fall handelt es sich um die Erzeugung der ersten Anti-Stokes-Linie. Die Zwischenniveaus u und v in Bild 19.8 können reell oder virtuell sein, d. h. nur eine sehr kurzfristige Anregung der Moleküle beschreiben.

Die bisher behandelte spontane Ramanstreuung ist ungerichtet und hat nur einen geringen Wirkungsgrad. Sie eignet sich daher nicht zur Frequenzumsetzung von Laserlicht. Bei großen eingestrahlten Intensitäten kann jedoch

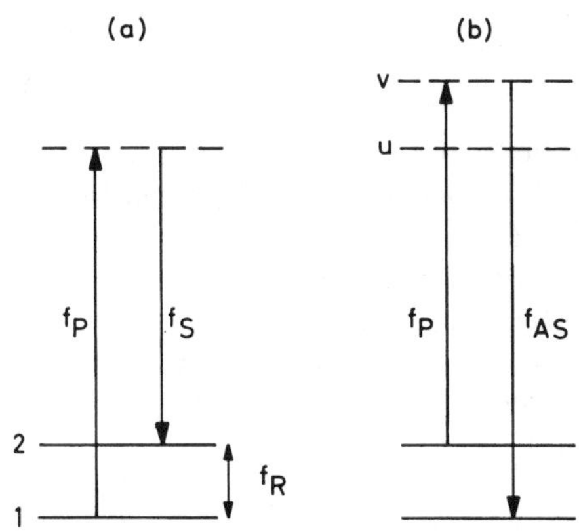

Bild 19.8. Raman-Streuung an Molekül mit Schwingungsfrequenz f_{R} (**a**) Erzeugung der ersten Stokes-Linie (**b**) Erzeugung der ersten Anti-Stokes-Linie

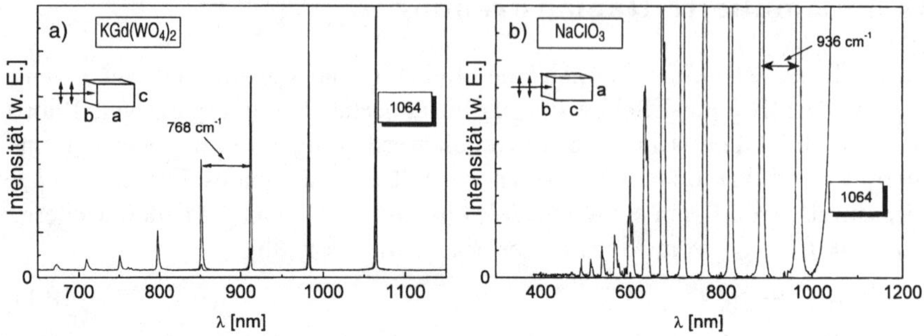

Bild 19.9 a,b. Spektrum der stimulierten Antistokes-Raman-Streuung in 2 verschiedenen Kristallen mit der angegebenen Orientierung. Die eingestrahlten Laserpulse mit einer Wellenlänge von 1064 nm hatten eine Pulsbreite von 100 ps und wurden auf einen Fleckdurchmesser von 75 μm fokussiert. Die Kristallänge betrug 15–30 mm. Die angegebenen Ramanverschiebungen von $768\,\mathrm{cm}^{-1}$ und $936\,\mathrm{cm}^{-1}$ sind vom Kristall und dessen Orientierung abhängig

die Ramanstreuung in Vorwärts- oder auch Rückwärtsrichtung sehr effektiv werden, was als stimulierte Streuung bezeichnet wird. Der dadurch erzeugte Strahl der 1. Stokeslinie besitzt ähnliche Qualität wie der zum Pumpen benutzte, einfallende Laserstrahl.

Beim stimulierten Raman-Effekt regt die Pumpfrequenz f_P viele Moleküle ins Niveau u an, so daß eine Inversion bezüglich dem Niveau 2 entsteht. Dadurch wird die Strahlung mit der Frequenz f_S durch stimulierte Emission verstärkt, was ähnlich wie bei einem Superstrahler zu einer gerichteten Emission führt.

Bei höheren Leistungsdichten entstehen neben der ersten Stokes-Linie noch weitere Linien mit den Frequenzabständen f_R. Das gleiche gilt für die erste Anti-Stokes-Linie. Diese Linien höherer Ordnung können durch mehrfache Ramanstreuung erklärt werden.

Die maximale Umwandlungsrate η für die Energie oder Leistung der Pumpwelle mit der Frequenz f_P in die Stokes-Welle mit f_S durch den Raman-Effekt beträgt

$$\eta = (f_\mathrm{P} - f_\mathrm{R})/f_\mathrm{P}\,. \tag{19.13}$$

Mit dem f_R-Wert für Methan aus Tabelle 19.2 erhält man z. B. beim Pumpen mit einem frequenzverdoppelten Nd:YAG-Laser (532 nm) einen theoretischen Wirkungsgrad von $\eta = 84\,\%$ bei einer erzeugten Wellenlänge von 630 nm. Praktische Wirkungsgrade sind deutlich kleiner.

Die einfachste Anordnung zur Erzeugung eines Raman-verschobenen Strahls besteht in einer längeren Gaszelle unter hohem Druck von etwa 10 bis 100 bar, welche z. B. mit Methan gefüllt ist. Zur Erhöhung der Leistungsdichte wird die Pumpstrahlung in das Gas fokussiert. Derartige Raman-Zellen

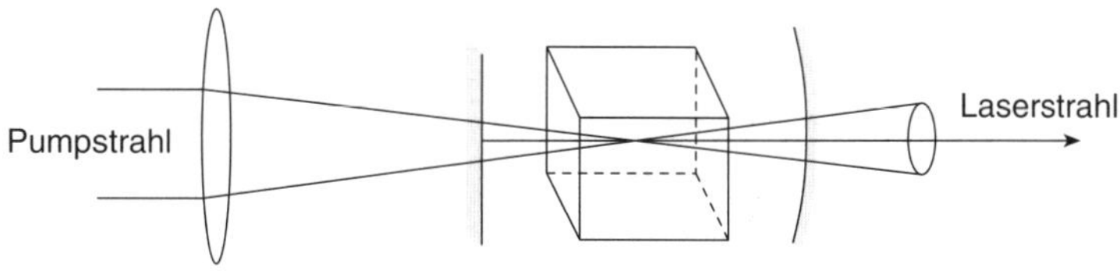

Bild 19.10. Ramanlaser: durch einen fokussierten Pumpstrahl wird in einem Kristall stimulierte Ramanstreuung erzeugt. Optische Rückkopplung mit 2 Spiegeln führt zur Ausbildung eines Laserstrahls, der gegenüber dem Pumpstrahl um den Betrag einer Schwingungsfrequenz verschoben ist. Bei Verwendung eines $KGd(WO_4)_2$-Kristalls werden z. B. aus der Pumpwellenlänge von 1064 nm Raman-Laserwellenlängen von 1177 nm oder 1159 nm erzeugt

werden insbesondere mit Festkörper- oder Excimerlasern (Bild 7.6) gepumpt, wobei neue Linien im UV und IR erzeugt werden.

Auch in Festkörpern läßt sich stimulierte Ramanstreuung beobachten (Bild 19.9). Die Frequenzverschiebungen starker Ramanlinien liegen um 1000 cm^{-1} und sind damit deutlich geringer als bei Molekülen.

Bei einer einfachen Raman-Zelle entstehen gleichzeitig mehrere Linien. Durch selektive Spiegel an den Enden der Zelle bzw. des Ramankristalls kann ein Raman-Laser aufgebaut werden, wie in Bild 19.10 dargestellt, wodurch nicht erwünschte Linien unterdrückt werden.

19.6 Kontinuumserzeugung

Ein intensiver Lichtimpuls, der sich in Materie ausbreitet, ändert durch seine hohe Feldstärke den Brechungsindex. Dadurch wird die Laufzeit der verschiedenen Teile der Pulse, z. B. Vorderflanke, Maximum und Rückseite, verschieden, und es kommt hinter dem Material zu einer starken Phasenmodulation. Da sich die Phase zeitlich ändert, variiert auch die Frequenz während des Impulses, was auch als chirp (auf Deutsch „Zwitschern", siehe auch Abschn. 17.5) bezeichnet wird. Durch diese Selbstphasenmodulation läßt sich mit einem intensiven Lichtpuls ein breites Spektrum erzeugen, das als Weißlichtkontinuum bezeichnet wird. Diese Kontinua (Bild 19.11) können den gesamten sichtbaren Spektralbereich überdecken, aber auch im Infraroten und Ultravioletten erzeugt werden.

Als Materialien dienen Wasser und andere Flüssigkeiten, Gläser und Glasfasern, bei denen relativ geringe Lichtleistungen notwendig sind. Als Lichtquellen werden Piko- oder Femtosekundenpulse von Festkörper- und Farbstofflasern verwendet. Bei einem 100 fs-Impuls reichen einige µJ Laserenergie aus, um bei 1 mm Materialstärke ein Kontinuum zu erzeugen.

Ultrakurze Kontinuum-Laserpulse werden zur spektroskopischen Materialuntersuchung vielfach angewendet. Es können damit z. B. schnell ablau-

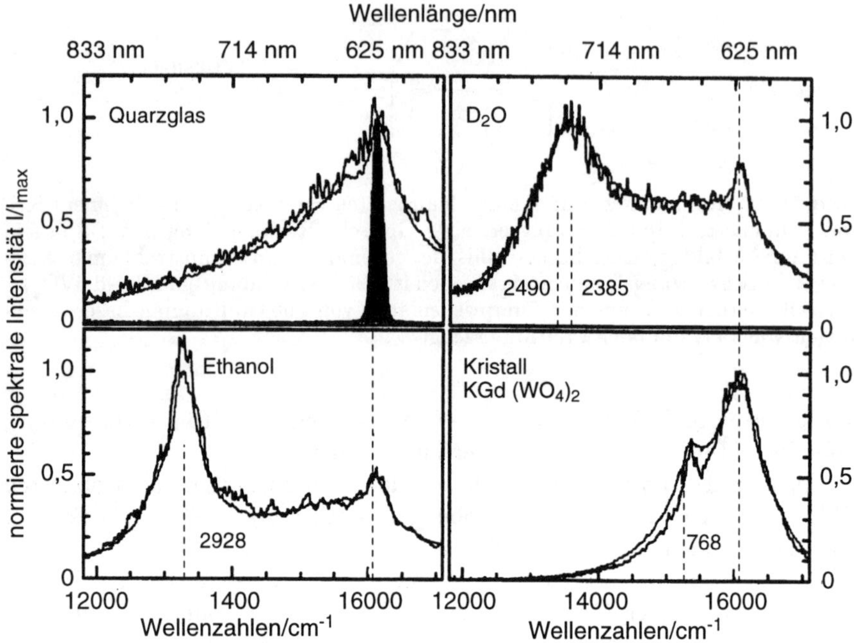

Bild 19.11. Spektren von Kontinuumsstrahlung, die durch Fokussierung ultrakurzer Lichtimpulse mit einer Wellenlänge von 625 nm, Dauer etwa 100 fs, Energie etwa 5,2 mJ in den angegebenen Materialien (Schichtdicke 1 cm) erzeugt wurden. Es ist die spektrale Intensitätsverteilung jeweils für einen Einzelpuls sowie über 50 Pulse gemittelt dargestellt, was zu einer Glättung des Spektrums führt. Bei D_2O und Ethanol treten stark verbreiterte Ramanlinien auf. Oben links ist auch das Spektrum eines eingestrahlten Pulses dargestellt (nach Jähnig und Elschner, Optisches Institut der TU Berlin)

fende chemische und biologische Vorgänge durch Beobachtung zeitaufgelöster Absorptionsspektren untersucht werden.

19.7 Erzeugung und Charakterisierung hoher Harmonischer in Gasen

Bei der Wechselwirkung intensiver Laserstrahlung $\geq 10^{13}\,\mathrm{W/cm^2}$ mit Edelgasen wurde Ende der 80er Jahre erstmals die Erzeugung von Harmonischen hoher Ordnung > 15 beobachtet (Bild 19.12). Aufgrund der Inversionssymmetrie des Gases ergeben sich nur Harmonische ungerader Ordnung. Eine charakteristische Intensitätsverteilung ist in Bild 19.13 gezeigt. Einem starken Abfall in den niedrigen Ordnungen, die in diesem Bild nicht gezeigt sind, folgt z. B. bis zur 61. Harmonischen ein Bereich nahezu gleichbleibender Intensität,das sogenannte Plateau. Anschließend fällt die Intensität an der sogenannten „Cutoff“-Harmonischen stark ab.

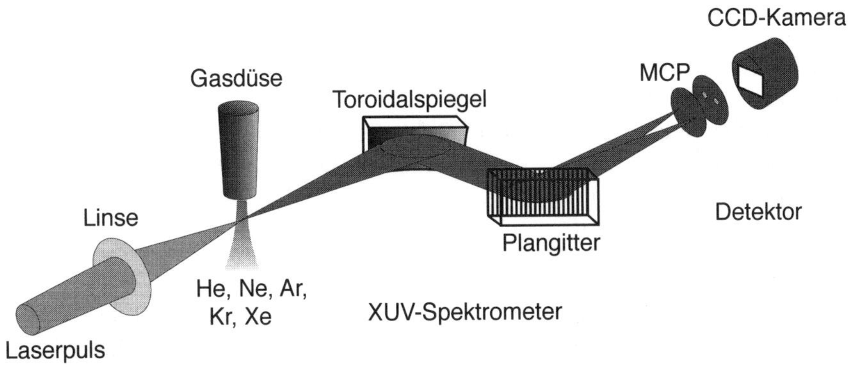

Bild 19.12. Anordnung zur Erzeugung hoher Harmonischer in Edelgasen (MCP = Microchannelplate mit Fluoreszenzschirm) (Sommerer und Sandner, Max-Born-Institut Berlin)

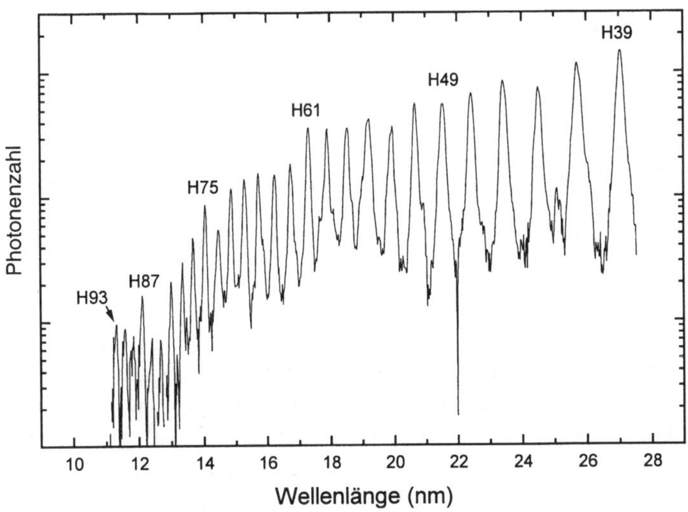

Bild 19.13. Spektrum hoher Harmonischer in Neon bei einer eingestrahlten Wellenlänge von 1 053 nm mit einer Intensität von 10^{14} W/cm^2 bei einer Pulsdauer von 200 fs und 60 µm Strahlradius. Die Zahlenwerte der Photonenzahlen sind stark von experimentellen Parametern abhängig (s. Text). Die Breite einer Harmonischen ist durch die Auflösung des Spektrometers gegeben (Schulze, Sommerer und Sandner, Max-Born-Institut Berlin)

Die „hohe Harmonischen Generation“ (HHG) liefert eine neuartige kohärente Strahlungsquelle im VUV/XUV, mit der das Wasserfenster (Spektralbereich von 4,4 nm bis 2,2 nm) erreicht wird. Als Wasserfenster wird der Spektralbereich zwischen den Absorptionskanten von Kohlenstoff und Wasserstoff bezeichnet, in dem die Strahlung von den Kohlenstoffatomen absorbiert wird, Sauerstoff hingegen noch transparent ist. Strahlung in diesem Wellenlängenbereich wird vor allem zur Untersuchung biologischer Substanzen in wässriger Lösung benötigt.

Zur Erzeugung höherer Harmonischer werden überwiegend die Edelgase Xe, Kr, Ar, Ne und He verwendet. Die Cutoff-Photonenenergie W_p ist näherungsweise gegeben durch

$$W_\mathrm{p} = I_\mathrm{p} + 3{,}17 \frac{e^2 E^2}{4 m \omega^2} \,,$$

wobei I_p = Ionisierungspotential der Gasatome und E und ω die Feldstärke und Frequenz des einfallenden Lichtes darstellen. e und m sind die Elektronenmasse und Ladung.

Da die leichteren Atome eine höhere Ionisierungsenergie haben, kann mit ihnen eine höher maximale Photonenenergie erreicht werden. Außerdem verfügen sie über eine höhere Sättigungsintensität für die Ionisation, wodurch es möglich ist, sie einer höheren Feldstärke E auszusetzen, was ebenfalls zu hoher Cutoff-Energie und kurzen Wellenlängen führt. Schwere bzw. größere Atome haben allerdings höhere Polarisierbarkeit als leichtere bzw. kleinere Atome, sie weisen daher im elektrischen Feld größere nichtlineare Dipolmomente auf, welche höhere Photonenzahlen bei der HHG niedriger Ordnung ergeben.

Im Bereich von 10 eV bis 40 eV wurde ein Wirkungsgrad zwischen 10^{-7} und 10^{-6} bei HHG in Argon ermittelt. Für Photonenenergien zwischen 43 eV und 73 eV wird von einer Energiekonversion bei HHG in Neon von rund 10^{-10} bei Verwendung eines Nd:Glas-Lasers mit einer Pulsdauer von 650 fs berichtet. Für den Bereich von 40 eV bis 150 eV wird eine Energiekonversion von 10^{-8} angegeben. Diese vergleichsweise hohen Werte beziehen sich auf einen Cr:LiSAF-Laser ($\lambda = 825$ nm) mit einer Pulsdauer von 140 fs.

Neben den hohen Harmonischen stehen im VUV/XUV-Spektralbereich eine Reihe weiterer Strahlungsquellen zur Verfügung, bzw. befinden sich in der Entwicklung, u. a.: Synchrotron-/Undulatorstrahlung, Freie-Elektronen-Laser (FEL), XUV-Laser, Röntgenlaser (XRL) und Laserplasma-Linienstrahlung. Diese Strahlungsquellen haben sehr unterschiedliche physikalische Eigenschaften, und der apparative Aufwand zur Strahlungserzeugung ist verschieden, so daß die für die jeweilige Anwendung passende Strahlungsquelle gewählt werden muß. Für einige Anwendungen stehen diese Strahlungsquellen aber in direkter Konkurrenz. So können Experimente, die in der Vergangenheit mit Synchrotronstrahlung durchgeführt wurden, inzwischen auch mit HHG-Strahlung erfolgen. Die Vorteile liegen dabei hauptsächlich im geringeren apparativen, finanziellen und räumlichen Aufwand.

Aufgaben

19.1 Warum muß ein Kristall zur Frequenzverdopplung justiert werden?

19.2 Durch Fokussierung von Nd-YAG-Strahlung ($\lambda = 1{,}06\,\mu m$) entsteht Strahlung mit ungefähr $3\,\mu m$. Die Raman-Verschiebung beträgt $2914\,cm^{-1}$. Berechnen Sie die genaue Wellenlänge.

19.3 Die Leistung eines He-Ne-Lasers wird mit einem Luxmeter (Fläche $0{,}5\,m^2$) zu $1000\,lx$ gemessen. Wie groß ist die Laserleistung in mW?

20. Stabilität und Kohärenz

Die Eigenschaften von Laserstrahlen, wie Frequenz, Leistung, Strahlprofil, Richtung, Polarisation, sind nicht stabil, sondern schwanken, was sich störend auf viele Anwendungen auswirkt. Beispielsweise führen Schwankungen der Frequenz oder Wellenlänge von He-Ne-Lasern zu einer begrenzten Meßgenauigkeit bei interferometrischen Längenmessungen. Schwankungen der Energie und des Strahlprofils von Pulslasern, die zum Bohren verwendet werden, ergeben Unterschiede des Lochdurchmessers und der Form der produzierten Löcher. Wie bereits in Kap. 3 dargestellt, ist es daher notwendig, die Schwankungen zu erfassen und für spezielle Anwendungen hinreichend klein zu halten. Die dabei auftretenden Probleme sind meist technischer Art und können im folgenden nur angedeutet werden. Der Schwerpunkt der folgenden Ausführungen liegt in der Erläuterung von Begriffen, die zur Beschreibung von Stabilitätseigenschaften verwendet werden, d. h. der Art und Größe der Schwankungen. Außerdem sollen einige fundamentale Stabilitätsgrenzen dargestellt werden.

Besonders stabil lassen sich kontinuierliche Laser aufbauen, worauf sich die folgenden Abschnitte in erster Linie beziehen. Die Stabilisierung von gepulsten Lasern ist schwieriger, da dazu geeignete, schnell arbeitende elektronische Schaltungen aufwendig sind. Die fundamentalen Stabilitätsgrenzen sind daher mit gepulsten Lasern schwieriger zu erreichen. Grundsätzlich sind aber für Pulslaser die gleichen, die Stabilität begrenzenden Effekte wie bei kontinuierlichen Lasern vorhanden. Es treten jedoch bei Pulslasern zusätzliche Probleme auf.

20.1 Leistungsstabilität

In diesem Abschnitt sollen einige technische Probleme dargestellt werden, die zu Schwankungen der Ausgangsleistung von Lasern führen. Auf das grundsätzlich immer auftretende und nicht völlig vermeidbare Schrotrauschen wird in Abschn. 20.3 eingegangen.

Bei elektrisch angeregten Lasern werden Schwankungen durch die begrenzte Stabilität der Netzgeräte hervorgerufen. Unterscheiden lassen sich Langzeitschwankungen mit Zeitkonstanten von Minuten oder Stunden, die z. B. durch Temperaturänderungen hervorgerufen werden, Schwankungen im

Bereich der Netzfrequenz von 50 Hz und Vielfachen davon, sowie Schwankungen im Bereich einige 10 kHz, die z. B. durch interne Schaltfrequenzen des Netzgerätes verursacht werden.

Eine weitere Quelle von Leistungsschwankungen kann in mangelnder Stabilität des optisch-mechanischen Aufbaus liegen. Temperaturänderungen, Erschütterungen und akustische Störungen können zu Spiegelbewegungen und Veränderungen im Laserstrahlengang führen und zu entsprechenden Leistungsschwankungen.

Auch das aktive Medium selbst kann zu Instabilitäten führen, z. B. durch Plasmaschwingungen in Gasentladungslasern und thermische Phasenstörungen in optisch gepumpten Festkörperlaserstäben. Die Leistungsschwankungen hängen dann von den Betriebsbedingungen der Laser ab, z. B. Entladungsstrom sowie Gasdruck und Magnetfeld bei Ionenlasern.

Bei Multimodelasern ohne Phasenkopplung treten statistische Modulationen der Ausgangsleistung mit den Differenzfrequenzen der oszillierenden longitudinalen und transversalen Moden auf. Die Frequenzen liegen bei typischen Gas- und Festkörperlasern im Bereich einiger 10 bis 100 MHz. Die dadurch verursachten Leistungsschwankungen werden als Modenverteilungsrauschen bezeichnet.

Zur Charakterisierung von Leistungsschwankungen werden von Laserherstellern verschiedene Kenngrößen angeben. Als Amplitudenstabilität wird oft die Änderung der Laserleistung etwa innerhalb einer Stunde angegeben, nachdem der Laser warmgelaufen ist. Typische Werte für kommerzielle Edelgasionenlaser liegen z. B. bei 2–3 %. Dieser Wert kann durch eine Rückkoppelschaltung zur Leistungsstabilisierung bei Bedarf um mehr als einen Faktor 10 verringert werden.

Als optisches Rauschen werden Leistungsschwankungen im Frequenzbereich von etwa 10 Hz bis zu einigen MHz bezeichnet. Bei guten Edelgasionenlasern liegt der relative quadratische Mittelwert dieser Schwankungen bei weniger als 1 %. Eine ähnliche Bedeutung und damit auch eine vergleichbare numerische Größe hat die maximale Welligkeit (ripple).

Richtungsstabilität

Neben Intensitätsfluktuationen treten auch Richtungsschwankungen bei Lasern auf. Derartige Veränderungen der Strahlachse können mit Quadrantendetektoren untersucht werden. Sie werden durch Änderungen der Position des Laserrohres im optischen Resonator verursacht und können durch geeignete Maßnahmen am mechanischen Aufbau reduziert werden. Die Richtungsschwankungen sollten deutlich geringer sein als die Strahldivergenz.

Polarisationsstabilität

Zu unterscheiden sind Laser mit polarisierter und unpolarisierter Strahlung. Letztere haben wie natürliches Licht keine definierte Polarisationsebene.

Durch Brewsterplatten oder andere polarisierende Elemente im Resonator kann eine bestimmte Polarisationsrichtung der Laserstrahlung erzeugt werden. Die zu dieser Vorzugsrichtung senkrechte Polarisationsrichtung ist dann nur noch zu einem kleinen Anteil in der Strahlung enthalten. Bei polarisierten He-Ne-Lasern wird z. B. ein Intensitätsverhältnis von $< 0{,}01$ für die beiden Polarisationsanteile angegeben.

Es ist im allgemeinen nicht möglich, aus unpolarisierter Laserstrahlung mit einem Polarisator stabile polarisierte Laserstrahlung zu erzeugen. Die Strahlung hinter dem Polarisator zeigt vielmehr oft eine Intensitätsmodulation mit der fundamentalen Resonatorfrequenz $c/2L$. Außerdem tritt ein Leistungsverlust auf, so daß es günstiger ist, die Strahlung durch interne Elemente zu polarisieren.

20.2 Frequenzstabilität

Für spektroskopische und andere meßtechnische Anwendungen werden frequenzstabile Laser benötigt. Prinzipiell ist die Frequenzbreite δf eines Monomodelasers durch den Einfluß der spontanen Emission begrenzt:

$$\delta f = \pi h f \left(\Delta f_{\mathrm{P}}\right)^2 \mu / P \,. \tag{20.1}$$

Dabei ist f die Emissionsmittenfrequenz und P die Ausgangsleistung. Das Plancksche Wirkungsquantum beträgt $h = 6{,}6 \cdot 10^{-34}\,\mathrm{J\,s}$.

$$\Delta f_{\mathrm{P}} = (1 - R) c / 2\pi L$$

ist die Bandbreite des passiven Resonators, der aus Spiegeln mit dem Reflexionsgrad R im optischen Abstand L besteht.

$$\mu = N_2 / (N_2 - N_1)_{\mathrm{t}}$$

ist ein Faktor, der die Stärke der spontanen Emission charakterisiert, wobei N_2 die Besetzungszahl des oberen Laserniveaus und $(N_2 - N_1)_{\mathrm{t}}$ die Besetzungszahldifferenz an der Laserschwelle (threshold) ist.

Für einen He-Ne-Laser mit $\lambda = 632\,\mathrm{nm}$ $f = 5{\cdot}10^{14}\,\mathrm{Hz}$, $hf = 3{,}3{\cdot}10^{-19}\,\mathrm{Ws}$, $P = 1\,\mathrm{mW}$, $L = 10\,\mathrm{cm}$, $R = 99\,\%$, $\mu = 1$ ist

$$\delta f(\text{He-Ne}) = 5 \cdot 10^{-2}\,\mathrm{Hz}\,.$$

Diese geringe Linienbreite ist nur mit extrem hohem Aufwand zu realisieren. Schwankungen der Laserlänge L führen zu wesentlich grösseren Frequenzinstabilitäten, wie weiter unten erläutert wird.

Für einen Halbleiterlaser mit $\lambda = 0{,}85\,\mu\mathrm{m}$, $f = 3{,}5 \cdot 10^{14}\,\mathrm{Hz}$, $P = 3\,\mathrm{mW}$, $L = nl = 3{,}5 \cdot 300\,\mu\mathrm{m}$, $R = 30\,\%$, $\mu = 3$ erhält man

$$\delta f(\mathrm{GaAs}) = 1{,}5 \cdot 10^6\,\mathrm{Hz}\,.$$

Die Messungen zeigen Werte, die um einen Faktor 10 bis 100 größer sind. Dies ist auf Modulation des Brechungsindex im Lasermedium zurückzuführen, die durch Fluktuationen der Elektronendichte in Folge spontaner Emission entsteht.

Die genaue Mittenfrequenz ist durch die Eigenfrequenz f des Resonators bestimmt, welche vom Spiegelabstand L abhängt:

$$f = mc/2L\,, \quad m = \text{ganze Zahl}\,. \tag{20.2}$$

Differenzieren dieser Gleichung zeigt, daß Schwankungen des Spiegelabstands zu folgenden Frequenzänderungen führen:

$$\frac{\Delta f}{f} = -\frac{\Delta L}{L}\,. \tag{20.3}$$

Im allgemeinen sind die durch Abstandsänderungen ΔL technisch bedingten Änderungen Δf der Laserfrequenz wesentlich größer als die theoretisch mögliche Linienbreite δf nach (20.1).

Kurzzeitige ($< 1\,\mathrm{s}$) Frequenzänderungen Δf werden durch akustische und mechanische Störungen des Resonators verursacht sowie Stromschwankungen in Gasentladungen. Temperaturänderungen dagegen führen zu Langzeitschwankungen ($\gg 1\,\mathrm{s}$). Passive Maßnahmen zur Frequenzstabilisierung bestehen in geeigneten konstruktiven Maßnahmen, z. B. Verwendung von Invar als Material mit kleinem Ausdehnungskoeffizenten für die Spiegelabstandhalter, einen stabileren Resonatoraufbau sowie Abschirmung von Schwingungen und Luftturbulenzen. Eine weitere Erhöhung der Frequenzgenauigkeit kann durch eine aktive Stabilisierung erreicht werden, wofür es wiederum verschiedene Verfahren gibt, wie die Zeeman- oder Lamb-dip-Stabilisierung.

Lamb-dip

Man erwartet maximale Ausgangsleistung eines Monomodelasers, wenn die Resonatorfrequenz auf die Mitte der Verstärkungslinie stabilisiert ist. Durch sogenanntes spektrales Lochbrennen trifft dies bei Gaslasern mit dopplerverbreiterten Linien nicht zu. Es zeigt sich, daß bei dopplerverbreiterten Lasern die Leistung in Abhängigkeit von der Frequenz eine kleine Eindellung, den Lamb-dip, in der Linienmitte aufweist (Bild 20.1). Dieser Effekt kann zur Frequenzstabilisierung auf die Mittenfrequenz ausgenutzt werden.

Der Lamb-dip beruht auf dem Doppler-Effekt bei der Emission der Strahlung von den thermisch bewegten Atomen. Wird Licht in axialer z-Richtung mit der Frequenz f emittiert, so stammt das Licht von Atomen mit der Geschwindigkeitskomponente v_z. Tritt dagegen bei gleicher Frequenz Emission in $-z$-Richtung auf, so sind für die Abstrahlung Atome mit $-v_z$ verantwortlich. Damit entstehen bei Emission einer Laserfrequenz f zwei „Löcher" in der Geschwindigkeitsverteilung nach Bild 20.2. Zur Ausgangsleistung tragen also zwei Gruppen von Atomen bei. In der Linienmitte haben die Atome die Geschwindigkeit Null. Verschiebt man die Frequenz auf die Mitte,

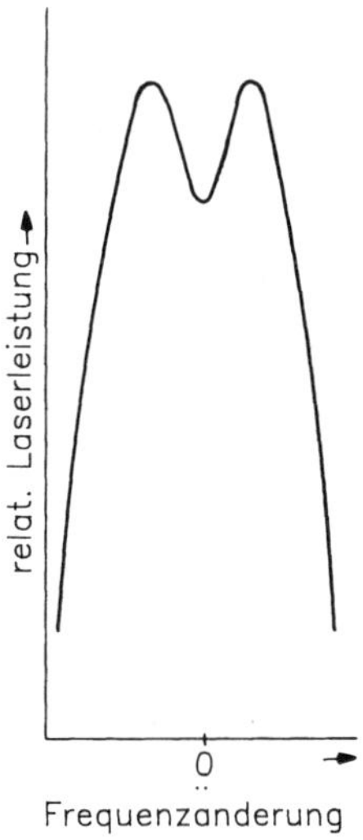

Bild 20.1. Ausgangsleistung eines dopplerverbreiterten Gaslasers im Einmodebetrieb als Funktion der Frequenz. In der Linienmitte entsteht der Lamb-dip

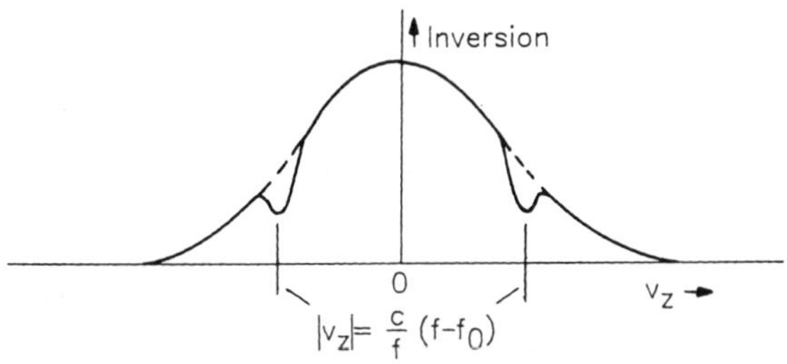

Bild 20.2. Verteilung der invertierten Atome in einem Gaslaser als Funktion der axialen Geschwindigkeit v_z. Die „Löcher" entstehen durch stimulierte Emission von Photonen der Laserfrequenz f in und entgegengesetzt zur Laserachse. Bei Laserbetrieb auf der Mittenfrequenz, d. h. $f = f_0$ oder $v_z = 0$, entsteht der Lamb-dip

so überlappen sich die beiden Löcher und es entsteht der Lamb-dip in der Ausgangsleistung nach Bild 20.2, da nur noch eine Gruppe von Atomen zur Emission beiträgt, nämlich die mit $v_z = 0$.

Aktive Stabilisierung

Durch den Lamb-dip ist die Linienmitte genauer definiert als durch das Maximum des Verstärkungsprofils. Abweichungen vom Minimum werden registriert und zur Steuerung des Resonators herangezogen. Dies kann durch die Verschiebung eines Spiegels mit Hilfe piezoelektrischer Stellglieder erfolgen.

Beim Verfahren des „inversen Lamb-dips" wird eine Gaszelle in den Resonator eingebaut. Die Absorptionslinien des Gases liefern die Referenzfrequenz. In der Linienmitte ($v_z = 0$) existieren weniger absorbierende Atome als seitlich davon. Die Absorption weist also bei der Mittenfrequenz einer Gaslinie ein Minimum auf, wodurch ein Maximum in der Laserleistung entsteht. Abweichungen davon werden als Signal für die Steuerung des Resonators benutzt.

Im Labor wurden Frequenzstabilitäten von $\Delta f/f \approx 10^{-13}$ erreicht, während kommerzielle stabilisierte He-Ne-Laser Werte von 10^{-8} aufweisen. Häufig benutzte Absorptionszellen für He-Ne- und Ionenlaser sind mit Jod (I_2) gefüllt. Für die 3,39 µm-Linie des He-Ne-Lasers wird CH_4 und für den CO_2-Laser wird CO_2, OsO_4 oder SF_6 verwendet.

Phasenschwankungen

Da die Frequenz eines Lasers nicht ganz stabil ist, ist auch die Phase nicht stabil und schwankt beliebig zwischen 0 und 2π. Es ist jedoch möglich, zwei Laser so zu koppeln, daß ihre Phasendifferenz praktisch konstant wird und nur noch sehr wenig variiert .

20.3 Schrotrauschen, Squeezed States

Ein idealer Laser mit stabiler Frequenz und Amplitude emittiert eine Lichtwelle, deren Feldstärke an einem festen Ort durch eine ideale zeitliche Sinusschwingung beschrieben wird. Die Amplitude der Welle und ihre Leistung sollten also konstant sein. Da jedoch Licht auch als Photonenstrom aufgefaßt werden kann, treten dennoch Schwankungen der Amplitude und Leistung auf. Wird während eines Zeitintervalls T eine mittlere Photonenzahl N gezählt, so ist die mittlere statistische Abweichung ΔN gegeben durch

$$\Delta N = \sqrt{N}\,. \tag{20.4}$$

$$\Delta N/N = 1/\sqrt{N} \tag{20.5}$$

Bei großen Photonenzahlen ist die relative Abweichung klein, während sich große relative Abweichungen bei kleinen Photonenzahlen N ergeben.

Wird statt der Photonenzahl die mittlere Leistung P mit einem Detektor gemessen, der eine Frequenzbandbreite B besitzt, so zeigt das Detektorausgangssignal im Zeitbereich Fluktuation mit einer charakteristischen Zeitdauer $T = \frac{1}{2}B$, was durch Fouriertransformation bewiesen werden kann. Damit ergibt sich mit $N = PT/hf$

$$\Delta P = \sqrt{2hfPB}\,. \tag{20.6}$$

Diese Leistungsschwankungen werden als Schrotrauschen bezeichnet, da sie sich aus dem gequantelten oder „geschroteten“ Charakter des Photonenstroms ergeben. Das Schrotrauschen begrenzt die Genauigkeit von Experimenten, bei denen kleine Leistungsänderungen gemessen werden, z. B. beim

Nachweis von Spurengasen durch Absorptionsmessungen, oder beim Nachweis kleiner Längenänderungen durch Interferometrie.

Das Schrotrauschen kann auch berechnet werden, wenn man sich die Lichtleistung als statistische Folge kurzer Impulse, den Photonen, vorstellt. Die spektrale Zerlegung eines derartigen Impulses liefert ein sogenanntes weißes Spektrum, in dem alle Frequenzen mit gleicher Amplitude vertreten sind. Die mittlere Rauschleistung pro Frequenzintervall ist dann wieder durch (20.6) gegeben. Das Schrotrauschen ist vor allem bei hohen Frequenzen zu beobachten, bei niederen Frequenzen dominieren die in Abschn. 20.1 beschriebenen technischen Rauschquellen.

Squeezed States

Mit dem Schrotrauschen der Leistung einer Lichtwelle sind auch Phasen- bzw. Frequenzschwankungen verknüpft, wie in Bild 20.3a dargestellt. Wegen des Photonencharakters einer Lichtwelle kann diese also nicht als ideale Sinusschwingung existieren.

In den letzten Jahren konnte in verschiedenen Experimenten gezeigt werden, daß sich das Schrotrauschen von Licht durch verschiedene nichtlineare Prozesse herabsetzen läßt, z. B. parametrische Oszillation oder Vierwellen-

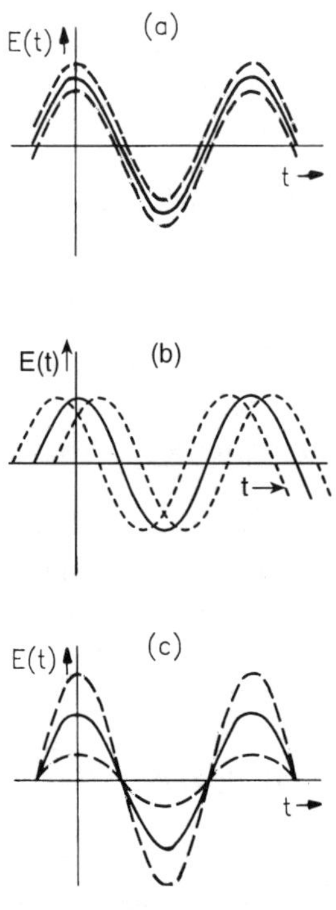

Bild 20.3. Elektrische Feldstärke für drei verschiedene Zustände (**a**) Normaler kohärenter Zustand mit Amplituden- und Phasenschwankungen. (**b**) Squeezed state mit Stabilisierung der Amplitude. Die dargestellte vollständige Stabilisierung der Amplitude konnte bisher nicht erreicht werden. (**c**) Squeezed state mit Stabilisierung der Phase. Die mittlere Feldstärke ist durch die *ausgezogene Linie* gegeben. Die *gestrichelten Linien* geben den Schwankungsbereich an

mischung. Es entstehen dann sogenannte „squeezed states“ oder „gequetschte“, d. h. rauschreduzierte Lichtstrahlen mit

$$\Delta N < \sqrt{N}\,. \tag{20.7}$$

Allerdings muß dabei in Kauf genommen werden, daß die Phasenschwankungen $\Delta\phi$ zunehmen, wie in Bild 20.3b dargestellt. Es können auch „squeezed states“ mit reduzierter Phasen- oder Frequenzschwankung erzeugt werden, bei denen dann die Schwankungen der Photonenzahl groß werden. Es gilt die Unschärferelation

$$\Delta N\,\Delta\phi > 1\,. \tag{20.8}$$

„Gequetschtes“ Laserlicht könnte für zahlreiche empfindliche Meßverfahren und auch zur Verbesserung der optischen Nachrichtenübertragung eingesetzt werden, da damit Amplituden- oder Frequenzschwankungen weitgehend eliminiert werden können. Leider sind die Methoden zur Erzeugung von squeezed states heute noch aufwendig, und die Unterdrückung der Amplitudenschwankungen ist noch gering. Eine Vereinfachung und Verbesserung dieser Verfahren ist jedoch abzusehen, so daß rauschreduziertes Laserlicht zukünftig vorraussichtlich in der Meßtechnik Anwendung finden wird.

20.4 Kohärenz

Der Begriff „Kohärenz“ bedeutet in deutscher Übersetzung „Zusammenhang“. Damit soll beschrieben werden, wieweit die elektrische Feldstärke in einem realen Wellenfeld mit statistisch schwankender Amplitude und Phase an verschiedenen Punkten oder zu verschiedenen Zeiten „zusammenhängt“ oder „korreliert“ ist und damit einer idealen Welle mit definierter Amplitude und Phase nahekommt. Eine ideale ebene oder Kugelwelle wird als kohärent bezeichnet. Auch ein idealer Gaußstrahl, der von einem Laser emittiert wird, ist kohärent.

Konventionelle Lichtquellen und auch reale Laser emittieren Lichtwellen, die nur in kleinen Raum-Zeit-Bereichen idealen Wellen entsprechen. Man spricht dann von partieller Kohärenz. Werden diese Bereiche sehr klein, so wird die Welle als inkohärent bezeichnet.

Reale Lichtquellen sind partiell kohärent, wobei unter kohärentem Licht der Idealfall vollständiger Kohärenz verstanden wird und unter inkohärentem Licht der Grenzfall verschwindender Kohärenz. Ein stabilisierter Laser ist in diesem Sinne eine (nahezu) kohärente Lichtquelle, weißes Sonnen- oder Glühlampenlicht ist inkohärent. Das Licht einer Spektrallampe oder eines nicht idealen Lasers ist partiell kohärent. Zur quantitativen Beschreibung der partiellen Kohärenz werden Kohärenzfuntionen bzw. Korrelationsfunktionen eingeführt, die hier jedoch nicht betrachtet werden sollen.

Wichtig sind die Kohärenzeigenschaften von Licht vor allem bei Interferenzanordnungen. Mit kohärentem Licht können Interferenzeffekte, d. h.

konstruktive Überlagerungen und Auslöschung von Feldstärken, beoabachtet werden, während bei inkohärentem Licht keine Interferenzen auftreten und sich die Intensitäten additiv überlagern. Bei partiell kohärentem Licht ist der Kontrast von Interferenzerscheinungen gegenüber dem Idealfall reduziert. Kohärenz kann also auch als „Interferenzfähigkeit“ angesehen werden.

Zeitliche Kohärenz

Man unterscheidet zwischen örtlicher und zeitlicher Kohärenz. Bei letzterer werden die Feldstärken in einem Lichtwellenfeld an einem festen Ort, aber zu verschiedenen Zeiten verglichen oder „korreliert“. Es zeigt sich im allgemeinen, daß zwischen den Feldstärken zu zwei verschiedenen Zeitpunkten eine nahezu konstante Phasendifferenz vorhanden ist. Überschreitet der zeitliche Abstand jedoch einen gewissen Maximalwert, die sogenannte Kohärenzzeit t_c, so schwankt die Phasendifferenz statistisch.

Experimentell kann die Kohärenzzeit mit einem Michelson-Interferometer gemessen werden (Bild 20.4). Ein Laserstrahl wird dabei über einem Strahlteiler in zwei Teilwellen zerlegt. Diese werden vom Spiegel in sich zurückreflektiert und von dem Strahlteiler wieder vereinigt, wobei ein kleiner Winkel zwischen den Ausbreitungsrichtungen eingestellt wird. Es entsteht daher im Überlagerungsbereich der beiden Teilwellen ein Interferenzstreifensystem.

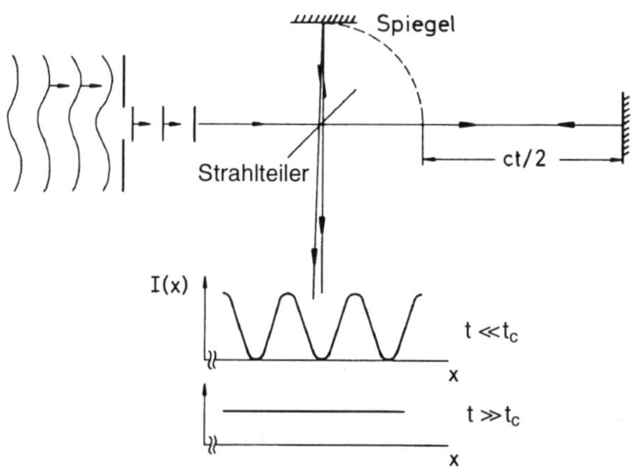

Bild 20.4. Michelson-Interferometer zur Messung der Kohärenzzeit t_c. Der Kontrast der Intensitätsverteilung $I(x)$ in der Beobachtungsebene x hängt von der Verzögerungszeit t der beiden Teilwellen ab, die durch den Strahlteiler erzeugt werden

Die beiden Spiegel haben verschiedenen und variablen Abstand von dem Strahlteiler, so daß die Teilwellen entsprechend der Laufzeitdifferenz t gegeneinander verzögert sind. Die Verzögerung kann so groß gemacht werden, daß keine Interferenz mehr auftritt. An der Abnahme des Kontrastes mit der Abstandsänderung $\Delta L = c \cdot t/2$ kann die Kohärenzlänge l_c und die Kohärenzzeit t_c gemessen werden.

Bei konventionellen Lichtquellen besteht die Emission aus einzelnen spontan emittierten Photonen oder Wellenpaketen mit einer Dauer τ, die der Lebensdauer der emittierenden Energieniveaus entspricht. Von einem Wellenpaket zum anderen schwankt die Phase statistisch, so daß die Kohärenzzeit sich ergibt zu:

$$t_c \approx \tau \,. \tag{20.9}$$

Da die Dauer eines Wellenpaketes bzw. die Lebensdauer τ mit der spektralen Breite Δf nach Abschn. 2.4 verknüpft ist, erhält man:

$$t_c \approx 1/\Delta f \,. \tag{20.10}$$

Obwohl Laser keine statistischen Wellenpakete emittieren, sondern eine Welle mit etwa konstanter Amplitude, läßt sich (20.10) dennoch zur Abschätzung der Kohärenzzeit anwenden. Der korrekte mathematische Zusammenhang zwischen Kohärenzzeit und Frequenzbreite kann mit dem Wiener-Khintchine-Theorem berechnet werden, hängt aber von der genauen Form des Spektrums ab.

Die Strecke, die das Licht in der Zeit t_c zurücklegt, heißt Kohärenzlänge

$$l_c = c t_c \,, \tag{20.11}$$

wobei c die Lichtgeschwindigkeit bedeutet.

Für weißes Licht, das den ganzen sichtbaren Spektralbereich enthält, ergibt sich eine kleine Kohärenzlänge von etwa 1 µm. Mit guten Spektrallampen hat man Längen von 1 m gefunden, allerdings bei sehr geringer Intensität. Für Laser ergeben sich je nach Stabilisierung Kohärenzlängen von mm-Bruchteilen bis zu mehreren km.

Örtliche Kohärenz

Die örtliche Kohärenz beschreibt die Korrelation von Feldstärken in zwei verschiedenen Punkten eines Wellenfeldes zur gleichen Zeit. Die Messung kann über ein Zweistrahlinterferenzexperiment erfolgen (Bild 20.5). Dabei wird der Zustand der Welle an zwei Orten quer zur Strahlrichtung untersucht. Vollständige Kohärenz ergibt Interferenzstreifen, die bis auf Null durchmoduliert sind, sofern die beiden zu vergleichenden Feldstärken gleiche Amplituden besitzen. Bei partieller Kohärenz nimmt der Kontrast des Interferenzstreifensystems ab.

Ein Laser, der in einem einzigen transversalen Mode schwingt, z. B. dem TEM_{00}-Mode ist (vollständig) örtlich kohärent. Ein transversaler Multimode-Laser hat geringere Kohärenz, da die verschiedenen transversalen Moden verschiedene Frequenzen und damit zeitlich nicht konstante Phasendifferenzen aufweisen.

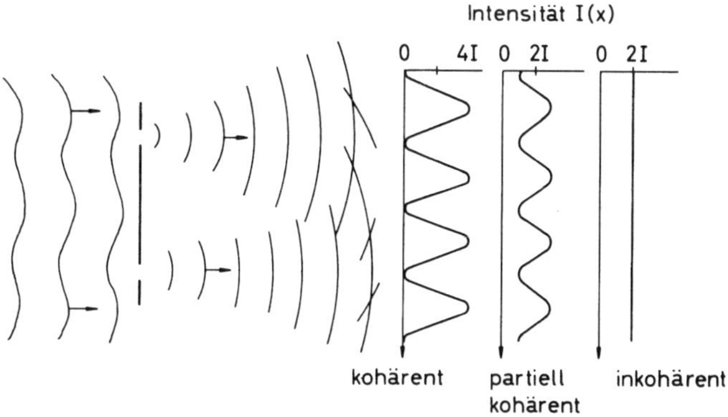

Bild 20.5. Versuchsprinzip zur Messung der örtlichen Kohärenz. In dem einfallenden Wellenfeld werden durch eine Doppellochblende zwei Punkte definiert. Hinter den Löchern bilden sich Kugelwellen aus, die in der Beobachtungsebene interferieren. Der Kontrast der Intensitätsverteilung $I(x)$ gibt den Kohärenzgrad an. Bei inkohärentem Licht ist die $I(x) = 2I$ konstant und gleich der Summe der Einzelintensitäten I der beiden Kugelwellen. Bei kohärentem Licht schwankt $I(x)$ zwischen den Werten 0 und $4I$

Aufgaben

20.1 Die theoretische Grenze für die Linienbreite eines He-Ne-Lasers beträgt $5 \cdot 10^{-2}$ Hz. Wie groß dürfen die Schwankungen des Spiegelabstandes sein, damit dieser Wert erreicht wird?

20.2 Schätzen Sie für einen He-Ne-Laser die Breite des Lamb-dip ab und vergleichen Sie sie mit der Linienbreite.

20.3 Ein Rubinlaser für die Holographie soll eine Köhärenzlänge von 1 m aufweisen. Wie groß muß die Linienbreite sein? Wie kann man die normale Linienbreite von 330 GHz auf diesen Wert einengen?

20.4 Wie groß ist das Schrotrauschen in einem 1 nJ-1 ns-Laserpuls eines Excimer-Lasers ($\lambda = 0{,}2\,\mu$m)?

21. Photodetektoren und Energiemeßgeräte

Eine der wichtigsten Kenngrößen eines Lasers ist dessen Ausgangsleistung, bei gepulsten Lasern die Pulsenergie. Zur Messung werden verschiedene Geräte benutzt, die im folgenden beschrieben werden.

21.1 Meßtechnische Grundbegriffe

Bei optischen Messungen können die auch sonst üblichen MKSA-Einheiten oder aber photometrische Größen benutzt werden, welche in Tabelle 21.1 erklärt und verglichen sind. Laser dienen in der Regel nicht für Beleuchtungszwecke. Daher werden photometrische Begriffe der Lichttechnik, wie Candela, Lumen und Lux selten verwendet. Bei einer Wellenlänge von 555 nm gilt

$$1\,\text{Watt} = 583\,\text{lumen}\,.$$

Bei Licht anderer Wellenlänge ist zur Umrechnung die spektrale Empfindlichkeitskurve des Auges zu berücksichtigen, die in Kap. 1 dargestellt ist.

Tabelle 21.1. Vergleich von radiometrischen und photometrischen Größen

MKSA-System	photometrisch
Lichtenergie E oder W (von engl. *work*) in Joule = J	Lichtmenge Q in lumen · s
Strahlungsleistung, Power P in Watt = W	Lichtstrom Φ in lumen = lm
Strahlstärke in W/sterad	Lichtstärke I in candela = lm/sr
Bestrahlungsstärke, Leistungsdichte, Intensität I in W/m^2	Beleuchtungsstärke E in lux = lm/m^2
Bestrahlung, Energiedichte, Dosis, Flux in J/m^2	Belichtung H in lx · s

Bei Dauerstrichlasern werden zur Bestimmung der Leistung am einfachsten Halbleiterdioden verwendet, die durch den inneren Photoeffekt einen der Leistung proportionalen Strom erzeugen. Nachteilig ist dabei die relativ starke Wellenlängenabhängigkeit des Photostroms. Im Gegensatz dazu ist bei thermischen Detektoren eine Eichung möglich, die weitgehend von der Wellenlänge unabhängig ist.

Bei gepulsten Lasern erfolgt die Messung des zeitlichen Verlaufes der Leistung $P(t)$ mit schnellen Dioden und Oszillographen, oder bei sehr schnellen Pulsen mit einer Streak-Kamera. Bei manchen Meßgeräten wird nur eine mittlere Leistung gemessen. Bei solchen integrierenden Instrumenten kann aus der mittleren Leistung die maximale Pulsleistung abgeschätzt werden, sofern die Pulsfolgefrequenz und die Pulsdauer bekannt sind. Die Pulsenergie $W = \int P(t)\mathrm{d}t$ erhält man mit Geräten, welche über einen Puls integrieren. Zum Nachweis schwacher Lichtleistungen werden Photomultiplier oder Kanalplatten (channel plates) verwendet.

21.2 Thermische Detektoren

Die Arbeitsweise thermischer Photodetektoren beruht darauf, daß ein Bauteil durch das einfallende Licht erwärmt und die entstehende Temperaturerhöhung gemessen wird. Die Erwärmung kann entweder durch einen Lichtpuls erfolgen (ballistischer Betrieb, Laserkalorimeter) oder durch kontinuierliche Einstrahlung, wobei sich im Gleichgewicht eine konstante Temperaturerhöhung ergibt. Die Temperaturmessung erfolgt mit Thermoelementen, temperaturempfindlichen Widerständen (bei Bolometern) oder mit Hilfe des pyroelektrischen Effekts.

Thermoelemente

Der prinzipielle Aufbau eines mit einem Thermoelement arbeitenden Laserkalorimeters zur Messung der Energie von Laserpulsen ist in Bild 21.1 dargestellt. Das Licht fällt auf den Meßkonus (optischer Sumpf), in dem es nach mehreren Reflexionen nahezu vollständig absorbiert wird. Der Referenzkonus dient dazu, den Einfluß der Hintergrundstrahlung zu erfassen. Die Temperaturerhöhung im Meßkonus ist durch $\Delta T = E/C$ gegeben, wobei E die Energie des Laserpulses und C die Wärmekapazität des Meßkonus ist. ΔT wird mit Thermoelementen (z. B. Eisen-Konstantan, Manganin-Konstantan,

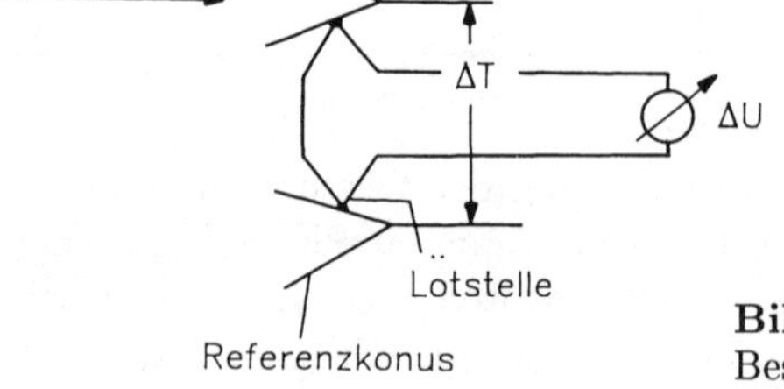

Bild 21.1. Aufbau eines Kalorimeters zur Bestimmung der Energie von Laserpulsen

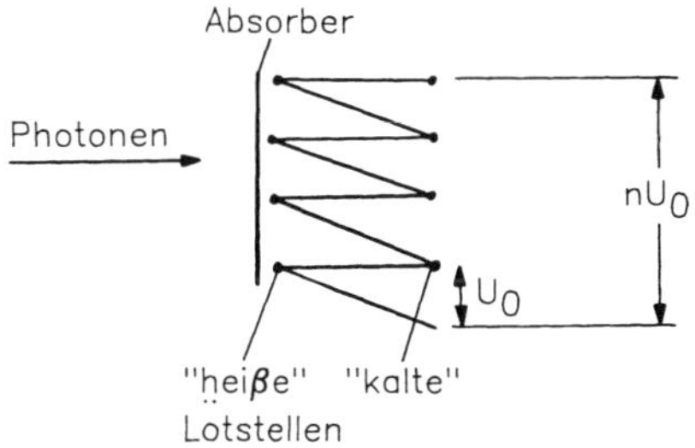

Bild 21.2. Aufbau einer Thermosäule zur Bestimmung der Laserleistung. U_0 = Thermospannung, n = Zahl der Thermoelemente

Wismuth-Silber) in eine Meßspannung $\Delta U = a\Delta T$ umgewandelt, wobei die Thermokraft $a \approx 10^{-5}\,\mathrm{V/K}$ von dem Material des verwendeten Thermoelementes abhängt.

Bild 21.2 zeigt den Aufbau einer Thermosäule (engl. thermopile) für ein kontinuierlich arbeitendes Leistungsmeßgerät. Um eine hohe Empfindlichkeit zu erhalten, wird ein Absorber mit geringer Wärmekapazität verwendet und die Temperaturerhöhung durch eine Reihenschaltung einer Anzahl von Thermoelementen gemessen.

Pyroelektrische Detektoren

Pyroelektrische Detektoren (Bild 21.3) bestehen aus Materialien, die eine spontane elektrische Polarisation aufweisen, z. B. Triglyzinsulfat (TGS) oder Bariumtitanat ($BaTiO_3$). Die Polarisation $P_e(T)$ ist temperaturabhängig. Bei konstanter Temperatur führt die Polarisation zu effektiven Oberflächenladungen $Q = P_e A$ an dem Kristall (Fläche A). Die Oberflächenladungen werden durch bewegliche Ladungsträger kompensiert. Bei einer Temperaturänderung ändert sich die spontane Polarisation und die effektive Oberflächenladung, so daß die ursprünglichen Kompensationsladungen nicht mehr neutralisiert sind und über den Arbeitswiderstand R abfließen. Die entstehende Spannung ist gegeben durch

$$U(t) = R\frac{\mathrm{d}Q}{\mathrm{d}t} = AR\frac{\mathrm{d}P_e}{\mathrm{d}T}\frac{\mathrm{d}T}{\mathrm{d}t}\,.$$

Es treten also nur Spannungen bei zeitlichen Temperaturänderungen auf. Die Größe $\mathrm{d}P_e/\mathrm{d}T$ ist eine Materialkonstante.

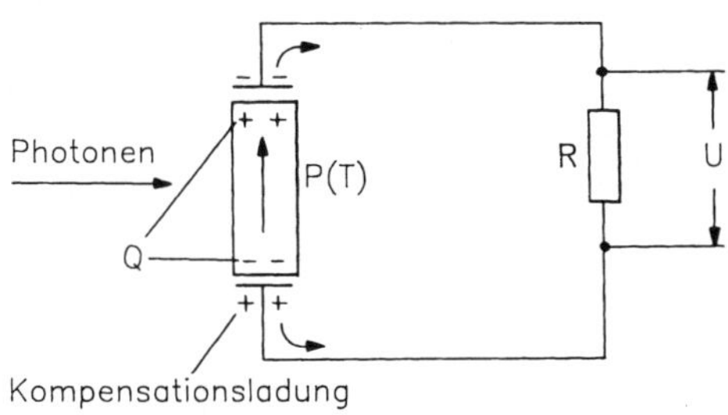

Bild 21.3. Aufbau eines pyroelektrischen Detektors

Pyroelektrische Detektoren werden vorwiegend zur Messung der Pulsenergie oder als Leistungsmesser für gepulste Laser eingesetzt, wobei zur Messung der Pulsenergie die Spannung integriert wird.

Einsatzbereiche

Thermische Detektoren haben den Vorteil, daß ihre spektrale Empfindlichkeit über weite Bereiche konstant ist. Sie werden daher besonders im infraroten Spektralbereich sowie zur Messung von absoluten Strahlungsleistungen und -energien eingesetzt. Als Alternative stehen im Infraroten nur Halbleiterdioden zur Verfügung. Nachteilig ist die geringere Photoempfindlichkeit und Zeitauflösung.

Beim Vergleich von Thermoelementen mit pyroelektrischen Detektoren zeigen letztere höhere Photoempfindlichkeit und bessere Zeitauflösung, während Thermoelemente und Thermosäulen einfacher und robuster aufgebaut sind. Die Anstiegszeiten kommerzieller Thermoelemente und Thermosäulen können bis zu 10^{-5} s betragen gegenüber 10^{-9} s bei pyroelektrischen Detektoren. Die kleinste meßbare Lichtpulsenergie liegt bei kommerziellen pyroelektrischen Detektoren bei 10^{-6} J.

21.3 Vakuumphotodetektoren

Vakuumdioden, Photomultiplier, Bildwandler und Streakkameraröhren beruhen auf dem äußeren Photoeffekt. Dabei werden durch das einfallende Licht aus einer Kathode im Vakuum Photoelektronen ausgelöst. Die Zahl der Photoelektronen je einfallendes Lichtquant wird als Quantenwirkungsgrad w bezeichnet. Die spektrale Empfindlichkeit ist gleich we/hf, wobei e die Ladung eines Elektrons und hf die Photonenenergie bedeuten.

Quantenwirkungsgrad und spektrale Empfindlichkeit sind stark material- und wellenlängenabhängig (Bild 21.4). Teilweise werden für die Materialien der Photokathoden einheitliche Bezeichnungen verwendet (S-number, z. B. S1 und S20 in Bild 21.4). In anderen Fällen wird die Materialzusammensetzung der Photokathode direkt angegeben (z. B. GaAs(Cs) mit einer sehr flachen spektralen Empfindlichkeitskurve). Bei der Angabe einer spektralen Empfindlichkeitskurve geht häufig auch das Fenstermaterial ein, auf das die Kathode aufgebracht ist. Der äußere Photoeffekt erfordert eine gewisse Minimalenergie der Photonen (Ablösearbeit) und tritt daher vor allem im nahen infraroten, sichtbaren und ultravioletten Spektralbereich auf. Der Einsatz von Vakuumphotodetektoren ist daher auf diese Bereiche begrenzt.

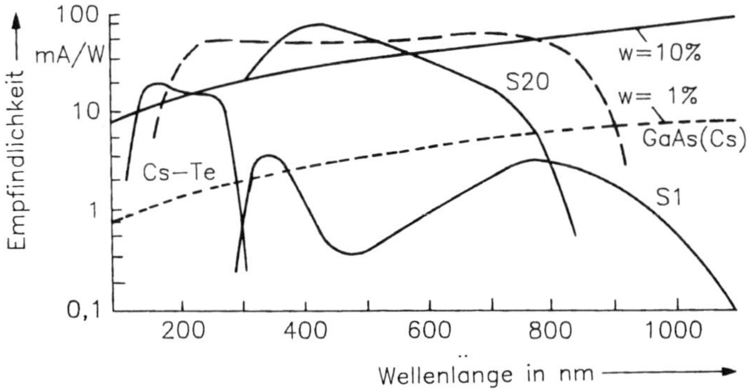

Bild 21.4. Spektrale Empfindlichkeit einiger Photokathoden z. B. für Vakuum-Photodioden und Photomultiplier

Vakuumdiode

Der einfachste auf dem äußeren Photoeffekt beruhende Detektor ist die Vakuumdiode (Bild 21.5), bei der die Photoelektronen aus der Kathode von einer gegenüberliegenden Anode abgesaugt werden. Mit derartigen Photodioden kann eine zeitliche Auflösung bis in den Bereich von 100 ps erreicht werden, wobei kurzzeitig Photoströme bis zu einigen Ampere fließen.

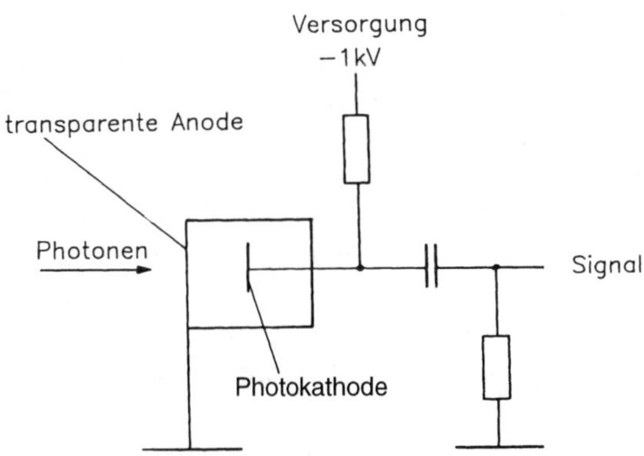

Bild 21.5. Schaltung einer Vakuum-Photodiode

Photomultiplier

Eine wesentlich höhere Empfindlichkeit als mit Photodioden wird mit Photomultipliern (Sekundärelektronenvervielfachern, SEV) erreicht (Bild 21.6). Bei diesen werden die aus einer Photokathode ausgelösten Elektronen beschleunigt und auf eine erste Dynode gelenkt, aus der eine Anzahl von Sekundärelektronen heraustreten. Dieser Verstärkungsprozeß wird mit einer Reihe von

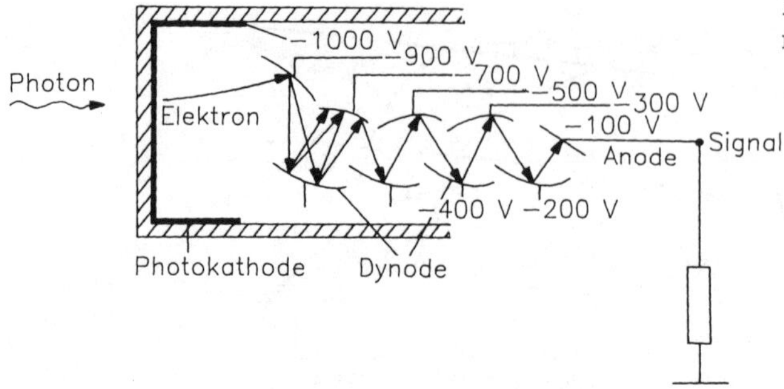

Bild 21.6. Aufbau eines Photomultipliers

Dynoden wiederholt. Dadurch werden Verstärkungsfaktoren bis zu 10^8-fach erreicht. Der Verstärkungsprozess ist sehr schnell, so daß Anstiegszeiten im ns-Bereich erzielt werden können. Die Kombination von hoher Verstärkung, großer Bandbreite und geringem Rauschen wird von keinem anderen Detektorsystem übertroffen.

Kanalplatte (channel plate)

Zur Vervielfachung der Sekundärelektronen werden auch Kanalröhrchen verwendet. Diese bestehen aus einem Glasrohr (z. B. 2 mm Innendurchmesser, 50 mm Länge), dessen Innenwand mit einem schwach leitenden Material beschichtet ist, das außerdem einen hohen Sekundäremissionskoeffizienten besitzt. Zwischen die Enden des leitenden Belages entlang des Glasrohres wird eine Spannung gelegt. Ein einfallendes Elektron wird durch das Feld zunächst beschleunigt und trifft schließlich auf die Wand, wo es Sekundärelektronen auslöst, die ebenfalls beschleunigt werden und weitere Sekundärelektronen auslösen, so daß ein Multiplikationseffekt wie bei einem Multiplier mit mehreren einzelnen Dynoden auftritt. Mehrere Mikrokanalröhrchen (10 bis 30 μm Innendurchmesser) können zu einer Kanalplatte kombiniert werden, mit der örtliche Verteilungen der Elektronenstromdichte verstärkt werden können, so daß eine Art Abbildung der Eingangsseite auf die Ausgangsseite entsteht.

Bildwandler

Bildwandlerröhren dienen dazu, in einem Spektralbereich (z. B. infrarot) vorliegende Bilder (= Intensitätsverteilungen) in Bilder eines anderen Spektralbereiches (z. B. sichtbar) umzuwandeln. Derartige Röhren bestehen aus einer Photokathode, auf die die umzuwandelnde Intensitätsverteilung abgebildet wird. Die Zahl der ausgelösten Photoelektronen ist proportional der Lichtintensität an der betreffenden Stelle. Durch eine elektronenoptische Linse (kegelförmige Anode in Bild 21.7) werden die Elektronen in Richtung eines Leuchtschirms beschleunigt und lösen dort wieder Lichtquanten aus, deren

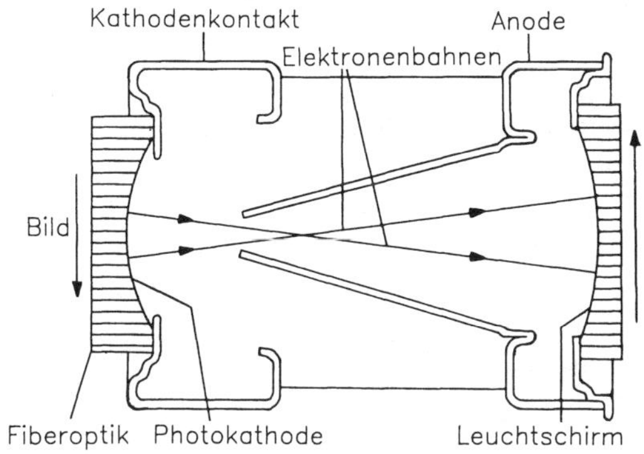

Bild 21.7. Prinzip einer Bildwandlerröhre

örtliche Verteilung dem ursprünglichen Bild entspricht. Mit der Bildwandlung kann eine Bildverstärkung verbunden sein, d. h. die Helligkeit des Bildes auf dem Leuchtschirm ist größer als die einfallende Intensität. In der Lasertechnik werden Bildwandlerröhren z. B. in Infrarotsichtgeräten zur Justierung von infraroten Strahlengängen im Wellenlängenbereich bis 1 500 nm verwendet.

Streak-Kamera

Streak-Kameras sind oszillographenähnliche Geräte, mit denen der zeitliche Verlauf von kurzen Lichtimpulsen dargestellt werden kann (Zeitauflösung $< 500\,\text{fs}$). In der Streak-Kameraröhre werden die von einem Lichtimpuls an einer Photokathode ausgelösten Elektronen auf einen Leuchtschirm, oft über eine Kanalplatte zur Elektronenvervielfachung, abgebildet. Die Photokathode wird über einen Spalt beleuchtet, so daß auf dem Leuchtschirm ein Spaltbild entsteht. Der an der Photokathode entstehende Elektronenstrom und damit das Spaltbild werden durch eine zeitlich ansteigende Spannung an einem Plat-

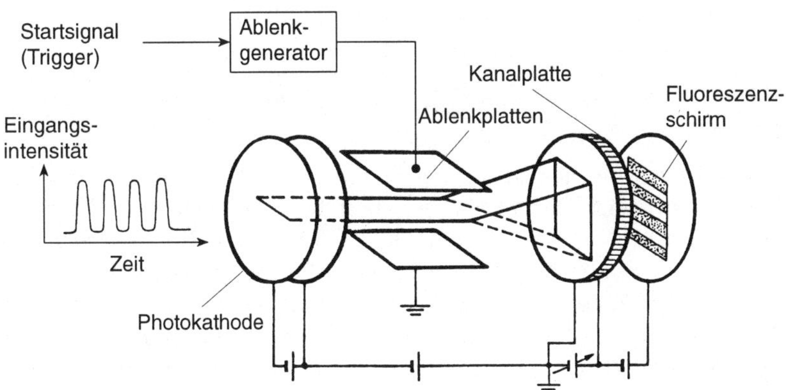

Bild 21.8. Streak-Kamera

tenpaar senkrecht zur Spaltrichtung abgelenkt. Der örtliche Intensitätsverlauf der sich ergebenden Spaltspur auf dem Leuchtschirm entspricht daher dem zeilichen Intensitätsverlauf. Da Photodetektor und Nachweissystem in einer Röhre integriert sind, ergibt sich eine wesentlich höhere Zeitauflösung als bei der Kombination von einem Photodetektor und einem Oszilloskop. Der Spalt kann nicht nur mit örtlich konstanter Intensität in Spaltrichtung beleuchtet werden (Einkanalbetrieb), sondern auch mit einer Intensitätsverteilung, die in einer Dimension örtlich variiert (z. B. einem Spektrum). Es kann dann mit der Streak-Kamera die zeitliche Entwicklung eines eindimensionalen Intensitätsfeldes dargestellt werden (Mehrkanalbetrieb).

21.4 Halbleiterdetektoren

Bei Halbleitern wird meist der innere Photoeffekt zur Messung von Licht ausgenutzt. Unter innerem Photoeffekt wird dabei die Erzeugung von beweglichen Ladungsträgern durch Licht in einem Material verstanden. Durch ein Photon kann ein Elektron vom Valenzband ins Leitungsband gehoben werden, wodurch ein bewegliches Elektron und ein ebenfalls bewegliches positiv geladenes Loch entstehen.

Photowiderstand

In einem gleichmäßig dotierten Halbleitermaterial werden durch Lichteinstrahlung bewegliche Ladungsträger erzeugt. Dadurch wird der Widerstand herabgesetzt, was zum Nachweis von Licht ausgenutzt wird. Verschiedene Bandabstände bzw. verschiedene Störstellenenergien bestimmen die spektrale Empfindlichkeit, z. B. CdS (Wellenlänge maximaler Empfindlichkeit 0,5 µm), PbS (2,5 µm), InSb (6 µm), Ge: Cu dotiert (20 µm). Photowiderstände werden hauptsächlich zum Nachweis von infrarotem Licht verwendet. Oft ist eine Kühlung erforderlich, da sonst die Ladungsträger auch thermisch erzeugt werden können. Die Zeitauflösung von Photowiderständen ist oft nicht sehr groß, kann aber bei geeignetem Aufbau bis zu 10^{-10} s betragen.

Photodiode

Für den sichtbaren und den infraroten Spektralbereich werden Si- und Ge-Photodioden verwendet (Bild 21.9). Diese bestehen aus einem p-n-Übergang, der in Sperrichtung betrieben wird (Bild 21.10). Durch Einstrahlung von Licht werden in der Sperrschicht Elektronen und Löcher erzeugt, die als Strom nachgewiesen werden. Im Gegensatz zu einem homogenen Photowiderstand ist der Dunkelstrom sehr klein. Wenn die Sperrschichtdicke kleiner ist als die Eindringtiefe des Lichtes, wird zwischen p- und n-Bereich noch ein undotierter (intrinsic) Bereich eingefügt. Zum Beispiel wird in Silizium eine intrinsische Bereichsdicke von etwa 700 µm verwendet, um noch Licht bei 1,1 µm

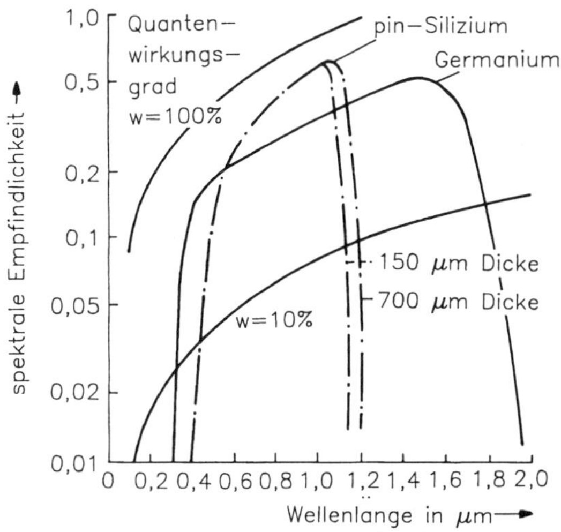

Bild 21.9. Spektrale Empfindlichkeit von Silizium- und Germaniumphotodioden

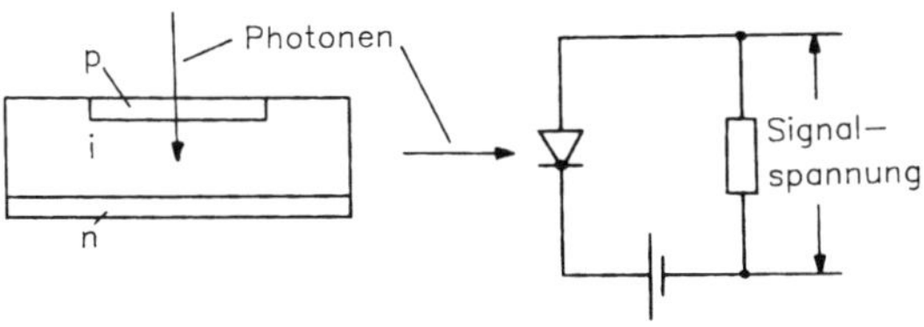

Bild 21.10. Aufbau und Schaltung einer pin-Photodiode

nachweisen zu können. Die obere Grenzwellenlänge wird durch den Bandabstand des Halbleitermaterials bestimmt. Die Quantenenergie wird dann zu klein, um einen Übergang ins Leitungsband zu bewirken.

CCD-Kamera

Charge-coupled device (CCD) ist ein mikroelektronisches System, das als Photodetektor mit zweidimensionaler räumlicher Ausdehnung dient. Es besteht aus einer Anordnung von eng nebeneinanderliegenden MOS-Dioden, wobei die Abkürzung für metal-oxide semiconductor steht. Bild 21.11a zeigt das Prinzip einer einzelnen lichtempfindlichen MOS-Diode, wobei der Halbleiter und das Oxyd im allgemeinen aus Si und SiO_2 bestehen. Wird eine negative Spannung an die Metallelektrode angelegt, driften die Majoritätsträger – im Feld von n-dotiertem Si sind es Elektronen – von der Halbleiter-Oxyd-Grenzfläche weg. Es bildet sich eine an Ladungsträgern (Elektronen) verarmte Zone. Die Tiefe dieser Zone kann durch Photonen verringert werden, die den inneren Photoeffekt auslösen. Dabei werden Elektronen und positive Löcher erzeugt. Durch die angelegte Spannung driften die Elektronen weg, während sich die positiven Löcher an der Grenzfläche anlagern. Die optische Information wird somit als elektrische Ladung gespeichert.

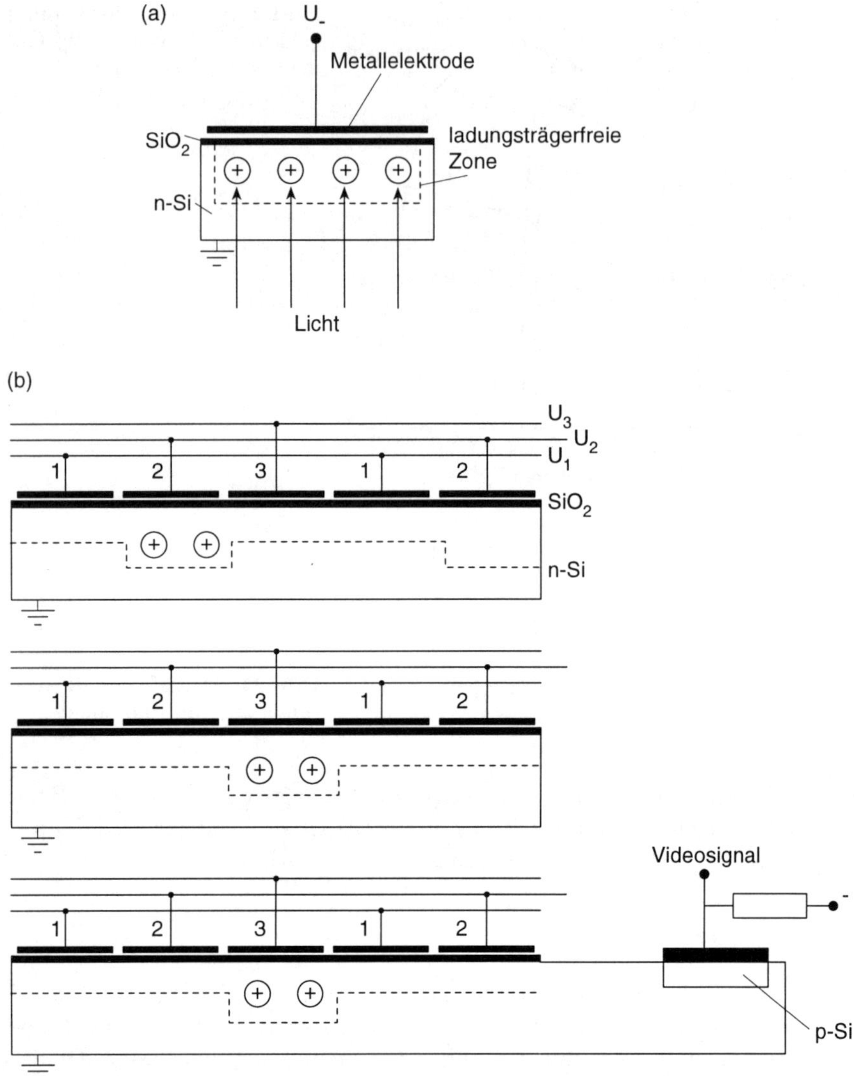

Bild 21.11. (**a**) Aufbau einer einzelnen MOS-Photodiode aus n-Si. Durch den inneren Photoeffekt bilden sich an der Halbleiter-Oxyd-Grenzfläche positive Ladungen. (**b**) Aufbau eines linearen CCD-Arrays aus MOS-Dioden und Darstellung des Auslesezyklus. Die lichtinduzierten Ladungen werden schrittweise nach rechts verschoben und schließlich an der p-n-Diode als Videosignal ausgelesen

Bild 21.11b zeigt eine lineare Anordnung von MOS-Dioden und das Prinzip, nach welchem die optische Information ausgelesen wird. Dabei wird mit Hilfe einer Sequenz von Steuerspannungen an den Metallelektroden die räumliche Verteilung der Ladungen in ein elektronisches Signal (Videosignal) umgewandelt. Legt man eine negative Spannung an U_3 an, werden die lichtinduzierten Ladungen unter der Elektrode 3 zur Elektrode 2 transportiert. Nach Wiederherstellen des Ausgangszustandes sind die Ladungen um einen Schritt nach rechts bewegt worden. Der Vorgang wird mit den Spannungen U_1 und U_2 wiederholt. Durch mehrere derartige Zyklen bewegen sich die Ladungen zur p-n-Diode am rechten Ende des Arrays. Diese Diode wird in Sperrichtung gepolt, so daß nur die (lichtinduzierten) positiven Ladungen passieren und diese das Videosignal am Ausgang erzeugen.

Ein Problem ist, daß während des Auslesezyklus weiter belichtet wird, wodurch die auszulesende Ladungsverteilung verfälscht werden kann. Zur Lösung wird jedes Array mit einem lichtgeschützten Array verbunden. Im ersten Schritt werden die lichtinduzierten Ladungsträger in das lichtgeschützte Array geschoben und danach wie oben beschrieben ausgelesen.

Typische Abmessungen einer MOS-Diode liegen bei 10 µm × 10 µm, der Halbleiter ist einige Zehntel mm und Oxydschicht etwa 0,1 µm dick. Ein gebräuchliches Chipformat mit 625 × 850 Pixeln besitzt Abmessungen im cm-Bereich und kann leicht in eine Videokamera eingebaut werden. Für eindimensionale Anwendungen, z. B. für ein optisches Spektrometer (optical multichannel analyzer), können die Pixel in einer Richtung elektronisch zusammengefaßt werden. Der spektrale Bereich wird durch den Bandabstand des Halbleiters (Si) und die Transparenz der Schichtmaterialien gegeben. Er liegt zwischen 200 nm (und niedriger) bis zu 1 100 nm. Im Maximum der Empfindlichkeit (600–800 nm) liegt der Quantenwirkungsgrad um 50 %, die Nachweisempfindlichkeit bei etwa 4 fJ/cm^2 und die Sättigungsgrenze bei 250 pJ/cm^2. Das entspricht einem Dynamikbereich von etwa 16 bit. Das Signal-Rausch-Verhältnis beträgt etwa 900 : 1.

Neben der beschriebenen CCD-Konstruktion gibt es noch verschiedene andere Varianten. Beispielsweise kann auch ein p-dotiertes Si-Substrat (n-channel CCD) verwendet werden, wobei dann die Steuerspannungen an den Elektroden positiv sind. In diesem Fall wird die optische Information in Form von Elektronen gespeichert und transportiert, was den Vorteil einer höheren Geschwindigkeit hat. Bei einer anderen Bauart mit einem speziellen Dotierungs-Profil (buried-channel CCD) werden die Ladungsträger nicht direkt an der Grenzfläche gespeichert, sondern im Material unter der Grenzfläche. Dadurch wird die Konzentration möglicher Rekombinations-Zentren für die gespeicherten Ladungsträger reduziert.

Aufgaben

21.1 Ein Laser erzeugt auf einer Thermosäule mit 20 Lötstellen eine Temperaturerhöhung von 1,5 °C. Welche Spannung wird angezeigt (Thermo-Kraft $\approx 10^{-5}$ V/K)?

21.2 Zur Messung hoher Laserleistungen wird die Strahlung in einem Hohlraum absorbiert, der mit Wasser gekühlt wird. (spezifische Wärmekapazität $c = 4{,}2 \cdot 10^3$ J/kg K, Durchfluß = 1 l/min). Wie groß ist die Temperaturdifferenz zwischen dem ein- und ausströmenden Wasser bei einer Leistung von 1 kW?

21.3 Welche Halbleiterdetektoren werden für den CO_2-Laser eingesetzt? Können Ge- oder Si-Dioden verwendet werden?

22. Spektralapparate und Interferometer

Die gebräuchlichsten Geräte zur spektralen Zerlegung von Licht sind Prismen- und Gitterspektrometer sowie Fabry-Perot-Interferometer. Eine weitere Methode zur direkten Frequenzmessung ist das optische Überlagerungsverfahren (optical heterodyning). Zur Charakterisierung der verschiedenen Spektralapparate werden die Lineardispersion und das spektrale Auflösungsvermögen verwendet. Die Lineardispersion (Einheit z. B. nm/mm) gibt an, wie weit zwei Spektrallinien mit einem bestimmten Abstand $\Delta\lambda$ örtlich im Spektrum voneinander entfernt sind. Das spektrale Auflösungsvermögen $\lambda/\Delta\lambda$ gibt den Abstand zweier noch eben trennbarer Wellenlängen λ und $\lambda + \Delta\lambda$ an.

22.1 Prismenspektrometer

Bei einem Prisma wird die Abhängigkeit des Brechungsindex von der Lichtwellenlänge, die sogenannte Dispersion, zur spektralen Zerlegung des Lichtes herangezogen (Bild 18.5). Ein Lichtbündel, welches im Spektrometer auf ein Prisma fällt, wird je nach Wellenlänge unterschiedlich stark abgelenkt. Da der Brechungsindex mit zunehmender Wellenlänge abnimmt, wird blaues Licht wird stärker als rotes Licht gebrochen.

In einem Prismenspektrometer wird ein dünner Spalt mit dem zu untersuchenden Licht beleuchtet (Bild 22.1). Der Spalt befindet sich meist im Brennpunkt einer Linse oder eines Hohlspiegels, so daß ein nahezu paralleles Lichtbündel auf das Prisma fällt. Nach der wellenlängenabhängigen Brechung wird das Bündel mit einer zweiten ähnlichen Linse oder einem Hohlspiegel fokussiert. Dabei entsteht für jede Wellenlänge ein anderes Bild des Spaltes. Diese Bilder stellen die Spektrallinien dar, aus denen sich das Spektrum aufbaut. Nach Bild 22.1 kann eine Fläche des Prismas verspiegelt werden, so daß das Prisma zweimal vom Licht durchlaufen wird.

Prismenspektrometer sind relativ einfach aufzubauen, sie erreichen jedoch nur eine relativ geringe spektrale Auflösung von $\lambda/\Delta\lambda = 10^4$ bis 10^5. Das Auflösungsvermögen wird durch die Beugung begrenzt. Durch die endliche Größe des Prismas wird das einfallende Lichtbündel seitlich begrenzt, d. h. das Prisma wirkt ähnlich wie ein Spalt. Dies bedeutet, daß selbst bei einem parallelen, monochromatischen Lichtbündel durch Beugung eine Strahlaufweitung

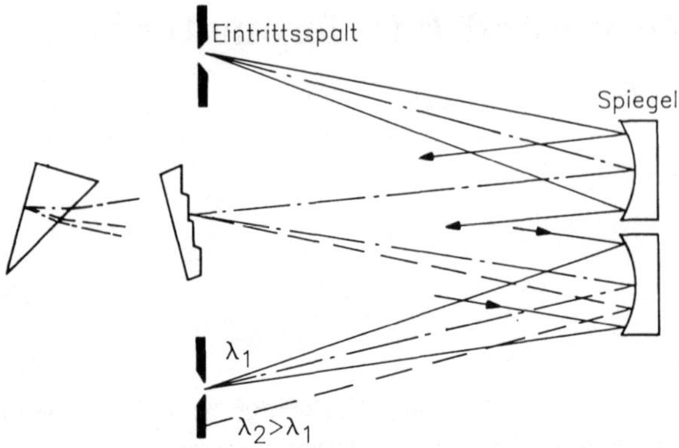

Bild 22.1.
Prinzip des Prismen- und Gitterspektrometers

entsteht, wodurch das spektrale Auflösungsvermögen bestimmt wird. Dies hängt von der ausgeleuchteten Basislänge t des Prismas und der Dispersion $\mathrm{d}n/\mathrm{d}\lambda$ ab:

$$\lambda/\Delta\lambda = t\,\mathrm{d}n/\mathrm{d}\lambda\,. \tag{22.1}$$

Für schweres Flintglas beträgt $\mathrm{d}n/\mathrm{d}\lambda = 1\,730\,\mathrm{cm}^{-1}$, für leichtes Flintglas $960\,\mathrm{cm}^{-1}$ und für schweres Kronglas $530\,\mathrm{cm}^{-1}$. Damit erhält man nach Tabelle 22.1 bei einer Basis $t = 10\,\mathrm{cm}$ ein Auflösungsvermögen von $\lambda/\Delta\lambda =$ 17300. Eine weitere Steigerung des Auflösungsvermögens ist schwierig, da die Prismen nicht beliebig groß aufgebaut werden können. Die Dispersion der Prismenspektrographen ist vom Verlauf des Brechungsindex abhängig und somit keine einfache Funktion der Wellenlänge, so daß eine Eichung mit einem Wellenlängennormal notwendig ist. Eine höhere Auflösung wird mit dem Gitterspektrometer erreicht.

Tabelle 22.1. Auflösungsvermögen verschiedener Spektrometer bei einer Wellenlänge von etwa 500 nm

Spektrometer	Ordnung m	Zahl N der interf. Strahlen	Auflösung $\lambda/\Delta\lambda$
Prisma,			
$\mathrm{d}n/\mathrm{d}\lambda = 1\,730\,\mathrm{cm}^{-1}$, Basis $t = 10\,\mathrm{cm}$	–	–	17300
Gitter,			
16,5 cm, 600 Linien/mm	3	100000	300000
Fabry-Perot,			
$R = 95\,\%$, 1 cm dick	40000	60	2400000
$R = 95\,\%$, 10 cm dick	400000	60	24000000

22.2 Gitterspektrometer

Bei einem Gitterspektrometer wird das Prisma durch ein Beugungsgitter ersetzt, wobei der prinzipielle Aufbau sonst ähnlich bleibt (Bild 22.1). Bei fester Wellenlänge λ treten mehrere Beugungsordnungen auf. Bei senkrechtem Einfall von Licht auf das Gitter ist der Beugungswinkel ϕ gegeben durch:

$$\sin\phi = m\lambda/d \quad (m = \pm 0, 1, 2, 3, \ldots)\,, \tag{22.2}$$

wobei d der Gitterabstand ist. Typische Werte sind $d = 1$ bis $2\,\mu\mathrm{m}$. Rotes Licht wird am Gitter stärker gebeugt als blaues.

Die Schärfe der Beugungsmaxima nimmt mit der Zahl N der beleuchteten Gitterstriche zu, so daß sich für das Auflösungsvermögen ergibt:

$$\lambda/\Delta\lambda = Nm\,. \tag{22.3}$$

Das Auflösungsvermögen steigt also mit zunehmender Beugungsordnung m und der Zahl der beleuchteten Gitterstriche. Für gute Gitter erhält man $N \approx 10^5$ Linien. Die Beugungsordnung ist für kleinere Gitterkonstanten auf etwa $m = 3$ beschränkt. Damit erhält man ein Auflösungsvermögen von etwa 300 000 (Tabelle 22.1). Typische Werte für $\lambda/\Delta\lambda$ von Gitterspektrometern liegen zwischen 10^5 und 10^6.

Bei Kenntnis der Gitterkonstanten sind absolute Wellenlängenbestimmungen möglich. Die Vereinfachung der Gitterherstellung durch Abdruck (replica) von geritzten Gittern oder durch photographische Ätztechnik (holographische Gitter) hat zu einer großen Verbreitung von Gitterspektrometern geführt.

Reflexionsgitter

Transmissionsgitter, welche aus abwechselnden hellen und dunklen Stufen bestehen, zeichnen sich durch einen relativ kleinen Beugungswirkungsgrad für die 1. Ordnung von etwa 10 % aus. Höhere Intensitäten erhält man bei Phasengittern, die aus Streifen mit unterschiedlichen Brechungsindizes bestehen. Oft werden auch Reflexionsgitter eingesetzt, die aus einer gefurchten metallisierten Oberfläche bestehen. Der Beugungswirkungsgrad kann Werte von nahezu 100 % annehmen, wenn die Furchenform nach Bild 18.6 gewählt wird. Beim Blaze- oder Echelle-Gitter tritt ein optimaler Beugungswirkungsgrad auf, wenn für eine Beugungsordnung ungefähr das Reflexionsgesetz erfüllt ist. Bei der Littrow-Anordnung stehen die einfallenden Strahlen senkrecht zur Furchenoberfläche. Die Furchenhöhe in Einfallsrichtung muß für eine maximale Reflexion ein ganzzahliges Vielfaches von $\lambda/2$ sein . Insbesondere im Vakuum-Ultravioletten werden Rowland-Gitter eingesetzt. Diese bestehen aus Furchen, die auf einen Hohlspiegel geritzt werden. Parallel einfallende Strahlen werden im Brennpunkt vereinigt, wodurch eine zusätzliche Abbildungsoptik entbehrlich wird.

Heutzutage werden Gitter meist holographisch hergestellt. Ein Laserstrahl wird aufgeweitet und in zwei Teilwellen aufgespalten. Diese werden unter einem geeigneten Winkel überlagert. Es entstehen parallele Interferenzstreifen, mit welchen eine photoempfindliche Schicht, z. B. ein Photolack, belichtet wird. Durch Entwicklung und Ätzen werden Furchen geeigneter Form auf einem Träger, z. B. Glas, hergestellt.

22.3 Zweistrahlinterferometer

Bei Interferometern wird das zu analysierende Licht in zwei Teilwellen aufgespalten, die geometrisch gegeneinander verzögert und dann wieder überlagert werden. Bei variabler Verzögerung entstehen Intensitätsmaxima für Gangunterschiede, die gleich Vielfachen der Wellenlänge sind. Das Auftreten der Intensitätsmaxima hängt von der Wellenlänge ab, so daß eine Trennung und Messung von Wellenlängen möglich ist. Es gibt verschiedene Möglichkeiten Zweistrahlinterferometer aufzubauen, wobei das Michelson-Interferometer nach Bild 22.2 besonders häufig benutzt wird.

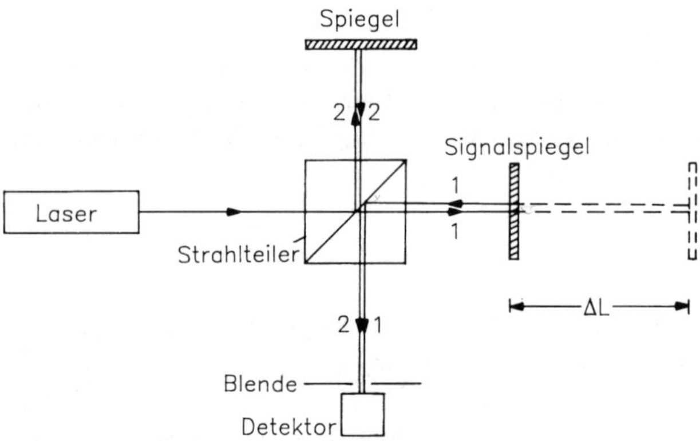

Bild 22.2. Interferometer nach Michelson zur Längenmessung

Laserinterferometer nach dem Prinzip von Michelson werden auch zur Längenmessung mit hoher Präzision eingesetzt. Eine Laserwelle (Bild 22.2) trifft auf einen Strahlteiler, so daß sie in zwei Wellen gleicher Intensität zerlegt wird: die durchlaufende Welle 1 und die senkrecht dazu verlaufende Welle 2. Die Welle 2 wird an einem ebenen Referenzspiegel und die Welle 1 über einen Signalspiegel in sich selbst reflektiert. Vom Strahlteiler wird ein Teil der reflektierten Wellen durch eine Blende auf einen Photodetektor gelenkt. Da die beiden Wellenfronten 1 und 2 bei der Überlagerung nicht exakt parallel liegen, entsteht in der Blendenebene durch Interferenz ein Streifensystem. Wird der Signalspiegel längs eines Meßobjektes der Länge ΔL verschoben, so schiebt sich das Streifensystem über die schmale Blende, und der Photodektektor registriert eine Intensitätsmodulation. Dabei treten jeweils Intensitätsmaxima auf, wenn der Signalspiegel um eine halbe Wellenlänge weiter bewegt wurde. So kann die Länge ΔL durch Zählen der Intensitätsmaxima m gemessen werden:

$$\Delta L = m\frac{\lambda}{2}\,. \tag{22.4}$$

Wegen der großen Kohärenzlänge von Laserlicht können Längen bis zu einigen 10 m bis auf Bruchteile der Wellenlänge gemessen werden. Da Interferenzen nur bei Verschiebungen ΔL innerhalb der Kohärenzlänge auftreten, kann das Interferometer auch zur Messung dieser Größe benutzt werden, wie in Abschn. 20.4 dargestellt.

Wenn ΔL auf andere Weise gemessen wird und die zugehörige Zahl m der Maxima gewählt wird, kann mit (22.4) die Wellenlänge bestimmt werden.

22.4 Fabry-Perot-Interferometer

Ein Fabry-Perot-Interferometer besteht aus zwei parallelen, teildurchlässig verspiegelten Platten im Abstand d von einigen mm bis cm. Eine einfallende Lichtwelle wird mehrfach zwischen den Platten hin- und herreflektiert, so daß das durchtretende Licht aus vielen Teilwellen besteht. Ist deren Gangunterschied Δ ein Vielfaches der Wellenlänge λ, so tritt ein Transmissionsmaximum auf:

$$\Delta = 2d\sqrt{n^2 - \sin^2\alpha} = 2nd\cos\beta = k\lambda\,. \tag{22.5}$$

Dabei bezeichnet α den Einfallswinkel, außerhalb des Interferometers gemessen, und β ist der entsprechende Winkel zwischen den Spiegeln. Die Brechzahl des Mediums zwischen den Spiegeln wird durch n gegeben.

Bei festem Plattenabstand wird Licht verschiedener Wellenlänge unter verschiedenen Einfallswinkeln durchgelassen. Das Fabry-Perot-Interferometer entspricht dann dem im Abschn. 18.5 beschriebenen FP-Etalon. Zur Aufnahme eines Spektrogramms wird das Etalon mit leicht divergentem Licht beleuchtet. Die Divergenz kann in der Anordnung nach Bild 22.3 durch die Linsenkombination L1, L2 eingestellt werden. Außerdem wird mit L1, L2 eine Strahlaufweitung vorgenommen. Verschiedenen Einfallswinkeln entsprechen in der Brennebene (= Filmebene) der Linse L3 Kreise mit verschiedenen Durchmessern, so daß einer einfallenden Wellenlänge ebenfalls ein Kreis entspricht (Bild 22.4), aus dessen Durchmesser die Wellenlänge bestimmt werden kann. Für eine gute spektrale Auflösung müssen die Platten hoch verspiegelt sein (Abschn. 18.5). Da dielektrische Spiegel nur in einem begrenzten Wellenbereich arbeiten, sind die Fabry-Perot-Interferometer jeweils nur in diesem Bereich einsetzbar.

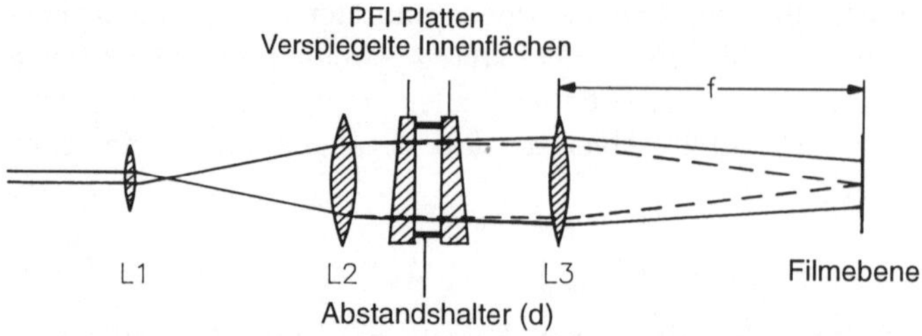

Bild 22.3. Fabry-Perot-Interferometer. Die gestrichelten und ausgezogenen Strahlen gehören zu Ringen verschiedener Ordnung k

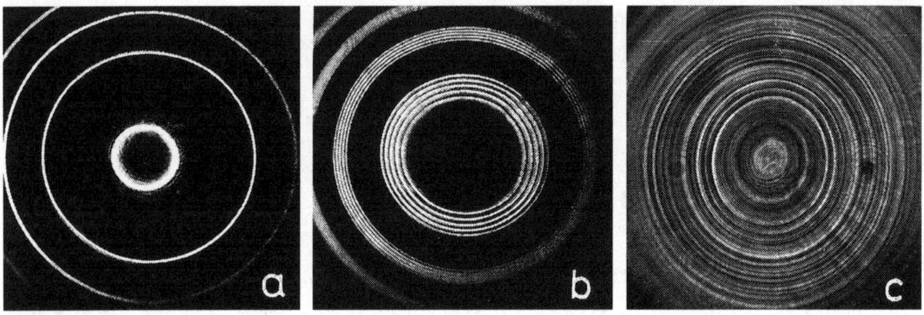

Bild 22.4 a–c. Ringe hinter einem Fabry-Perot-Interferometer bei Beleuchtung mit einem Laser. (**a**) 1 Mode, (**b**) 4 Moden, (**c**) Frequenzbereich der Laseremission größer als Dispersionsgebiet $c/2d = 1{,}6\,\mathrm{GHz}$

Fabry-Perot-Interferometer werden auch mit variablem optischem Plattenabstand betrieben. Das Spektrum des einfallenden Lichtes ergibt sich dann aus der durchtretenden Intensität I_d als Funktion der Änderung des Plattenabstandes Δd (Bild 22.5). Ist der Plattenabstand gerade gleich einem ganzzahligen Vielfachen der halben Wellenlänge, so tritt eine große Intensität I_d durch. Für eine andere Wellenlänge tritt das Intensitätsmaximum für einen anderen Plattenabstand auf. Aus der Differenz der Plattenabstände kann die Wellenlängendifferenz berechnet werden.

Das Fabry-Perot-Interferometer kann mit hohem spektralem Auflösungsvermögen $\lambda/\Delta\lambda$ bis 10^8 betrieben werden (Tabelle 22.1). Nachteilig ist der kleine nutzbare Wellenlängenbereich $\Delta\lambda_\mathrm{D}$ (Dispersionsgebiet), der nur etwa $10^2 \ldots 10^3 \Delta\lambda$ beträgt. Die Berechnung von Auflösungsvermögen und Dispersionsgebiet ist in Abschn. 18.5 beschrieben. Zur Spektralanalyse von Laserstrahlung werden konfokale Fabry-Perot-Interferometer mit periodischer piezoelektrischer Spiegelbewegung benutzt, die in Verbindung mit photoelektrischer Registrierung des durchtretenden Lichtes eine oszillografische Darstellung des Spektrums ermöglichen (Spectrumanalyzer) (Bild 22.5).

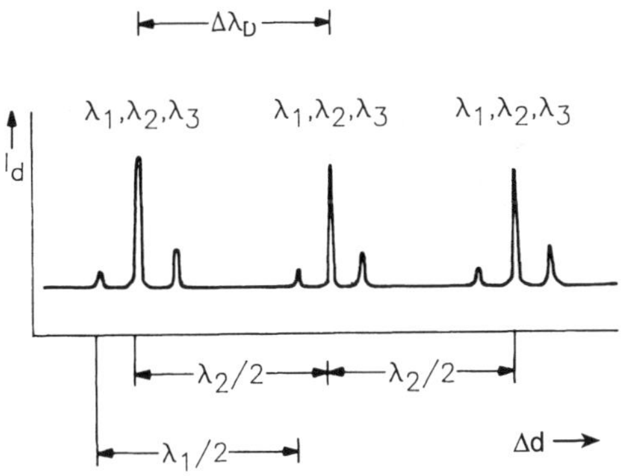

Bild 22.5. Fabry-Perot-Interferometer mit Längenänderung. I_d = im Zentrum durchtretende Intensität, $\lambda_1, \lambda_2, \lambda_3$ = bei verschiedenen Längen Δd durchtretende Wellenlängen, $\Delta\lambda_D$ = Wellenlängenbereich des Dispersionsgebietes

Interferenzfilter

Fabry-Perot-Etalons mit geringer Dicke werden als Interferenzfilter eingesetzt, welche nur schmale Spektralbereiche um 10 nm durchlassen. Die Filter bestehen aus einer dünnen planparallelen Schicht mit einer Dicke d um 1 µm. Die Schicht ist auf beiden Seiten hoch verspiegelt. Durch Vielstrahl-Interferenz werden nur die Wellenlängen $m\lambda = 2nd$ ($m = 1, 2, 3, \ldots$) hindurchgelassen, wobei n der Brechungsindex der Schicht ist. Zur Absorption unerwünschter Ordnungen werden Interferenzfilter mit Farbfiltern kombiniert.

22.5 Optisches Überlagerungsverfahren

Bei optischen Überlagerungsverfahren wird die zu analysierende Lichtwelle der Frequenz f_1 mit einer zweiten stabilen Lichtwelle der Frequenz f_2 überlagert und die Gesamtintensität mit einem Photodetektor nachgewiesen (Bild 22.6). Die gemessene Intensität enthält ein Schwebungsglied, das mit der Differenzfrequenz ($f_1 - f_2$) der beiden Lichtwellen moduliert ist. Diese kann mit elektronischen Mitteln analysiert werden (Bild 22.6). Falls f_1 bekannt ist, kann f_2 bestimmt werden.

Das Auflösungsvermögen des optischen Überlagerungsverfahrens ist besser als 10^{10}. Dabei ist es gelungen, Differenzfrequenzen bis unterhalb 1 Hz nachzuweisen. Dies bedeutet, daß die spektrale Breite der verwendeten Laser kleiner als 1 Hz war, was einer Kohärenzzeit von 1 s und einer Kohärenzlänge von 300 000 km entspricht. Das optische Überlagerungsverfahren findet

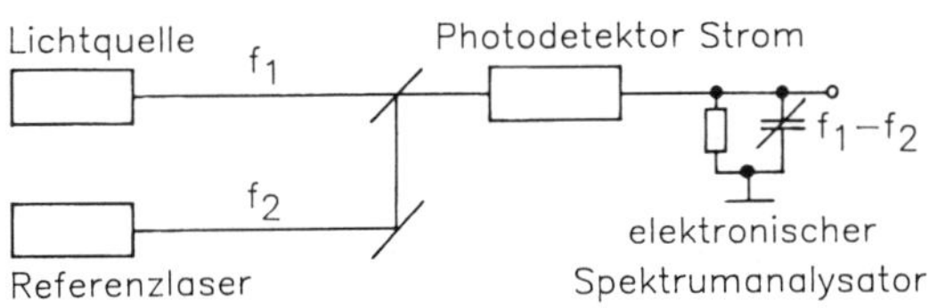

Bild 22.6. Prinzip des optischen Überlagerungsverfahrens zur Messung von Differenzfrequenzen (optical heterodyning)

Anwendung beispielsweise bei Laser-Doppler-Geschwindigkeitsmessungen (Abschn. 23.7).

Mit optischen Überlagerungsverfahren können Längenänderungen bis 10^{-15} m gemessen werden. Die Längenänderung muß dabei in Bewegung eines Laserspiegels umgesetzt werden und führt dann zu einer Verschiebung der Lichtfrequenz. Diese wird nach Überlagerung mit einer stabilen Referenzfrequenz als Differenzfrequenz nachgewiesen.

Aufgaben

22.1 Ein Prisma mit einer Basislänge von $t = 3\,\mathrm{cm}$ besteht aus Flintglas mit folgenden Brechzahlen: $n_{\mathrm{F'}} = 1{,}8297$ bei $\lambda = 480{,}0\,\mathrm{nm}$ und $n_{\mathrm{e}} = 1{,}8126$ bei $\lambda = 546{,}1\,\mathrm{nm}$. Berechnen Sie das Auflösungsvermögen.

22.2 Das Gitter eines Spektrometers besitzt einen Gitterabstand von 1,5 µm und eine Breite von 3 cm. Wie groß ist das Auflösungsvermögen?

22.3 Wie groß ist das Auflösungsvermögen und Dispersionsgebiet Δf_{D} und $\Delta\lambda_{\mathrm{D}}$ eines Fabry-Perot-Interferometers, welches einen Plattenabstand von 5 cm hat und für $\lambda = 500\,\mathrm{nm}$ mit $R = 98\,\%$ verspiegelt ist?

23. Anwendungen und Entwicklungspotential

Der militärische Einsatz von Hochenergie-Lasern in „Star-Wars-“ und SDI-Projekten hat früher teilweise zu einem negativen Bild der Lasertechnik geführt. Neben diesen waffentechnischen Vorhaben existiert jedoch eine ganze Palette friedlicher, zum Teil spektakulärer Laseranwendungen. Darunter fallen zentimetergenaue Messungen der Kontinentaldrift und des Abstandes Erde-Mond. Halbleiterlaser und Glasfasern steigern unsere Kommunikationsmöglichkeiten um viele Größenordnungen. Laserstrahlen mit hoher Leistung werden zur Materialbearbeitung und für die Chirurgie eingesetzt. Die Holographie mit Laserlicht eröffnet neue Möglichkeiten zur dreidimensionalen Bilddarstellung, Mustererkennung und Bildverarbeitung. Derartige Anwendungsmöglichkeiten der Laser werden in diesem Kapitel an einigen Beispielen dargestellt.

23.1 Nachrichtenübertragung mit Glasfasern

Eine dünne Glasfaser mit einem Durchmesser von einigen tausendstel Millimetern kann eine Lichtwelle, die von einem Laser als Sender erzeugt wird, über Entfernungen bis zu 100 km übertragen (Bild 23.1). Mit Zwischenverstärkern sind Glasfaserverbindungen durch die Weltmeere zwischen den Kontinenten möglich. Das in die Glasfaser eingespeiste Laserlicht wird an den Wänden total reflektiert, und es treten an den Oberflächen nur sehr geringe Verluste auf. Zur Minimierung der Pulsverbreiterung durch Laufzeitdifferenzen werden Einmodefasern mit Kerndurchmessern im µm-Bereich verwendet. Als Sender dienen Laserdioden.

Die optische Nachrichtenübertragung ermöglicht es, Informationen über große Strecken zu übermitteln. Die Information wird dem Licht durch eine geeignete Modulation aufgeprägt, und am Ende der Glasfaser wird dann das Lichtsignal wieder optoelektronisch detektiert und in ein elektrisches Signal umgewandelt. Der Vorteil dieses Systems gegenüber konventionellen Techniken der Nachrichtenübertragung ist, daß Glasfasern mit Lasern als Sender sehr hohe Übertragungskapazitäten erlauben. Man faßt z. B. 10 oder auch 100 Glasfasern zu Kabeln zusammen, und es ist möglich, darüber etwa 1 000 Fernsehkanäle gleichzeitig oder beispielsweise auch 1 000 000 Telefonverbindungen zu schalten. Derartige Anwendungen in der Informationstechnologie

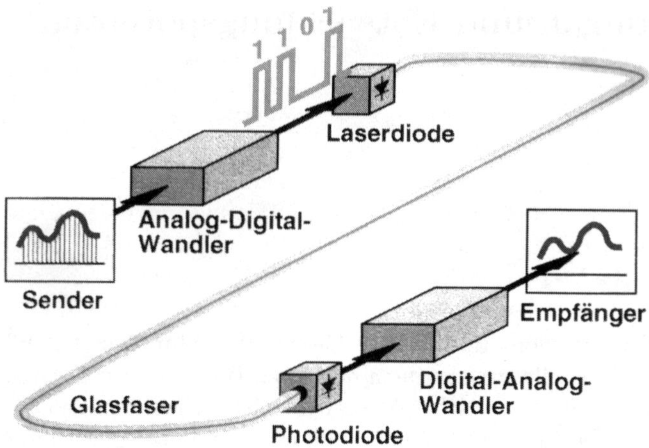

Bild 23.1. Nachrichtenübertragung mit Glasfasern

stellen zur Zeit einen Schwerpunkt der Laserentwicklung und der modernen Optik dar.

Glasfasern wurden wegen ihrer hohen Übertragungskapazität zunächst in Telefonnetzen an Stellen verwendet, wo große Nachrichtenströme zusammenlaufen, z. B. bei der Telefonverbindung zwischen Großstädten und Ballungszentren. 1988 wurde das erste Glasfaserunterseekabel verlegt, um eine transatlantische Verbindung zwischen der Ostküste der USA und Europa zu schaffen. Ein 1989 verlegtes transpazifisches Glasfaser- oder Lichtwellenleiterkabel war für eine Datenrate von 280 Mbit/s ausgelegt, ein für 1995/96 projektiertes Unterseekabel wird bereits mit 5 Gbit/s arbeiten. Dieses Unterseeglasfaserkabel wird schon nicht mehr wie bisher etwa alle 50 km eine Signalregeneration mittels optoelektronischer Umwandlung und elektrischer Regenerierung besitzen, sondern es werden optische Verstärker eingesetzt werden, die die Anzahl der erforderlichen optoelektronischen Umwandlungen und elektrischer Signalregenerierung erheblich reduzieren. Seitdem wächst die Zahl der Glasfaserverbindungen ständig an. In den neuen Ländern der Bundesrepublik soll das Telefonnetz in Glasfasertechnik bis zum Teilnehmer geführt werden. Damit ist es auch möglich, Fernsehbilder, Radioprogramme, Daten und beliebige andere Nachrichten auf dem gleichen Netz zu übertragen.

Die Übertragung von Datenraten bis zu 100 Gbit/s = 0,1 Tbit/s ist zur Zeit realisierbar. Die Übertragungsbandbreite von einzelnen Glasfasern kann jedoch bei Wellenlängen um 1,5 µm bis zu 15 THz betragen. Damit hätte eine einzige Glasfaser etwa die 20 000fache Bandbreite des gesamten bisher funktechnisch Bereiches von der Langwelle bis zum UHF-Band. Um diese enormen Bandbreiten zur gleichzeitigen Übertragung mehrerer Datenkanäle auszunutzen, werden Wellenlängenmultiplex-Verfahren (wavelength division multiplexing, WDM) entwickelt. Dies erfordert zahlreiche neuartige optische

Bauelemente und integriert optische Netzwerke. Auch für den Aufbau von Telefonvermittlungsstationen, die die einzelnen Teilnehmer miteinander nach Wunsch verbinden, werden rein optische Lösungen gesucht. Bisher nutzt man dafür noch elektronische Systeme, die jedoch in komplexen Netzen bei großen Datenmengen immer aufwendiger werden. Als Alternative sind photonische, d. h. rein optische Schaltsysteme in der Erforschung.

Lichtwellenleiter erlangen zunehmend auch Bedeutung zur Herstellung von Verbindungen elektronischer und mechanischer Baugruppen für die Bürokommunikation und in Flugzeugen, Kraftfahrzeugen, Haushaltsgeräten sowie Audio- und Videoanlagen. Besonders die Verwendung von polymeren optischen Fasern ermöglicht kostengünstige und sichere Verbindungen, um Daten und Signale effizient zu übertragen. Es können sowohl bidirektionale Leitungen als auch komplette Netzwerke realisiert werden. Auch Rechner werden zunehmend mit Lichtwellenleitern vernetzt, wobei hier allerdings wegen der hohen Datenraten vor allem Glasfasern verwendet werden.

23.2 Materialbearbeitung mit Lasern

Trifft ein Laserstrahl auf Metall oder ein anderes Material, so wird die Strahlenergie absorbiert und das Metall erwärmt. Bei höherer absorbierter Energie schmilzt und verdampft das Material, und man kann diese thermischen Prozesse in verschiedener Weise zur Materialbearbeitung ausnutzen (Tabelle 23.1). Das Erwärmen von Stählen führt dazu, daß sich das Kristallgefüge ändert: damit lassen sich Stähle härten. Laserinduziertes Schmelzen wird zum Schweißen ausgenutzt. Zum Bohren und Schneiden von Material wird dieses lokal verdampft. Verdampftes Material kann man wiederum auf-

Tabelle 23.1. Physikalische Prozesse zur Laser-Materialbearbeitung sowie deren Vor- und Nachteile gegenüber anderen Verfahren

Erwärmen	Härten, Oberflächenmodifizieren
Schmelzen	Schweissen, Auflegieren
Verdampfen	Bohren, Markieren, Schneiden, Auftragen
Vorteile	Herstellung beliebiger Formen
	Bearbeitung harter Stoffe
	Kein Werkzeugverschleiß
	Mikrobearbeitung
	Flexible Führung mit Fasern
	Einsatz in CAM-Systemen
Nachteile	Hohe Anlagekosten
	Teilweise besondere Anforderungen an
	Konstruktion, Werkstoffe, Handling

tragen, um dünne Überzüge und Schichten aus Edelmetallen zu bilden, Materialien zu passivieren oder korrosionsbeständige Beläge zu erzeugen. Man kann solche Auftragungsprozesse auch aus der flüssigen Phase und aus der Gasphase mit Lasern durchführen. Das sind Entwicklungslinien, die für die Mikrotechnologie von großer Bedeutung sind und in deren Richtung heute viel gearbeitet wird. Während Auftragungstechniken sich zur Zeit noch in der Erprobung befinden, werden Laser zum Schneiden, Schweißen, Bohren und Härten schon heute in der industriellen Produktion vielfältig verwendet.

Bei der Anwendung von Laserlicht zur Materialbearbeitung müssen Leistungsdichte und Bestrahlungszeit der Bearbeitungsart entsprechend aufeinander abgestimmt werden. Bei geringer Leistungsdichte und großer Bestrahlungszeit wird durch Wärmeleitung ein großes Materialvolumen erwärmt. Bei hoher Leistungsdichte und kurzer Bestrahlungszeit wird das Material nur im Bereich des auftreffenden Laserstrahls erhitzt, und die Verluste durch Wärmeleitung sind reduziert. Während eines Laserpulses mit der Dauer t führt die Wärmeleitung zur Erwärmung bis in eine Materialtiefe

$$d \approx \sqrt{4kt}\,. \tag{23.1}$$

Darin ist k die Temperaturleitfähigkeit des bestrahlten Stoffes. Mit $k = 0{,}13\,\mathrm{cm}^2\,\mathrm{s}^{-1}$ für Stahl wird diese Eindringtiefe bei Bestrahlung mit einem 20 ns-Puls $d = 1 \cdot 10^{-4}$ cm. Bei Bestrahlung mit einem 1 ms-Puls vergrößert sich dieser Wert auf $2 \cdot 10^{-2}$ cm. Die optische Eindringtiefe (reziproker Absorptionskoeffizient) von Laserstrahlung liegt bei Metallen bei nur 10^{-5} cm.

Die Phasenumwandlungen der Stoffe sind mit der Änderung ihrer physikalischen Eigenschaften verbunden. So nimmt beim Übergang von der festen zur flüssigen Phase die Absorption zu, während die Temperaturleitfähigkeit sinkt. Dadurch steigt bei konstanter Bestrahlungsleistung die Temperatur schnell an. Leistungsdichten, mit denen eine Materialaufschmelzung ohne Verdampfung erreicht werden soll, sind daher kritisch einzustellen.

In Bild 23.2 ist die Laserleistungsdichte in Abhängigkeit von der Bestrahlungszeit für verschiedene Bearbeitungsprozesse aufgetragen. Die Grenzen der Bereiche sind nicht exakt festlegbar; sie hängen vom verwendeten Lasertyp und vom zu bearbeitenden Material ab.

Zur Bearbeitung mittlerer und größerer Werkstücke werden vor allem CO_2-Laser eingesetzt. Es handelt sich dabei um relativ große Geräte mit einem Volumen von einigen Kubikmetern. Die Vorteile gegenüber anderen Verfahren zur Materialbearbeitung bestehen beispielsweise darin, daß beliebige Profile in Bleche geschnitten werden können. Mit konventionellen Verfahren müßte man komplizierte Stanzwerkzeuge für jeden Schnitt bauen. Der Laser stellt demgegenüber ein universelles Gerät dar, welches man leicht umstellen kann und mit dem es möglich ist, verschiedenste Anforderungen zu berücksichtigen. Bild 23.3 zeigt einige Daten über das Laser-Schweißen. Bei Stahlblechen werden Schweißgeschwindigkeiten von einigen Metern pro Minute erreicht.

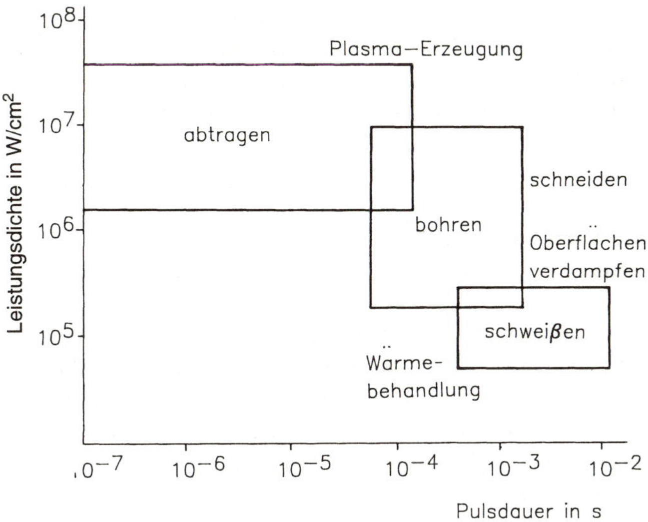

Bild 23.2. Leistungsdichten und Pulsdauern zur Materialbearbeitung mit Lasern

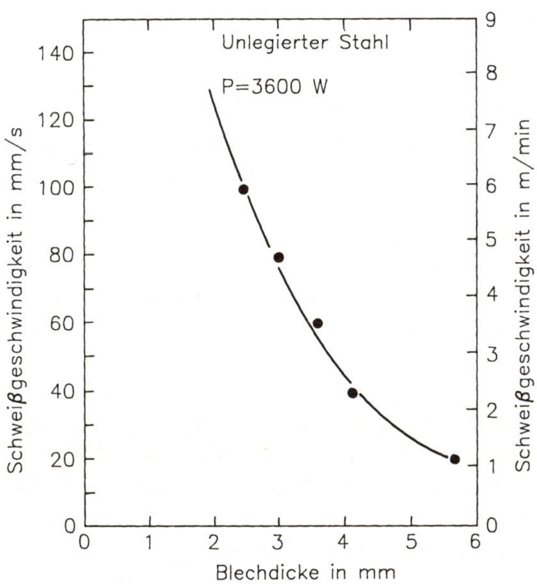

Bild 23.3. Schweißgeschwindigkeit eines CO_2-Hochleistungslasers

Mit Festkörperlasern werden Bearbeitungsvorgänge im Mikrobereich durchgeführt, z. B. Bohrungen mit Durchmessern von einigen Mikrometern, Herstellung und Bearbeitung integrierter elektronischer Schaltungen, Abgleichen von elektrischen Widerständen und Schweißungen von Leiterbahnverbindungen auf Platinen elektronischer Geräte.

Die Vorteile der Laserverfahren gegenüber konventionellen Bearbeitungstechnologien sind in Tabelle 23.1 dargestellt. Es ist möglich, beliebige Formen herzustellen, und sehr harte Werkstoffe zu bearbeiten. Der Laserstrahl verschleißt nicht wie mechanische Werkzeuge und eignet sich hervorragend für die Mikrobearbeitung.

Laserverfahren sind anderen Strahlmethoden zur Materialbearbeitung, wie Schweißen und Schneiden mit Gasbrennern, elektrischen Lichtbögen, Plasma- oder Elektronenstrahlen, in vieler Hinsicht überlegen. Die Laserstrahlung kann bis in den Mikrometerbereich fokussiert werden und ist über Spiegel oder Quarzfasern leicht zu führen und dadurch mit Industrierobotern zur Strahlbewegung koppelbar. Gegenüber klassischen Verfahren, dem Drehen, Fräsen und anderen spanabhebenden Techniken, arbeiten Laserverfahren praktisch ohne Werkzeugverschleiß, und es können sehr spröde und harte Werkstoffe bearbeitet werden. Wegen dieser und weiterer Gründe werden Laser zunehmend in der industriellen Fertigungstechnik eingesetzt. Grenzen setzen der apparative Aufwand und die damit verbundenen Kosten.

Heute wird weltweit mit etwa 40 000 Laseranlagen gefertigt. Das Potential der möglichen Bearbeitungen mit dem Laserstrahl ist damit noch lange nicht erschöpft. Die jährlichen Wachstumsraten liegen bei mehr als 10 %, etwa im Jahre 2000 wird der Weltmarkt für Lasermaterialbearbeitungsanlagen bei mehr als 5 Mrd. DM liegen.

Laser für die Materialbearbeitung

Komplette Laser-Werkzeugmaschinen werden von verschiedenen Firmen angeboten, der Leistungsbereich liegt zwischen 100 W und 40 kW. Die Anlagen sind in der Regel computergesteuert und CNC-programmierbar (Bild 23.4). Die Laserstrahlung wird über einen Bearbeitungskopf an das Werkzeug geführt. Dieser fokussiert den Laserstrahl und enthält in der Regel einen Sensor zur Einstellung des Abstandes zwischen Linse und Werkstück. Ein Gasstrom verhindert die Kondensation von verdampftem Material auf der Linse. Beim Bearbeitungsvorgang entstehen Dämpfe und Stäube, die abgesaugt, gefiltert und sachgerecht entsorgt werden müssen. Der Bearbeitungsvorgang erfolgt häufig in einer Kabine mit Sichtfenster, so daß das Bedienungspersonal durch direkte oder reflektierte Laserstrahlung nicht geschädigt werden kann.

CO_2-Laser stellen die bisher wichtigsten Strahlquellen für die Materialbearbeitung dar. Dies liegt an dem hohen Wirkungsgrad von über 10 %, den hohen Ausgangsleistungen bis 100 kW im Laborbetrieb und der hohen Zuverlässigkeit und Lebensdauer der Laserkonstruktion. Die Strahlung wird

Bild 23.4. Teilansicht einer Anlage zum Schneiden und Schweißen von Blechen. Der Bearbeitungskopf befindet sich in verschiedenen Stellungen, die durch Mehrfachbelichtung gleichzeitig dargestellt sind (Firma Trumpf)

über Spiegel zum Werkstück geführt und mit einer Linse im Bearbeitungskopf auf den gewünschten Durchmesser fokussiert. Leider läßt sich die 10 µm-Infrarot-Strahlung der CO_2-Laser gegenwärtig noch nicht in technisch befriedigender Weise durch flexible Fasern führen. Die Einsatzbereiche von CO_2-Anlagen werden in den folgenden Abschnitten beschrieben.

Zunehmend werden auch kontinuierlich betriebene Festkörperlaser zur Materialbearbeitung eingesetzt. Diese haben den Vorteil, daß die Infrarot-Strahlung bei kürzeren Wellenlängen von etwa 1 µm liegt und durch Quarzfasern geleitet werden kann. Damit wird eine flexible Strahlführung möglich, so daß der Laserstrahl direkt an Industrieroboter angekoppelt werden kann. Die Wirkungsgrade von etwa 5 % und die maximalen Leistungen von 5 kW sind geringer als beim CO_2-Laser.

Anwendungsbereiche

Laser werden äußerst vielfältig in der industriellen Produktionstechnik zur Materialbearbeitung eingesetzt. Erste Anwendungen erfolgten in der Mikrotechnik beim Bohren kleiner Löcher in Lagersteinen für mechanische Uhren oder beim Löten dünner Drähte in der Elektronik. Mit zunehmender Verbreitung der Laser wurden diese aber auch zur Bearbeitung größerer Werkstücke eingesetzt, z. B. im Automobilbau.

Schneiden. Beim Laserschneiden von Blechen, z. B. für Gehäuse, wird das Material zum Schmelzen gebracht. Der flüssige Werkstoff wird durch einen Gasstrahl ausgetrieben. Bei Verwendung von Sauerstoff wird die Schnittgeschwindigkeit beträchtlich erhöht, da durch die Oxidation zusätzlich Wärme entsteht. Der Laserstrahl kann in einer 3D-Anlage komplizierten Bahnen folgen, auch harte Materialien, die sonst nur mit der Diamantschleifscheibe linear geschnitten werden können, lassen sich leicht bearbeiten (Bild 23.5). Vorteile ergeben sich auch bei beschichteten Blechen, organischen Fasermaterialien, Kunststoffen, Keramik, Glas oder drahtverstärkten Gummiteilen. In der Automobilindustrie werden Schneidelaser insbesondere bei der Entwicklung neuer Karosserieteile eingesetzt, da die Konturen einfach und schnell verändert werden können.

Bild 23.5. Ansicht beim Schneiden mit einem Laser (Firma Spectra Physics)

Schweißen. Das sogenannte Wärmeleitungsschweißen dient zur Verbindung dünner Bleche. Der Laserstrahl wird so über die Materialoberfläche geführt, daß die Siedetemperatur nicht erreicht wird und kaum Verdampfung auftritt. Durch die Einwirkung der Laserstrahlung verschmelzen die zu verbindenden Teile, die an der Schweißnaht aneinanderliegen. Die Schweißnaht ist nicht sehr tief, sie entspricht etwa der 1,5fachen Breite. Bild 23.6 zeigt eine Punktschweißung.

Bild 23.6. Laserschweißung: Draht auf Metallstab (S. Smernos, Standard Elektrik Lorenz AG)

Raffinierter ist das Tiefenschweißen. Die Temperatur liegt über dem Siedepunkt, so daß die Schmelze durch den Druck des Dampfes in der Schweißnaht bewegt wird. Die Schmelze zirkuliert und wird sogar teilweise über die Materialoberfläche gehoben, wodurch eine Schweißraupe entsteht. Die Schweißnaht zeichnet sich durch eine feinkörnige Kristallstruktur mit nur wenigen Verunreinigungen aus. Manchmal ist sie fester als der Werkstoff selbst.

Im Automobilbau kann das Laserschweißen zu einer Materialeinsparung von etwa 5 kg pro Auto führen, da durch die hohe Präzision des Verfahrens die Überlappung der Schweißfalze geringer ausfallen kann. Vorteile bieten sich beim Schweißen an unzugänglichen Stellen wie beispielsweise in Rohren. Das Verfahren wird auch in der Elektroindustrie zum Verbinden verschiedener Materialien eingesetzt.

Oberflächenbehandlung. Bei der Herstellung von Massenartikeln werden häufig die Oberflächen bestimmter Bauteile einer Wärmebehandlung unterzogen, um die mechanischen und chemischen Eigenschaften oder den visuellen Eindruck zu verbessern. Für diesen Aufgabenbereich werden zunehmend Laser eingesetzt, um Oberflächen zu härten, zu beschichten und zu legieren. Bild 23.7 zeigt einen Schnitt quer zu einer Oberfläche, die mit einem intensiven CO_2-Laserstrahl auf einer etwa 4 mm breiten Spur gehärtet wurde. Es wird eine beträchtliche Steigerung der Härte erzielt.

Das Oberflächenlegieren hat sich erst in den letzten Jahren durch den Einsatz von Lasern industriell durchgesetzt. Auf das Werkstück wird eine pulverförmige Substanz (Bor oder Karbide) aufgebracht, die durch Laserstrahlung mit der Oberfläche verschmolzen wird. Es entsteht eine neue Legierung, die bei schneller Abkühlung äußerst feinkörnig und hart sein kann.

a

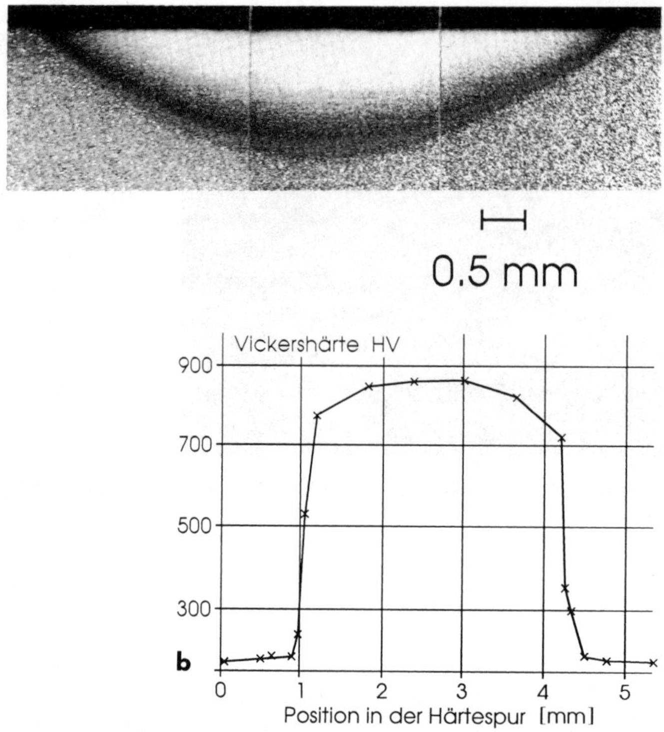

Bild 23.7 a,b. Härtung einer Oberfläche mit Laserstrahlung: (**a**) Schnittbild senkrecht zur Oberfläche mit unterschiedlichen Gefügestrukturen; (**b**) Verlauf der Härte (S. Smernos, Standard Elektrik Lorenz AG)

Zum Beispiel wird diese Art der Oberflächenbehandlung zur Vergütung von Ventilsitzen für Automotoren angewandt.

Etwas einfacher sind die Verfahren beim Lagerhärten, einer Weiterentwicklung klassischer Verfahren durch Wärmebehandlung. Dabei wird die Oberfläche durch die Laserstrahlung bis knapp unter die Schmelztemperatur erhitzt. Das Material geht nach Selbstabschreckung in Luft in eine härtere Phase über, die meist eine andere (feinkörnigere) Kristallstruktur aufweist (Bild 23.7a). Damit das Werkstück nicht zu spröde wird oder sich verzieht, darf die Umwandlung nicht zu tief in die Oberfläche reichen. Die dazu notwendige lokalisierte Erwärmung des Materials läßt sich mit Lasern in hervorragender Weise erreichen, worin ein besonderer Vorteil dieses Verfahrens besteht. Anwendungen findet man beim Härten von Zahnrädern oder von Ventilen und Zylinderinnenwänden von Verbrennungsmotoren. Bei hohen Energiedichten und kurzen Einwirkzeiten und darauffolgender schneller Abkühlung entsteht eine glasartige, amorphe Phase, man spricht von Laserglasierung.

Markieren. Weniger spektakulär, aber wirtschaftlich wichtig ist das Beschriften und Markieren mit Lasern. Derartige Aufgaben treten vielfältig auf,

z. B. bei der Herstellung von Skalenstrichen auf Glas bei optischen Präzisionsinstrumenten, Kennzeichnen elektronischer Bauteile, Schreiben von Strichcodes oder auch einfach das Beschriften von Kugelschreibern. Mehrere Firmen bieten derartige Systeme an, die von Computern gesteuert werden und sehr flexibel verschiedene Arten von Beschriftungen durchführen können.

Herstellung von Halbleiterbauelementen. In der Halbleitertechnologie gibt es zahlreiche Anwendungsmöglichkeiten für Laser, wofür hier nur einige Beipiele gegeben werden. Relativ weit verbreitet ist das Laser-Annealing, worunter das Ausheilen von Kristalldefekten verstanden wird, die z. B. durch Ionenimplantation hervorgerufen werden. Bei diesem Verfahren werden die erforderlichen Dotierungsatome als Ionen in den Halbleiterkristall eingeschossen, wobei gleichzeitig unerwünschte Gitterfehler entstehen. Diese heilen durch laserinduzierte Erwärmung wieder aus.

Mit Lasern können auch verschiedene Schichten auf Halbleiteroberflächen aufgebracht werden. Das abzuscheidende Metall oder ein spezielles Halbleitermaterial wird dazu in eine gasförmige Verbindung eingebaut, die sich durch Wirkung der Laserstrahlen an der Halbleiteroberfläche zersetzt und die gewünschte Schicht bildet. Ein besonderer Vorteil dieses Verfahrens ist, daß mit fokussierter Strahlung auf der Oberfläche Leiterbahnen und andere zweidimensionale Strukturen erzeugt werden können.

Das Standardverfahren zur Strukturierung von Halbleiteroberflächen ist die Photolithografie. Hierbei wird ein photoempfindlicher Lack auf die Oberfläche gebracht, der anschließend mit der herzustellenden Struktur belichtet wird. Durch einen chemischen Entwicklungsprozeß werden Teile des Photolacks wieder abgelöst. Die freien Teile der Halbleiteroberfläche können nun geätzt, chemisch dotiert, metallisiert oder mit anderen Materialien beschichtet werden, so daß die erforderlichen komplexen Strukturen für integrierte Schaltungen in mehreren Schritten entstehen.

Die Strukturgröße bei integrierten Schaltungen ist durch die Wellenlängen der zur Belichtung verwendeten Strahlung gegeben. Bisher wurden vor allem Quecksilberdampflampen mit Wellenlängen von etwa 250 nm verwendet. Zur Verringerung der Strukturgrößen, die für eine erhöhte Packungsdichte der Funktionselemente einer integrierten Schaltung notwendig ist, eignen sich Excimerlaser mit kürzeren Wellenlängen. Diese Entwicklungsperspektive wird unterschiedlich eingeschätzt, und es ist noch nicht abzusehen, ob sich das Laserverfahren gegenüber alternativen Technologien wie Elektronen- und Röntgenlithografie oder einer weiterentwickelten konventionellen Lithografie durchsetzen wird.

Bereits fest etabliert sind in der Elektronikfertigung Laserverfahren zum Ritzen und Trennen von Halbleiterchips, die in größerer Anzahl auf einem Siliziumsubstrat oder Wafer mit einigen Zentimetern Durchmesser hergestellt werden. Auch Lötungen und der Abgleich von Widerständen durch Materialabtragung werden routinemäßig mit Lasern durchgeführt.

Zukunftstechnologien der Lasermaterialbearbeitung. Die Materialbearbeitung mit dem Laserstrahl ist eine Technologie mit interessanten Perspektiven und Wachstumsmöglichkeiten. Damit die Vorteile voll zur Geltung kommen, müssen Produkt und Fabrikationsanlage aufeinander abgestimmt sein. Lasergerechtes Konstruieren, lasergerechte Werkstoffe und die On-line-Regelung der Verfahren spielen im Vergleich zu alternativen Technologien, wie Elektronen-, Plasma- und Wasser-Strahlverfahren, eine wesentliche Rolle.

Neuartige Anwendungen können sich durch Ausnutzung spezieller Effekte ergeben, zum Beispiel Materialabtragung ohne thermische Beeinflussung der Umgebung durch Photoablation, Mikrostrukturierung von Halbleiterbauelementen durch laserinduzierte Kristallmodifikation, Oberflächenbeschichtungen oder Leiterbahnherstellung. Besondere Fortschritte sind durch die Entwicklung von Diodenlasern hoher Leistung zu erwarten. Wenn kompakte, effektive und preisgünstige Strahlquellen zur Verfügung stehen, wird die Zahl wirtschaftlich sinnvoller Laseranwendungen in der Produktionstechnik noch deutlich zunehmen.

Die vielfältigen Möglichkeiten zur Materialbearbeitung und die gute Steuerbarkeit des Laserstrahls machen die Laser zu hervorragenden Werkzeugen für die flexible, automatische Fertigung.

23.3 Laser in der Medizin

Laser werden in der Medizin einerseits in der Diagnostik, andererseits zu therapeutischen Zwecken angewendet. Die diagnostischen Methoden, wie z. B. holographische Interferometrie, Spektroskopie, Laser-Doppler-Geschwindigkeits-Messungen, entsprechen weitgehend den Verfahren, die auch in anderen Anwendungsgebieten eingesetzt werden.

Bei therapeutischen Anwendungen wird vorwiegend die thermische Wirkung der Laserstrahlung zu chirurgischen Zwecken ausgenutzt (Bild 23.8). Wird Gewebe mit einem Laser bestrahlt, so erhöht sich die Temperatur durch Absorption. Bei etwa 60 °C koaguliert das Eiweiß und bei etwa 100 °C verdampft das Gewebewasser, bei weiterer Temperaturerhöhung karbonisiert das Gewebe. Diese Stufen der Beeinflussung von biologischem Material können zur Verödung, zum Abtragen und Schneiden in der Chirurgie eingesetzt werden. Die Temperaturerhöhung und das Volumen des beeinflußten Gewebes hängen von der Gewebeart (Absorptionskoeffizient und Temperaturleitfähigkeit) und vom Lasertyp (Wellenlänge und Leistungsdichte) ab. Die Laserchirurgie bietet bei hoher Präzision den Vorteil des kontaktfreien aseptischen Einsatzes und die Möglichkeit, auch bei stark durchblutetem Gewebe wegen des Gefäßverschlusses auf Grund der Koagulation nahezu blutlos zu schneiden. Die thermischen Effekte können in Koagulation und Vaporisation aufgeteilt werden.

Neben der thermischen Wirkung von Laserstrahlung auf Gewebe, gibt es je nach Bestrahlungsdauer und Leistungsdichte noch verschiedene andere

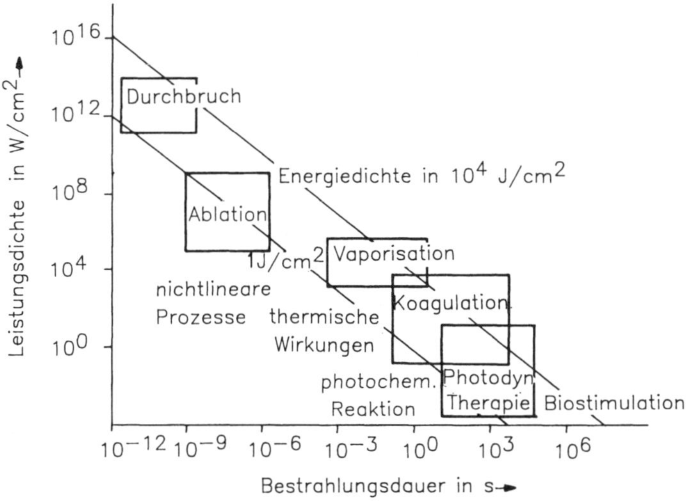

Bild 23.8. Leistungsdichten und Pulsdauern für verschiedene medizinische Laseranwendungen

Mechanismen, die medizinisch angewendet werden (Bild 23.8). Zur Photoablation sind kurze Pulse hoher Leistung erforderlich. Der Effekt tritt auf, wenn die Eindringtiefe der Strahlung von Gewebe im Bereich von Mikrometern liegt und die Pulsdauer so kurz ist, daß keine wesentliche Wärmeleitung in dieser Zeit auftritt. Nach (23.1) kann die Pulsdauer abgeschätzt werden, bei der die Wärmeleitung vernachlässigt werden kann. Dazu wird für d die Eindringtiefe der Strahlung eingesetzt. Bei Photoablation wird also Gewebe durch kurze Pulse abgetragen, ohne daß umliegendes Gewebe durch Wärmeleitung thermisch geschädigt wird. Photoablation wird durch Excimerlaser (ArF, XeCl) im Ultravioletten und 3 µm-Laser (Erbiumlaser) im Infraroten erreicht. Im ultravioletten Spektralbereich kann die Ablation durch direktes Aufbrechen chemischer Bindungen erfolgen.

In Bild 23.9 ist die Beseitigung von Ablagerungen in Blutgefäßen, den sogenannten Arterienverkalkungen, dargestellt (Angioplastie). Ein Laserstrahl wird dabei mit Hilfe eines Katheters und einer Glasfaser in die Arterie eingeführt und trägt die Ablagerungen ab. Eine weitere Anwendung der Photoablation liegt bei der photorefraktiven Hornhautchirurgie vor. Durch den Einsatz von Excimerlasern kann durch Abtragung die Krümmung der Hornhaut so verändert werden, daß eine Brille überflüssig wird. Auch in der Zahnheilkunde werden Laser zur Photoablation angeboten: der Erbiumlaser dient zum Bohren in Wurzelkanälen.

Bei weiterer Steigerung der Leistung und Verkürzung der Pulsdauer tritt im Gewebe ein optischer Durchbruch auf, was man als Photodisruption bezeichnet. Der Effekt wird routinemäßig in der Augenheilkunde zur Zerstörung

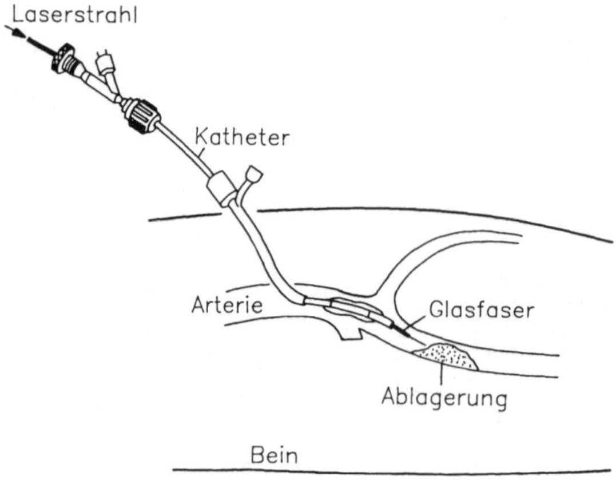

Bild 23.9.
Beseitigung von Ablagerungen in Arterien mit Laserstrahl

der trüben Nachstarmembran und zur Zertrümmerung von Nieren- und Blasensteinen (Lithotripsie) eingesetzt.

Eine interessante photochemische Anwendung liegt in der sogenannten photodynamischen Therapie von Tumoren vor. Dabei wird durch intravenöse Zugabe der Farbstoff HpD im Tumorgewebe selektiv angelagert. Durch Einstrahlung von roter Strahlung um 630 nm (z. B. Goldlaser) wird der Farbstoff in Radikale zerlegt, die den Tumor zerstören. Beispielsweise können streuende kleine Blasentumore auf diese Art behandelt werden. Ungeklärt ist bisher der Mechanismus der Biostimulation, bei welcher schwache Laser im mW-Bereich, insbesondere He-Ne-Laser, eingesetzt werden, um das Wachstum von Zellen zu beschleunigen oder andere medizinische Wirkungen zu erzielen.

Die wichtigsten medizinischen Laser, deren Eigenschaften und Anwendungen sind in Tabelle 23.2 dargestellt. Besonders verbreitet sind der Ar^+-, Nd: YAG- und CO_2-Laser. Insbesondere bei Augenoperationen werden Ar^+-Laser im großem Umfang routinemäßig eingesetzt. Mit dem Laserstrahl kann der Chirurg durch die Augenlinse, ohne diese zu beschädigen, in das Augeninnere eindringen und dort Operationen damit durchführen. Netzhautanschweißungen mit dieser Technik stellen heute ein Standardverfahren dar, das in vielen Kliniken angewendet wird.

Den Vorteilen der Laser stehen als Nachteil gegenüber (Tabelle 23.3), daß es sich heute noch um relativ komplizierte Anlagen im Verhältnis zu anderen chirurgischen Werkzeugen handelt, beispielsweise einem Skalpell. Laseranlagen sind mit hohen Kosten verbunden, aber in den nächsten Jahren sind entscheidende Fortschritte zu erwarten. Die Lasertechnik, insbesondere auf der Grundlage der Halbleitertechnologie, befindet sich heute in schneller Entwicklung, und die Geräte werden weniger aufwendig.

Tabelle 23.2. Die wichtigsten kommerziellen Laser in der Medizin

Typ Betriebsart	Wellenlänge (μm) Typ. Leistung (W)	Eigenschaften Effekte	Anwendungen
Excimerlaser (ArF, XeCl) gepulst	0,197 0,308 Energie 10 mJ	nichtlineare Effekte Photoablation	Ophthalmologie (Hornhaut), Mikrochirurgie, Angioplastie
Ar^+ kontinuierlich	0,488 0,514 10	spezifische Absorption bei Hämoglobin und Melanin Koagulation	Chirurgie, Urologie, HNO, Dermatologie, Ophthalmologie
Nd: YAG frequenzverd. gep., quasikont.	0,53 15	wie Ar^+-Laser wie Ar^+-Laser	wie Ar^+, außer Ophthalmologie
Farbstoff kont., gepulst	0,488 bis 0,788 3	spezifische Absorption bei Chromophoren Koagulation, Photochemie	Plastische Chirurgie, Dermatologie, Onkologie
Kr^+ kontinuierlich	gelb/rot 5	höhere Eindringtiefe als Ar^+-Laser Koagulation	Dermatologie, Ophthalmologie
Au-Laser quasikont.	0,627 1	HpD-Absorption Photochemie	photodynamische Tumortherapie
Rubinlaser gepulst	0,69 1 J	 Photodisruption	Hautpigmente
Diodenlaser kont., gepulst	um 0,8 30	Volumenabsorption Koagulation	wie kont. Nd: YAG
Nd: YAG kontinuierlich	1,06 100	Volumenabsorption Koagulation	Chirurgie, Urologie, Dermatologie, Gynäkologie, Neurochirurgie, Gastroenterologie, Pulmologie
Nd: YAG gepulst	1,06 1 MW pro Puls	optomechanische Effekte Photodisruption	Ophthalmologie, Lithotripsie, Hautpigmente
Ho-Laser quasikont.	2 20	starke Wasserabsorption Koagulation Schneiden	Gelenkchirurgie, Ophthalmologie
Er-Laser gep., quasikont.	2,9 Energie 10 mJ	sehr starke Wasserabsorption Photoablation	Ophthalmologie (Hornhaut), Mikrochirurgie, Angioplastie, Zahnheilkunde
CO_2 kontinuierlich	10,6 30 (100)	starke Wasserabsorption Schneiden	Chirurgie, Urologie, Dermatologie, Gynäkologie, HNO, Neurochirurgie, Kieferchirurgie

Tabelle 23.3. Laser in der Chirurgie

Vorteile:	Koagulation, nichtblutende Schnitte, hohe Präzision
	Arbeiten in Körperhöhlen mit Glasfasern
	Kombination mit optischen Geräten
	Arbeiten im Augeninnern
	Scharfe Schnitte und Abtragen durch Photoablation
	Mikrochirurgie, Phototherapie
	Effekte der Photodisruption
Nachteile:	hohe Kosten
	kompliziertes Gerät
	langsameres Heilen

23.4 Kernfusion mit Lasern

Die Sonne gewinnt ihre Energie durch Kernfusion. Wasserstoffatomkerne verschmelzen zu Heliumkernen, und bei diesem Prozeß wird erhebliche Energie frei. Seit den 50er Jahren wird in Laboratorien verschiedener Staaten versucht, diese Fusionsprozesse auf der Erde zur kontrollierten Energiegewinnung nutzbar zu machen. Der Durchbruch zur technischen Anwendung ist noch nicht erfolgt. Um Fusionsprozesse einzuleiten, ist es notwendig, das Wasserstoffgas, das in den Plasmazustand übergeht, genügend aufzuheizen. Es sind Temperaturen um hundert Millionen Grad Kelvin erforderlich, die über Zeiten von einigen Sekunden aufrechterhalten werden müssen. Die Wasserstoffkerne müssen genügend hohe Energie besitzen, damit es zu einer Fusion kommt. Bei diesen hohen Temperaturen braucht man spezielle Vorrichtungen, um das Plasma zusammenzuhalten. Bei den bisherigen Fusionsexperimenten werden dafür magnetische Felder verwendet. Um hohe Temperaturen und lange Einschlußzeiten zu erzielen, werden immer größere und aufwendigere Fusionsanlagen gebaut. Die technische Realisierung von Fusionskraftwerken mit magnetischem Plasmaeinschluß wird jedoch erst in einigen Jahrzehnten prognostiziert.

Der Laser ermöglicht es nun, hier einen neuen Weg einzuschlagen. Die Grundidee dabei ist es, ein kleines Kügelchen aus Wasserstoff oder Wasserstoffisotopen, beispielsweise Deuterium und Tritium, in fester Form herzustellen und kurzzeitig mit einem Laser zu bestrahlen und dadurch aufzuheizen. Die Laserenergie muß genügend groß sein, damit die erforderlichen Fusionstemperaturen erreicht werden. Man verwendet einen kurzen Anregungspuls, um zu verhindern, daß während der einsetzenden Fusionsreaktionen das Plasma auseinanderfliegt. Das Plasma wird also bei diesem Prozeß nicht durch ein externes Feld eingeschlossen, sondern durch seine eigene Trägheit. Ehe die Plasmateilchen überhaupt wegfliegen können, sollen die Fusionsreaktionen bereits erfolgt sein. Dieser sogenannte Trägheitseinschluß verlangt extreme Laser. Es sind Laserenergien von etwa 10^6 J erforderlich, und diese Energie muß in extrem kurzen Zeiten von etwa 10^{-10} s in das Wasserstofftarget, das etwa einen Durchmesser von 1 mm hat, eingekoppelt werden.

Eine ältere Laseranlage für Kernfusionsexperimente ist in Bild 23.10 skizziert. Der Laser ist in einem Gebäude von etwa 30 m Länge untergebracht, das mehrere Stockwerke besitzt. In dem Gebäude befinden sich etwa 20 Ketten von Lasersystemen, die hintereinander geschaltet sind und von einem einzigen Laseroszillator angetrieben werden, der die Synchronisation der verschiedenen Laser-Verstärker bewirkt. Die Strahlen aus den Verstärkerketten werden mit Spiegelsystemen aus verschiedenen Richtungen auf das Fusionstarget fokussiert, um eine gleichmäßige Erhitzung des Wasserstoffkügelchens zu erreichen. Dieser Fusionslaser ist im Jahre 1977 gebaut worden, und stellte einen der größten Laser überhaupt dar. Ein Vergleich mit dem mikroskopischen Halbleiterlaser verdeutlicht die Spannweite der Größe und Komplexität moderner Lasersysteme. In den Folgejahren wurde der Laser noch weiter ausgebaut. Die Leistungsdaten des 1984 fertiggestellten Nova-Lasers sind in Tabelle 23.4 dargestellt. Selbst mit dieser Maschine hat man zwar Fusionsreaktionen beobachtet, aber man muß dafür mehr Energie aufwenden als man gewinnt. Um schließlich zum „break-even" zu kommen, zu dem Punkt, wo man mindestens soviel Energie gewinnt, wie man aufwendet, müssen Lasersysteme aufgebaut werden, die mindestens 10- bis 100-fach leistungsfähiger sind. In Planung ist dafür von der National Ignition Facility NIF in Livermore/USA ein Laser mit einer Ausgangsenergie von 10 MJ.

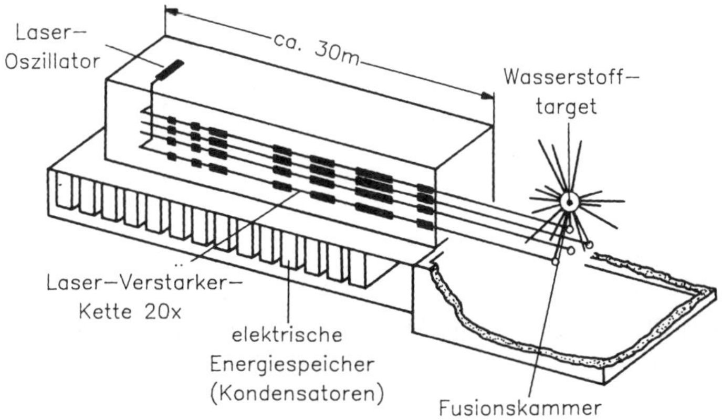

Bild 23.10. Aufbau des Shiva-Fusionslasers in den Lawrence-Livermore Laboratorien USA, Baujahr 1977, Ausgangsenergie 10 kJ. Das Lasersystem enthält insgesamt 20 parallele Verstärkerketten, so daß eine entsprechende Zahl von Strahlen über Umlenkspiegel auf das Target fokussiert wird

Tabelle 23.4. Leistungsdaten des NOVA-Lasers für Kernfusion

Ausgangsenergie pro Puls	= 100000 Joule = 25 g TNT-Sprengstoff
Pulsdauer	1 ns = 0,000 000 001 s
Spitzenleistung	100 TW = 10^{14} W = 100 000 Elektrizitätswerke
Wellenlängen:	1 060 nm (infrarot) 530 nm (grün) 350 nm (ultraviolett)
Material:	Neodymglas
Kosten:	30 Millionen US $, Baujahr 1984

Raketenabwehr mit Lasern

Die Laser-Leistungsdaten in Tabelle 23.4 können benutzt werden, um militärische Anwendungsmöglichkeiten abzuschätzen. Das riesige Nova-Lasersystem hat eine Ausgangsenergie, die etwa 25 g TNT Sprengstoff entspricht. Zum Vergleich wird die von einer Atombombe freigesetzte Energie in Millionen Tonnen TNT gemessen. Der Laser ist also in der zerstörerischen Wirkung überhaupt nicht vergleichbar mit anderen Waffensystemen. Er eignet sich allenfalls dazu, Raketen oder andere militärische Objekte gezielt anzugreifen und zu beschädigen. Ein Hauptunterschied zu konventionellen Waffen könnte sein, daß die Laserenergie mit Lichtgeschwindigkeit über sehr große Entfernungen scharf gebündelt übertragen werden kann. Laser sind aber nicht geeignet, als eine neue Generation von Massenvernichtungsmitteln eingestuft zu werden.

23.5 Wissenschaftliche Anwendungen

Die Erzeugung von Plasmen zur Kernfusion ist ein langfristiges wissenschaftliches Projekt. Darüberhinaus werden Laser bei vielen weiteren Untersuchungen in der Physik, Chemie, Biologie und in technischen Disziplinen angewandt. Besonders in der Spektroskopie haben Laserverfahren zu weitreichenden Fortschritten geführt. Die hohe Monochromasie oder Frequenzstabilität der Laser hat die Auflösung spektroskopischer Verfahren enorm gesteigert, so daß fortgeschrittene atomphysikalische Theorien mit hoher Präzision getestet werden können. Nichtlineare optische Methoden führen zur sogenannten dopplerfreien Spektroskopie, mit der störende Atombewegungen eliminiert werden können.

Abstandsmessungen werden heute auf Zeitmessungen zurückgeführt. Mit Hilfe von Lasern werden Längen als die Zeitintervalle definiert, die das Licht zum Durchlaufen der zu messenden Strecke benötigt.

Große meßtechnische Bedeutung hat die Erzeugung ultrakurzer Lichtimpulse mit Lasern (Kap. 17). Damit können schnelle chemische Reaktionen, z. B. in der Photosynthese mit hoher Zeitauflösung untersucht werden. Ähnlich wie das Elektronenmikroskop im örtlichen erlaubt der Laser im zeitlichen Bereich die Untersuchung elementarer Strukturen. Mit Lasern lassen sich „Zeit-Mikroskope“ aufbauen, die etwa 12 Größenordnungen leistungsfähiger sind als die konventionellen „Zeitlupen“, die aus der Film- und Fernsehtechnik bekannt sind.

Die hohe Intensität und Kohärenz des Laserlichtes hat die Entwicklung zweier neuer optischer Wissenschaftszweige stimuliert: nichtlineare Optik und Holographie. In der klassischen Optik, bei kleinen Lichtintensitäten überlagern sich Lichtwellen ohne gegenseitige Beeinflussung. Dieses Prinzip gilt in der nichtlinearen Optik nicht mehr, was zu einer Vielfalt von neuartigen, überraschenden Phänomenen führt. Lichtwellen ändern ihre Frequenz oder Farbe (Abschn. 19.2ff) und können gegenseitig ihre Energien austauschen, was interessante technische Anwendungsperspektiven besitzt. Optische Schaltelemente, ähnlich den elektronischen Transistoren, sind machbar und darauf aufbauend eine neuartige optische Schaltungstechnik. Optische Prozessoren und Computer auf dieser Basis werden die elektronischen Systeme ergänzen und weiterentwickeln. Im Rahmen der „integrierten Optik“ werden die dafür notwendigen Technologien entwickelt.

Die wissenschaftliche Bedeutung der Laser und der aus ihnen folgenden neuen Wissenschaftsgebiete ist durch mehrere Nobelpreise gewürdigt worden:

1964 Townes, Basov, Prokhorov - Entwicklung von Masern und Lasern
1971 Gabor - Holographie
1981 Bloembergen, Schawlow - Nichtlineare Optik, Laserspektroskopie

23.6 Holographie und Interferometrie

Holographie ist ein Verfahren zur Aufzeichnung und Rekonstruktion von Lichtwellenfeldern und zur Speicherung von dreidimensionalen Bildern. Das von einem beleuchteten Gegenstand reflektierte oder gestreute Lichtwellenfeld (Gegenstandswelle) wird mit einer Referenzwelle überlagert und in einer lichtempfindlichen Schicht gespeichert. Im Gegensatz zur Photographie wird neben der Amplitude auch die Phase der Gegenstandswelle durch Interferenz mit der Referenzwelle aufgezeichnet. Das Hologramm besitzt im allgemeinen keine Ähnlichkeit mit dem Gegenstand. Aus dem Hologramm kann aber bei geeigneter Beleuchtung die Gegenstandswelle rekonstruiert werden, so daß ein räumliches Bild des Gegenstandes entsteht.

In Bild 23.11a ist eine Anordnung zur Aufnahme eines Hologramms dargestellt. Zu einer mathematischen Beschreibung des holographischen Prozesses wird die elektrische Feldstärke der Gegenstands- und Referenzwelle in der Form von (14.15) geschrieben. Die Amplituden der Feldstärke $E^0_{\mathrm{G,R}}(x,y,z)$ und die Phasen $\Phi_{\mathrm{G,R}}(x,y,z)$ können zu komplexen Amplituden der Gegenstands- und Referenzwelle $G(x,y,z)$, $R(x,y,z)$ zusammengefaßt werden (siehe (14.16)):

$$G = \left(E^0_{\mathrm{G}}/2\right) \exp 2\pi \mathrm{i} \Phi_{\mathrm{G}} \,, \quad R = \left(E^0_{\mathrm{R}}/2\right) \exp 2\pi \mathrm{i} \Phi_{\mathrm{R}} \tag{23.2}$$

Die Intensität auf der Photoplatte ist gegeben durch $|G(x,y,0) + R(x,y,0)|^2$. Diese Intensität belichtet die Photoplatte und ergibt nach dem Entwicklungsprozeß eine Amplitudentransmission $t(x,y)$, die näherungsweise proportional zur Intensität und zur Belichtungszeit ist:

$$t(x,y) \sim |G+R|^2 = |G|^2 + |R|^2 + GR^* + G^*R \,. \tag{23.3}$$

Hierbei bedeuten G^* und R^* die konjugiert komplexen Feldstärkeamplituden. Die Amplitude und Phase der Gegenstandswelle ist in dem Interferenzglied $G(x,y,0) \cdot R^*(x,y,0)$ bzw. in dem Glied G^*R gespeichert. Die so belichtete und entwickelte Photoplatte ist das Hologramm.

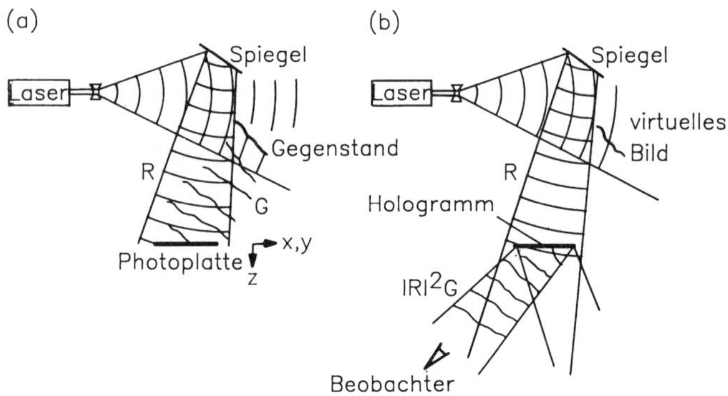

Bild 23.11. Prinzip der Holographie (**a**) Anordnung zur Aufnahme eines Hologramms (**b**) Rekonstruktion von Hologrammen

Wird dieses mit einer Wiedergabewelle, die im einfachsten Fall gleich der Referenzwelle R ist (Bild 23.11b) beleuchtet, so entsteht unmittelbar hinter dem Hologramm die Lichtfeldstärke

$$Rt(x,y) \sim R \cdot \left(|G|^2 + |R|^2\right) + G|R|^* + G^*R^2 \,. \tag{23.4}$$

Falls die Intensität $|R|^2$ der Referenzwelle in der Hologrammebene konstant ist, beschreibt der Summand $G|R|^2$ in (23.4) eine Lichtfeldstärke, die der Gegenstandswelle $G(x,y,0)$ entspricht. Davon ausgehend breitet sich eine rekonstruierte Welle, wie die Gegenstandswelle $G(x,y,z)$, in den Raum hinter dem Hologramm aus. (Ist die Feldverteilung einer Welle in einer Ebene bekannt, so ist damit die Welle im gesamten Raum bestimmt.) Die restlichen Summanden in (23.4) führen ebenfalls zu Wellen hinter dem Hologramm, die jedoch in andere Richtungen als die rekonstruierte Gegenstandswelle laufen. Ein Beobachter, der in die rekonstruierte Gegenstandswelle schaut, kann nicht unterscheiden, ob die ursprüngliche oder rekonstruierte Welle vorliegt. Er sieht ein dreidimensionales virtuelles Bild des Gegenstandes.

Oben wurden Amplitudenhologramme beschrieben, bei denen die Information in hell-dunklen Interferenzstreifen gespeichert ist. Derartige Hologramme absorbieren Licht, und sie sind lichtschwach. Daher werden durch photographische Bleichverfahren Phasenhologramme hergestellt, bei denen die Helligkeitsunterschiede in Brechzahlschwankungen umgewandelt werden.

Neben den klassischen Transmissionshologrammen nach Bild 23.11 werden heute zu Demonstrationszwecken meist Reflexionshologramme verwendet. Die Bilder von diesen Hologrammen können auch mit Halogenlampen statt mit Lasern rekonstruiert werden. Mit photographischen Schichten werden Volumenreflexionshologramme aufgenommen, wobei die Präparationstechnik ähnlich ist wie bei den beschriebenen Transmissionshologrammen. Zur Herstellung in großen Stückzahlen eignen sich besonders Oberflächenreflexionshologramme, die in Kunststoffolie eingepreßt werden. Eine zusätzliche Metallisierung der Oberfläche ergibt einen hohen Reflexionsgrad und damit einen guten Wirkungsgrad bei der Rekonstruktion.

Holographische Interferometrie

Mit Hilfe der Holographie können Formänderungen von Gegenständen, beispielsweise durch Temperaturerhöhung oder mechanische Belastung, mit großer Genauigkeit festgestellt werden.

Wird ein Hologramm genau in die Lage der Photoplatte (Bild 23.11a) zurückjustiert, so decken sich bei Rekonstruktion das virtuelle Bild und der Gegenstand. Wird der Gegenstand deformiert, so weicht nun die Gegenstandswelle von der rekonstruierten Welle ab. Bei Betrachtung des Gegenstandes erhält man ein holographisches Interferogramm. Es zeigt den Gegenstand von Interferenzstreifen durchzogen, die Linien konstanten Abstandes zwischen den beiden Zuständen entsprechen. Es ist dadurch möglich, geometrische Veränderungen an Meßobjekten in der Größenordnung der Lichtwellenlänge direkt zu beobachten. Ein weiteres Verfahren zur Interferometrie besteht darin, durch Doppelbelichtung einer Photoplatte nacheinander zwei Zustände eines Gegenstandes zu registrieren. Durch Rekonstruktion wie bei einem normalen Hologramm ergibt sich das holographische Interferogramm.

23.7 Lichtstreuung zur Strömungsmeßtechnik

Lichtstreuung an kleinen Teilchen kann in verschiedener Weise meßtechnisch ausgenutzt werden, beispielsweise zur Bestimmung von Zahl und Größe von

Staubpartikeln oder Aerosolen in der Luft. Zur Bestimmung von Strömungsgeschwindigkeiten von Gasen und Flüssigkeiten wird die Streuung von mitbewegten Teilchen untersucht. Derartige Teilchen sind entweder als Verunreinigung vorhanden oder werden für die Messung gezielt zugesetzt.

Wird Licht an bewegten Teilchen (oder Phasenstörungen) gestreut, so tritt der Doppler-Effekt auf. Im gestreuten Licht entsteht eine Frequenzverschiebung, welche der Geschwindigkeit proportional ist.

Ein Teilchen S bewege sich mit der Geschwindigkeit $\boldsymbol{v}$ (Betrag $|\boldsymbol{v}| = v$, Bild 23.12). Es wird mit kohärentem Licht mit dem Wellenvektor $\boldsymbol{k}$ bestrahlt. (Der Wellenvektor zeigt in Richtung der Ausbreitung und hat den Betrag $|\boldsymbol{k}| = 2\pi/\lambda$ (λ = Wellenlänge).) Das Licht wird unter dem Winkel β gestreut. Der Wellenvektor des gestreuten Lichtes ist $\boldsymbol{k}_\mathrm{s}$. Die Differenzfrequenz zwischen bestrahlendem und gestreutem Licht beträgt:

$$\Delta f = \frac{1}{2\pi}(\boldsymbol{k}_\mathrm{s} - \boldsymbol{k}) \cdot \boldsymbol{v} = \frac{1}{2\pi}(\boldsymbol{k}_\mathrm{s} - \boldsymbol{k}) \cdot v \cos\alpha \,. \tag{23.5}$$

Dabei ist α der Winkel zwischen $(\boldsymbol{k}_\mathrm{s} - \boldsymbol{k})$ und $\boldsymbol{v}$. Da die Lichtgeschwindigkeit sehr groß gegen die Strömungsgeschwindigkeit v ist, gilt $|\boldsymbol{k}_\mathrm{s}| \approx |\boldsymbol{k})| = 2\pi/\lambda$. Damit erhält man für die Frequenzverschiebung Δf näherungsweise

$$\Delta f = (2v/\lambda)\cos\alpha \sin(\beta/2) \,. \tag{23.6}$$

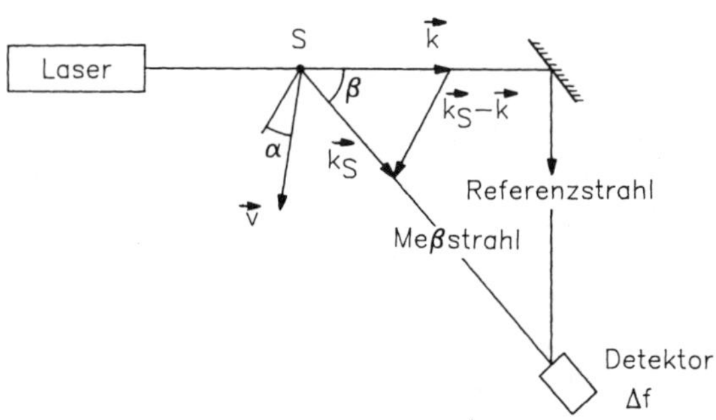

Bild 23.12. Geschwindigkeitsmessung (Dopplereffekt, Referenzstrahlmethode) durch Lichtstreuung an einem Streuteilchen S mit der Geschwindigkeit v

Diese Frequenzverschiebung kann zur Geschwindigkeitsmessung im Bereich zwischen 10^{-5} bis 10^3 m/s herangezogen werden. In der Referenzstrahlmethode wird das gestreute und ungestreute Licht an einem Photodetektor überlagert (Bild 23.12). Dabei entstehen Schwebungen mit der Differenzfrequenz Δf, welche im Hochfrequenzbereich liegt.

Anders geht man bei der Zweistrahlmethode vor. Dabei werden in einem Meßvolumen zwei kohärente Strahlen überlagert. Diese erzeugen ein Interferenzfeld mit hellen und dunklen Streifen. Das Streulicht eines Teilchens, welches sich durch diese Interferenzstreifen bewegt, ist amplitudenmoduliert. Damit kann die Geschwindigkeit ermittelt werden.

23.8 Laser in Geräten und Gebrauchsgütern

Neben den bisher beschriebenen Anwendungen der Laser in der Kommunikationstechnik, Materialbearbeitung, Medizin und Meßtechnik werden Laser einzeln, oder in elektronischen Geräten eingebaut, zu einer Vielzahl weiterer Zwecke eingesetzt.

Laserstrahlen breiten sich sehr gut gebündelt und geradlinig aus und dienen daher als Richtstrahlen beim Bau von Straßen, Kanälen, Tunneln, Gebäuden und auch zur präzisen Ausrichtung bei der Fertigung von Motoren und anderen Maschinen. Die Laufzeit kurzer Laserpulse wird zur genauen und bequemen Entfernungsbestimmung in der Geodäsie gemessen.

Weitere meßtechnische Verfahren beruhen auf der örtlichen und zeitlichen Kohärenz der Laser und nutzen Polarisations-, Interferenz, Beugungs- und Streueffekte aus. Interferenzverfahren werden z. B. für hochgenaue Längenmessungen verwendet, die zur Steuerung von Werkzeugmaschinen erforderlich sind. Interferenz und Beugung wird bei holographischen Prüfverfahren ausgenutzt, mit denen Verformungen und Schwingungen von Maschinenteilen untersucht und bildlich dargestellt werden können.

Auch in der Mikroskopie hat der Laser neue Akzente gesetzt. Mit dem Laser-Raster-Mikroskop werden Objekte abgetastet, und man erhält Bilder mit hoher Tiefenschärfe. Mit der sogenannten optischen Pinzette können Teile einer Zelle berührungslos manipuliert werden. Dies geschieht durch einen fokussierten Laserstrahl, der aufgrund des Lichtdrucks auf kleine Teilchen wie eine optische Falle wirkt.

Spektrale Untersuchungen der Absorption und Streuung von Laserlicht ergeben hochempfindliche chemische Analyseverfahren, die zum Nachweis von Schadstoffen eingesetzt werden. Damit kann die Abgas-Emission von Kraftwerken und Industrieanlagen aus Entfernungen von mehreren Kilometern kontrolliert werden. Ähnliche spektroskopische Analyseverfahren sind auch in der Medizin von großem Interesse.

Fast unbemerkt werden im Alltagsleben Laserstrahlen zum Schreiben und Lesen von Information in elektronischen Geräten verwendet. Laserdrucker, durch Computer gesteuert, erzeugen qualitativ hochwertige Texte und Graphiken. Plattenspieler mit Laserabtastung ergeben im Vergleich zu mechanischen Geräten eine wesentlich verbesserte Wiedergabequalität, haben geringeren Verschleiß und erlauben kompaktere Tonträger. Strichcodelesegeräte an Supermarktkassen rationalisieren den Abrechnungsvorgang.

Von besonders aktueller Bedeutung ist das *Laserfernsehen*, wobei das Bild nicht durch einen Elektronenstrahl auf einem Bildschirm erzeugt wird, sondern durch farbige Laserstrahlen auf eine beliebige Fläche projeziert wird. Zur Zeit werden dafür noch Gaslaser verwendet, deren Strahlen mechanisch oder akustisch abgelenkt werden. Es ergeben sich sehr kontrastreiche Bilder. Zur Kommerzialisierung sind kompaktere Festkörperlaser oder Diodenlaser vorgesehen.

Laser mit Strahlverteilungsoptiken und beweglichen Ablenkungssystemen werden zur Dekoration und Werbung eingesetzt und sind in Diskotheken und Musikshows anzutreffen. Graphiker und Künstler verwenden Laser als Ausdrucksmittel, schaffen Lichtskulpturen und setzen städtebauliche Akzente. Die Technische Universität Berlin beispielsweise, deren Campus durch eine große Straße geteilt ist, kann durch ein Laserstrahlraster am Abend optisch verbunden werden.

Strichcodelesegeräte

Weit verbreitet sind Strichcodelesegeräte oder Scanner zur Indentifizierung von Waren und Preisen in Geschäften und zur Kennzeichnung von Büchern in Bibliotheken. Die Ware wird dazu mit einem Strichcode (Barcode) gekennzeichnet, das aus mehreren parallelen Balken (englisch: bar) unterschiedlicher Dicke besteht (Bild 23.13). Mit einem Scanner wird ein Laserstrahl über diesen Barcode geführt, und es wird die rückgestreute Strahlung gemessen. Diese besteht aus einer Folge von Impulsen unterschiedlichen Abstands, die mit einem Photodetektor in ein entsprechendes elektrisches Signal umgewandelt und ausgewertet wird.

Bild 23.13. Strichcode: eine binäre Zahlenfolge wird durch helle und dunkle Balken dargestellt. Benachbarte Balken können zusammengezogen werden

Während früher hauptsächlich He-Ne-Laser verwendet wurden, sind nunmehr kompakte Laserdioden im Einsatz. Statt den Abtastlaser manuell über den Strichcode zu führen, wird der Abtaststrahl auch mit einem bewegten Spiegel oder einem holographischen Strahlablenker über den Strichcode geführt.

Der Aufbau eines Strichcodes ist in Bild 23.13 dargestellt. Die Grundeinheit besteht aus hellen und dunklen Balken, die die Digitalzahlen 0 und 1 darstellen. Gleiche Balken werden zusammengezogen. So lassen sich beliebige Digitalzahlen darstellen, die auf verschiedene Arten zur Kodierung von Buchstaben und Zahlen verwendet werden können. Einige Möglichkeiten sind in DIN 66236 dargestellt. Weit verbreitet ist das Europäische Artikelnumerierungssystem EAN. Diese Codenummern können vorwärts oder rückwärts gelesen werden, auch ist eine schräge Abtastung möglich. Damit ist diese Art der Kennzeichnung weniger störanfällig.

Video- und Audio-CD

Die Technologie der optischen *Compact-Disc* begann Ende der 60er Jahre in den Forschungslaboratorien der Firmen Bosch (Berlin) und Philips (Eindhoven). Bereits 1972 wurde der erste optische Videoplattenspieler präsentiert. Zum Abtasten wurde ein He-Ne-Gaslaser mit 633 nm Wellenlänge eingesetzt.

Kommerzielle Produkte hatten jedoch keinen durchschlagenden Erfolg. Der Video-Markt wurde weiterhin durch magnetische Aufnahme- und Wiedergabegeräte beherrscht.

Den Aufbau einer Compact-Disc zeigen Bild 23.14 und 23.15. Die Sprache oder Musik ist digital als Folge von kleinen Erhebungen verschiedener Länge und Abstände auf einer Kunststoffscheibe in einer spiralförmigen Spur gespeichert. Die Abmessungen dieser sogenannten Pits liegen im Bereich von tausendstel Millimeter (μm). Die Pits werden von dem fokussierten Strahl eines Diodenlasers abgetastet. Im Gegensatz zu einer konventionellen Schallplatte geschieht dies berührungslos und verschleißfrei.

Zur Verbesserung der Abtastung ist die Platte einschließlich der Pits mit einer Metallschicht verspiegelt. Wenn kein Pit vorhanden ist, wird der Laserstrahl an der glatten Oberfläche reflektiert und vom Photodetektor registriert. Trifft dagegen der fokussierte Laserstrahl auf eine Pitkante, so wird der reflektierte Strahl durch Interferenz ausgelöscht, und der Photodetektor empfängt kein Licht mehr. Die Information wird in Hell-Dunkel-Unterschiede umgewandelt. Anschließend wird dieses digitale Signal dekodiert, verstärkt und einem Lautsprecher zur Tonwiedergabe zugeführt.

Die elektrischen Tonsignale werden 44 000 mal pro Sekunde abgetastet und die momentanen Spannungen in etwa 65 000 (= 16 Bit) Stufungen digi-

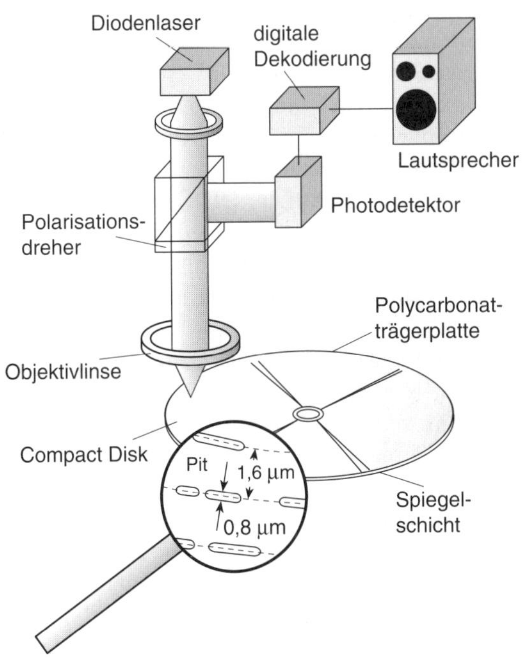

Bild 23.14. Datenspeicherung auf einer Compact-Disc

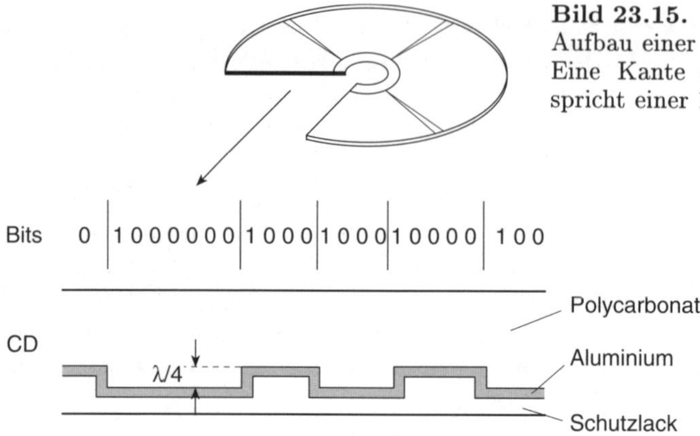

Bild 23.15.
Aufbau einer CD-Speicherplatte. Eine Kante oder Wechsel entspricht einer 1

tal kodiert. Dadurch werden auch kleinste Änderungen der Lautstärke und Tonhöhe erfaßt, und es ergibt sich eine klangtreue Wiedergabe von hoher Dynamik. Die Wiedergabequalität ist deutlich besser als bei klassischen Schallplatten und Magnetbandgeräten, so daß diese in der Unterhaltungselektronik zurückgedrängt wurden.

Beim Lesen der CD werden Diodenlaser mit Leistungen unterhalb von 1 Milliwatt eingesetzt. Zur Herstellung dienen Argon- oder Kryptonlaser mit einigen Watt. Deren Strahl wird durch ein Objektiv auf einen Durchmesser von weniger als 1 Mikrometer gebündelt. Eine photoempfindliche Schicht auf einer rotierenden Scheibe wird im Takt der digitalen Information belichtet. Nach einer chemischen Entwicklung und Ätzung entstehen an den belichteten Stellen Vertiefungen. In weiteren Prozeßschritten wird eine Preßmatrize hergestellt und die CD-Rohlinge aus Polycarbonat mit 0,5 mm Dicke mit dem Pit-Muster gepreßt. Die Platten werden mit einer Aluminiumschicht verspiegelt und mit einer 5–10 μm dicken Lackschicht gegen Beschädigungen geschützt. Kratzer, Staub oder Fingerabdrücke auf der CD-Oberfläche stören nicht so sehr wie in der Pit-Ebene, in welche der Laserstrahl fokussiert wird. An der Oberfläche des Polycarbonat-Trägers ist der Strahl aufgeweitet und wird daher durch Streuverluste an kleinen Staubteilchen nur unwesentlich beeinflußt.

Die große Speicherkapazität der CD wird auch für Datenspeicherung ausgenutzt. Zunächst wurden *CD-ROMs* (read-only memories oder Festspeicher) entwickelt, die eine Speicherkapazität von etwa 1 Gigabyte auf einer Seite einer CD mit den üblichen 12 cm Durchmesser besitzen. Damit können umfangreiche Enzyklopädien auf einer CD archiviert werden.

Die gepreßten CDs stellen Festspeicher dar, auf die die Daten nur einmal aufgebracht werden, aber dann immer wieder gelesen werden können. Eine einmalig beschreibbare CD ist in Bild 23.16 dargestellt. Für viele Anwendungen sind jedoch Datenträger erwünscht, die sich wie bei Magnetbändern löschen und neu bespielen lassen. Auch die optische CD-Technik bietet hierfür

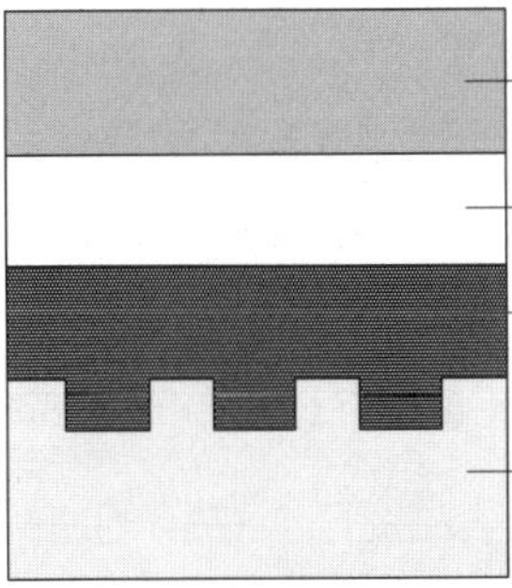

Bild 23.16. Aufbau einer einmalig beschreibbaren CD

Lösungen. Man verwendet Platten mit einer magnetooptischen Schicht, die mit Halbleiterpulslasern von über 10 Milliwatt Spitzenleistung kurzzeitig lokal erwärmt werden. Dadurch ändert sich die Magnetisierung in der Schicht, was über die Änderung der Polarisation eines schwachen Abtastlasers wieder ausgelesen werden kann. Für mehrfach beschreibbare CDs werden auch sogenannte Phase-Change-Schichten verwendet, die auf dem Reflexionswechsel von Halbleiterlegierungen, z. B. GeSbTe, nach optischer Belichtung beruhen.

Laserdrucker

Parallel zum Fortschritt der elektronischen Datenverarbeitung in den letzten Jahrzehnten ist auch die Drucktechnik zur Datenausgabe entscheidend weiterentwickelt worden. Aus der klassischen Schreibmaschine mit Typenhebeln entstanden Matrix-, Thermo-, Tintenstrahl- und elektrophotographische Drucker, die ursprünglich die Buchstaben nacheinander (seriell) druckten, dann zeilenweise und schließlich seitenweise, was eine sehr schnelle Datenausgabe ermöglicht.

Bei den Seitendruckern spielen elektrophotographische Systeme eine große Rolle, die oft pauschal, aber nicht ganz korrekt als Laserdrucker bezeichnet werden. Neben Lasern werden nämlich auch lichtemittierende Dioden (LED) und Halogenlampen, die durch eine Flüssigkristallschiene (LCS = Liquid Crystal Shutter) gesteuert werden, als Lichtquellen eingesetzt.

Die Funktion eines Laserdruckers ist in Bild 23.17a bis 23.17d dargestellt. Der Druck erfolgt durch Übertragung des Druckbildes auf eine photoleitfähige Trommel, die in der Dunkelheit negative elektrische Ladungen an der Oberfläche speichert. Bei Lichteinstrahlung verschwindet die Oberflächenladung. Der Druck erfolgt in folgenden Schritten:

- Negative Ladungen werden aus einer elektrischen Entladung auf die Trommeloberfläche aufgesprüht (Bild 23.17a).
- Die Trommel wird durch Belichtung mit einem Laserstrahl oder einer anderen Lichtquelle punktuell entladen, so daß ein nicht sichtbares, latentes Bild der zu druckenden Seite entsteht (Bild 23.17b). Der Laserstrahl wird

dazu parallel zur Trommelachse bewegt. Durch die Rotation der Trommel wird diese auf der ganzen Oberfläche beschrieben.

- Die entladenen Bereiche auf der Trommel bewegen sich an einer Entwicklungseinheit vorbei und nehmen so von dieser negativ geladene Tonerteilchen auf (Bild 23.17c).
- Das Papier kommt mit der rotierenden Trommel in Kontakt und wird bedruckt (Bild 23.17d). Die Tonerteilchen werden durch Erhitzung und Druck mit dem Papier fest verbunden.
- Die Trommel wird von überschüssigem Toner gereinigt. Durch Lichteinstrahlung wird sie gleichmäßig entladen, so daß der Druckprozeß nach vollen Umdrehung der Trommel wieder beim erste Schritt beginnen kann.

Für den Laserdrucker ist eine elektronische Steuerung erforderlich, welche die zu druckende Seite mit z. B. 300 dpi (dots per inch oder Bildpunkte pro Zoll = 2,5 cm) in einem Rasternetz auflöst. Eine Bildseite wird so in acht

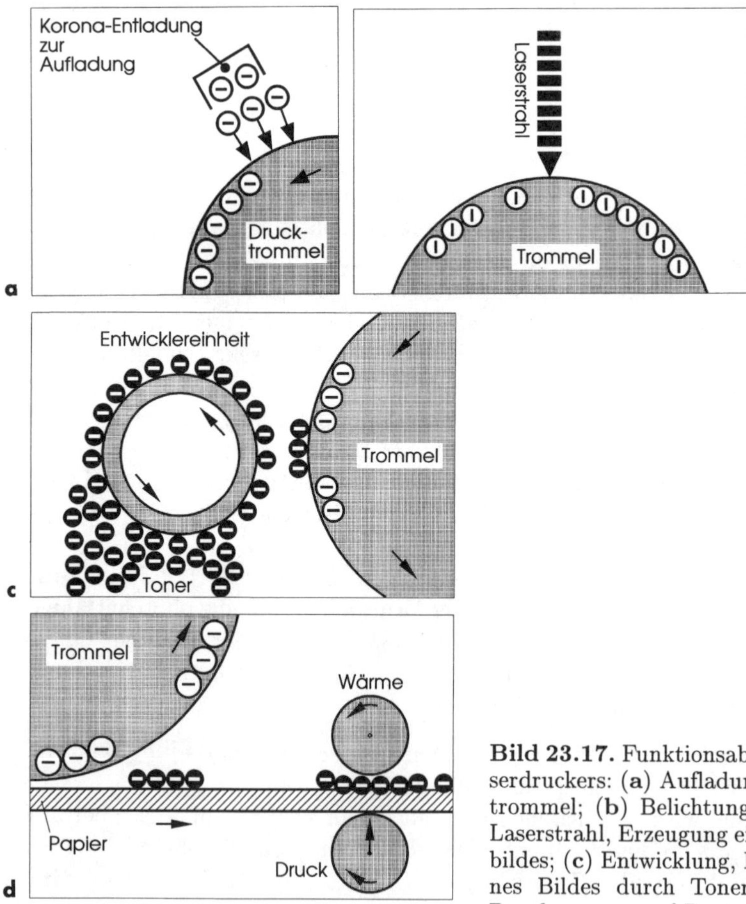

Bild 23.17. Funktionsablauf eines Laserdruckers: (**a**) Aufladung der Drucktrommel; (**b**) Belichtung durch einen Laserstrahl, Erzeugung eines Ladungsbildes; (**c**) Entwicklung, Erzeugung eines Bildes durch Tonerteilchen; (**d**) Druckvorgang auf Papier

Millionen Punkten dargestellt. In der Druckindustrie bei der photographischen Herstellung von Druckmatrizen wird eine Auflösung von über 1200 dpi erreicht.

Die Geschwindigkeit eines Laserdruckers ist vor allem durch die elektronische Vorverarbeitung bestimmt. Das Druckwerk selbst ist außerordentlich schnell. Bei Privat- oder Bürodruckern werden 10 bis 20 Seiten pro Minute erreicht, in der Druckindustrie sind bis zu 200 Seiten pro Minute möglich. Mit Laserdruckern werden auch zunehmend Farbkopien hergestellt. Dazu werden drei Trommeln mit den Tonerfarben rot, grün und blau hintereinander geschaltet.

23.9 Perspektiven der Laserentwicklung

In den vergangenen Jahrzehnten haben sich die Laser aus komplizierten Laborgeräten zu zuverlässigen Komponenten weiterentwickelt, die in komplexe optoelektronische Systeme integriert werden können. Diese Entwicklung wird weiter anhalten (Tabelle 23.5). Stabilere und kompaktere Lasersysteme mit verbessertem Wirkungsgrad und verringerten Kosten sind zu erwarten. Besonders dramatische Fortschritte werden zur Zeit bei den Halbleiterlasern für den sichtbaren bis zum nahen ultravioletten Spektralbereich erzielt. Diese werden Gas-, Festkörper- und Farbstofflaser kleiner Leistung für viele Anwendungen ersetzen können. Geringe Größe, hoher Wirkungsgrad, hohe Lebensdauer und einfache Handhabung werden es erlauben, elektrooptische Geräte z. B. für die Meß-und Analysetechnik und Unterhaltungselektronik in großem Umfang als Gebrauchsgüter für den täglichen Bedarf zu produzieren.

Tabelle 23.5. Laserweiterentwicklung

Halbleiter- und Festkörperlaser kompakt, effizient, geringe Kosten
Ultraviolett- und Röntgenlaser
Hochleistungslaser
Ultrakurze Lichtimpulse

Die Kombination der Halbleitertechnologie mit Festkörperlasern wird auch für Laser mittlerer Leistung, für chirurgische Anwendungen oder zur Materialbearbeitung, effizientere und kompaktere Konstruktionen ermöglichen und damit die Verbreitung dieser Anwendungen fördern.

Eine weitere Entwicklungsrichtung der Laser ist das Vordringen in den Ultraviolettbereich und dann zu noch kürzeren Wellenlängen, zum Röntgenbereich. Arbeiten in dieser Richtung sind zunächst wissenschaftlich motiviert. Derartige Laser werden aber auch hervorragende Werkzeuge zur Untersuchung, Manipulation und Erzeugung kleinster Strukturen sein. Mit der Verkürzung der Wellenlänge kann in submikroskopische, molekulare Bereiche vorgedrungen werden.

Die Hochleistungslaser stellen eine weitere Entwicklungslinie dar. Bereits oben wurde angedeutet, daß immer kräftigere Lasersysteme aufgebaut werden. Für die Materialbearbeitung sind zur Zeit CO_2-Laser mit kontinuierlichen Ausgangsleistungen bis 40 kW verfügbar, was für viele Anwendungen ausreichend erscheint, da z. B. schon Schweißgeschwindigkeiten von 10 m/min bei 10 bis 20 mm dicken Blechen möglich sind. Möglicherweise könnten hier jedoch in Zukunft Hochleistungsfestkörperlaser konkurrieren, da diese eine einfachere Strahlführung über Glasfasern erlauben. Auch Arrays oder Stapel von Diodenlasern mit kontinuierlichen Leistungen im Multikilowattbereich werden vielleicht für die Materialbearbeitung eingesetzt, wenn es gelingt, deren Strahlqualität zu verbessern, d. h. die Divergenz zu verringern. Zur Zeit werden weitere Anwendungen von Lasern besonders in komplexen Fertigungssystemen, beim Rapid Prototyping sowie in der Mikrostrukturtechnik und Dünnschichttechnik für aussichtsreich gehalten.

Das militärische Interesse an Hochleistungslasern scheint stark zurückzugehen. Möglicherweise sind die für Kernfusionsexperimente geplanten Hochleistungspulslaser aber auch dafür gedacht, das erreichte Know-how für die Wehrtechnik längerfristig zu sichern.

Bei der Erzeugung ultrakurzer Lichtimpulse sind weitere Fortschritte zu erwarten. Der Rekord liegt heute bei einigen Femtosekunden (10^{-15} s). In Kombination mit UV- und Röntgenlasern sind hier weitere Fortschritte bis in den Attosekundenbereich (10^{-18} s) zu erwarten. Voraussichtlich sind ultrakurze Lichtimpulse notwendig, um Röntgenlaser anzuregen. Die Entwicklungen von Lasern mit kurzer Wellenlänge und kurzer Impulsdauer stehen also in enger Wechselbeziehung. Ultrakurze und kurzwellige Lichtimpulse werden vielleicht auch für die Materialbearbeitung und Medizin größere Bedeutung erlangen, da damit nichtthermische Materialabtragung, die sogenannte Photoablation, realisiert werden kann.

Zukünftige wissenschaftliche Laseranwendungen

Der Laser stellt ein Meßgerät dar, das vielfach für sehr genaue Messungen eingesetzt wird, die zur Verfeinerung des physikalischen Weltbildes dienen (Tabelle 23.6). Mit spektroskopischen Untersuchungen an Atomen werden grundlegende physikalische Theorien getestet. Ein anderes Beispiel ist der Aufbau von Gravitationsantennen zum Nachweis von Gravitationswellen, die von sehr stark beschleunigten Massen im Weltraum emittiert werden. Man erhofft daraus Informationen über den Aufbau und die Entwicklung des Universums. Andererseits werden Laser zur Untersuchung mikroskopischer räumlicher und zeitlicher Strukturen ausgenutzt. Hier sind weitere Fortschritte durch die Erzeugung kürzerer Lichtimpulse zu erwarten, und zukünftige

Tabelle 23.6. Zukunft von Lasern in der Wissenschaft

Messgerät	Präzisionsexperimente zur Verfeinerung des physikalischen Weltbildes, Auflösung kleinster Raum-Zeitstrukturen
Werkzeug	Speicherung und Manipulation einzelner Atome, Erzeugung von extremen elektrischen Feldstärken zur Beobachtung neuartiger Effekte in Materie.

Röntgenlaser werden es erlauben, noch kleinere Raumstrukturen als bisher messend zu erfassen.

Der Laser ist aber nicht nur ein Meßgerät, sondern auch ein Werkzeug. Es können heute mit Laserstrahlen einzelne Atome gespeichert werden und an diesen Experimente durchgeführt werden. Es ist zu erwarten, daß es möglich sein wird, einzelne Atome nicht nur festzuhalten, sondern auch zu manipulieren und beispielsweise verschiedene Atome mit Hilfe von Laserstrahlen aneinander zu bringen und chemische Reaktionen mit isolierten Atomen zu untersuchen.

In Materie wird die elektrische Feldstärke durch die Anziehungskraft eines Atomkerns auf ein Elektron charakterisiert. Mit einem Laser kann man wesentlich stärkere Felder und damit neue Effekte erzeugen. Dies führt auf die Gebiete der nichtlinearen Optik und der laserinduzierten Plasmen, die heute schon intensiv bearbeitet werden. In Zukunft sind hier noch überraschende Erkenntnisse zu erwarten.

Zukünftige technische Laseranwendungen

Materialbearbeitung, Medizin und Nachrichtentechnik sind Bereiche, in denen Laser bereits jetzt etabliert sind, und man erwartet in Zukunft einen noch verstärkten Einsatz. Heute werden Laser, beispielsweise in der Materialbearbeitung, verglichen mit konventionellen Techniken noch relativ selten verwendet. Der gesamte Bereich der Laseranwendungen und der damit verbundenen Optik wächst jedoch sehr rasch. Wir sehen heute die Entwicklung eines Gebietes, das als Photonik bezeichnet wird. Damit soll angedeutet werden, daß die moderne Optik in Zukunft einen ähnlichen Schwerpunkt darstellen wird wie das Gebiet der Elektronik heute (Tabelle 23.7). In photonischen Geräten stellen Laser Schlüsselkomponenten dar, ähnlich wie integrierte Schaltkreise in Computern oder anderen elektronischen Geräten. Es ist zu erwarten, daß Laser analog zu elektronischen Baugruppen verstärkt in verschiedenen kommerziellen Geräten eingesetzt werden. Einige derartige Beispiele, denen man bereits heute im täglichen Leben begegnet, sind CD-Player, Laser-Drucker, Supermarkt-Scanner. Es werden weitere ähnliche Produkte und Geräte im Gebrauchsgüterbereich entwickelt werden und große Verbreitung erlangen. Gute Erfolgsaussichten hat der Laser-Fernseher, der die etwa 60 Jahre alte Bildröhre ersetzen kann.

Tabelle 23.7. Zukünftige technische Laseranwendungen

Materialbearbeitung, Medizin, Nachrichtentechnik	
Photochemie	
Photonik:	Laser als Komponente in elektrooptischen Systemen: Audio- und Videorekorder, Drucker, Projektionsfernseher, Supermarktscanner, Meßgeräte, Sensoren, Datenspeicher CD und DVD, Holographie usw.
Optischer Computer ?	
Kernfusion ?	

Das Gesamtgebiet der Photonik erweitert sich schnell, und ähnlich wie die Elektronik, die bisherigen Computer hervorgebracht hat, will man in Zukunft statt mit Elektronen auch mit Photonen rechnen. Entsprechende Entwicklungsarbeiten werden sehr stark vorangetrieben. Optische Computer sollen größere Informationsmengen als elektronische Computer mit höherer Geschwindigkeit verarbeiten. Es ist jedoch nicht zu erwarten, daß optische Rechner die elektronischen Geräte in naher Zukunft verdrängen werden. Vielmehr werden voraussichtlich elektronische Geräte durch zusätzliche optische Baugruppen ergänzt und in ihrer Leistungsfähigkeit gesteigert. Für die Nachrichtenübertragung mit Glasfasern ist ebenfalls mit der Entwicklung von photonischen Schaltkreisen und Baugruppen z. B. für Stationen der Fernsprechvermittlung zu rechnen.

Ähnlich wie optische Computer werden auch andere Anwendungen des Lasers erst langfristig zum Einsatz kommen. Mit Kernfusion, wie oben diskutiert, ist erst in einigen Jahrzehnten zu rechnen. Voraussetzung dafür ist die Lösung umfangreicher technischer Probleme auf der Basis von physikalischen Ideen und Prinzipien, die erst gefunden werden müssen.

Wirtschaftliche Aspekte

Die Zeitschrift Laser Focus World schätzt den Weltmarkt an Lasern für 1994 auf etwa 1 Milliarde US$ oder 1,7 Milliarden DM. Den Hauptanteil repräsentieren Laser für die Materialbearbeitung, insbesondere CO_2- und Nd-Laser. Fast genauso groß ist der Markt für medizinische Laser. Den drittgrößten Bereich stellen Laser für Forschung und Entwicklung dar. Die Nachrichtentechnik benötigt hauptsächlich Halbleiterlaser im Wert von etwa 250 Millionen US$, andere Schätzungen sprechen vom dreifachen. Weitere Angaben über die Umsätze von Lasern in Druckern, optischen Speichern, Supermarktkassen, Meßtechnik und Unterhaltung entnimmt man Bild 23.18.

In einem Lasergerät stellt allerdings der eigentliche Laser nur einen Bruchteil der Kosten dar. Der Preis für Strahlführung, Sicherheitseinrichtungen und weitere Peripherie übersteigt oft bei weitem den des Lasers. In diesem Sinne werden jährlich Lasersysteme für nahezu 100 Milliarden DM produziert, wobei die „nackten" Laser weniger als 10 % dieser Summe ausmachen.

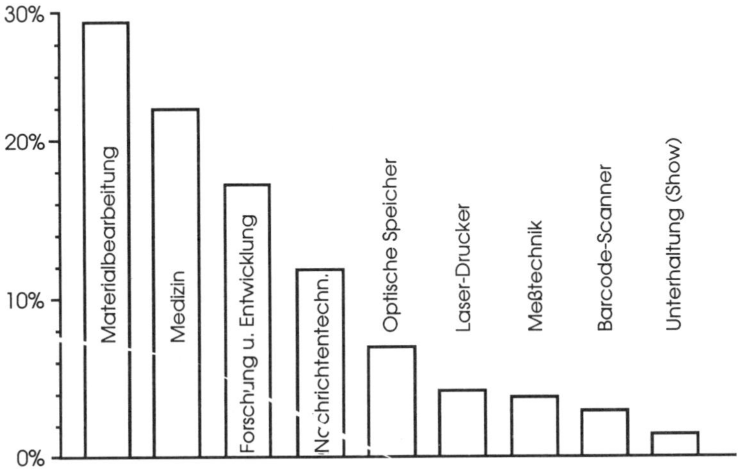

Bild 23.18. Weltweiter Umsatz von Lasern für verschiedene Anwendungsbereiche (nach Laser Focus World 1993)

Schätzungsweise jeweils 2 Milliarden DM entfallen jährlich auf die Materialbearbeitung, Medizin und Meßtechnik. Der Hauptanteil des Umsatzes liegt in der Nachrichtentechnik und verwandten Bereichen.

Wirtschaftlich interessant an dem Lasergebiet sind vor allem die jährlichen Zuwachsraten. Der Lasermarkt wächst zur Zeit etwa mit 10 % pro Jahr. Die bisherige Steigerung des Umsatzes von Lasergeräten entspricht der Entwicklung von elektronischen Computern, allerdings mit einer Zeitverschiebung von etwa 15 bis 20 Jahren. Aus dieser Übereinstimmung ist extrapoliert worden, daß das Lasergebiet in Zukunft einen ähnlichen kommerziellen Umfang einnehmen könnte wie die Computerindustrie heute.

Zusammenfassung

Die Erfindung des Lasers im Jahre 1960 führte zu kohärenten, leistungsstarken Lichtquellen, mit denen überraschende optische Effekte beobachtet wurden. Darauf aufbauend entstanden neue wissenschaftliche Arbeitsgebiete wie die nichtlineare Optik und Holographie. Laser werden heute für zahlreiche wissenschaftliche, technische und medizinische Anwendungen eingesetzt. Diese Gebiete der modernen Optik oder „Photonik“ entwickeln sich zu einer eigenen Industrie mit rasch zunehmender wirtschaftlicher Bedeutung. Gravierende Risiken dieser neuen Technologien sind bisher nicht deutlich geworden, und es ist zu erwarten, daß Lasergeräte weiterhin zunehmend und vielfältig genutzt werden.

Aufgaben

23.1 Wie viele Fernsehkanäle (Bandbreite 5 MHz) können maximal über einen Laserstrahl mit $\lambda = 1{,}5\,\mu\text{m}$ gleichzeitig übermittelt werden, wenn angenommen wird, daß die Übertragungsbandbreite 10 % der Mittenfrequenz beträgt?

23.2 Berechnen Sie die Schnittiefe beim Schneiden mit einem Laser bei Vernachlässigung der Wärmeleitung. Berücksichtigen Sie näherungsweise nur die Verdampfungsenergie L (v = Schnittgeschwindigkeit, r = Strahlradius, P = Laserleistung, ϱ = Dichte des Materials).

23.3 Ein 100 W-CO_2-Laser mit deinem Durchmesser von $D = 1\,\text{cm}$ strahlt auf einen Vorhang (0,5 mm dick, Plastik). In welcher Zeit entflammt der Vorhang (400 °C)($\varrho = 1\,\text{g/cm}^3$, $c = 4{,}2\,\text{kJ/kg K}$)?

23.4 Ein medizinischer Nd-Laser soll eine Koagulationszone von $d = 5\,\text{mm}$ Tiefe in $t = 15\,\text{s}$ erzeugen (Aufheizung des Gewebes von 37 °C auf 70 °C). Berechnen Sie unter vereinfachten Annahmen die Leistungsdichte des Laserstrahls (ebene Geometrie, keine Wärmeleitung, $c \approx 4100\,\text{J/(kg K)}$, $\varrho = 1000\,\text{kg/m}^3$). Wie groß ist die Laserleistung bei einem Strahldurchmesser von 10 mm?

23.5 Ein Excimerlaser wird zur Korrektion der Hornhautkrümmung eingesetzt. Welche Tiefe x wird mit einem 100 mJ-Puls bei einem Strahldurchmesser von $d = 6\,\text{mm}$ abgetragen? (Verdampfungswärme $L \approx 2{,}2 \cdot 10^6\,\text{kJ/kg K}$, Dichte $\varrho \approx 1200\,\text{kg/m}^3$)

23.6 Wie groß ist der Gitterabstand in einem Hologramm, wenn eine ebene Referenz- und eine ebene Objektwelle vorliegt, deren Ausbreitungsrichtungen den Winkel α einschließen?

23.7 Ein Laserstrahl ($\lambda = 633\,\text{nm}$) wird senkrecht auf einen Flüssigkeitsstrahl ($v = 8\,\text{m/s}$) gerichtet. Die gestreute Strahlung wird unter 45° zur Einfallsrichtung nachgewiesen. Die Richtungsvektoren für den Einfall, die Streuung und die Geschwindigkeit ergeben eine Ebene. Wie groß ist die Frequenzverschiebung?

23.8 Wieviel bit können auf einer Compact-Disc mit einer Fläche von $10\,\text{cm}^2$ mit einem Laser der Wellenlänge $\lambda = 0{,}8$ und $0{,}4\,\mu\text{m}$ gespeichert werden?

24. Sicherheit von Laser-Einrichtungen

Für den vorschriftsmäßigen Einsatz von Lasern wurde die europäische Norm „Sicherheit von Lasereinrichtungen DIN EN 60 825-1“ herausgegeben. Zusätzlich hat die Berufsgenossenschaft eine eigene Unfallverhütungsvorschrift „Laserstrahlung VBG 93“ erstellt. Besondere Gefahren durch Laserstrahlung entstehen für das Auge, worauf im folgenden genauer eingegangen werden soll.

Das Auge ist im Wellenlängenbereich zwischen 0,4 und 1,4 μm transparent, so daß die Laserstrahlung auf der Netzhaut fokussiert wird (Bild 24.1). Dabei entsteht ein Brennfleck mit etwa 10 μm Durchmesser, und die Leistungsdichte erhöht sich ungefähr um das 500 000-fache ($\approx$ (Pupillendurchmesser (7 mm) : 10 μm)^2).

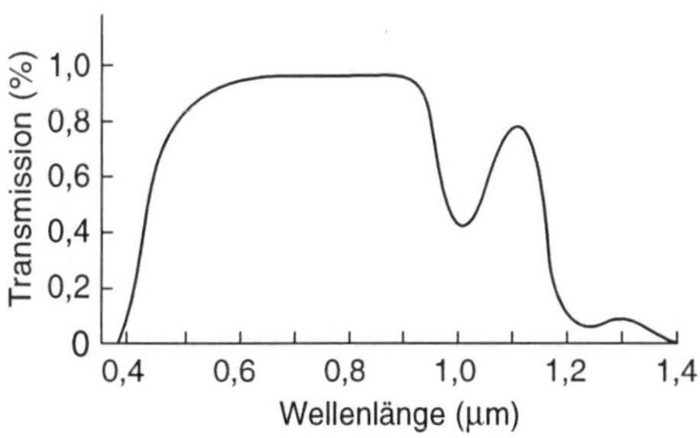

Bild 24.1. Durchlässigkeit des menschlichen Auges bis zur Netzhaut in Abhängigkeit von der Wellenlänge nach VBG 93. Der sichtbare Spektralbereich liegt zwischen 0,4 und 0,7 μm

In dem Bereich zwischen 0,4 und 1,4 μm ist daher Laserstrahlung sehr gefährlich, so daß schon kleine Leistungen um 1 mW unter ungünstigen Bedingungen zu einem Netzhautschaden führen können. Besondere Vorsicht ist geboten, wenn die Strahlung nicht sichtbar ist.

Im Infraroten B und C (oberhalb von 1,4 μm) wird die Strahlung stark vom Gewebewasser absorbiert, so daß sie nur in die oberen Hornhautschichten eindringt. Die Grenzwerte für eine Schädigung des Auges sind hier höher, da die Fokussierung durch die Augenlinse entfällt.

Auch im Ultravioletten findet eine starke Absorption in der Hornhaut statt. Allerdings sind die Grenzwerte relativ niedrig, da aufgrund der hohen Quantenenergie der Photonen photochemische Prozesse stattfinden, die eine krebserregende Wirkung haben können. Der Schaden ist akkumulativ, d. h.

auch geringe Bestrahlungen können über größere Zeiträume zu einer Schädigung führen.

24.1 Grenzwerte für das Auge

Die maximal zulässige Bestrahlung (MZB) hängt von der Wellenlänge und der Bestrahlungszeit ab. Oberhalb dieses Grenzwertes kann das Auge geschädigt werden. In Tabelle 24.1 sind vereinfachte MZB-Werte für das Auge im Fall von Einzelpulsen dargestellt. Genauere Angaben entnimmt man Bild 24.2.

Zahlenwerte und Angaben für wiederholt gepulste Laser können mit Hilfe der Norm DIN EN 60 825-1 oder der VBG 93 berechnet werden. Dort findet man auch die MZB-Werte für die Haut.

Tabelle 24.1. Vereinfachte maximal zulässige Bestrahlungswerte auf der Hornhaut des Auges (MZB-Werte nach VBG 93)

Wellenlängenbereich in nm	Bestrahlungsstärke E				Bestrahlung H	
	Impulsdauer in s	W/m^2	Impulsdauer in s	W/m^2	Impulsdauer in s	J/m^2
180–315	$\geq 30\,000$	0,001	$< 10^{-9}$	$3 \cdot 10^{10}$	10^{-9} bis $3 \cdot 10^{4}$	30
315–1 400	$> 5 \cdot 10^{-4}$ bis 10	10	$< 10^{-9}$	$5 \cdot 10^{6}$	10^{-9} bis $5 \cdot 10^{-4}$	0,005
1 400–10^6	$> 0{,}1$ bis 10	1 000	$< 10^{-9}$	10^{11}	10^{-9} bis 0,1	100

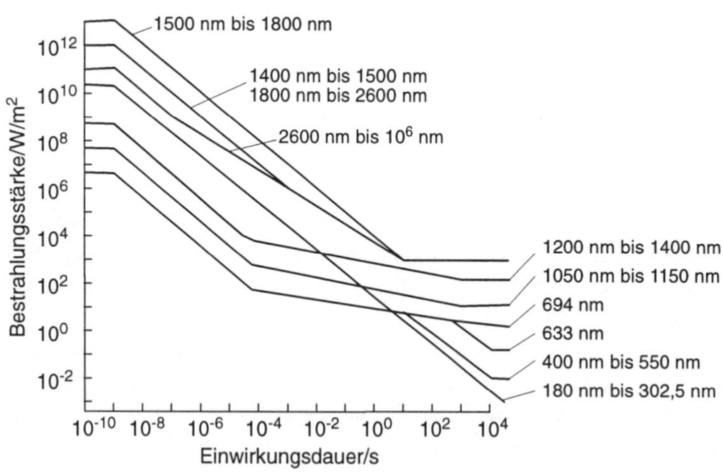

Bild 24.2. Maximal zulässige Bestrahlung (MZB) der Hornhaut des Auges für einige ausgewählte Wellenlängen nach DIN EN 60 825-1 (aus VBG 93)

Bei der Ermittlung der Leistungs- und Energiedichte sind Mittelwerte über Kreisflächen mit folgenden Durchmessern zu bilden: 1 mm (180–400 nm), 7 mm (400–1 400 nm), 1 mm (1 400–10^5 nm, $t \leq 3$ s), 3,5 mm (1 400–10^5 nm, $t > 3$ s), 11 mm (10^5–10^6 nm).

Der Raum, in dem die MZB-Werte überschritten werden, heißt Laserbereich. Er muß durch Laserwarnschilder sowie Warnleuchten über den Eingangstüren gekennzeichnet werden. Bei Lasern der Klassen 3B und 4 (Abschn. 24.3) muß zusätzlich eine Abgrenzung erfolgen. Darunter versteht man, daß Unbefugte nicht unbeabsichtigt in diesen Bereich gelangen können. Es müssen Laserschutzbrillen vorhanden sein, die von den Anwesenden auch getragen werden müssen.

24.2 Laser-Schutzbrillen

Schutzbrillen für Laser müssen den Normen DIN EN 207 entsprechen. Sie werden in Schutzstufen L1 bis L10 eingeteilt, wobei die Ziffer die optische Dichte angibt. Der Zusammenhang zwischen der Schutzstufe und dem Transmissionsgrad ist in Spalte 2 der Tabelle 24.2 gezeigt. Die Berechnung der Schutzstufe für Einzelpulse oder kontinuierlichen Betrieb ist mit Hilfe von Tabelle 24.2 möglich. Bei der Berechnung der Leistungs- und Energie-

Tabelle 24.2. Ermittlung der Schutzstufe aus der Leistungs- oder Energiedichte für verschiedene Wellenlängen und Bestrahlungsdauern (D = Dauerstrich, I = Impulsbetrieb, R = Riesenimpuls, M = Modenkopplung) (aus VBG 93)

Schutzstufe	Maximaler spektraler Transmissionsgrad bei den Laserwellenlängen $\tau(\lambda)$	Maximale Energie- bzw. Leistungsdichte im Wellenlängenbereich: 180 nm bis 315 nm			über 315 nm bis 1 400 nm			über 1 400 nm bis 1 000 µm		
		Für die Laserbetriebsart/Betriebsdauer in s								
		D	I, R	M	D	I, R	M	D	I, R	M
		$\geq 3 \cdot 10^4$	10^{-9} bis $3 \cdot 10^4$	$< 10^{-9}$	$> 5 \cdot 10^{-4}$	10^{-9} bis $5 \cdot 10^{-4}$	$< 10^{-9}$	$> 0{,}1$	10^{-9} bis 0,1	$< 10^{-9}$
		E W/m²	H J/m²	E W/m²	E W/m²	H J/m²	E W/m²	E W/m²	H J/m²	E W/m²
L 1	10^{-1}	0,01	$3 \cdot 10^2$	$3 \cdot 10^{11}$	10^2	0,05	$5 \cdot 10^7$	10^4	10^3	10^{12}
L 2	10^{-2}	0,1	$3 \cdot 10^3$	$3 \cdot 10^{12}$	10^3	0,5	$5 \cdot 10^8$	10^5	10^4	10^{13}
L 3	10^{-3}	1	$3 \cdot 10^4$	$3 \cdot 10^{13}$	10^4	5	$5 \cdot 10^9$	10^6	10^5	10^{14}
L 4	10^{-4}	10	$3 \cdot 10^5$	$3 \cdot 10^{14}$	10^5	50	$5 \cdot 10^{10}$	10^7	10^6	10^{15}
L 5	10^{-5}	10^2	$3 \cdot 10^6$	$3 \cdot 10^{15}$	10^6	$5 \cdot 10^2$	$5 \cdot 10^{11}$	10^8	10^7	10^{16}
L 6	10^{-6}	10^3	$3 \cdot 10^7$	$3 \cdot 10^{16}$	10^7	$5 \cdot 10^3$	$5 \cdot 10^{12}$	10^9	10^8	10^{17}
L 7	10^{-7}	10^4	$3 \cdot 10^8$	$3 \cdot 10^{17}$	10^8	$5 \cdot 10^4$	$5 \cdot 10^{13}$	10^{10}	10^9	10^{18}
L 8	10^{-8}	10^5	$3 \cdot 10^9$	$3 \cdot 10^{18}$	10^9	$5 \cdot 10^5$	$5 \cdot 10^{14}$	10^{11}	10^{10}	10^{19}
L 9	10^{-9}	10^6	$3 \cdot 10^{10}$	$3 \cdot 10^{19}$	10^{10}	$5 \cdot 10^6$	$5 \cdot 10^{15}$	10^{12}	10^{11}	10^{20}
L 10	10^{-10}	10^7	$3 \cdot 10^{11}$	$3 \cdot 10^{20}$	10^{11}	$5 \cdot 10^7$	$5 \cdot 10^{16}$	10^{13}	10^{12}	10^{21}

Tabelle 24.3. Beispiele zur Klassifikation von Laserschutzbrillen

DI	1060	L 7	...	...
D	630–700	L 8	...	...

Laserbetriebsart* ↑
Wellenlänge (nm) ↑
Schutzstufe ↑
Evtl. Zeichen des Herstellers ↑
Evtl. Prüfzeichen ↑

*) D = Dauerstrichlaser, I = Impulslaser, R = Riesenimpulslaser, M = Modengekoppelter Impulslaser

Tabelle 24.4. Klassifizierung von Laser-Justierbrillen (aus VBG 93)

Schutzstufe	Maximale momentane Laserleistung für Dauerstrichlaser W	Maximale Energie für Impulslaser J
R 1	0,01	$2 \cdot 10^{-6}$
R 2	0,1	$2 \cdot 10^{-5}$
R 3	1	$2 \cdot 10^{-4}$
R 4	10	$2 \cdot 10^{-3}$
R 5	100	$2 \cdot 10^{-2}$

dichten (E und H) müssen Mittelwerte eingesetzt werden, wie sie im letzten Abschnitt beschrieben wurden.

Auf den Schutzbrillen müssen die Schutzstufe, die Wellenlänge und Betriebsart angegeben werden. Verwechselungen sind gefährlich, da die Brille natürlich nur für die angegegebene Wellenlänge schützt. Die Symbolik ist in Tabelle 24.3 erklärt.

Für Justierarbeiten am Laser ist es nützlich, wenn der Strahl sichtbar ist. Aus diesem Grund gibt es Laser-Justierbrillen, die allerdings keinen vollständigen Schutz bieten (EN 208). Die Leistungsgrenzen und die entsprechende Klassifizierung zeigt Tabelle 24.4.

24.3 Laserklassen und Gefährdungspotential

Laser werden je nach Gefährdungspotential der austretenden bzw. zugänglichen Strahlung in die Klassen 1, 2, 3A, 3B und 4 eingeteilt:

- **Klasse 1:** Die zugängliche Laserstrahlung ist ungefährlich.
- **Klasse 2:** Diese Klasse ist nur im Sichtbaren definiert. Laser dieser Klasse sind bei einer Bestrahlung bis zu 0,25 s (Lidschlußreflex) ungefährlich.

- **Klasse 3A:** Im Sichtbaren gilt der gleiche Text wie für Klasse 2. Allerdings ist der Strahlquerschnitt größer. Die Strahlung wird gefährlich, wenn der Strahlquerschnitt durch optische Instrumente verringert wird.
- **Klasse 3B:** Die zugängliche Laserstrahlung ist gefährlich für das Auge und in besonderen Fällen für die Haut.
- **Klasse 4:** Die Laserstrahlung ist gefährlich für das Auge und die Haut. Auch diffus gestreute Strahlung kann gefährlich sein. Die Laserstrahlung kann Brand- und Explosionsgefahr hervorrufen.

Genauere Angaben über die Leistungsgrenzen der verschiedenen Laserklassen zeigt Bild 24.3 für den kontinuierlichen Betrieb.

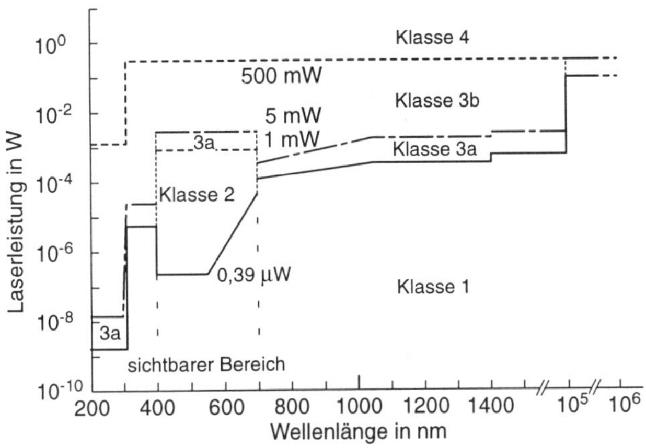

Bild 24.3. Einteilung in Laserklassen (Bestrahlungszeit bis zu $3 \cdot 10^4$ s) nach DIN EN 60 825-1 (Entwurf FLMZ Berlin)

24.4 Sicherheitsvorschriften

Die Unfallverhütungsvorschrift „Laserstrahlung VBG 93“ enthält eine Reihe von Regeln, von denen im folgenden einige zusammengefaßt werden:

- Für den Betrieb von Lasereinrichtungen der Klassen 3B und 4 ist ein Laserschutzbeauftragter zu bestellen.
- Laserbereiche müssen gekennzeichnet werden. Bei Lasern der Klassen 3B und 4 müssen an den Zugängen zum Laserbereich Warnleuchten angebracht werden. Die Laserbereiche müssen abgegrenzt werden.
- Im Laserbereich müssen Schutzbrillen getragen werden.
- Personen, die sich im Laserbereich aufhalten, müssen über das zu beachtende Verhalten unterrichtet werden.
- Es müssen Schutzmaßnahmen getroffen werden, falls Brand- oder Explosionsgefahr durch Laserstrahlung besteht.

Lösungen

Kapitel 1

1.1 (a) Für die Intensität gilt für $r = 0{,}1\,\text{m}$:

$I = P/A = P/(4\pi r^2) = 8\,\text{W/m}^2$ und für $r = 1\,\text{m}$:
$I = 8 \cdot 10^{-2}\,\text{W/m}^2$.

(b) Die Intensität des He-Ne-Lasers beträgt für $P' = 1\,\text{mW}$:

$I' = P'/A' = P'/(\pi d^2/4) = 2600\,\text{W/m}^2$.

1.2 (a) Die Leistung ist durch die Zahl der Photonen pro Zeit N/t gegeben:

$P = Nhf/t$.

Es folgt:

$N/t = P/hf = 3{,}2 \cdot 10^{15}$ Photonen/s.

(b) Mit $\lambda = 0{,}63\,\mu\text{m}$, $h = 6{,}6 \cdot 10^{-34}$ Js und $c = 3 \cdot 10^8$ m/s erhält man:

$hf = hc/\lambda = 3{,}1 \cdot 10^{-19}\,\text{J} = 1{,}9\,\text{eV}$.

1.3 (a) Die Frequenz beträgt $f = c/\lambda \approx 5 \cdot 10^{14}\,\text{Hz} = 500\,\text{THz}$ und
(b) $f \approx 6 \cdot 10^{14}\,\text{Hz} = 600\,\text{THz}$.

1.4 Die Energie beträgt für den CO_2-Laser

$hf = c\lambda = 1{,}9 \cdot 10^{-20}\,\text{J} = 0{,}12\,\text{eV}$

und für den Argonlaser

$hf = 3{,}8 \cdot 10^{-19}\,\text{J} = 2{,}1\,\text{eV}$.

1.5 Die Energien der Zustände betragen:

$$E_n = \frac{-13{,}6}{n^2}\,\text{eV} \quad \text{mit} \quad n = 1, 2, 3, 4 \ldots \infty \quad \text{(Bild 1.6)}$$

Man erhält:

$$\begin{aligned} E_1 &= -13{,}6\,\text{eV}\,, \\ E_2 &= -3{,}4\,\text{eV}\,, \\ E_3 &= -1{,}5\,\text{eV}\,, \\ E_4 &= -0{,}85\,\text{eV} \quad \text{und} \\ E_\infty &= 0\,\text{eV}\,. \end{aligned}$$

Daraus folgt mit $1\,eV = 1{,}6 \cdot 10^{-19}\,\text{J}$ und $h = 6{,}62 \cdot 10^{-34}\,\text{Js}$:

$$\lambda_{21} = hc/(E_2 - E_1) = 122\,\text{nm} \quad \text{und} \quad \lambda_{32} = 656\,\text{nm}\,.$$

1.6 Die Energie der Schwingungsniveaus ist gegeben durch:

$$E_v = (v + \tfrac{1}{2})hf \approx (v + \tfrac{1}{2})\,0{,}3\,\text{eV} \quad \text{mit}$$
$$v = 0, 1, 2, \ldots$$

Diesen Zuständen sind die Rotationsniveaus überlagert:

$$E_J = J(J+1)hcB_\text{r} \approx J(J+1)\,2{,}5 \cdot 10^{-4}\,\text{eV} \quad \text{mit}$$
$$J = 0, 1, 2, \ldots$$

Mit diesen Werten kann eine Skizze der Rotations-Vibrationsniveaus hergestellt werden.

1.7 $1{,}58 \cdot 10^{19}$ Cr-Ionen pro cm^3.

1.8 Aus

$$E = hf = h\frac{c}{\lambda}$$

und $E = 1{,}2\,\text{eV} = 1{,}9 \cdot 10^{-19}\,\text{J}$ folgt als Grenzwellenlänge $\lambda = hc/E = 1\,\mu\text{m}$ ($h = 6{,}62 \cdot 10^{-34}\,\text{Js}$ und $c = 3 \cdot 10^8\,\text{m/s}$). Oberhalb dieser Wellenlänge wird Si transparent.

Kapitel 2

2.1 (a) Für den Verstärkungsfaktor gilt:

$$G = \frac{P_\text{aus}}{P_\text{ein}} = \frac{3\,\text{W}}{1\,\text{W}} = 3\,.$$

(b) Der Zusammenhang zwischen G und g lautet:

$$G = \text{e}^{gx}\,. \quad \text{Daraus folgt mit } x = 5\,\text{cm:}$$
$$g = \frac{\ln G}{x} = 0{,}22\,\text{cm}^{-1}\,.$$

2.2 Der Verstärkungsfaktor beträgt:

$$G = \text{e}^{0{,}05 \cdot 12} = 1{,}82\,. \quad \text{Näherungsweise gilt} \quad G = 1 + gx = 1{,}6\,.$$

2.3 Näherungsweise gilt für kleine Exponenten $G = e^{gl} \approx 1 + gl$. Daraus folgt: $g = 0{,}1\,\mathrm{m}^{-1}$. Die differentielle Verstärkung beträgt 10 % pro Meter.

2.4 Für die natürliche Lebensdauer gilt ($\tau_1 = 12\,\mathrm{ns}$, $\tau_2 = 20\,\mathrm{ns}$):

$$\Delta f = \frac{1}{2\pi}\left(\frac{1}{\tau_1} + \frac{1}{\tau_2}\right) = 21\,\mathrm{MHz}\,.$$

Dieser Wert ist vernachlässigbar klein gegenüber der Dopplerverbreiterung $\Delta f_\mathrm{d} = 1{,}5\,\mathrm{GHz}$ und der Stoßverbreiterung $\Delta f_\mathrm{S} = 100\,\mathrm{MHz}$.

2.5 Für die Verbreiterung gilt:

$$\Delta f = \frac{2f}{c}\sqrt{\frac{2kT\ln 2}{m}} = \frac{2}{\lambda}\sqrt{\frac{2kT\ln 2}{m}} = 1{,}4\cdot 10^9\,\mathrm{Hz}\,, (k = 1{,}38\cdot 10^{-23}\,\mathrm{J/K}\,,$$
$$m = m_pA = 1{,}66\cdot 10^{-27}\cdot 20{,}2\,\mathrm{kg} = 3{,}3\cdot 10^{-26}\,\mathrm{kg}\,, \lambda = 0{,}63\,\mu\mathrm{m})\,.$$

Die Werte sind nahezu gleich.

2.6 Für die Mittenfrequenz gilt:

$$f = \frac{c}{\lambda} = 5\cdot 10^{14}\,\mathrm{Hz}\,.$$ Damit ist der Emissionsbereich gegeben durch:

$$f = (5\cdot 10^{14} \pm 0{,}4\cdot 10^{14})\,\mathrm{Hz} = 5\cdot 10^{14}\,\mathrm{Hz} \pm 8\,\%\,.$$

Näherungsweise gilt für den Wellenlängenbereich:

$$\lambda = 0{,}60\,\mu\mathrm{m} \pm 8\,\% = (0{,}60 \pm 0{,}05)\,\mu\mathrm{m}\,.$$

2.7 In der zweiten Spalte der Tabelle ist die Leistungsdichte im Resonator I nach folgender Gleichung eingetragen:

$$I = I_\mathrm{S}\left(\frac{g_0 d}{1 - RT} - 1\right)\,.$$

Die ausgekoppelte Intensität beträgt $I_\mathrm{out} = I(1 - R)$. Die Ergebnisse sind in der dritten Spalte dargestellt. Die Schwelle tritt bei folgendem Reflexionsgrad auf:

$$R = \frac{(1 - g_0 d)}{T} = 0{,}816\,.$$

R	I in W/cm^2	I_out in W/cm^2
0,816	0	0
0,85	1,97	0,29
0,9	6,94	0,69
0,95	18,98	0,95
0,98	40,5	0,8
0,99	67,1	0,6
1	90	0

Aus der Tabelle ergibt sich ein optimales Reflexionsvermögen von $R_\mathrm{opt} = 0{,}95$ und eine Ausgangsleistung von 9,5 mW. Man beachte, daß $R = \sqrt{R_1 R_2}$ beträgt. Mit $R_2 = 1$ erhält man $R_{1\mathrm{opt}} = R_\mathrm{opt}^2$.

2.8 Es gilt $GRT = 1$ mit $T \approx 1$. Daraus folgt $R \approx 1/G$, wobei $G = \mathrm{e}^{gx} \approx 1 + gx = 1 + 0{,}05$, $g = 0{,}1\,\mathrm{m}^{-1}$ und $x = 0{,}5\,\mathrm{m}$ beträgt. Man erhält $R \approx 95\,\%$. Für die grüne Linie ($g = 0{,}005\,\mathrm{m}^{-1}$) erhält man 99,75 %. (Man beachte $R = \sqrt{R_1 R_2}$.)

2.9 Der Verstärkungskoeffizient ist definiert durch:

$$\mathrm{d}I/\mathrm{d}x = gI\,.$$

Die Frequenzabhängigkeit von g wird durch die Linienformfunktion $F_d(f)$ beschrieben:

$$g(f) = g(f_{12})F_d(f) \quad \text{mit} \quad F_d(f_{12}) = 1\,.$$

Der Dopplereffekt führt zu einer Frequenzverschiebung

$$f - f_{12} = f_{12}\frac{u}{c} \quad \text{oder} \quad u = \frac{f - f_{12}}{f_{12}}c\,.$$

Eingesetzt in die Maxwellverteilung ergibt sich:

$$F_d(f) = p\,(u\,(f)) = \exp\left(-\frac{mc^2}{2kT}\left(\frac{f - f_{12}}{f_{12}}\right)^2\right).$$

Die Linienbreite Δf_d berechnet sich aus:

$$F_d\,(f_{12} - \Delta f_d/2) = F_d\,(f_{12} + \Delta f_d/2) = \tfrac{1}{2} = \mathrm{e}^{-\ln 2}\,.$$

Man erhält:

$$\Delta f_d = \frac{2f_{12}}{c}\sqrt{2kTm/\ln 2}\,.$$

Einsetzen ergibt:

$$F_d(f) = \exp\left(-\left(\frac{2\,(f - f_{12})}{\Delta f_d}\right)^2 \ln 2\right).$$

2.10 Die Gesamtbesetzungszahlen setzen sich aus den Besetzungszahlen N_{ai} und N_{bk} der Unterniveaus zusammen:

$$N_a = \sum_{i=1}^{g_a} N_{ai} \quad \text{und} \quad N_b = \sum_{k=1}^{g_b} N_{bk}\,.$$

Unter der Annahme einer Gleichverteilung folgt:

$$N_{ai} = N_a/g_a \quad \text{und} \quad N_{bk} = N_b/g_b\,.$$

Die Übergangsrate für Absorption ist somit:

$$\mathrm{d}N_b/\mathrm{d}t = \sum_{i,k} N_{ai}B_{ik}\varrho = (\varrho N_a/g_a)\sum_{i,k} B_{ik} = \varrho N_a B_{\mathrm{abs}}\,.$$

Für induzierte Emission gilt:

$$\mathrm{d}N_a/\mathrm{d}t = \sum_{i,k} N_{bk} B_{ki} \varrho = (\varrho N_b / g_b) \sum_{i,k} B_{ki} = \varrho N_b B_{\mathrm{ind}} \,.$$

Mit $B_{ik} = B_{ki}$ folgt:

$$B_{\mathrm{ind}} = \frac{g_a}{g_b} B_{\mathrm{abs}} \,.$$

Für den $1s$-Grundzustand des H-Atoms gilt $g_a = 2$ und für den angeregten $2p$-Zustand $g_b = 6$.

Kapitel 3

3.1 (a) Die Pulsleistung berechnet sich zu

$$P_{\max} = \frac{W}{T} = \frac{10 \cdot 10^{-3}}{0{,}5 \cdot 10^{-3}} \frac{\mathrm{J}}{\mathrm{s}} = 20\,\mathrm{W} \,.$$

(b) Bei Verkürzung der Pulse auf $5 \cdot 10^{-9}$ s erhält man

$$P_{\max} = \frac{10 \cdot 10^{-3}}{5 \cdot 10^{-9}} \frac{\mathrm{J}}{\mathrm{s}} = 2 \cdot 10^{6}\,\mathrm{W} = 2\,\mathrm{MW} \,.$$

(c) Die mittlere Leistung beträgt:

$$P = Wf = 100\,W$$

3.2 Für den Zusammenhang zwischen Frequenz f und Wellenlänge λ gilt:

$$f = c/\lambda \,.$$

Durch Differenzieren erhält man:

$$\mathrm{d}f = -\frac{c}{\lambda^2}\mathrm{d}\lambda \,.$$

Einsetzen der ersten Gleichung in die zweite ergibt

$$\mathrm{d}f = -\frac{f}{\lambda}\mathrm{d}\lambda \quad \text{oder} \quad \frac{\Delta f}{f} = -\frac{\Delta\lambda}{\lambda} \,.$$

3.3 (a) Für den Argonlaser gilt $\lambda = 0{,}488\,\mu\mathrm{m}$ und $\Delta f = 4\,\mathrm{GHz}$. Daraus folgt mit $f = c/\lambda$:

$$\Delta f/f = \Delta f \cdot \lambda/c = 6{,}5 \cdot 10^{-6} \,.$$

(b) Für den Farbstofflaser (Rh6G) gilt $\lambda = 0{,}6\,\mu\mathrm{m}$ und $\Delta f = 80\,\mathrm{THz}$. Daraus folgt:

$$\Delta f/f = \Delta f \cdot \lambda/c = 0{,}16 = 16\,\% \,.$$

3.4 Die Feldstärke E wird durch die Intensität I gegeben (1.2):

$$I = \sqrt{\varepsilon\varepsilon_0/\mu\mu_0}E^2 .$$

In Vakuum (oder Luft) gilt $\varepsilon = \mu = 1$. Mit $E = 10^{12}\,\mathrm{V/m}$, $\varepsilon_0 = 8{,}858 \cdot 10^{-12}\,\mathrm{A\,s/V\,m}$ und $\mu_0 = 4\pi \cdot 10^{-7}\,\mathrm{V\,s/A\,m}$ erhält man

$$I = 2{,}66 \cdot 10^{21}\,\mathrm{W/m^2} .$$

Die Intensität ist durch $I = P/A$ mit $A = d^2\pi/4 = 1{,}96 \cdot 10^{-11}\,\mathrm{m}^2$ gegeben. Auflösen ergibt

$$P = I/A = 5 \cdot 10^{10}\,\mathrm{W} = 50\,\mathrm{GW} .$$

3.5 Die Bandbreite eines Rh6G-Farbstofflasers beträgt $\Delta f = 80\,\mathrm{THz} = 8 \cdot 10^{13}\,\mathrm{Hz}$. Damit erhält man

$$\tau \geq \frac{1}{2\pi\Delta f} = 2 \cdot 10^{-15}\,\mathrm{s} = 2\,\mathrm{ps} .$$

Kapitel 4

4.1 Unter der Annahme gleicher statistischer Gewichte ($g_1 = g_2$) gilt für die Besetzungszahlen des Grundzustandes (N_1) und des Laserniveaus (N_2):

$$\frac{N_2}{N_1} = \mathrm{e}^{-\Delta E/kT} .$$

Mit $\Delta E = 1{,}5\,\mathrm{eV}$ und $T = 393\,\mathrm{K}$ und $T' = 1\,093\,\mathrm{K}$ erhält man:

$$N_2/N_1 = 9{,}3 \cdot 10^{-3} \quad \text{und} \quad N_2/N_1 = 0{,}13 .$$

4.2 Das untere Laserniveau habe die Quantenzahl J. Die Auswahlregel für den R-Zweig lautet $\Delta J = +1$. Damit wird die Energie des Übergangs:

$$\Delta E_J \sim hcB_\mathrm{r}\left[(J+1)(J+2) - J(J+1)\right] = hcB_\mathrm{r}(2J+2) .$$

Das nächste untere Laserniveau besetzt $J + 2$, und man erhält $\Delta E_{J+2} \sim hcB_\mathrm{r}(2J+6)$. Damit wird die Energiedifferenz zwischen den Rotationslinien

$$\Delta E = \Delta E_{J+2} - \Delta E_J = 4hcB_\mathrm{r} \quad \text{oder}$$
$$\Delta E = hc \cdot 2\,\mathrm{cm}^{-1} .$$

4.3 Aus $J_\mathrm{m} \approx \sqrt{kT/2hcB_\mathrm{r} - \frac{1}{2}}$ folgt ($k = 1{,}38 \cdot 10^{-23}\,\mathrm{J/K}, h = 6{,}62 \cdot 10^{-34}\,\mathrm{J\,s}$):

$$B_\mathrm{r} = kT/2hc(J_\mathrm{m}^2 + \tfrac{1}{2}) = 44\,\mathrm{m}^{-1} = 0{,}44\,\mathrm{cm}^{-1} .$$

4.4 Man stellt sich das Molekül als zwei Massen vor, die durch eine Feder verbunden sind. Die Massen von N_2 und CO betragen 28,02 und 28,01 atomare Masseneinheiten. Unter der Voraussetzung, daß die Federkonstante gleich ist, ergeben sich auch nahezu gleiche Schwingungsfrequenzen.

4.5 (a) Die Pulsenergie beträgt $E_\mathrm{p} = 0{,}1\,\mathrm{J}$ und die Pulsleistung $P_\mathrm{p} = 10^6\,\mathrm{W}$. (b) Die mittlere Leistung errechnet sich zu $P = n/tE_\mathrm{p} = fE_\mathrm{p} = 200\,\mathrm{W}$.

4.6 Aus dem Termschema liest man einen Quantenwirkungsgrad von etwa 30 % ab (für den dominanten Übergang $v = 2 \rightarrow v = 1$). Die Reaktionsgleichungen lauten

$$\mathrm{F} + \mathrm{H_2} \rightarrow \mathrm{H} + \mathrm{HF} + 132\,\mathrm{kJ/Mol} \quad \text{und}$$

$$\mathrm{H} + \mathrm{F_2} \rightarrow \mathrm{F} + \mathrm{HF} + 410\,\mathrm{kJ/Mol}\,.$$

Es wird im Mittel pro F_2-Molekül ein Wert von 270 kJ/Mol angenommen. Für 1 J benötigt man also $1/2{,}7 \cdot 10^5\,\mathrm{Mol} = 3{,}7 \cdot 10^{-6}\,\mathrm{Mol}$. Da 1 Mol $F_2 = 38\,\mathrm{g}$ beträgt, folgt $m = 1{,}4 \cdot 10^{-4}\,\mathrm{g}$ für 1 J. Berücksichtigt man, daß etwa 70 % der Energie in die Anregungsenergie der Schwingungsniveaus geht und den Quantenwirkungsgrad, wird die notwendige Masse entsprechend größer.

Kapitel 5

5.1 Der Neon-Druck beträgt $p_\mathrm{Ne} = 83\,\mathrm{Pa}$. Daraus erhält man die Teilchendichte

$$N = \frac{6{,}022 \cdot 10^{23} \cdot 83}{0{,}0224 \cdot 10^5} \frac{1}{\mathrm{m}^3} = 2{,}2 \cdot 10^{22}\,\mathrm{m}^{-3}$$

und die Zahl der Atome im Laserrohr

$$n = N \cdot V = 2{,}2 \cdot 10^{22} \cdot 1{,}6 \cdot 10^{-7} = 3{,}5 \cdot 10^{15}\,.$$

Bei einer Leistung von $P = 10^{-3}\,\mathrm{W}$ werden pro Sekunde

$$x = \frac{P}{hf} = \frac{P\lambda}{hc} = 3{,}2 \cdot 10^{15}\,\mathrm{s}^{-1}$$

abgestrahlt. Damit emittiert jedes Atom pro Sekunde etwa ein Photon

$$\left(\frac{x}{n} = \frac{3{,}2 \cdot 10^{15}}{3{,}5 \cdot 10^{15}}\,\mathrm{s}^{-1} \approx 1\,\mathrm{s}^{-1}\right)\,.$$

5.2 Der $1s^2\,2s^2\,2p^5$-Rumpf hat einen Bahndrehimpuls $L_\mathrm{R} = 1$ und einen Gesamtspin $S_\mathrm{R} = \frac{1}{2}$, da durch Hinzufügen eines weiteren p-Elektrons eine abgeschlossene Schale mit dem Gesamtbahndrehimpuls 0 und Gesamtspin 0 entsteht. Der Bahndrehimpuls des np-Elektrons beträgt $l = 1$ und der Spin $s = \frac{1}{2}$.

Der gesamte Bahndrehimpuls mit $L = L_\mathrm{R} + l = 2$, 1 oder 0 und der gesamte Spin $S = \frac{1}{2} \pm \frac{1}{2} = 1$ oder 0. Dies entspricht den spektroskopischen Bezeichnungen der Multipletts ^1S, ^3S, ^1P, ^3P, ^1D, ^3D. Durch die Spin-Bahn-Wechselwirkung ergeben sich folgende 10 Energieterme:

$$^1S_0, {}^3S_1, {}^1P_1, {}^3P_2, {}^3P_1, {}^3P_0, {}^1D_2, {}^3D_3, {}^3D_2 \quad \text{und} \quad {}^3D_1\,.$$

5.3 Die Verstärkung beträgt $G = 1 + 0{,}005 \cdot 0{,}2 = 1{,}001$. Die Schwellbedingung lautet $GRT = G\sqrt{R_1 R_2}\,T = 1$. Unter der Annahme,daß der eine Spiegel mit $R_2 = 100\,\%$ reflektiert und die Transmission $T = 1$ ist, ergibt sich für den Auskoppelspiegel $R_1 > 1/G^2 = 0{,}998$.

5.4 Die Quantenenergie der roten Strahlung berechnet sich zu:

$$hf = \frac{hc}{\lambda} = 6{,}6 \cdot 10^{-34} \cdot 3 \cdot 10^8/0{,}63 \cdot 10^{-6}\,\mathrm{J} = 3{,}14 \cdot 10^{-19}\,\mathrm{J} = 1{,}96\,\mathrm{eV}\,.$$

Der Quantenwirkungsgrad beträgt $\eta = hf/W' = 10\,\%$.

5.5 Der He-Druck im Laserrohr beträgt ungefähr 500 Pa. Bei der Rückdiffusion liegt ein Außendruck von 10^5 Pa vor. Die Zeit für die Rückdiffusion beträgt $t \approx (500/10^5) \cdot 5 \cdot 364\,\text{Tage} \approx 9\,\text{Tage}$.

5.6 (a) Der Laser emittiert kurze Pulse ($< 100\,\mathrm{ns}$), da die Inversion schnell abbricht.

(b) Bis zum nächsten Puls muß gewartet werden, bis sich das untere Laserniveau entleert. Für die Pulsfrequenz muß gelten: $f < 1/100\,\mu\mathrm{s} = 10\,\mathrm{kHz}$.

5.7 Für ideale Gase gilt

$$pV = NkT$$

mit $k = 1{,}38 \cdot 10^{-23}\,\mathrm{J/K}$ und $T = 1\,773\,\mathrm{K}$. Daraus folgt

$$p = \frac{N}{V} kT = 0{,}2\,\mathrm{Pa}\,,$$

wobei $n = N/V = 10^{19}\,\mathrm{m}^{-3}$ gesetzt wurde.

Kapitel 6

6.1 Das axiale Magnetfeld $\boldsymbol{B}$ erzeugt die Lorentz-Kraft $\boldsymbol{F} = -e(\boldsymbol{v} \times \boldsymbol{B})$, wobei e die Elementarladung und $\boldsymbol{v}$ die Geschwindigkeit der Elektronen darstellt. Elektronen, die sich in radialer Richtung bewegen, werden so umgelenkt, daß eine kreis- bzw. spiralförmige Bewegung entsteht. Wird zusätzlich die axiale Elektronenbewegung berücksichtigt, ergeben sich schrauben- oder wendelförmige Bahnen. Dadurch wird der Elektronenstrahl im achsennahen Bereich zusammengehalten.

6.2 (a) Die Spannung beträgt:

$$U = E \cdot 80\ \mathrm{cm} = 320\,\mathrm{V}\,.$$

(b) Man erhält folgende Ergebnisse:

Strom	$I = i \cdot r^2\pi = 10^3 \cdot 0{,}075^2\pi\,\mathrm{A} = 17{,}7\,\mathrm{A}\,,$
Widerstand	$R = U/I = 18\,\Omega$ und
Leistung	$P = U \cdot I = 5{,}7\,\mathrm{kW}\,.$

(c) Die Geschwindigkeit beträgt:

$$v = i/\varrho e = 6{,}2 \cdot 10^6\,\mathrm{m/s}\,.$$

6.3 Die Temperaturerhöhung ΔT wird durch die spezifische Wärmekapazität c, die erwärmte Masse m und die zugeführte Wärmeenergie Q gegeben:

$$Q = cm\Delta T\,.$$

Man dividiert diese Gleichung durch die Zeit t

$$P = Q/t = c\Delta T m/t \quad \text{und erhält} \quad \Delta T = P\,/(c\cdot(m/t))\ .$$

Mit $m/t = 10\,\text{kg}/60\,\text{s}$ und $P = 5/5\cdot 10^{-4}\,\text{W} = 10^4\,\text{W}$ berechnet man:

$$\Delta T = 14{,}2\,\text{K} \quad \text{oder} \quad \Delta T = 14{,}2\,°\text{C}\,.$$

6.4 Man erhält folgende Ergebnisse: mittlere Leistung

$$P = Ef = 2\cdot 10^{-3}\cdot 6\cdot 10^{3}\,\text{W} = 12\,\text{W}$$

und Spitzenleistung

$$P_\text{S} = E/t = 2\cdot 10^{-3}/2\cdot 10^{-8}\,\text{W} = 100\,\text{kW}\,.$$

6.5 Der He-Cd-Laser emittiert eine rote, grüne und blaue Linie. Die Mischung ergibt weiß. Durch Mischung von Argon und Krypton kann mit einem Ionenlaser ebenfalls weiße Strahlung erzeugt werden.

6.6 (a) Es handelt sich um eine zweistufige Elektronenstoßanregung. Die Wahrscheinlichkeit ist jeweils proportional zum Strom. Daraus resultiert eine quadratische Abhängigkeit.
(b) Die Anregung durch Penningstoß oder Ladungsaustausch ist einstufig.

Kapitel 7

7.1 Da die Lebensdauer des unteren Niveaus größer ist als die des oberen, bricht die Inversion schnell zusammen. Daher erfolgt bei den Lasern eine gepulste Anregung im ns-Bereich. Die Pulsfolgefrequenz muß so klein sein, daß sich zwischen den Pulsen das untere Laserniveau entleeren kann. In der Praxis werden Pulse mit Breiten im ns-Bereich und Pulsfolgefrequenzen bis zu 100 kHz erzeugt.

7.2 Bei longitudinaler Entladung erhält man $U = 500\,\text{kV}$ und bei transversaler $U = 4\,\text{kV}$, falls der Elektrodenabstand 4 mm beträgt.

7.3 Die Länge des Laserpulses beträgt

$$l = c\cdot\delta t = 3\cdot 10^{8}\cdot 20\cdot 10^{-9}\,\text{m} = 6\,\text{m}\,,$$

so daß er den Resonator etwa 5 mal durchläuft.

7.4 Für die Laserschwelle gilt $GRT \geq 1$. Mit $G = \text{e}^{gx} = 5{,}9\cdot 10^{9}$ und $T \approx 1$ erhält man $R \approx 1/G \approx 1{,}7\cdot 10^{-10}$. Der Laser arbeitet also als Superstrahler auch ohne Resonatorspiegel.

7.5 Für die Pulsenergie E berechnet man

$$E = P_\mathrm{S} \cdot \tau \approx 20\,\mathrm{ns} \cdot 15\,\mathrm{MW} = 0{,}3\,\mathrm{J} \quad (\text{statt } 1\,\mathrm{J}).$$

Die Durchschnittsleistung beträgt

$$\overline{P} = P_\mathrm{S} \cdot \tau \cdot g \approx 20\,\mathrm{ns} \cdot 15\,\mathrm{MW} \cdot 100\,\mathrm{Hz} = 30\,\mathrm{W} \quad (\text{statt } 20\,\mathrm{W}).$$

Die Angaben sind nicht exakt untereinander konsistent. Dies liegt daran, daß typische Werte verschiedener Lasersysteme angegeben werden.

7.6 Die Wellenzahl der 308 nm-Strahlung beträgt $32\,468\,\mathrm{cm}^{-1}$. Für die Antistokes-Linie erhält man

$$\begin{aligned} E_\mathrm{AS} &= 32\,468\,\mathrm{cm}^{-1} + 4155\,\mathrm{cm}^{-1} \\ &= 36\,623\,\mathrm{cm}^{-1} \end{aligned}$$

und die Stokes-Linien

$$\begin{aligned} E_\mathrm{S} &= 32\,468\,\mathrm{cm}^{-1} - n \cdot 4155\,\mathrm{cm}^{-1} \\ &= 28\,313\,\mathrm{cm}^{-1}, 24\,158\,\mathrm{cm}^{-1} \text{ und } 20\,003\,\mathrm{cm}^{-1}\,. \end{aligned}$$

Die entsprechenden Wellenlängen lauten

$$\begin{aligned} \lambda_\mathrm{AS} &= 273\,\mathrm{nm} \qquad \text{und} \\ \lambda_\mathrm{S} &= 353\,\mathrm{nm}, 414\,\mathrm{nm} \text{ und } 500\,\mathrm{nm}\,. \end{aligned}$$

Für 249 nm lautet das Ergebnis:

$$\begin{aligned} \lambda_\mathrm{AS} &= 226\,\mathrm{nm} \qquad \text{und} \\ \lambda_\mathrm{S} &= 278\,\mathrm{nm}, 314\,\mathrm{nm} \text{ und } 361\,\mathrm{nm}\,. \end{aligned}$$

Die Werte stehen in Übereinstimmung mit Bild 7.6.

7.7 Man berücksichtigt nur die Verdampfungsenergie:

$$Q = L\varrho V = L\varrho dA\,.$$

Daraus folgt $d = Q/(L\varrho A) = 23\,\mu\mathrm{m}$.

Kapitel 8

8.1 (a) Die Cr_2O_3-Dichte beträgt $\varrho_\mathrm{CrO} = 0{,}0005 \cdot \varrho = 8 \cdot 0{,}002\,\mathrm{g/cm}^3$. Die Cr-Dichte beträgt $\varrho_\mathrm{Cr} = (104/152)\varrho_\mathrm{CrO} = 0{,}14\,\mathrm{g/cm}^3$. Daraus berechnet man die Cr-Atomdichte:

$$N_\mathrm{Cr} = N\varrho_\mathrm{Cr}/A = 1{,}6 \cdot 10^{19}\,\mathrm{cm}^{-3}\,.$$

Die maximale Energiedichte beträgt mit $h = 6{,}6 \cdot 10^{-34}\,\mathrm{J\,s}$ und $c = 3 \cdot 10^8\,\mathrm{m/s}$:

$$N_\mathrm{Cr} hf = N_\mathrm{Cr} hc/\lambda = 4{,}5\,\mathrm{J/cm}^3\,.$$

Es handelt sich um einen Drei-Niveau-Laser. Daher kann bei vollständiger Inversion höchstens die Hälfte der Atome zum Laserpuls beitragen. Es kann also maximal eine Laserenergie von 2,3 $\mathrm{J/cm^3}$ abgegeben werden.
(b) Das Volumen des Laserstabes beträgt $V = l\pi d^2/4 = 0{,}35\,\mathrm{cm^3}$. Die Pulsenergie wird damit:

$$E = 0{,}35 \cdot 2{,}3\,\mathrm{J} = 0{,}80\,\mathrm{J}\,.$$

(c) Die Spitzenleistung beträgt (für einen Rechteckpuls):

$$P = E/t = 0{,}8\,\mathrm{J}/10\,\mathrm{ns} = 80\,\mathrm{MW}\,.$$

Die Intensität im Laserstrahl beträgt:

$$I = P/A = 80\,\mathrm{MW}/(\pi d^2/4) = 1{,}1\,\mathrm{GW/cm^2}\,.$$

8.2 Die Wellenzahl gibt die Zahl der Wellenlängen pro Zentimeter an. Die Wellenlänge der R_1-Linie beträgt 694,3 nm $= 6{,}943 \cdot 10^{-5}$ cm. Die Wellenzahl ist der Reziprokwert: 14 403 $\mathrm{cm^{-1}}$. Da die Wellenzahl ein Maß für die Energie ist, verhält sie sich additiv. Das obere R_2-Niveau besitzt damit eine Wellenzahl von 14 432 $\mathrm{cm^{-1}}$. Dem entspricht eines Wellenlänge von 692,9 nm.

8.3 Die Schwellinversion beträgt $N_2 - N_1 = (1 - RT)/(\sigma d) = 6 \cdot 10^{16}\,\mathrm{cm^{-3}}$ (mit $R = \sqrt{R_1 R_2} = 0{,}894$ und $T \approx 1$).

8.4 Die Sättigungsintensität beträgt

$$I_\mathrm{S} = \frac{hf}{\sigma_{21}\tau} = \frac{hc}{\lambda\sigma_{21}\tau} = 2{,}3 \cdot 10^7\,\mathrm{W/m^2}\,.$$

Die Sättigungsleistung beträgt:

$$P_\mathrm{S} = I_\mathrm{S} A = I_\mathrm{S} \frac{\pi}{4} d^2 = 1{,}2\,\mathrm{kW}\,.$$

Die in den Verstärker eingestrahlte Leistung muß deutlich höher (z. B. doppelt so groß) als die Sättigungsleistung sein, um die im Verstärker gespeicherte Energie zu extrahieren.

8.5 (a) Die im Kondensator gespeicherte Energie beträgt:

$$E_\mathrm{C} = CU^2/2 = 5\,\mathrm{J}\,. \quad \text{Davon erscheint } 1\,\% \text{ im Laserpuls:} \quad E = 50\,\mathrm{mJ}\,.$$

Die Pulsleistung errechnet sich zu:

$$P = E/\tau = 50 \cdot 10^{-3}\,\mathrm{W\,s}/0{,}1 \cdot 10^{-3}\,\mathrm{s} = 500\,\mathrm{W}\,.$$

(b) Für die mittlere Leistung mit $f = 10\,\mathrm{Hz}$ ergibt sich: $\overline{P} = Ef = 0{,}5\,\mathrm{W}$.

8.6 (a) Die Pulsenergie beträgt: $E = 0{,}015 \cdot 1\,\mathrm{J} = 15\,\mathrm{mJ}$. Daraus erhält man:

$$\text{Pulsleistung} \quad P = E/(0{,}2\,\mathrm{ms}) = 75\,\mathrm{W} \quad \text{und}$$
$$\text{mittlere Leistung} \quad \overline{P} = Ef = (20\,\mathrm{Hz})E = 0{,}3\,\mathrm{W}\,.$$

(b) Für 5 ns-Pulse erhält man:

$$E = 15\,\mathrm{mJ}, P = E/(5 \cdot 10^{-9}\,\mathrm{s}) = 3\,\mathrm{MW} \quad \text{und} \quad \overline{P} = 0{,}3\,\mathrm{W}\,.$$

8.7 Für eine Ellipse gilt $b^2 = a^2 - c^2$ ($2c$ = Abstand der Brennpunkte, $2a$ = große Halbachse, $2b$ = kleine Halbachse). Im Aufgabentext ist festgelegt: $2c = 10\,\text{mm}$ und $a/b = 1{,}15$. Daraus folgt: $2a = 20{,}2\,\text{mm}$ und $2b = 17{,}6\,\text{mm}$.

8.8 (a) Die Lebensdauer von 5,3 ms des unteren Laserniveaus ist zu lang.
(b) Der Absorptionskoeffizient in Wasser und Gewebe ist hoch, so daß die Eindringtiefe nur wenige µm beträgt. Damit werden nur sehr dünne Schichten an der Gewebeoberfläche von der Laserstrahlung beeinflußt. Bei genügend großer absorbierter Laserenergie findet eine starke Aufheizung der Oberflächenschichten statt, die dann schnell verdampfen und abgetragen werden, ohne daß es zu einer Erwärmung des darunter liegenden Gewebes kommt. Das Abtragen dünner Schichten auf diese Art bezeichnet man als Ablation.

8.9 In beiden Systemen ist Cr^{3+} das aktive Lasermedium. Der Rubinlaser ist ein 3-Niveaulaser, dessen unteres Laserniveau der Grundzustand ist. Der Alexandritlaser weist den analogen Laserübergang auf. Zusätzlich gibt es einen kontinuierlich abstimmbaren Übergang, der einem 4-Niveau-System entspricht. Das Grundniveau dieses Übergangs ist im Gegensatz zum Grundniveau des Rubinlasers vibronisch aufgespalten.

8.10 Die Lebensdauer des oberen Laser-Niveaus beträgt bei Raumtemperatur nur 3,2 µs. Die sich damit ergebenden großen Verluste machen hohe Pumpintensitäten erforderlich, die meist mit kontinuierlichen Argonlasern oder frequenzverdoppelten Nd: YAG-Lasern erzeugt werden. Die Anregung mit Blitzlampen ist ebenfalls möglich, jedoch sind dann hohe Lichtleistungen erforderlich, die nur mit kurzen elektrischen Pulsen angeregt werden können. Diese schnelle elektrische Anregung mit hohen Leistungsdichten erfordert spezielle Blitzlampen, ähnlich wie bei lampengepumpten Farbstofflasern. Die Lebensdauer derartiger Lampen ist relativ gering, so daß lampengepumpte Ti-Saphir-Laser wenig gebräuchlich sind. Der Laser hat ein Absorptionsband um 500 nm, so daß zum Pumpen Ar-Laser und frequenzverdoppelte Nd: YAG-Laser geeignet sind.

Kapitel 9

9.1 Der Fokusdurchmesser beträgt $d = 2f\Theta = 0{,}1\,\text{mm}$. Die Aufenthaltszeit berechnet man zu $t = d/v = 2\,\mu\text{s}$. Die Triplett-Lebensdauer beträgt 10–100 µs. Die Farbstoffmoleküle werden also durch die Strömung schnell erneuert, so daß die hohe Triplett-Lebensdauer keine Rolle spielt und sich keine wesentliche Triplett-Absorption aufbauen kann.

9.2 Bei einem Quantenwirkungsgrad von 1 beträgt der Wirkungsgrad

$$\eta = \frac{hf_1}{hf_2} = \frac{\lambda_1}{\lambda_2} = 58\,\%$$

9.3 Der lange Resonator mit dem Planspiegel führt zu einem Strahl geringer Divergenz. Zur Auskopplung kann ein Planspiegel (1) verwendet werden. Der Parallelstrahl wird durch den Hohlspiegel (2) im Brennpunkt bei $f_1 = R_1/2$ fokussiert. Der Hohlspiegel (3) bildet den Brennfleck mit einer 1:1-Abbildung in sich selbst ab. Der Brennfleck steht damit in der Entfernung $2f_2 = R_2$ vom Spiegel (3). Man kann beispielsweise folgende Daten wählen: $f_1 = 5\,\mathrm{cm}$, $f_2 = 2{,}5\,\mathrm{cm}$. Der Resonatorarm zwischen den Hohlspiegeln ist dann 10 cm lang und der Fokus liegt in der Mitte.

9.4 Die Laserwelle läuft nur in einer Richtung, so daß stehende Wellen nicht auftreten, die zum „spatial hole burning“ führen. Dadurch werden Modensprünge vermieden. Man erhält Monomode-Laser mit relativ hoher Leistung.

9.5 Die Bandbreite des Lasers beträgt

$$\delta f = f_1 - f_2 = c(1/f_1 - 1/f_2) = 5{,}6 \cdot 10^{13}\,\mathrm{Hz}\,.$$

Die Pulsdauer für Modenkopplung errechnet sich zu

$$\delta t \geq 1/\delta f = 1{,}8 \cdot 10^{-14}\,\mathrm{s} = 18\,\mathrm{fs}\,.$$

Kapitel 10

10.1 Nein! Silizium ist ein indirekter Halbleiter, d. h. es wird nur wenig Licht bei der Rekombination von Elektronen und Löchern in einem pn-Übergang erzeugt. Statt Licht entsteht Wärme.

10.2 Eine Beschädigung der Endflächen des Halbleiterlasers durch Al-Oxidation wird vermieden.

10.3 $I_\mathrm{S} = 10\,\mathrm{mA} \cdot \mathrm{e}^{10/100} \approx 11\,\mathrm{mA}\,.$

10.4

$$\sin\Theta_x \approx 0{,}8$$
$$\sin\Theta_y \approx 0{,}16$$

10.5 Anordnung aus zwei gekreuzten Zylinderlinsen unterschiedlicher Brennweiten oder Anordnung aus einer normalen Linse und einer Zylinderlinse.

10.6

$$M_x^2 = 1$$
$$M_y^2 = 20$$

10.7

$$R = \left(\frac{3{,}6-1}{3{,}6+1}\right)^2 \approx 32\,\% \quad \text{mit} \quad n_\mathrm{GaAs} = 3{,}6\,.$$

Der Reflexionsgrad kann durch Entspiegelung mit einer $\lambda/4$-Schicht mit $n = \sqrt{3{,}6} \approx 1{,}9$ vermindert werden.

10.8

$$\begin{aligned}
\Delta f &= \frac{c/n}{2L} = 10^{11}\,\mathrm{Hz} \quad \text{mit} \quad f = 4 \cdot 10^{14}\,\mathrm{Hz}\,, \\
\Delta\lambda &= \lambda\frac{\Delta f}{f} = \frac{750\,\mathrm{nm}}{4 \cdot 10^{3}} \approx 0{,}19\,\mathrm{nm}\,, \\
N &= \frac{50\,\mathrm{nm}}{\Delta\lambda} \approx 250\,.
\end{aligned}$$

10.9 DFB-Gitter (distributed feedback) oder externe Resonatoren mit Reflexionsgittern.

10.10

$$\begin{aligned}
N &= 1\,, \quad \Delta\lambda = 40\,\mathrm{nm} \\
\Delta f &= 2 \cdot 10^{13}\,\mathrm{Hz} \\
L &\approx 2\,\mu m
\end{aligned}$$

Berechnung des Reflexionsgrades:

$$\begin{aligned}
RG &= R\exp\left(100 \cdot 2 \cdot 10^{-4}\right) = R \cdot 1{,}02 = 1 \\
R &= 0{,}98 = \sqrt{R_1 R_2} \\
R_1 &= 1\,, \quad R_2 = 0{,}96\,.
\end{aligned}$$

Kapitel 11

11.1 Aus den Gleichungen $E_n = -(13{,}6\,\mathrm{eV})Z^2/n^2$ und $\lambda = hc/E$ erhält man für den Übergang von $n = 3$ nach $n' = 2$ ($1\,\mathrm{eV} = 1{,}6 \cdot 10^{-14}\,\mathrm{J}$, $h = 6{,}62 \cdot 10^{-34}\,\mathrm{J\,s}$):
H ($Z = 1$): $\lambda_{\mathrm{H}} = 656\,\mathrm{nm}$, He^{+} ($Z = 2$): $\lambda_{\mathrm{He}^{+}} = 164\,\mathrm{nm}$, C^{5+} ($Z = 5$): $\lambda_{\mathrm{C}^{5+}} = 26\,\mathrm{nm}$, Al^{11+} ($Z = 11$): $\lambda_{\mathrm{Al}^{11+}} = 5{,}4\,\mathrm{nm}$.

11.2 Die Undulatorperiode wird zu $L = 1\,\mathrm{cm}$ gewählt. Damit errechnet sich die Elektronenenergie E aus $\gamma = \sqrt{L/2\lambda} \approx 220$ zu $E = 0{,}551\,\mathrm{MeV} \cdot \gamma = 121\,\mathrm{eV}$. Die Strahldivergenz beträgt $\theta = 1/\gamma = 4{,}5\,\mathrm{mrad}$.

Kapitel 12

12.1 Für den TEM_{00}-Mode gilt $I/I_{\max} = \exp\left(-2r^2/w^2\right)$.
(a) Für $r = w$ erhält man: $I/I_{\max} = \mathrm{e}^{-2} = 0{,}135 = 13{,}5\,\%$.
(b) Für $r = 2w$ erhält man: $I/I_{\max} = \mathrm{e}^{-8} = 0{,}0003 = 0{,}03\,\%$.

12.2 Die Leistung P erhält man aus der Intensität I durch Integration: $P = \int I \mathrm{d}A$. Das Flächenelement $\mathrm{d}A$ in Zylinderkoordinaten beträgt $\mathrm{d}A = 2\pi r \mathrm{d}r$ und die Intensität $I = I_{\max} \exp\left(-2r^2/w^2\right)$. Innerhalb des Strahlradius w erhält man $P' = \int_0^w I_{\max} \exp\left(-2r^2/w^2\right) 2\pi r \mathrm{d}r = I_{\max}\left(1 - \exp(-2)\right) \pi w^2/2$. Die gesamte Leistung beträgt $P = \int_0^\infty I_{\max} \exp\left(-2r^2/w^2\right) 2\pi r \mathrm{d}r = I_{\max} \pi w^2/2$. Damit erhält man $P'/P = 86{,}5\,\%$.

12.3 Die mittlere Leistungsdichte wird mit $w = 0{,}35\,\mathrm{mm}$ und $P = 0{,}04\,\mathrm{W}$ zu $I = P/w^2\pi = 103\,\mathrm{kW/m^2}$ berechnet. Die maximale Leistungsdichte ergibt sich aus $P = \int_0^\infty I_{\max} \exp\left(-2r^2/w^2\right) 2\pi r \mathrm{d}r = I_{\max}\pi w^2/2$ zu $I_{\max} = 2P/w^2\pi = 206\,\mathrm{kW/m^2}$.

12.4 Es gilt $P = \int_A I \mathrm{d}A = \int_0^\infty I_{\max} \exp\left(-2r^2/w^2\right) 2\pi r \mathrm{d}r = I_{\max}\pi w^2/2$. Daraus folgt $I_{\max} = 2P/\pi w^2$.

12.5 Es gilt $w = w_0\sqrt{1 + z^2/z_\mathrm{R}^2} = w_0\sqrt{1 + z^2\lambda^2/\pi^2 w_0^4}$ mit $w = 0{,}3\,\mathrm{mm}$, $z = 500\,\mathrm{mm}$, $\lambda = 0{,}63\,\mu\mathrm{m} = 0{,}63 \cdot 10^{-3}\,\mathrm{mm}$. Daraus errechnet man w_0.

12.6 Beweis: die Formel für die Rayleighlänge: $z_\mathrm{R} = \pi w_0^2/\lambda$ hängt nur von w_0 ab. Das gleiche gilt für den Divergenzwinkel $\theta = \lambda/\pi w_0$.

12.7 (a) Es gilt $\theta = \lambda/\pi w_0 \approx 5{,}7 \cdot 10^{-4}\,\mathrm{rad}$ ($w_0 = 0{,}35\,\mathrm{mm}$, $\lambda = 0{,}63\,\mu\mathrm{m}$).

12.8 Ein achsenparalleler Strahl wird im Brennpunkt fokussiert. Ein um den Winkel θ geneigter Strahl wird seitlich um w' verschoben in die Brennebene fokussiert:

$$w' = f \tan\theta = f\theta \quad (= \text{Brennfleckradius})\,.$$

Für den Divergenzwinkel θ eines Laserstrahls gilt $\theta = \lambda/(\pi w_0)$, und es folgt:

$$w' = f\lambda/(\pi w_0)\,.$$

12.9 (a)Für den Radius des Strahls auf der Netzhaut gilt:

$$w' = \lambda f_\mathrm{Auge}/(\pi w_0)\,. \quad \text{Mit } w_0 = 1\,\mathrm{mm} \text{ erhält man} \quad w' = 3{,}9\,\mu\mathrm{m}\,.$$

(b) Für die Leistungsdichte I gilt $I = P/A$ mit $P = 1\,\mathrm{W}$ und $A = w'^2\pi$. Es folgt: $I = 2{,}1 \cdot 10^{10}\,\mathrm{W/m^2}$.

12.10 Die drei unbekannten Größen a, a' und f sind aus $a - a' = D$ sowie (12.33) und (12.34) zu bestimmen!

12.11 Für den Strahldurchmesser gilt

$$d_f = \frac{2 \cdot f \cdot \lambda}{\pi \cdot w_L} = \frac{2 \cdot 0{,}15\,\mathrm{m} \cdot 10{,}6 \cdot 10^{-6}\,\mathrm{m}}{\pi \cdot 5 \cdot 10^{-3}\,\mathrm{m}} = 0{,}2\,\mathrm{mm}\,.$$

Die Leistungsdichte I und Tiefenschärfe t berechnet man zu

$$I = \frac{P}{A} = \frac{1000\,\mathrm{W} \cdot 4}{\pi \cdot d_f^2} = \frac{1000\,\mathrm{W} \cdot 4}{\pi \cdot (0{,}2\,\mathrm{mm})^2} = 3{,}2 \cdot 10^{10}\,\frac{\mathrm{W}}{\mathrm{m}^2} \quad \text{und}$$

$$t = \pm\frac{\pi \cdot w_f^2}{\lambda} = \pm\frac{\pi(0{,}1 \cdot 10^{-3}\,\mathrm{m})^2}{10{,}6 \cdot 10^{-6}\,\mathrm{m}} = \pm 3\,\mathrm{mm}\,.$$

12.12 Für ein System nach Kepler gilt $2/0{,}7 = 2{,}9 = f_2/f_1$. Die Brennweite einer Linse kann frei gewählt werden. Für $f_1 = 3\,\text{cm}$ folgt $f_2 = 8{,}7\,\text{cm}$. Für Festkörperlaser wird zur Vermeidung von Luftdurchschlägen im Fokus ein Galilei-System eingesetzt: f_1 muß negativ sein. In dieser Gleichung sind die Beträge einzusetzen, und man erhält für $f_1 = -3\,\text{cm}$: $f_2 = 8{,}7\,\text{cm}$.

12.13 Die Brennseite des Objektivs beträgt $f \approx 200\,\text{mm}/40 = 5\,\text{mm}$, wobei 200 mm etwa der Tubuslänge eines Mikroskops entspricht, in dem das Objektiv normalerweise eingesetzt ist. Als untere Grenze für den Durchmesser erhält man $d > 2f\lambda/\pi w = 3\,\mu\text{m}$; vergleiche (12.40).

12.14 Der Divergenzwinkel des Laserstrahls beträgt $\theta \approx 50/4{,}8 \cdot 10^8 \approx 10^{-7}$. Damit erhält man für den Radius der Strahltaille $w_0 = \lambda/\pi\theta = 2\,\text{cm}$. Das System kann also aus einem Spiegelteleskop mit einem Spiegeldurchmesser von 2,4 m bestehen.

12.15 Für die Dämpfung gilt $D = 10\,\text{dB/km} \cdot 2\,\text{m} = 0{,}02\,\text{dB}$. Daraus folgt $I/I_0 = 10^{-D/10} = 10^{-0{,}002} = 99{,}5\,\%$ $(97{,}7\,\%)$.

12.16 (a) Für die Transmission nach 10 m gilt: $T = \exp(-0{,}03 \cdot 10) = 74\,\%$ $(= 5\,\%$ für $100\,\text{m})$.
(b) Die Dämpfung beträgt bei 10 m Länge $D = 10 \log 1/T 1{,}3\,\text{dB}$. Damit erhält man: 130 dB/km.

12.17 (a) Der Durchmesser D im Fokus der Linse beträgt mit $f = 5\,\text{cm}$, $\lambda = 1{,}06\,\mu\text{m}$ und $w_0 = 2{,}5\,\text{mm}$:

$$D = 2w_0' = \frac{2f\lambda}{\pi w_0} = 13{,}6\,\mu\text{m}\,.$$

(b) Für die Fokuslänge erhält man:

$$d = \pm \frac{\pi w_0'^{\,2}}{\lambda} = 135\,\mu\text{m}\,.$$

(c) Der Fokus liegt vor der Faser, welche möglichst gleichmäßig ausgeleuchtet werden sollte. Die mittlere Leistungsdichte I beträgt mit $P = 100\,\text{W}$: $I = P/A = P/w_0^2\pi = 5{,}1\,\text{MW/m}^2$.
(d) Der maximale Eintrittswinkel in die Faser berechnet sich aus: $\tan\alpha = w_0/f \to \alpha = 2{,}9°$. Die Apertur der Faser beträgt $\sin\alpha' = \sqrt{n_1^2 - n_2^2} \to \alpha' = 23°$.

12.18 Die Energiedichte H ist gegeben durch $H = Pt/A = Pt/r^2\pi$ mit $P = 10^5\,\text{W}$, $H = 20\,\text{J/cm}^2$, $r = 0{,}3\,\text{mm}$. Daraus folgt $t = 0{,}6\,\mu\text{s}$.
(a) Die Zerstörschwelle beträgt $H = Q/r^2\pi$ mit $H = 60\,\text{J/cm}^2$ und $r = 25\,\mu\text{m}$. Daraus folgt die Pulsenergie $Q = 1{,}1\,\text{mJ}$.
(b) Die Pulsleistung berechnet man aus $P = Q/t$. Mit $t = 100\,\mu\text{s}$ (10 ns) folgt $P = 11\,\text{W}$ (110 kW).

Kapitel 13

13.1 Es gilt (13.1): $L = q\lambda/2 = qc/(2f)$.
Durch Differenzieren folgt: $\mathrm{d}L/L = -\mathrm{d}f/f \to |\mathrm{d}L| = \mathrm{d}f/fL$.
Mit $f = c/\lambda = 4{,}75 \cdot 10^{14}\,\mathrm{Hz}$ ($\lambda = 632\,\mathrm{nm}$) folgt: $|\mathrm{d}L| = 1\,\mathrm{nm}$.

13.2 Die Zahl n der longitudinalen Moden ist ungefähr durch die Linienbreite Δf_L, dividiert durch den Modenabstand $\Delta f = c/2L$, gegeben. He-Ne-Laser (Linienbreite $\Delta f_\mathrm{L} = 1{,}5\,\mathrm{GHz}$ aus Tabelle 2.2):

$$n = 1 = \frac{2L\Delta f_\mathrm{L}}{c} \to L \approx \frac{c}{2\Delta f_\mathrm{L}} = 0{,}1\,\mathrm{m}\,.$$

CO_2-Laser (Linienbreite $\Delta f_\mathrm{L} = 60\,\mathrm{MHz}$ aus Tabelle 2.2):

$$L \approx 2{,}5\,\mathrm{m}\,.$$

13.3 Der (halbe) Divergenzwinkel ist gegeben durch $\theta = \lambda/(\pi w_0)$, wobei (näherungsweise) $w_0 = 0{,}35\,\mathrm{mm}$ gilt. Mit $\lambda = 632\,\mathrm{nm}$ erhält man $\theta = 0{,}48 \cdot 10^{-3} = 0{,}48\,\mathrm{mrad}$. In $x = 10\,\mathrm{m}$ Entfernung (von der Strahltaille) erhält man für den Strahldurchmesser $D = 2 \cdot \theta \cdot x = 9{,}7\,\mathrm{mm}$.

13.4 Es gilt $R_1/2 + R_2/2 = f_1 + f_2 = L$. Damit ist $g_1 + g_2 = (1 - R_1/L) + (1 - R_2/2) = 0$. Resonatoren mit $g_2 = -g_1$ liegen im nicht erlaubten Bereich des Stabilitätsdiagramms, d. h. es läßt sich für diese kein reeller Strahldurchmesser berechnen. Es bildet sich kein um die Resonatorachse konzentrierter Gaußstrahl aus.

13.5 Mit Hilfe von (13.13), (13.14), (13.17) und (13.18) erhält man: $w_1 = 0{,}35\,\mathrm{mm}$, $w_2 = 0{,}40\,\mathrm{mm}$, $w_0 = 0{,}36\,\mathrm{mm}$ und $t_1 = 107\,\mathrm{mm}$.

13.6 Aus den Resonatorgleichungen erhält man: $2w_0 = 0{,}63\,\mathrm{mm}$ und $2w_1 = 2w_2 = 0{,}90\,\mathrm{mm}$.

13.7 Näherungsweise gilt für die Verluste des Resonators $\delta = 1 - R = 0{,}005$. Die Halbwertsbreite $\mathrm{d}f$ beträgt:

$$\mathrm{d}f = \frac{c}{2\pi L}\delta = 0{,}24\,\mathrm{MHz}\,.$$

13.8 Die Stabilitätsgleichung lautet $0 \leq g_1 g_2 \leq 1$. Daraus folgt, daß der Laser für $L \geq 1{,}2\,\mathrm{m}$ und $L \leq 0{,}4\,\mathrm{m}$ instabil wird.

13.9 Aus Bild 13.12 entnimmt man für TEM_{10} z. B. bei $\delta_\mathrm{B} = 60\,\%$ eine Fresnelzahl $F = a^2/L\lambda \approx 0{,}5$. Daraus folgt für den Durchmesser der Modenblende $2a = 2\sqrt{0{,}5 \cdot L\lambda} = 0{,}9\,\mathrm{mm}$. Damit wird der TEM_{01}-Mode und höhere Moden stark unterdrückt. Aber auch der Grundmode TEM_{00} hat bei $F = 0{,}5$ noch etwa $20\,\%$ Verlust. Der Durchmesser der Modenblende sollte also besser noch etwas größer gewählt werden, so daß sich TEM_{00}-Verluste kleiner als $1\,\%$ ergeben, z. B. für $F = 0{,}8$. Dann sind auch die Verluste für den TEM_{01}-Mode groß genug, um diese zu unterdrücken.

13.10 Es gilt $\delta_g = 1 - 1/M^2 \Rightarrow = 1{,}12$. Das Verhältnis der Spiegeldurchmesser beträgt also $D/d = 1{,}12$. Für die Krümmungsradien der Spiegel gilt $R_1 = 2ML/M - 1 = 18{,}7\,\mathrm{m}$ und $R_2 = 16{,}7\,\mathrm{m}$.

Kapitel 14

14.1 Bei senkrechtem Einfall gilt für den Reflexionsgrad

$$R = \left(\frac{1 - n_1/n_2}{1 + n_1/n_2}\right)^2 = 0{,}04 \quad (n_1 = 1,\, n_2 = 1{,}5)\,.$$

An der zweiten Grenzfläche ($n_1 = 1{,}5$, $n_2 = 1$) werden ebenfalls 4 % reflektiert. Die Gesamtreflexion beträgt etwa 8 %.

14.2 Für den Brewster-Winkel gilt $\tan\theta_1 = n$, $\theta_1 = 56{,}3°$. Aus dem Brechungsgesetz $\sin\theta_1 = n_2 \sin\theta_2$ folgt $\theta_2 = 33{,}69°$ und $\theta_1 + \theta_2 = 90°$. Damit folgt $R_\mathrm{p} = 0$ und $R_\mathrm{s} = \sin^2(\theta_1 - \theta_2) = 0{,}148 = 14{,}8\,\%$.

14.3 Die Schichtdicke beträgt $nd = \lambda/4$. Daraus folgt $d = 0{,}095\,\mu\mathrm{m}$ und $R = \left((1{,}51 - 1{,}38^2)/(1{,}51 + 1{,}38^2)\right)^2 = 1{,}3\,\%$. Für vollständige Entspiegelung ist zu fordern $n' = \sqrt{n_2} = 1{,}23$. Geeignetes Aufdampfmaterial mit derartig kleinem Brechungsindex steht jedoch nicht zur Verfügung.

14.4 Aus der Näherungsgleichung $R \approx 1 - 4n_1n_2/n^2(n'/n)^{2m}$ folgt mit $m = 3$, $n_1 = 1$, $n_2 = 1{,}5$, $n = 2{,}15$ und $n' = 1{,}46$: $R = 88\,\%$.
Die Schichtdicken betragen $\lambda/4n = 0{,}065\,\mu\mathrm{m}$ und $\lambda/4n' = 0{,}115\,\mu\mathrm{m}$.

Kapitel 15

15.1 Aus $\tan\theta_\mathrm{B} = n$ folgt für den Winkel zwischen der Normalen des Fensters und der Strahlrichtung: $\theta_\mathrm{B} = 56{,}7°$.

15.2 Für die Transmission eines Polarisators gilt $T = \cos^2\alpha$. Damit lassen die Polarisatoren auch jeweils 50 % durch. Die Transmission hinter dem 1., 2. und 3. Polarisator beträgt also 50 %, 25 % und 12,5 %.

15.3 Die Dicke der Platte beträgt $d = m\lambda/n_2 = m\lambda/n_1 + \left(x + \frac{1}{4}\right)\lambda/n_1$ mit $x = 0, 1, 2, \ldots$

$$\text{Daraus folgt} \quad m = \left(x + \tfrac{1}{4}\right)\frac{n_2}{n_1 - n_2}\,.$$

Man erhält für $x = 0$:

$$m = 2{,}16 \quad \text{und} \quad d = 855{,}9\,\mathrm{nm}\,.$$

Für $x = 145$ ergibt sich

$$m = 1255{,}2 \quad \text{und} \quad d = 0{,}49739\,\mathrm{mm}\,.$$

15.4 Bei Einstrahlung von linear polarisiertem Licht wird die Polarisationsrichtung um den Winkel α gedreht, wobei der Drehwinkel der Platte 2α ist.

15.5 Es muß polarisiertes Licht mit einem Winkel von 45° zwischen Polarisationsrichtung und Kristallachse eingestrahlt werden.

Kapitel 16

16.1 Der Ablenkwinkel δ ist gleich dem doppelten Braggwinkel $\delta = 2\Theta$ mit

$$\sin\Theta = \frac{\lambda}{2\Lambda}\,.$$

Die Wellenlänge der Ultraschallwelle Λ ist durch die Frequenz f und die Schallgeschwindigkeit v gegeben $\Lambda = v/f$:

$$\sin\Theta = \frac{\lambda f}{2v} \Rightarrow v = \frac{\lambda f}{2\sin\theta} = 5\,900\,\mathrm{m/s}\,.$$

16.2 Für die Länge l gilt $l = m\lambda/n = (m+\frac{1}{2})\lambda/(n+\Delta n)$. Daraus folgt $m = nl/\lambda$ und $\Delta n = (m+\frac{1}{2})\lambda/l - n = \lambda/2l = 1{,}25\cdot 10^{-5}$.

16.3 Man erhält $U_{1/2} = \lambda d/2n^3 rl = 570\,\mathrm{V}$. Es gilt $\Delta n = n^3 r U_{1/2}/d = \lambda/2l = 1{,}57\cdot 10^{-5}$.

16.4 Für die Sättigungsintensität gilt

$$I_\mathrm{s} = hf/(\sigma\tau) = hc/(\lambda\sigma\tau) = 2\cdot 10^{11}\,\mathrm{W/m^2}\,.$$

Kapitel 17

17.1 (a) Für die Pulsleistung gilt:

$$P = \frac{10^{-2}}{0{,}5\cdot 10^{-3}}\,\mathrm{J/s} = 20\,\mathrm{W}\,.$$

(b) Im Q-switch-Betrieb erhöht sich die Pulsleistung auf:

$$P_\mathrm{Q} = \frac{10^{-2}}{5\cdot 10^{-9}}\,\mathrm{W} = 2\,\mathrm{MW}\,.$$

(c) Die mittlere Leistung beträgt:

$$P_\mathrm{mittel} = fW = 1\,\mathrm{W}\,.$$

17.2 Die minimale Pulsdauer ist durch die Laufzeit des Lichts im Resonator gegeben: $\tau \approx 2L/c = 7\,\mathrm{ns}$ und $2\,\mathrm{ns}$.

17.3 Die erreichbare Pulsbreite ist

$$\tau > K/\Delta f = 2\,\mathrm{ps} \quad \text{mit} \quad K = 0{,}4\,.$$

Die Pulse haben einen Abstand von

$$T = \frac{2L}{c} = 10^{-8}\,\mathrm{s} = 10\,\mathrm{ns}\,.$$

Die Pulswiederholfrequenz beträgt

$$f = 10^{8}\,\mathrm{Hz} = 100\,\mathrm{MHz}\,.$$

Da während einer Periode der elektrischen Anregungsspannung zwei Durchlässigkeitsmaxima auftreten, muß die elektrische Spannung nur die halbe Frequenz besitzen: $f_\mathrm{m} = 50\,\mathrm{MHz}$.

17.4 Analog zu Aufgabe 17.3 gilt:

$$\tau = 100\,\mathrm{ps}$$
$$f_\mathrm{m} = 75\,\mathrm{MHz}$$

17.5 Phasenschiebung

$$\Phi = -n\frac{2\pi}{\lambda_\mathrm{vac}}d = -\left(n_0 + n_2 I(t)\right)\frac{2\pi}{\lambda_\mathrm{vac}}d$$

zeitabhängige Frequenzänderung

$$f(t) - f_0 = \frac{1}{2\pi}\frac{\mathrm{d}\Phi}{\mathrm{d}t} = \frac{n_2}{\lambda_\mathrm{vac}}\frac{\mathrm{d}I(t)}{\mathrm{d}t}d$$

maximale Frequenzänderung

$$\Delta f \approx \pm\frac{n_2}{\lambda_\mathrm{vac}}\frac{I_\mathrm{max}}{\tau_\mathrm{P}/2}d$$

Die Frequenzbandbreite des Pulses wird durch Δf verbreitert. Wenn es sich dabei um eine deutliche Verbreiterung handelt, so können die Pulse z. B. mit einem Gitterkompressor auf eine geringere Pulsdauer $\tau_\mathrm{P} \approx 1/2\Delta f$ verkürzt werden.

17.6 Puls-Bandbreite-Produkt

$$\tau = \frac{0{,}31}{\Delta f} = \frac{0{,}31}{c\,(1/\lambda_\mathrm{min} - 1/\lambda_\mathrm{max})}$$
$$= \frac{0{,}31}{c\,((1/0{,}7\cdot 10^{-6}\,\mathrm{m}) - (1/0{,}9\cdot 10^{-6}\,\mathrm{m}))} \approx 3\,\mathrm{fs}\,.$$

Kapitel 18

18.1 Bei homogener Linienverbreiterung wird durch die stehende Welle eines normalen Resonators das Verstärkungsprofil räumlich moduliert. Dadurch kann es zu Modensprüngen kommen. In einem Ringlaser kann eine laufende Welle erzeugt werden, wodurch das „hole-burning“ vermieden wird.

18.2 Der longitudinale Modenabstand beträgt $\Delta f = c/2L = 0{,}3\,\text{GHz}$ und die Linienbreite $\Delta f_{\text{L}} = 4\,\text{GHz}$. Damit treten etwa $\Delta f_{\text{L}}/\Delta f \approx 13$ Moden auf. Der Frequenzabstand des Etalons muß etwa $\Delta f_{\text{D}} = c/2L' \gtrsim \Delta f_{\text{L}}/2 = 2\,\text{GHz}$ betragen. Daraus folgt für die optische Dicke $L' \lesssim c/\Delta f_{\text{L}} = 15\,\text{cm}$. Die Breite der Etalonmoden $\delta f = \Delta f_{\text{D}}/F$ muß kleiner als der Modenabstand $\Delta f = 0{,}3\,\text{GHz}$ sein. Daraus erhält man für die Frequenz $F \gtrsim \Delta f_{\text{D}}/\Delta f \approx 7$. Mit $F = \pi\sqrt{R}\big/(1-R)$ ergibt sich für das Reflexionsvermögen der Spiegel $R \approx 70\,\%$.

18.3 Den Abstand L erhält man aus $\Delta f_{\text{D}} = c/2L$ zu $L = 3\,\text{cm}$. Die Finesse beträgt $F = \Delta f/\Delta f = 100$. Das Reflexionsvermögen R berechnet sich aus $F = \pi\sqrt{R}/(1-R)$ zu $R = 97\,\%$. Die Güte hängt von der Lichtfrequenz ab: $Q = f/\Delta f$. Für rote Strahlung mit $\lambda = 0{,}63\,\mu\text{m}$ gilt $Q = c/\lambda\Delta f = 9{,}5 \cdot 10^6$.

18.4 Der Emissionsbereich berechnet sich aus $\delta\lambda = \theta/(2\text{d}n/\text{d}\lambda)$. Die Divergenz des Laserstrahls kann (für den Gauß-Mode) zu $\theta = \lambda/\pi w_0 = 3 \cdot 10^{-4}$ ($w_0 = 2{,}5\,\text{mm}$) angenommen werden. Man erhält $\delta\lambda \approx 1\,\text{nm}$.

18.5 Nach (18.6) gilt $\text{d}\alpha/\text{d}\lambda = \tan\alpha/\lambda = 1{,}15 \cdot 10^6\,\text{m}^{-1}$. Die Divergenz des Laserstrahls beträgt $\theta \approx \lambda/\pi w_0 \approx 3{,}2 \cdot 10^{-5}$ mit $w_0 \approx 5\,\text{mm}$. Mit $\text{d}\alpha \approx \theta$ erhält man $\delta\lambda = 3{,}2 \cdot 10^{-5}/(1{,}15 \cdot 10^6)\,\text{m} = 0{,}03\,\text{nm}$.

Zur Abschätzung kann auch (18.7) benutzt werden: $\lambda/\text{d}\lambda = N \cdot m$. Die Zahl der Gitterstriche beträgt $N = 2000 \cdot 10 = 2 \cdot 10^4$. In erster Beugungsordnung ($m = 1$) erhält man wie oben $\text{d}\lambda = \lambda/(2 \cdot 10^4) \approx 0{,}03\,\text{nm}$.

18.6 Es gilt $\Delta f = n f_{\text{S}} = 500\,\text{MHz}$ ($n = 1$). Aus $f = c/\lambda = 4{,}739 \cdot 10^{14}\,\text{Hz}$ folgt $\Delta f/f = -\Delta\lambda/\lambda$ und $\Delta\lambda = -\Delta f\lambda/f = -6{,}7 \cdot 10^{-4}\,\text{nm}$. Die relative Wellenlängenänderung beträgt $\Delta\lambda/\lambda = -1{,}06 \cdot 10^{-6}$.

Kapitel 19

19.1 Es gibt nur einen Kegel von Ausbreitungsrichtungen im Kristall, in welchen die Brechzahlen für die eingestrahlte und die frequenzverdoppelte Welle gleich sind.

19.2 Für die erste Stokes-Linie gilt $f_{\text{S}} = f - f_{\text{R}} = 1{,}96 \cdot 10^{14}\,\text{Hz}$ mit $f = c/\lambda = 2{,}83 \cdot 10^{14}\,\text{Hz}$ und $f_{\text{R}} = c \cdot 291\,400\,\text{m}^{-1} = 8{,}74 \cdot 10^{13}\,\text{Hz}$. Die Wellenlänge beträgt $\lambda_{\text{S}} = c/f_{\text{S}} = 1{,}53\,\mu\text{m}$. Für die 2. Stokes-Linie gilt $f_{2\text{S}} = f - 2f_{\text{R}} = 1{,}08 \cdot 10^{14}\,\text{Hz}$ und $\lambda_{2\text{S}} = c/f_{2\text{S}} = 2{,}77\,\mu\text{m}$.

19.3 Der Lichtstrom berägt $\Phi = 1000 \cdot 0{,}5 \cdot 10^{-4}\,\text{lx} \cdot \text{m}^2 = 5 \cdot 10^{-2}\,\text{lm}$. Bei 555 nm gilt $1\,\text{W} = 583\,\text{lm}$. Aus dem spektralen Verlauf der Empfindlichkeit des Auges (Bild 1.3) entnimmt man schätzungsweise bei 632 nm: $1\,\text{W} = 0{,}5 \cdot 583\,\text{lm} \approx 290\,\text{lm}$. Daraus folgt eine Laserleistung von $P = 5 \cdot 10^{-2}/290\,\text{W} \approx 0{,}2\,\text{mW}$.

Kapitel 20

20.1 Es gilt $\Delta f/f > \Delta L/L$. Daraus folgt $\Delta L/L < 10^{-16}$. Für $L = 1$m erhält man $\Delta L = 10^{-16}$ m. (Der Atomdurchmesser beträgt etwa 10^{-10} m!)

20.2 Der Lamb-dip ist durch die homogene Linienbreite gegeben, welche durch die Lebensdauer des oberen und unteren Laserzustandes ($\tau_1 = 100$ ns, $\tau_2 = 10$ ns) bestimmt wird (Abschn. 5.1). Für die homogene Linienbreite folgt $\Delta f = (1/(2\pi))\,(1/\tau_1 + 1/\tau_2) = 18$ MHz. Die gesamte Linienbreite (Doppler) beträgt 1,5 GHz.

20.3 Für die Kohärenzzeit t_c und die Kohärenzlänge l_c gilt: $t_c \approx 1/\Delta f$ und $l_c = ct_c \approx c/\Delta f$. Daraus folgt $\Delta f = c/l_c = 3 \cdot 10^8$ Hz $= 0{,}3$ GHz. Durch den Einsatz von Etalons in den Resonator ist eine Verringerung der Linienbreite auf diesen Wert möglich.

20.4 Die Entropie eines Photons beträgt $E = hf = hc/\lambda = 10^{-18}$ J. Die Zahl der Photonen im Laserpuls beträgt $N = 10^{-9}/10^{-18} = 10^9$. Es gilt für das Schrotrauschen $\Delta N/N = 1/\sqrt{N} = 3 \cdot 10^{-5}$.

Kapitel 21

21.1 Es entsteht eine Spannung von $\Delta U = na\Delta T = 0{,}3$ mV ($n = 20$).

21.2 Die Laserleistung wird in Wärme umgesetzt:

$$P = \frac{\mathrm{d}Q}{\mathrm{d}t} = \frac{\mathrm{d}m}{\mathrm{d}t} c\Delta T\,. \quad \text{Daraus folgt}$$

$$\Delta T = \frac{P}{\frac{\mathrm{d}m}{\mathrm{d}t}c} = \frac{1000}{1/60 \cdot 4{,}2 \cdot 10^3} \frac{\mathrm{J\,s\,kg\,K}}{\mathrm{s\,kg\,J}} = 14{,}3\,{}^\circ\mathrm{C}\,.$$

21.3 Es werden Photoleiter mit kleinem Bandabstand eingesetzt. Ge- oder Si-Dioden besitzen einen zu großen Bandabstand für den Nachweis von Strahlung mit 10 µm Wellenlänge.

Kapitel 22

22.1 Die Dispersion beträgt $\mathrm{d}n/\mathrm{d}\lambda \approx 0{,}0171/(66{,}1 \cdot 10^{-9})\,\mathrm{m}^{-1} \approx 2{,}6 \cdot 10^5\,\mathrm{m}^{-1}$. Das Auflösungsvermögen beträgt damit $\lambda/\Delta\lambda = t\mathrm{d}n/\mathrm{d}\lambda = 7800$.

22.2 Es gilt $\lambda/\Delta\lambda = Nm = 20000 \cdot m$, wobei $m = 1, 2, 3, \ldots$ die Beugungsordnung darstellt. Für $\lambda = 0{,}5$ µm berechnet sich die maximale Beugungsordnung $m_{\max}$ aus $\sin\phi = m\lambda/d < 1$. Daraus folgt $m_{\max} = 2$.

22.3 Das Dispersionsgebiet beträgt $\Delta f_\mathrm{D} = c/2L = 3 \cdot 10^9\,\mathrm{Hz}$ und $\Delta\lambda_\mathrm{D} = \lambda\Delta f_\mathrm{D}/f = \lambda^2\Delta f_\mathrm{D}/c = 2{,}5 \cdot 10^{-12}\,\mathrm{m}$. Das Auflösungsvermögen berechnet sich zu

$$\frac{\lambda}{\Delta\lambda} = \frac{F \cdot f}{f_\mathrm{D}} = \frac{F \cdot c}{f_\mathrm{D}\lambda} = 3 \cdot 10^7 \quad \text{mit} \quad F = \frac{\pi\sqrt{R}}{1-R} = 155{,}4\,.$$

Kapitel 23

23.1 Die Mittenfrequenz beträgt $f = c/\lambda = 2 \cdot 10^{14}\,\mathrm{Hz}$. Damit ist die Übertragungsbandbreite $2 \cdot 10^{13}\,\mathrm{Hz}$. Es können darin $2 \cdot 10^{13}/5 \cdot 10^6 = 4 \cdot 10^6$ Fernsehkanäle übertragen werden.

23.2 Zur Verdampfung des Volumens V wird die Energie E benötigt: $E = \varrho VL$. Bei einem Schnitt wird das Volumen durch die Tiefe S, die Breite $2r$ und die Länge x bestimmt: $E = \varrho S2rxL$. Man dividiert durch die Zeit t und löst nach S auf: $S = P/(2rL\varrho v)$ mit $P = E/t$ und $v = x/t$.

23.3 Die zugeführte Energie bis zur Entflammung bei 400 °C berechnet sich zu $Q = mc\Delta T$. Mit $m = \varrho V = \varrho D^2\pi t/4 = 3{,}9 \cdot 10^{-5}\,\mathrm{kg}$ und $\Delta T = 380\,°\mathrm{C}$ erhält man $Q = 62{,}7\,\mathrm{J}$. Aus $P = Q/t$ folgt mit $P = 100\,\mathrm{W}$: $t = 0{,}63\,\mathrm{s}$.

23.4 Der Zusammenhang zwischen der Temperaturerhöhung ΔT (= 33 °C) und der Wärmeenergie Q lautet $Q = \varrho Vc\Delta T$ (c = spezifische Wärmekapazität, ϱ = Dichte, V = erwärmtes Volumen). Es gilt: $Q/A = It$ (I = Leistungsdichte des Laserstrahls, t = Bestrahlungszeit, A = bestrahlte Fläche). Damit erhält man: $I = \varrho Vc\Delta T/(tA) = \varrho dc\Delta T/t = 4{,}6 \cdot 10^4\,\mathrm{W/m^2}$. Dabei wurde $V = Ad$ gesetzt. Die Laserleistung beträgt $P = I \cdot A = 3{,}6\,\mathrm{W}$. (Wegen der starken Rückstreuung ist der reale Wert mehr als doppelt so groß.)

23.5 Es wird näherungsweise nur die Verdampfungsenergie berücksichtigt: $E = \varrho V \cdot L$ mit $V = d^2\pi \cdot x/4$. Man erhält mit $E = 0{,}1\,\mathrm{J}$ eine Tiefe der Ablationsschicht von $x = 4 \cdot E/(\varrho Ld^2\pi) = 1{,}3\,\mu\mathrm{m}$.

23.6 Es gilt für die Beugung am Gitter $\sin\alpha = \lambda/d$. Daraus folgt für den Gitterabstand $d = \lambda/\sin\alpha$.

23.7 Man benutzt Bild 23.12 und (23.6). Mit $\beta = 45°$ erhält man aus einfachen geometrischen Überlegungen $\alpha = 22{,}5°$. Damit folgt $\Delta f = (2v/\lambda)\cos\alpha\sin(\beta/2) = 9\,\mathrm{MHz}$.

23.8 Aus den Überlegungen von Helmholtz zum Auflösungsvermögen eines Mikroskops ist bekannt, daß sich ein Lichtbündel durch ein Objektiv mit der Apertur A auf einen Fleck mit dem Durchmesser $d = 1{,}22\lambda/A$ fokussieren läßt. Mit $A = 1$ gilt $d_\mathrm{min} = 1{,}22\lambda$.

Bei Fokussierung eines Laserstrahls gilt für den Fokusradius $w = \lambda f/(\pi w_0)$. Bei einem guten Objektiv kann der Linsenradius $w_0 \approx f$ betragen, und man erhält $2w \approx 2/\pi\lambda = 0{,}5\,\mu\mathrm{m}$ ($\lambda = 0{,}8\,\mu\mathrm{m}$) und

$2w \approx 0{,}25\,\mu m$ ($\lambda = 0{,}4\,\mu m$). Damit wird die theoretische Speicherdichte ungefähr $N = 10\,cm^3/0{,}5^2\,\mu m^2 \approx 4 \cdot 10^9$ bit ($\lambda = 0{,}8\,\mu m$) und $N = 1{,}6 \cdot 10^{10}$ bit ($\lambda = 0{,}4\,\mu m$). Tatsächlich werden bei der DVD (digital versatile disc) bereits etwa 5 GByte, d. h. $4 \cdot 10^{10}$ bit, Speicherkapazität erreicht bei einer Fläche von $10\,cm^2$ und einer Wellenlänge von $0{,}635\,\mu m$.

Weiterführende Literatur

Bücher über allgemeine Optik

1. Bergmann L., Schäfer C. (1993) Lehrbuch der Experimentalphysik, 9. Aufl., Bd. III. Walther de Gruyter, Berlin
2. Born M., Wolf E. (1984) Principles of Optics. Pergamon Press, London
3. Born E. (1933, Nachdruck 1981) Optik. Springer, Berlin, Heidelberg
4. Klein M.V., Furtak T.E. (1986) Optik. Springer, Berlin, Heidelberg
   Lipson S.G., Lipson H.S., Tannhauser D.S. (1997) Optik. Springer, Berlin, Heidelberg

Bücher über Laserphysik und -technik

5. Yariv A. (1985) Optical Electronics, 3rd ed. Holt, Rinehart, Winston
6. Siegman A. (1986) Lasers. Oxford University Press
7. Kneubühl H.J., Sigrist M.W. (1988) Laser. Teubner, Stuttgart
8. Lange W. (1983) Einführung in die Laserphysik. Wiss. Buchges., Darmstadt
9. Weber M.J. (1982) Handbook of Laser Science and Technology, Vol. 1ff. CRC Press
10. Svelto O., Hanna D.C. (1989) Principles of Lasers, 3rd ed. Plenum Press
11. Winburn D.C. (1987) Lasers. Marcel Dekker, New York (What every Engineer should know about, Vol. 22)
12. Shimoda K. (1984) Introduction to Laser Physics. Springer, Berlin, Heidelberg (Springer Ser. Opt. Sci., Vol. 44)
13. Hecht J. (1988) The Laser Guidebook. McGraw-Hill
14. Hodgson N., Weber H. (1997) Optical Resonators. Springer, London

Bücher über spezielle Lasertypen

15. Koechner W. (1996) Solid-State Laser Engineering, 4th ed. Springer, Berlin, Heidelberg (Springer Ser. Opt. Sci., Vol. 1)
16. Peuser P., Schmitt N.P. (1994) Diodengepumpte Festkörperlaser. Springer, Berlin, Heidelberg

17. Kaiser W. (Hrsg) (1988) Ultrashort Laser Pulses and Applications. Springer, Berlin, Heidelberg (Topics in Applied Physics Vol. 60)
18. Herrmann J., Wilhelmi B. (1987) Lasers for Ultrashort Light Pulses. Akademie-Verlag, Berlin
19. Kaminskii, A.A. (1990) Laser Crystals, 2nd ed. Springer, Berlin, Heidelberg (Springer Ser. Opt. Sci., Vol. 14)
20. Rhodes Ch.K. (Ed) (1979) Excimer Lasers. Springer, Berlin, Heidelberg (Topics in Applied Physics Vol. 30)
21. Willett C.S. (1974) Introduction to Gas Lasers: Population Inversion Mechanisms. Pergamon Press
22. Cherrington B.E. (1979) Gaseous Electronics and Gas Lasers. Pergamon Press
23. Rosenwaks S. (1987) Gas Flow and Chemical Lasers. Springer, Berlin, Heidelberg (Springer Proceedings in Physics Vol. 15)

Bücher zu Halbleiterlasern und Glasfasern

24. Sze S.M. (1981) Physics of Semiconductor Devices, 2nd ed. John Wiley & Sons
25. Agrawal G.P., Dutta N.K (1993) Semiconductor Lasers 2nd ed. Van Nostrand Reinhold Company, New York
26. Nakamura S., Fasol G. (1997) The Blue Laser Diode, Springer, Berlin, Heidelberg
27. Kersten R.Th. (1983) Einführung in die optische Nachrichtentechnik. Springer, Berlin, Heidelberg
28. Miller S.E., Kaminow I.P. (1988) Optical Fiber Telecommunications. Academic Press, London
29. Karthe W., Müller R. (1991) Integrierte Optik. Akadem. Verlagsges., Leipzig

Bücher über nichtlineare Optik und Holographie

30. Shen Y.R. (1984) The Principles of Nonlinear Optics. John Wiley & Sons, New York
31. Sutherland R.L. (1996) Handbook of Nonlinear Optics. Marcel Dekker, New York
32. Nolte D.D. (1995) Photorefractive Effects and Materials. Kluwer Academic Publ., Boston
33. Jun-Ichi Sakai (1992) Phase Conjugation Optics. McGraw-Hill, New York
34. Alfano R.R. (1989) The Supercontinuum Laser Source. Springer, New York
35. Caulfield H.J. (1979) Handbook of Optical Holography. Academic Press
36. Hariharan P. (1987) Optical Holography. Cambridge Univ. Press

Bücher über verschiedene Anwendungen

37. Arecchi F.T., Schulz-Dubois E.O. (Ed) (1972) Laser-Handbook Vol. 1ff. North-Holland, Amsterdam
38. Schäfer F. (1988) Anwendungen des Lasers. Spektrum der Wissenschaft Verlagsgesellschaft
39. Brunner W., Junge K. (1987) Lasertechnik, 3. Aufl. Hüthig, Heidelberg
40. Bimberg D. (1985) Laser in Industrie und Technik. Expert Verlag, Sindelfingen
41. Kulina P., Richter K., Ringelhahn H., Weber H. (1993) Materialbearbeitung durch Laserstrahl. Deutscher Verlag für Schweißtechnik, Düsseldorf
42. Joffe S.N., Oguro Y. (1988) Advances in Nd: YAG Laser Surgery. Springer, Berlin, Heidelberg
43. Carruth J.A.S., McKienzie A.L. (1986) Medical Lasers – Science and Clinical Practice. Adam Hilger

Bücher und Normen zur Lasersicherung

44. Sliney D., Wolbarsht M. (1980) Safety with Lasers and other Optical Sources: A Comprehensive Handbook. Plenum, New York
45. Mallow A., Chabot L. (1979) Laser Safety Handbook. Van Nostrand
46. Sutter E., Schreiber P., Ott G. (1989) Handbuch Laser-Strahlenschutz. Springer, Berlin, Heidelberg
47. Eichler J. (1992) Laser und Strahlenschutz. Vieweg, Wiesbaden
48. (1995) DIN-VDE-Taschenbuch Laser, Sicherheitstechnische Festlegungen für Lasergeräte und -anlagen, Normen. VDE-Verlag Beuth
49. (1995) Unfallverhütungsvorschriften Laserstrahlung (VBG 93). Berufsgenossenschaft der Feinmechanik und Elektrotechnik, Gustav-Heinemann-Ufer 130, 50 968 Köln, http://www.bgfue.de

Zeitschriften

50. Laser und Optoelektronik
51. Laser Magazin
52. Laser Focus World
53. Photonics
54. IEEE Journal of Quantum Electronics
55. Applied Physics B. Lasers and Optics
56. Applied Physics Letters

Firmenverzeichnisse

57. Laser Focus World Buyers' Guide 1984ff.
58. Lasers & Optronics Buying Guide 1989ff.
59. Photonics Buyers' Guide 1989ff.

Sachverzeichnis

Druck: Saladruck, Berlin
Verarbeitung: Buchbinderei Lüderitz & Bauer, Berlin